水利行业职业技能培训教材

河道修防工

主　编　杜云岭
主　审　宋德武

黄河水利出版社

内容提要

本书依据人力资源和社会保障部、水利部制定的《河道修防工国家职业技能标准》的内容要求编写。全书包括水利职业道德、基础知识和操作技能三大部分。基础知识部分包含了水力学、土力学、工程识图、水文、工程测量、建筑材料、堤防工程、土石方及混凝土施工、堤防观测、工程维修养护、工程抢险、植树种草、相关法律法规等基础知识;操作技能部分按初级工、中级工、高级工、技师和高级技师职业技能标准分级、分模块组织材料,包括工程运行检查、工程观测、工程养护、工程维护、工程抢险、培训指导等。

本书和《河道修防工》试题集(光盘版)构成河道修防工较完整配套的资料体系,可供河道修防工职业技能培训、职业技能竞赛和职业技能鉴定业务使用。

图书在版编目(CIP)数据

河道修防工/杜云岭主编. —郑州:黄河水利出版社,2012.4 (2018.10 重印)
水利行业职业技能培训教材
ISBN 978-7-5509-0221-3

Ⅰ.①河… Ⅱ.①杜… Ⅲ.①河道整治-技术培训-教材 Ⅳ.①TV85

中国版本图书馆 CIP 数据核字(2012)第 046088 号

出 版 社:黄河水利出版社
地址:河南省郑州市顺河路黄委会综合楼 14 层　　邮政编码:450003
发行单位:黄河水利出版社
发行部电话:0371-66026940、66020550、66028024、66022620(传真)
E-mail:hhslcbs@126.com
承印单位:河南承创印务有限公司
开本:787 mm×1 092 mm　1/16
印张:30.5
字数:705 千字　　印数:8 001—11 000
版次:2012 年 9 月第 1 版　　印次:2018 年 10 月第 2 次印刷

定价:98.00 元

水利行业职业技能培训教材及试题集编审委员会

水利行业职业技能培训教材及试题集编审委员会办公室

《河道修防工》编委会

主　　　编　杜云岭

主　　　审　宋德武

参加编写人员

山东黄河河务局济南黄河河务局　孙喜娥

河南黄河河务局郑州黄河河务局　张治安

黄河水利委员会建设与管理局　张喜泉

河南黄河河务局豫西黄河河务局　常国俊

黄河水利职业技术学院　薛建荣

水利部精神文明建设指导委员会办公室　袁建军　王卫国

刘千程

前 言

为了适应水利改革发展的需要,进一步提高水利行业从业人员的技能水平,根据2009年以来人力资源和社会保障部、水利部颁布的河道修防工等水利行业特有工种的国家职业技能标准,水利部组织编写了相应工种的职业技能培训教材及试题集。

各工种职业技能培训教材的内容包括职业道德,基础知识,初级工、中级工、高级工、技师、高级技师的理论知识和操作技能,还包括该工种的国家职业技能标准和职业技能鉴定理论知识模拟试卷两套。随书赠送试题集光盘。

本套教材和试题集具有专业性、权威性、科学性、整体性、实用性和稳定性,可供水利行业相关工种从业人员进行职业技能培训和鉴定使用,也可作为相关工种职业技能竞赛的重要参考。

本次教材编写的技术规范或规定均采用最新的标准,涉及的个别计量单位虽属非法定计量单位,但考虑到这些计量单位与有关规定、标准的一致性和实际使用的现状,本次出版时暂行保留,在今后修订时再予以改正。

编写全国水利行业职业技能培训教材及试题集,是水利人才培养的一项重要工作。由于时间紧,任务重,不足之处在所难免,希望大家在使用过程中多提宝贵意见,使其日臻完善,并发挥重要作用。

水利行业职业技能培训教材及试题集
编审委员会
2011年12月

编写说明

1996年,水利部组织有关专家和学者相继编写出版了水利行业工人考核培训教材,在开展岗位培训、职业技能鉴定和竞赛活动方面发挥了重要作用。随着经济和科学技术的发展,对职业技能也提出了更高要求,因此亟待对培训教材进行修订补充。

自2007年7月,由人力资源和社会保障部、水利部共同组织有关专家,启动了《中华人民共和国工人技术等级标准·水利》修订工作,在充分考虑多年培训考核实践经验的基础上,结合经济发展、科技进步对职业要求的变化,对职业的活动范围、工作内容、技能要求和知识水平等作出了明确规定,于2009年7月由中华人民共和国人力资源和社会保障部制定印发了《河道修防工国家职业技能标准(2009年修订)》,以下简称《河道修防工国家职业技能标准》。

为进一步完善、规范职业培训和职业技能鉴定教材,水利部成立了《河道修防工》教材编写组,自2009年11月起,严格按照《河道修防工国家职业技能标准》和职业技能鉴定国家题库开发要求,编写了水利行业职业技能培训教材《河道修防工》及配套使用的试题集(随教材以光盘形式发行)。

《河道修防工》分为水利职业道德、基础知识和操作技能,基础知识不再分等级编写(分等级考核),操作技能系按初级工、中级工、高级工、技师、高级技师5个等级分别编写。本教材包括水利行业相关专业基本知识和常用技能操作内容,具有较强的专业性、科学性、实用性和可操作性,是河道修防工岗位培训、职业技能鉴定培训与考核的必备教材,适用于河道修防工技能竞赛培训,可作为从事防洪工程建设施工、运行管理、养护维修及防洪抢险工作人员和管理工作者的业务参考书,也可供高等学校进行水利行业相关专业授课或职业培训借鉴。

《河道修防工》试题集分为理论知识试题和技能操作试题两大部分,每一部分试题都按初级工、中级工、高级工、技师、高级技师5个等级分别编写,理论知识试题出自基础知识(各等级的考核内容划分见理论试题比重表和理论试题鉴定要素细目表)和相应等级操作技能的相关知识,技能操作试题分别出自相应等级操作技能的有关内容。受试题范围、比重分配及所拟定考核时间等限制，再加上区域或流域性工作重点的不同，可能使试题集中有些试题不够突出重点，尤其是技能操作考核往往受场地条件、工具物料准备情况、习惯操作方法、参考人员多少、考核组织形式等因素的影响较大，可能使试题存在条件不够齐全、准备不够充分、配分和评分标准不够合理、操作要求与考核时间不够匹配等不足，建议选题后结合本区域或流域的考核重点再适当加以合理调整、补充完善，以满足考核要求。

参加《河道修防工》及其试题集编写的人员（按姓氏笔画排序）有孙喜娥、杜云岭、张治安、张喜泉、常国俊、薛建荣。其中，杜云岭任主编，宋德武任主审。

孙喜娥完成了《河道修防工》第2篇第5章、第8～10章、第12章、第13章的编写，并编写完成了以上各章及第3篇模块3和模块4、第4篇模块3和模块4、第5篇模块3和模块4、第6篇模块3和模块4、第7篇模块3与试题集所对应的理论知识试题。

杜云岭完成了《河道修防工》第3篇模块3和模块4、第4篇模块3和模块4、第5篇模块3和模块4、第6篇模块3和模块4、第7篇模块3的编写，并编写完成了以上各章与试题集所对应的技能操作试题。

张治安完成了《河道修防工》第2篇第11章、第3篇模块5、第4篇模块5、第5篇模块5、第6篇模块5及第7篇模块4的编写，并编写完成了以上各章与试题集所对应的理论知识试题和技能操作试题。

张喜泉完成了《河道修防工》第3篇模块2、第4篇模块2、第5篇模块2、第6篇模块2及第7篇模块2的编写，并编写完成了以上各章与试题集所对应的理论知识试题和技能操作试题。

常国俊完成了《河道修防工》第3篇模块1、第4篇模块1、第5篇模块1、第6篇模块1及第7篇模块1的编写，并编写完成了以上各章与试题集所对应的理论知识试题和技能操作试题。

薛建荣完成了《河道修防工》第2篇第1～4章、第6章、第7章，第6篇模块6和第7篇模块5的编写，并编写完成了以上各章与试题集所对应的理论知识试题和技能操作试题。

全书由杜云岭负责统稿，由宋德武负责审查。

在《河道修防工》及其试题集的编写过程中，得到了人力资源和社会保障部、水利部有关部门领导和专家的指导与帮助，得到了黄河水利委员会人才开发中心、黄河水利委员会建设与管理局、山东黄河河务局济南黄河河务局、河南黄河河务局郑州黄河河务局、河南黄河河务局豫西黄河河务局、黄河水利职业技术学院、海河水利委员会漳卫南运河管理局等部门和单位领导的大力支持，在此一并表示感谢。

尽管编写人员做了多方面努力，但由于知识水平所限、实践经验不足，难免存在不妥之处，敬请读者指正。

作 者

2012 年 5 月

目　录

第3篇　操作技能——初级工

第4篇　操作技能——中级工

第5篇 操作技能——高级工

第6篇 操作技能——技师

第7篇　操作技能——高级技师

附 录

第 1 篇　水利职业道德

第1章　水利职业道德概述

1.1　水利职业道德的概念

道德是一种社会意识形态，是人们共同生活及行为的准则与规范，道德往往代表着社会的正面价值取向，起判断行为正当与否的作用。

职业道德，就是同人们的职业活动紧密联系的符合职业特点所要求的道德准则、道德情操与道德品质的总和，它既是对本职人员在职业活动中行为的要求，又是职业对社会所负的道德责任与义务。

水利职业道德是水利工作者在自己特定的职业活动中应当自觉遵守的行为规范的总和，是社会主义道德在水利职业活动中的体现。水利工作者在履行职责过程中必然产生相应的人际关系、利益分配、规章制度和思想行为。水利职业道德就是水利工作者从事职业活动时，调整和处理与他人、与社会、与集体、与工作关系的行为规范或行为准则。水利职业道德作为意识形态，是世界观、人生观、价值观的集中体现，是水利人的共同的理想信念、精神支柱和内在力量，表现为价值判断、价值选择、价值实现的共同追求，直接支配和约束人们的思想行为。具体界定着每个水利人什么是对的，什么是错的，什么是应该做的，什么是不应该做的。

1.2　水利职业道德的主要特点

(1)贯彻了社会主义职业道德的普遍性要求。水利职业道德是体现水利行业的职业责任、职业特点的道德。水利职业道德作为一个行业的职业道德，是社会主义职业道德体系中的组成部分，从属和服务于社会主义职业道德。社会主义职业道德对全社会劳动者有着共同的普遍性要求，如全心全意为人民服务、热爱本职工作、刻苦钻研业务、团结协作等，都是水利职业道德必须贯彻和遵循的基本要求。水利职业道德是社会主义职业道德基本要求在水利行业的具体化，社会主义职业道德基本要求与水利职业道德的关系是共性和个性、一般和特殊的关系。

(2)紧紧扣住了水利行业自身的基本特点。水利行业与其他行业相比有着显著的特点，这决定了水利职业道德具有很强的行业特色。这些行业特色主要有：一是水利工程建设量大，投资多，工期长，要求水利工作者必须热爱水利，具有很强的大局意识和责任意识。二是水利工程具有长期使用价值，要求水利工作者必须树立“百年大计、质量第一”的职业道德观念。三是工作流动性大，条件艰苦，要求水利工作者必须把艰苦奋斗、奉献社会作为自己的职业道德信念和行为准则。四是水利科学是一门复杂的、综合性很强的自然科学，要求水利工作者必须尊重科学、尊重事实、尊重客观规律、树立科学求实的精神。五是水利工作是一项需要很多部门和单位互相配合、密切协作才能完成的系统工程，要求水利工作者必须具有良好的组织性、纪律性和自觉遵纪守法的道德品质。

(3)继承了传统水利职业道德的精华。水利职业道德是在治水斗争实践中产生，随着治水斗争的发展而发展的。早在大禹治水时，就留下了他忠于职守，公而忘私，三过家门不入，为民治水的高尚精神。李冰父子不畏艰险、不怕牺牲、不怕挫折和诬陷，一心为民造福，终于建成了举世闻名的都江堰分洪灌溉工程，至今仍发挥着巨大的社会效益和经济效益。新中国成立以来，随着水利事业的飞速发展，水利职业道德也进入了一个崭新的发展阶段。在三峡水利枢纽工程、南水北调工程、小浪底水利枢纽工程等具有代表性的水利工程建设中，新中国水利工作者以国家主人翁的姿态自觉为民造福而奋斗，发扬求真务实的科学精神，顽强拼搏、勇于创新、团结协作，成功解决了工程量和技术上的一系列世界性难题，并涌现出许多英雄模范人物，创造出无数动人的事迹，表现出新中国水利工作者高尚的职业道德情操，极大地丰富和发展了中国传统水利职业道德的内容。

1.3 水利职业道德建设的重要性和紧迫性

一是发展社会主义市场经济的迫切需要。建设社会主义市场经济体制，是我国经济振兴和社会进步的必由之路，是一项前无古人的伟大创举。这种经济体制，不仅同社会主义基本经济制度结合在一起，而且同社会主义精神文明结合在一起。市场经济体制的建立，要求水利工作者在社会化分工和专业化程度日益增强、市场竞争日趋激烈的条件下，必须明确自己职业所承担的社会职能、社会责任、价值标准和行为规范，并要严格遵守，这是建立和维护社会秩序、按市场经济体制运转的必要条件。

二是推进社会主义精神文明建设的迫切需要。《公民道德建设实施纲要》指出：党的十一届三中全会特别是十四大以来，随着改革开放和现代化事业的发展，社会主义精神文明建设呈现出积极向上的良好态势，公民道德建设迈出了新的步伐。但与此同时，也存在不少问题。社会的一些领域和一些地方道德失范，是非、善恶、美丑界限混淆，拜金主义、享乐主义、极端个人主义有所滋长，见利忘义、损公肥私行为时有发生，不讲信用、欺诈欺骗成为公害，以权谋私、腐化堕落现象严重。特别是党的十七届六中全会关于推动社会主义文化大发展大繁荣的决定明确指出“精神空虚不是社会主义”。思想道德作为文化建设的重要内容，必须加强包括水利职业道德建设在内的全社会道德建设。

三是加强水利干部职工队伍建设的迫切需要。2011 年，中央 1 号文件和中央水利工作会议吹响了加快水利改革发展新跨越的进军号角。全面贯彻落实中央关于水利的决策部署，抓住这一重大历史机遇，探索中国特色水利现代化道路，掀起治水兴水新高潮，迫切要求水利工作要为社会经济发展和人民生活提供可靠的水资源保障和优质服务。这就对水利干部职工队伍的全面素质提出了新的更高的要求。水利职业道德作为思想政治建设的重要组成部分和有效途径，必须深入贯彻落实党的十七大精神和《公民道德建设实施纲要》，紧紧围绕水利中心工作，以促进水利干部职工的全面发展为目标，充分发挥职业道德在提高干部职工的思想政治素质上的导向、判断、约束、鞭策和激励功能，为水利改革发展实现新跨越提供强有力的精神动力和思想保障。

四是树立行业新风、促进社会风气好转的迫切需要。职业活动是人生中一项主要内容,人生价值、人的创造力以及对社会的贡献主要是通过职业活动实现的。职业岗位是培养人的最好场所,也是展现人格的最佳舞台。如果每个水利工作者都能注重自己的职业道德品质修养,就有利于在全行业形成五讲、四美、三热爱的行业新风,在全社会树立起水利行业的良好形象。同时,高尚的水利职业道德情怀能外化为职业行为,传递感染水利工作的服务对象和其他人员,有助于形成良好的社会氛围,带动全社会道德风气的好转。

1.4　水利职业道德建设的基本原则

(1)必须以科学发展观为统领。通过水利职业道德进一步加强职业观念、职业态度、职业技能、职业纪律、职业作风、职业责任、职业操守等方面的教育和实践,引导广大干部职工树立以人为本的职业道德宗旨、筑牢全面发展的职业道德理念、遵循诚实守信的职业道德操守,形成修身立德、建功立业的行为准则,全面提升水利职业道德建设的水平。

(2)必须以社会主义价值体系建设为根本。坚持不懈地用马克思主义中国化的最新理论成果武装水利干部职工头脑,用中国特色社会主义共同理想凝聚力量,用以爱国主义为核心的民族精神和以改革创新为核心的时代精神鼓舞斗志,用社会主义荣辱观引领风尚。把社会主义核心价值体系的基本要求贯彻到水利职业道德中,使广大水利干部职工随时都能受到社会主义核心价值的感染和熏陶,并内化为价值观念,外化为自觉行动。

(3)必须以社会主义荣辱观为导向。水利是国民经济和社会发展的重要基础设施,社会公益性强、影响涉及面广、与人民群众的生产生活息息相关。水利职业道德要积极引导广大干部职工践行社会主义荣辱观,树立正确的世界观、人生观和价值观,知荣辱、明是非、辨善恶、识美丑,加强道德修养,不断提高自身的社会公德、职业道德、家庭美德水平,筑牢思想道德防线。

(4)必须以和谐文化建设为支撑。要充分发挥和谐文化的思想导向作用,积极引导广大干部职工树立和谐理念,培育和谐精神,培养和谐心理。用和谐方式正确处理人际关系和各种矛盾;用和谐理念塑造自尊自信、理性平和、积极向上的心态;用和谐精神陶冶情操、鼓舞人心、相互协作;成为广大水利干部职工奋发有为、团结奋斗的精神纽带。

(5)必须弘扬和践行水利行业精神。“献身、负责、求实”的水利行业精神,是新时期推进现代水利、可持续发展水利宝贵的精神财富。水利职业道德要成为弘扬和践行水利行业精神的有效途径和载体,进一步增强广大干部职工的价值判断力、思想凝聚力和改革攻坚力,鼓舞和激励广大水利干部职工献身水利、勤奋工作、求实创新,为水利事业又好又快的发展,提供强大的精神动力和力量源泉。

第2章 水利职业道德的具体要求

2.1 爱岗敬业,奉献社会

爱岗敬业是水利职业道德的基础和核心,是社会主义职业道德倡导的首要规范,也是水利工作者最基本、最主要的道德规范。爱岗就是热爱本职工作,安心本职工作,是合格劳动者必须具备的基础条件。敬业是对职业工作高度负责和一丝不苟,是爱岗的提高完善和更高的道德追求。爱岗与敬业相辅相成,密不可分。一个水利工作者只有爱岗敬业,才能建立起高度的职业责任心,切实担负起职业岗位赋予的责任和义务,做到忠于职守。

按通俗的说法,爱岗是干一行爱一行。爱是一种情感,一个人只有热爱自己从事的工作,才会有工作的事业心和责任感;才能主动、勤奋、刻苦地学习本职工作所需要的各种知识和技能,提高从事本职工作的本领;才能满腔热情、朝气蓬勃地做好每一项属于自己的工作;才能在工作中焕发出极大的进取心,产生出源源不断的开拓创新动力;才能全身心地投入到本职工作中去,积极主动地完成各项工作任务。

敬业是始终对本职工作保持积极主动、尽心尽责的态度。一个人只有充分理解了自己从事工作的意义、责任和作用,才会认识本职工作的价值,从职业行为中找到人生的意义和乐趣,对本职工作表现出真诚的尊重和敬意。自觉地遵照职业行为的要求,兢兢业业、扎扎实实、一丝不苟地对待职业活动中的每一个环节和细节,认真负责地做好每项工作。

奉献社会是社会主义职业道德的最高要求,是为人民服务和集体主义精神的最好体现。奉献社会的实质是奉献。水利是一项社会性很强的公益事业,与生产生活乃至人民生命财产安全息息相关。一个水利工作者必须树立全心全意为人民服务,为社会服务的思想,把人民和国家利益看得高于一切,才能在急、难、险、重的工作任务面前淡泊名利、顽强拼搏、先公后私、先人后己,以至在关键时刻能够牺牲个人的利益去维护人民和国家的利益。

张宇仙是四川省内江市水文水资源勘测局登瀛岩水文站职工。她以对事业的执着和忠诚、爱岗敬业的可贵品质、舍小家顾大家的高尚风范,获得了社会各界的广泛赞誉。1981年,石堤埝水文站发生了有记录以来的特大洪水,张宇仙用一根绳子捆在腰上,站在洪水急流中观测水位。1984年,她生小孩的前一天还在岗位上加班。1998年,长江发生百年不遇的特大洪水,其一级支流沱江水位猛涨,这时张宇仙的丈夫病危,家人要她回去,然而张宇仙舍小家顾大家,一连五个昼夜,她始终坚守在水情观测第一线,收集洪水资料156份,准确传递水情18份,回答沿江垂询电话200余次,为减小洪灾损失作出了重要贡献。当洪水退去,她赶回丈夫身边时,丈夫已不能说话,两天后便去世了。她上有八旬婆母,下有未成年的孩子,面对丈夫去世后沉重的家庭负担,张宇仙依然坚守岗位,依然如故地孝敬婆母,依然一次次毅然选择了把困难留给自己,把改善工作环境的机会让给他人。她以自己的实际行动表达了对党、对人民、对祖国水利事业的热爱和忠诚,获得了人们的高度赞扬,被授予"全国五一劳动奖章"、"全国抗洪模范"、"全国水文标兵"等光荣称号。

曹述军是湖南郴州市桂阳县樟市镇水管站职工。他在 2008 年抗冰救灾斗争中,视灾情为命令,舍小家为大家,舍生命为人民,主动请缨担任架线施工、恢复供电的负责人。为了让乡亲们过上一个欢乐祥和的春节,他不辞劳苦、不顾危险,连续奋战十多个昼夜,带领抢修队员紧急抢修被损坏的供电线路和基础设施。由于体力严重透支,不幸从 12 m 高的电杆上摔下,英勇地献出了自己宝贵的生命。他用自己的实际行动生动地诠释了"献身、负责、求实"的行业精神,展现了崇高的道德追求和精神境界,被追授予"全国五一劳动奖章"和"全国抗冰救灾优秀共产党员"等光荣称号。

2.2　崇尚科学,实事求是

崇尚科学,实事求是,是指水利工作者要具有坚持真理的求实精神和脚踏实地的工作作风。这是水利工作者必须遵循的一条道德准则。水利属于自然科学,自然科学是关于自然界规律性的知识体系以及对这些规律探索过程的学问。水利工作是改造江河,造福人民,功在当代,利在千秋的伟大事业。水利工作的科学性、复杂性、系统性和公益性决定了水利工作者必须坚持科学认真、求实务实的态度。

崇尚科学,就是要求水利工作者要树立科学治水的思想,尊重客观规律,按客观规律办事。一要正确地认识自然,努力了解自然界的客观规律,学习掌握水利科学技术。二要严格按照客观规律办事,对每项工作、每个环节都持有高度科学负责的精神,严肃认真,精益求精,决不可主观臆断,草率马虎。否则,就会造成重大浪费,甚至造成灾难,给人民生命财产造成巨大损失。

实事求是,就是一切从实际出发,按客观规律办事,不能凭主观臆断和个人好恶观察和处理问题。要求水利工作者必须树立求实务实的精神。一要深入实际,深入基层,深入群众,了解掌握实际情况,研究解决实际问题。二要脚踏实地,干实事,求实效,不图虚名,不搞形式主义,决不弄虚作假。

中国工程勘察大师崔政权,生前曾任水利部科技委员、原长江水利委员会综合勘测局总工程师。他一生热爱祖国、热爱长江、热爱三峡人民,把自己的毕生精力和聪明才智都献给了伟大的治江事业。他一生坚持学习,呕心沥血,以惊人的毅力不断充实自己的知识和理论体系,勇攀科技高峰。为了贯彻落实党中央、国务院关于三峡移民建设的决策部署,给库区移民寻找一个安稳的家园,保障三峡工程的顺利实施,他不辞劳苦,深入库区,跑遍了周边的山山水水,解决了移民搬迁区一个个地质难题,避免了多次重大滑坡险情造成的损失。他坚持真理,科学严谨,求真务实,敢于负责,鞠躬尽瘁,充分体现了一名水利工作者的高尚情怀和共产党员的优秀品质。

2.3　艰苦奋斗，自强不息

艰苦奋斗是指在艰苦困难的条件下，奋发努力，斗志昂扬地为实现自己的理想和事业而奋斗。自强不息是指自觉地努力向上，发愤图强，永不松懈。两者联系起来是指一种思想境界、一种精神状态、一种工作作风，其核心是艰苦奋斗。艰苦奋斗是党的优良传统，也是水利工作者常年在野外工作，栉风沐雨，风餐露宿，在工作和生活工作条件艰苦的情况下，磨练和培养出来的崇高品质。不论过去、现在、将来，艰苦奋斗都是水利工作者必须坚持和弘扬的一条职业道德标准。

早在新中国成立前夕，毛主席就告诫全党：务必使同志们继续保持谦虚、谨慎、不骄、不燥的作风，务必使同志们继续保持艰苦奋斗的作风。新中国成立后又讲：社会主义的建立给我们开辟了一条到达理想境界的道路，而理想境界的实现，还要靠我们的辛勤劳动。邓小平在谈到改革中出现的失误时说：最重要的一条是，在经济得到了可喜发展，人民生活水平得到改善的情况下，没有告诉人民，包括共产党员在内应保持艰苦奋斗的传统。当前，社会上一些讲排场、摆阔气，用公款大吃大喝，不计成本、不讲效益的现象与我国的国情和艰苦奋斗的光荣传统是格格不入和背道而弛的。在思想开放、理念更新、生活多样化的时代，水利工作者必须继续发扬艰苦奋斗的光荣传统，继续在工作生活条件相对较差的条件下，把艰苦奋斗作为一种高尚的精神追求和道德标准严格要求自己，奋发努力，顽强拼搏，斗志昂扬地投入到各项工作中去，积极为水利改革和发展事业建功立业。

“全国五一劳动奖章”获得者谢会贵，是水利部黄河水利委员会玛多水文巡测分队的一名普通水文勘测工。自1978年参加工作以来，情系水文、理想坚定，克服常人难以想象和忍受的困难，三十年如一日，扎根高寒缺氧、人迹罕见的黄河源头，无怨无悔、默默无闻地在平凡的岗位上做出了不平凡的业绩，充分体现了特别能吃苦、特别能忍耐、特别能奉献的崇高精神，是水利职工继承发扬艰苦奋斗优良传统的突出代表。

2.4　勤奋学习，钻研业务

勤奋学习，钻研业务，是提高水利工作者从事职业岗位工作应具有的知识文化水平和业务能力的途径。它是从事职业工作的重要条件，是实现职业理想、追求高尚职业道德的具体内容。一个水利工作者通过勤奋学习，钻研业务，具备了为社会、为人民服务的本领，就能在本职岗位上更好地履行自己对社会应尽的道德责任和义务。因此，勤奋学习，钻研业务是水利职业道德的重要内容。

科学技术知识和业务能力是水利工作者从事职业活动的必备条件。随着科学技术的飞速发展和社会主义市场经济体制的建立，对各个职业岗位的科学技术知识和业务能力水平的要求越来越高，越来越精。水利工作者要适应形势发展的需要，跟上时代前进的步伐，就要勤奋学习，刻苦专研，不断提高与自己本职工作有关的科学文化和业务知识水平；就要积极参加各种岗位培训，更新观念，学习掌握新知识、新技能，学习借鉴他人包括国外的先进经验；就要学用结合，把学到的新理论知识与自己的工作实践紧密结合起来，干中学,学中干,用所学的理论指导自己的工作实践;就要有敢为人先的开拓创新精神,打破因循守旧的偏见,永远不满足工作的现状,不仅敢于超越别人,还要不断地超越自己。这样才能在自己的职业岗位上不断有所发现、有所创新,有所前进。

刘孟会是水利部黄河水利委员会河南河务局台前县黄河河务局一名河道修防工。他参加治黄工作26年来,始终坚持自学,刻苦研究防汛抢险技术,在历次防汛抢险斗争中都起到了关键性作用。特别是在抗御黄河"96·8"洪水斗争中,他果断采取了超常规的办法,大胆指挥,一鼓作气将口门堵复,消除了黄河改道的危险,避免了滩区6.3万亩(1亩=1/15 hm^2)耕地被毁,保护了113个行政村7.2万人的生命财产安全,挽回经济损失1亿多元。多年的勤奋学习,钻研业务,使他积累了丰富的治理黄河经验,并将实践经验上升为水利创新技术,逐步成长为河道修防的高级技师,并在黄河治理开发、技术人才培训中发挥了显著作用,创造了良好的社会效益和经济效益。荣获了"全国水利技能大奖"和"全国技术能手"的光荣称号。

湖南永州市道县水文勘测队的何江波同志恪守职业道德,立足本职,刻苦钻研业务,不断提升技能技艺,奉献社会,在一个普通水文勘测工的岗位上先后荣获了"全国五一劳动奖章"、"全国技术能手"、"中华技能大奖"等一系列荣誉,并逐步成长为一名干部,被选为代表光荣地参加了党的十七大。

2.5　遵纪守法,严于律己

遵纪守法是每个公民应尽的社会责任和道德义务,是保持社会和谐安宁的重要条件。在社会主义民主政治的条件下,从国家的根本大法到水利基层单位的规章制度,都是为维护人民的共同利益而制定的。社会主义荣辱观中明确提出要"以遵纪守法为荣,以违法乱纪为耻",就是从道德观念的层面对全社会提出的要求,当然也是水利职业道德的重要内容。

水利工作者在职业活动中,遵纪守法更多体现为自觉地遵守职业纪律,严格按照职业活动的各项规章制度办事。职业纪律具有法规强制性和道德自控性。一方面,职业纪律以强制手段禁止某些行为,靠专门的机构来检查和执行。另一方面,职业道德用榜样的力量来倡导某些行为,靠社会舆论和职工内心的信念力量来实现。因此,一个水利工作者遵纪守法主要靠本人的道德自律,严于律己来实现。一要认真学习法律知识,增强民主法治观念,自觉依法办事,依法律己,同时懂得依法维护自身的合法权益,勇于与各种违法乱纪行为作斗争。二要严格遵守各项规章制度,以主人翁的态度安心本职工作,服从工作分配,听从指挥,高质量、高效率地完成岗位职责所赋予的各项任务。

优秀共产党员汪洋湖一生把全心全意为人民群众谋利益作为心中最炽热的追求。在他担任吉林省水利厅厅长时发生的两件事,真实生动地反映了一个领导干部带头遵纪守法、严格要求自己的高尚情怀。他在水利厅明确规定:凡水利工程建设项目,全部实行招标投标制,并与厅班子成员"约法三章":不取非分之钱,不上人情工程,不搞暗箱操作。1999年,汪洋湖过去的一个老上级来水利厅要工程,没料想汪洋湖温和而又毫不含糊地对他说:你想要工程就去投标,中上标,活儿自然是你的,中不上标,我也不能给你。这是规矩。他掏钱请老上级吃了一顿午饭,把他送走了。女儿的丈夫家是搞建筑的,小两口商量想搞点工程建设。可是谁也没想到,小两口在每年经手20亿元水利工程资金的父亲那里,硬是没有拿到过一分钱的活。

2.6 顾全大局,团结协作

顾全大局,团结协作,是水利工作者处理各种工作关系的行为准则和基本要求,是确保水利工作者做好各项工作、始终保持昂扬向上的精神状态和创造一流工作业绩的重要前提。

大局就是全局,是国家的长远利益和人民的根本利益。顾全大局就是要增强全局观念,坚持以大局为重,正确处理好国家、集体和个人的利益关系,个人利益要服从国家利益、集体利益,局部利益要服从全局利益,眼前利益要服从长远利益。

团结才能凝聚智慧,产生力量。团结协作,就是把各种力量组织起来,心往一处想,劲往一处使,拧成一股绳,把意志和力量都统一到实现党和国家对水利工作的总体要求和工作部署上来,战胜各种困难,齐心协力搞好水利建设。

水利工作是一项系统工程,要统筹考虑和科学安排水资源的开发与保护、兴利与除害、供水与发电、防洪与排涝、国家与地方、局部与全局、个人与集体的关系,江河的治理要上下游、左右岸、主支流、行蓄洪配套进行。因此,水利工作者无论从事何种工作,无论职位高低,都一定要做到:一是牢固树立大局观念,破除本位主义,必要时牺牲局部利益,保全大局利益。二是大力践行社会主义荣辱观,以团结互助为荣,以损人利己为耻。要团结同事,相互尊重,互相帮助,各司其职,密切协作,工作中虽有分工,但不各行其是,要发挥各自所长,形成整体合力。三是顾全大局、团结协作,不能光喊口号,要身体力行,要紧紧围绕水利工作大局,做好自己职责范围内的每一项工作。只有增强大局意识、团结共事意识,甘于奉献,精诚合作,水利干部职工才能凝聚成一支政治坚定、作风顽强、能打硬仗的队伍,我们的事业才能继往开来,取得更大的胜利。

1991年,淮河流域发生特大洪水,在不到2个月的时间里,洪水无情地侵袭了179个地(市)、县,先后出现了大面积的内涝,洪峰严重威胁淮河南岸城市、工矿企业和铁路的安全,将要淹没1 500亩耕地,涉及1 000万人。国家防汛抗旱总指挥部下令启用蒙洼等三个蓄洪区和邱家湖等14个行洪区分洪。这样做要淹没148万亩耕地,涉及81万人。行洪区内的人民以国家大局为重,牺牲局部,连夜搬迁,为开闸泄洪赢得了宝贵的时间,为夺取抗洪斗争的胜利作出了重大贡献,成为了顾全大局、团结治水的典型范例。

2.7 注重质量,确保安全

注重质量,确保安全,是国家对与社会主义现代化建设的基本要求,是广大人民群众的殷切希望,是水利工作者履行职业岗位职责和义务必须遵循的道德行为准则。

注重质量,是指水利工作者必须强化质量意识,牢固树立“百年大计,质量第一”的思想,坚持“以质量求信誉,以质量求效益,以质量求生存,以质量求发展”的方针,真正做到把每项水利工程建设好、管理好、使用好，充分发挥水利工程的社会经济效益，为国家建设和人民生活服务。

确保安全，是指水利工作者必须提高认识，增强安全防范意识。树立“安全第一，预防为主”的思想，做到警钟长鸣，居安思危，长备不懈，确保江河度汛、设施设备和人员自身的安全。

注重质量，确保安全，对水利工作具有特别重要的意义。水利工程是我国国民经济发展的基础设施和战略重点，国家每年都要出巨资用于水利建设。大中型水利工程的质量和安全问题直接关系到能否为社会经济发展提供可靠的水资源保障，直接关系千百万人的生产生活甚至生命财产安全。这就要求水利工作者必须做到：一是树立质量法制观念，认真学习和严格遵守国家、水利行业制定的有关质量的法律、法规、条例、技术标准和规章制度，每个流程、每个环节、每件产品都要认真贯彻执行，严把质量关。二是积极学习和引进先进科学技术和先进的管理办法，淘汰落后的工艺技术和管理办法，依靠科技进步提高质量。三是居安思危，预防为主。克服麻痹思想和侥幸心理，各项工作都要像防汛工作那样，立足于抗大洪水，从最坏处准备，往最好处努力，建立健全各种确保安全的预案和制度，落实应急措施。四是爱护国家财产，把行使本职岗位职责的水利设施设备像爱护自己的眼睛一样进行维护保养，确保设施设备的完好和可用。五是重视安全生产，确保人身安全。坚守工作岗位，尽职尽责，严格遵守安全法规、条例和操作规程，自觉做到不违章指挥、不违章作业、不违反劳动纪律、不伤害别人、不伤害自己、不被别人伤害。

长江三峡工程建设监理部把工程施工质量放在首位，严把质量关。仅1996年就发出违规警告50多次，停工、返工令92次，停工整顿4起，清理不合格施工队伍3个，核减不合理施工申报款4.7亿元，为这一举世瞩目的工程胜利建成作出了重要贡献。

第3章 职工水利职业道德培养的主要途径

3.1 积极参加水利职业道德教育

水利职业道德教育是为培养水利改革和发展事业需要的职业道德人格，依据水利职业道德规范，有目的、有计划、有组织地对水利工作者施加道德影响的活动。

任何一个人的职业道德品质都不是生来就有的，而是通过职业道德教育，不断提高对职业道德的认识后逐渐形成的。一个从业者走上水利工作岗位后，他对水利职业道德的认识是模糊的，只有经过系统的职业道德教育，并通过工作实践，对职业道德有了一个比较深层次的认识后，才能将职业道德意识转化为自己的行为习惯，自觉地按照职业道德规范的要求进行职业活动。

水利职业道德教育，要以为人民服务，树立正确的世界观、人生观、价值观教育为核心，大力弘扬艰苦奋斗的光荣传统，以实施水利职业道德规范，明确本职岗位对社会应尽的责任和义务为切入点，抓住人民群众对水利工作的期盼和关心的热点、难点问题，以与群众的切身利益密切相关，接触群众最多的服务性部门和单位为窗口，把职业道德教育与遵纪守法教育结合起来，与科学文化和业务技能教育结合起来，采取丰富多彩、灵活多样、群众喜闻乐见的形式，开展教育活动。

每个水利工作者要积极参加职业道德教育，才能不断深化对水利职业道德的认识，增强职业道德修养和职业道德实践的自觉性，不断提高自身的职业道德水平。

3.2 自觉进行水利职业道德修养

水利职业道德修养是指水利工作者在职业活动中，自觉根据水利职业道德规范的要求，进行自我教育、自我陶冶、自我改造和自我锻炼，提高自我道德情操的活动，以及由此形成的道德境界，是水利工作者提高自身职业道德水平的重要途径。

职业道德修养不同于职业道德教育，具有主体和对象的统一性，即水利工作者个体就是这个主体和对象的统一体。这就决定了职业道德修养是主观自觉的道德活动，决定了职业道德修养是一个从认识到实践、再认识到再实践，不断追求、不断完善的过程。这一过程将外在的道德要求转化为内在的道德信念，又将内在的道德信念转化为实际的职业行为，是每个水利工作者培养和提高自己职业道德境界，实现自我完善的必由之路。

水利职业道德修养不是单纯的内心体验，而是水利工作者在改造客观世界的斗争中改造自己的主观世界。职业道德修养作为一种理智的自觉活动，一是需要科学的世界观作指导。马克思主义中国化的最新理论成果是科学世界观和方法论的集中体现，是我们改造世界的强大思想武器。每个水利工作者都要认真学习，深刻领会马克思哲学关于一切从实际出发，实事求是、矛盾分析、归纳与演绎等科学理论，为加强职业道德修养提供根本的思想路线和思维方法。二是需要科学文化知识和道德理论作基础。科学文化知识是关于自然、社会和思维发展规律的概括和总结。学习科学文化知识，有助于提高职业道德选择和评价能力，提高职业道德修养的自觉性；有助于形成科学的道德观、人生观和价值观，全面、科学、深刻地认识社会，正确处理社会主义职业道德关系。三是理论联系实际，知行统一为根本途径。要按照水利职业道德规范的要求，勇于实践和反复实践，在职业活动中不断学习、深入体会水利职业道德的理论和知识。要在职业工作中努力改造自己的主观世界，同各种非无产阶级的腐朽落后的道德观作斗争，培养和锻炼自己的水利职业道德观。要以职业岗位为舞台，自觉地在工作和社会实践中检查和发现自己职业道德认识和品质上的不足，并加以改正。四是要认识职业道德修养是一个长期、反复、曲折的过程，不是一朝一夕就可以做到的，一定要坚持不懈、持之以恒地进行自我锻炼和自我改造。

3.3　广泛参与水利职业道德实践

水利职业道德实践是一种有目的的社会活动，是组织水利工作者履行职业道德规范，取得道德实践经验，逐步养成职业行为习惯的过程；是水利工作者职业道德观念形成、丰富和发展的一个重要环节；是水利职业道德理想、道德准则转化为个人道德品质的必要途径，在道德建设中具有不可替代的重要作用。

组织道德实践活动，内容可以涉及水利工作者的职业工作、社会活动以及日常生活等各方面。但在一定时期内，须有明确的目标和口号，具有教育意义的内容和丰富多采的形式，要讲明活动的意义、行为方式和要求，并注意检查督促，肯定成绩，找出差距，表扬先进，激励后进。如在机关里开展“爱岗敬业，做人民满意公务员”活动，在企业中开展“讲职业道德，树文明新风”活动，在青年中开展“学雷峰，送温暖”活动，组织志愿者在单位和宿舍开展“爱我家园、美化环境”活动等。通过这些活动，进行社会主义高尚道德情操和理念的实践。

每一个水利工作者都要积极参加单位及社会组织的各种道德实践活动。在生动、具体的道德实践活动中，亲身体验和感悟做好人好事，向往真善美所焕发的高尚道德情操和观念的伟大力量，加深对高尚道德情操和观念的理解，不断用道德规范熏陶自己，改进和提高自己，逐步把道德认识、道德观念升华为相对稳定的道德行为，做水利职业道德的模范执行者。

第2篇　基础知识

第1章　水力学基本知识

水力学分为水静力学和水动力学两部分,水静力学研究液体处于静止状态下的力学规律,水动力学研究液体在运动状态时的力学规律、运动特性、能量转换等。工程中常见的水力学问题有水作用力、过流能力、能量与消能、水面线和渗流等。本章主要讲述液体的基本特性和主要物理力学性质、水静力学、水流运动的基本理论等,考生应重点掌握静水压强、流速、流量及水力比降。

1.1　液体的基本特性和主要物理力学性质

1.1.1　液体的基本特性

自然界中的物质一般有固体、液体和气体三种形式,其中液体和气体统称为流体。固体能保持固定的形状和体积,能承受拉力、压力和剪切力;气体没有固定的形状和体积,极易被压缩或膨胀,能扩散到其占有的整个有限空间;液体虽然不能保持固定的形状,却能保持固定的体积,液体具有易流动性、不易压缩性(只有在较大的压力作用下才显示可压缩性)、在静止状态时不能承受拉力和剪切力的基本特性。

1.1.2　液体的主要物理力学性质

1.1.2.1　质量与密度

液体自身所含物质的多少称为液体的质量,常用 m 表示。质量的国际单位是千克(kg),常用单位为克(g)或吨(t)。

单位体积的液体所含有质量的多少称为液体的密度,常用 ρ 表示。质量为 m、体积为 V 的液体的密度 $\rho = m/V$,密度的国际单位是千克每立方米(kg/m^3),常用单位为克每立方厘米(g/cm^3)。

液体的密度随其温度和压强的变化而有所变化,但变化很小。水力学中常把水的密度视为常数,水在一个标准大气压下、温度4 ℃时的密度值为1 000 kg/m^3。

1.1.2.2　重力与容重

地球对物体的吸引力称为重力(习惯称为重量),常用 W 表示。质量为 m 的物体,其重力 $W = mg$,重力的单位为牛顿(N)或千牛顿(kN)。式中,g 为重力加速度,通常取 $g = 9.8\ m/s^2$。

单位体积物体所具有的重量称为容重,常用 γ 表示。若重量为 W、体积为 V,则平均容重 $\gamma = W/V = mg/V = \rho g$。容重的单位为牛顿每立方米($N/m^3$)或千牛顿每立方米($kN/m^3$)。

不同液体具有不同的容重,同一种液体的容重也往往随其温度和压强的不同而发生变化,水在一个标准大气压下、温度 4 ℃时的容重为 9 800 N/m^3 或 9.8 kN/m^3。

1.1.2.3　黏滞性

液体内部相邻质点之间做相对运动时会产生摩擦,这种摩擦会试图阻止相对运动或减小相对运动,将这种摩擦称为液体内摩擦,这种性质称为黏滞性,也简称为黏性或黏度。

液体黏滞力的存在可使水流的流速分布不均匀,但呈连续变化,见图 2-1-1 所示。水在渠底的流速为零,离渠底愈远其流速愈大,至水面附近时流速最大(受空气阻力影响水面流速不是最大),这是由于紧靠渠底的极薄水层附着(黏)在渠底不动,通过黏滞作用又逐渐影响到上层所致。

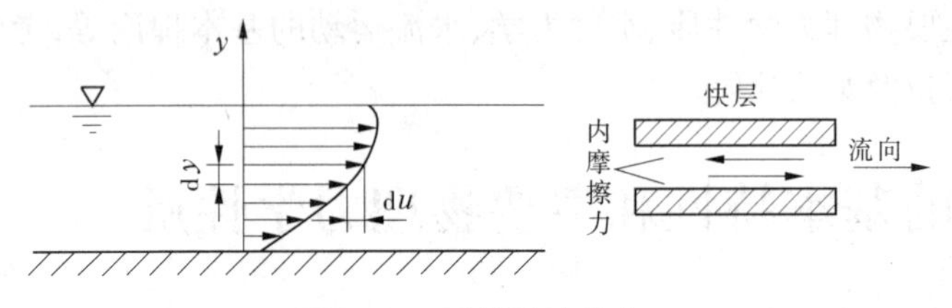

图 2-1-1　垂线流速分布

黏滞性对液体运动有着重要影响:一是传递运动,使运动在空间分布连续;二是消耗能量,液体在相对运动过程中产生的内摩擦将消耗其部分机械能。

1.1.2.4　压缩性

液体静止时不能承受拉力和剪切力,但能承受压力。液体在受压后其体积有所缩小,压力撤除后其体积也能恢复原状,这种性质称为液体的压缩性或弹性。但液体的压缩性比较小,所以又认为其具有不易压缩性。

水的压缩性很小,增加一个大气压其体积压缩量不足 1/20 000,所以在一般水力学问题中可认为水是不可压缩的。但对特定情况就必须考虑水受力后的压缩作用,当突然关闭有压水管的阀门或加大阀门开度时,水管中的压强会突然变化,液体将受到压缩或膨胀,由此而产生的弹力对水流运动和水管的影响(弹力在水管中来回传播,甚至导致水管发出声音和产生震动,这种现象称为水锤现象或水击现象)是不可忽视的。

1.1.2.5　表面张力

在液体与气体相接触的自由表面上,由于两侧分子引力的不平衡,将使自由表面上的液体分子受有极微小的拉力,常将液体表面所受到的这种微小拉力称为表面张力。

在表面张力作用下,会使液体表面有拉紧收缩的趋势,使液体表面呈现下凹或上凸的曲面,如图 2-1-2 所示。

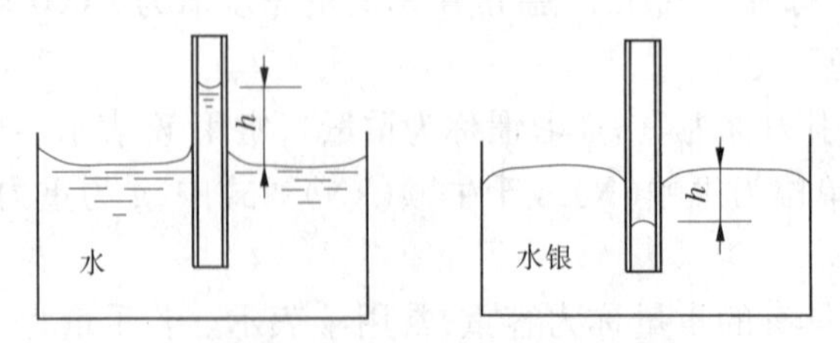

图 2-1-2　液体表面张力示意图

液体的表面张力很小,一般可不考虑,仅在面积较小的液体表面才会显现出来,若将一根细玻璃管插入静水或水银中,则细玻璃管中的液面将高于或低于容器中的自由液面,见图2-1-2,这就是表面张力作用的结果。

1.2　静水压强及其特性

1.2.1　静水压强

1.2.1.1　静水压力

固体边壁约束着液体,液体将对固体边壁产生作用力,当上游有水时开启闸门比无水时需要更大的拉力,这是由于水对闸门的压力使闸门紧贴门槽而产生摩擦力。

把水体对固体边壁的总作用力称为水压力。水压力分为静水压力和动水压力,水在静止状态下对固体边壁的作用力称为静水压力,水在流动状态下对固体边壁的作用力称为动水压力。

静水压力的大小与受压面在水中的深度和受压面面积的大小成正比,静水压力的方向垂直指向受压面,水压力的国际单位是牛顿(N)或千牛顿(kN)。

1.2.1.2　静水压强

单位面积上的静水压力称为静水压强,常用p表示。

受压面上各点的静水压强是不均匀的,其大小随水深而变化,如微小面积ΔA上所受到的静水压力为ΔP,则其平均静水压强为$p=\Delta P/\Delta A$。若把微小面积ΔA无限缩小(即趋向于点),则可将比值$\Delta P/\Delta A$的极限值定义为该点处的静水压强(习惯称为点静水压强),即静水内部某一点的静水压强为

$$p = \lim_{\Delta A \to 0} \frac{\Delta P}{\Delta A}$$

若无特别说明,常说的静水压强均是指点静水压强,所以静水压强又指受压面上某一点处所受到的单位面积上的静水压力。静水压强的单位是牛顿每平方米(N/m^2)或千牛顿每平方米(kN/m^2),即帕(Pa)或千帕(kPa)。

1.2.2　静水压强的特性

1.2.2.1　静水压强的特性

试验和受力分析证明,静水压强有以下两个重要特性。

(1)静水压强的大小:静水内部任一点上的静水压强大小只与水面压强(水面压强可以大小不变地传递到液体内部任何一点)和该点在水面以下的深度(水深)有关,而与受压面在该点处的方位无关,即静水压强的大小为

$$p = p_0 + \gamma h$$

式中　p_0——水面压强,当为自由水面(即水面为一个大气压p_a)时,可取$p_0=0$(相对压强),则相对压强的静水压强大小为$p=\gamma h$,一般指相对压强;

γ——水的容重;

h——该点处的水深。

(2)静水压强的方向:垂直并指向受压面。

1.2.2.2　**静水压强分布图**

根据以上特性,可确定出受压面上任意点的静水压强大小和方向,并可依次将各点的静水压强用图表示(箭杆长度代表大小,箭头表示方向,并将箭杆尾部连接起来)出来,这种表示静水压强大小和方向的图形称为静水压强分布图,见图 2-1-3 及图 2-1-4。

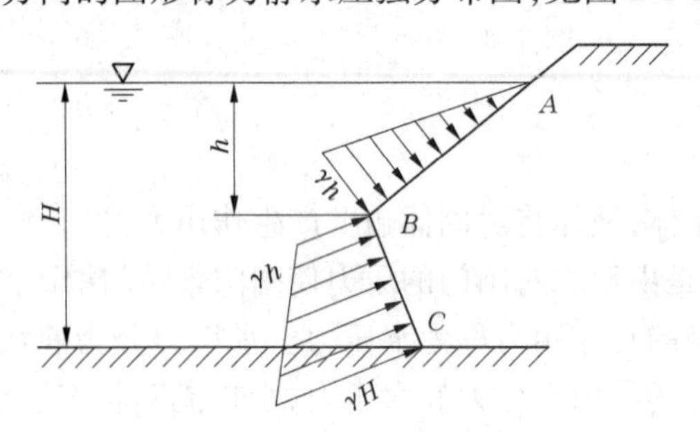

图 2-1-3　静水压强分布图

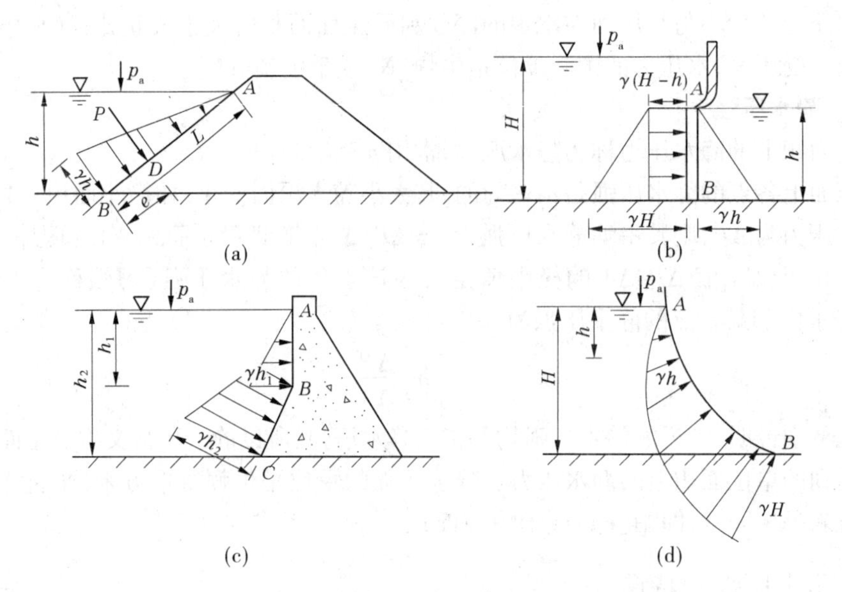

图 2-1-4　不同类型受压面静水压强分布图

1.2.2.3　**静水总压力**

根据静水压强分布图可计算出作用于受压面上的静水总压力。对于矩形受压面,其静水总压力的大小为 $P = Sb$(S 为静水压强分布图面积,b 为受压面在垂直纸面方向上的宽度),静水总压力的方向垂直指向受压面,静水总压力的作用点为经过静水压强分布图形心并与受压面相交的交点。

1.3　水流运动的基本理论

1.3.1　水流运动要素

工程中常遇到处于运动状态的水流,我们把表征水流运动状态的物理量称为水流运动要素,水流运动要素主要包括流速、流量、动水压强等。

1.3.1.1　**流速**

流速是指液体质点在单位时间内运动的距离,一般用 v 表示,常用单位为米每秒(m/s)。流速是一个矢量,既有大小,又有方向。江河渠道中不同过水断面及同一过水断面上不同点的流速往往是不同的(垂线上的流速分布为:河渠底为零,水面附近最大;河宽方向上的流速分布为:河岸小,河中大;管流中心点处流速最大),一般所说的流速是指同一断面上的平均流速。

1.3.1.2　**流量**

流量是指单位时间内通过某一过水断面的液体体积,一般用 Q 表示,常用单位是立方米每秒(m^3/s)或升每秒(L/s)。如果河道某一过水断面的面积为 A,该过水断面上的平均流速为 v,则通过该断面的流量 $Q=Av$。

河道横断面是指垂直于流向的横截面。横断面与河床的交线为河床线。河床线与水面线之间的范围为河道过水断面,过水断面面积应根据水深、水面宽度和断面形状按对应的面积公式进行计算,或按切割法分块计算,河床线与历年最高水位之间的范围为河道大断面。

1.3.1.3　**动水压强**

液体运动时,液体中任意点上的压强称为动水压强。动水压强除与水深有关外,还与流速、流动方向、流态等因素有关。

1.3.2　描述水流运动的两种方法

自然界中的水流运动非常复杂,须采用一定的方法来描述水流的运动规律,水力学中描述水流运动常用质点系法和流场法,也称为迹线法和流线法。

1.3.2.1　**质点系法**

以液体中各质点为研究对象,沿流程分别跟踪考察分析每一个质点所经过的轨迹及其运动要素的变化规律,把每个液体质点的运动情况综合起来可获得整个液体的运动规律。同一个质点沿流程所经过的轨迹叫做迹线,所以质点系法也叫轨迹法或迹线法。由于水流质点繁多,每个质点的运动轨迹各不相同,用这种方法研究水流运动是非常困难的。

1.3.2.2　**流场法**

流场法是用流线来描述水流运动,所以也叫流线法。它是考察分析液体各质点在同一时刻、通过不同固定空间点时的运动要素情况,这相当于研究各运动要素的分布状况,以此可获得整个液体的运动规律。

流线是指某一瞬时、由流场中许多质点按一定规律组成的连续曲线,见图2-1-5,它具有以下性质:

(1)流线上任意一点的切线方向为该点的流速方向。

(2)流线是一条光滑的曲线,没有折点,也不能相交。

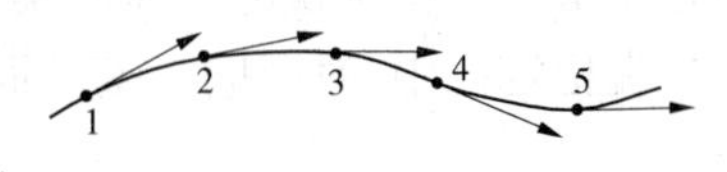

图2-1-5　流线示意图

用流线来描述水流运动时,其流动图像更为清晰、直观,可清晰地看出水流的整体流动趋势,见图2-1-6,流线具有以下特点：

(1)流线的形状与固体边界形状有关。越接近边界的流线越与边界形状相似，紧靠平顺边界的流线与边界形状相同，在边界形状急剧变化处主流与边界之间将形成旋涡区。

(2)流线分布的疏密程度反映了流速的大小，流线越密，流速越大。

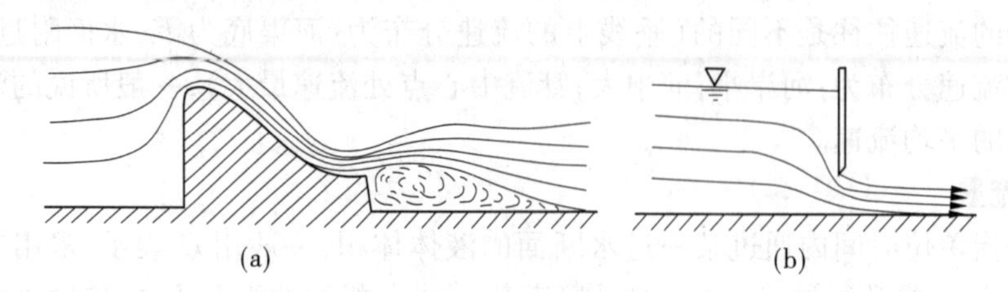

图 2-1-6　溢流坝和水闸过流流线示意图

1.3.3　水流运动分类

1.3.3.1　恒定流与非恒定流

根据在任意固定空间点上的运动要素是否随时间变化将水流分为恒定流和非恒定流。

1)恒定流

如果在任意选定的固定空间点上，水流的所有运动要素都不随时间发生变化，这种水流称为恒定流。

自然江河、渠道中的水流一般均为非恒定流，为便于分析研究，可将运动要素随时间变化不大的水流近似认为是恒定流。

(1)恒定流的连续方程。

在恒定水流中，通过不同断面的流量符合质量守恒规律。

若两断面之间没有支流，则通过上下游过水断面的流量相等，即有 $Q=A_1v_1=A_2v_2$。

若两断面之间有支流，如图 2-1-7 所示，则通过总断面的流量与各分支流量之和相等，即有 $Q_1=Q_2+Q_3$。

(2)恒定流的能量方程。

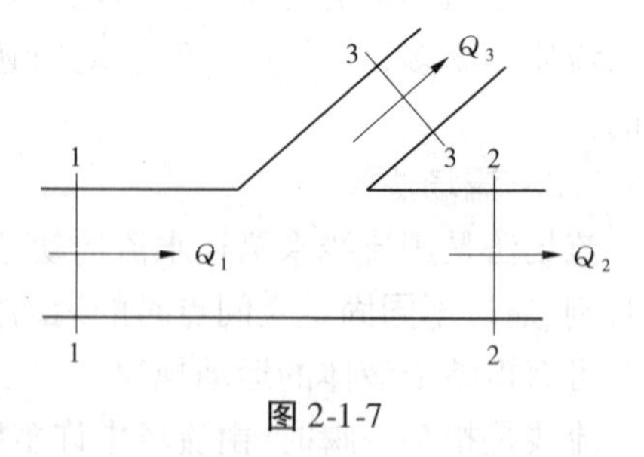

图 2-1-7

水流具有位能、压能和动能。液体内任意选定点对应于任意选取的水平基准面的几何高度(z)代表单位重量液体所具有的位能，也称为位置水头；该选定点的压强高度(p/γ)代表单位重量液体所具有的压能，也称为压强水头；位能与压能之和($z+p/\gamma$)称为势能，也称为测压管水头；单位重量液体所具有的动能为 $v^2/(2g)$，也称为流速水头。单位重量的液体所具有的总能量为 $z+p/\gamma+v^2/(2g)$，也称为总水头。

在恒定流中，对于同一基准面，上下游两个过水断面之间存在着如下能量方程：

$$z_1+\frac{p_1}{\gamma}+\frac{\alpha_1 v_1^2}{2g}=z_2+\frac{p_2}{\gamma}+\frac{\alpha_2 v_2^2}{2g}+h_{w1-2}$$

式中　h_{w1-2}——从断面 1 到断面 2 之间的能量损失；

α_1、α_2——流速修正系数，一般取 $\alpha_1 = \alpha_2 = 1$。

应用能量方程应注意：水流必须是恒定流或所选取两断面之间为恒定流，在所选取的过水断面上应是均匀流或渐变流，两断面必须对应同一基准面，压强一般用相对压强。

(3)恒定流的动量方程。

质点运动时所具有的动量等于其质量 m 与速度 v 的乘积，即动量 $K = mv$。

在外力（如边界对水流的约束作用力）作用下可使液体的运动速度或运动方向发生变化，同时液体也将对边界产生反作用力，这就是输水管道或渡槽需在急转弯处修建镇墩以维护稳定的原因，利用动量方程可以求解液体对边界所产生反作用力的大小和方向。

动量在某一方向上的变化量等于所有外力在同一方向上的冲量（力与时间的乘积）代数和，即有 $m(v_2 - v_1) = \sum Ft$，或写成 $m(v_2 - v_1)/t = \sum F$，这就是动量方程。

对于恒定流，流过断面的液体质量 $m = \rho Qt$，则 $m/t = \rho Q$。

动量是个矢量（既有大小，又有方向），所以利用动量方程时必须选定投影轴并标明正负方向，若选取上下游两个过水断面并将流速和各作用力分别向三个直角坐标轴（x、y、z）上投影，可得到如下动量方程：

$$\rho Q(\beta_2 v_{2x} - \beta_1 v_{1x}) = \sum F_x$$

$$\rho Q(\beta_2 v_{2y} - \beta_1 v_{1y}) = \sum F_y$$

$$\rho Q(\beta_2 v_{2z} - \beta_1 v_{1z}) = \sum F_z$$

式中　v_{2x}、v_{2y}、v_{2z}——下游过水断面的平均流速在三个坐标轴上的分量；

v_{1x}、v_{1y}、v_{1z}——上游过水断面的平均流速在三个坐标轴上的分量；

ρ——液体密度；

β_1、β_2——动量修正系数，常取 $\beta_1 = \beta_2 = 1.0$；

$\sum F_x$、$\sum F_y$、$\sum F_z$——作用在上下游断面之间水体上的所有外力在三个坐标轴上的分量代数和。

应用动量方程应注意：流速或力的分量与投影轴正向一致为正，相反为负；未知力的方向可先假设，计算值为正说明假设方向正确，计算值为负说明与假设方向相反。

2)非恒定流

若水流在任一固定空间点上、任何一项运动要素随时间发生变化，则称其为非恒定流。

1.3.3.2　均匀流与非均匀流

根据运动要素是否随流程变化将水流分为均匀流与非均匀流两种。

1)均匀流与明渠均匀流

将运动要素不随流程变化的水流称为均匀流。

在均匀流中，同一流线上液体质点的流速大小和方向沿程不变，流线为一组相互平行的直线，过水断面（垂直于流线的截面）为平面，各过水断面上的流量、平均流速、流速分布、水深、过水面积不变。由此可见，只有恒定流才有可能产生均匀流。

具有自由水面（水面各点压强均为大气压强）的水流统称为明渠水流，又称为无压流，天然河道、人工渠道、渡槽、无压管道或隧（涵）洞中的水流均属于明渠水流。若明渠水流满足均匀流条件，则称其为明渠均匀流。

明渠均匀流具有以下特征（见图2-1-8）：

（1）过水断面的形状、尺寸和水深沿程不变；

（2）过水断面上的流速分布和断面平均流速沿程不变，故其流速水头（$v^2/(2g)$）沿程不变；

（3）三线平行：总水头线、水面线和渠底线相互平行，即水力坡度 J = 水面坡度 J_p = 底坡 i。

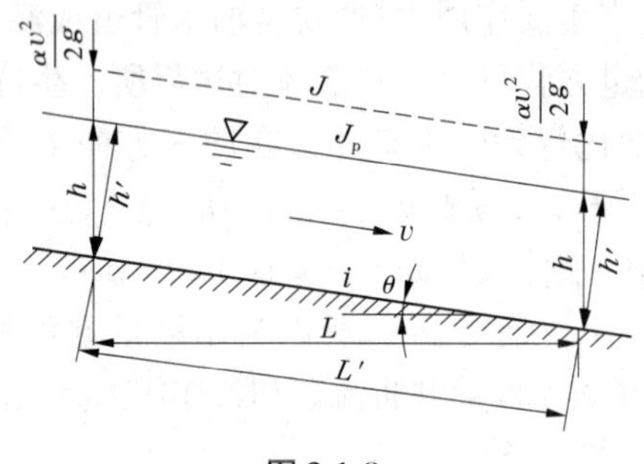

图2-1-8

底坡 i：明渠渠底的比降，是沿水流运动方向上单位长度渠底（斜长）的下降高度，由图2-1-8可知，底坡 i 等于渠底线与水平线所成夹角 θ 的正弦值，即 $i=\sin\theta$；当 θ 较小（通常 $\theta\leqslant6°$）时，$\sin\theta\approx\tan\theta$，即可用水平距离 L 代替 L'，同时也可用铅直水深 h 代替与流线垂直的水深 h'，可使测算更加方便。渠道底坡分为正坡（渠底高程沿流程降低，又称顺坡，$i>0$）、平坡（渠底高程沿流程不变，$i=0$）和逆坡（渠底高程沿流程升高，又称倒坡或反坡，$i<0$）三种，如图2-1-9所示。天然河道的河底起伏不平，底坡是变化的，一般取平均底坡。

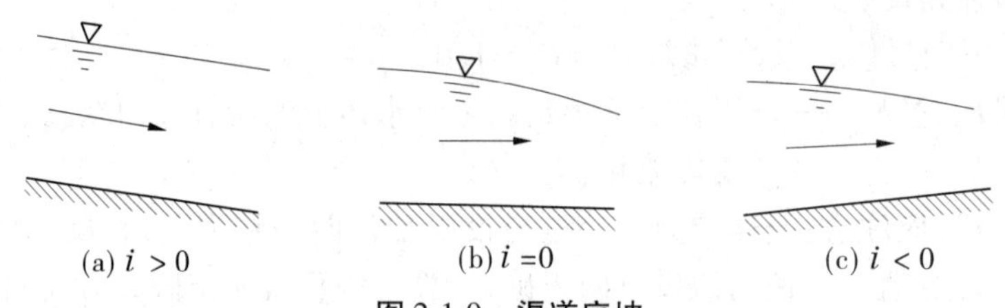

图2-1-9　渠道底坡

水面坡度：也叫水面比降，是水面沿流程的纵向下倾程度，即在流动方向上单位长度（斜长）水面的下降量，常用 J_p 表示。当水面比较平缓时，可用水平长度代替水面斜长。

水力坡度：也叫水力比降，是指总水头线（总能量线）沿流程的纵向下倾程度，即单位长度流程（斜长）上的水头损失，常用 J 表示，也可用水平长度代替倾斜长度。

产生明渠均匀流须具备以下条件：

（1）水流必须是恒定流，即沿程没有支流的汇入或分出。

（2）渠道必须是长直棱柱体正坡渠道，即长而直、底坡不变、正坡、过水断面的形状和尺寸不变、粗糙系数（边界条件）沿程不变的渠道。

（3）渠道中不存在任何阻碍水流运动的建筑物或其他局部干扰。

天然河道很难满足上述条件，为方便计算，对于顺直、断面变化不大的人工渠道或天然河道的某些河段可按均匀流近似估算。

2) 非均匀流

运动要素中任何一项沿流程发生变化的水流统称为非均匀流。

1.3.3.3　**渐变流与急变流**

在非均匀流中,根据流线形状及沿程变化情况又可分为渐变流和急变流。

1) 渐变流

将流线近乎平行、流线曲率不大(近乎直线)的水流称为渐变流,见图 2-1-10。渐变流过水断面可近似当做平面,断面上动水压强符合静水压强的分布规律。

2) 急变流

将流线不平行、流线曲率较大的水流称为急变流,见图 2-1-10。急变流过水断面上的动水压强不符合静水压强的分布规律,在急变流段不能忽略离心力作用。

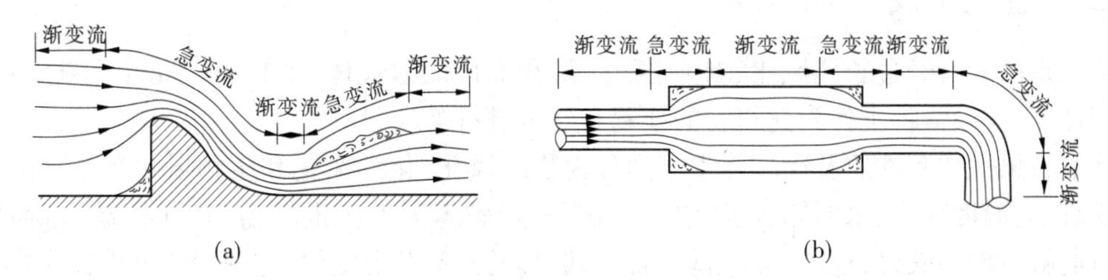

图 2-1-10　渐变流与急变流的流线示意图

1.3.3.4　**层流与紊流**

1) 层流

当流速较小时,水流质点作有条不紊的线状运动,水流各层或各微小流束上的质点互不混掺,各个质点的运动轨迹互不相交,这种流动形态称为层流。

2) 紊流

当流速较大时,水流在向前运动的过程中,各层或各微小流束上的质点形成涡体而导致彼此混掺,每个质点的运动轨迹都是曲折多变的,这种流动形态称为紊流。

第2章　土力学基本知识

土力学主要研究土的物理力学性质、变形、强度、抗渗抗滑稳定、土压力等问题,本章重点掌握土的分类、土的干密度和含水率、土的击实特性。

2.1　土的物理性质

2.1.1　土的形成

土是由岩石经过长期风化、剥蚀、搬运、沉积而成的散粒体,土具有多孔性、多样性和易变性,工程中常将土作为建筑物的地基和建筑材料等。

岩石风化按其性质及影响因素不同分为物理风化、化学风化和生物风化三种。由于风吹日晒、温度变化、水的冰胀、波浪冲击、开挖爆破等因素产生的物理力(机械力)而使岩石崩解或剥蚀破碎,逐渐形成岩块、岩屑,但其成分不发生变化,这种量变过程称为物理风化(或称机械作用);由于与空气或液体相接触产生的化学反应使岩石分解为细颗粒,且其成分也发生变化,这种质变过程称为化学风化(或称化学作用);由于生物活动而使岩石发生的风化称为生物风化,它包含了物理风化(如植物根的劈裂作用)和化学风化(如生物新陈代谢产生的酸及微生物引起的化学反应)。

2.1.2　土的三相组成

天然状态下,土由固体、液体和气体三部分组成,称为土的三相。土的固相(土颗粒)构成土的骨架,对土的性质起着决定性作用。土骨架孔隙中被水或气体所充填,若孔隙中同时存在水和气体则为湿土,若孔隙被水充满为饱和土,若孔隙全由气体充填为干土。

2.1.2.1　土的固相

土的固相主要是矿物颗粒,或含有少量的由于动植物腐烂而形成的有机质成分。矿物颗粒分为原生矿物和次生矿物。原生矿物为岩石受物理风化作用而生成的颗粒,其成分与母岩相同;次生矿物为岩石受化学风化作用而生成的颗粒,其成分与母岩不同。矿物颗粒的大小、形状、成分、组成及相互排列等因素对土的性质有重要影响。

2.1.2.2　土的液相

土的液相主要指土体孔隙中的水,分为结合水和自由水。

(1)结合水。指吸附在土颗粒表面形成的一层薄膜水。其中,被牢固地吸附在土颗粒表面上的一层极薄的水称为强结合水,强结合水之外的为弱结合水。结合水主要存在于黏性土中,黏性土的黏性、塑性、变形、强度、渗透性等都与结合水密切相关,结合水的存在可使细颗粒之间形成公共水膜,公共水膜增厚时可将土颗粒挤开,公共水膜变薄时可将土颗粒拉近而使土体不易变形且强度高。

(2)自由水。指位于结合水以外、不被土粒表面吸附、主要受重力作用控制的水。自由水又分为毛细水和重力水。可沿连通的细微孔隙从水面上升到土中的水称为毛细水,毛细水的上升可使土层潮湿、含水率增大、土地沼泽化或盐渍化;只受重力作用、在重力作用下向低处流动(包括渗流)的水称为重力水,重力水常位于自由水面以下、地下水位以下及堤内浸润面(线)以下。

自由水对土的性质、土方工程的施工及施工质量有显著影响。

2.1.2.3　**土中的气体**

土中的气体分为与大气连通和密闭的两种。对于与大气连通的气体,当土体受到压缩时易被挤出,所以对土的性质几乎没有影响,沙土中的气体属于这种类型;对于密闭的气体,当土体受到压缩时不易被挤出,只是气体也被压缩,当外力减小或消除后,气体又要膨胀,所以密闭气体的存在可以增加压实难度,影响压实质量,密闭气体多存在于黏性土中。

2.1.3　土的物理性质指标

土的性质不仅取决于土的三相自身特性,也与三相之间的比例关系有关,所以把土体三相之间的数量关系称为土的物理性质指标,并作为评价土的工程性质的基本指标。

为便于理解,可假想以图 2-2-1 所示柱状图表示土的三相组成,图中 W 表示总重量,W_s 表示土颗粒的重量,W_w 表示土中水的重量,W_a 表示土中气体的重量(可忽略不计),V 表示总体积,V_s 表示土颗粒的体积,V_w 表示土中水的体积,V_a 表示土中气体的体积(土饱和时,水充满孔隙,$V_a=0$),$V_v=V_w+V_a$ 表示土中孔隙的体积,土的总质量为 m。

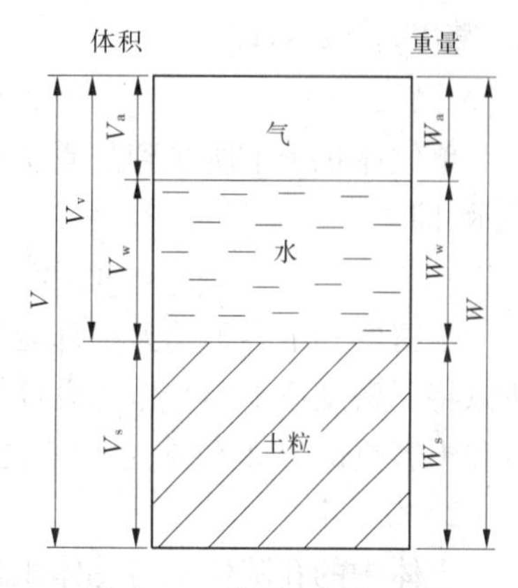

图 2-2-1　土的三相示意图

2.1.3.1　**实测指标**

1)土的密度与容重

单位体积土体所具有的质量称为土的密度,常用 ρ 表示,$\rho=m/V=(m_s+m_w)/V$。

密度的国际单位是千克每立方米(kg/m^3),习惯用克每立方厘米(g/cm^3)或吨每立方米(t/m^3)。一般土的密度为 1.6~2.2 g/cm^3。

密度是土的一个重要基本物理指标,它反映土的疏密状态,检测密度的常用方法有环刀法、灌沙法、灌水法、核子密度仪法等。

单位体积土体所受到的重力称为土的容重(也称为土的重度),常用 γ 表示,即

$$\gamma = W/V = mg/V = \rho g$$

式中　g——重力加速度,为 9.8 m/s^2。

容重的国际单位为牛顿每立方米(N/m^3)或千牛顿每立方米(kN/m^3)。习惯将天然状态下土的容重称为土的天然容重。

2)含水率

土的含水率(常称为含水量)是指土中水的质量(或重量)与土粒的质量(或重量)之比,以百分数表示,也就是土样烘干至恒重时所失去的水分质量与其土粒质量之比的百

分数

$$\omega = (m_w/m_s) \times 100\% = (W_w/W_s) \times 100\%$$

常用烘干法、酒精燃烧法、比重法、核子仪测定法检测土的含水率。

3)比重

土的比重是指土在105～110 ℃温度下烘干至恒重时的质量(即土粒质量)与同体积4 ℃时纯水的质量之比,常用G_s表示,即

$$G_s = m_s/(V_s\rho_w)$$

式中 ρ_w——4 ℃时纯水的密度,一般取$\rho_w = 1\ g/cm^3$。

土的比重也可表示为$G_s = W_s/(V_s\gamma_w)$,即干土重量与同体积水重之比。

土的比重取决于土的矿物成分和有机质含量,比重变化较小,一般取为常数,沙土比重为2.65～2.69,沙质粉土为2.70,黏质粉土为2.72～2.73,黏土为2.74～2.76,有机质土的比重稍小。比重的检测方法主要有比重瓶法、浮称法或虹吸法等。

2.1.3.2 换算指标

1)干密度与干容重

单位体积土体中土粒所具有的质量(也就是单位体积干土所具有的质量)称为干密度,常用ρ_d表示,即

$$\rho_d = m_s/V \quad (kg/m^3 或 t/m^3)$$

单位体积干土所受到的重力(或单位体积干土所具有的重量)称为干容重,常用γ_d表示,即

$$\gamma_d = W_s/V = gm_s/V = g\rho_d \quad (N/m^3 或 kN/m^3)$$

干密度和干容重的大小都能反映土的密实情况,土越密实,其干密度或干容重越大,所以将干密度或干容重作为设计指标和评定填土压实质量的控制指标。但应注意:干密度和干容重的定义不同、单位不同、数值大小不同。

2)孔隙率

土体中的孔隙体积与总体积之比(百分数)称为孔隙率,常用n表示,即

$$n = (V_v/V) \times 100\%$$

孔隙率n的大小能反映土的密实程度,n越小土越密实。

3)孔隙比

土体中的孔隙体积与土粒体积之比称为孔隙比,常用e表示,即

$$e = V_v/V_s$$

孔隙比e的大小也能反映土的密实程度,e越小土越密实。

4)饱和度

土体中的水体积与孔隙体积之比(百分数)称为饱和度,常用S_r表示,即

$$S_r = (V_w/V_v) \times 100\%$$

土的饱和度反映了孔隙被水充满的程度,孔隙被水完全充满时土达到饱和状态。

5)饱和密度

饱和状态下单位体积土体所具有的质量称为饱和密度,记为ρ_{sat},即

$$\rho_{sat} = (m_s + m_w)/V$$

饱和状态下单位体积土体所具有的重量称为饱和容重，记为 γ_{sat}，即

$$\gamma_{sat} = g\rho_{sat}$$

6）浮容重

浸在水中（受到水的浮力作用）时单位体积土体所具有的有效重量（即单位体积土体中的土粒重量减去土粒受到的浮力）称为浮容重，记为 γ'，即

$$\gamma' = (W_s - V_s\gamma_w)/V$$

在土的物理性质指标中，可通过试验测定的密度 ρ、比重 G_s 和含水率 ω 三个指标换算其他指标，有关换算公式见附录 1。

2.1.4　黏性土的特性

随着含水率的变化，黏性土将呈现出一些特性，如塑性、收缩、膨胀、崩解等。

2.1.4.1　黏性土的稠度状态

黏性土在某含水率时的稀稠或软硬程度，称为该含水率时的稠度状态。随着含水率的增加，黏性土将先后呈现固态、半固态、塑态和流动状态（液态），参见图 2-2-2。土从一个稠度状态过渡到另一个稠度状态时的分界含水率称为界限含水率或稠度界限，如固态与半固态的缩限 ω_S、半固态与塑态的塑限 ω_P、塑态与流态的液限 ω_L。

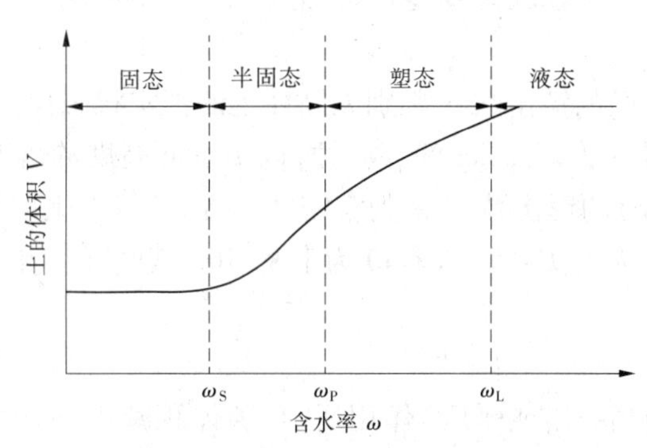

图 2-2-2　黏性土的稠度状态示意图

当土处在固态时，土的体积不随含水率而发生变化；当土处在半固态时，随着含水率的增加，土的体积增大；当土进入塑态后，能在一定范围内将土塑成任意形状，且其表面不发生裂缝或断裂，外力去掉后仍能保持已塑形状；当含水率继续增加时，可使土处于液态。

根据土的天然含水率 ω、塑限 ω_P、液限 ω_L 可进一步分析判定其有关性质：

（1）塑性指数。指液限 ω_L 与塑限 ω_P 之差，即 $I_P = \omega_L - \omega_P$。塑性指数越大，黏土的塑性变化范围越大，土的塑性越好，黏性越大，常用塑性指数对黏土进行分类或选择。

（2）液性指数。用黏性土天然含水率和其塑限的差值与塑性指数的比值表示，即 $I_L = (\omega - \omega_P)/I_P$。当 $I_L < 0$ 时，土处于固态或半固态；当 $I_L = 0$ 时，土刚好处于塑限处；当 $I_L < 1$ 时，土处于塑态；当 $I_L = 1$ 时，土刚好处于液限处；当 $I_L > 1$ 时，土处于液态。

2.1.4.2　收缩、膨胀、崩解

1）收缩

黏性土失水时，体积变小，将这种特性称为收缩。

2）膨胀

黏性土含水率增加时，体积增大，称为膨胀。

3）崩解

随着含水率继续增加，土粒间的联结减弱，直至因丧失联结而导致黏性土分解，称为崩解。所以，黏性土含水率过高可能导致边坡滑动或坍塌。

2.1.5　无黏性土的密实状态

无黏性土是单粒结构的散粒体，它的密实状态对其工程性质影响很大，密实的沙土其结构稳定、强度较高、压缩性较小，疏松的沙土（特别是饱和松散粉细沙）易产生流沙或震动液化，所以常需判定无黏性土的密实状态。

（1）用孔隙比判别无黏性土的密实状态：e 越小土越密实，e 越大土越疏松。这种判别方法直观易懂，但没有考虑颗粒级配对孔隙比的影响（如粒径均匀的密实沙土仍具有较大的 e 值，粒径不均匀的松散沙土 e 值也可能较小）。

（2）用相对密实度判别无黏性土的密实状态：相对密实度 $D_r=(e_{max}-e)/(e_{max}-e_{min})$，是将实测孔隙比 e 与最疏松状态孔隙比 e_{max} 和最密实状态孔隙比 e_{min} 进行对比，作为衡量无黏性土密实程度的指标，D_r 越大土越密实，$D_r=0$ 表示土处于最疏松状态，$D_r=1$ 表示土处于最密实状态，一般认为 $D_r>0.67$ 为密实、$0.33<D_r\leqslant0.67$ 为中密、$D_r\leqslant0.33$ 为疏松。

（3）用标准贯入试验的锤击数 N 判别无黏性土的密实状态：对于天然无黏性土体，可根据标准贯入试验（用质量 63.5 kg 的穿心锤，以 76 cm 高度的落差，锤击一次或多次使贯入器打入土中 30 cm）的锤击数 N 来判定密实程度，N 越大土层越密实，N 越小土层越疏松，一般认为 $N>30$ 为密实、$15<N\leqslant30$ 为中密、$10<N\leqslant15$ 为稍密、$N\leqslant10$ 为松散。

2.1.6　土的击实性

填土受到击实（包括夯击或碾压）作用后，孔隙体积减小，密度增大，压缩性减小，抗渗性和抗压强度及抗剪强度提高，即土具有可击实性。修筑土方工程时要求分层铺填，并压实到规定的指标，软弱地基也可通过击实提高强度、减小变形。

2.1.6.1　**击实试验**

击实试验，是用标准击实方法测定土的干密度和含水率之间的关系，并可确定土的最大干密度和最优含水率。试验时，将性质相同、含水率不同的一组（至少 3 个）土样分别装入击实筒内，用击锤按相同击实功分层击实，分别测定击实后的干密度，在以干密度值为纵坐标、含水率为横坐标的坐标系中点绘出各试验点，并将各点平滑地连接成曲线，得到该土样在该击实功下的干密度与含水率关系曲线（击实曲线），见图 2-2-3。

从击实曲线可以看出：在同样击实功下，含水率小于某值时土料的干密度随含水率增大而增大，当含水率超过某值后干密度则随含水率的增大而减小，对应获得最大干密度的含水率称为该击实功下的最优含水率。从试验还得知：同样条件下，随着击实功的增大，最大干密度增大，最优含水率减小。

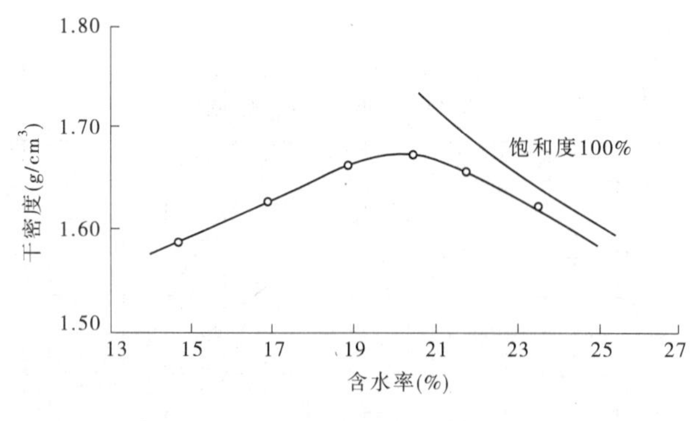

图 2-2-3　击实曲线

2.1.6.2　影响击实性的因素

影响土的击实(或压实)性的因素主要有含水率、颗粒级配、击实功及土层厚度。

1)含水率的影响

若含水率过小,土粒间的内摩擦力大,不易使土粒密实;若含水率过大,已经没有更多的空气被挤出,水体承受击实力或压实力,土粒也不易密实;只有含水率在最优含水率附近时,才最容易使土粒密实,易获得最大干密度或接近最大干密度。

不同性质的土对含水率变化的敏感程度不同,沙性土对含水率的变化不够敏感;黏性土对含水率的变化比较敏感,黏性土的最优含水率一般接近其塑限。

2)颗粒级配的影响

(1)颗粒级配。

土颗粒大小一般用等容粒径或筛孔粒径表示,土料中含有大小不同的各种颗粒,土样分析时常以在性质上有明显差异的粒径作为分界粒径,用筛分法或比重计法把性质相近的颗粒划分为同一组(粒组),并分别计算出各粒组的质量占总土质量的百分数(相对含量)。土料中大小不同的各种颗粒的分级和搭配称为颗粒级配,土的颗粒级配可以用各粒组的相对含量表示。

(2)颗粒级配曲线。

根据各粒组的相对含量可计算出小于某粒径的含量占总土质量的百分数,在以百分数为纵坐标、对数表示的粒径为横坐标的坐标系中,将小于某粒径的相对含量及所对应的粒径点绘出来,依次将各点平滑地连接起来可得到颗粒级配曲线,见图 2-2-4,通过级配曲线可获得以下信息、数据:

①计算各粒组的相对含量。

②了解土粒分布情况:级配曲线光滑渐变,表示大小颗粒连续,为连续级配,见图 2-2-4 中的②线;曲线有水平段,表示缺乏某些中间粒径,为不连续级配,见图 2-2-4 中的①线及③线。

③可以看出颗粒的大小变化范围:级配曲线平缓,表示粒径分布范围大、土粒大小不均匀,见图 2-2-4 中的②线;级配曲线较陡,表示粒径分布范围较小、土粒较均匀。

④计算不均匀系数 C_u 和曲率系数 C_c:

$$C_u = d_{60}/d_{10}$$

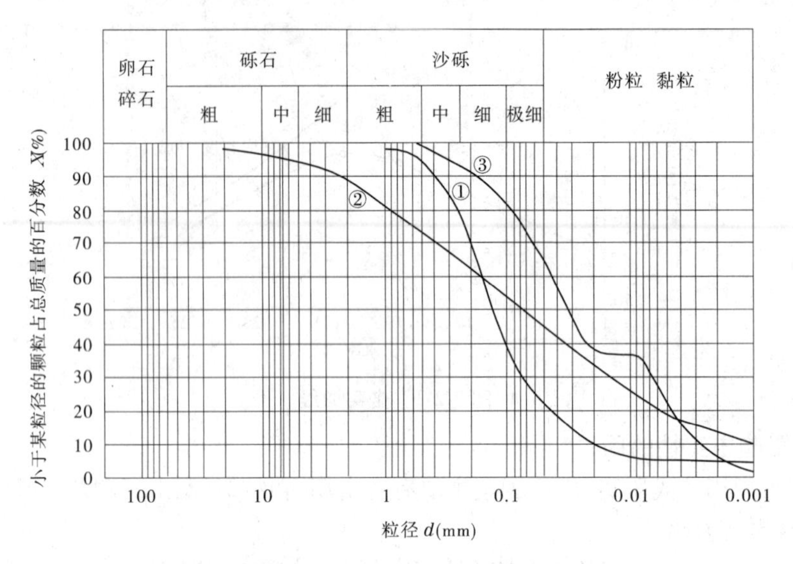

图 2-2-4 颗粒级配曲线

$$C_c = (d_{30})^2/(d_{10}d_{60})$$

式中 d_{10}、d_{30}、d_{60}——级配曲线上对应纵坐标为10%、30%、60%处的粒径。

不均匀系数 C_u 越大,曲线越平缓,土粒越不均匀;当曲率系数 $C_u \geqslant 5$、$C_c = 1 \sim 3$ 时,该土料级配良好。

⑤借助级配曲线选择工程所用土料:用做填筑工程的土料应土粒大小不均匀、连续,以利用小颗粒填充大颗粒间的孔隙,容易压实;用做反滤的材料应颗粒不连续、颗粒均匀。

(3)颗粒级配对击实性的影响。

在其他条件不变的情况下,对于土粒大小不均匀、连续、级配良好的土,经击实或压实后容易获得较大的干密度(小颗粒填充大颗粒间的孔隙),反之则不易密实。对于粗粒含量多、级配良好的土,其最大干密度较大,最优含水率较小。

3)击实功的影响

击实功或压实功主要与机具重量、提升高度、击实或碾压遍数等有关。其他条件不变时,干密度随着击实功或压实功的增大而增大,所对应的最优含水率则随着击实功或压实功的增大而减小。

4)土层厚度的影响

其他条件不变时,在一定土层厚度范围内,土层厚度越小,干密度值越大。

2.1.7 土的渗透性及渗透稳定

土体内具有互相连通的孔隙,当有水头差作用时,水就会从水位高的一侧渗向水位低的一侧,水在水位差作用下穿过土中连通孔隙发生流动的现象称为渗流(渗透),参见图2-2-5,土体被水透过的性能称为土的渗透性。发生渗流会造成水量损失,也会使土的强度降低,还可能导致土体渗透破坏(渗透变形)。

2.1.7.1 达西定律

渗透水流在土中的流动速度(渗透速度)v 与水头差 h 成正比,与渗透路径(渗径)L

成反比，即 $v \propto h/L$，见图 2-2-5。渗透速度 v 还与土的渗透性强弱成正比，土的渗透性强弱用渗透系数 K 的大小表示，K 越大，渗透性越强（抗渗性越弱）。

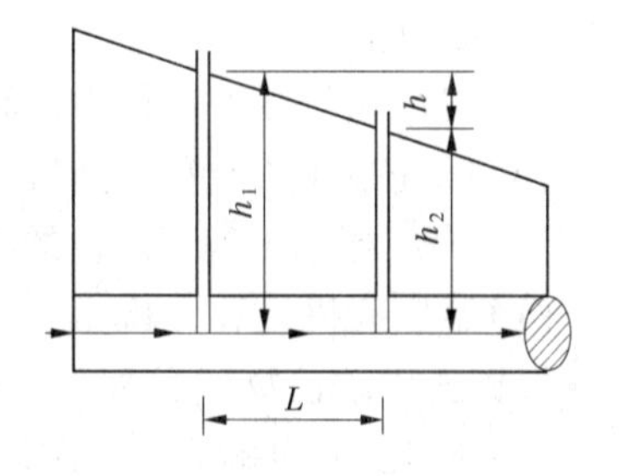

图 2-2-5　渗透水流示意图

通过试验得出

$$v = K(h/L) = KJ$$

式中，$J = h/L$ 称为水力坡降或渗透坡降，渗透系数 K 的单位为米每天（m/d）或厘米每秒（cm/s），这就是达西定律，即渗透速度与水力坡降的一次方成正比。

影响渗透系数的因素主要有：①土质，不同性质的土渗透系数不同；②沙性土的颗粒大小、形状、级配，颗粒越大、越均匀、越圆滑，渗透系数越大；③黏性土的矿物成分、黏粒含量，颗粒越细、黏粒含量越多，渗透系数越小；④土的密实程度，土越密实，渗透系数越小，抗渗能力越强；⑤水温越高，渗透系数越大。

2.1.7.2　**渗透变形**

渗透水流对土粒的作用力称为渗透力，渗透力的计算公式如下

$$j = J\gamma_w$$

式中　γ_w——水的容重。

渗透力 j 的单位为 kN/m^3，方向与渗流方向一致。

一般认为渗流出逸处的水流方向是自下而上的，如果渗透力刚好与土体的浮容重 γ' 相等（即 $J\gamma_w = \gamma'$），则土颗粒处于即将被渗透水流冲走的临界状态，对应于临界状态时的水力坡降称为临界水力坡降，用 J_{cr} 表示，所以 $J_{cr} = \gamma'/\gamma_w$，当实际水力坡降大于临界水力坡降时即发生渗透变形（渗透破坏），工程上容许的水力坡降 $[J] = J_{cr}/k$，一般取安全系数 $k = 2 \sim 3$。

土的渗透变形分为管涌和流土。在渗流作用下，无黏性土体中的细小颗粒通过粗大颗粒骨架的孔隙发生移动或被带出，致使土层中形成孔道而产生集中涌水的现象，称为管涌。在渗流作用下，黏性土或颗粒均匀的无黏性土体中某一范围内的颗粒同时随水流发生移动（成块地被渗透水流掀起冲走）的现象，称为流土。

2.2　土的工程分类

自然界的土类众多，有不同的分类方法。土的工程分类是根据土的工程性质不同而进行归类（将性质相近的土归为一类）和定名的，土的工程分类主要有实验室分类和现场分类。

2.2.1　实验室分类

实验室分类主要是根据土的成分、颗粒级配、塑性等不同因素，按照有关规程或规范进行分类，分类步骤一般如下：

（1）区别有机土和无机土。

（2）对无机土进行颗粒分析，以区分粗粒土（大于 0.1 mm 的颗粒含量超过总土重的

50%)和细粒土。

(3)根据颗粒级配对粗粒土再进行细分类。

(4)根据塑性图或塑性指数对细粒土再进行细分类。

下面介绍根据水利部颁发的《土工试验规程》(SL 237—1999)对土分类的步骤和方法:

(1)鉴别有机土和无机土。

根据土中动植物残骸和无定型物质含量判断是有机土还是无机土。有机土呈黑色、青黑色或暗色,有臭味,含纤维质,手触有弹性和海绵感。有机质含量 $Q_u > 10\%$ 的土为有机土;$Q_u < 10\%$ 的土为无机土,其中 $5\% \leqslant Q_u \leqslant 10\%$ 的土为有机质土。

(2)鉴别巨粒类土、含巨粒土、粗粒类土和细粒类土。

根据颗粒级配曲线把无机土分为巨粒类土、含巨粒土、粗粒类土和细粒类土。

①巨粒($d > 60$ mm)组质量大于总质量 50% 的土称为巨粒类土,又分为巨粒土和混合巨粒土;

②巨粒组质量为总质量 15% ~50% 的土称为含巨粒土;

③粗粒组(0.075 mm $< d \leqslant 60$ mm)质量大于总质量 50% 的土称为粗粒类土;

④细粒($d \leqslant 0.075$ mm)质量大于或等于总质量 50% 的土称为细粒类土。

(3)对巨粒类土、含巨粒土、粗粒类土和细粒类土再进一步分类。

①巨粒类土(巨粒土、混合巨粒土)和含巨粒土的分类详见表 2-2-1;

②粗粒类土的分类和定名:粗粒类土又分为砾类土和沙类土,砾粒组(2 mm $< d \leqslant 60$ mm)质量大于总质量 50% 的土称为砾类土,其余为沙类土,砾类土的分类见表 2-2-2,沙类土的分类见表 2-2-3。

(4)对细粒类土再进一步分类和定名。

细粒类土又分为细粒土、含粗粒的细粒土和有机质土。粗粒组质量小于总质量 25% 的土称为细粒土,粗粒组质量为总质量 25% ~50% 的土称为含粗粒的细粒土。

①细粒土根据塑性图(液限 ω_L、塑性指数 I_P)的分类见表 2-2-4。

②含粗粒的细粒土分类:先按表 2-2-4 确定细粒土名称,再按砾粒或沙粒的优势细分,如粗粒中砾粒占优势的土为含砾细粒土,粗粒中沙粒占优势的土为含沙细粒土。

③有机质土的分类:先按表 2-2-4 确定细粒土名称,再在各相应土类代号之后缀以代号 O,如 CHO——有机质高液限黏土,也可直接从塑性图中查出有机质土的定名。

特殊性质的土,如黄土、红黏土、膨胀土、冻土等,可选择相应规范分类。

表 2-2-1　巨粒类土和含巨粒土的分类

土类	粒组含量		土代号	土名称
巨粒土	巨粒含量 75% ~100%	漂石粒含量 >50%	B	漂石
		漂石粒含量≤50%	C_b	卵石
混合巨粒土	巨粒含量 50% ~75%	漂石粒含量 >50%	BSI	混合土漂石
		漂石粒含量≤50%	C_bSI	混合土卵石
含巨粒土	巨粒含量 15% ~50%	漂石含量 > 卵石含量	SIB	漂石混合土
		漂石含量≤卵石含量	SIC_b	卵石混合土

表 2-2-2　砾类土的分类

土类	粒组含量		土代号	土名称
砾	细粒含量小于 5%	级配：$C_u > 5, C_c = 1 \sim 3$	GW	级配良好的砾
		级配不同时满足上述要求	GP	级配不良的砾
含细粒土砾	细粒含量 5% ~15%		GF	含细粒土砾
细粒土质砾	15% < 细粒含量≤50%	细粒为黏土	GC	黏土质砾
		细粒为粉土	GM	粉土质砾

表 2-2-3　沙类土的分类

土类	粒组含量		土代号	土名称
沙	细粒含量小于 5%	级配：$C_u > 5, C_c = 1 \sim 3$	SW	级配良好的沙
		级配不同时满足上述要求	SP	级配不良的沙
含细粒土沙	细粒含量 5% ~15%		SF	含细粒土沙
细粒土质水	15% < 细粒含量≤50%	细粒为黏土	SC	黏土质沙
		细粒为粉土	SM	粉土质沙

表 2-2-4　细粒土的分类

土的塑性指标在图中的位置		土代号	土名称
塑性指数（I_P）	液限（ω_L）		
$I_P \geq 0.73(\omega_L - 20)$ 和 $I_P \geq 10$	$\omega_L \geq 50\%$	CH	高液限黏土
	$\omega_L < 50\%$	CL	低液限黏土
$I_P < 0.73(\omega_L - 20)$ 和 $I_P < 10$	$\omega_L \geq 50\%$	MH	高液限粉土
	$\omega_L < 50\%$	ML	低液限粉土

2.2.2　现场分类

通过对土料的观察、手试（如攥、捏、摸、搓条等）或简易试验，结合实践经验，可粗略确定土的工程性质、干湿度、软硬度、塑性、干强度及施工难易程度等特征，由此可对土进行现场简易分类。

2.2.2.1　细粒土的简易测试

通过现场观察和进行干强度测试、手捻感觉、韧性试验（也称为搓条法）、敏感性测试（也称摇震反应）等，可按表 2-2-5 所示内容对细粒土进行分类。

2.2.2.2　沙性土的简易分类方法

可根据沙性土的颗粒粗细、干燥时的状态、湿润时手拍后的状态等进行简易分类，见表 2-2-6。

表 2-2-5　土的目测法鉴别方法

土类	粉土	粉质黏土	黏土
肉眼观察	含有较多的沙粒或含有很多的云母片	含有少量的沙粒	看不到沙粒，在残积、坡积黏土中可看到岩石分化碎屑
手指揉搓	干时有面粉感，湿时沾手，干后一吹即掉	干土揉搓有少量的沙感，湿时沾手，干时不沾手	湿时有滑腻感，沾手，干后仍沾在手上
光泽反应	土面粗糙	土面光滑但无光泽	土面有油脂光泽
摇震试验	出水与消失都很迅速	反应很慢或基本没有反应	没有反应
韧性试验	不能再揉成土团，重新搓条	可再揉成土团，但手捏即碎	能再揉成土团重新搓条，手捏不碎
干强度试验	易用手指捏碎和碾成粉末	用力才能捏碎，容易折断	捏不碎，折断后有棱角，断口光滑

表 2-2-6　沙土的简易(野外)分类方法

鉴别特征	砾沙	粗沙	中沙	细沙	粉沙
观察颗粒粗细	大于 2 mm(高粱粒)颗粒含量占 1/4 以上	大于 0.5 mm(小米粒)颗粒含量占 1/2 以上	大于 0.25 mm(砂糖粒)颗粒含量占 1/2 以上	大于 0.1 mm(粗玉米粉)的颗粒含量占大部分	大部分颗粒与细玉米粉(或小米粉)近似
干燥时状态	颗粒完全分散	颗粒基本全部分散，少胶结	颗粒基本分散，部分胶结，胶结的一碰即散	颗粒大部分分散，小部分胶结，稍碰撞即散	颗粒大部分胶结，需稍加压才分散
湿润时手拍后状态	表面无变化	表面无变化	表面偶有水印	表面有水印，俗称翻浆	表面有明显的翻浆现象

2.2.2.3　根据施工难易程度分类

根据开挖施工的难易程度，可将土分成Ⅰ～Ⅳ四类(级)，见表 2-2-7。

表 2-2-7　土的分类(级)

土的类别(等级)	土的名称	自然湿密度(kg/m^3)	外观及其组成特性	开挖工具
Ⅰ	沙土、种植土	165～1 750	疏松，黏着力差或易进水，略有黏性	用铁锨或略加脚踩开挖
Ⅱ	壤土、淤泥、含根种植土	175～1 850	开挖时能成块，并易打碎	用铁锨，需用脚踩开挖
Ⅲ	黏土、干燥黄土、干淤泥、含少量砾石黏土	180～1 950	黏手，看不见沙粒或干硬	用镐、三齿耙开挖或用铁锨并用力脚踩开挖
Ⅳ	坚硬黏土、砾质黏土、含卵石黏土	190～2 100	结构坚硬，分裂后成块状或含黏粒、砾石较多	用镐、三齿耙等开挖

第 3 章　工程识图基本知识

工程制图研究空间形体在平面上的投影规律,解决空间形体在图纸上的表达方法。工程识图是根据图形想象空间形体或将设计成果变为工程现实。为了实现表达与理解的准确、统一,真正体现工程图的“语言”作用,能将设计思想表达清楚,将设计成果理解准确,会制图,看懂图,就须学习掌握制图和识图知识,本章重点介绍制图和识图的基本知识。

3.1　制图基本知识

3.1.1　制图标准

为使表达和阅读理解清楚、准确、统一,制图时应遵守有关标准。

(1)图线:为使表达主次分明、清晰易懂,图形当中采用不同型式和不同粗细的图线分别表示不同意义,工程图中常见图线及其主要用途见表 2-3-1。

表 2-3-1　图线型式及主要用途

图线名称	线型	主要用途	图线名称	线型	主要用途
粗实线	———	可见轮廓线	双点画线	—‥—	假想轮廓线
虚线	--------	不可见轮廓线	折断线	—\/—	长距离断开线
细实线	———	尺寸线、尺寸界线、指引线、剖面线	波浪线	～～～（徒手绘制）	断开线
点画线	—·—	轴线、中心线、对称线			

轮廓线是视图的主体框架线,构成视图的轮廓形状,反映建筑物或物体的实物形态和结构,轮廓线主要有外围边界线、不同平面或曲面的分界线(棱线、交线)、同一光滑连续曲面在投影时可见与不可见部分的分界线、反映内部结构的线段等,轮廓线有可见轮廓线与不可见轮廓线之分,可见轮廓线用粗实线表示,不可见轮廓线用虚线表示。

(2)图纸幅面:主要指图纸的长宽尺寸,一般用图纸的短边(mm)×长边(mm)表示,五种基本图幅分别记为 0 号(1 开)841 mm×1 189 mm、1 号(2 开)594 mm×841 mm、2 号(4 开)420 mm×594 mm、3 号(8 开)297 mm×420 mm 和 4 号(16 开)210 mm×297 mm。

(3)图名:包括整张图纸名称和每个视图名称。每个视图的图名一般标注在图形的下方或上方,整张图纸的图名一般标注在标题栏内,张贴图纸一般将图名标注在图纸上方。

(4)标题栏:图纸图框边距应根据图幅大小合理确定,A3、A4 号图纸的图框左边距一般为 25 mm,其余边距为 10 mm 或 5 mm。在图框内的右下角画标题栏,标题栏的大小应根据图幅大小而定,以使图面布局协调为宜;标题栏的格式应根据标注内容而定,标注内容一般包括图名、制图人或测绘人、校核人、审核人、日期、比例、图纸编号、单位盖章等。

(5)比例:指图上线段长度与其所代表的实际线段长度之间的比值,即比例 = 图上线段长度/实际线段长度。比例的表记形式为 $1:x$,即图上长度 1 代表实际长度 x,一般将比例标注在图名的下方,整张图纸一个比例时可统一标注在标题栏内。

(6)尺寸标注:画图后应标注实物的实际尺寸,需标注尺寸主要有定形尺寸、定位尺寸、总体尺寸等。定形尺寸是确定各简单形体或各部分大小(长、宽、高)的尺寸,定位尺寸是确定各简单形体之间相对位置(上下、左右、前后)的尺寸,总体尺寸是确定物体总长、总宽、总高的尺寸。尺寸标注由尺寸线、尺寸界线、尺寸起止点和尺寸数字组成,如图 2-3-1所示。一般是在图形外围标注尺寸,当图形内部或尺寸界线之间注写不开尺寸数字时可引出标注,对圆或圆弧图形一般是用通过圆心的带箭头细实线并加注直径或半径数字(字头向上或向左)进行标注。

(7)高程标注:高程是地面点至大地水准面(海拔基准面)的铅垂距离(m),工程图中高程的标注方法见图 2-3-2。水工平面图上的高程常用“长方形框内写高程数值”表示;港标平面图上的高程用“四等分且对角涂黑的小圆符号、圆外写高程数值”表示;立面图上,用“▽”的尖角指向所标注高程的位置,并在“▽”旁加注高程数字表示;立面图上的水位用“▽”指向水面,在“▽”旁加注水位数字,再在水面以下画一个由细实线组成的小三角形符号。

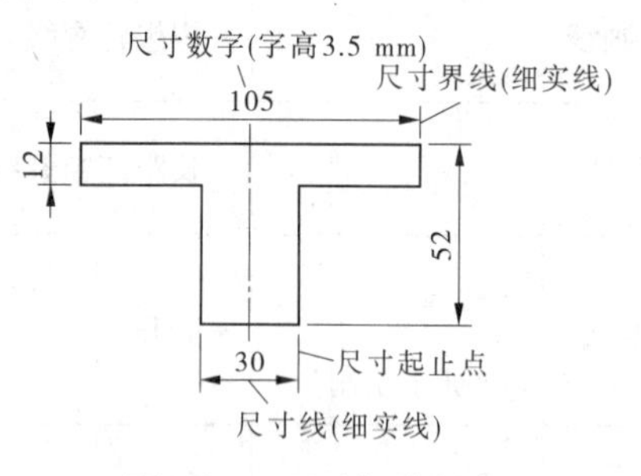

图 2-3-1　尺寸标注组成

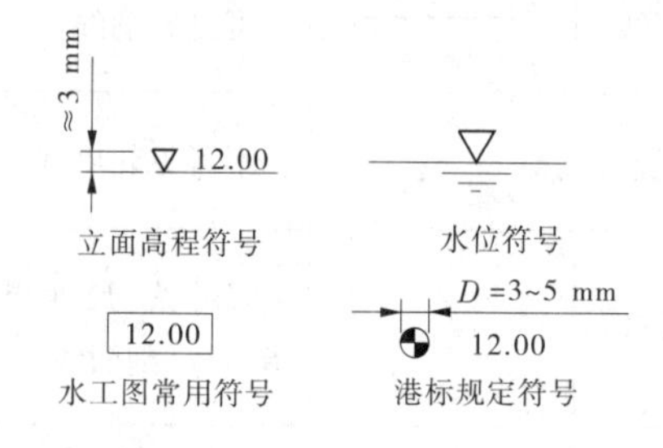

图 2-3-2　高程表示符号

(8)坡度:斜坡(面、线)的倾斜程度,常用形成斜坡的垂直高度与水平距离之比表示,即

坡度 = 两点之间的垂直高度/两点之间的水平距离

①坡度的数字表记:如图 2-3-3 所示,一般用 $1:X$ 表示坡度,即垂直高度是 1 时,水平距离是 X;也可用百分数表示坡度,如图中坡度为 1%,则表示水平距离为 100 时,垂直高度为 1。

②示坡线:对于坡面,可用示坡线表示倾斜方向,如图 2-3-3 所示,示坡线有多种表示方式。倾斜明显的坡面轮廓线就是一条示坡线,倾斜不明显的坡面可用带有单面箭头(指向倾斜方向)的细实线作为示坡线,在倾斜面的立面图和平面图上,用从坡顶起画的、长短(短线为长线的 1/3 ~ 1/2)相间的细实线作为示坡线。

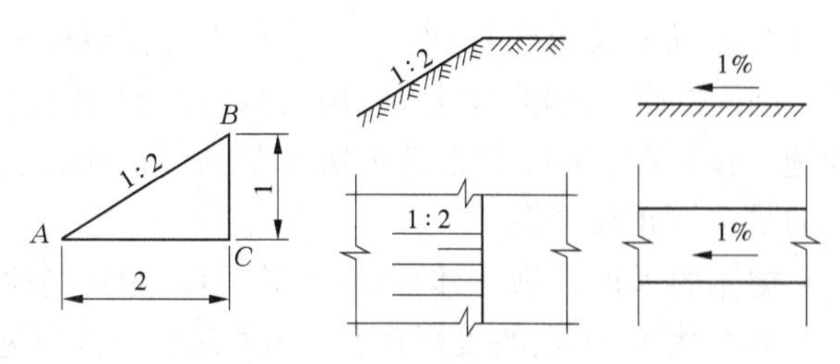

图 2-3-3　坡度的标注

(9)单位:水利工程制图中的长度多以厘米(cm)计,高程以米(m)计,角度常以度(°)计。若整张图纸中同类数字单位一致,可在图纸"说明"中对所标注数字的单位和所采用的高程系予以说明,而不用分别标注单位。

(10)图例:对于复杂结构及较小构造的制图允许用简化图形或规定的特殊符号代替;若图纸当中所包含的内容较多或所代表内容的时间跨度较大,也可用不同的线型、颜色、符号分别代替。对这些赋予特别意义的简化图形、特殊符号、线型、颜色所进行的注释说明,称为图例。图例一般布置在标题栏以上的位置,若图例内容较多可列表说明。

(11)剖面符号:在画剖视图或剖面图时,必须用规定的符号将建筑物材料类别分别表示出来,这些表示不同建筑物材料的符号统称为剖面符号。

(12)说明:图纸上是否需要"说明"或"说明"的具体内容因图纸而异,一般主要说明本图尺寸的单位、高程(或水位)所采用的海拔基准面及其他需要说明的问题。

3.1.2　实物形体的表达方法

实物形体复杂多样,为了将各种实物形体完整、清晰、简捷地表达出来,必须遵守制图标准所规定的表达方法。

3.1.2.1　投影方法

投影法,是指利用投射线通过物体向选定的投影面投射,以在投影面上获得图形的方法。它根据投射线的不同和投射线与投影面的方向关系分为中心投影法和平行投影法(投射线平行),平行投影法又分正投影法(投射线平行且与投影面垂直)和斜投影法,见图 2-3-4。

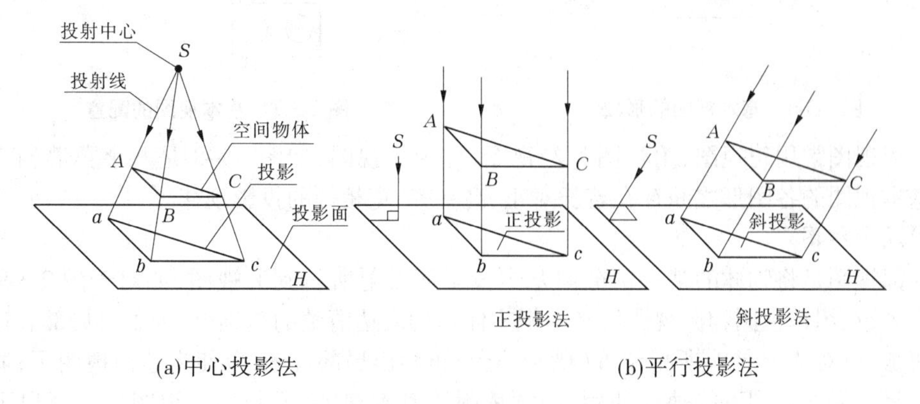

图 2-3-4　投影法的概念与分类

用不同的投影方法所形成的投影图不同,工程上常用的投影图有多面正投影图(如常用的三视图、剖视图、剖面图等)、轴测投影图(用斜投影法绘制的图,多用于画立体效果图)、标高投影图和透视投影图(是按中心投影法绘制的直观图,具有远近区别的立体感),其中应用最广泛的是多面正投影图。

正投影的效果不受物体的远近影响,图像也不变形失真,能真实地表达物体的形状和大小。正投影具有如下基本性质:①点的投影还是点;②直线的投影是直线或点;③平面的投影是平面或直线。

3.1.2.2 **视图**

视图主要用来表达实物的外形轮廓和结构。在工程图中,视图一般只画出物体的可见轮廓线,必要时才画出不可见轮廓线。常用的视图有基本视图和辅助视图(局部视图、斜视图)等。

1)基本视图

基本视图是利用平行正投影方法将物体向基本投影面(正六面体的六个面)投射所得的视图。如图2-3-5所示,将物体放在正六面体中间,分别向正六面体的前后、上下、左右共六个基本投影面投影,得到主视图(面对实物投影,又称正视图)、俯视图(由上向下投影)、左视图(由左向右投影)、右视图、后视图和仰视图共六个视图,见图2-3-6和图2-3-7所示。

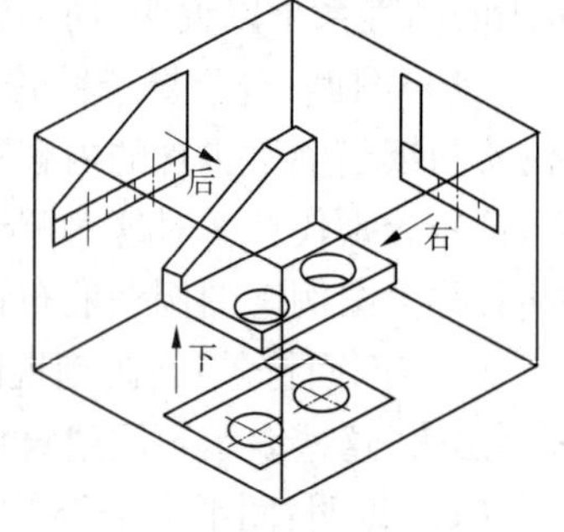

图2-3-5 基本视图

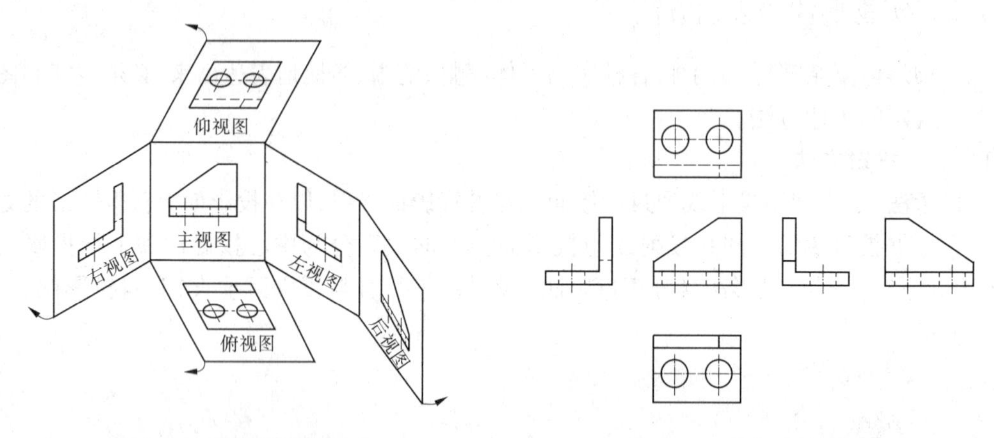

图2-3-6 基本视图的形成　　图2-3-7 基本视图的配置

工程视图常用正视图、俯视图和左视图,称为三视图,如图2-3-8是八字冀墙的三视图。基本视图的各图形之间存在着长对正、高平齐、宽相等的投影规律。

2)局部视图

局部视图是将物体的某一部分向基本投影面投射所得到的视图,如对于图2-3-9所示的物体,在用正视图和俯视图已基本把主体结构表达清楚的基础上,为了将局部表达的更加清楚,可对A、B箭头所指位置(槽和凸台)再画出局部视图,以使表达简捷明了,避免过多重复。局部视图不能独立使用,必须依附于基本视图,绘制局部视图应注意以下几点:①局部视图只绘制出需要表达的局部形状,其范围可自行确定。②局部视图的断裂边界用波浪线表示，见图2-3-9(a)。但当所要表达的局部结构完整且外轮廓线封闭时，可不画波浪线，见图2-3-9(b)。③局部视图应尽量按投影关系配置，如果不便布图，也可配置在其他位置。④局部视图的标注方法是：在基本视图附近用箭头指明局部视图的投射方向并注写字母（如图中的*A*、*B*及方向），在局部视图下方（或上方）标注对应字母。

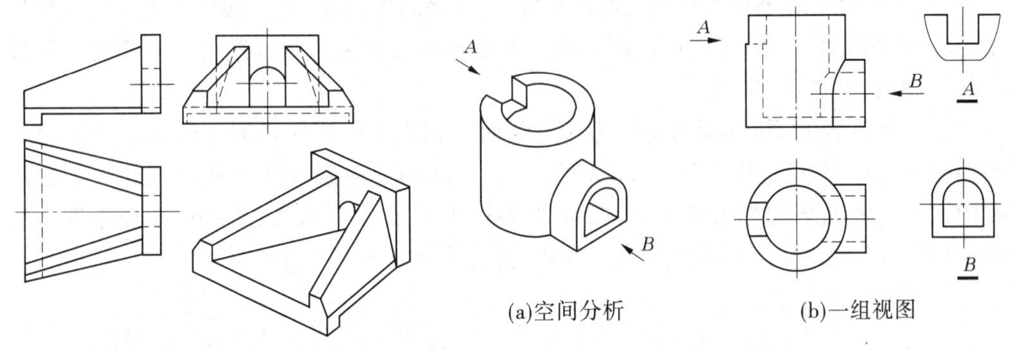

(a)空间分析　(b)一组视图

图2-3-8　八字冀墙三视图　**图2-3-9　局部视图**

3.1.2.3　剖视图

假想用剖切面将物体剖开，将其中某部分移开，然后画出剩余部分的视图，并在剖切到的位置画上规定的材料符号，称为剖视图，见图2-3-10。

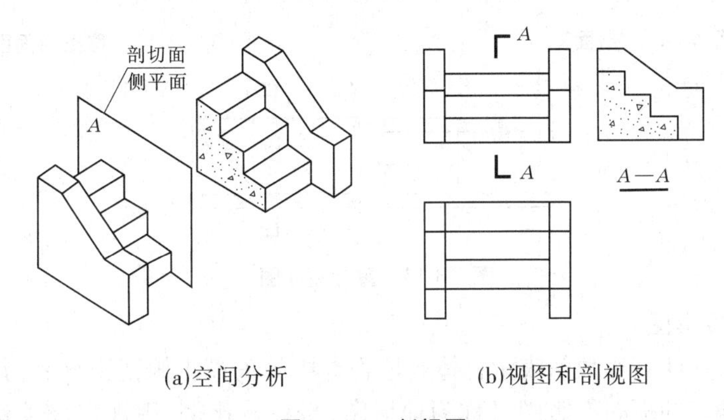

(a)空间分析　(b)视图和剖视图

图2-3-10　剖视图

(1)剖视图的标注：绘制剖视图时应标注剖切位置、投射方向和剖视图的名称。

①剖切位置用剖切位置线（短粗实线）标定；

②投射方向由画在剖切位置线上的转折方向线（短粗线，与剖切位置线构成直角）标明（转折方向即投射方向）；

③剖视图的名称一般用数字或字母编号表示，数字或字母标注在投射方向线附近。

(2)剖视图的种类：按剖切范围分为全剖视图、半剖视图和局部剖视图三大类。用剖切平面将物体完全剖开所绘制的剖视图称为全剖视图，适用于表达外形简单、内部结构比较复杂的物体；以对称线为界，一半绘制成剖视图，另一半绘制成视图，这种组合图形称为半剖视图，适用于内外形状均需要表达的对称或基本对称的物体；局部剖开所得到的剖视图称为局部剖视图，适用于内外形状均需要表达但不对称的物体。

剖视图按剖切方式分为平面剖、阶梯剖、旋转剖等。

3.1.2.4　剖面图或断面图

假象用剖切面将物体剖开，只画出剖切接触面的视图并画上相应材料符号，称为剖面图，也习惯称为断面图或断面，剖面图是剖视图当中的一部分，见图 2-3-11，剖面图也应注明剖切位置、投影方向、编号名称等。

断面图主要用来表达物体某断面的形状，为使断面形状真实，一般用垂直于物体结构主要轮廓线（或轴线）的平面剖切（称为垂直平面剖切），故又称为横断面。对于材料比较单一的断面图，可省略材料符号。

根据绘图位置的不同，断面图分为移出断面图和重合断面图两种。绘制在视图之外的断面图称为移出断面图，如图 2-3-12 所示，移出断面图轮廓线应用粗实线绘制。绘制在视图之内的断面图称为重合断面图，如图 2-3-13 所示，重合断面图的轮廓线用细实线绘制，对于不对称的重合断面图应标注剖切位置、投射方向。

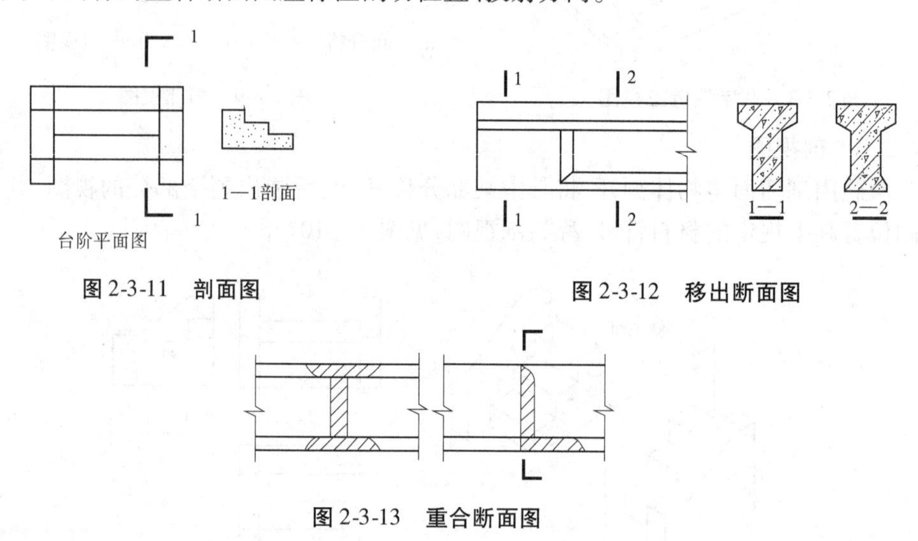

图 2-3-11　剖面图　　图 2-3-12　移出断面图

图 2-3-13　重合断面图

3.1.2.5　标高投影图

用水平投影加注高程数值表示物体或地物地貌的正投影俯视图统称为标高投影图，其中表示地物地貌的标高投影图又称为地形图（按一定比例，用规定符号和一定表示方法表示地物地貌平面位置和高程的正投影俯视图），图 2-3-14 为用等高线（相同高程点的连线）加注高程表示的某山体标高投影图，图 2-3-15 为某平台的标高投影图。

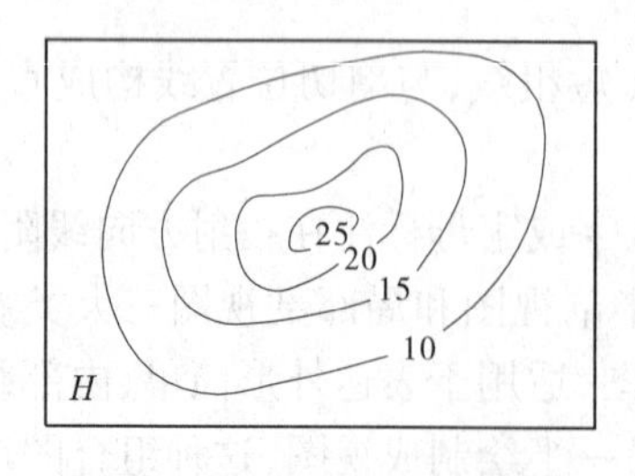

图 2-3-14　某山体标高投影图

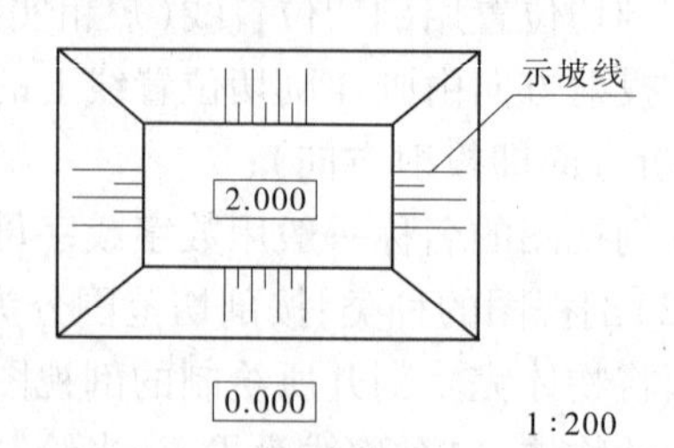

图 2-3-15　某平台的标高投影图

建筑物及其与地面的交线也常用标高投影图表示，也可根据设计数据，依据相同高程点相交的原理在地形图上确定出建筑物与地面的交点和交线，如填方工程坡脚线、开挖工程开挖线，见图2-3-16。

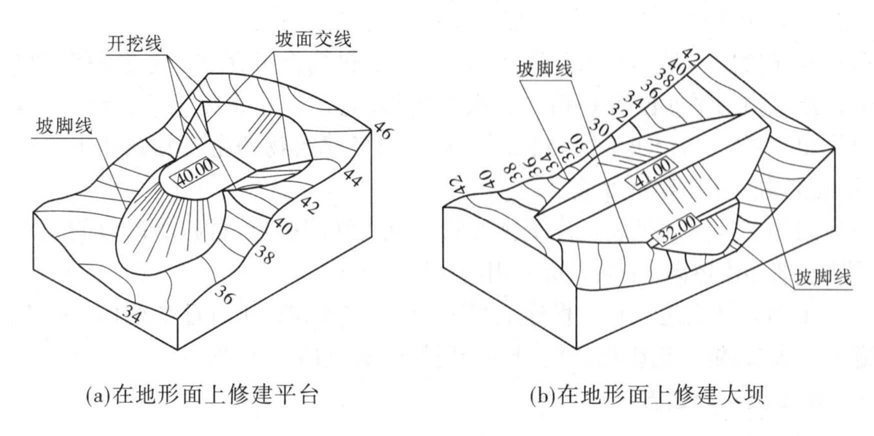

(a)在地形面上修建平台　　(b)在地形面上修建大坝

图2-3-16　填挖方工程及其交线标高投影图

3.2　识图基本知识

3.2.1　识图方法

识图，也叫看图或读图，要求能够看懂图纸所示内容，能根据视图想象出空间物体的形状、结构，能根据图纸进行施工放样等。

3.2.1.1　识图步骤

先了解反映了哪些建筑物(或部分)，弄清每一个建筑物用哪几张图纸表达、采用了哪些视图、各视图之间的关系、每个视图的投影方向和剖切位置等，以找出反映主要建筑物和主要结构的主要视图。识图步骤一般是图面上由大到小、内容上由主到次、深度上由粗到细，即识图时应注意由总体布置到每个建筑物的结构图、由每个建筑物的主要结构到次要结构、由轮廓到细部的比对分析，以搞清楚各部分之间的关系、各部分的结构形状及尺寸，为综合起来想象出图样所表达的整体形状和细部结构奠定基础。

3.2.1.2　识图方法

识图的基本方法是形体分析法，必要时辅以线面分析法(包括做素线、辅助线等)。要根据点、线、面的投影规律和投影关系，利用各视图之间的对应关系，配合标高和尺寸标注，充分进行空间想象，先由图形想象出实物的大致形状，再根据实物想象视图并对比图纸，如有不符应修正所想象出的实物，如此反复地想象、比对、修正，可逐步确定出对应图纸的正确答案。想象时应由易到难、由分部到整体、由大框到细部结构，最后将各部分综合起来想象，以完成对整个图样的理解和阅读。

3.2.2　识读水工图

表达水利工程建筑物及其施工的图样称为水利工程图，简称水工图，水工图主要分为以下几大类：

(1)规划图。在地形图上用图例和文字表达水利工程的布局、位置、类别等内容的图样,由于需表示范围大、比例小,图中建筑物可用简单图例表示。

(2)枢纽布置图。是反映水利枢纽(多个水工建筑物组合在一起发挥多项功能的综合体)中各建筑物的平面位置和相互关系的图形,它是各建筑物定位、施工放线、绘制施工总平面图的依据,其比例较小,可在图上只画出各建筑物的主要轮廓和主要尺寸,对次要轮廓及细部构造可省略或示意。

(3)建筑物结构图。是表达建筑物形状、大小、细部构造、材料等内容的图样,它包括结构布置图、细部构造图等,绘图所采用的比例较大。

(4)施工图。是表达水利工程施工组织、施工方法和施工程序的图样,包括施工总平面图、施工导流图、施工组织设计图、基础开挖图、分项施工图等。

3.2.2.1 水工图的表达方法

1)一般表达方法

水工图一般用一组视图表达,如平面图(俯视图)、立面图(即正视图,将顺水流方向的正视图称为上游立面图,将逆水流方向的正视图称为下游立面图)、左视图、剖视图、剖面图或断面图、局部放大的详图等。

2)特殊表达方法

(1)图形对称时,可只画出对称线和其中的一半图形,或用一半视图、一半剖视图表示;

(2)对于细部结构相同而重复分布的实物,可只画出其中一个实物的视图,其余实物只画出其位置;

(3)对于另有专门图纸表达的细部结构或某些附属设施设备(如闸门、启闭机等)可只画出其示意图例;

(4)当要表达的结构物被遮挡或覆盖时,可假想将遮挡物拆掉或将覆盖层掀开,然后投影绘图;

(5)对各种永久缝线(如沉陷缝、伸缩缝、材料分界线等)可用一条粗实线表示;

(6)水工图中,建筑物沿轴线方向的长度尺寸可用公里数 + 米数表示(称为里程桩号);

(7)多层结构的尺寸可用图 2-3-17 所示形式标注。

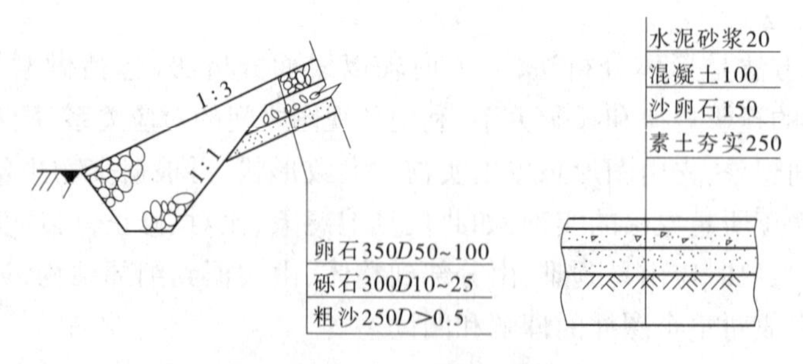

图 2-3-17 多层结构尺寸标注

3.2.2.2 常见水工图的识读

1)堤防平面和断面图

图 2-3-18 是带有淤背加固区的黄河某段堤防平面示意图,图中主要标示了临河护堤

地边界线、临河护堤地、临河堤脚线、临河堤坡、临河堤肩线、堤顶、背河堤肩线、背河堤坡、背河堤坡与淤背加固区顶面的交线（淤背加固区临河肩线）、淤背加固区、淤背加固区背河肩线、淤背加固区坡、淤背加固区坡脚线、背河护堤地、背河护堤地边界线，图中还标注了有关高程和尺度。

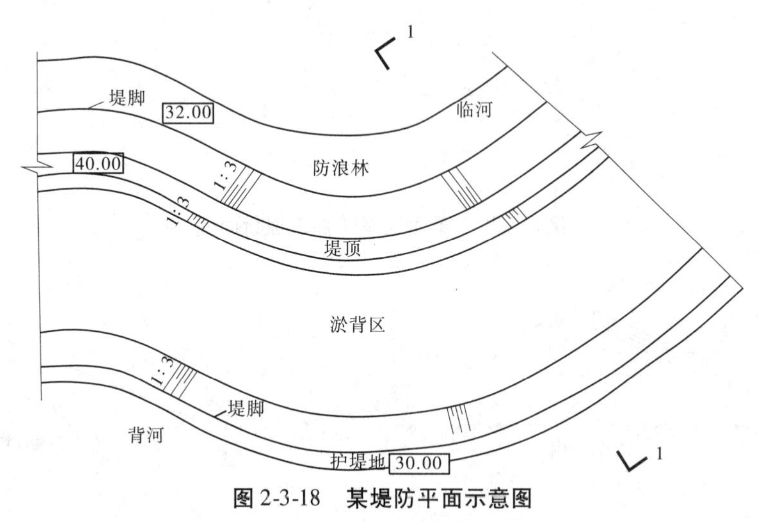

图 2-3-18　某堤防平面示意图

图 2-3-19 是对应以上堤段某位置的横断面示意图，图中主要标示了临河护堤地边界点、临河护堤地地面线（堤基线）、临河堤脚点、临河堤坡线、临河堤肩点、堤顶线、背河堤肩点、背河堤坡线、背河堤坡与淤背加固区顶面的交点、淤背加固区顶面线、淤背加固区背河肩点、淤背加固区坡面线、淤背加固区坡脚点、背河护堤地地面线（堤基线）、背河护堤地边界点，图中还标注了有关高程和尺度。

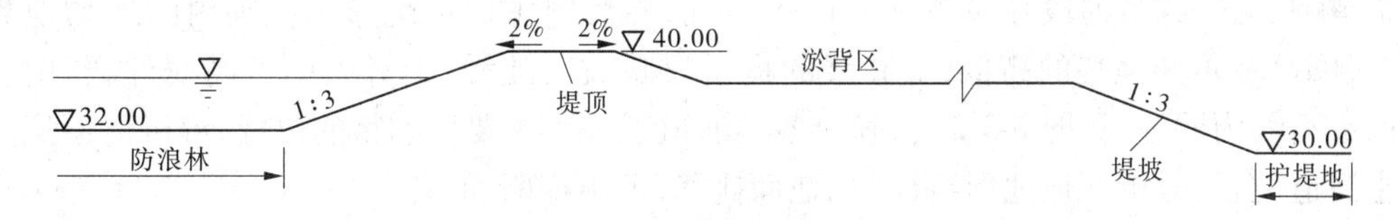

图 2-3-19　某堤防的横断面示意图

2）堤岸防护工程断面图

在图 2-3-20 所示的黄河堤岸防护工程断面图中，主要标示了坝顶（土坝体顶）线、护坡（黄河上习惯称为坦石）顶线、土石分界线、护坡（坦石）坡面线、根石台顶线、根石坡面线等，图中还标注了各坡度值。

3）土（石）坝断面图

图 2-3-21 是某土（石）坝的横断面，图 2-3-22 是 A 点详图，从图中可看出土（石）坝的断面形状和尺度、临河护坡结构、背河反滤排水措施。

3.2.3　河道地形图的识图

河道地形图是反映河道（包括工程）及其两岸一定宽度范围内地物地貌的标高投影图。河道地形图的识读属于地形图阅读的范畴，只是应侧重识读与河道有关的内容。

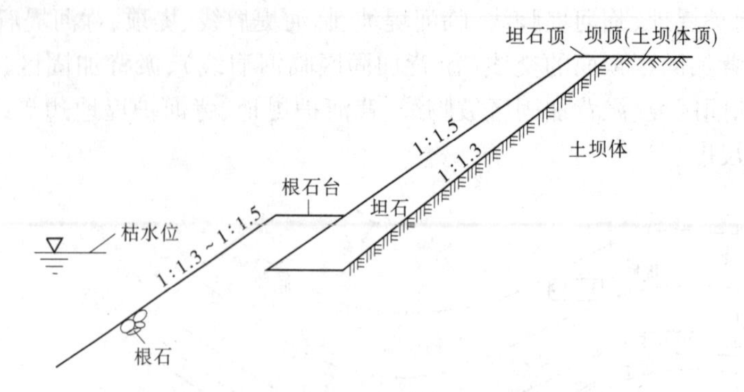

图 2-3-20　黄河堤岸防护工程断面图

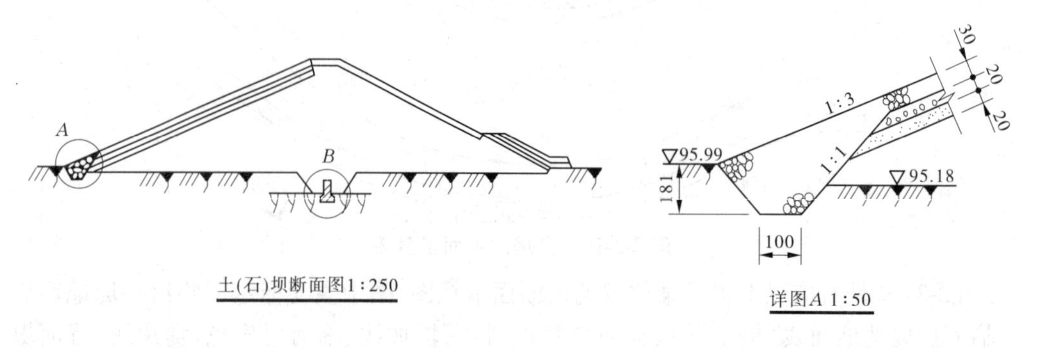

图 2-3-21　某土(石)坝的断面图　　图 2-3-22　A 点详图

3.2.3.1　河道地形图的识读

识读河道地形图时,要先熟悉测绘时间、绘图比例、等高线高程差(级差)、一幅图的覆盖范围、河道或某河段涉及哪几幅图等情况;然后熟悉河道地形图范围内的地物地貌(如查阅高程可知地势的高低,等高线的稠密反映坡度陡缓,山脊处的等高线外凸,山谷处的等高线内凹等,见图 2-3-23),确定各类河道工程和主要标志物的位置,辨析河道流向和主河道位置,分析河道地形特征(如地面比降、河道横断面形态等)。

3.2.3.2　河道地形图的应用

1)绘制河道横断面图

沿河道每隔一定距离在有代表性的位置选设横断面(假想用垂直水流或河道纵向的平面剖切开),可获得剖切面与河道地形图上各条等高线交点的高程和各交点之间的水平距离,以横坐标表示水平距离、纵坐标表示高程,可点绘出剖切位置的横断面图,横断面的最低点为深泓点。

2)绘制河道纵断面图

根据各横断面的里程桩号和深泓点,以横坐标表示里程桩号、纵坐标表示高程,可点绘出河道的纵断面图,并可根据纵断面图计算河道或某河段的平均纵比降。

3)确定河道水流的水边线

根据各级流量对应的水位,借助河道地形图中的等高线,可确定出各级流量的水边线(淹没线)和对应的淹没范围。

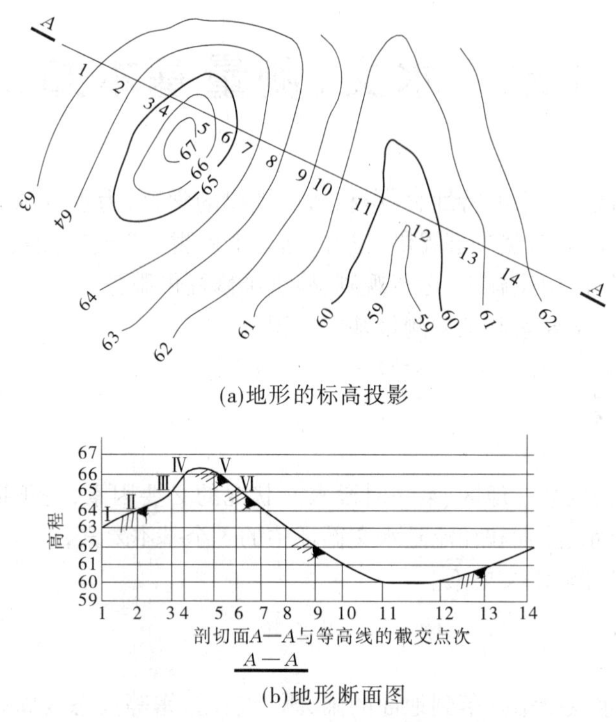

(a)地形的标高投影

(b)地形断面图

图 2-3-23　地形及地形断面图

4）绘制河势图

河势查勘时，可直接将有关河势现象（如主流线位置、水边线位置、工程偎水位置、工程靠溜或大溜顶冲情况等）标注在河道地形图上，并可将不同流量等级或不同查勘时间的河势以不同颜色或线型绘制在同一张河道地形图上，以便对比分析。

第 4 章　水文、测量基本知识

水文学是研究地球上水的特性、分布和循环规律的学科，为水资源的开发利用、工程建设与管理、防止和减轻自然灾害提供科学依据。工程测量学研究测绘方法、实施基础测量，为工程的勘测设计、建设施工、运行观测、检查维修提供服务。

本章重点介绍水文要素和工程测量基本知识。

4.1　水文要素

水文要素是指构成某一地区、某一时段水文状况的必要因素，是预报、研究水文情势的不同物理量，如降水、蒸发和径流是水文循环中的 3 个基本要素，水位、流量、含沙量、水温、冰凌和水质等是江河水文要素。

4.1.1　降雨

降水是由空中水汽凝结降落到地面的雨、雪、雹、霜、露等液态或固态水的总称，下面只介绍其中的降雨。

4.1.1.1　降雨成因

空气中水汽含量增加和空气大规模向上抬升是产生降水的两个基本条件，当气团（温度和湿度较均匀的大块空气）向上抬升时，随着气压和温度降低而使大量水汽凝结，当空气托浮不住积聚增加的冷凝物时，便会降落到地面而形成降水。

4.1.1.2　降雨特征值

降雨特征值主要有降水量、降水历时与降水时间、降水强度、降水面积等。

1）降水量

降水量是指一定时段内降落到地面上（假定无渗漏、蒸发、流失等）的降水所积成的水层深度（如为固态水需折合成液态水计算），常以 mm 数表示，如某次降水过程的总降水量或某时段（如 6 h、12 h、日、月、年）降水量为 × × mm。降水量又有测站降水量（点降水量）和降水区域平均降水量之分。

2）降水历时与降水时间

降水历时是指一次降水所持续的总时间，即自开始降水至本次降水最终停止所经历的总时间（包括短暂停顿时间）。降水时间是对应某一降水量而言的净降水时间。

3）降水强度

降水强度是指单位时间内的降水量，一般用毫米每小时（mm/h）表示。在降水区域内，往往不同位置的降水强度不同，将最大降水强度地区称为降水中心。

4）降水面积

降水面积是指某次降水所笼罩区域的水平投影面积。

4.1.1.3 降雨分类

按 24 h 降雨量大小将降雨分为小雨（ <10 mm）、中雨（10 ~ 25 mm）、大雨（25 ~ 50 mm）、暴雨（50 ~ 100 mm）、大暴雨（100 ~ 200 mm）和特大暴雨（ $\geqslant 200$ mm）。

4.1.2 水位

高程是某点到大地水准面或某一基准面的铅垂距离（高度），水位是指水体某固定点的自由水面相对于某基准面的高程，用米（m）表示。江河水位是指某断面、某时间的水面高程，称为该断面、该时刻对应于某流量的水位。

4.1.2.1 水位观测方法

观测水位应在靠水时间长、溜势较稳定、代表性强的河段或重要工程位置选设观测断面和观测点，观测方法有人工测读水尺法、自记水位计测记法及遥感技术测记并远程传递法。

1）人工测读水尺法

观测水位所用水尺多是固定在柱、杆及其他标志物上的直立式水尺，也有直接涂画在建筑物斜面或岸坡上的倾斜式水尺（标注垂高刻度和数字），水尺基点（也称零点）高程已知，尺面刻度分划到厘米并标注出分米和米对应的数字。

水尺按其用途不同分为基本水尺、参证水尺、辅助水尺和临时水尺。在常设测站设置的用于逐日观测水位的水尺为基本水尺，测站为基本观测站；设置在自记水位计旁用以校核自记水位计的水尺为参证水尺；设置在主要河段或主要工程位置，用于洪水或凌汛期间观测水位的水尺为辅助水尺，测站为辅助观测站；满足临时用途的水尺为临时水尺。

水位观测时间应统一确定（为跟踪洪峰或满足特定需要除外），以便于观测成果的上报、整理、分析和应用，一般水情每日 8 时（北京时间）观测一次，洪水高水位或严重凌汛期间应根据情况适当增加观测次数。

观测水位时，只读取水面与水尺截交处的读数，然后由水尺零点高程计算水位，水位 = 水尺零点高程 + 水尺读数。水尺零点高程应经常校测，一般至少每年汛前和汛后各校测一次。观测水尺读数时应注意观察波动壅水（风浪、紊动、主流摆动等）对水位的影响，找准时机迅速读数或多次测读取平均数。

2）自记水位计测记法

利用自记水位计可将水位过程记录下来，有记录完整、节省人力的优点。安设自记水位计及换记录纸后应经检查和用参证水尺比测合格后方可使用，使用中也应经常检查、校正和比测。根据自记水位计观测资料摘录的水位应能反映水位变化过程，并应满足计算日平均水位、统计特征水位和推算流量的需要。

4.1.2.2 观测水位的记录与上报

观测水位要按规定格式进行记录，读数与记录要在现场反复对证，记录内容要全面、清晰，并注意观测记录风向、风力、水面起伏度、水尺附近的流向等有关情况；水位观测和计算成果要在规定时间、按约定方式上报。

4.1.3 河流断面

4.1.3.1 河床与横断面

河流所流经的长条形洼地称为河谷。河道中经常通过水流的部分称为河床(也叫河槽),是河流输水输沙的槽状洼地。枯水期河床称为主河槽,枯水期和中水期流经的河床称为基本河床;洪水期间才能淹没的高地称为滩地,洪水期漫溢到两岸滩地所形成的河床称为洪水河床。垂直于流向的横截面称为河道横断面,横断面上河床线与水面线之间所包围的面积为过水断面面积。

4.1.3.2 河道纵断面

横断面上的最低点(河流谷底最深处)为该断面的深泓点;沿流程各横断面上深泓点的连线为河道深泓线;沿河道深泓线切开的剖面为河道纵断面,即以各横断面里程桩号和深泓点高程绘制而成的河底纵断面,显示了河道纵坡和落差的沿程分布。

4.1.4 流量

流量是单位时间内流经河流某断面的水体积,常用单位为立方米每秒(m^3/s)。流量等于过水断面面积乘以断面平均流速。河道流量常用流速 - 面积法(也称垂线测流法)进行测算:

(1)断面测量。在断面上布设测深垂线,测出每条垂线的起点距(或间距)和水深,根据水深和起点距可绘出如图 2-4-1 所示断面图,由相邻垂线水深取平均值再乘以间距可计算每分块面积 F_i,求和即可得总过水面积。

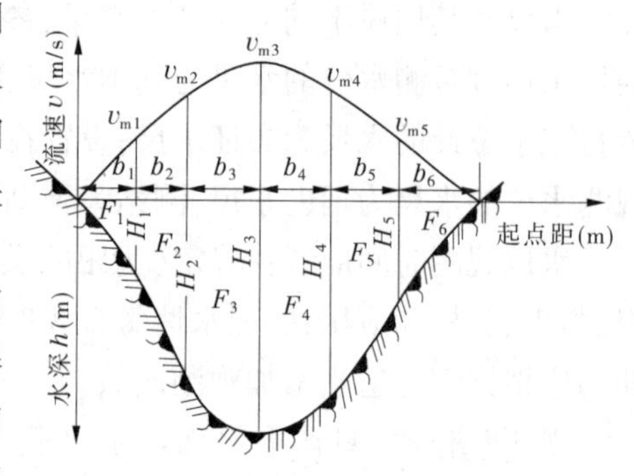

图 2-4-1 断面测量示意图

(2)点流速和垂线平均流速测算。一般用流速仪测定垂线上各指定点的流速(根据旋转器转数计算流速),每条垂线上的测点数视水深和精度要求而定,并可按以下方法推算各条垂线的平均流速:

一点法 $$v_m = v_{0.6}$$

二点法 $$v_m = (v_{0.2} + v_{0.8})/2$$

三点法 $$v_m = (v_{0.2} + v_{0.6} + v_{0.8})/3$$

五点法 $$v_m = (v_0 + 3v_{0.2} + 3v_{0.6} + 2v_{0.8} + v_{1.0})/10$$

式中 v_m——垂线平均流速;

v_0、$v_{0.2}$、$v_{0.6}$、$v_{0.8}$、$v_{1.0}$——自水面算起的不同相对水深处的测点流速。

(3)流量计算。①计算各分块平均流速:岸边分块的平均流速为垂线平均流速乘以岸边系数 a(缓坡 $a=0.67 \sim 0.75$、陡坡 $a=0.8 \sim 0.9$、死水边 $a=0.5 \sim 0.6$),中间各分块的平均流速取两侧垂线平均流速的均值。②计算流量:分块流量 = 分块面积 × 分块平均流速,总流量 = 各分块流量之和。

4.1.5 河流泥沙

4.1.5.1 泥沙运动

水流的挟沙能力与流速成正比。河流中的泥沙受水流挟带而运动时分为推移运动和悬移运动两种形式。泥沙沿河床滚动或跳跃前进的形式称为推移运动,做推移运动的泥沙叫推移质;泥沙混掺在水中浮游前进的形式称为悬移运动,做悬移运动的泥沙叫悬移质。悬移质又分为床沙质和冲泻质。悬移质中较粗的(类似这样的泥沙在床沙中大量存在)并可与床沙互换的泥沙叫做床沙质,又称为造床质;悬移质中较细的而在河床中少有或基本不存在的泥沙称为冲泻质,冲泻质又称为非造床质。

4.1.5.2 含沙量、输沙率及输沙量

含有泥沙的水称为浑水,单位体积浑水中所含干泥沙的数量称为含沙量,以 ρ 表示,常用单位为千克每立方米(kg/m^3),平常所说的含沙量一般是指悬移质含沙量,故又将单位体积浑水中所含悬移质泥沙的多少定义为含沙量。

输沙率是指单位时间内流过河流某断面的泥沙数量,以 Q_s 表示,常用单位为吨每秒(t/s),输沙率等于断面平均含沙量 ρ 与流量 Q 的乘积。

输沙量是某时段内通过河流某断面的总沙量,用符号 W_s 表示,常用单位为吨(t),$W_s = Q_s t$。

4.1.5.3 含沙量分布

单粒泥沙在静止的清水中以等速下沉的速度称为沉降速度(简称沉速),粒径越粗沉速越大。泥沙在水流中的分布并不均匀,含沙量在铅垂线上的分布是上稀、下浓,泥沙颗粒在铅垂线上的分布是上细、下粗,河面宽度方向的含沙量分布是流速小的区域含沙量小。

4.1.6 洪水

洪水是由暴雨、融雪、冰凌、溃坝等原因引起的暴涨水流,它在短时间内水量迅速增加、水位急剧上涨。洪水按其成因可分为暴雨洪水、融雪洪水、冰川洪水、冰凌洪水、溃堤坝洪水等,山洪和泥石流也属于洪水范围。

4.1.6.1 洪水特征值

洪水特征值主要包括洪峰流量、洪峰水位、最高洪水位、洪水历时、洪水总量、洪水传播时间等,其中洪峰流量、洪水总量、洪水过程线称为洪水三要素(简称峰、量、型)。

(1)洪水过程线。是反映洪水从起涨至峰顶到落尽(回落到正常状态)整个过程的曲线,如图2-4-2所示。洪水过程线一般以纵坐标表示流量或水位、横坐标表示时间,反映洪水随时间变化的全过程。

(2)洪水历时。是一次洪水过程所经历的总时间,也就是洪水过程线的底宽。

(3)洪水总量。是指一次洪水过程的总水量,可按洪水过程线与河道原流量(基流)过程线所包围的面积计算,或按不反映基流的洪水过程线与横坐标所包围的面积计算。

(4)洪峰流量。是洪峰处(洪水过程线的最高处)所对应的流量,为一次洪水过程中的最大瞬时流量。

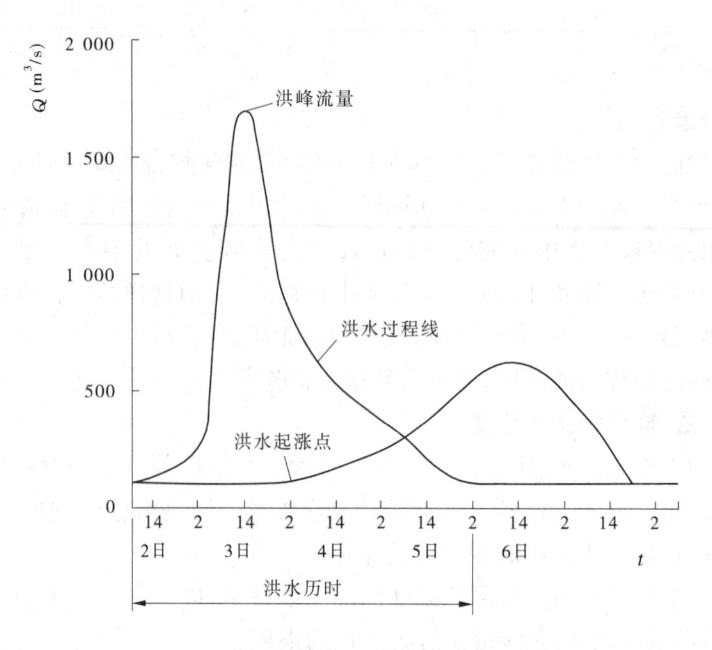

图 2-4-2　洪水过程线

(5)洪峰水位与最高洪水位。对应于洪峰流量的水位为洪峰水位,一次洪水过程中的最高水位为最高洪水位。在易冲易淤多沙河流上,洪峰水位不一定是最高洪水位。

(6)洪水传播时间。是自上游断面出现洪峰到下游断面出现洪峰所经历的时间。

4.1.6.2　洪水漫滩

洪水期间,若来水超出主河槽(基本河槽)的排泄能力,将发生滩地过流或滩地被淹的现象,称为洪水漫滩。洪水漫滩后,滩地上的水流速度减小,水流挟沙力降低,水流中的部分泥沙将逐渐下沉落淤,致使滩面淤积抬高,漫滩行洪时可能出现刷槽、淤滩现象。

4.1.7　防洪水位

与防洪有关的特征水位主要有设防水位、警戒水位和保证水位。

4.1.7.1　设防水位

设防水位,也叫防汛水位,是江河湖库堤坝进入防汛阶段需要开始设防的特征水位。它由防汛部门根据历史及近期洪水资料、防洪工程实际情况和防洪要求确定,可以每年汛前调整公布。一般是为考虑工程和滩区设施安全,当水位漫滩以后,堤防开始临(偎)水时确定为设防水位。

4.1.7.2　警戒水位

警戒水位,是防汛部门根据江河湖库堤坝等工程具体情况确定的,要求防汛值班和防守人员日夜守护堤防(工程),并密切观察险工险段的特征水位。一般是根据堤防质量、渗流现象及历年防汛情况,把有可能出险的水位定为警戒水位。

警戒水位多指河道洪水普遍漫滩或重要堤段漫滩的水位,达到或超过警戒水位时防汛将进入警戒状态或由警戒向紧张状态(防汛一般划分为设防、警戒、紧张、紧急、严重及危险等六个阶段)发展,工程险情可能明显增多。

4.1.7.3　**保证水位**

保证水位,又称最高水位或危险水位,指保证防洪工程安全运用的最高水位,一般取防洪工程的设计洪水位作为防洪保证水位,或指历史上防御过的最高洪水位。

4.2　工程测量基本知识

本节主要介绍工程测量基础知识、距离丈量、普通水准测量和经纬仪测量。

4.2.1　基础知识

地面点的空间位置用坐标和高程表示(确定)。表示地面点平面位置的坐标有地理坐标、平面直角坐标或极坐标。高程是某点沿地平面法线或重力线方向至某一基准面的距离(即铅垂距离)。高程分为绝对高程(海拔)和相对高程,绝对高程是地面点到大地水准面的铅垂距离,相对高程是以假定高程基准为零点起算的地面点高程,常用的是针对某高程系的相对高程。

4.2.1.1　**大地水准面**

处于静止状态的平均海水面延伸通过所有大陆与岛屿所形成的闭合曲面称为大地水准面。当测量范围较小时,可用水平面代替曲面作为水准面,由此产生的误差可进行修正。目前,我国以 1985 年黄海高程系作为相对(假定)大地水准面,之前曾采用过 1956 年黄海高程系和天津大沽高程系。

4.2.1.2　**地理坐标**

经过南北极和英国格林尼治天文台的地球表面连线为起始经线(也称为起始子午线,过起始子午线和球心的平面为起始子午面),记为 0°;与起始经线相对着的经线标记为 180°;0°向东的各条经线标记为东经 0° ~ 180°,0°向西的各条经线标记为西经 0° ~ 180°。垂直地轴(过南北极的直线)的平面与地球表面的交线称为纬线,其中过地球球心且垂直地轴的平面(称为赤道面)与地球表面的交线称为赤道,赤道是最大的纬线,标记为 0°;赤道以北各纬线标记为北纬 0° ~ 90°,赤道以南各纬线标记为南纬 0° ~ 90°。地面点的平面位置可用经过该点的经度和纬度表示。

4.2.1.3　**平面直角坐标**

一般以纵轴 OX 表示南北方向、横轴 OY 表示东西方向,由此可建立平面直角坐标系。地面上任意点的平面位置可以用该点到 OX、OY 轴的距离表示,并可通过原点 O 的坐标值(绝对坐标值或相对坐标值)推算该点的坐标值(X、Y);也可根据点的坐标值在坐标系中将该点的位置确定出来。

4.2.1.4　**极坐标**

地面上任意点的平面位置可以用该点与已知边之间的水平夹角及该点到已知点的水平距离表示。

4.2.2　距离丈量

两点之间的图上距离是指水平距离,所以距离丈量一般是丈量两点之间的水平距离,如果丈量倾斜距离则应进行折算。

4.2.2.1　**距离丈量工具**

常用工具有钢尺、皮尺、绳尺、花杆、测钎等，精度要求较高用钢尺丈量，精度要求低可用皮尺或绳尺丈量，花杆主要用来标定丈量方向或测点位置，测钎用来标志测点位置或记数已测过整尺次数。

4.2.2.2　**距离丈量方法**

(1)在平坦地面上可直接丈量水平距离，见图2-4-3，丈量时先在 A、B 点插设花杆，然后在花杆标定方向上(后尺手目测定向)由一点向另一点逐尺段丈量并累加计算距离，丈量时须注意将尺子拉紧、找平，每测成一个尺段都在前尺点用测钎做出位置标记，以作为下一尺段的起点和通过测钎数量统计已测尺段数。为提高丈量精度，可往返多次丈量并取平均数。

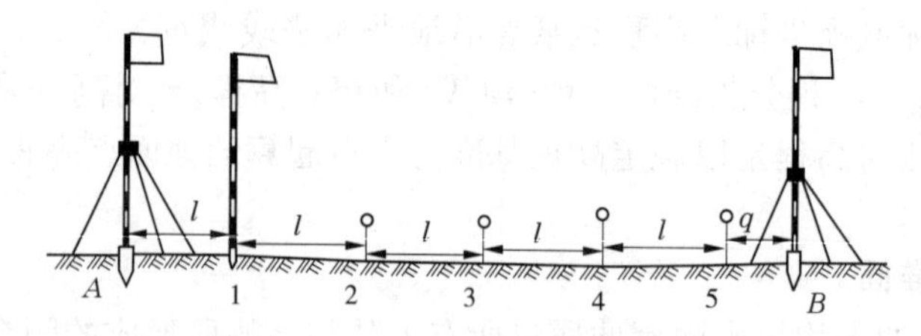

图2-4-3　平坦地面量距

(2)在倾斜地面上，当地面坡度不大时，可采用阶梯平量法直接丈量水平距离。见图2-4-4(a)，在丈量方向上由高点向低点逐尺段水平丈量并累加计算距离，丈量时须将尺子拉平并借助垂线(或坠落重物)在地面上标记出本尺段终点(即下一尺段起点)，依次成阶梯状完成水平距离丈量。

当斜坡较陡时，可通过丈量斜距推算水平距离。见图2-4-4(b)，沿斜坡丈量倾斜距离 L，再根据倾斜角计算水平距离 $D=L\cdot\cos\alpha$，或根据 A、B 之间的高差按勾股定理推求 D。

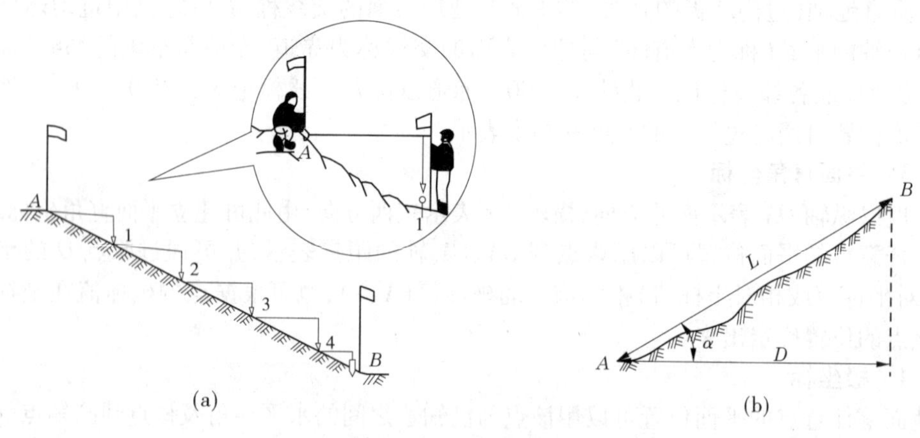

图2-4-4　倾斜地面量距

(3)若对距离精度要求较高，丈量时应使用钢尺并用拉力器控制对尺子的拉力，设立固定分段点并每段多次重复丈量取平均数，丈量斜距按水准高差推算水平距离，不能采用目估水平、阶梯分段及连续多尺段长距离丈量的方法。

4.2.3　普通水准测量

水准测量是利用水准仪提供的水平视线读取在水准尺上的相应读数并据以推算高差或高程及视距的一种测量方法，分为等级（一至四等）水准测量和普通（等外）水准测量，两者在原理、基本工作方法等方面相同，但等级测量对所用仪器工具、观测与计算方法都有更高或特定要求，下面主要介绍普通水准测量。

4.2.3.1　水准仪及水准尺

1）水准仪的结构

水准仪是测量地面两点间高差的仪器，分为精密水准仪和普通水准仪，普通水准仪由望远镜、水准器及基座三部分组成。

（1）望远镜。由目镜、十字丝、物镜组成。转动物镜调焦螺旋可使观测目标的成像变得清楚，转动目镜调焦螺旋可使十字丝变得清晰。由一条纵丝和三条水平横丝组成三个十字丝，分别称为上丝、中丝和下丝。

（2）水准器。包括圆水准器和长水准管。圆水准器在基座上，用以标示仪器的粗略整平。长水准管位于望远镜旁侧，通过调整微倾螺旋可使长水准管与望远镜一起作微小的上下俯仰变化，从而使长水准管气泡居中和望远镜视线水平。

（3）基座。由脚螺旋、圆水准器组成，仪器通过基座与三脚架连接。

2）水准尺

水准尺是配合水准仪进行水准测量的尺子（度），用于等级测量的水准尺是直式、成对使用的双面尺，黑面为主尺，尺底从零开始分划和标注；红面为辅尺，尺底分别从4 687 mm和4 787 mm开始分划和标注。常用于普通水准测量的水准尺有直式尺、折式尺和塔尺，尺长3～5 m，两面尺底均从零开始分划和标注，尺面一般分划到厘米或半厘米，分米和整米处标注相应数字。

3）水准仪的使用

水准仪的使用过程包括安置仪器、粗略整平、照准和调焦、精确整平、读数。

（1）安置仪器。调整三脚架腿至适宜长度，选择适宜支设位置，将三脚架稳固（脚蹬踩支架腿踏板使支架尖角入土）并使架头大致水平地支设在选定位置上，将仪器用中心螺栓连接在三脚架上。

（2）粗略整平。松开仪器制动螺旋，转动仪器使圆水准器置于两脚螺旋之间，见图2-4-5（a），用两手同时向内或向外转动1、2号两脚螺旋以使气泡移至1、2号脚螺旋连线的中间对应位置，见图2-4-5（b）；然后转动3号脚螺旋使圆气泡居中，见图2-4-5（c）；一次不能达到居中要求时，可转动仪器方向，重复以上步骤。

（3）照准和调焦。松开仪器制动螺旋，将望远镜对准明亮背景，转动目镜调焦螺旋使十字丝清晰。转动望远镜并通过望远镜筒上的缺口和准星粗略瞄准目标（如水准尺），旋紧仪器制动螺旋，调整水平微动螺旋，可准确照准目标（如使纵丝照准尺面中央，见图2-4-6）。转动物镜调焦螺旋使目标影像清晰。若眼睛靠近目镜上下移动，十字丝和目标影像之间有相对运动，称为视差，可通过反复调节物镜和目镜的调焦螺旋消除视差。

（4）精确整平。在粗略整平的基础上，转动长水准管的微倾螺旋使气泡居中（视窗内

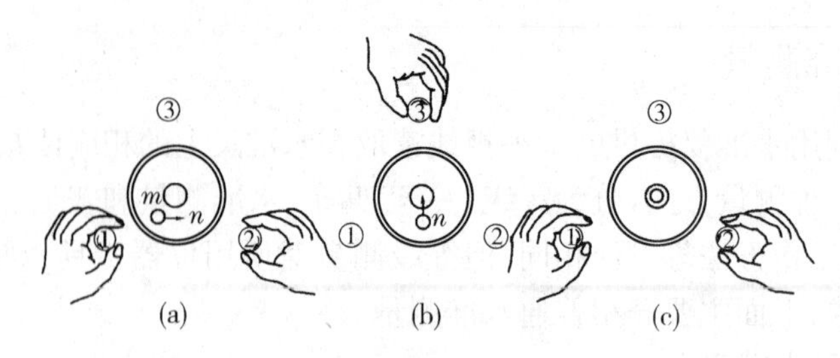

图 2-4-5　粗略整平水准仪

的图像成 U 形)。

(5)读数。每次读数前都须精确整平,读数时由十字丝上下两侧所标注的小数字向大数字方向依次读取,先读米、分米和整厘米数,再将非整厘米估读到毫米,图 2-4-6 中的中丝读数为 0.713 m。读数期间和读数后仍应检查长水准管气泡是否居中,否则应整平并重新读数。

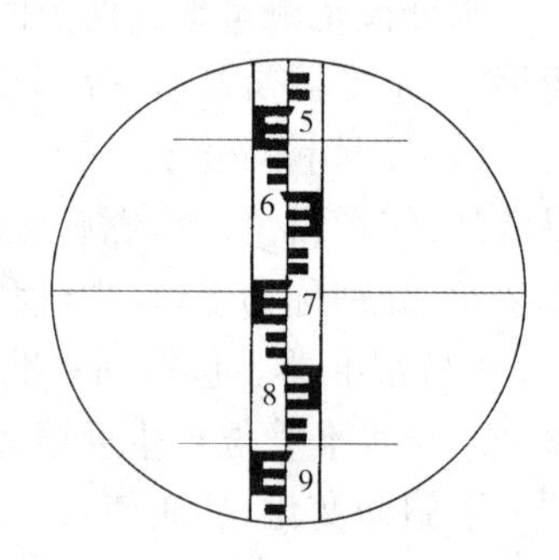

图 2-4-6　水准尺读数

4.2.3.2　高程测量

1)水准点

用水准测量方法测定的高程控制点(高程已知的控制点)称为水准点(BM),分为等级水准点和普通水准点。等级水准点是用较高等级的测量方法测定高程,并设有固定标志的控制点;普通水准点是用较低等级测量方法测定高程的控制点。

2)施测路线

依次由各测点所组成的测量路线称为水准路线,分为附合水准路线、闭合水准路线和支水准路线。从一个水准点出发测经各待测点及辅助测点后至另一个水准点结束的测量路线为附合水准路线;从某水准点出发测经各待测点及辅助测点后,再回到原水准点所形成的闭合圈为闭合水准路线;从某水准点出发测完所有待测点后,再按原路线测回为支水准路线。

3)观测记录与高程计算

在适当位置(视线好、到前后测尺距离相近、距离不宜超 150 m)按适宜高度安设仪器,瞄准细整平后读取中丝读数,凡在已知高程点上的水准尺读数(包括转点上的第二次读数)记为后视读数,同一测站上最后一个未知高程点上的水准尺读数记为前视读数,同一测站上中间各测点上的读数记为间视读数,已知点的高程 + 后视读数 = 仪器视线高程,测点高程 = 视线高程 - 前视读数或间视读数,若 A 点高程已知,则视线高 $= H_A + a$,$H_B = H_A + a - b$,见图 2-4-7。

4.2.3.3　视距测量

视距是借助仪器视线测得的仪器中心至水准尺所在位置之间的水平距离,一般根据上下丝读数差计算距离,即视距 $D = KL$,其中视距系数 $K = 100$,L 为上下丝读数差。

4.2.3.4　断面测量

在拟测量断面上选设观测点(如转折点、地形变化点、直线定向点、加密点),测量各点高程,直接丈量或推算各点之间的水平距离,根据高程和水平距离可绘制断面图。

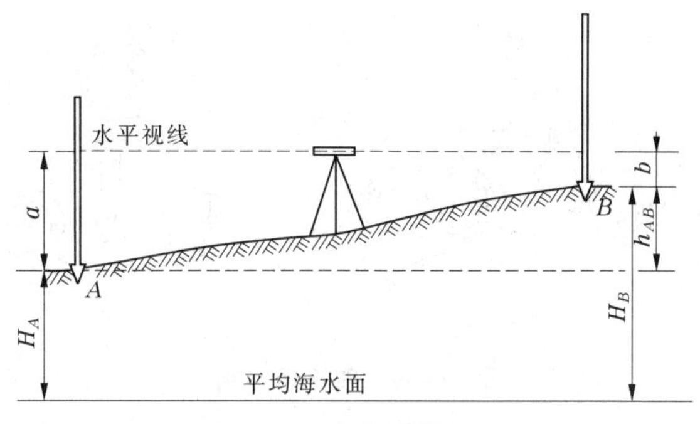

图 2-4-7　水准测量原理

4.2.4　经纬仪测量

经纬仪主要用于角度测量，也可用于高程和视距测量。按读数设备不同分为游标经纬仪、光学经纬仪和电子经纬仪，工程上常用 DJ_6 光学经纬仪。

4.2.4.1　DJ_6 光学经纬仪构造与读数

经纬仪基本构造包括照准部、水平度盘和基座。

DJ_6 光学经纬仪读数装置常采用分微尺测微器，仪器的度盘分划标注到 1°，分微尺上每小格为 1′，可估读到 0.1′~0.9′(6″~54″)，见图 2-4-8。

观测读数时，先读出与分微尺相交的度盘分划线上所标注的度数，再在分微尺上读出整数分，最后估读出非整数分并换算成秒，如图 2-4-8 中所示水平盘读数为 215°08′12″、竖直盘读数为 78°48′54″。

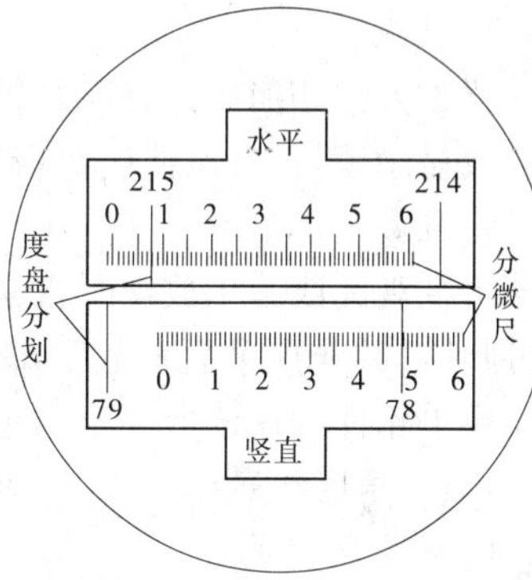

图 2-4-8　测微尺读数窗

4.2.4.2　经纬仪的安置与使用

1）对中整平

测量角度时必须将经纬仪安置在角顶点上，这需要对中（仪器竖轴对在测点上）和整平，其主要操作步骤如下：

（1）将三脚架安置在测站上，目估使架头大致水平，并使架头中心大致对准标志点。

（2）在三脚架上连接固定仪器，通过移动三脚架腿的位置使仪器粗略对中（标志点处在对中器照准圈内），并踩踏三脚架腿使其入土稳固。

（3）旋转脚螺旋使照准圈精确对准标志点（对中）。

（4）通过伸长或缩短三脚架腿或踩踏架腿入土使圆水准器气泡居中（粗整平）。

（5）多次重复步骤（3）和步骤（4），即交替进行对中、粗整平，使两者同时满足要求。

（6）细整平：旋转脚螺旋使圆水准器气泡居中；松开水平制动螺旋，转动照准部使长水准管平行于任意两个脚螺旋连线，如图 2-4-9（a）；两手同时向内或向外旋转脚螺旋使气泡居中；转动照准部 90°，如图 2-4-9（b），再旋转第三个脚螺旋使长水准管气泡居中。多次重复以上步骤，直至满足细整平要求。

（7）再次检查对中情况：若细整平后又使居中有所偏移，当偏移量较小时，可松开仪器连接螺旋，在架头上平移仪器使其精确对中，然后拧紧连接螺旋再重新细整平；如偏移过大，则需要重复操作（3）、（4）、（5）、（6）各步骤，直至对中和整平均达到要求。

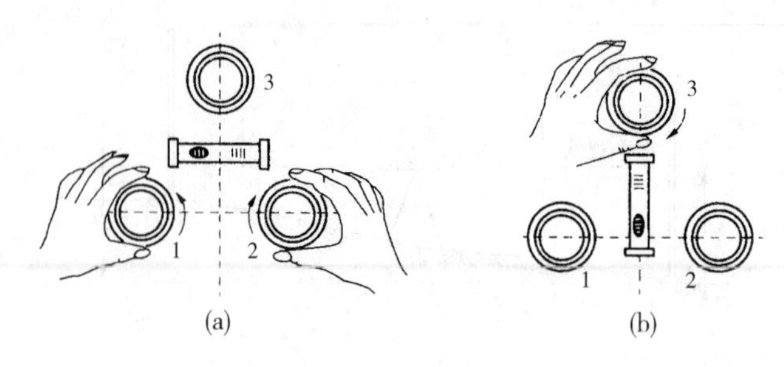

图 2-4-9 整平示意图

2)照准目标

调节望远镜目镜使十字丝清晰;松开水平和望远镜制动螺旋,转动仪器粗略照准目标后再拧紧制动螺旋,然后利用微动螺旋精确照准目标(观测水平角时用竖丝照准目标底部,观测竖直角时用横丝中丝照准目标);调节物镜调焦螺旋使目标清晰;检查是否有视差,如存在视差应注意消除。

3)读数

读数方法如前所述,读数时打开度盘照明反光镜,以使读数窗内亮度适宜,要注意调节读数显微镜目镜,以使度盘影像清晰。

4)置数

角度观测或施工放样时常常需要使某读数为零或预置在特定值上,称为置数;置数方法可归纳为“先照准后置数”,即先精确照准目标,再打开度盘变换手轮保险装置,转动度盘变换手轮使度盘读数等于预定数值,然后关上变换手轮保险装置。

4.2.4.3 角度测量

1)水平角测量

水平角是通过目标的方向线投影在水平面内所形成的夹角,观测水平角时应在角顶点 O 安置经纬仪,对中整平后瞄准目标 A 读数 a,再瞄准目标 B 读数 b,则 $\beta = b - a$。为提高测量精度,常用测回法或全圆方向法进行观测。

(1)测回法。

先用盘左(竖盘在望远镜左侧,也称为正镜)按顺时针方向依次读数,即由 A 到 B 读数,求得 $\beta_Z = b_1 - a_1$,称为前半个测回;再用盘右(也称为倒镜)按逆时针方向依次读数,即由 B 到 A 读数,见图 2-4-10,求得 $\beta_Y = b_2 - a_2$,称为后半个测回。前后两个半测回称为一个测回,观测结果取两个半测回的平均值。

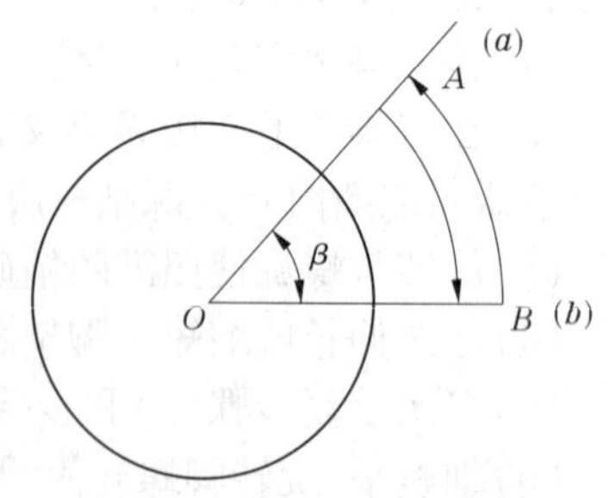

图 2-4-10 水平角测量

(2)全圆方向法。

一个测站同时观测多个水平角(如有 A、B、C、D 多个目标)时,常用全圆方向法进行观测,先用盘左按顺时针方向依次观测 A—B—C—D—A,构成顺时针方向的全圆(其中由 D 点到 A 点为归零),称为前半个测回;然后换成盘右按逆时针方向依次观测 A—D—C—B—A,构成逆时针方向的全圆,称为后半个测回。前后两个半测回称为一个测回,一个测回的角度值取两个半测回的平均值,多个测回时取各个测回的平均值。

2）竖直角测量

竖直角是通过目标的方向线在其竖直平面内与水平线之间的夹角，常用 α 表示，大小为0°～90°，有仰角（水平线之上的竖直角，记为“+”或省略不记）和俯角（水平线之下的竖直角，记为“-”）之分。经纬仪望远镜视线水平时竖盘读数是个定值（记为初始数 α_S），测量竖直角时只需瞄准目标读数（用盘左、盘右分别测读，记为 α_Z）即可，竖直角的大小等于 α_S 与 α_Z 之间的差值（大减小），是仰角还是俯角应根据现场判定。

4.2.4.4　经纬仪视距测量

当地势起伏变化较大时，可利用经纬仪进行视距测量，视距 $D = KL\cos^2 a$，仪器安设点与测点之间的高差

$$\Delta h = KL\frac{\sin 2\alpha}{2} + i - v$$

式中　K——视距系数，取100；

L——上下丝读数之差；

α——竖直角（仰角为正，俯角为负）；

i——仪器高；

v——中丝读数。

4.2.5　施工放样

利用测量知识和测量工器具，将设计建筑物的平面位置、与地面的交线、其他控制线及控制点高程在地面上正确地标定出来，称为施工放样。施工放样主要包括直线放样或曲线放样、角度放样和高程放样，具体放样方法见有关技能操作。

4.2.6　测量新技术简介

随着电磁波、激光、红外光、遥感、卫星及计算机等新技术的应用，使测量仪器不断向自动化、数字化、小型化、一机多能化方向迅速发展。

（1）电磁波测距仪：用电磁波（光波和微波）作为载波而传输测距信号，可准确测量两点之间距离，提高仪器适应能力，减少受天气的影响，使得夜间测量也成为可能，在配有小型计算器后可使仪器在野外快速计算平距、高差、坐标，测量更加迅速、快捷。

电磁波测距仪一般用于小地区控制测量、地形测量、地籍测量、工程测量等，常用仪器包括用微波段的无线电波作为载波的微波测距仪、用激光作为载波的激光测距仪、用红外光作为载波的红外测距仪。

（2）全站仪：具有自动测距、测角、数据处理、数据自动记录及传输等多项功能，是一种集多项功能于一体的自动化、数字化、智能化的三维坐标测量与定位系统。借助于全站仪，可以测量水平角、竖直角、斜距，计算显示平距、高差、高程、三维坐标，利用机内软件可组成多种测量功能。

（3）全球定位系统（GPS）：卫星导航与定位系统拥有在海、陆、空全方位实时三维导航和定位的能力，具有全天候、高精度、自动化等特点，在大地测量、控制测量、建筑物变形测量、水下地形测量等方面得到广泛应用。

第5章 建筑材料

建筑材料是指用于各项建筑工程(如水利、房屋、道路等)的材料,种类繁多,本章主要介绍常用建筑材料、土工合成材料分类及其在水利工程建设和抢险中的应用。

5.1 常用建筑材料

5.1.1 常用建筑材料的分类

建筑材料通常分为矿物质材料、有机质材料和金属材料三大类。矿物质材料包括天然石料、烧土制品、无机胶凝材料(石灰、水泥)、混凝土、砂浆等,有机质材料包括木材、竹材、沥青、合成高分子材料等,金属材料包括钢铁材料、各种有色金属材料。

建筑材料按其力学性质又分为塑性材料和脆性材料。

水利工程常用建筑材料有土料、石料、水泥、沙子、混凝土、砂浆、土工合成材料、钢材、沥青、木材、竹材等。

5.1.2 建筑材料的基本性质

5.1.2.1 物理性质

材料的物理性质指标主要有容重、含水率、比重、孔隙比、孔隙率、饱和度。天然状态下单位体积(总体积)材料所具有的总重量,称为天然容重;材料的净重量与对应材料体积(不包括孔隙)4 ℃时纯水的重量之比值,称为比重(无量纲);孔隙体积与总体积之比,称为孔隙率(也称孔隙度)。

5.1.2.2 力学性质

材料在外力作用下的变形性质和抵抗破坏能力(强度、硬度)称为材料的力学性质。

(1)变形性质:指材料在荷载(包括外力和自重)作用下发生形状变化和体积变化的有关性质。材料在外力作用下产生变形,外力除去后变形能完全消失的性质,称为弹性,能消失的变形称为弹性变形;材料在外力作用下产生变形,外力除去后变形不能完全消失的性质,称为塑性,不能消失的变形称为塑性变形。

若材料在破坏前的塑性变形明显,该材料为塑性材料;若材料在破坏前的塑性变形不明显,该材料为脆性材料。

固体材料在恒定外力的长期作用下,随着时间的延长而逐渐增加的变形,称为徐变。

材料的总变形中往往同时包含弹性变形和塑性变形。在总变形不变的情况下,随着时间的延长,材料的塑性变形增加、弹性变形减少,这种现象称为松弛。

材料的塑性与脆性可随着温度、含水率、加荷速度等因素的变化而变化。

(2)抵抗破坏能力:强度是指材料抵抗破坏的能力,以材料破坏时所能承受的应力值表示。硬度是指材料抵抗其他较硬物体压入的能力。

5.1.2.3　与水有关的性质

材料在空气中与水接触时,若其表面能被水湿润,称为亲水性材料;反之,则为憎水性材料。

材料吸收水分的性质称为吸水性,吸水性与亲水性和孔隙率大小有关;材料吸水达到饱和状态时所对应的含水率称为饱和吸水率。

在水作用下不会被损坏、强度也不显著降低的性质称为材料的耐水性,材料的耐水性常用软化系数(饱和状态下的抗压强度/干燥状态下的抗压强度)表示。

材料抵抗水渗透的性能称为抗渗性,材料的抗渗性用渗透系数(如土料)或抗渗标号(如混凝土)表示,抗渗性的高低与孔隙率及孔隙特征(连通或封闭)有关。

5.1.2.4　耐久性、抗冻性

在外力及各种自然因素作用下,材料所具有的经久不易被破坏,也不易失去原有性能的性质,称为耐久性,包括抗冻性、抗风化性、抗腐(侵)蚀性、抗渗性、耐磨性等。

在水饱和状态下,材料能经受多次冻融循环而不破坏,也不明显(以25%为界)降低强度的性能,称为抗冻性,以材料最多能经受的冻融循环次数作为抗冻标号,抗冻标号的大小表示其抗冻性强弱。

5.1.3　石料

5.1.3.1　石料的分类

岩石经开采、破碎或再经加工而获得的各种块体统称为天然石料。石料按石质分为岩浆岩(如花岗岩等)、沉积岩(如石灰岩、砂岩等)、变质岩(如片麻岩、大理岩等),按石料形状和加工程度分为料石、块石和卵石三大类。

1)*料石*

料石为形状规则的石料,又分长条料石和一般料石。将四棱上线、六面平整、八角齐全、不跛不翘、高和宽各30~40 cm、长度100~150 cm的料石称为长条料石;其余料石为一般料石,一般料石又分为细料石、半细料石、粗料石、毛料石。

细料石指细加工而成的规则六面体,表面凹凸不超过2 mm,宽、厚一般不小于20 cm,长度不大于厚度的3倍;半细料石的规格尺寸与细料石相同,表面凹凸深度不超过1 cm;粗料石的规格尺寸与细料石相同,表面凹凸深度不超过2 cm;毛料石是指表面未加工或仅稍加修整的较规则六面体,规格尺寸与细料石基本相同。

2)*块石*

岩石经破碎(如爆破)而成的形状及大小不一的混合石料为块石。块石中,形状比较规则(如有三个以上的平面且其中两个面大致平行)的石料常用于砌筑面层。习惯将形状及大小不规则的石料称为乱石,乱石的大小常用单块质量表示,一般将5~15 kg的称为小块石,15~75 kg的称为一般块石,75 kg以上的称为大块石,乱石多用于护根护脚、基础加固、抢险、堵口、截流等工程。

3)*卵石*

卵石为经水力等自然因素搬运、滚动而变得较圆滑的石料,如河卵石或山卵石。

5.1.3.2　石料的主要技术指标

石料的主要技术指标有容重、抗压强度、抗冻性、软化系数等。石料中如含有较多黏土等易溶于水的物质,遇水后将易溶解软化,使其强度降低,其软化系数较小。

5.1.3.3　水工建筑物对石料的要求

用于水工建筑物的石料一般应质地均匀,完整坚硬,没有明显的风化迹象,不含软弱夹层和易溶于水的物质,形状尺寸及单块质量符合要求,满足强度、抗冻、软化系数等要求。

5.1.4　石灰

5.1.4.1　胶凝材料分类

石灰属于无机胶凝材料,是气硬性胶凝材料。

经物理作用和化学作用后能将散粒或块状其他材料胶结在一起,并能由液态或半固态变成坚硬固体的材料,称为胶凝材料。胶凝材料按成分不同分为无机(或矿物)胶凝材料(如石灰、水泥)和有机胶凝材料(如沥青、环氧材料等),按硬化方式不同分为气硬性胶凝材料和水硬性胶凝材料。只能在空气中硬化、提高并保持强度的胶凝材料(如石灰、石膏)为气硬性胶凝材料,在空气和水中均能硬化、提高并保持强度的胶凝材料(如水泥)为水硬性胶凝材料。

5.1.4.2　石灰成分与硬化

含碳酸钙的石料(石灰岩等)经高温煅烧变成生石灰(氧化钙),生石灰加水粉化(熟化)成为熟石灰(氢氧化钙);随着石灰浆中的水分蒸发,结晶的氢氧化钙与空气中的二氧化碳反应生成水和碳酸钙,从而硬化并提高强度(称为钙化)。

纯石灰浆在硬化时会产生收缩裂缝,应配制成石灰砂浆或有其他掺料的灰浆使用。

5.1.5　水泥

水泥属于无机胶凝材料,是水硬性胶凝材料。

水泥有多个品种,如硅酸盐水泥、普通硅酸盐水泥、矿渣硅酸盐水泥、火山灰质硅酸盐水泥、粉煤灰硅酸盐水泥、大坝水泥、快硬硅酸盐水泥、抗硫酸盐硅酸盐水泥、特种水泥等。水泥的品种不同,其技术指标和用途不同,应根据需要合理选择水泥品种。

5.1.5.1　水泥的凝结与硬化

拌和后的水泥浆逐渐变稠并失去塑性(尚无强度)的过程称为凝结。水泥浆从凝结到强度逐渐提高,并最终变成坚硬的石状物体(水泥石)的过程称为硬化。水泥的凝结硬化是化学反应的过程,外部条件对其反应结果有所影响,所以在凝结、硬化过程中要对其进行养护。

5.1.5.2　水泥的主要技术指标

水泥的主要技术指标有比重、容重、细度、凝结时间、强度、水化热。

(1)细度:是指水泥颗粒的粗细程度,可用筛分粒径或比表面积(1 g水泥所具有的总表面积)表示。水泥颗粒越细,水化作用越迅速,凝结硬化越快,早期强度越高。

(2)凝结时间:自加水拌和时起至水泥浆塑性开始降低时止所经历的时间为初凝时

间，自加水拌和时起至水泥浆完全失去塑性时止所经历的时间为终凝时间。初凝时间一般不得短于 45 min，以便在初凝之前完成拌和、运输、浇筑；终凝时间一般不得长于 12 h，以使已浇筑混凝土尽快凝结、硬化。

（3）强度：是指材料或构件受力时抵抗破坏的能力，有抗压强度、抗拉强度、抗剪强度等之分。水泥的强度反映了其胶结能力的大小，其强度与材质、龄期有关，一般以 28 d 龄期水泥标准试件的抗压强度值（数字）作为水泥的强度等级（标号）。

（4）水化热：指水泥与水进行化学反应过程中所释放出的热量。水化热的大小及释放速度与水泥品种、强度等级、细度、温度等因素有关，强度等级越高水化热越大。水化热能使大体积混凝土内外产生较大的温差，甚至可能因温差过大而导致裂缝。

5.1.6　水泥混凝土

凡由胶凝材料、骨料或必要外加剂，按适当比例配合拌制成混合物，经凝结、硬化而得到满足要求的材料，均称为混凝土（如水泥混凝土、沥青混凝土等）。由水泥、沙子、石子、水或外加剂，按适当比例配合拌制后凝结、硬化而成的材料，称为水泥混凝土。

5.1.6.1　混凝土主要技术性质

混凝土的主要技术性质有和易性、强度、耐久性等。

1）和易性

和易性指在一定施工条件下，便于施工操作并能获得均匀密实混凝土的特性。和易性包括流动性、黏聚性和保水性。流动性是指拌和物在自重和振捣作用下能产生流动、能填充满浇筑空间的现象；黏聚性（抗离析性）是指拌和物具有一定的黏聚力，各种材料不出现分层或分离现象；保水性是指拌和物不产生严重的分泌水现象。

一般采用坍落度试验检测评定混凝土的和易性。见图 2-5-1，现场取混凝土拌和物插捣装满坍落桶并抹平顶面，将桶提起后量测拌和物以厘米计的坍落数值，称为坍落度，并通过感观（插捣和抹平是否容易、有无水析出、出水多少、是否有石子分离、拌和物是否崩裂）综合评定和易性。

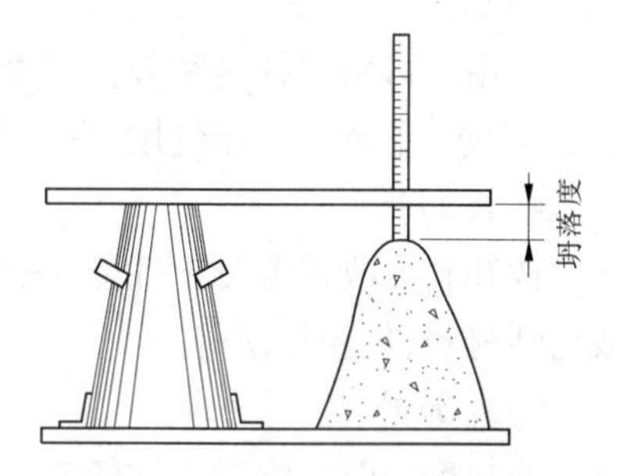

图 2-5-1　坍落度测定示意图

影响混凝土和易性的因素主要有水泥品种、水泥用量、水泥浆稠度、含沙率（沙与沙石总量的比值）大小、粗骨料颗粒形状大小和级配等。

2）强度

现场取混凝土拌和物做成 150 mm 见方的标准试件，在标准条件（温度（20 ± 3）℃、相对湿度 95% 以上）下养护 28 d，以其抵抗破坏时的极限应力值表示强度，有抗压强度、抗拉强度、抗剪强度等，影响混凝土强度的因素主要有材料品质、配合比、施工质量、养护条件、龄期等。

混凝土以 28 d 龄期标准试件的抗压强度值大小进行强度等级划分，以此作为混凝土的强度等级，习惯简称为混凝土标号，即以抗压强度值（数字）作为混凝土标号（老标号以 kg/cm^2 的数值表示；新标号以 MN/m^2 即兆帕的数值表示，记为 C×，如 C10、C20 混凝土）。

另外,混凝土还有抗冻标号、抗渗标号等。

3)耐久性

耐久性包括抗渗性、耐磨性、抗冻性、抗蚀性等。抗渗性以抗渗标号(28 d 龄期标准试件在标准试验方法下所能承受的最大水压力值)表示,与水灰比、水泥品种、骨料级配、振捣质量、养护条件等因素有关;耐磨性是反映混凝土抵抗冲刷和磨损破坏的能力,强度越高,其耐磨性越强,耐磨性还与水泥品种、骨料硬度、密实程度、表面平整光滑度等有关;抗冻性以抗冻标号(28 d 龄期混凝土在水饱和状态下最多能经受的冻融循环次数)表示,与水泥品种、强度等级或标号、水灰比等因素有关;抗蚀性是指混凝土抵抗侵蚀的能力,可通过选用水泥品种、提高密实性或设置防护层提高抗蚀性。

5.1.6.2 混凝土组成材料

混凝土组成材料主要有水泥、细骨料、粗骨料、水,必要时可掺入掺和料、添加外加剂。

1)细骨料

细骨料一般采用天然沙(河沙、山谷沙)或人工沙,沙子有害杂质含量不超标,粗细适中,级配(粗细颗粒分级及相互搭配)良好(粗细范围和相对含量合理,可使颗粒的总表面积减小,孔隙体积小,节省水泥,使混凝土密实),质地坚硬。

2)粗骨料

粗骨料有卵石和碎石两种。卵石表面光滑、孔隙率和表面积较小,拌制的混凝土和易性较好,但胶结力较差、强度较低;碎石表面粗糙、有棱角、孔隙率和表面积较大,拌制的混凝土和易性较差或水泥浆用量较多,但胶结力较强、强度较高。粗骨料应质地坚硬、形状以方正或近于球形为好、有害成分含量低、级配良好。

3)水

饮用水可用于拌制和养护混凝土;天然水能否用于拌制和养护混凝土需经化验确定,废水、污水、沼泽水不能使用;海水不能用来拌制钢筋混凝土。

4)掺和料

掺和料为改善混凝土性能、减少水泥用量及降低水化热而掺入混凝土中的活性材料或惰性材料,如粉煤灰等。

5)外加剂

外加剂为改善混凝土性能或满足特定要求而掺入的化学制剂或工业副产品等少量物质,常用外加剂有加气剂、塑化剂(减水剂)、促凝剂(早强剂)、缓凝剂等。

5.1.6.3 混凝土配合比

混凝土配合比主要指混凝土中水泥、沙子、石子、水四种主要材料用量(质量)之间的比例关系,一般直接用各材料的质量表示,也可用各材料质量之间的比值(水泥质量作为1)表示,水的用量通常用水和水泥的质量比(称为水灰比)表示。

5.1.6.4 混凝土的质量控制

混凝土的质量控制主要包括原材料的质量控制、配合比的优化选择、施工质量控制。选择优质原材料,优化材料配合比,是保证混凝土质量的基础;配料、拌和、运输、入仓、浇筑、振捣、温控、养护都属于施工质量控制。

5.1.6.5　其他混凝土

常见其他混凝土有干硬性混凝土、灌注性混凝土、压浆混凝土(预填骨料)、喷混凝土、纤维混凝土、无沙混凝土等。干硬性混凝土的水泥用量少、水化热低,常用于碾压施工的混凝土坝、道路等工程;灌注性混凝土用于流动性要求大、不振捣、可自行灌注施工的混凝土工程或构件;压浆混凝土,是将拌和好的水泥砂浆压入已预填骨料内;喷混凝土是用压缩空气喷射机将水泥、沙、石子混合物及高压水层层喷射在岩石面或老混凝土面上形成的混凝土,常用于缺陷修补、岩体的衬砌或支护等;纤维混凝土是在混凝土中掺入短小纤维(钢纤维、塑料纤维、玻璃纤维),使其具有较高的抗拉强度、较强的抗裂性能和抗冲击性能,可用于溢洪道消能齿坎、轻型结构、抗震结构、防爆结构等;无沙混凝土具有透水性强的特点,可用于排水暗管、透水井管、滤水管等。

5.1.7　砂浆

砂浆是由胶凝材料、细骨料、水等材料按适当比例拌制而成的混合物,凝结、硬化后能将其他材料胶结在一起而成为一个整体。新拌制的砂浆要有良好的流动性、保水性和黏结能力,硬化后要有足够的强度和耐久性,砂浆的黏结强度随抗压强度增大而增大。

按胶凝材料不同,砂浆分为水泥砂浆、石灰砂浆、混合砂浆(水泥石灰、水泥黏土、石灰黏土)等;按用途不同,砂浆分为砌筑砂浆、抹面砂浆、防水砂浆、勾缝砂浆等。

5.1.8　沥青

按提炼方法不同,沥青分为石油沥青(石油提炼汽油、煤油、柴油及润滑油后所得的渣油)和煤沥青(煤炼制焦碳或煤气时获得煤焦油,煤焦油蒸馏处理得轻油、中油、重油、蒽油和煤沥青);按用途不同,沥青分为道路沥青、建筑沥青、普通沥青等,建筑沥青的黏滞性高、耐热性好,水利工程常用道路沥青,其温度稳定性好(不过分软化,也不低温脆裂)。

5.1.9　金属材料

以铁为主要成分的金属及其合金称为黑色金属,如钢和生铁;黑色金属以外的金属统称为有色金属,如铜、铝、铅、锌、锡等。

建筑工程常用普通碳素钢、优质碳素钢、普通低合金结构钢、热扎钢筋等。

钢筋混凝土结构用的热扎钢筋由普通碳素钢中的三号钢及普通低合金钢中的16锰钢、25锰硅钢热扎而成,按机械性能分为五级,常用Ⅰ~Ⅳ级,其中Ⅰ级是圆钢,其余为带肋钢筋(有不同的“肋”形,习惯称为螺纹钢筋)。

钢铁遭受腐蚀破坏可使其截面面积减小、强度降低、性能退化,影响自身及结构的安全和使用寿命,对钢铁材料应采取防腐措施(如搪瓷、油漆、电镀、混凝土保护层等)。

5.1.10　木材

木材具有质轻、强度较高、弹性和韧性好、导热性低、保温性好、易于加工等优点,但也有构造不均匀、易吸收和散发水分、易变形、易腐朽虫蛀、耐火性差等不足。

木材在水利工程上常用于木桩、混凝土模板、脚手架等。

木材具有湿胀、干缩的特点，木材含水量过大或过小都易引起变形，如干裂、翘曲等，长时间处在水浸潮湿的环境中易加速木材腐朽。

木材强度大小与材质有关，还与纤维方向（顺纹、横纹）有关。

防止木材腐朽的方法有干燥处理、通风、防潮、刷漆等，以消除菌虫生长条件。

木材产品有圆材、成材（包括板材、方材、枕木）、人造板及改性木材。圆材分为原条和原木，只去树枝的伐倒木为原条，去树枝并按一定长度截取的木料称为原木；宽度为厚度3倍及其以上的为板材（薄板、中板、厚板、特厚板），宽度不足厚度3倍的为方材（小方、中方、大方、特大方），符合一定长度的短方木为枕木；利用木材或含有一定量纤维的其他植物作原料，采用物理和化学方法加工制造的板材称为人造板材（纤维板、胶合板、刨花板）；将木材通过合成树脂溶液浸渍或高温高压处理，以提高某些性能，由此制成的木材称为改性木材（如木材层积塑料、压缩木等）。

5.1.11 竹材

竹材的密度因竹龄（成熟竹材密度较大）、部位（梢段或秆壁外缘密度较大）和竹材品种而异；竹材的干缩率低于木材，弦向干缩率最大，径向干缩率次之，纵向干缩率最小；干燥时失水快，容易径裂；顺纹抗拉强度较高，顺纹抗剪强度低于木材。竹材的强度从竹竿基部向上逐渐提高，并因竹种、竹龄和立地条件而异。

可将原竹用做竹竿，将竹片用做建筑材料，将中小竹材制作文具、乐器、农具、竹编等。可将竹材加工利用，如竹材层压板可制造机械耐磨零件，竹材人造板可作工程材料，可利用竹材造纸、制造纤维板、提取纤维、提供竹炭等。水利工程常将竹材用于架杆（脚手架、棚架）、架板、排水管、编制抢险用竹笼、竹筐等。

5.2 土工合成材料

5.2.1 土工合成材料的分类

土工合成材料是由以煤、石油、天然气等为原料加工合成的高分子聚合物制成的，分为土工织物、土工薄膜（土工膜）、土工复合材料、土工特种材料。

5.2.1.1 土工织物

土工织物（土工布）是透水材料，分为织造型土工布和非织造型土工布两大类。

（1）织造型土工布。也称有纺布或编织布，一般由经丝和纬丝经机织或加热压黏而成，也可由一系列的单丝编织而成。彩条编织布和制作编织袋的编织布都是有纺布。

（2）非织造型土工布。也称无纺布，一般是把纤维无规则排列经针刺、热力或化学黏合而成的。无纺布没有规则的纹理，有毛绒感。

5.2.1.2 土工薄膜（土工膜）

土工薄膜（土工膜）是不透水材料，类似于加厚塑料薄膜，在水下或土中有良好的耐老化能力。

5.2.1.3　土工复合材料

土工复合材料是由两种或两种以上土工合成材料组合在一起的制品，如复合土工膜、塑料排水带、软式排水管等。复合土工膜是将土工织物和土工膜通过挤压、滚压或喷涂等加工而合成的复合体，如一布一膜、两布一膜。

5.2.1.4　土工特种材料

土工特种材料主要包括土工格栅、土工网、土工模袋、土工管、土工格室、黏土垫层等。土工格栅是有长方形或方形孔的板材，将其埋在土石中能增加材料间的摩擦力；土工网是具有较大孔径的平面结构材料，具有较高的延伸率，常用于坡面防护、植草、软基加固垫层或受力不大的加筋；土工模袋是由土工织物制成的大面积袋状土工材料，可代替模板在袋内充填混凝土或水泥砂浆，凝固后形成整体混凝土板，常用于护坡工程；土工管是用高强土工织物制成大型管袋，管袋内可充填料物，主要用于护岸和崩岸抢险，或用其堆筑临时堤堰；土工格室是将强化的高密度聚乙烯宽带每隔一定间距进行焊接，从而形成网格室结构，通过对格室内填土可用于处理软弱地基、固沙或护坡；黏土垫层，是在两层土工织物（或土工膜）中间夹一层膨润土粉末（或其他低渗透性材料）并经针刺、缝合或黏结而成的复合材料，具有体积小、质量轻、柔性好、密封性好、防渗效果好等优点，主要用于水利或土建工程中的防渗。

5.2.2　土工合成材料的应用

土工合成材料在工程建设和抢险中主要用于反滤、排水、隔离、防渗、防护、加筋、减载等，实际应用中往往同时发挥着多种功能，如反滤排水、隔离防渗及防冲等。

（1）反滤作用：利用土工织物代替传统的沙石或柴草反滤材料，发挥其透水滤土作用。

（2）排水作用：利用有良好透水性能的土工织物或土工席垫作为排水材料，如坝身及坝基排水、土坡排水、挡土墙后排水、软土地基固结排水等。

（3）隔离作用：在两种不同材料之间放置土工合成材料，以防止不同材料或粗细材料混杂，防止材料流失（如粗粒材料陷入软弱基础土层）。

（4）防渗作用：土工膜和复合土工膜防渗性能良好，可用于土石坝、堤防、水闸等工程的防渗结构，渠道和蓄水池的防渗衬砌，碾压混凝土坝及浆砌石坝的防渗层等。

（5）防护作用：直接利用土工织物覆盖被保护对象，或利用土工合成材料做成编织袋、土工模袋、土枕、石笼、软体排再实施保护（如护岸、护坡、护脚等），包装防护等。

（6）加筋作用：将土工织物、土工拉筋带、土工网、土工格栅作为筋材埋入土石中，通过筋材与周围界面间的啮合、摩阻力传递，以约束土体侧向位移，从而提高土体的承载力或结构的稳定性，加筋多用于软弱地基处理、陡坡的稳定加固。

（7）减载作用：用泡沫塑料取代常规的填充料或用做包装材料，可起减载和保护作用。

在防汛抢险中，无纺布可代替沙石料应用于反滤排水、隔离不同材料、护坡垫层等；土工薄膜（土工膜）可用于堤防截渗、建筑物止水等；土工复合材料可用于堵漏截渗或防冲防护等。

第6章　堤防工程基本知识

堤(堤防)是在江、河、渠道、湖、海沿岸或水库区、蓄滞洪区、低洼地区周边修建的挡水建筑物,随着修建位置及作用不同堤防划分为不同种类,根据工作条件不同而又需要对堤防采取不同的防护措施,本章重点介绍堤防的种类、作用、构成及其防护工程。

6.1　堤防种类、作用及各部位名称

6.1.1　堤防种类

堤防常按修筑位置、功能和筑堤材料的不同进行分类。

6.1.1.1　按修筑位置分类

堤防按其修筑位置不同,分为江堤、河堤、渠堤、湖堤、海(塘)堤、库区围堤、蓄滞洪区围堤及低洼地区围堤等。

6.1.1.2　按功能分类

堤防按其功能不同,分为干堤、支堤、子堤、遥堤、隔堤、行洪堤、防潮堤、围堤、防浪堤等。习惯上又将江河堤(统称为河流堤防)、湖堤、库区围堤及蓄滞洪区围堤等称为防洪堤,渠堤称为输水堤,海(塘)堤称为防潮堤。

6.1.1.3　按筑堤材料分类

堤防按筑堤材料不同,分为土堤、石堤、土石混合堤、混凝土防洪墙等,其中土堤最为常见,在缺乏土料的山区也常采用土石混合堤。另外,还常将用单种土料修筑而成、利用全断面土料防渗的堤防称为均质土堤,将由不同种土料或其他材料修筑而成,仅靠部分黏土或其他材料防渗,或同时采取反滤排水措施的堤防称为非均质堤防。

6.1.2　堤防作用

随着修建目的及修建位置不同,堤防所发挥的具体作用有所不同。

6.1.2.1　江河堤

沿江河岸边、顺水流方向修建的堤防称为江堤或河堤,江河堤一般为土堤或土石混合堤,缺乏土料或修建位置受限时也可采用砌石或混凝土防洪(防浪)墙,江河堤防具有约束江河水流、束范输送江河洪水、防止洪水漫溢成灾的作用。

6.1.2.2　湖堤

在湖泊周围修建的围堤称为湖堤,主要用以控制湖水水面、限制淹没范围、减少淹没面积,也可以通过修建围堤而抬高湖泊的蓄水水位,从而可增加湖泊蓄水调洪能力、减轻江河防洪负担或更好地开发利用水资源。

6.1.2.3　**海堤**

沿海滩或海岸修建的堤防(防浪墙)称为海堤,主要用以阻挡涨潮和风暴潮对沿海低洼地区的侵袭,确保防风浪潮安全,也能增加陆地面积,防止附近土地盐碱化。

6.1.2.4　**围堤**

修建于蓄滞洪区或低洼地区周围的堤防称为围堤,借助围堤可抬高蓄滞洪水位,增大蓄滞洪库容,满足滞蓄超标准洪水的需要,确保蓄滞洪区周边地区及低洼地区的安全,减少淹没面积。

6.1.2.5　**库区围堤**

在水库回水区岸边修建的堤防称为库区围堤,可控制回水淹没范围,减少淹没面积,降低淹没损失,也可通过抬高水库蓄水位增加水库兴利库容,以充分发挥投资效益。

6.1.2.6　**渠堤**

渠堤修建在渠道两侧,用于输送引水或排水。借助渠堤可实行高水位输水,增大输水能力,扩大送水范围。

6.1.3　堤防各部位名称

6.1.3.1　**堤防外观**

堤防多用土或土石材料修成,从外观上看,堤防一般为梯形横截面长柱体,部分需要加固的堤防还可能设有黏土前戗、透水后戗或淤背加固区,参见图2-6-1、图2-3-18和图2-3-19,堤防各部位名称如下。

堤身:指堤防主体本身,即堤基以上部分的总称。

堤基:堤身底部所压的岩土地基。

堤顶:堤的顶部平面或曲面,堤顶一般向一侧或两侧倾斜,向两侧倾斜的称为花鼓顶。

堤坡:从堤顶开始至堤基地面的两侧倾斜坡面,分为临水侧堤坡(简称临水坡或临河坡)和背水侧堤坡(简称背水坡或背河坡),堤坡的倾斜程度用坡度表示。

堤肩:堤顶与堤坡交界处,平面图上为堤肩线,分为临水(河)堤肩和背水(河)堤肩。

堤脚:也称堤根,是堤坡与堤基地面的相交处,分为临水(河)堤脚和背水(河)堤脚。

护堤地:也习惯称为柳荫地,是为保护堤防完整与安全而在堤脚以外确定的管理范围,分为临水(河)护堤地和背水(河)护堤地。

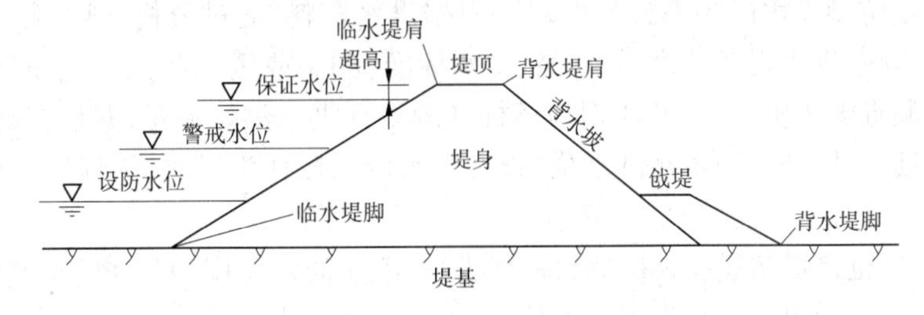

图2-6-1　堤防断面示意图

6.1.3.2　**断面结构**

非均质堤防一般设有防渗设施和反滤排水设施。常用的堤身防渗设施有黏土心墙、沥青混凝土心墙、黏土斜墙、土工材料截渗体等,常用的堤身反滤排水设施有贴坡排水、棱体排水等,用于堤基部分的防渗设施主要有水平截渗铺盖、垂直截渗墙、堤基与堤身接合部的截水槽,用于堤基部分的反滤排水设施主要有排水沟、排水减压井等。

6.1.4 堤防标准

堤防工程的修建标准与其所承担的防洪(防潮)标准相对应,其防洪标准通常以所防御洪水的重现期或出现频率来表示,即以防多少年一遇的洪水为设计标准,对应该标准的洪水流量大小和洪水位高低与流域水文及河道情况等资料有关。

6.1.4.1 堤防工程防洪标准与等级划分

堤防工程的防洪标准应根据其所防护范围内被保护对象的重要性和经济合理性,按照国家现行《防洪标准》(GB 50201—94)确定;还可根据已划定的堤防工程级别,结合国家经济条件,合理确定相应的防洪标准。堤防工程级别与防洪标准应符合表 2-6-1 的规定。

表 2-6-1 堤防工程级别与防洪标准

防洪标准(重现期(年))	≥100	<100 且≥50	<50 且≥30	<30 且≥20	<20 且≥10
堤防工程级别	1	2	3	4	5

遭受洪灾或失事后损失巨大,影响十分严重的堤防工程,其级别可适当提高;遭受洪灾或失事后损失及影响较小或使用期限较短的临时堤防工程,其级别可适当降低。

当海堤的防护区人口密集、乡镇企业较发达、农作物高产或水产养殖产值较高时,其防洪标准可适当提高,海堤的级别也相应提高。

蓄滞洪区堤防工程的防洪标准应根据批准的流域或区域防洪规划要求专门确定。

堤防工程上的水闸、涵管、泵站等建(构)筑物级别及设计防洪标准可根据《防洪标准》(GB 50201—94)确定,但不应低于堤防工程的防洪标准。

6.1.4.2 堤防的规划设计

1)设计洪水

设计洪水是堤防规划设计和运用中各种防洪标准所依据的洪水,它是按工程规模及性质(由此确定防御洪水的频率或重现期),根据洪水资料,通过分析计算(频率计算)所确定的符合某频率或重现期的洪水。确定洪水标准(频率或重现期)后,应根据洪水资料(包括实测和调查洪水资料)推算出对应该标准的设计洪水洪峰流量,并根据河道情况推算出洪水沿河道各控制站的最高洪水位(设计洪水位),以作为堤防(工程)规划设计和运用的依据。

设计洪水位也是堤防运行期间制订度汛方案、实施防洪调度和防守的重要依据,可直接以设计洪水位作为堤防的防洪保证水位,或根据设计洪水位、结合曾经出现的最高洪水位、考虑保护区重要性及工程和河道情况而合理确定并适时调整每年的防洪保证水位。当洪水位达到或接近保证水位时,防汛进入紧急状态,各级防汛部门要采取各种措施确保堤防等工程安全,即确保保证水位以下洪水防洪安全;当出现超保证水位洪水时,要尽最大努力减小灾害损失。

2)堤线选择

新建或改建堤防堤线时,应根据河流河势、河道演变特征、地质地貌条件及两岸社会经济等多种因素,通过多方案论证比较而择优选定堤线。堤线应大致与洪水流向平行,避免急弯或局部突出;堤线不宜距河槽太近,以免因河床演变或河岸坍塌而危及堤防安全;堤线宜选择在地形高、地质完整坚硬、地层单一的地基上;堤线位置尽量照顾两岸城镇规划和工农业生产布局,节约土地,方便交通。

3)堤身断面设计

土堤或土石混合堤一般采用梯形横断面,堤身断面设计主要是确定堤顶高程、堤顶宽度、边坡坡度、细部结构及附属设施。

(1)堤顶高程。

堤顶高程=设计洪水位+波浪爬高+风壅增水高度+安全加高,可将各种爬高、增高及加高之和称为堤顶超高(综合超高),则堤顶高程=设计洪水位+堤顶超高。其中,波浪爬高与风速、风向、水面宽度、水深、堤坡坡度、坡面材料等因素有关,安全加高与堤防级别、堤防是否允许过水等因素有关,规范规定1~2级堤防的堤顶综合超高不小于2.0 m。

(2)堤顶宽度。

设计选择堤顶宽度应考虑满足防渗、构造、施工、管理、防汛、交通、堆放防汛料物等要求,并结合堤防级别而综合分析和计算确定,1级堤防的堤顶宽度一般不宜小于8 m,2级堤防的堤顶宽度不宜小于6 m,3级及其以下堤防的堤顶宽度不宜小于3 m。

(3)边坡坡度。

设计选择堤防边坡应综合考虑堤防级别、堤身高度、堤身结构、筑堤材料、堤基地质条件、水位涨落变化、偎水时间、风浪情况、护坡型式、防渗要求、施工条件等因素,一般是先综合各种因素而分析拟订边坡坡度,再经过边坡稳定分析验算或渗流计算而最终确定,1~2级土堤的边坡不宜陡于1:3。

(4)细部结构及附属设施。

堤顶应向一侧或两侧倾斜,坡度宜采用2%~3%。

当堤坡较长时,应在堤坡上设置戗台(顺堤纵向的马道),以适应施工、观测、检修和交通的需要,戗台宽度不小于1.5 m。

当堤防的边坡稳定性或防渗能力不能满足要求时,可根据需要修做前戗或后戗,有条件的也可进行淤背加固(如黄河堤防)。

堤防易遭受水流(包括雨水)、风浪、潮汐的冲刷破坏,应根据其工作条件并结合地形、地质、材料等因素而采取相应的防冲防护和排水措施。堤防的防冲防护措施有草皮护坡和堤岸防护工程护坡。草皮护坡是通过在堤防裸露土面(堤顶行车部分除外)栽植适应能力强、根系发达、枝叶茂密、根生分蘖或抓地爬秧、护土抗冲、整齐美观的草皮以抵御冲刷破坏,常用草种为葛芭草;堤岸防护工程护坡有坡式护岸、坝式护岸、墙式护岸或其他防护形式。排水措施可采用分散排水或集中排水,受雨水冲刷严重或高于6 m的土堤宜在堤顶、堤坡、堤脚、堤坡与山坡或与其他建筑物接合处设置集中排水设施(如排水沟),纵向排水沟可设在堤肩附近、戗台内侧或堤脚处,在临背河堤坡上顺堤线每隔50~100 m

设置一条横向排水沟,纵横排水沟连通。

堤防应满足渗流稳定要求,均质堤防靠符合要求的土料、合理的断面尺寸及保证施工质量等来满足防渗要求;非均质堤防由防渗体承担截渗任务,靠反滤排水设施防止渗透变形。

根据防汛抢险、运行管理、维修养护及群众生产需要,堤防上应设置上下堤辅道(坡道),临水侧坡道应顺水流方向布置,以避免或减轻辅道对行洪的阻碍。

为降低填土高度、减少用土量或占地,可在堤顶上的临河堤肩附近设置防浪墙。防浪墙结构一般为浆砌石或混凝土,防浪墙净高不宜超过 1.2 m,埋置深度应满足稳定安全要求,另外应设置变形缝,墙顶高程应满足设计防洪水位 + 堤顶超高要求。

在修建土堤受到场地限制(如城区、工矿区等)或土料缺乏的地段,可采用坡度较陡,甚至立陡的防洪墙代替土质堤防,或通过在临河侧修建防洪墙减小土堤断面(因墙后填土,所以又称为挡土墙,还可称为墙式护岸)。防洪墙一般为浆砌石、混凝土或钢筋混凝土结构,防洪墙的断面形式有重力式、扶壁式或悬臂式,防洪墙墙基应嵌入堤基一定深度,以满足抗冲刷和稳定安全要求,堤基冲淤变化大时可在防洪墙前采取抛石护根、固基措施。

6.2　堤岸防护工程

6.2.1　坡式护岸

坡式护岸,也称为平顺护岸,是用抗冲材料直接覆盖在岸坡上及堤脚附近一定范围内,形成的连续覆盖式护岸。该防护工程对近岸水流的影响较小,适用于以风浪撞击淘刷为主的湖堤和水库围堤的临水坡防护,也适用于河势较平稳、主流较稳定、离主流较远、流速较小、经常靠水堤防临水坡的防护,河道整治工程中也常在坝垛之间修建平顺护岸。

坡式护岸一般分为上部护坡和下部护脚两部分,下部护脚多为抛散石、大块石、石笼、混凝土块等,上部护坡有浆砌石护坡、干砌石护坡、堆石护坡、混凝土护坡等。

6.2.1.1　**浆砌石护坡**

浆砌石护坡是使用砂浆将石料顺堤坡砌筑而成的裹护层。该护坡具有表面平整、抗冲能力强、坡度较缓、整体稳定性好等特点。

浆砌石护坡由面层(砌石层)和起反滤及适应变形作用的垫层组成,见图 2-6-2。面层铺砌厚度一般为 25 ~ 35 cm,可分单层、双层或多层砌筑;垫层可按单层或双层铺设,单层厚 5 ~ 15 cm,双层厚 20 ~ 25 cm,若堤坡为沙、砾或卵石材料可不设垫层。

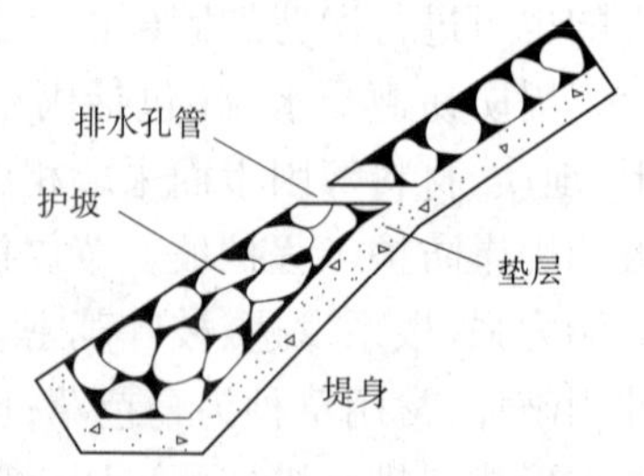

图 2-6-2　浆砌石护坡示意图

为及时排出坡后积水,应设置穿透浆砌石护坡的排水孔管(孔径 50 ~ 100 mm,孔距 2 ~ 3 m,呈梅花形布置)。对长度较大的浆砌石护坡,应沿堤防纵向每隔 10 ~ 15 m 设置一道宽约 2 cm 的永久分缝(也称为伸缩缝、沉降缝或变形缝),缝内可用沥青麻袋、沥青杉板或木条填塞,也可用沥青灌缝,还可在分缝内填塞干松料后再进行表层勾缝。为增加护坡稳定,护坡底部应适当加厚并嵌入堤基内。对位于易冲刷河床或堤基(习惯称为软基)上的砌石护坡,可采取抛散石、大块石、石笼或混凝土块的方法进行护根护脚。

6.2.1.2　干砌石护坡

干砌石护坡的结构及砌筑方法与浆砌石护坡相同,只是砌筑时不使用砂浆。它具有表面平整、抗冲能力强、坡度较缓、稳定性好、适应堤坡变形能力强、便于运行管理和养护维修等特点。

其结构形式见图 2-6-3。干砌石护坡的面层可根据堤坡坡度和裹护厚度的不同而采用单层、双层或多层砌筑,面层下的碎石、粗沙或沙砾料垫层厚度应在 15 cm 以上,干砌石护坡一般采用浆砌石封顶,护坡的护根护脚方法同上。

6.2.1.3　堆石护坡

堆石护坡也称为散抛乱石护坡,是用乱石作为裹护材料,经过抛填排整而成的护坡工程,堆石护坡具有施工简单、便于养护维修、适应变形能力强等优点,多用于冲淤变化较大的河道整治或有较大沉降及不均匀沉降的新修堤岸的护坡。堆石护坡也由面层石料和垫层组成,见图 2-6-4,由于散抛石料的抗冲刷能力较低,所以堆石护坡需要的裹护厚度相对较大。

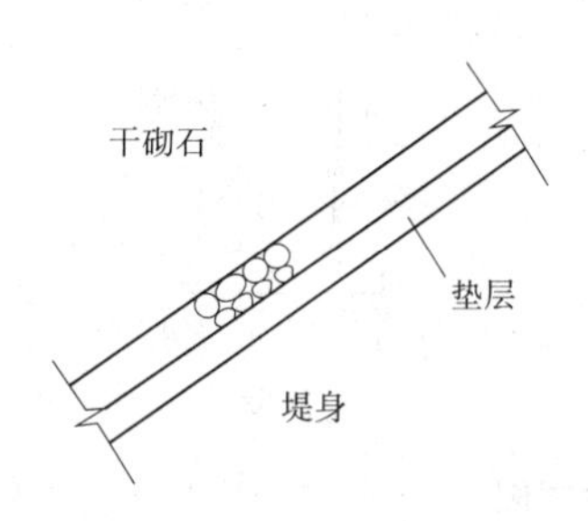

图 2-6-3　干砌石护坡示意图

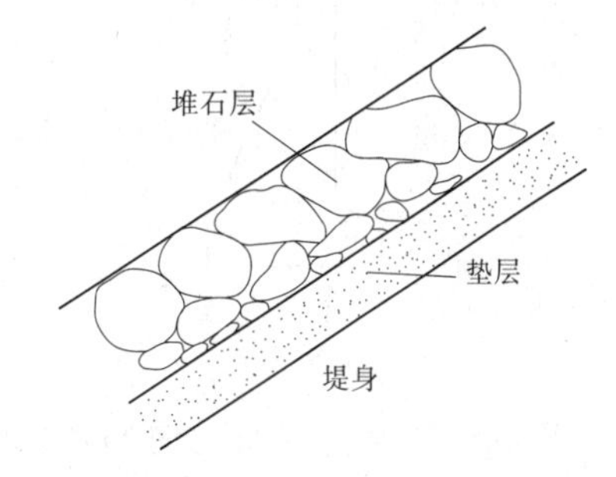

图 2-6-4　堆石护坡断面示意图

水下抛石护坡(或护根护脚)的石块大小要满足不被水流起动挟带而走失的要求。

6.2.1.4　混凝土护坡

当缺少石料时,可采用混凝土护坡,其结构为垫层加混凝土面层,混凝土面层有现浇混凝土或铺砌混凝土预制板块两种形式,多采用素混凝土护坡。

6.2.2　墙式护岸

在河道狭窄、易受水流冲刷、保护对象重要、受场地条件或已建建筑物限制的堤段,可采用墙式护岸(也称为挡土墙)。墙式护岸的临水侧可采用直立式或陡坡式,背水侧可采用直立式、斜坡式、折线式、台阶式等形式。墙体结构材料可采用钢筋混凝土、混凝土、浆砌石等。断面尺寸及墙基嵌入堤岸坡脚的深度应根据具体情况及稳定计算确定。

在墙式护岸与岸坡之间可回填沙砾石;墙体应设置排水孔,排水孔处应设置反滤层;在墙后回填土的顶面应采取排水防冲措施;墙式护岸沿长度方向应设置永久缝,分缝间距为 10 ~ 20 m。

墙式护岸的断面形式分为重力式、扶壁式和悬臂式等。

6.2.2.1　重力式墙式护岸

重力式墙式护岸断面尺寸比较大,依靠自身重量维持稳定,最简单的为梯形断面,见图2-6-5(a),其结构简单、施工方便,但耗用建筑材料较多,一般用于高度不超过5~6 m的挡土墙。重力式挡土墙常用浆砌石或混凝土修筑而成,浆砌石挡土墙的基础常采用混凝土底板以增强其整体性,板厚0.5~0.8 m,基础部分常设有前趾以加大基础尺寸。

6.2.2.2　悬臂式墙式护岸

悬臂式墙式护岸由尺寸较大且整体性较好的底板及与底板整体连接的悬臂组成,可借助底板上的填土重量维持稳定,见图2-6-5(b)。悬臂式挡土墙比较节省材料,但对悬臂与底板的整体性及悬臂的抗弯强度要求较高,常用混凝土或钢筋混凝土修筑而成,墙的挡土高度较小。

6.2.2.3　扶壁式墙式护岸

扶壁式墙式护岸由立墙、底板及墙后扶壁三部分组成,见图2-6-5(c)。其中,扶壁是在墙后以一定间隔(间距一般为墙高的1/3~1/2)设置的,扶壁厚度一般60~70 cm。这种结构比重力式墙式护岸明显减少用料,并借助扶壁之间底板上的填土重量维持稳定,扶壁也有利于提高立墙的强度,高度在9 m以上时采用扶壁式挡土墙比较经济。

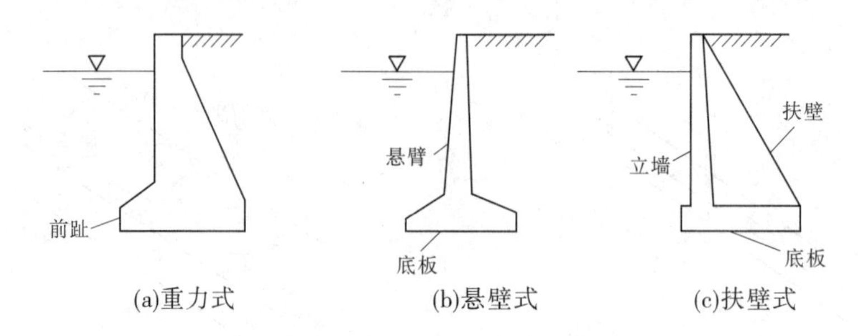

图2-6-5　墙式护岸断面示意图

6.2.3　坝式护岸

坝式护岸,指依托堤岸或滩岸修建的丁坝(短丁坝也称为垛、堆)或平顺护岸,或坝与护岸的组合,可导引水流离岸(调整水流方向)、平顺接流送流、提高抗冲能力,以防止水流、风浪、潮汐直接侵袭冲刷堤岸或滩岸。

坝式护岸除分为丁坝、顺坝外,还可按结构材料、砌筑方法、与水位或与水流的关系等不同进行分类,如浆砌石坝、干砌石坝、堆砌石坝、混凝土坝,透水坝、不透水坝,淹没坝、非淹没坝,上挑坝、正挑坝、下挑坝等。

丁坝是自河岸伸向河槽的坝形建筑物,具有束窄河床、调整水流、保护河岸的作用。

6.2.4　其他防护形式

其他防护形式主要包括坡式与墙式接合的混合形式、桩坝、杩槎坝、生物工程防护等。海堤防护常采用上部坡式、下部墙式或上部墙式、下部坡式的组合形式。

桩式护岸,如钱塘江堤采用木桩或石桩护岸有悠久历史,美国密西西比河中游还保留不少木桩堆石坝,黄河下游近年来也修筑了钢筋混凝土试验桩坝。

6.3 穿堤、跨堤建筑物

从堤身或堤基内穿过的各类建筑物和设施统称为穿堤建筑物。附设在堤顶上(平交)或从堤顶上方经过(立交)的各类建筑物和设施统称为跨堤建筑物。

6.3.1 穿堤建筑物

穿堤建筑物主要有水闸、虹吸、泵站、各类管道、电缆等,本部分主要介绍水闸。

水闸是一种低水头水工建筑物,它具有关门挡水和启门泄水的双重作用。

6.3.1.1 水闸的分类

(1)水闸按其所承担的任务主要分为节制闸、进水闸、分洪闸、泄洪闸、排水闸、挡潮闸、防沙闸、冲沙闸(排沙闸)、船闸、排冰闸、排污闸等,堤防上的水闸主要有进水闸、分洪闸、泄洪闸。

①进水闸:又称为取水闸或引水闸,是为满足生活、工农业生产、发电等需要而在河道或水库及湖泊岸边修建的用来控制引水流量的水闸。

②分洪闸:是指分泄河道超标准洪水或部分多余洪水进入湖泊、洼地、蓄滞洪区的水闸,以及时削减洪峰,保证河道下游安全。

③泄洪闸:也称退水闸,是宣泄湖泊、洼地或蓄滞洪区内所存蓄的分洪水量的水闸。泄洪闸多建于蓄滞洪区的末段,经泄洪闸宣泄的水可再回到原河道或直接泄入其他河道。分洪及蓄滞洪期间需关闭泄洪闸,只有当泄水河道水位低于滞洪区内水位时才可开启泄洪闸,所以泄洪闸一般具有双向挡水的作用。

④排水闸:是排除降雨、渗水、漫滩等积水的水闸。

(2)水闸按闸室结构形式分为开敞式水闸和涵洞式水闸。

①开敞式水闸:是闸室不封闭、过闸水流表面不受阻挡的水闸,其泄流能力大、超泄能力强,常用于分洪闸、泄洪闸。

当闸前水位变幅较大时,为减小闸门高度(以减小闸门承受的水压力,可减小启闭力),可在闸室内设置胸墙(挡水梁板),水位较高时由闸门和胸墙联合挡水,这种水闸又称为胸墙式水闸。

②涵洞式水闸:指在堤顶之下穿过堤防的水闸(简称涵闸),在较高的堤防上修建过水流量不大的引水闸一般都采用涵洞式水闸,涵洞式水闸一般由进口首部(闸室段)、洞身和进出口连接段组成。

(3)水闸按过闸流量大小分为大型闸($\geqslant$1 000 m^3/s)、中型闸(100～1 000 m^3/s)、小型闸($<$100 m^3/s)。

6.3.1.2 水闸的组成

水闸由上游连接段、闸室段及下游连接段三部分组成,见图2-6-6。

(1)上游连接段。具有引导水流平顺进入闸室、保护两岸及渠底不被冲刷、参与组成水闸防渗地下轮廓等作用,主要包括上游防冲槽、护底、两岸护坡、铺盖及上游翼墙。

(2)闸室段。是水闸的主体,具有挡水、控制过闸流量、防渗防冲作用,包括闸门、闸

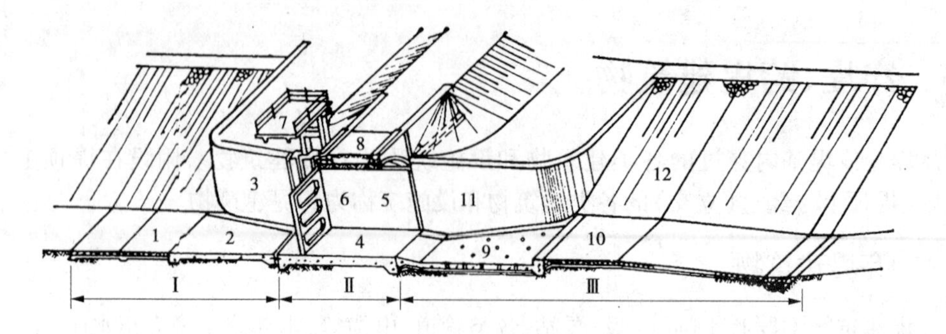

Ⅰ—上游连接段；Ⅱ—闸室；Ⅲ—下游连接段；1—块石护底、护坡；2—铺盖；3—上游翼墙；4—底扳；5—边墙；6—闸门；7—工作桥；8—交通桥；9—消力池；10—海漫；11—下游翼墙；12—下游护坡

图 2-6-6　开敞式水闸

墩(中墩、边墩、岸墙)、底板、胸墙、启闭设施、工作桥、交通桥、洞身(涵闸)等。

(3)下游连接段。主要作用是改善出闸水流条件、提高泄流能力和消能防冲效果,确保下游河床和边坡稳定,包括护坦(消力池)、海漫、防冲槽、两岸翼墙和护坡。

6.3.2　跨堤建筑物

跨堤建筑物主要有桥梁、渡槽、管道、线缆等。

修建跨堤建筑物后,可能因部分建筑物或结构处在河道内而影响或改变河势,甚至影响或危及工程安全,也可能因跨堤高度不足而影响堤顶交通、防汛抢险、运行管理、维修养护及后续建设,所以拟建跨堤建筑物要做好防洪安全(影响)评价及规划设计,以满足各项有关要求。

6.3.3　修建穿(跨)堤建筑物的有关要求

修建穿堤建筑物或跨堤建筑物可能给堤防整体性、抗渗性、沉降稳定、防洪安全、抢险加固、运行管理、维修养护、后续建设等方面带来一系列不利影响,所以应尽可能控制修建数量、合理规划设计、严格施工和运行管理。

(1)确需修建穿堤建筑物或跨堤建筑物时,宜选用跨越方式。

(2)修建穿堤建筑物或跨堤建筑物时,应考虑使用年限内因河道淤积抬高,跨堤建筑物与堤顶建筑物之间要有足够的净空高度,不得影响堤防的运用管理、养护维修、防汛抢险及后续培修。

(3)穿堤建筑物底部高程应高于设计洪水位,否则应设置满足防洪安全要求的闸(阀)门。

(4)修建穿堤建筑物或跨堤建筑物应选择在水流平稳、岸坡稳定、不影响行洪安全的堤段;穿堤建筑物或跨堤建筑物的结构和荷载应力求对称均匀,并采取防止不均匀沉降和止水防渗漏措施;过流建筑物的迎水面最好是流线型曲面或圆弧曲面,以减小壅水和对河势的影响,引水建筑物要进水平稳,出水消能;建筑物边墙与堤防接合或连接处应满足堤身和堤基稳定要求,回填土干密度不低于堤防的设计指标,以保证土石接合部密实。

(5)堤防加修时,不能满足要求的穿堤建筑物或跨堤建筑物应加固、改建或拆除重建。

(6)修建穿堤工程不宜采用顶管法施工,必须采用时应选择土质坚硬的堤段并对接触面周围进行充填灌浆处理。

(7)跨堤建筑物支墩支架不能设置在堤防设计断面(包括拟加修断面)内,否则必须满足抗滑、抗渗等要求;应加大桥梁跨度,以减少主河槽内桥墩数量,减轻对河势影响。

(8)与堤防平交的建筑物不能侵占堤身,不得影响行洪,减小阻水影响。

第7章　河道整治基本知识

河道(河流)是陆地表面宣泄水体的通道,自然河道一般不能满足人类多方面的需求,甚至因河道洪水泛滥给人类带来灾难,应采取各种措施改善河道边界条件及水流流态以满足人类各项需要(即进行河道整治)。本章主要介绍河流分类及河道整治基本知识。

7.1　河流分类

7.1.1　水系

每条河流都有河源和河口。河源是河流的发源地,如发源于某地的泉水、湖泊、沼泽或冰川;河口是河流的终点,如流入海洋、河流、湖泊、沼泽、沙漠等。除河源和河口外,根据水文和河谷特征还将河流划分为上游、中游、下游三段。

由大小不同的河流、湖泊、沼泽和地下暗流等组成的脉络相通的水网系统称为水系,也叫河系或河网,水系以它的干流名称或以其注入的湖泊、海洋名称命名。

在同一水系中,把汇集流域内总水量的流程较长、水量较大的骨干河道称为干流(也称为主河),也习惯把直接流入海洋或内陆湖泊,或最终消失于荒漠的河流称为干流。把直接或间接流入干流的河流统称为支流,其中把直接汇入干流的支流称为一级支流,汇入一级支流的支流称为二级支流,依次分为多级支流。

7.1.2　河流分类

较大的河流称为江、河、川、水,较小的河流称为溪、涧、沟、曲等。河流常根据河口、流经地区地理位置、河道平面形态、水源补给条件等不同进行分类。

7.1.2.1　根据河口分类

把直接流入海洋的河流称为入海河流(外流河);把流入河流(如支流)、内陆湖泊、沼泽及消失在沙漠中的河流统称为内流河,其中又把消失在沙漠中的河流称为瞎尾河。

7.1.2.2　根据流经地区地理位置分类

根据河流流经地区地理位置不同,河流分为山区河流和平原河流。

(1)山区河流:河流流经地势陡峻、地形复杂的山区。山区河流具有以下特点:①平面形态复杂,急弯、卡口、巨石突出,岸边不规则;②河道横断面形态常呈现比较窄深的V形或U形;③河道纵剖面比降较陡,河底不规则,伴有浅滩、深潭、跌水瀑布等现象;④河道比较稳定,演变缓慢;⑤洪水暴涨陡落。

(2)平原河流:流经地势平坦、土质松散的平原地区。平原河流具有以下特点:①平面形态多变;②河道横断面比较宽浅,大多伴有河漫滩而呈复式断面;③河道纵坡面比降较平缓,沿程深槽与浅滩相间;④河床上有深厚的冲积层,河道冲淤变化大;⑤洪水涨落过程平缓,持续时间较长。

7.1.2.3　根据河道平面形态分类

根据河道平面形态不同,河流分为游荡型、弯曲型、分汊型、顺直型河流或河段。

(1)游荡型河流:多分布在河流的中下游。它具有以下特点:①河道宽浅,宽窄相间,如藕节状;②窄段水流集中,宽段水流散乱、沙滩密布、汊道交织、主流摆动不定;③河床冲淤变化迅速,同流量下的含沙量变化大;④洪水暴涨暴落,水位变化大。

(2)弯曲型河流:是冲积平原河流常见河型,由正反相间的弯道和介于两弯道之间的直段连接而成。它具有以下特点:①河道弯曲,有弯道横向环流现象,深槽紧靠凹岸,边滩依附凸岸,河道较窄深,宽度变化范围小;②主河槽较稳定,河势变化相对较小;③冲刷和淤积位置变化不大,一般是凹岸冲刷、凸岸淤积;④洪水位表现比较稳定。

(3)分汊型河流:分为多股(汊道),汊道之间有沙滩或岛屿,又分为顺直分汊型河段、弯曲分汊型河段、弓形分汊型河段及复杂分汊型河段。

(4)顺直型河流:外型相对顺直。

7.1.2.4　根据水源补给条件分类

根据水源补给条件,河流分为雨水补给型河流、高山冰雪补给型河流和地下水补给型河流三类。较大河流一般是两种或三种补给方式并存。

另外,为沟通水系、发展水上交通而人工开挖的河道称为运河或渠;为分泄洪水而人工开挖的河道称为减河,也有的称为入海水道等。

7.1.3　河床演变

7.1.3.1　河流泥沙

(1)泥沙来源:河流泥沙主要来源于流域水土流失(土壤侵蚀),每年每平方千米地面被冲蚀所产生泥沙的数量称为侵蚀模数,土壤结构疏松、抗冲蚀能力差、气候干燥、植被稀少、坡陡沟深、暴雨集中及人类不合理开发是导致水土流失的主要原因。河流泥沙还来自于水流对河床的冲刷,当来沙少于挟沙能力时水流就会挟带河床泥沙而形成冲刷。

(2)泥沙运动:处在动水中的泥沙,受重力作用而有下沉趋势,受水流紊动(混掺、上浮、扩散)作用可被长距离挟带,当重力作用超过紊动扩散作用时泥沙将下沉淤积河床,当紊动扩散作用超过重力作用时泥沙将被上浮而冲刷河床。含沙量在铅垂线上的分布是上稀、下浓,泥沙颗粒在铅垂线上的分布是上细、下粗,河面宽度方向的含沙量分布是流速小的区域含沙量小。

7.1.3.2　河床演变

河道在自然条件下或受到人为干扰时所发生的变化称为河床演变,包括在水深方向(淤高、刷深)、河道横向(反映河道的平面位置变化)及沿流程方向的变化。

1)河床演变的基本原理

水流具有与之相对应的挟沙能力(一定水沙条件下单位水体所能挟带悬移质或悬移质中床沙质的数量称为该水流的挟沙能力,简称挟沙力),当来沙量与水流挟沙能力相适应时,水流处于输沙平衡状态,河床不冲不淤;当水流处于输沙不平衡状态时,河床将发生淤积或冲刷,造成河床变形(河床演变)。河床演变以水为动力,以泥沙为纽带,来沙与输沙不平衡引起冲刷或淤积是河床演变的基本原理。

2)河床演变形式

从断面形状和平面位置的变化分析,河床演变可分为纵向变形、横向变形;从河床演变的长期发展过程(总趋势)分析,可分为单向变形和循环往复变形。

(1)从断面形状和平面位置的变化分析:在水深方向,河床演变表现为冲刷下切或淤积抬高;沿流程纵向,河床演变表现为纵剖面的冲淤变化,通常表现为上游河段河床下切、下游河段河床淤积抬高;沿流程横向,河床演变表现为河道在平面位置上的摆动,这是由于河岸冲刷或淤积使河湾发展所致的。

(2)从河床演变的长期发展过程(总趋势)分析:如果河床在相当长的时间内向一个方向变化(冲刷或淤积)则称为单向变形,如黄河下游河床总趋势是淤积抬高而成为悬河;如果在较短的时间内河床处于冲刷与淤积的交替变化,则称为循环往复变形。

3)影响河床演变的主要因素

(1)来水量及来水过程;

(2)来沙量、来沙组成及来沙过程;

(3)河道比降及其沿程变化;

(4)河床形态、地质地形及其他边界条件等。

4)弯曲型河段的河床演变

水流入弯后主流贴近凹岸流动;受离心力(表层水流离心力大)作用,使凹岸水位壅高,在压力差作用下使底层水流流向凸岸,形成横向环流,横向环流与水流纵向流动组合成螺旋流;由于表层水流含沙量小、底层水流含沙量大,造成了横向输沙不平衡,引起凹岸冲刷、坍塌、后退,凸岸淤积、淤进,使弯道越来越弯曲、弯道顶点不断向下游移动,这种复合变化称为蠕动,随着不断演变形成S形河湾,甚至成Ω形河环,发展到一定程度将影响行洪能力,遇较大洪水可能自然裁弯;弯曲型河段沿流程呈现凹岸深槽与凸岸或过渡段浅滩的交替变化,这种深槽与浅滩也在随着河道流量的大小而发生变化,如洪水期间刷槽、淤滩,枯水期间淤槽、冲滩。

5)游荡型河段的河床演变

河床不断淤积抬高,可能导致串沟、汊道、夺流等;涨水冲刷,落水淤积,涨水冲槽淤滩,落水塌滩淤槽;漫滩走溜时易造成主流摆动改道。

7.2 河道整治基本常识

7.2.1 河道整治规划

在实施整治之前,要根据具体要求(整治目的),结合实际情况,做好整治规划设计。

7.2.1.1 河道整治规划内容

河道整治坚持全面规划、综合治理、因势利导、科学建设的原则,规划内容主要包括河道特性分析、整治任务与要求、整治规划设计主要参数、整治工程措施、整治效益分析、环境影响评价、方案比较等。

7.2.1.2　**编制河道整治规划步骤**

根据整治目的确定规划内容,拟订规划大纲;通过实地查勘观测、收集分析有关资料、提出初步整治规划;必要时对重点整治河段或重点整治项目进行模型试验或试点,在此基础上优化完成规划。

7.2.1.3　**整治规划设计参数**

整治规划设计参数主要包括设计流量与相应水位、设计河宽、治导线等。

1)设计流量与相应水位

设计流量分为洪水河槽设计流量、中水河槽设计流量、枯水河槽设计流量。根据河道工程的设计标准洪水确定洪水河槽的设计流量和相应水位。一般取保证率为90%~95%的水位作为设计枯水位,由此确定枯水河槽的设计流量;一般取造床流量(造床作用与多年流量过程的综合造床作用相当的流量称为造床流量,一般取平主河槽流量作为造床流量)作为中水河槽设计流量,由此确定相应水位。

2)设计河宽

设计河宽可通过分析实测资料得出的经验公式或平均数值确定,如将造床流量下的平均河宽作为中水河槽设计河宽,或参考满足泄洪要求的主槽宽度确定中水河槽设计河宽。

3)治导线

治导线也叫整治线,是按整治后通过整治设计流量所设定的平面轮廓线,即河道整治后通过设计流量时的平面轮廓线,分为洪水治导线、中水治导线和枯水治导线。

治导线平面形态:治导线由曲线段和直线段组成,曲线段一般为复合圆弧曲线或余弦曲线。复合圆弧曲线由2~3个或更多不等半径的圆弧曲线复合(平顺连接)而成,弯道顶处半径最小,两侧半径逐渐变大,该曲线迎流和送流条件比较好。余弦曲线的半径以余弦函数表示,也是弯道顶点处半径最小,两侧半径逐渐变大,该曲线平缓、水流平顺、河势比较稳定。

治导线参数:主要有设计河宽 B、弯曲半径 R、直段长度 d、弯曲段长度 S(内外弧长或中心处的长度)、弯曲段中心角 φ、河湾间距 L、河湾跨度 T、弯曲幅度 P 等,见图2-7-1。

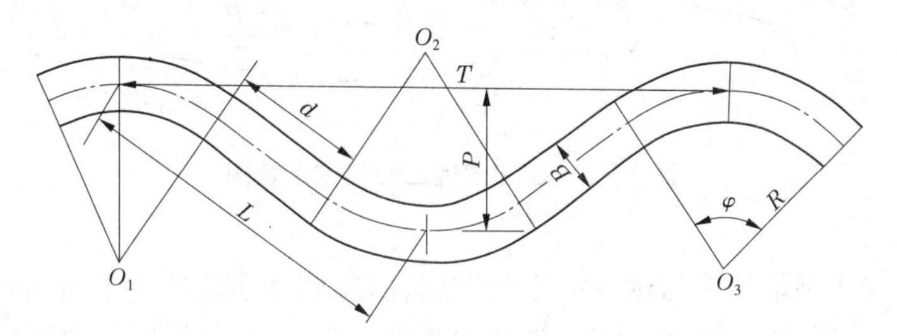

图2-7-1　河湾平面形态主要参数示意图

7.2.2　河道整治措施

进行河道整治,应综合考虑河道形态、河床演变等因素,结合整治目的和具体要求优化选择整治措施。

7.2.2.1　游荡型河道整治

游荡型河道河势变化较大,常出现“横河”、“斜河”,易造成大溜顶冲堤岸,危及堤岸安全;若主流摆动造成滩地剧烈坍塌,可能形成滚河现象,危及滩区居民生命财产安全;水流宽浅和主流摆动也将造成引水及航运困难。

对游荡型河道的整治原则是:以防洪为主,在确保大堤安全的前提下兼顾护滩、护村及引水和航运的要求,稳定中水河槽,控导主流。整治措施是:“以坝护湾,以湾导溜”。

7.2.2.2　弯曲型河道整治

过于弯曲的河道不利于宣泄洪水,会造成弯道上游水位抬高,易形成大溜顶冲凹岸,甚至危及堤岸安全。

对于弯曲型河道的整治,一是稳定现状,即当河湾发展成适度弯道时,应及时修建护岸工程对凹岸加以保护,以防止继续弯曲;二是改变现状,即当河道过于弯曲时,可通过因势利导(如修坝调流)使其向有利方向发展,待转变为适宜弯道时再采取保护措施,或通过人工裁弯将迂回曲折的河道改变为适度弯曲的弯道。

7.2.2.3　分汊型河道整治

对分汊型河道的整治措施主要有固定、改善或堵塞汊道,以调整水流、维持或创造有利河势、逐渐淤积堵塞某些汊道,或借助工程直接堵塞某些汊道。

1)固定汊道

当保留某些汊道时,可通过工程措施使汊道进出口具有较好的水流条件并保持适宜的分流分沙比例,从而可稳定河势和固定汊道。

常用工程措施有:在江心洲首部修建前端窄矮并潜入水下,后部逐渐扩宽增高的分水堤(也称为鱼嘴),在江心洲尾部修建反向分水堤(称为下分水堤),在岸边修建平顺护岸,见图 2-7-2。

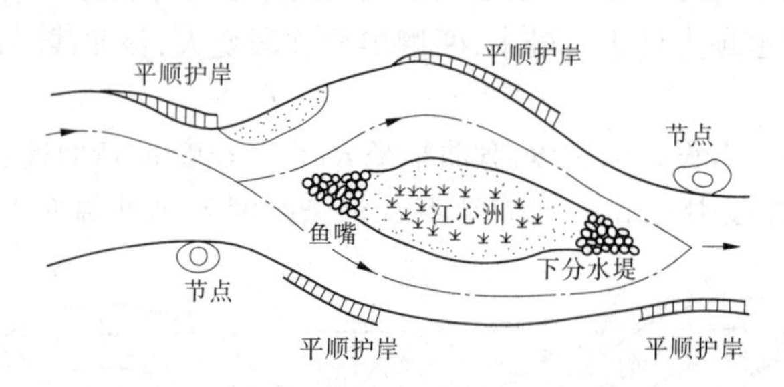

图 2-7-2　固定汊道工程措施示意图

2)改善汊道

改善汊道包括调整水流与调整河床两方面,前者如修建顺坝或丁坝,后者如疏浚河道等。应在分析汊道分流分沙及其演变规律的基础上,根据具体情况采取相应工程措施,如在上游节点修建控导工程以改善来水来沙条件,可在汊道入口处修建顺坝、导流坝、鱼嘴等工程以改善分流分沙比,修建导流顺坝和平顺护岸以稳定河势等。

3)堵塞汊道

对不需要保留的汊道,可通过修建导流坝或锁坝而减小汊道过流量,使其逐渐淤积堵塞,也可通过修建工程直接将汊道堵死。

7.2.2.4　**顺直型河道整治**

对顺直型河道的整治，一般是通过稳定边滩而稳定河道，可采取顺坝防护或修建淹没式丁坝群等工程措施，以利于坝裆落淤，促使边滩淤长，从而稳定河道。

7.2.3　整治工程及整治建筑物

河道整治工程主要包括险工、控导、护滩、防护坝等，参见图2-7-3。为控导水流，防止水流冲淘刷堤防，在经常临水堤段依托堤岸修建的防护工程称为险工；为控导水流，稳定中水河槽，保护滩岸，依滩修建的防护工程称为控导护滩工程；仅为保护滩岸免受水流冲刷坍塌而依滩修建的防护工程称为护滩工程；为防止顺堤行洪冲刷堤防及控导水流而沿堤修建的防护工程称为防护坝工程。

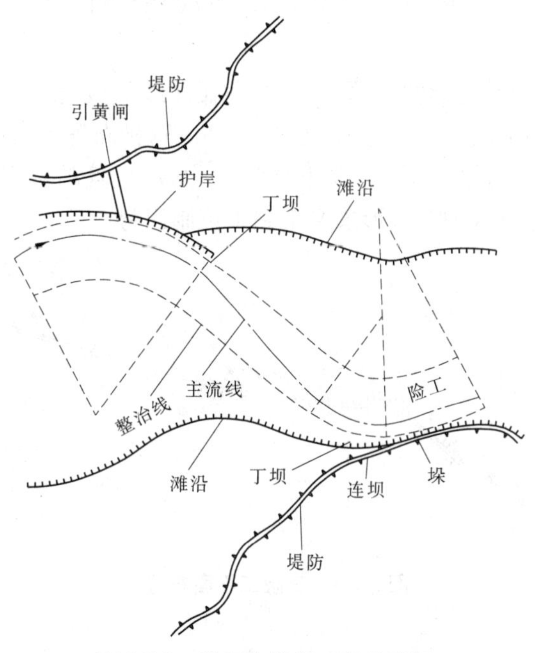

图2-7-3　险工和控导工程示意图

7.2.3.1　**整治工程位置线**

整治工程位置线，简称工程位置线，是指整治工程中主要整治建筑物（如丁坝、矶头或垛等）的头部连线，它是布置整治建筑物的依据。

河道整治治导线是整个河道或河段经过整治后通过设计流量时所设定的平面轮廓，而整治工程位置线是一处整治工程中整治建筑物的头部连线，即整治工程位置线应依据治导线确定。整治工程位置线是一条上平、下缓、中间陡的凹入型复合圆弧曲线，见图2-7-4，其上段采用较大的弯曲半径或近似直线，以利于迎流入弯；中段采用较小的弯曲半径，以便于在较小的弯曲段范围内完成对水流方向的调整；下段弯曲半径比中段稍大，以便于平稳地送溜出弯并导向预定方向。

整治工程位置线主要分为分组弯道式、连续弯道式和单坝挑流式三种形式。

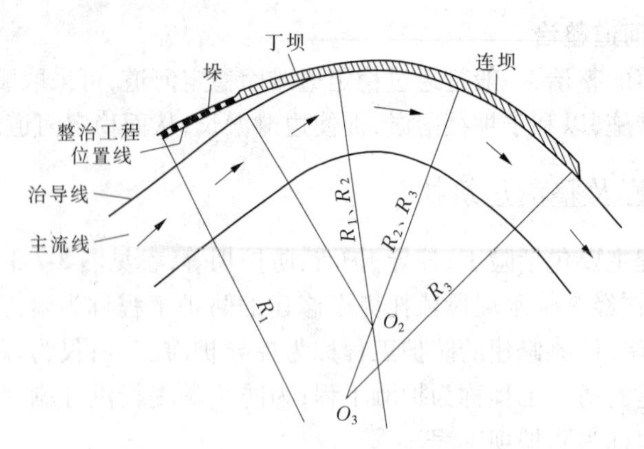

图 2-7-4　治导线和工程位置线示意图

1）分组弯道式

工程位置线由几段不连续的、不同半径的圆弧曲线组成，把一处工程分成几个坝组，每个坝组由 3 ~5 道坝组成一个小弯道，见图 2-7-5。这种布置可适应不同来溜，有利于进行重点防守。但由于弯道短而调整水流和送流能力较差，且随着来溜方向变化其出溜方向会发生明显变化，所以这种布置形式又不利于控制河势。

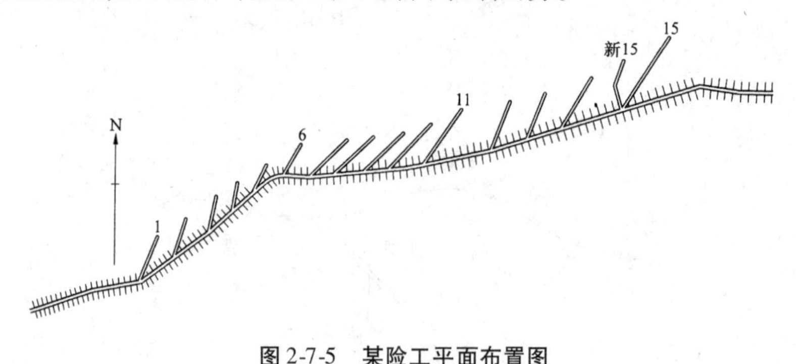

图 2-7-5　某险工平面布置图

2）连续弯道式

连续弯道式工程位置线是一条连续的复合圆弧曲线，见图 2-7-6。这种形式以坝护弯、以弯导溜，水流入弯平顺，导溜能力强，出溜方向稳，冲刷轻，易于防守，新修整治工程常采用这种布置形式。

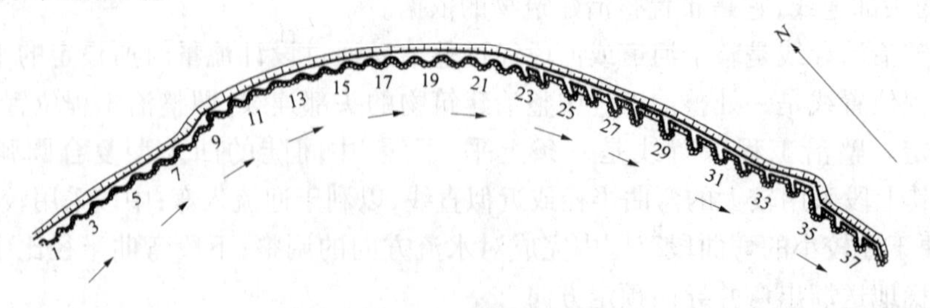

图 2-7-6　某工程平面布置图

3)单坝挑流式

间隔修建多个独立的坝、垛(矶头),靠每个坝垛控导水流。这种布置易使坝前水流湍急、坝上游回流大、坝前头冲刷坑深、下游河势不稳,可能造成防守困难,要慎重选用。

7.2.3.2 整治建筑物分类

河道整治工程所用建筑物称为河道整治建筑物。

(1)按建筑物材料和使用年限分为轻型整治建筑物与重型整治建筑物,或临时性整治建筑物与永久性整治建筑物,轻型整治建筑物或临时整治性建筑物一般用竹、木、秸、梢料、柳石等材料修建,重型整治建筑物或永久性整治建筑物一般用土、石、金属、混凝土等材料修建。

(2)按建筑物与水位的关系分为非淹没整治建筑物、淹没整治建筑物及潜没整治建筑物。达到堤防设计洪水位仍不被淹没的称为非淹没整治建筑物;一般水位不被淹没,较高水位被淹没的称为淹没整治建筑物;枯水位时仍被淹没的称为潜没整治建筑物。

(3)按建筑物与水流的关系分为非透水整治建筑物、透水整治建筑物及环流整治建筑物。

(4)按建筑物的形状和作用分为丁坝、垛(矶头)、护岸、顺坝、导流坝、潜坝、锁坝等,锁坝主要用于堵塞汊道(塞支强干)。

(5)按建筑物的平面形状分为月牙坝、人字坝、磨盘坝、鱼鳞坝等。

(6)按石料的砌筑方法不同分为堆石(堆砌)坝、干砌石坝、浆砌石坝等。

河道整治建筑物一般为永久性、非淹没式,主要用石料修建而成,常用丁坝、垛和平顺护岸,建筑物结构为堆石坝、干砌石坝、浆砌石坝。

7.2.3.3 整治建筑物布置

布置整治建筑物遵循"上段密、下段疏、中段适度,上段短、中下段长"的原则,险工以丁坝为主、垛为辅,必要时再在坝垛之间修建平顺护岸;控导工程以小间距短丁坝(垛)为主,必要时辅以平顺护岸。布置整治建筑物主要涉及位置、方位、坝长及间距的选择确定。

(1)位置:确定整治建筑物位置要考虑河势上提下挫,以能掩盖住中小水着流范围或控制住大水顶冲位置为宜,工程上首要有足够的藏头长度,以防水流抄后路。

(2)方位:坝垛方位指其迎水面与工程位置线的夹角,或指水流方向与坝垛迎水面的夹角,或指坝垛轴线与堤岸边线的夹角,一般取夹角为30°~60°,常用30°~45°。

(3)坝长:一般采用丁坝长100 m、垛长10~30 m。

(4)间距:坝垛间距与坝长成正比,一般按坝长的1倍确定间距。

7.2.3.4 整治建筑物平面形状

1)丁坝

坝自河岸伸向河槽,平面上呈丁字形,丁坝具有较强的控导水流(挑流)和保护堤岸的能力,但坝前或坝后易产生回流和引起局部冲刷,坝头前冲刷坑往往较深。根据坝轴线与水流方向交角 θ 的大小可分为上挑丁坝($\theta > 90°$)、下挑丁坝($\theta < 90°$)、正挑丁坝($\theta = 90°$),一般采用30°~60°夹角的下挑丁坝。

丁坝各部位名称主要有坝根、迎水面、背水面、上跨角、下跨角、前头、土坝体顶、坦石顶、护坡(坦石)、护坡外坡、护坡内坡(土坝体坡)、根石平台、根石外坡等,参见图2-7-7和

图 2-7-8。

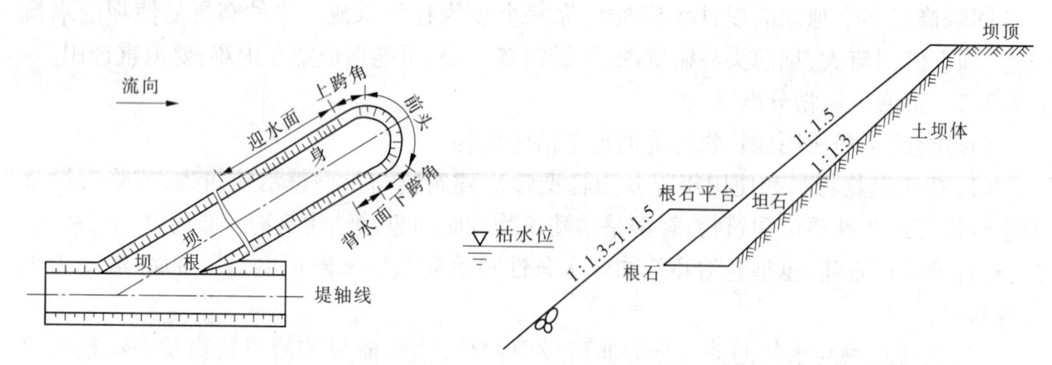

图 2-7-7　丁坝形状及各部位名称　　　　图 2-7-8　丁坝、垛、护岸断面各部位名称

丁坝坝头的平面形状主要有圆头(半圆)形、流线形、拐头形等,见图 2-7-9。

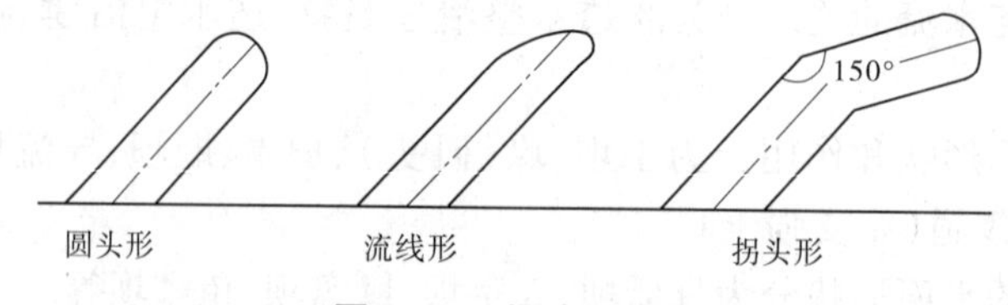

图 2-7-9　坝头形状图

圆头(半圆)形:适应来溜方向、抗溜能力强、施工简单、易防守抢护,但缺少送溜段,导溜效果不如流线形,当坝身长且方位角较大时,可使坝下游回溜加重。

流线形:坝上跨角至坝前头为流线形时,对水流干扰小、迎溜顺、托溜稳、导溜能力强、回溜弱、坝前冲刷坑浅、易防守抢护,但放样和施工较复杂。

拐头形:可借助拐头调整溜势,但易使水流分离,增大坝裆内回溜强度,扩大冲刷范围,增加裹护长度。

2)垛

垛的平面形状主要有抛物线形、磨盘形、雁翅形、月牙形、鱼鳞形等,常用抛物线形或简化抛物线形,见图 2-7-10。简化抛物线形的中间部分为圆弧曲线,迎水面和背水面均为圆弧切线,迎水面与岸边成 30°左右的交角,背水面与岸边成 60°左右的交角,这种形状能适应多种来溜方向,出溜平顺,施工简单,易于防守抢护,但其送溜段短,挑溜作用弱,常布置在整治工程的上段;二次抛物线或复合抛物线形具有迎水面与水流方向夹角小、迎溜顺、托溜稳、导溜段长、导溜能力强、产生回溜弱、冲刷坑小等优点,但放样和施工较复杂。

7.2.3.5　整治建筑物结构

常用整治建筑物(如丁坝、垛、护岸等)多由土石修筑而成,一般由土坝体、护坡(即水上裹护体,黄河上也习惯称为坦石)及护根(水下裹护体)三部分构成,在护坡与土坝体之间应设有反滤材料垫层或黏土坝胎,其剖面形式参见图 2-7-11。

1)土坝体

土坝体一般用壤土筑成,当用沙性土料填筑时要用黏土包边盖顶,包盖厚度一般为 0.5 ~1.0 m,裸露部分的边坡一般为 1:2,顶宽一般不小于 10 ~12 m,顶部高程取决于滩

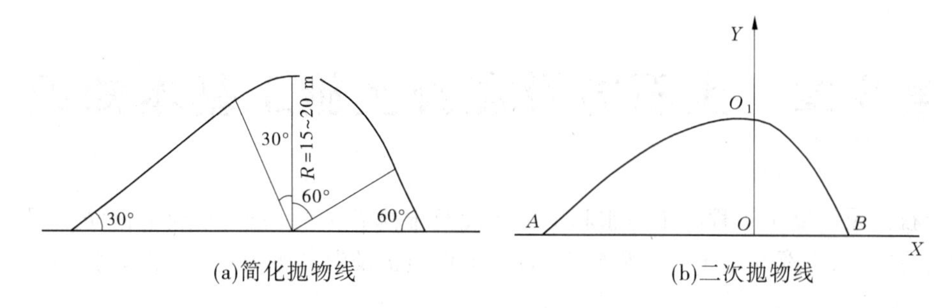

(a)简化抛物线　　(b)二次抛物线

图 2-7-10　垛的平面形状

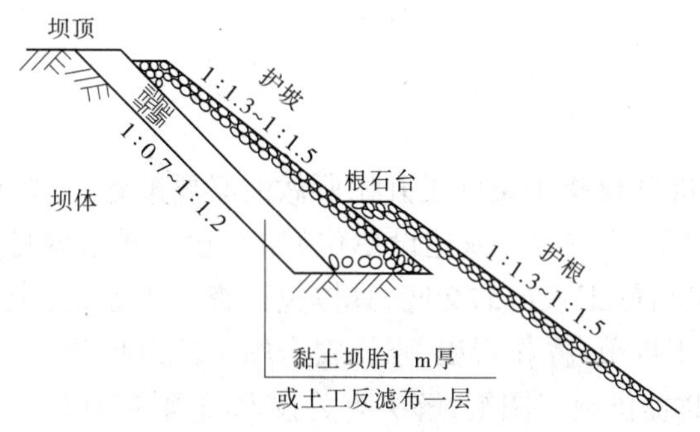

图 2-7-11　散抛(扣)石坝断面图

面高程和设计洪水位,如险工坝顶高程高于设计洪水位 1.10 m,控导工程坝顶高程为整治流量对应水位加超高 1 m 或当地滩面高程超高 0.5 m。

2)护坡

护坡是在土坝体外围用抗冲材料加以裹护的部分,常采用的护坡形式有浆砌石护坡、干砌石护坡、堆石护坡、混凝土护坡。

3)护根

护根也称为根石,是为防止冲刷基础、维护坝岸稳定而在护坡(坦石)以下修筑的防护工程。护根一般用抗冲、适应基础变形的松散块体材料(如块石、混凝土块、石笼等)修筑而成,根石坡度一般为 1∶1.3～1∶1.5,险工一般设置宽 2 m 的根石台。随着河床冲刷、基础沉降及水流挟带走失,当护根材料不足时应及时抛投补充。

第 8 章　土石方及混凝土施工基本知识

土石方及混凝土工程施工是水利工程建设及维修养护的基础，是河道修防工需重点掌握内容之一，本章介绍土方工程施工、石方工程施工及混凝土工程施工基本知识。

8.1　土方工程施工

8.1.1　施工准备

施工阶段的施工准备仅指围绕施工开始所做的必要准备，主要包括以下内容：

(1)技术交底：包括项目法人(或建设单位)组织设计单位对施工单位进行的设计交底、施工单位技术人员对施工人员的交底，具体包括查看工地，交代工程情况，讲解技术要点，介绍质量标准、施工规范、操作规程，强调安全施工注意事项。

(2)设计单位及时提供施工图纸，解决有关技术问题，或在施工现场派驻设计代表。

(3)施工单位：熟悉图纸，建立施工测量控制网，测设各类控制桩和保护桩，准确进行施工放样。重要工程或关键部位的放样应请有相应测量资质的单位完成，并请设计单位和监理单位派员指导、检查验收。

(4)土场使用：因涉及土料指标的选用和土料单价的确定，土场应在设计阶段就基本确定，规划确定土场需考虑土料的质量、储量、位置三要素，质量上满足土质要求，储量上既要满足总量要求，还要满足各施工阶段及对不同土料的用量要求，位置(平面位置和高程)应分布合理、运距短、施工干扰少、满足不同时间段(如雨季、涨水)的挖用需求。使用土场要遵循近土先用、低土先用、低土低用、高土低用、高土高用的原则。使用前要清除土场表层腐殖土、树草根、砖瓦块等杂质，规划好挖土作业场面和运土道路，以提高土料的挖用率和减少施工干扰；对满足土质和含水量要求的土场可直接挖用，对部分不能直接符合要求的土场应注意土料调配(包括土质调配和含水量调配)，如不同土料混掺应使之符合土质要求，含水量偏高时可采取分层开挖、作业面凉晒、土场内翻晒、挖沟排水等措施，含水量偏低时可采取作业面洒水(沙性土)、土场加水(黏性土)措施。

(5)工程清基：清基范围应超出设计边线 0.3 ~ 0.5 m；要清除表层草皮、腐殖土、杂质杂物、淤泥及不符合设计要求的土层，对清基范围内的坟墓、房基、水井、泉眼、洞穴、钻孔、废弃建筑物等要彻底清除并按填筑标准分层回填压实，清基后应统一整平、压实，验收合格后方能进行填筑施工。

8.1.2　土方开挖工程施工

土方开挖工程包括独立的开挖工程(如河道、沟渠等)和其他工程的基坑开挖。土方开挖施工要：熟悉图纸，准确放样，按要求开挖，解决好施工中排水或降水问题，注意开挖边坡稳定(开挖边坡一般不陡于1∶1.0～1∶1.5,边坡较陡时应采取支护措施),合理安排施工,做好开挖料的规划利用或合理弃放,减少施工干扰。

8.1.2.1　土方开挖的排水

土方开挖当中的排水有明排和暗排两种方式。

1)明排水

当开挖坑内出现明水时再挖排水沟和集水坑,用抽水机泵抽排,明排水设备简单,易于操作,但对施工干扰较大,排水后的开挖场面仍比较泥泞湿滑,两岸地下水位仍较高,易产生滑坡等险象,适合于小型开挖工程。

2)暗排水

先抽水降低地下水位,再开始开挖施工,这可创造好的施工条件,增加边坡稳定,适宜大型、机械开挖工程。但暗排水需要成套专用设备,成本较高。暗排水又分为井点排水和井管排水两种:

(1)井点排水:沿开挖基坑四周下抽水管(一般是钢管,钢管下段为透水段,透水段周围提前绑扎固定铅丝滤网或棕皮,下设钢管后其周围主要填沙砾料,只有在顶层填黏土密封),用抽气设备和抽水设备直接通过抽水管抽吸地下水。浅井点可降低地下水位4～5 m,降深较大时可采用分层(一般不超过三层)布置,降深要求更大时可采用深井点。

(2)井管排水:是沿基坑四周先布设单独工作的水井(一般用混凝土管和无沙混凝土管作为井壁,井的下段是沉淀管,中段是滤水管,井壁周围主要填沙砾料),再用抽水设备通过在井内另外布设的抽水管将汇集到井内的水抽出,从而降低地下水位。

8.1.2.2　土方开挖方法

土方开挖施工分为人工开挖和机械开挖。

1)人工开挖

Ⅰ～Ⅲ类土可直接用脚蹬铁锹开挖,Ⅲ类以上的土需要用镐配合铁锹开挖,更坚硬的土石可先爆破再开挖。人工开挖施工简单、灵活,但工效低。

2)机械开挖

用于土方开挖的常用机械有挖掘机、装载机、铲运机、推土机等。

(1)挖掘机及其施工。

单斗挖掘机按挖掘方式分为正向铲、反向铲、抓斗式和索式,见图2-8-1。常见的反向铲挖掘机更适用于对停机面以下范围的开挖,如开挖沟槽、基坑和土场取土。

按行走装置分为履带式挖掘机和轮胎式挖掘机;还常按斗容量分类,如0.3 m^3挖掘机、1 m^3挖掘机等。

挖掘机在一个停机位置所能开挖到的工作面称为掌子或掌子面,一次所能开挖高度或深度(掌子高度)与挖掘机型号、土质等有关。挖装施工时,若运载车辆停放在挖掘机侧面,挖掘机挖土后旋转90°左右装车,称为侧向开行;若运载车辆停放在挖掘机后方,挖掘机挖土后旋转180°左右装车,称为正向开行。

(2)装载机及其施工。

装载机有履带式和轮胎式装载机两种,多为轮胎式。它具有行走方便灵活、适应范围广等特点,多用于集渣、装载、推运、整平、起重、牵引等作业,更适宜挖装停机面以上的料

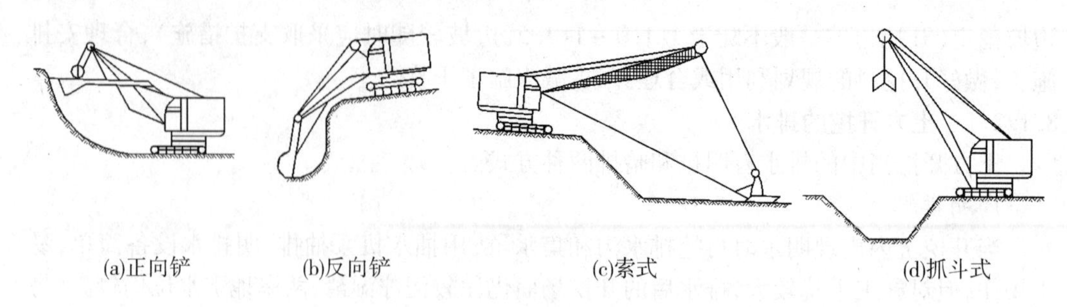

图 2-8-1　单斗挖掘机工作装置类型

物,必要时可完成少量的、短距离运输。

(3)铲运机及其施工。

铲运机能综合完成挖(装)、运、卸、摊铺、刮平等作业,适宜运距 80～800 m,200～350 m 效率最高。它有自行式和拖式两类,多为拖式(拖拉机牵引)。

(4)推土机及其施工。

推土机能完成推运、平土等作业,广泛用于清基、平整场地、平土、浅层开挖、短运距推土、修筑围堰道路及辅助性作业,适宜运距为 60～100 m。

8.1.3　土方填筑工程施工

除施工准备工作外,土方填筑工程的施工工序主要分为取土、运土、填土、压实。土方填筑也有人工施工和机械施工之分,以下重点介绍机械施工。

8.1.3.1　取土

取土主要指利用挖运机械从选定土场按要求挖土(取土),取土前要进行土场清基,取土所配置的挖装和运输机械数量(挖运能力)要适应填筑进度要求。

8.1.3.2　运土

运土方式主要有水力运输、有轨运输、皮带机运输、自卸汽车运输、铲运机运输等,选择运输方式应考虑工程规模、施工进度、施工条件、土场位置和条件等,常用自卸汽车运输或铲运机运输。自卸汽车(按行驶条件分为公路、越野自卸汽车,按卸料方式分为后卸式、底卸式及侧卸式,常用后卸式、公路自卸汽车)运输具有操作灵活、机动性大、便于组合、适应性强的优点。铲运机运输能综合完成挖土、运土、卸土、铺土及平土等作业,但其适宜运距(80～800 m)较短。

8.1.3.3　填土

填土(也称为铺土)包括卸土、摊铺、平整,分人工施工和机械施工,一般是自卸汽车按指定位置卸土,推土机或平地机摊铺整平。铺土前要做好地基表层、已压实层面及接头处理,并按要求进行铺土施工。

1)*地基表层处理*

对地基表层应清基压实合格后才能铺土,地面坡度较陡时削至缓于 1∶5坡面,地面不平时先按水平层逐层填筑找平,在软土地基上填筑时应延缓施工速度,以增加排水固结及沉陷时间,防止产生不均匀沉陷。

2)已压实层面处理

对光面碾压的黏性土层在再次铺土前应刨毛处理,对出现质量问题的土层(如弹簧土、松土层等)应处理合格后再铺土。

3)两工接头处理

相邻工段应尽量均衡上土,严禁出现界沟,若接头处出现高差应以1:3~1:5的斜坡相接,上下铺土层的分段接缝位置应错开。

4)铺土施工

一般沿工段长度方向齐头并进地随卸土随摊铺平整,黏性土采用进占法(车辆在新铺土层上行驶)卸土摊铺,沙性土采用后退法(车辆在已碾压的土层上行驶)卸土摊铺,铺土时要清除杂质、打碎或清除超粒径土,铺土要均匀、平整,符合材料分区和尺寸(边界尺寸和层厚)要求,对临时坡道等缺口应先将已板结土层刨松或清除,处理合格后再铺土。

8.1.3.4　压实

压实有硪实(也称为夯实)和机械碾压之分,硪实是用硪具对土层的夯击,人工硪实只适用于零星工程或无法碾压区域,机械碾压应用更广泛,下面主要介绍机械碾压。

影响压实质量的因素主要包括土质、土料含水量、压实机具、铺土厚度、碾压遍数等,其中土质已提前选定,则压实机具、土料含水量、铺土厚度、碾压遍数为需要选择确定的压实参数。

1)压实机具及其选择

压实分为静压碾压、振动碾压和夯击三种,压实机具也相应地分为静压碾压机具、振动碾压机具和夯击机具。压实机具一般是根据工程规模、土质、现有配备或可供设备等情况直接选用。

(1)静压碾压:利用碾压机械自重产生的静荷载对土料进行压实,常用静压碾压机械有平碾、不开振动的振动碾、羊脚碾、气胎碾、链轨拖拉机等。平碾压实后的土层表面光滑,不宜用于对黏性土的压实;羊脚碾滚筒上设置有“羊脚”,这增加了羊脚底部的压强和侧面挤压作用,有较好的压实效果,且压过的土层表面被翻松,专用于对黏性土料的碾压;气胎碾可通过装载而调节自重,压实后土层表面光滑,适于对工程表面的压实,尤其是堤顶养护维修的压实;链轨推土机可用于小型土方工程的碾压。

(2)振动碾压:利用大小随时间呈周期变化的重复作用力对土料实施碾压,压实土层厚度较大,更适用于对非黏性土的压实,所用机具为振动碾。

(3)夯击:借助于夯具产生的冲击力(与夯具重量和提升高度有关)对土层击实,常见夯击机具有石夯、木夯、电夯、起重机械夯板(强夯)等。

2)土料含水量、铺土厚度、碾压遍数的确定

在压实机具已经选定的情况下,土料含水量、铺土厚度、碾压遍数之间仍相互影响,一般是参照类似工程选择或通过现场碾压试验确定土料含水量、铺土厚度、碾压遍数。

小型土方工程可直接取用土场土料的含水量,过干或过湿时注意调配;直接采用已修类似工程的铺土厚度;然后按初定碾压遍数进行碾压,再根据碾压检测结果调整碾压遍数,直至确定出符合碾压质量(干密度)要求的碾压遍数。

大中型土方工程可通过现场碾压试验确定土料含水量、铺土厚度、碾压遍数。将三项

指标分别选择不同数值并组成不同组合,然后对每种组合分别进行碾压试验,根据对压实效果的测定分析而最终确定某种组合(与土场含水量最接近的那组)为所采用的压实参数。

含水量:土料含水量过高或过低均不易压实,在最优含水量附近时才易压实,而最优含水量随压实功(与机具重量、铺土厚度、碾压遍数有关)的增大而减小,黏性土可选择塑限 ω_P 及 $\omega_P \pm 2\%$ 三个含水量分别进行试验,非黏性土可取土场含水量进行试验。

铺土厚度:可根据已确定碾压机械,参照类似工程,在大致范围(如 20 ~ 30 cm)内确定几个厚度分别进行碾压试验。

碾压遍数:可参照类似工程并根据已选定的以上指标,确定不同碾压遍数进行试验。

3)压实标准

(1)黏性土的压实标准以压实度(压实后干密度与土料最大干密度之比)表示,1 级堤防应不小于 0.94,2 级和高度超过 6 m 的 3 级堤防应不小于 0.92,其他堤防应不小于 0.90。当确定土料后,土料的最大干密度可通过土工试验确定,根据设计压实度可计算出压实后应达到的干密度值,施工中就以是否达到该干密度值评定压实质量,干密度的检测方法有称瓶比重法、烘干法、核子密度仪法。

(2)非黏性土的压实标准以相对密度[$D_r = (e_{max} - e)/(e_{max} - e_{min})$]表示,1、2 级和高度超过 6 m 的 3 级堤防应不小于 0.65,其他堤防应不小于 0.60。

4)压实作业要求

压实机械开行方法有回转法和进退法两种方式,一般按长度方向前行和倒退碾压,前行或倒退错距时应保持碾压搭接宽度不小于 10 cm 或不小于 1/3 轮轨。两工段接头处碾压搭接长度不小于 0.5 m,两碾压区域交界处搭接宽度不小于 0.3 m。机械碾压开行速度一般为:平碾或振动碾≤2 km/h,铲运机或拖拉机采用 2 挡。

8.2　石方工程施工

石方工程施工包括开挖(爆破)施工和砌筑施工,开挖爆破作业程序主要有钻孔、装药、封堵、起爆、爆后检查、拒炸药包处理、开挖、运输等,本节重点介绍石方砌筑施工。

8.2.1　石方砌筑方法

石方砌筑方法主要分为浆砌、干砌和堆砌,根据砌缝形状又分为平缝砌和花缝砌。

8.2.1.1　浆砌

浆砌是使用胶凝材料拌制的浆液或砂浆进行砌筑,按砌缝形状又分为平缝砌(同一砌层的厚度一致,层层间的砌缝水平)和花缝砌(表层石料随石块形状自然衔接砌筑,砌缝不规则);黄河上还习惯按砌体表层石料的摆放方法不同分为浆平砌(砌体表层石料水平安放,当砌体表面倾斜时则砌筑成台阶状,即错台成坡)和浆扣砌(砌体表层石料的裸露面平行于坡面,石料的小面平行于坡面称为丁扣砌,石料的大面平行于坡面称为平扣砌)。

8.2.1.2　干砌

干砌砌筑时不使用浆液或砂浆，也分为干平砌、干扣砌、平缝砌和花缝砌。

8.2.1.3　堆砌

堆砌是按照一定的施工方法和要求把石料堆成一定的堆筑体，如直接抛填散石或再经平顺整理（拣整或粗排）而形成散抛石护坡（也称为乱石护坡或乱石坝）。

8.2.2　石方砌筑施工

石方工程施工的准备工作与土方工程施工基本相同，主要包括技术交底、施工放样和清基施工等，若需要进行基槽开挖则应挖至起坡线以外0.5～1.0 m，以便于砌筑操作。

对石方砌筑工程的不同结构位置往往采用不同的施工方法，根据砌筑方法和施工内容的不同可分为表层石料（黄河上也称为沿子石）砌筑、内部石料填筑（黄河上也称为填腹石）、修做垫层或回填黏土、抛散石并平顺整理（堆砌）、勾缝等。

8.2.2.1　表层石料砌筑

按设计要求挂线控坡（施工放样），砌筑过程中也可用特制坡度尺检测控制坡度，若为平缝砌还可挂水平线找平，按已定砌筑方法的相应要求进行砌筑，施工步骤主要有选石、加工、试安、修整、砌筑等。

8.2.2.2　内部石料填筑

内部石料填筑分为浆填腹石或干填腹石，浆填腹石又分为坐浆法（先铺浆再填石）和灌浆法（先填石再灌浆）。

8.2.2.3　修做垫层或回填黏土

为适应土体和砌筑体之间的不同变形、及时排出坝岸（护坡）后积水、防止土体产生渗透变形，应在砌筑体与土体之间设置具有反滤作用的沙石垫层，该结构的施工顺序一般是边修做垫层、边砌筑。

黄河上的险工或控导工程坝岸结构一般是在砌筑体与土体之间回填黏土（称为黏土坝胎），以提高土体的抗冲能力。浆砌或干砌施工时，应伴随着表层石料的砌筑和内部石料的填筑而陆续分层回填夯实黏土坝胎，这可使砌筑体与土料接触更加紧密，回填土更容易击实密实。对于堆砌（乱石）结构，应先修做黏土坝胎，再抛石堆砌和平顺整理。

8.2.2.4　抛散石并平顺整理（堆砌）

抛散石分为岸坡顶抛石、水上（船）抛石、人工抛石、机械抛石、抛散石和抛石笼，抛石完成后要探测水下坡度，拣整平顺水上坡面，必要时对水上坡面面层进行扣排。

8.2.2.5　勾缝

根据形状不同将勾缝分为平缝（与砌体表面平）、凹缝（低于砌体表面，也称阴缝）、凸缝（凸出于砌体面），勾缝后应注意养护（不少于7 d）。

8.3　混凝土工程施工

混凝土工程施工工序包括模板作业、钢筋作业、混凝土拌和、混凝土运输、混凝土浇筑、混凝土养护温控措施。

8.3.1 模板作业

模板及其支撑有承重、成型、固定、保护等作用。模板质量将直接影响混凝土工程质量，如模板表面不平整或接缝不严密将导致混凝土蜂窝麻面、模板变形，进而可导致浇筑体走样等。所以，对模板的要求包括：尺寸准确，有足够的稳定性、强度及刚度，接缝严密，表面平整光滑，力求标准化和系列化，加工、运输、装拆方便，节约材料。

模板按板面形状分为平面模板和曲面模板，按材料分为木模板、钢模板、钢木模板等，按使用特点分为拆移式（重复拆装使用）、移动式（整移重复使用）、滑升式（随浇筑随滑动升高）和固定式（也称为特型或异型）。

安装模板前要正确识图、准确放样、检查模板质量，安装模板要设置满足数量、强度和刚度要求的撑拉杆等固定设施，保证模板尺寸和位置准确、固定稳定、支撑牢固。

8.3.2 钢筋作业

8.3.2.1 钢筋分类

钢筋按轧制外形分为光面钢筋（圆钢）和带肋钢筋（螺纹钢筋），按直径大小分为钢丝（3 ~ 5 mm）、细钢筋、中粗钢筋和粗钢筋（22 mm 以上），按材料的力学性能（强度）分为Ⅰ级钢筋（圆钢）、Ⅱ级钢筋、Ⅲ级钢筋和Ⅳ级钢筋，按在结构中的作用分为受力钢筋（如受拉、受压、受剪）、箍筋、架立钢筋、分布钢筋、构造筋等。

1）受拉钢筋

受拉钢筋指配置在混凝土构件的受拉区，用于承受拉力或以承受拉力为主的钢筋，以此弥补混凝土抗拉能力不足，见图 2-8-2（a）、（b）中的受力钢筋。

绑扎钢筋或装运使用受弯预制构件时，要正确确定受拉钢筋的位置，切记使受拉钢筋一侧受拉或受弯，以防止构件断裂。

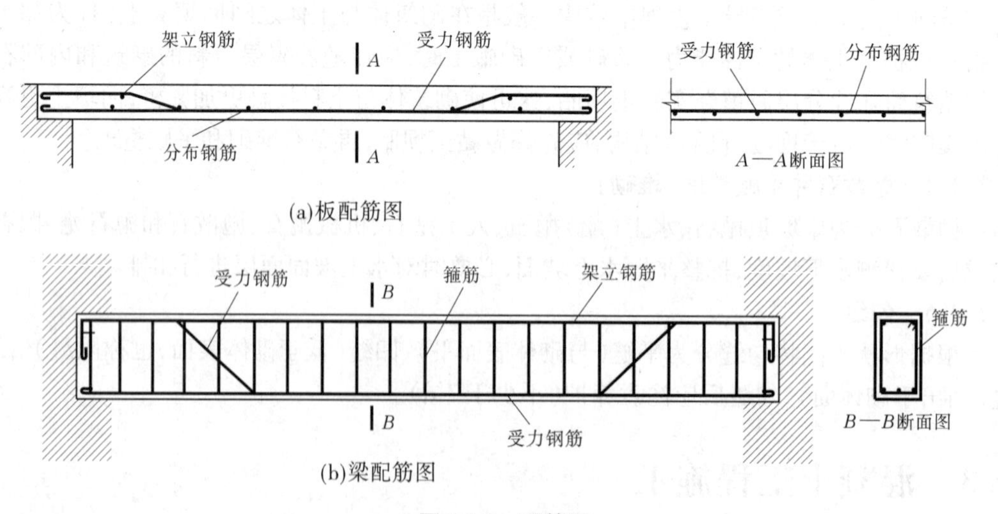

图 2-8-2 配筋图

2）受压钢筋

受压钢筋指配置在混凝土构件的受压区，用于承受压力或以承受压力为主的钢筋，如承重立柱中的纵向钢筋。

3)箍筋

箍筋指梁柱中以固定受力筋在横截面上的位置为主(可通过箍筋将受力筋和架立筋绑扎成钢筋笼架),并能承受部分斜拉应力的钢筋,见图 2-8-2(b)。

4)架立钢筋

架立钢筋指用于固定箍筋,并与箍筋一起固定受力钢筋位置的钢筋,可与箍筋和受力钢筋一起形成钢筋笼架,见图 2-8-2(b)。

5)分布钢筋

分布钢筋指板内与受力筋垂直分布的钢筋,用于固定受力筋并将荷载传递给受力筋,也能承受因温度变形引起的应力,见图 2-8-2(a)。

6)构造筋

构造筋指因构造要求或施工安装需要而在构件内配置的钢筋,如预埋锚固筋、吊环等。

8.3.2.2　钢筋的配料加工

1)配料计算

根据构件设计的钢筋图表确定需要的钢筋种类、数量及每根钢筋的长度。

(1)直钢筋长度 = 构件长 - 两端保护层厚度 + 两端弯钩长度,弯钩长度(从弯钩顶点算起,包括弯钩后的直段长度)与钢筋直径和弯钩形状有关,见表 2-8-1。

表 2-8-1　半圆弯钩需要增加长度参考值

钢筋直径 d(mm)	≤6	8 ~ 10	12 ~ 18	20 ~ 28	32 ~ 36
一个弯钩的长度(mm)	40	$6d$	$5.5d$	$5d$	$4.5d$

(2)弯起钢筋的长度 = 直段长度 + 斜段长度 + 两端弯钩长度 - 各弯起处因弯曲拉伸而伸长的总长度(根据弯起情况和弯起处数量计算),每个弯起处的伸长值(也称为弯曲调整值)与钢筋直径和弯曲角度有关,见表 2-8-2。

表 2-8-2　钢筋弯曲引起的调整值(伸长值)

钢筋弯起角度(°)	30	45	60	90	135
调整值	$0.3d$	$0.5d$	$0.8d$	$2d$	$2.5d$

(3)箍筋长度 = 箍筋周长 + 搭接增加值。

(4)搭接长度:根据接长方式(搭接焊、对接焊、搭接绑扎)和钢筋直径按规定计算,其中搭接绑扎的搭接长度见表 2-8-3。

表 2-8-3　钢筋绑扎接头的最小搭接长度

混凝土类别	钢筋级别	受拉区	受压区
普通混凝土	Ⅰ	$30d$	$20d$
	Ⅱ	$35d$	$25d$
	Ⅲ	$40d$	$30d$
	冷拔低碳钢丝	250 mm	200 mm

2)钢筋加工

钢筋加工内容包括调直、去锈、切断、弯曲、焊接(接长)等。线材钢筋(12 mm 以上)可用大锤敲直,或用板柱铁板和扳手调直,或用弯筋机调直,盘圆钢筋(10 mm 及其以下)一般采用张拉调直;可采用张拉除锈、铁锤敲击除锈或钢丝刷除锈;可采用断线钳、气割、电切割、切割机等方式切断;弯曲包括画线(画出弯点位置)、试弯、弯曲成型等工序;钢筋的接长方法有焊接(对接焊、搭接焊)和搭接绑扎。

8.3.2.3　钢筋的绑扎安装

钢筋的绑扎安装包括将钢筋绑扎成网片或笼架,并将其固定在构件中的准确位置上,或在现场直接绑扎固定,要求所用钢筋(型号、形状、尺寸)和在构件中的位置准确、绑扎牢固(转角和接头处均应绑扎)、接头位置合理(不在同一断面、不在受拉区)、搭接长度和保护层厚度满足要求。

绑扎钢筋常用工具有绑钢筋钩子、带板口撬杠、绑扎架等。绑扎钢筋一般为 20 ~ 22 号铅丝或铁丝,绑扎楼板钢筋一般用单股铅丝,绑扎梁柱钢筋一般用双股铅丝。

8.3.3　混凝土拌和

8.3.3.1　配料

配料是根据设计配合比准确计算并称量各材料的用量。配料前要严格检查材料质量、清除杂质,材料计量(电子称重或地磅称重)要准确,并根据材料含水量及其变化(淋雨、加热、预冷)确定和调整用水量。

8.3.3.2　拌和

拌和混凝土多为机械拌和,分为拌和机拌和、拌和楼(站)拌和。

一般工程常用鼓形拌和机、自落式拌和机、循环式拌和机,拌和时按拌和机容量配料,干料倒入料斗并由卷扬装置提升后倒入滚筒内,拌和用水直接加入滚筒内,拌和后由出料口卸出混凝土拌和物。

拌和楼是将骨料堆放、水泥仓库、温控设施、配料称量装置、生熟料传送运输设备、成套拌和机及附属设备等集中布置成的楼层结构,形成拌和运输流水线。

混凝土拌和质量常用拌和物的和易性和强度指标来反映。

8.3.4　混凝土运输

运输混凝土时,要减少颠簸震动,减少转运次数,装卸落差不宜超过 2 m,以防发生离析;所用容器不漏浆、不吸水,不宜装得过满,以防水泥砂浆损失;要合理布置拌和地点,缩短运输距离,减少运输时间,以防产生初凝;要采取保温措施,以防温度回升或热量损失;要注意防雨,以免因加大水灰比而影响混凝土质量;要区分混凝土强度等级分别运输,以防造成不同强度等级混凝土混掺或错用。

混凝土运输分为水平运输、垂直运输、混合运输三种方式。从拌和机(站)出料口运至浇筑地点仓前称为水平运输,有人工运输(推车、架子车)、无轨机械运输(翻斗车、自卸车)、有轨运输;从仓前运至仓里称为垂直运输,如用卷扬机、升高塔、门机、塔机、缆机、起重机、混凝土泵等运输;从出料口直接运至浇筑仓里称为混合运输。

8.3.5　混凝土浇筑

混凝土浇筑施工包括浇筑前准备工作和浇筑过程的入仓铺料、平仓、振捣三个工序。

8.3.5.1　准备工作

混凝土浇筑前的准备工作包括基础面处理、施工缝处理、各项检查及清仓处理等。

(1)基础面处理:对于沙砾地基应清除杂质、整平基面、浇筑 10 ~ 20 cm 低强度混凝土垫层;对于土基可铺碎石、盖湿沙、压实;对于岩基,应清除表面松软岩石、棱角、反坡,用高压水枪冲洗并除去积水。

(2)施工缝处理:施工缝包括分块缝和因间隔时间超过初凝时间而形成的冷缝。对未完全硬化的缝面可采用高压水枪、风沙枪、钢丝刷进行冲毛或刷毛,并冲洗干净;对已硬化的缝面可进行人工凿毛或机械凿毛,使表层石子半露,并清渣冲洗;纵向垂直缝可只冲洗。

(3)各项检查:混凝土浇筑前要检查模板尺寸及位置是否准确,支撑与固定是否稳固,接缝是否严密,钢筋的数量、规格、形状、尺寸及位置是否正确,绑扎是否牢固,保护层厚度是否符合要求,预留和预埋设施(件)是否齐全、准确;施工条件(如脚手架、水、电、料物供应、机具、设备等)是否满足要求。

(4)清仓处理:混凝土浇筑前要清除仓内碎渣、垃圾、杂物,并进行冲洗。

8.3.5.2　入仓铺料

入仓铺料有斜层、平层和台阶铺筑法。按倾斜方向(坡度小于 10°),由一端向另一端整体推进地铺料称为斜层铺筑法,适宜小体积、高度 1.5 m 以下的浇筑;将整个浇筑体分为多个平层并逐层浇筑的方法称为平层铺筑法;按平层铺料(边铺边振捣),本层未完成就陆续开始其他层的铺料,使各层形成台阶状的浇筑方法称为台阶铺筑法。

铺料方法和料层厚度的选择应考虑施工能力(拌和、运输、振捣)、气温、初凝时间、温控要求等因素,以不产生冷缝为宜,大体积混凝土多采用平层铺筑法或台阶铺筑法。

分层铺料的间隔时间(本层混凝土自拌和出料口开始到开始覆盖另一层混凝土止所经历的总时间)不得超过混凝土的初凝时间。

8.3.5.3　平仓、振捣

平仓即对仓内混凝土拌和物进行平整,使其厚度均匀、顶面平坦,振捣即通过对混凝土拌和物进行振动插捣使其变得均匀密实,一般是利用插入式振捣器或振捣机直接进行平仓和振捣,也可先用铁锹平仓后再振捣。

人工振捣一般用振捣锤、振捣杆、振捣铲、铁锹等工具进行锤击或插捣,机械振捣常使用插入式振捣器或表面式振捣器进行振捣。

8.3.6　混凝土养护与温控措施

混凝土硬化和强度提高要在较长时段内随着水化反应的持续发生逐渐完成,这期间需要保持足够的水分和适宜的温度及内外温差,所以要对混凝土加强养护和采取温控措施,养护时间的长短主要取决于当地气温和水泥品种,一般为 28 d。

8.3.6.1　**保潮**

常用保潮方法有:用水覆盖;用潮湿的麻袋、草袋、锯末、湿沙、湿土等覆盖,并洒水保持湿润;用塑料薄膜封盖,利用内部水分保持湿润;直接洒水或用水管滴水保潮。

8.3.6.2　**保温及温控措施**

水化反应速度与温度成正比,所以要保持适宜温度;而水化反应释放的热量又使混凝土内部温度升高,如果内外温差过大则易导致温度裂缝,所以要减小混凝土内外温差。

1)冬季施工采取保温措施

(1)采用发热量高的快凝、早强性水泥;

(2)掺入早强、催化、防冻剂;

(3)加热水拌和或对骨料加热(如烘炒、蒸汽加热);

(4)保温蓄热(用草帘、锯末、稻草、麦秸、炉渣等保温材料覆盖,利用内部产生的热量升高周围温度,减小内外温差);

(5)加热养护(如搭设暖棚保温、采用蒸汽养护等)。

2)夏季施工采取温控措施

(1)减少混凝土发热量:如选用低热水泥,减少水泥用量(采用小坍落度混凝土、埋设大块石、掺用粉煤灰、加入减水剂等);

(2)降低混凝土拌和物入仓温度:如尽量避开高温季节或高温时间浇筑,采取遮阴防晒措施,采用加冰拌和,骨料预冷,运输保温(防止降温后的拌和物温度回升);

(3)加快混凝土散热:增加洒水次数(加快热量扩散和防止热胀干缩裂缝),薄层浇筑(增加散热面),适当延长浇筑间隔时间(增加散热时间),采取预冷措施后采用较厚层浇筑(防止冷气丧失),大体积混凝土内部预埋水管(通过循环冷却水加快内部散热)。

第 9 章　堤防观测基本知识

堤防工程观测项目应根据工程级别、运行条件、地质地形条件、水文气象条件、运用管理和维修养护要求等因素综合分析确定，基本观测项目有水位观测、堤身表面观测、工程变形（沉降、水平位移）观测、工程内部探测、渗流观测等，本章主要介绍堤防工程的日常观测（堤身水位、潮位观测和表面观测）。

9.1　水位、潮位观测

9.1.1　水位观测

水位是指水体某固定点的自由水面相对于某基准面的高程（以 m 计）。江河水位是指江河上某断面位置、某时间、对应某流量的水面高程，观测水位时一定要选择观测位置，并根据水情和需要确定观测时间。

9.1.1.1　观测断面位置（站点）的选择

一般将水位观测断面（站点）选择在以下位置：靠水时间长、水势比较稳定、代表性强的河段或重要工程附近，进洪、泄洪工程口门的上下游，水闸、泵站等引水工程的进出口（即堤防的临背河），其他需要观测水位的地点或工程部位。

9.1.1.2　水位观测方法

水位观测方法主要有利用水尺的人工观测和利用自记水位计观测，也可利用遥感技术进行观测和传递。

1）利用水尺观测水位

（1）水尺设置。

水尺按用途分为基本水尺、参证水尺、辅助水尺等。在长期连续全面观测基本水文要素、为水文年鉴提供资料的水文站和以观测水位为主要任务的常设水位站设置基本水尺，用于逐日观测水位；设置在自记水位计旁，用以校核自记水位计的水尺为参证水尺；设置在主要河段或主要工程附近，用于洪水或凌汛期间观测水位的水尺为辅助水尺，相应的观测站为辅助观测站；还有满足临时用途（如施工、抢险）而设置的临时水尺。

水尺一般是直立式的，是将尺板固定在直立的柱、杆、基座或其他标志物上，水尺的基点（零点）高程已知，尺板按米分节，尺面刻度分划到厘米，标注出分米数字；也可采用倾斜式水尺，如在建筑物斜面或倾斜岸坡上直接涂画水尺，为了方便观测，涂画刻度和标注数字时已将垂高和斜距进行了折算，观测时可直接读取折算后的垂高数值。

（2）水位观测时间。

为便于观测成果的上报、整理和分析比较，水位观测时间应统一确定（为跟踪洪峰，满足局部施工或抢险需要可加测），一般水情时可于北京时间每日 8 时观测一次，洪水或严重凌汛期间应根据情况增加观测次数(如每日 8 时、20 时或更多次),洪水偎堤后可设置临时水尺,并根据偎堤水深和要求确定观测时间和次数。

(3)水位观测方法。

提前测得水尺零点高程,并定期进行校测。

每次观测水位时只读取水面与水尺的截交数字(水尺读数),先读取尺面上的米(自水尺零点算起的尺板总节数 - 1,或已标注的米数)、分米,再读取整厘米数,并将非整厘米估读到毫米,水位 = 水尺零点高程 + 水尺读数。

观测水位读数时,应注意观察和分析风浪、水流紊动、主流摆动等对水位的影响规律,找准时机快速读数,并经多次观测读数的比对和取平均值力求消除或减小影响。

水面平稳时,直接读数;有波浪时,应读记波峰、波谷两个读数,并取平均值。

当水位涨落差较大而需要换(跨)水尺观测时,应对相邻水尺同时进行观测、比对,以不同水尺测算的水位差应不超过 2 cm,并取平均值作为观测水位。

封冻期间,应将水尺周围的冰层打开、捞除碎冰,待水面较平稳后再观测水位;若冰孔处水面起伏较大,应测记平均水位;若自由水面低于冰层,应测量冰面高程,量出冰面至水面的距离,由此推算水位;当水从冰孔冒出并不回落时,可在冰孔周围筑堰围堵,待水面平稳后再观测水位,或避开冒水处另开孔观测;当水尺处已冻实时,应向河心方向另打冰孔观测。

2)利用自记水位计观测水位

自记水位计能连续测记,有记录完整、节省人力的优点,但应经常检查水位计运行情况并利用参证水尺定时进行比测和校正。

(1)自记水位计的检查与使用:开始使用自记水位计之前或每次换记录纸后,都应检查水位轮感应水位的灵敏性、走时机构的准确性,检查电源是否充足、可靠,检查记录笔、墨水等是否齐全、正常。使用初期和使用过程中每间隔一定时间,都要利用参证水尺的水位观测成果对自记水位计的测记成果进行对比,以检查自记水位计的准确性或对其进行校正,每次的比测次数应不少于 30 次。对自记水位计的换纸应尽可能在水位平稳期间进行,且应注明换纸时间与校核水位。

(2)自记水位计记录资料的摘录:摘录成果应能反映水位的变化过程,并应满足计算日平均水位的需要,当水位变化较平缓时可按等时距摘录,若水位变化急剧应加摘转折点处的水位,8 时、24 时及特征值水位必须摘录,对所有摘录点都应在记录纸上逐一标出并注明其对应的水位值。

9.1.1.3　观测水位的记录与上报

观测水位要按规定格式及内容要求进行记录,读数与记录要在现场反复对证,以确保准确无误,要求记录内容齐全、书写清晰、描述清楚,如注意观测记录风向、水面起伏度(分为≤2 cm、3 ~ 10 cm、11 ~ 30 cm、31 ~ 60 cm、> 60 cm 共五级)、水尺附近流向(顺流、逆流、静水)等,当水面起伏度达到 4 级及其以上时应加测并记录波高,当发生风暴、漫滩、串沟、回水顶托、流冰、冰塞、大流量引水、分洪等现象时应予以详细说明。

对水位观测成果,要在规定时间,按约定方式及时上报,并按要求整理保存。

9.1.1.4　水位观测资料整编

(1)水位观测资料检查与缺测水位的插补:进行水位观测资料整编之前要考证水尺零点高程是否正确,核对计算是否正确,检查资料是否齐全,若缺测短时间水位可按直线插补法、过程线插补法或水位相关法进行插补。

(2)根据水位观测资料计算日平均水位:日平均水位的计算方法有面积包围法和算术平均法,当日水位变化平缓且按等时距观测或摘录时,可采用算术平均法计算日平均水位,即将一日内各测次的水位数值求和再除以观测次数;当日水位变化较大、不是按等时距观测或摘录水位时,应采用面积包围法计算日平均水位,即以水位为纵坐标、时间为横坐标,绘制出一日内各测次水位随时间的变化曲线,然后计算曲线与坐标所围成面积的平均高。当两种方法的平均水位误差超过2 cm时应以面积包围法为准。

(3)水位资料整编:在完成以上工作的基础上,编制逐日平均水位表,绘制逐日平均水位过程线,编制洪水水位摘录表,编写水位观测报告。

9.1.2　潮位观测

潮位观测站点宜选择在经常靠水的陡岸、海堤或防浪墙附近,并设置水尺或自动观测设施,以满足潮位涨落期间的观测要求。潮位的观测方法与水位观测相同,观测时间应根据规定要求、潮汐变化规律、海洋气象变化等情况而具体确定。

9.2　堤身表面观测

9.2.1　观测方法与观测内容

一般采取巡查或拉网式普查的方式,通过直观(眼看、手摸、脚踩)检查或简易测量的方法对堤身表面进行观测,观测内容主要有表面缺陷观测(如堤顶是否平整、完好,堤坡是否平顺、有无滑坡迹象,堤身表面有无裂缝、塌陷、水沟浪窝、洞穴、残缺等)、渗漏观测(如有无渗水、管涌、流土等现象)、防护树草观测、害堤动物观测等。

9.2.2　堤顶与堤坡平顺观测

白天一般采用目测方法直接观察判断堤顶是否平整和堤坡是否平顺,也可利用长直测尺检测堤顶或堤坡的平整情况(在任意两点之间放置长直测尺,平整或平顺处的表面应与尺面吻合,不吻合处则说明不够平顺,并可量取不吻合处的不平整误差)。夜间可借助行车灯光或手电筒光线定性观察堤顶的平整状况,呈现阴影处为低洼处。

9.2.3　水沟浪窝及塌坑观测

因雨水冲刷而在堤防(及其他土方工程)表面形成的狭长沟壑和坑穴称为水沟浪窝,其中狭长沟壑又称为雨淋沟。因内部质量差或存有隐患、遇雨水浸入或高水位浸泡而导致的局部坍塌坑称为塌坑,也习惯称为跌窝或陷坑,较深且坑壁很陡的陷坑又称为天井。

对于水沟浪窝及塌坑的观测,首先是做好日常巡查观测,其次是每次较大降雨和偎堤洪水过后都要及时普查工程。一旦发现有水沟浪窝及塌坑等缺陷,要仔细观察并详细丈量记录,如缺陷名称、产生原因、缺陷在工程上的位置(里程桩号、在横断面上的部位、距特征点的距离)、缺陷范围、可见轮廓形状、主要尺寸(如长、宽、深的变化范围和平均值)、估计工程量等,也要对缺陷的处理情况进行后续观测记录。

降水期间要对工程的排水情况和水毁情况进行巡查观测,以便及时顺水、排水,防止因雨水集中冲刷而破坏工程,对已形成的水沟浪窝及塌坑要及时圈堵,防止因继续过水或浸入而扩大。

9.2.4　滑坡观测

在高水位持续时间较长、水位骤降、降大到暴雨、春季解冻、地震等不利条件时,应注意观测堤防有无滑坡征兆或滑坡现象。

(1)滑坡征兆分析:滑坡前期征兆是出现纵向裂缝,发现纵向裂缝要加强观测记录(长度、宽度、深度、发展变化)并分析判断是否属于滑坡裂缝:滑坡裂缝的主裂缝两侧往往分布有与其平行的众多小裂缝,主裂缝两端有向边坡下部逐渐弯曲的趋势,滑坡裂缝初期发展缓慢,后期发展逐渐加快,裂缝一侧的堤坡或堤坡连同部分堤顶在短时间内出现持续、显著的位移,边坡下部有隆起现象。

(2)滑坡观测:对已形成的滑坡,要准确观测记录滑坡位置(在堤线上的里程桩号范围、在堤防横断面上的位置:如临背河位置、起滑点距特征位置的距离等)、滑坡体特征尺寸(长、宽、厚、平均厚、滑落高度)、约估滑坡体体积等。量测滑坡体尺寸和计算滑坡体体积时,顺堤线方向为滑坡体长度,顺滑动方向为滑坡体宽度,垂直坡面方向为滑坡体厚度,滑坡体最高点的垂直下降值为滑落高度(错位高度),对不规则滑坡体应多量几个长、宽、厚,并分别计算各项平均值,可按相应形体的体积公式计算体积,也可按各项平均值以近似长方体计算体积。

9.2.5　塌陷观测

和塌坑相比,塌陷是指更大范围内的地面高程明显下降(沉陷)的现象。导致塌陷的主要原因有筑堤质量差(如分段接头处理不好、碾压不实、土块架空、土石接合部不密实等)、堤身或堤基存有隐患(如基础沉陷、抢险料物及树根腐烂形成空洞、各类工事及坟窑形成空洞、害堤动物洞穴、裂缝等)、渗漏破坏(高水位作用下,渗水浸入加剧隐患的发展、渗透变形或漏洞险情导致土体架空等)、雨水浸入破坏等,当不密实土体发生明显沉陷或空洞不能支撑上部土体而坍塌时,将导致堤防表面塌陷。

观察发现堤防表面塌陷后,应采用丈量或测量的方法准确观测记录塌陷所在堤线的里程桩号、在堤防横断面上的位置、塌陷尺寸(长、宽(或直径)、最大塌陷深度、平均塌陷深度),约估塌陷体积等。

9.2.5.1　渗漏塌陷观测

高水位期间,对可能因渗水或渗透变形而导致塌陷的堤段,要从堤防偎水开始密切观测,要观测记录有无渗水或渗透变形现象,渗水或渗透变形发生时间、渗水速度或渗透流量的大小及其变化、渗水颜色、有无土颗粒被渗水带出、渗透变形形式等,更要注意观测堤身表面是否有异常变化(如局部下陷、裂缝等),并根据观测结果分析预测有无塌陷可能。对已形成的塌陷要按要求观测记录有关数据。

9.2.5.2　**隐患塌陷观测**

由于堤身内部隐患(虚土、裂缝、洞穴等)一般不易直接发现,为防止因堤身内部隐患而导致塌陷,应借助隐患探测仪或其他手段对堤防定期进行探查,以便及时采取加固措施。当遇高水位长时间浸泡或雨水浸入时,要密切观察堤身表面的变化,尤其是发现雨水通过浪窝、暗洞、暗沟等入浸时,更应注意观察入浸处附近周围地面的变化,以便及时发现是否有塌陷。要及时圈堵或翻填处理裂缝、浪窝、暗洞、暗沟等缺陷,以防止诱发塌陷。

9.2.5.3　**害堤动物洞穴观测**

害堤动物(獾、狐、鼠、白蚁、地羊等)洞穴一般都在比较隐蔽的位置与工程表面相连通(如进出洞口、通气孔),所以在检查观测工程时要仔细查找洞口,发现洞口时要注意观察分析是否属于害堤动物洞穴、有无害堤动物活动:如在洞口附近再仔细查找是否另有洞口,仔细观察洞口周边及其附近有无新鲜土、动物爬行痕迹、爪蹄印、粪便、绒毛等迹象,也可在洞口周边铺撒一层新鲜的细颗粒虚土以便观察有无新增动物爬行痕迹或爪蹄印,若能判定是动物洞穴且仍有动物活动,要设法捕捉动物并对洞穴进行处理。

发现动物洞穴,要观测记录洞口位置和洞口尺寸,要利用测杆或测绳测量洞深,或进行开挖探洞,若因孔洞较深或方向曲折多变而不便测量深度,又不宜开挖探洞,可尝试注水观测(注水时注意查找附近出水点,以判断洞穴方向和长度;根据注水量判断洞穴大小;也能因注水而将害堤动物赶出)。

在高水位或降雨期间,对发现洞穴或做过洞穴处理的堤段仍要注意观察其周围地面,以便及时发现诱发的塌陷。

9.2.6　堤防渗透变形观测

在持续高水位期间,在渗透水压力(临背河水位差)作用下,水通过堤防渗出(穿过土中连通孔隙发生流动)的现象,称为渗水(也称散浸或洇水),渗水出水点称为出逸点,出逸点附近土壤应有明显的潮湿、湿润迹象。随着渗水的加重,若有土颗粒被渗水带出,称为土体的渗透变形(渗透破坏),渗透变形分为管涌和流土。在渗流作用下,无黏性土体中的细小颗粒通过粗大颗粒骨架的孔隙发生移动或被带出,致使土层中形成孔道而产生集中涌水的现象称为管涌,管涌呈孔状出水口、冒水冒沙特征,在出逸点周围形成"沙环",又称"土沸"或"沙沸"。在渗流作用下,黏性土或无黏性土体中某一范围内的颗粒同时随水流发生移动(成块地被渗透水流掀起冲走)的现象称为流土。另外,由于黏土与树根草皮的固结使渗水不能顶破地表土层而呈现的隆起现象称为"牛皮包"(也称鼓泡),"牛皮包"下可能是渗水,也可能是管涌或流土。

高水位期间,要通过眼看、脚踩、手摸等直观检查方法对堤防背河坡及坡脚外一定范围是否有渗水或渗透变形现象进行观测,要注意查找出逸点(周围土壤含水量明显增大,脚踩有湿软感觉、有明显的出水点),要注意观察出水颜色、出水量大小及其变化、出水中是否有土颗粒被带出以及土颗粒被带出的形式(区分管涌或流土),降雨期间要通过手摸或脚踩感知水温以区分渗水和雨水(气温高时渗水凉、雨水温,气温低时渗水温、雨水凉)。

发现渗水或渗透变形,要观测记录渗水或渗透变形发生时间、位置(里程桩号范围、堤坡上或坡脚外、距坡脚的距离)、渗透变形形式、管涌出口孔径、涌水翻花圈径和高度、沙环直径、沙环高度、估计出水量、出水颜色和水温、发展变化趋势等。如果出水清澈、水温冰凉,则多为地下稳定渗水;如果出水浑浊、水温温和,则多为河水快速渗流,应及时进行抢护处理。

9.2.7 裂缝观测

9.2.7.1 裂缝分类

裂缝是由多种因素引起的开裂现象,按成因分为沉陷裂缝、滑坡裂缝和干缩裂缝,按方向分为纵向裂缝、横向裂缝和龟纹裂缝,按部位分为表面裂缝和内部裂缝。

沉陷裂缝由不均匀沉陷引起,裂缝一般近于直线,裂缝面基本是铅垂向下,裂缝的发展随着土体的固结稳定而逐渐减缓、停止;滑坡裂缝一般呈弧形向斜坡下方延伸,裂缝两侧土体有明显错动距离;干缩裂缝是由于水分蒸发、土体干缩所致,多产生在黏性均质土体的表面,裂缝密集、方向纵横交错(龟裂状)、裂缝面多与土体表面垂直、宽度和深度一般不大。

平行或基本平行于堤轴线的裂缝为纵向裂缝,主要由横向不均匀沉陷和滑坡所致;垂直或近似垂直于堤轴线方向的裂缝为横向裂缝,由纵向不均匀沉陷所致,横向裂缝常发生在岸坡接头堤段、台地交界处、土质压缩性大的地段(如软黏土层等)、堤防与刚性建筑物(涵管、闸洞、混凝土墙等)接合处、新老堤段接合处、分段施工接头处等,横向裂缝一般比较宽、深,贯穿性横向裂缝具有更大的危险性;方向交错多变、宽和深都较小的裂缝称为龟纹裂缝,一般由土体干缩引起。

9.2.7.2 裂缝观测内容和观测方法

1)裂缝观测内容

发现裂缝时应注意观测记录裂缝在堤线上的段落范围(里程桩号)、裂缝在横断面上的位置、裂缝方向(分为纵、横和龟裂状三类)、长度、宽度、深度、裂缝的发展变化等,并根据观测结果初步分析产生裂缝的原因、划分裂缝种类。

2)裂缝观测方法

(1)裂缝位置观测:要观测出裂缝两端所对应的里程桩号和裂缝在堤防横断面上的位置(如临河坡、背河坡、堤顶、距某特征位置的距离);如果需要画图标示裂缝位置可用方格网法(在裂缝所在区域用石灰线或小木桩画出方格网,按适当比例将方格网和裂缝在方格网中的位置绘制在图纸上)。

(2)裂缝长度观测:裂缝长度可直接沿缝丈量。若需要观测裂缝长度的变化,可定期多次丈量长度并对比分析其变化,也可直接观察裂缝两端所对应的里程桩号是否变化并据此计算长度变化值,还可通过另设固定标志点进行观测(顺裂缝方向、距裂缝两端一定距离处打设木桩或用石灰做出明显标志点),通过多次丈量裂缝两端到固定标志点的距离来判断裂缝长度是否变化并据此计算变化值。

(3)裂缝宽度观测:裂缝宽度可直接丈量(需丈量多个代表性宽度)。若需要观测宽度的变化,应沿裂缝选设多个固定观测位置(如最大缝宽处、平均缝宽处等),并在每个观测位置的裂缝两侧用木桩或石灰做出固定标志点,可直接丈量每个观测位置处的缝宽,也可丈量两标志点之间的距离,通过多次丈量结果的对比分析可得知裂缝宽度是否变化及其变化值。

(4)裂缝深度观测:裂缝深度可见时可直接用钢尺、测绳,或借助探杆进行量测;深度不明或不能直接量测时,可采取坑探法进行观测:为使缝迹清晰,挖坑前可用石灰浆灌缝,开挖时须注意保持缝迹完整,开挖深度超过缝深 0.5 m,并可随着开挖绘制出有缝迹坑壁的剖面图,开挖探坑须经上级批准,并注意开挖施工安全和保证回填质量。

9.2.7.3　裂缝观测要求

(1)选择观测裂缝:对于检查发现的堤防裂缝并不是都需要进行后续观测的,一般只选择有代表性的典型裂缝(如横向裂缝、较宽较长的纵向裂缝等)进行观测。

(2)裂缝观测测次:应视裂缝发展情况而定,裂缝发生初期应每天观测一次,有显著发展、上游水位变化较大、降雨之后应增加测次,发展减缓可减少测次或停止观测。

9.2.8　堤身沉降观测

堤身沉降观测,即对沿堤身专门选设的各个固定观测点多次进行高程测量以分析比较每个观测点的高程变化。一般地,若堤基条件较好、施工质量较高,堤防的沉降量并不是很大,且为使沉降后仍能满足设计高程而在设计或施工时已预留沉降量,工程竣工验收时也要求高程为正误差,对此类堤防可不再进行沉降观测。对于堤基条件较复杂、地形变化大、堤基或堤身沉降量较大、不均匀沉降差大(如穿堤建筑物附近)的堤段,应进行沉降观测。

沉降观测断面及观测点应选设在沉降量或不均匀沉降差较大的堤段和位置(如地质地形条件复杂多变处、堤防与岸边接合处、穿堤建筑物处、新旧堤接合处等),每一观测堤段的观测断面应不少于 3 个,每个观测断面上的观测点不少于 4 个。

各观测点的高程一般按普通三(四)等水准进行测量,测量前应进行仪器校正。

外业测量完毕后,根据观测记录表计算出每个沉降观测点的高程,并与上次和初始测量成果进行比较,可计算出各测点的最近沉降量和累计沉降量,也可绘制出沉降过程线、沉降量分布图。

结合沉降观测结果,可分析堤防沉降量和不均匀沉降差是否过大、沉降后是否仍满足设计高程要求、沉降发展是否符合趋于减缓的正常规律,并可初步分析判断导致异常变化的原因或提出加固意见。

9.2.9　渗流观测

对并不是长时间高水位挡水(偎水)、质量较好的江河堤防,一般不进行长时间、固定位置的渗流观测,可在洪水偎堤后对是否有表面渗流现象临时进行巡查观测。对堤基有强透水层、堤身渗透性强、汛期高水位偎堤时渗水严重,甚至有可能发生渗透破坏的堤段,除临时进行表面渗流巡查观测外,还可选择有代表性的固定观测断面(每观测堤段不少于 3 个观测断面),沿观测断面设置测压管(每断面的测压管数不少于 3 根,一般设置在背河堤肩、堤坡、堤脚、堤脚外),通过观测测压管水位而分析渗流情况。

9.2.9.1　**测压管水位观测**

观测测压管水位,可直接量取管口到水面的距离(铅垂高度),根据管口高程计算水位,测压管水位=管口高程-管口到水面的距离。当管口到水面的距离较大或不易准确确定水面位置而影响观测精度时,可利用仪器进行观测。常用电测水位器见图2-9-1,观测时将测头徐徐放入管内,当测头与水面接触时(通过水将两电极接通)电测水位器的指示器作出指示或发出提示声音,此时捏住吊索上与管口齐平的位置,根据该位置可量读出管口至水面的距离,并根据管口高程计算水位。

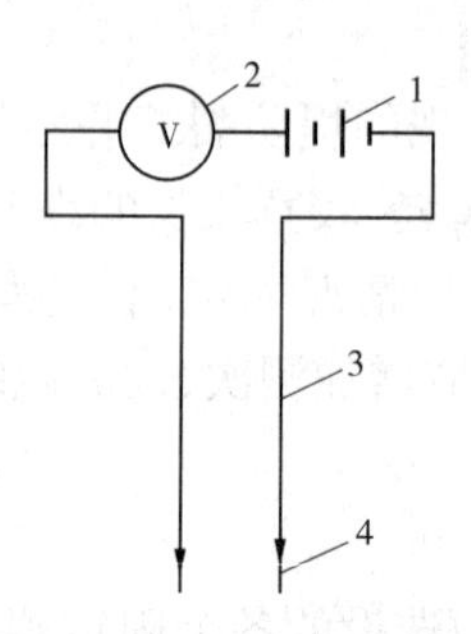

1—电源;2—指示器;3—导线;4—电极

图2-9-1　电测水位器电路示意图

另外,当测压管数目较多或测次频繁时,可采用遥测水位器自动观测测压管水位,或在测压管内放入电测式孔隙水压力仪,也可实现观测自动化。

测压管水位观测的测次应根据偎堤水深、水位变化等情况确定,一般每天观测一次,当偎堤水深较大或水位变化较快时应适当增加观测次数。

观测测压管水位时,应同时观测堤防临背河水位。

9.2.9.2　**测压管水位观测成果分析**

渗透水流在堤身内的自由水面(浸润面)与堤身横截面的交线称为浸润线,渗水出水点称为出逸点。

根据对各测压管水位的观测,可了解观测堤段堤身内渗水情况(如水位高低)、分析判断堤防的防渗效果、分析判断已采取截渗措施或排水措施效果、分析计算渗水比降、初步判定渗流出逸处的渗流稳定性(是否发生渗透变形),若存在发生渗透变形的可能应提出渗流控制措施。

当形成稳定渗流时,可根据堤防临背河水位、各测压管水位及各测压管在断面上的位置绘制出渗流观测断面的浸润线。

第10章　堤防工程维修养护基本知识

为保持工程完整、确保运行安全、延长使用寿命、发挥工程效益，需对工程及时进行维修养护，本章重点介绍土方工程、石方工程及混凝土工程维修养护基本知识。

10.1　土方工程维修养护

10.1.1　堤防工程管理与保护范围

水工程管理范围，是指为保证工程安全和正常运行，满足管理需要而根据自然地理条件和土地利用情况划定的范围，水工程管理单位依法取得该范围内土地使用权。堤防工程管理范围主要包括堤身、戗堤、加固区（含淤背区）、穿堤建筑物、附属设施（防汛道路、辅道、排水沟、管护设施及其他维护管理设施等）、依堤而建的防护工程等工程用地、护堤地、管理用地等。

水工程保护范围，是为防止在工程及其设施周边进行对工程设施安全有不良影响的其他活动，满足工程安全需要而在管理范围以外划定的一定范围，保护范围内土地使用权不变，但其生产、建设等活动必须符合有关规定。

10.1.2　管理要求

堤防工程管理要边界清楚，严禁损害及破坏堤防活动，严禁任意破堤开口，严格限制堤顶交通，禁止破坏堤防附属设施，严格控制修建穿（跨）堤建筑物，做好维修养护。

在工程管理范围边界上设立醒目的界桩和界埂，广泛宣传工程的保护范围和管理规定，禁止在堤防管理和保护范围内取土、钻探、挖洞、开沟、挖渠、挖塘、打井、建房、建窑、爆破、埋葬、堆放杂物垃圾、违章垦殖、破堤开道、打场晒粮、摆摊设点及其他危害工程完整和安全的活动。

不准在堤防上任意破堤开口，确需破堤时应逐级上报批准，并按要求施工和恢复。

堤顶一般不做公路使用，平时禁止行驶履带车辆和超限车辆，在施工、防汛抢险及堤顶道路泥泞期间禁止除防汛车辆以外的车辆通行。

堤防上的附属设施是为满足工程运行管理，防汛安全需要而配套设置的，必须加强保护，禁止破坏现象的发生。

修建穿堤建筑物（水闸、虹吸、泵站、管道、电缆等）可能破坏堤防完整性，甚至增加工程隐患（接合不实、不均匀沉陷、裂缝、渗漏等），确需修建时应逐级报批。

在加强运行观测、及时检查发现病害缺陷、分析产生原因的基础上，按管理要求做好维修养护工作，以保持工程完整和运行安全，维护或改善工程面貌。

10.1.3　管理标准

10.1.3.1　堤顶

(1)堤顶高程和宽度:保持建设原状、维持工程完整(无残缺或水沟浪窝),或进一步改善工程面貌,一般要求堤顶高程误差为 0 ~ 5 cm、堤顶宽度误差为 0 ~ 10 cm,堤顶纵向每 10 m 长范围内高差不大于 5 cm。

(2)堤顶饱满平整:横向坡度(如花鼓顶)符合设计要求或保持在 2% ~ 3%;无车槽及明显凸凹、起伏,雨后无积水,路面无坑槽、裂缝、起伏、翻浆、脱皮、泛油、龟裂、啃边等现象。

(3)堤顶整洁美观:堤肩线顺直规整,设施标志齐全、醒目,堤顶整洁无杂物。

(4)堤顶排水顺畅:散排水均匀分散;采用集中排水时可在堤肩修筑边埂,边埂规整平顺,排水沟完好、进水畅通、与周围接触密实。

(5)树草旺盛美观:行道林(与堤肩平行、两侧各 1 ~ 2 行)品种适宜、生长旺盛、修剪美观,堤肩防护草皮生长旺盛、覆盖率高、无杂草、修剪高度适中、整齐美观。

10.1.3.2　堤坡

(1)堤坡平顺完整:坡面平顺,顺坡方向 10 m 范围内凸凹小于 5 cm;坡面上无水沟浪窝、陡坎、天井、洞穴、陷坑(局部塌陷形成的坑穴)、杂物、违章垦殖及取土现象;堤脚线顺直规整,堤脚处地面平坦。

(2)堤坡防护草皮旺盛美观:防护草皮品种适宜,覆盖率高,长势旺盛,防护效果好,无杂草,高度适中,整齐美观。

(3)堤坡排水顺畅:散排水均匀分散;集中排水沟完整、与周围接触密实、进水顺畅,排水沟无沉陷、断裂、接头漏水、沟内淤积堵塞、出口冲坑悬空等现象。

10.1.3.3　前后戗

戗顶面平整,10 m 长度范围内高差不大于 5 ~ 10 cm;为防止大面积雨水汇集和集中排放,可在戗顶外沿修筑边埂,顺堤线方向每隔 100 m 设一道横向隔堤;戗顶植草防护;戗坡同堤坡标准。

10.1.3.4　淤背加固区

(1)淤区顶分区平整:为减小集水面积和防止局部积水,淤区顶外沿修筑围堤,顺堤线方向每隔 100 m 修筑一道横向隔堤,对每个分区内分别进行平整(高差不大于 30 cm),围堤和隔堤要整齐划一、顶平、坡顺,并植草防护。

(2)淤区边坡平顺完整:淤区坡平顺,顺坡长 10 m 范围内凸凹小于 20 cm;淤区坡完整,黏土包边厚度符合设计要求,无残缺、水沟浪窝、陡坎、洞穴、陷坑、违章垦殖及取土现象,坡面防护草皮覆盖率高、长势好、无杂草,坡面植树绿化。

(3)淤区内种植适宜当地生长条件、可提供抢险用料、改善生态、美化环境的树株,树株生长旺盛、存活率高。

(4)设置排水沟:在淤区坡上,顺堤线方向每隔 100 m 设置一条横向排水沟,排水沟与淤区顶贯通,保证排水沟进水顺畅、排水畅通安全。

10.1.3.5　辅道

上下堤辅道不得侵占堤身，辅道上端平台宽不小于 1 m，交线顺直，边坡和路面平顺，无沟坎、凹陷、残缺、水沟浪窝，路肩和侧面防护草皮整齐、旺盛、覆盖率高，在道口两侧堤肩处设置醒目（白红相间刷漆）的警示桩。

10.1.3.6　土牛

土牛，即堆放成较规则形状的储备土料，因其形似卧牛或因牛的“五行”属土而俗称为土牛，土牛主要作为防汛抢险备土，也可应急用于工程维修养护，用后应及时补还。土牛可沿堤线分散（如每隔 50 m 一个）堆放于堤顶背河堤肩处或相对集中（如每隔 500 ~ 1 000 m 一个）堆放于淤背加固区内，修做土牛要位置合理、堆放整齐、规格一致、形状规则、顶平坡顺、边棱整齐、表面拍打密实。

10.1.3.7　标牌

堤防标牌主要有交界牌、指示牌、里程桩、边界桩、标志牌、责任牌、简介牌、交通闸口设施等，各类标牌应布局合理，同类标牌规格一致，标识清晰、醒目、美观，埋设牢固，无缺损。

10.1.4　维修养护

养护是为防止出现病害缺陷而采取的经常性保养和防护措施，以及时处理工程表面、局部、轻微缺损，保持工程完整和正常运用安全，是一项经常性工作。

维修是为防止病害缺陷发展扩大、消除病害缺陷而采取的修复处理措施，维修包括岁修、大修（维修专项）和抢修，不同工程在不同时段的维修内容有所不同。

10.1.4.1　堤顶维修养护

1）养护

按管理要求和标准对堤顶进行养护，未硬化堤顶泥泞期间及时关闭护路杆，按规定进行堤顶交通管理；及时制止破坏堤顶行为；注意检查排水设施的完好和排水安全，降水期间和降水后及时顺水、排除积水，防止水沟浪窝的发生；干旱季节应适时洒水养护；及时清除已硬化堤顶路面上的沙、石、垃圾等杂物，及时排除积水，防止啃压、湿陷、冻融等破坏；加强对树株和草皮的浇水、修剪、预防病虫害、冬季树干刷白等管护，保持良好长势；加强对其他设施的养护，保证齐全、醒目、清晰、美观。

2）维修

土质堤顶出现坑洼不平时，应及时进行铲高填洼的整平、夯实，或垫土、平整、夯实，或抓住雨后有利时机刮平、压实；已硬化堤顶出现路基沉陷可进行局部开挖、消除隐患、分层回填夯实、恢复路面，路面出现裂缝可进行灌缝或沿缝开膛修补，对于路面破损或老化部位可进行局部清除，并按原结构修补；对病虫害树草进行治病除害或更新；对其他缺陷采取相应维修或更换措施。

10.1.4.2　堤坡维修养护

1）养护

应按管理标准对堤坡进行养护，对堤坡草皮及时管护、修剪、清除杂草（尤其是高秆杂草），保持生长旺盛、整齐美观，以提高其防护能力；冒雨或雨后及时疏导排水，保持排水畅通和排水安全,防止或减少水毁现象的发生;偎水或雨水过后要普查工程,以便及时发现工程缺陷。

2)维修

土质堤坡不够平顺时,可去高填洼、平整、夯实,或另取黏土进行填垫、平整、夯实,并对整修处植草防护;降水期间发现水沟浪窝、天井、陷坑要及时圈堵,防止扩大;对已形成的水沟浪窝、天井、陷坑要适时翻填处理(清基、削缓沟壁、开挖、分层回填、夯实,回填后的顶面要高于原地面 10 ~20 cm,并恢复植草);对堤坡陡坎、残缺要进行补残修复(清基、逐坯回填、夯实、顺坡整理、恢复植草);集中排水沟出现断裂残缺要及时修补,存在隐患缺陷时,可局部拆除、消除隐患、修复排水沟。

10.1.4.3　辅道维修养护

1)养护

路面整洁,洒水养护,顺水、排水,限制超限、履带及泥泞期间除防汛车辆外的车辆通行,防护草皮树株的管护、修剪,标志牌及警示桩的管护。

2)维修

对路面经常进行填垫平整,雨后适时进行机械刮平压实;若辅道侵占堤身要及时填垫加宽,使辅道与堤顶以平台相接,可在平台外沿设置路缘石,防止因路面降低而啃蚀堤顶;维修已损坏的排水设施,保证排水安全;对已出现的水沟浪窝要及时翻填处理;土质路面出现磨损凹陷、坑洼不平时,可用黏性土(或掺砂子、石屑)进行填垫、平整、压实,或刮平、压实;树草治病除害或部分更新。

10.1.4.4　土牛养护

对常备土牛要经常进行修整、拍打,以保持形状规则、顶平坡顺、边棱整齐、表面密实,并注意清除杂草;对使用剩余的土牛要进行规整,仍保持形状规则、美观。

10.1.4.5　裂缝处理

对裂缝的处理方法主要有顺缝开挖回填法、横墙隔断法、灌浆法。

1)顺缝开挖回填法

除较严重的横向裂缝外,对拟处理裂缝一般都采用顺缝开挖回填的方法进行处理。开挖前,可沿裂缝灌入石灰水,以便在开挖过程中辨析查找裂缝。开挖时,顺缝开挖槽的底宽不小于 0.5 m,槽深应挖至裂缝以下 0.3 ~0.5 m,开挖槽边坡以不坍塌和便于施工为宜,见图 2-10-1。回填时,将槽坑周边逐渐削缓坡度,若边坡干燥应适度洒水,以便于新老土接合,用开挖土料或更适宜土料回填,注意土料含水量调配,要分层(每层填土厚度一般为 0.1 ~0.2 m)回填、夯实。回填后的顶部应稍高出原地面,对新填土表层可填沙性土保护层,以防干裂。

2)横墙隔断法

对较严重的横向裂缝,常采用横墙隔断法进行处理。除顺缝开挖槽外,再沿裂缝每隔 3 ~5 m 开挖一条与顺缝槽垂直、长度不小于 3 m 的接合槽(也称为横墙隔断),以增加新老土的接合,见图 2-10-2。若开挖槽较深,可采用逐级错台的梯级开挖法,待回填时再削去台阶并削缓坡度。

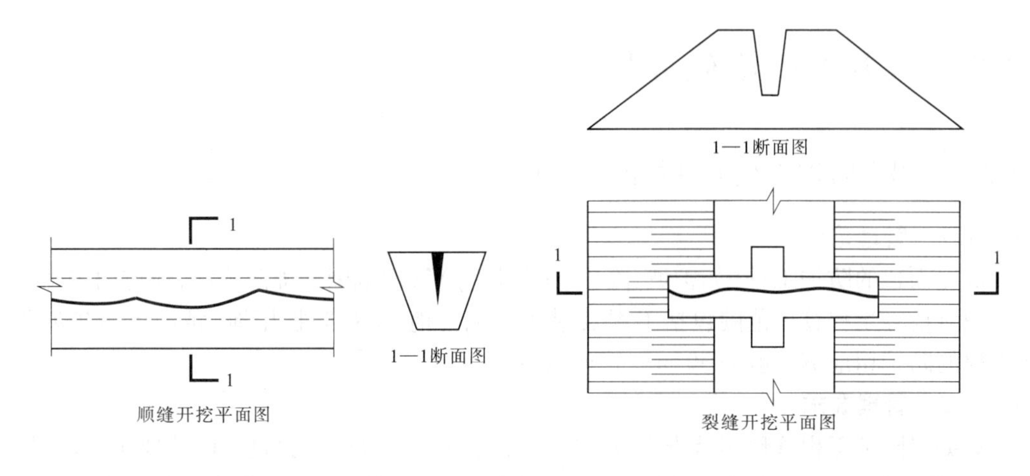

图2-10-1　顺缝开挖示意图

图2-10-2　横缝开挖示意图

另外，对于宽深不超过5 mm的非横向裂缝，可只封口以防雨水浸入；对不均匀沉陷裂缝，应待沉陷趋于稳定后再进行处理；对因渗透变形而产生的裂缝应先防渗，再进行处理。

3）*灌浆法*

对堤防内部裂缝或其他隐患，宜采用灌浆法（包括自流充填灌浆、压力灌浆、劈裂灌浆）进行加固处理，常用压力灌浆法，压力灌浆施工工序主要有造孔、拌浆、输浆、灌浆、封孔。

（1）造孔：沿裂缝或隐患分布范围布孔，灌浆孔应与防渗体、反滤排水设施及观测设施保持足够距离，灌浆孔呈梅花形布置，灌浆孔的间距与裂缝大小、灌浆压力等因素有关，一般排距为1.5～2.0 m、孔距为1.0～1.5 m，孔深超过缝深1～2 m。造孔有人工锥孔和机械锥孔两种方法，常采用机械锥孔（利用专用打孔机压锥杆造孔）。

（2）拌浆：浆液的主要指标是浓度和土料颗粒粒径。浆液浓度大，充填快，干缩小，但流动性差，灌浆浓度可先稀后稠，直至达到设计浓度，浆液比重一般为1.4～1.6；土颗粒细，流动性大，但析水性差、收缩性大，灌浆用土料一般为中粉质沙壤土（两合土）；拌制泥浆时，要将土料过筛（筛除杂质和大土块），并按浓度要求确定水、土比例和配料，多采用机械拌浆，要拌浆均匀并随拌随用。灌浆所用的浆液有纯泥浆和水泥土混合浆两种，前者多用于浸润线以上土体的灌浆，后者常用于浸润线以下土体的灌浆。

（3）输浆：采用泥浆泵按控制压力输浆。

（4）灌浆：灌浆压力大，浆液扩散范围大、充填密实，灌浆质量好，但压力过大易引起冒浆、串浆、裂缝扩展或诱发滑坡，灌浆压力应由小到大，直至达到设计压力；在设计灌浆压力下，吃浆量小于0.4～0.2 L/min并持续30 min以上，灌浆达到结束标准。

（5）封孔：灌浆结束后，一般是直接用含水量和土质都适宜的松散土料进行封孔，用土填孔、捣实，并将表面整平、夯实；也可用浓泥浆（密度一般大于1.6 t/m^3）或掺有10%水泥的混合泥浆封孔，因浆液收缩而出现新的空孔应复封，并在表层用松散土料填垫、平整、夯实。

10.2　石方工程维修养护

10.2.1　堤岸防护工程管理标准与要求

10.2.1.1　管理范围

依堤而建的防护工程(如护坡、险工、防护坝等)管理范围随堤防确定,河道内依滩而建的护滩控导工程管理范围包括工程及附属设施占地、工程防护用地(黄河下游护滩控导工程的防护用地宽一般为30 m)、管理用地。

10.2.1.2　管理要求

对堤岸防护工程管理实行班坝责任制,要加强日常运行观测与检查,按要求查险情、看河势、报水位,适时探测根石坡度,管护树株草皮,维护桩牌标志,实施或监督实施维修养护。管护人员应知工程概况、知河势变化及工程着溜情况、知抢险及用料情况、知根石状况、知备料数量、会查险报险、会抢险、会整修、会探摸根石、会观察河势。

10.2.1.3　管理标准

(1)堤岸防护工程土坝体:高程、宽度、坡度保持原设计或竣工标准,顶面平整,坡面平顺,每10 m长度范围内凸凹不超过5 cm,土石接合部回填密实,排水顺畅,无积水洼坑、陷坑、水沟浪窝、洞穴、残缺、乱石、杂物等,防护草皮生长旺盛,无杂草,覆盖率95%以上,树草修剪整齐、美观,草皮修剪高度一致(一般高10 cm左右)。

(2)护坡:一般将护岸工程的枯水位以上部分称为护坡或坡面工程,黄河上也习惯将根石台以上护坡称为坦石。坡度保持原标准,顶平坡顺,砌筑稳固,砌缝均匀,坡面无凸凹、松动、塌陷、架空、浮石、灰缝脱落、树草杂物;封顶石牢固,边口整齐。

(3)根石:符合设计要求,顶平、坡顺、宽度足;无浮石、凸凹不平、塌陷、残缺、树草杂物等。

(4)备防石:按长方体成垛堆放,每垛数量为10的整数倍,石垛位置合理(不影响施工、观测和抢险交通,距坝岸顶临河边缘不小于3 m),石垛形状美观、规格(包括大小、尺度、堆筑方法等,垛高1~1.2 m)一致、摆放整齐、棱直面平,石垛间距(一般为1 m)均匀,石垛无缺石、坍塌、杂草杂物等,石垛上设统一标示牌,标示内容(工程名称、坝岸编号、石垛编号、石垛方量)齐全、清晰。

(5)排水:采用集中排水时,排水沟应无损坏、塌陷、架空、淤土杂物,及时顺水,在土坝体肩部培修挡水边埂,在土石接合部培修挡水土埂(黄河上也习惯称为眉子土),使水通过排水沟排放,并且进水顺畅、排水安全;采用散排水时,应做好工程顶部平整和边坡平顺,及时顺水和填垫积水处,使排水分散、均匀,防止形成集中排水。

(6)树草:工程的裸露土面应植草防护,适宜位置植树,树草品种适宜,生长旺盛,修剪整齐美观,草皮无杂草、覆盖率95%以上、防护能力强,树株存活率高。

(7)桩牌标志:堤岸防护工程常见桩牌有坝号桩、根石断面桩、边界桩、警示桩、工程简介牌等,各类桩牌应位置合理、设置齐全、规格一致、醒目美观、标示内容清晰,工程简介牌正面书写工程名称、背面书写工程简介。

（8）工程管理范围边界清楚（埋设边界桩，培修边界埂），管理范围内无污物、垃圾、塘坑、建房、开渠、打井、挖窑、钻探、爆破、葬坟、取土、垦殖、冲沟等。

10.2.2　维修养护

10.2.2.1　顶部维修养护

1）养护

树草浇水、修剪、预防病虫害、清除杂草，保持旺盛美观；清除垃圾、污物，保持面貌清洁美观；顺水、排水，防止出现水毁现象。

2）维修

对堤岸防护工程顶部及土坝体顶要铲高垫洼或垫土整平，保持顶部平整；填垫、夯实土石接合部，培修挡水土埂，防止土石接合部过水；及时填垫或翻填处理水沟浪窝等缺陷；对树草治病除害、补植、更新；排垒规整残缺石垛，排垒恢复坍塌石垛，或将坍塌石垛清除、回填整平土坝体顶后再排垒恢复石垛；坝岸浆砌封顶石松动应进行嵌固或局部翻修。

10.2.2.2　护坡维修养护

1）养护

拣整顺坡，清除坡上碎石、淤土、垃圾、污物、树草，保持坦面清洁、美观；清除排水沟内淤积物和污物，及时疏导排水，保证排水安全。

2）维修

堤岸防护工程护坡常见缺陷有下滑脱落、局部沉陷、凸凹不顺、表面裂缝等，应根据不同结构形式采取相应维修措施。

（1）堆石护坡维修：护坡下滑脱落时，可将上部残留石料抛至脱落部位，再在上部抛填新石并拣整顺坡；若护坡局部凹陷，可直接向凹陷处抛石并拣整顺坡，也可局部翻修（将凹陷部位拆除，用黏土回填夯实以恢复土坡，恢复垫层，回抛或补充石料，拣整顺坡）；坡面凸凹不平可直接拣整顺坡（取高填洼），或补充抛石并拣整。

（2）干砌石护坡维修：护坡出现局部松动，可进行塞挤、嵌固，也可拆除松动部位、重新砌筑；护坡出现滑动、鼓肚、凹腰等缺陷时，将缺陷部位拆除，抛石填垫或拣整平顺内部石料后再砌筑表层；如坝坡后垫层滤料流失、土坡被冲淘刷，应拆除缺陷部位、恢复土坡、补充垫层滤料、抛填内部石料、砌筑表层。

（3）浆砌石护坡维修：护坡出现局部松动可灌砂浆并勾缝，也可拆除松动部位，重新砌筑并勾缝；若局部残缺，可清洗修补面，用适宜石料砌筑修补并勾缝；勾缝松动或脱落时，将松动部位剔除，将缝内填料剔深 2 cm 以上，冲洗湿润，用高强度等级水泥砂浆填塞缝隙并抿压勾缝，要使缝宽均匀、缝面平整清洁；对于浆砌石护坡裂缝，一般采用填缝、灌缝、贴补等方法处理，严重时可进行翻修处理。

填缝：把缝内已松动砂浆清除干净，用较高强度等级砂浆填塞捣实，表面勾缝并养护；如果内部孔隙较大，可先用较稠的砂浆灌填，然后进行填缝处理。

灌缝：对较细小缝隙可进行灌缝处理，一般灌水泥砂浆，砂浆稠度视缝隙大小而定；灌注水下裂缝可在砂浆内添加速凝剂；缝隙很小时可进行环氧树脂等化学灌浆。

贴补：表面涂抹或黏贴防水材料（如砂浆、橡胶或玻璃丝布等），以阻断进水。

翻修:将裂缝附近局部拆除,处理内部隐患,再砌筑恢复。

10.2.2.3 根石维修养护

1)养护

拣整顺坡,清除碎石、淤土、垃圾、污物、树草,保持坡面清洁、美观。

2)维修

根石缺陷主要有坡面凸凹不顺、坡度不足(不满足设计坡度)、局部残缺等。当坡面凸凹不顺时,可直接按平均坡度或设计坡度拣整顺坡;若坡度不足,可补充抛石(散石、大块石、石笼)后再拣整顺坡;对小量的局部残缺可通过拣整补填,对较大量的局部残缺应补充抛石并拣整。

10.2.2.4 排水设施维修

1)养护

经常顺水,及时清除排水沟内淤积物和污物,保证排水安全;管护、修剪防冲草皮,使草皮生长旺盛,提高其防护抗冲能力。

2)维修

填垫、夯实土石接合部并培修挡水土埂,回填、夯实排水沟与周围接合处,翻修排水沟已出现的沉陷、断裂、开缝、漏水等缺陷,修建或恢复排水沟出口消力池,使集中排水安全;及时补植、更新防护草皮,提高草皮覆盖率和防护抗冲能力。

10.2.2.5 备防石垛维修

对坍塌或搬动破损石垛要及时排垒(码垛)恢复,保持石垛完整;对使用剩余的石垛要进行规整,使之外形美观;对长时间不动用石垛可用水泥砂浆抹棱角加固。

10.3 混凝土工程维修养护

10.3.1 维修养护内容

对混凝土工程应定期清除表面杂物,若变形缝内填充料流失应及时清除缝内杂物并填补填充料,若排水孔堵塞应及时掏挖或冲洗疏通;对混凝土工程的维修应根据其缺陷情况而采取相应措施,本节主要介绍混凝土表面破损维修及裂缝处理。

10.3.2 混凝土表面破损维修

维修混凝土表面破损(如蜂窝、麻面、骨料外露、剥蚀脱落、机械破碎等)时,一般用钢丝刷清刷、人工凿除、风镐凿除、机械切割等方法清除破损层,然后用砂浆或混凝土修补,根据所用材料和修补工艺不同分为水泥砂浆修补、预缩砂浆修补、喷浆与挂网喷浆修补、喷混凝土修补、压浆混凝土修补、普通混凝土修补、环氧材料修补等。

(1)水泥砂浆修补。清除已破损层,使表面粗糙、清洁、湿润,用砂浆抹补并养护。

(2)预缩砂浆修补。预缩砂浆是拌制后放置一段时间(不超初凝时间)再用的干硬性砂浆,其收缩性小、强度高,修补方法同水泥砂浆。

(3)喷浆与挂网喷浆修补。喷浆是将水泥、沙和水的混合物高压喷射到修补部位,其黏结力大、密实度和强度高、耐久性好。若在修补部位凿槽设置联结网(承担结构力的为刚性网,只起增加联结力而不承担结构力的为柔性网)后再喷浆则称为挂网喷浆。

(4)喷混凝土修补。将水泥和沙石混合物及高压水层层喷射到修补位置,形成密度高、抗渗强、黏结力大的混凝土凝固体,常用于混凝土缺陷修补、岩体衬砌和支护等。

(5)压浆混凝土修补。将水泥砂浆压入已填骨料的模板内而形成混凝土(即预填粗骨料混凝土),适宜于水下、钢筋稠密、预埋件复杂等不易浇筑振捣部位的修补。

(6)普通混凝土修补。破损面积和厚度较大时可采用普通混凝土进行修补。

(7)环氧材料修补。破损厚度小于 1 cm 时可用环氧材料(如环氧基液、环氧石英膏、环氧砂浆等)修补,其强度、抗蚀、抗渗及黏结力较高,但成本高、操作要求高。

10.3.3　混凝土裂缝维修

混凝土裂缝按成因分为沉陷缝、干缩缝、温度缝、应力缝、施工缝,按部位和特征分为表层裂缝、深层裂缝、贯穿裂缝。沉陷缝由不均匀沉陷引起,缝口较宽,严重的为贯穿裂缝;干缩缝是由表层水分消失过快而造成的,属表层裂缝,缝小、方向无规律;温度缝是由内外温差过大而引起的裂缝,外部温度骤降易引起表层裂缝,内部水化热过高易引起深层裂缝(方向一般与主筋平行);应力缝是因应力超限而导致的裂缝,多属深层裂缝,多发生在受拉、受弯区;施工缝是因对施工分块缝和冷缝处理不当而形成的裂缝。

处理混凝土裂缝有灌浆法、表面涂抹(喷涂)法、粘补法、凿槽嵌补和喷浆修补法。

(1)灌浆法。用浆材将缝隙灌注密实,适用于修补深层裂缝或贯穿裂缝,一般裂缝灌注水泥浆,对于细小裂缝或有特定要求的裂缝可灌注化学浆材(如环氧树脂、高强水溶性聚氨酯等),化学浆可灌性更好、黏结和堵漏能力强,但其成本较高。

(2)表面涂抹(喷涂)法。适用于处理较小的浅层裂缝,将裂缝附近的混凝土表面凿毛或凿槽,并清洗干净,对凿毛或凿槽处刷一层纯浆液(环氧基液或水泥浆),然后涂抹适宜的涂抹材料直至填满,并压光、养护。

(3)粘补法。也称粘贴法,适用于修补浅层裂缝,分表面粘贴和开槽粘贴两种。缝宽小于 0.3 mm 时用表面粘贴法,是用胶黏剂(如环氧基液、环氧材料)将阻水材料(如橡胶片材、玻璃丝布、紫铜片等)粘贴在裂缝处,以阻断裂缝、防止浸入性破坏;缝宽在 0.3 mm 以上时可采用开槽粘贴法,即先沿裂缝凿槽,然后用胶黏剂粘贴阻水材料。

(4)凿槽嵌补法。也称充填法,适用于修补缝宽大于 0.3 mm 的表层裂缝,沿裂缝凿 V 形、U 形深槽或倒梯形深槽,槽内嵌补符合要求的防水材料,通过凿槽增加接合面,提高胶结能力,使修补效果更好。

(5)喷浆修补法。分为无筋素喷浆和挂网(刚性网、柔性网)喷浆。

第 11 章　堤防工程抢险基本知识

堤防是防洪保安全的重要屏障。当堤防出险后，要立即查看出险情况，分析出险原因，采取有效措施及时进行抢护，以控制险情发展和消除险情，确保工程安全。本章主要介绍堤防工程险情分类和堤防工程抢险常识，简要介绍坝岸、涵闸（穿堤建筑物）险情。

11.1　堤防工程险情分类

河道工程险情主要分为堤防工程险情、堤岸防护工程（包括控导主流和防止堤坡滩岸冲蚀而修建的丁坝、矶头或垛、平顺护岸等工程，黄河上习惯称为险工、控导工程、防护坝等，又统称为坝岸工程，简称坝岸）险情、穿堤建筑物（如涵闸等）险情等，各种工程常见险情一般按出险情形或出险原因进行分类。

11.1.1　按出险原因分类

堤防、坝岸、涵闸（或其他穿堤建筑物）常见险情按出险原因可归纳为以下五类：

（1）洪水漫溢工程：若洪水超过工程防御标准，可能因水位超过建筑物顶部高程而发生漫溢，对于不允许过水的建筑物（如土堤、非溢流坝等）可能因漫溢而发生严重险情，甚至导致决口。

（2）水溜冲击工程：当大溜顶冲或冲刷堤防时，可能诱发裂缝、滑坡、坍塌等险情，严重时或抢护不及时也能导致决口。

（3）工程质量不好：如果堤防土质不好或工程质量差，在洪水期间高水位作用下，尤其是长时间持续高水位作用下，可能诱发陷坑、渗水、管涌、滑坡、漏洞等险情，如抢护不及时也能导致决口。

（4）工程存有隐患：包括堤身和堤基隐患，如动物洞穴，腐殖质（腐烂埽体）、残留树根、沟壕洞穴、老口门、古河道等，在洪水期间高水位作用下，极易发生严重渗水、管涌等险情，甚至诱发漏洞。

（5）风浪拍击堤岸：洪水偎堤后，堤前水深加大、水面加宽，遇大风时易形成较大波浪，堤岸易遭受风浪的拍击（冲撞淘刷），可诱发堤岸滑坡、坍塌等险情，甚至因水位壅高和波浪爬高而导致漫溢。

另外，根据出险原因不同也常将堤防决口划分为漫决（水流漫溢堤顶而造成的决口）、冲决（水流冲塌堤身所造成的决口）、溃决（水流穿越堤身所造成的决口）三类。

11.1.2　按出险情形分类

堤防、坝岸、涵闸（或其他穿堤建筑物）险情情形很多，按其情形分类往往也有多种分法，常将堤防险情划分为九类，坝岸险情划分为四类，涵闸险情划分为六类。

11.1.2.1　堤防工程险情分类

一般将堤防常见险情划分为陷坑、漫溢、渗水、风浪、管涌、裂缝、漏洞、滑坡、坍塌共九类(常称为九大险情,各险情排序与《河道修防工国家职业技能标准》各职业等级抢险技能要求内容一致),若加上地震险情可称为十大险情。

1)陷坑

陷坑也叫跌窝,是在堤顶、堤坡、戗台及坡脚附近突然发生的局部下陷而形成的坑,见图2-11-1。

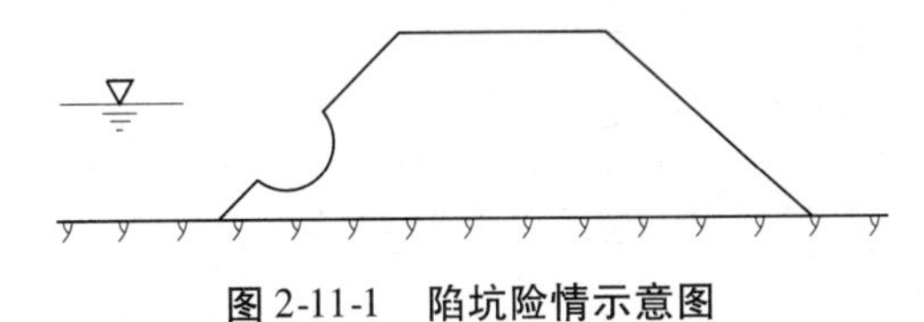

图2-11-1　陷坑险情示意图

发生陷坑险情后,既破坏堤防的完整性,又可能缩短渗径,甚至伴随发生渗水、管涌、漏洞等险情。

2)漫溢

因遇超标准洪水、河道过水能力降低或阻水严重、高水位遭遇风大浪高、堤顶高程不够、主流坐弯、地震等因素导致水位超过堤顶而漫水的现象称为漫溢,由此所造成的险情称为漫溢险情。

发生漫溢会造成堤防严重冲刷、坍塌,甚至导致决口。

3)渗水

当高水位历时较长时,在临背河较大水位差渗压作用下,临河的水将向堤身和堤基内渗透,如果堤防土料选择不当、施工质量不好,则渗透到堤防内的水会更多,致使背河坡下部或堤脚附近或堤脚以外附近地面将出现湿润、松软、有水渗出的现象,称为渗水。

渗水在堤身内的水面线(水面与横截面的交线)称为浸润线,对应浸润线的出水点称为出逸点,见图2-11-2。

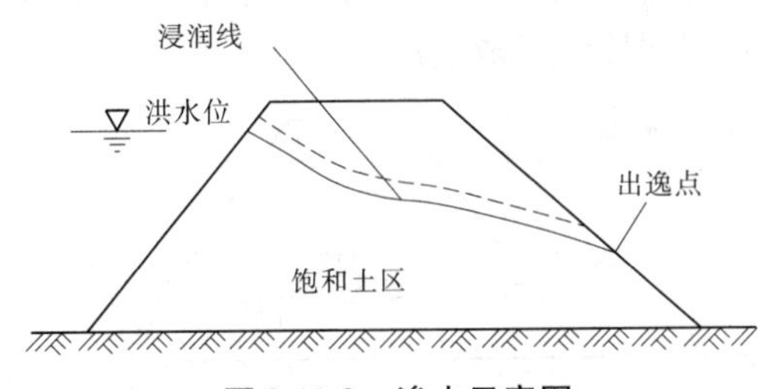

图2-11-2　渗水示意图

4)风浪

汛期高水位时,临河水深增加、水面加宽,若风力大、风向垂直或近乎垂直吹向堤坝,将在风的吹动作用下形成冲击力强、吹向堤坝的波浪(习惯称为风浪),堤坝临水坡在风浪一涌一退地连续冲击下将遭受冲刷或淘刷破坏,如使堤坡形成陡坎或发生坍塌等险情,也可能因风浪壅高水位和顺坡爬高而导致漫溢险情的发生。防止堤坡遭受风浪冲击破坏或对已遭受风浪冲击破坏的堤坡及时进行抢护称为防风浪抢险。

5)管涌

汛期高水位期间,在临背河较大水位差渗压作用下,在背河堤脚附近或堤脚以外附近坑塘、洼地、稻田等处可能出现翻沙鼓水现象,一种是土体(多为沙性土、沙砾石)中的细颗粒通过粗颗粒之间的孔隙逐渐被渗流挟带冲出,类似于冒出的“小泉眼”水中带沙粒,出水口处形成沙环,称为管涌,见图 2-11-3。另一种是发生在黏性土或颗粒均匀的无黏性土体中,渗流出口局部土体表面被顶破、隆起或击穿(某范围内的土颗粒同时起动被渗水带走),出口局部形成洞穴、坑洼,称为流土。管涌和流土统称为翻沙鼓水。

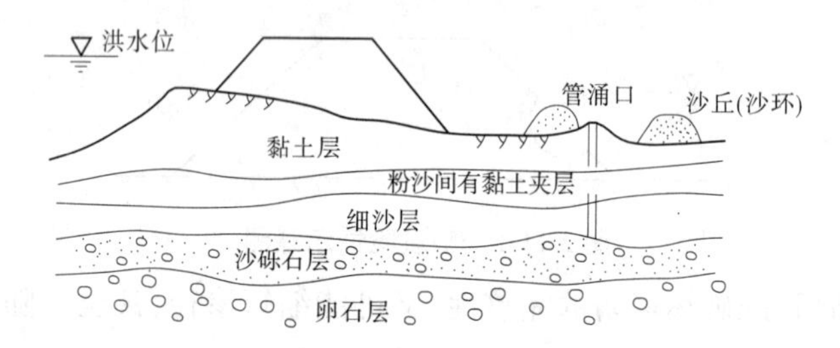

图 2-11-3　管涌抢险示意图

6)裂缝

裂缝是一种隐患或险情,除滑坡、坍塌前先发生裂缝外,因土石接合部不密实、黏土干缩、不均匀沉陷、两工段接头不好、松散土层等因素都可能导致堤防发生裂缝。按其出现部位分为表面裂缝和内部裂缝;按其走向分为纵向裂缝(平行于大堤轴线)、横向裂缝(垂直于堤轴线)、龟纹裂缝(方向不规则,纵横交错);按其成因分为不均匀沉陷裂缝、滑坡裂缝、干缩裂缝、冰冻裂缝、震动裂缝等。其中,横向裂缝和滑坡裂缝的危害性较大,贯穿性横向裂缝最危险,干缩裂缝多发生在表层且多呈龟纹裂缝。

7)漏洞

在长时间高水位作用下,在堤坝背河坡或坡脚附近出现横贯堤身或堤基的流水孔洞,称为漏洞,即漏洞是贯穿堤身或堤基的流水通道,见图 2-11-4。因堤身内有隐患(如动物洞穴、腐烂树根、解冻土块等)、修堤质量差或土石接合部不密实、堤基内有老口门或古河道等,都可能在高水位长时间偎堤时形成漏洞。

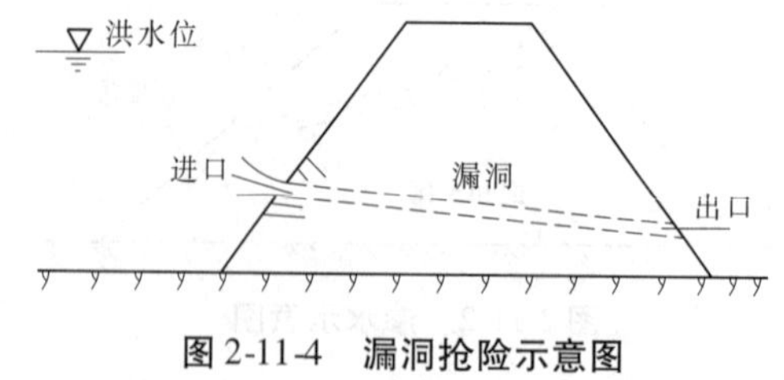

图 2-11-4　漏洞抢险示意图

8)滑坡

堤坡或堤坡连同堤基部分土体失稳滑落,同时出现趾部隆起外移现象,称为滑坡(也称为脱坡)。滑坡开始是在堤顶或堤坡上出现裂缝,随着裂缝的发展部分土体沿曲面(滑裂面)向下滑落,即形成滑坡。滑坡后,裂缝两侧土体有明显错动,滑动体下部有隆起现象,见图 2-11-5。

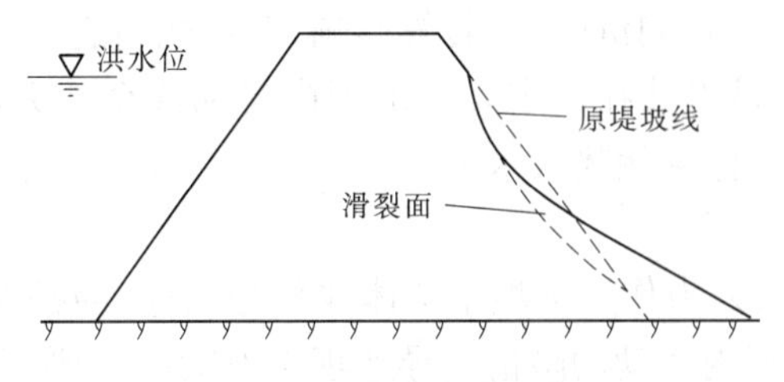

图 2-11-5　滑坡抢险示意图

边坡过陡、长时间高水位浸泡和渗水作用下、防渗排水效果不好、堤基有淤泥层或液化土层、坡脚附近有坑塘、堤坝质量差、高水位骤降等都可能导致滑坡。

9）坍塌

坍塌是堤坝临水面土体崩落的险情，见图 2-11-6。堤身受到水流冲刷（如大溜顶冲、顺堤行洪）、风浪冲撞淘刷、堤岸抗冲能力差、水位骤降等，都可使临河堤坡土体因坡度变陡、上部失稳而形成坍塌。

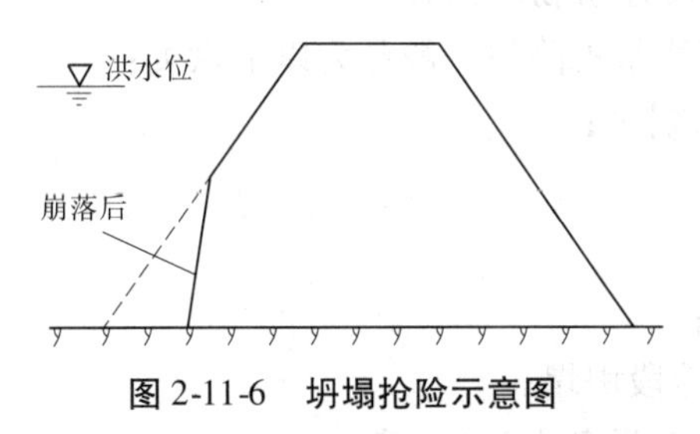

图 2-11-6　坍塌抢险示意图

坍塌分为崩塌和滑脱两种类型。岸壁陡立，土体多呈条状或阶梯式陆续倒塌入水，称为崩塌；滑脱是一部分土体向水内滑动。

11.1.2.2　坝岸工程险情分类

坝岸工程常见险情一般分为以下四类。

1）坝岸溃膛

坝岸溃膛为坝后过水（如河水透过裹护体、雨水沿土石接合部下排）引起冲刷、淘空，使坝体失去依托而局部坍塌、陷落的现象，轻者形成坝内空洞，重者可造成坝岸溃塌。导致溃膛的原因有：散抛或干砌石坝厚度小、石块间隙大，浆砌石坝体有空洞、裂缝，土石接合部不密实，坝后无反滤垫层或垫层反滤效果差，土坝体抗冲能力差，河水流速大，雨水沿土石接合部集中排放等。

2）坝岸漫溢

坝岸漫溢为水位超过坝顶而形成坝顶过流的现象。由于水位高、工程高程低或施工期间尚未达到设计高程，都可导致坝顶漫溢险情的发生。

3）坝岸坍塌

坍塌是局部出现沉降的现象。它包括基础坍塌和护坡（坦石）坍塌，分为塌陷、滑塌和墩蛰三种形式。坝岸护根石被大溜挟带冲走或因冲刷河床引起护根石沉陷坍塌，称为坝岸基础坍塌或基础淘塌，俗称根石走失。造成基础坍塌的原因主要有石块小、流速大（水流可将石块挟带而走）、河床易被冲刷、基础尚未稳定、基础（根石）浅等。受基础（根石)坍塌、内部填筑不实、不均匀沉陷、溃膛等影响,都可能引起护坡坍塌。塌陷是指坡面局部发生轻微下沉,滑塌是护坡在一定长度范围内局部或全部失稳而发生坍塌下落(滑落),墩蛰是护坡连同土坝体突然蛰入水中。

4)坝岸滑动

坝岸滑动为在自重或外力作用下坝岸整体或部分失稳,使护坡或连同部分土坝体沿滑动面(多为弧形面)向河内滑动的险情。导致坝岸滑动的主要原因有水流冲刷力大、基础被淘刷(基础浅、多沙、有软弱夹层)、坡度陡、土坝体抗剪强度低、土石接合部过水、水位骤降、附加荷载大、震动等。

另外,习惯将护坡或护坡连同部分土坝体整体滑入水中称为墩蛰,墩蛰一般发生在基础淘刷严重、整体性好或土坝体有滑坡隐患的浆砌坝岸中。若因坝岸整体失稳而发生前倾(翻转)则称为倾倒,一般发生在基础淘刷严重、整体性好、坡度陡的重力式浆砌坝岸中。

11.1.2.3 涵闸及其他穿堤建筑物险情分类

涵闸及其他穿堤建筑物常见险情一般分为以下六类:

(1)土石接合部渗水、漏水;

(2)建筑物滑动;

(3)洪水漫顶;

(4)基础渗水或管涌;

(5)建筑物上下游连接段坍塌;

(6)建筑物结构、构件及设备出险(故障)。

以上险情中,土石接合部和基础渗水或管涌是常见且较难抢护的险情,必须加强观测和险情鉴别,根据具体情况进行抢护。

11.1.3 险情分级

根据险情的严重(危害)程度、规模大小、抢险难易程度等因素将其划分为一般险情、较大险情、重大险情三级。对不同级别的险情应按不同要求分别进行上报、批复和抢护,一般险情是先报批再抢护,对较大险情和重大险情应边报告边抢护。所以,要及时发现险情并准确划分险情级别,按要求完成险情报告和抢护,确保工程安全。

黄河上,堤防工程、坝岸工程及水闸险情的分类分级详见附录2。

11.2 堤防工程抢险常识

11.2.1 抢险一般知识

抢险往往条件复杂多变、作业危险、工作(工程)量大,这需要做大量细致的工作,如组织准备抢险人力、机械、物资,了解水情,查看探测工情,查勘河势,对险情进行查找、分析、判断,制订切实可行的抢护方案,确定合理的抢护原则和抢护方法,科学组织调度抢险等。

11.2.1.1　常用抢险料物

防汛抢险所需料物不仅量大,而且要适应防护作用、水流条件、河床地质地形条件、抢护操作等要求,选用抢险料物应坚持优先就地取材、就近调用的原则,常用抢险料物有土、石、沙、柳秸料、木、麻、竹料、铅丝、土工合成材料、袋类、钢材等,常将具有相同或近似作用(性质)的料物划归为同一类别,如防水布(类)、袋类、反滤料等。

防水布:是指具有防渗截水、抗冲防护,并有一定强度的不透水或几乎不透水布类,主要包括篷布、土工膜、复合土工膜、彩条布、雨布、塑料布等。

袋类:一般是指装土用的袋子,主要包括编织袋、麻袋、草袋、布袋等。

反滤料:指具有滤水隔沙功能的料物,如沙石料、土工织物、秸草梢料等。

11.2.1.2　常用抢险机械

1)抢险机械种类

按机械在抢险当中所发挥的主要作用,将常用抢险机械划分为以下类别:

(1)运输机械:如汽车、斗车、客车、拖拉机、驳船、装载机等;

(2)挖装机械:如挖掘机、装载机等;

(3)铲装机械:如装载机、铲运机、叉车等;

(4)整平机械:如推土机、刮平机、装载机等;

(5)压(夯)实机械:如振动碾、钢碾(平碾)、气胎碾、羊脚碾、履带拖拉机、电夯等;

(6)其他辅助设备:如发电机、电锯、抽水机具、生活设备等。

2)抢险机械适应范围

常用抢险机械在抢险中的适应范围除由机械技术指标和机械性能因素决定外,还往往受诸多条件的限制,如机械自重、载重、行近速度、爬坡能力、转弯半径、生产效率、作业内容、作业方式、现场地形地质条件、场地和道路条件等,这需要根据具体情况合理选择抢险机械。

部分常用抢险机械主要承担完成以下作业内容:

(1)装载机:部分抢险料物(如土、石、梢料等)的挖(铲)装、短距离运送(铲运、推运)、填筑(抛填),平整场地,维修道路,利用铲斗装抛铅丝石笼,土方平整和少量压实等。

(2)挖掘机:部分抢险料物(尤其是土、石等松散料)的挖装、倒运、填筑(抛填)、局部平土,平整场地,维修道路,利用铲斗装抛铅丝石笼,坡面整理(如顺坡、削坡),拆除整理,疏浚开挖等。

(3)自卸汽车:抢险料物和工具设备的长距离运输,抢险料物的现场运送、填筑(抛填)。

(4)推土机:平整场地,维修道路,抢险现场内推送土、石、梢料等抢险料物,平土、压实,拖拉重载车上坡等。

11.2.1.3　河势工情

险情的形成和发展受多种因素共同影响,就外部因素来讲,如水位过高或猛涨猛落、河势突变、大溜顶冲淘刷或边溜冲刷、渗水浸泡、风浪袭击等;就工程本身来讲,如堤身单薄、边坡过陡、临背河悬差大、土质防渗性差、碾压不实、堤身或堤基存有隐患(如各种洞穴、裂缝、老口门、古河道等)等。

着手抢险以前，必须要查看和了解工程情况，了解和观测水情，查勘河势，对导致该险情的因素和险情类别、规模及发展趋势有正确的分析判断，并要观察确定当地可取抢险材料和了解材料调集供应情况，要了解抢险机械设备的到位情况和供给能力，然后确定适合具体条件的科学抢险方案，全力以赴地进行抢险。切不可不结合具体情况而生搬硬套某些抢护措施，更要避免出现原则性错误，要具体情况具体分析，对应采取措施，合理灵活地组织抢险。

着手抢险以前应详细了解以下主要内容：

(1)工程基础情况(如结构、深度、质量等)，河床地质(或土质)，工程结构；

(2)当前水情及其预报，当前河势及其可能变化；

(3)高水位持续时间，工程受冲情况(大小、时间长短)，险情规模及其可能变化等。

以上内容可概括为工情、河势和险情，称为抢险三要素。只有弄清了抢险三要素或更多详细情况，才能结合实际提出科学合理的抢护方法。这就是所谓的"掌握抢险三要素，惊涛骇浪不乱步"。

11.2.1.4　一般抢护原则

工程抢险必须要有充分的思想准备和足够的人力、物力准备，要坚持"探明情况、快速果断、随机应变、安全经济"的总原则。

探明情况：查清河势、工情和险情，熟悉人力、机械设备、工具料物等情况，把握时间、效率及协同作战能力等情况。

快速果断：统一指挥，果断指挥，制订方案快、落实方案快、完成任务快。

随机应变：抢险中各种变数很多，如河势变化、天气变化、险情变化、方案与实际存在差异需调整变化等，要因地因时制宜，指挥员要有随机应变能力，要适时调整抢险方案和科学调度指挥，战斗员要服从指挥，团结协作，做到随机应变，实现快速有效抢险。

安全经济：制订抢险方案和实施抢险时，要坚持人身安全第一，工程安全第一，在确保两个安全第一的基础上注重经济合理(如就地取材等)。

针对具体险情的抢护要有具体工作原则，如："预防为主，水涨堤高"；"消减风浪，护坡抗冲"；"临河截渗，背河导渗"；"临截背导，临背并举"；"护滩固基、减载加帮"，"固脚阻滑、削坡减载""抢早、抢小、抢了"等。

11.2.1.5　险情抢护工作环节

一般情况下，险情抢护均应把握五大工作环节：险情简述(位置、特征、类别、规模)、原因分析、一般要求(原则和具体要求)、抢护方法、注意事项等。

对于漏洞险情应增加进口探测环节；对出现裂缝但尚未形成滑坡的险情应增加裂缝观测、分析判断(滑坡的可能性，滑坡的范围与大小等)两个环节。

由此可见，险情抢护工作环节大多是相同的，少数是有区别的，应分情况区别对待。

11.2.2　机械化抢险

随着机械化水平的提高，在工程抢险中所需料物(如土石方和柳秸料等)的挖、装、运、填等各道工序及抢险中的部分技能操作(如打桩、编织铅丝网片、捆枕等)均可由某类机械或某些配套机械完成，我们习惯将由多种机械配合完成的"一条龙"抢险流程称为综合机械化抢险。

机械化抢险具有速度快、效果好、省时、省力等优点。实施机械化抢险可明显减少人工投入(即减少参与抢险的人数)，基本改变了传统抢险的人海战术，可大大减轻抢险人员的体力劳动(省力)，加快抢险速度(省时)，提高抢护效果，更有利于取得抢险成功，所以机械化抢险必将成为未来抢险的主流。

同时，随着机械化抢险的不断推广普及，也给我们围绕如何更好地组织指挥抢险、如何做好人机配合抢险、如何更好地发挥机械作用(扩大机械作业范围)和提高机械效率等问题提出了更高要求，我们必须加强相关知识的学习，才能适应和满足新的需要。

11.2.2.1　一般原则

1)充分发挥主要机械的作用

主要机械系指对完成关键工序起主导作用的机械，如近距离挖运抢险土料挖掘机、近距离调运抢险用石的装载机、现场运送抢险柳秸料的叉车等，都是该工序中的主要机械。要围绕主要机械合理配置附属机械(种类、型号、数量)，附属机械的总作业能力应与主要机械的作业能力相当或稍大一些，以利于充分发挥主要机械作用并提高附属机械利用率，有利于加快抢险速度、提高抢护效果。主要机械作用的发挥好坏，直接影响抢险进度和附属机械作用的发挥。

2)挖装运机械配套选择

挖装运机械的高低、宽窄、斗容量与载重量、生产效率、数量多少等要相互配合，如挖掘机与自卸汽车或装载机与自卸汽车的合理配置。

3)机械配套要有利于使用、维修和管理

在成套配置抢险机械时，要尽量选配适应性强的多功能机械，用较少的机械完成较多的工序，以减少配套机械的种类、型号，提高机械利用率，减少机械间的配合环节，也便于对机械的管理和维修养护。若抢险内容须由多种机械共同完成，应通过分析比较而确定合理的配套方案，如土方装运工程量大、运距较远，且需要场地和填土平整时，可选用挖掘机装土、自卸汽车运土、推土机平土的组合；若土石方装运工程量较小、运距近，选用装载机即可达到一机多用。

4)加强抢险机械的维修管理

要注重对抢险机械的日常养护、妥善保管、定期保养、及时维修、使用现场检查维修，以保持机械良好状态，提高机械利用率，充分发挥机械的联合作业能力。

5)合理布置工作场面、改善道路条件

合理布置工作场面、改善道路条件是实现快速挖、装、运、卸等抢险施工的前提，是避免一环受阻、环环窝工的重要保证，可避免施工干扰，有利于提高工效和安全施工。

6)合理调度使用机械

安排抢险任务时，要注意让大型机械去完成工作量大且又集中的工作，工作量小且又分散的工作由小型机械完成或由人工完成，要尽量避免机械的频繁转移。

11.2.2.2　人机配合抢险

在机械化抢险中，机械是基础，人是决定性因素，人机配合抢险是关键。

机械化抢险时，可选择性能优良、机动灵活、多功能机械设备或成套机械设备承担综合抢险任务，也可由不同的专用机械设备分别完成抢险中的某些单项技能操作，根据需要择优选择满足要求的抢险机械是取得抢险成功的基础。

有了好的机械设备，还应注意同时发挥人机配合作用，只有人和机械的协调配合才能使抢险顺利进行和提高抢险工效，如操作机械设备需要有技术过硬的司机或机械手，机械不能完成的某些技能操作（如拴桩系扣、封笼等）需要由技能高手（辅助操作人员）辅助完成，要通过熟悉情况的调度员合理安排和调配使用机械设备，要通过经验丰富的指挥员科学组织实施机械化抢险。

司机、机械手及辅助操作人员要有过硬的技术和熟练的操作技能，并且要做好人机配合抢险，个人技能水平的高低和人机配合抢险的好坏都将直接影响机械的使用和机械效率的发挥，甚至制约着抢险能否顺利进行和决定抢险是否成功。由此可见，并没有因机械化抢险的实施而降低对个人操作技能（尤其是一些传统技能）的要求，抢险机械需要技能高手与之配合。

抢险指挥员应根据险情大小及严重程度、管理范围等具体情况，按相应的管理权限确定，一般由班组、部门、单位负责人或业务骨干担任，指挥员应具有较扎实的抢险知识、较高的操作技术、较丰富的抢险经验、较强的决策和组织指挥能力，指挥员要掌握抢险三要素、熟悉人机情况，决策指挥科学果断。

调度员应掌握人员情况、机械性能和状况，具有丰富的组织调度经验、较强的协调能力和随机应变能力。

11.2.2.3　机械化抢险方法

随着机械化程度的提高和机械性能的改进，抢险机械所能完成的作业范围将越来越大，机械化抢险方法越来越多，目前常用的机械化抢险方法（作业内容）主要有：土石方填筑、进占，抛投块石，抛投大块石，抛投石笼，协助完成埽体制作等。

1）土石方填筑、进占

可直接挖运松散土石料进行填筑或进占，也可利用机械装、运并抛填土袋。

2）抛投块石

根据机械抛石抛投强度大、速度快，抢护效果好的优点，可利用机械化快速抛投块石代替柳石枕及柳石楼厢抢险，具有操作简单、省工、省时等优点。抛石时应注意河势、工情和险情的具体情况及其变化，把握抛投方法和抛投速度，防止因抛投不当而损坏工程或诱发新的滑坡、坍塌等险情。

3）抛投大块石

当水流冲刷力强、险情严重时，可利用机械施工能力强的优势抛投大块石进行抢护或进占，大块石单块质量可达1 000～5 000 kg，这就避免了一般块石易冲失、石笼易散笼、柳石枕（或楼厢）操作烦琐和速度慢等不足，可实现快速抢险进占和提高抢护效果。但抛投大块石必须使用大型或较大型的机械，大块石适应变形的能力较差，抛投后的堆积体空隙大、坡度不够规则，应注意适时加抛散石以填塞空隙，对工程的水上部位不宜抛投大块石。

4）抛投石笼

可利用机械将人工编装的石笼抛至指定位置；也可利用机械编织石笼网片或焊制笼框，用机械运石装笼，人工封笼，再由机械抛笼。例如：可在挖掘机或装载机斗内铺放人工或机械编织的石笼网片,机械运石装笼、人工封笼,由挖掘机或装载机直接抛笼。

5)协助完成埽体制作

捆抛柳石枕、柳石搂厢及做柳石混厢时,可利用机械平整场地、快速运送埽料,并将需要抛投的埽体抛至指定位置,这将明显加快做埽速度,大大减轻体力劳动。利用机械做埽时一定要注意人、机和工程安全,避免机械对工程的损坏,确保操作人员和机械安全。

11.2.3 传统抢险

传统抢险主要指靠人工和就地取材所进行的抢险,这往往需要更多的人力(也被称为人海战术),其常用抢护方法有散抛块石、编抛石笼、捆抛柳石枕、柳石搂厢及其他方法(如挂柳缓流、防浪,桩柳防冲,梢料反滤等)。

机械化抢险对道路、场地、材料、机械手技能和指挥管理人员都有较高的要求,有时受条件制约可能限制了机械化抢险的应用,所以我们仍不能淡化对传统抢险的认识,仍要掌握传统抢险技术,并注意将传统抢险技术运用到机械抢险中去,做好人机配合抢险的文章,以产生更好的抢险效果。

第 12 章　植树、种草基本知识

利用树、草等植物对工程的防护称为生物防护措施，水利工程的生物防护措施主要有防冲草皮、防浪林、行道林、防护林等，这些措施发挥着防冲刷、削减风浪、提供抢险用料（木桩、软料）、美化工程面貌、改善周围生态环境（挡风沙、调节气候）等作用。本章主要介绍树草种植与管理的基本知识。

12.1　堤防树草一般知识

12.1.1　堤防树草一般要求

12.1.1.1　防浪林

在堤防临河护堤地范围内成片种植树株以构成顺堤线林带，可在洪水偎堤期间借助树株削减风浪、防止或减轻风浪对岸坡的冲撞淘刷破坏，称为防浪林。防浪林宽度应根据水面宽度（吹程）、水深、工程等级等因素而确定，一般为临河护堤地宽度，黄河下游防浪林宽一般为 30 ~ 50 m；为提高防浪效果，防浪林树株应成梯级种植（近堤高），如实行乔灌结合、大小树结合、高树和苗圃结合，或利用地形高差，或通过修剪等方法而形成梯级林带；防浪林树种应具有枝叶繁茂、枝条柔软、抗旱耐淹、生长快等特点，乔木宜栽植柳、杨、水杉等，灌木可栽植杞柳、白蜡条、紫穗槐等。

12.1.1.2　行道林

行道林为沿堤顶（包括公路、辅道）两侧、与堤肩线平行、成行栽植的树株，应根据堤顶宽度每侧栽植 1 ~ 2 行（堤肩线内外各一行），行道林距堤肩线的距离不小于 30 cm。

堤顶行道林应重点突出美化效果，兼顾提供抢险用料、挡风沙、遮荫，行道林应株行距均匀、树株整齐，选栽抗风与遮荫效果好、树形整齐、树冠优美、适应当地生长条件、生长迅速、栽培移栽成活率高、病虫害少、耐修剪的树种，如垂柳、杨树、榆树、桐树、国槐、香樟、榕树、枫树、水杉、雪松、女贞等，重点堤段可搭配栽植常绿、高低错落有致、多彩等树种，如松树、女贞、红叶梨、芙蓉等。

12.1.1.3　适生林（生态林）

在有堤防加固区（如前后戗、黄河堤防淤背加固区）的堤段，可在加固区顶部种植适应当地生长条件的树株构成适生林，由于该林带具有挡风沙、调节气候、改善周围生态环境的作用，所以也称为生态林。

适生林应以用材林为主，如栽植杨树、榆树、桐树、枫树等。为使适生林整齐美观，应尽可能统一规划栽植，可以垂直堤防轴线方向为基线（成行）进行布局，株行距均匀，密度适中，片林整齐一致，苗木布局或间作合理，既改变生态，又美化环境。

在堤防背河加固区坡上也可植树或条类植物，对靠近城区的重点段落可种植美化树种。

12.1.1.4　**防护林**

在堤防背河护堤地范围内种植的、以防护工程和提供抢险用料为主的树林,称为防护林。防护林应选择枝叶繁茂、枝条柔软、木质好、用途广、生长快的树种,如柳树、杨树、榆树、枫树、水杉等,在防护林树株之间可栽植条类植物,如腊条、紫穗槐、杞柳等,以提供抢险软料。

12.1.1.5　**草皮**

植草防冲是土方工程常用的防护措施之一,堤防工程采取草皮防护的部位有堤顶除用做交通道路外的两侧堤肩地带、堤坡、戗顶、戗坡、淤背加固区坡、依堤而建的险工或防护坝土坝体顶和边坡等。

防护草皮以种植适合当地生长条件(如土质、水分、气候等)、适应能力强、管理费用低、防冲效果好(根系发达、分蘖多、抓地爬秧、蔓延根生能力强、覆盖面大、草叶稠密、低矮)的野生草为主,如葛芭草、马唐草、茵草、龙须草等。重点美化堤段可种植美化草种,但其种植成本高、管理费用大。

12.1.2　堤防树草种植原则

堤防植树种草坚持"防护工程,有利防洪抢险,兼顾生态、景观和经济效益"的原则;"临河防浪,背河取材"的原则;"因地制宜,统一规划,宜林则林,宜草则草,乔灌(条)结合,树草结合,品种适宜"的原则。

临河堤坡一般不宜植树或不提倡植树。

做好树草种植规划,选择适应当地条件、生长快、易管理、防护效果好、经济效益高的树草品种,对种植区域做好统一布局,提高栽植质量和加强看护管理,保证生长旺盛、整齐美观,以提高防护、生态及景观效果。

树草的更新也应有计划地进行,以保证整体效果。

12.2　树株栽植与管理

要保证新植树株的成活,需要做好植树准备、树株栽植和后期管理等各项工作。

12.2.1　植树准备

植树准备主要包括备苗、土地平整、挖坑、换土、施底肥等。

12.2.1.1　**备苗**

备苗应考虑的主要内容包括树种、规格、苗源、供苗方式、用苗时间等。根据植树要求、生长条件等因素优化选择植树品种;树苗规格应力求适中、整齐,树苗过小或过大、树龄过短或过长,都会影响树株的成活率和长势;苗木来源以就近取苗、随挖随栽为最优选择,树苗长途运输易造成水分损失、成活率降低,须采取保护措施。

备苗应在植树前全面做好,确定树种、规格和苗源后,按长势旺盛、发育良好、基茎粗壮、根系发达、顶芽饱满、无病虫害的原则指选到苗圃片区并划号到棵,随后是结合栽植时间再合理安排挖、运等事宜，应随挖、随运、随栽。

起苗前，若苗圃土壤干燥应灌水一次，起苗时，要挖大坑、多带根，有条件（尤其是栽植大树和名贵树种）时要带土球挖运，验收合格后的小树苗可扎小捆装车，运送树苗要轻装、轻卸、防止损伤。

12.2.1.2 **土地平整、挖坑**

对成片植树区域要进行土地平整，如旋耕、耙松或翻（刨）松土地，整平土地，配套灌溉与排水设施，达到旱能浇得匀、涝能排得出的标准。

树株坑穴的位置应根据植树规划确定，株行排列整齐，一般以垂直堤防轴线方向成行排列，株行距大小根据不同树种的植树密度要求确定，树坑位置可用插花杆、拉测绳、撒灰线或灰点等方法标定，以求整齐美观。

坑穴的开挖时间，一般是在栽植时随挖随栽，这可保持坑壁及埋土比较湿润，有利于成活；为促成土的分解、熟化，或因挖坑较慢而不能满足植树进度时，可提前挖坑。

坑穴的开挖方法有人工开挖、专用挖坑机开挖及挖掘机械开挖等方法，机械开挖进度快、坑穴较大，但对场地要求较高，人工开挖灵活性更高。

12.2.1.3 **换土、施底肥**

当植树区域土质不符合要求时，可对整个区域进行盖土改良，或通过挖坑进行局部土料混掺调配、换土，如壤土盖顶、上下层土调配混掺、挖坑换土等。

为增加肥力、保持树株生长旺盛，最好在植树前追加底肥，如先施肥再旋耕、耙松或翻（刨）松土地；或借助开挖较大的坑穴，在坑内施加底肥（如土杂肥），底肥上再覆盖一定厚度的土层（防止因树根直接接触底肥而被烧伤）。

12.2.2 树株栽植

一般以冬、春季为最佳植树时间，植树时要重视抓好每个环节，坚持“四大、三埋、两踩、一提苗”，以提高植树质量，确保植树成活率。

12.2.2.1 **四大**

四大即挖大坑、栽大苗、浇大水、封大堆。

坑穴的直径大小和深度取决于苗木的品种与规格，并考虑是否需要施底肥或调配换土，一般应大于苗木根长的1～2倍，当需要施底肥或通过挖坑调配换土时应加大坑穴尺寸，以使苗木根系舒展和利于树株生长。植树时应尽量选用整齐的大苗，一般选用两年生或更长树龄、满足高度和胸径要求、树干直立、树形匀称、无病虫害、根系发达的壮苗。植树后须及时浇水，尤其是第一次浇水要浇大水、浇透水，以将填土洇实并与树坑四周接触密实，有利于树株的成活。浇水或复灌后要适时（坑内水全部洇完，或表层土稍微干松）进行保墒，可培松土保墒，也可进行表层松土保墒（靠松土填封缝隙并防止水分过快蒸发），以确保坑内土壤湿润，并防止透气。冬季植树可把树株四周封成高于地面10～20 cm的锥形土堆，以利于保温过冬，并能防止因风吹摇晃透气伤根和抗倒伏，到春暖时再挖除超过合理埋深以上的培土。

12.2.2.2 **三埋**

三埋，即植树时一般分三层回填。挖坑时将挖出的土分表层、中层、底层各1/3分开堆放，栽植时先将表层土填于坑底，放置树苗后再回填中层土，最后回填原底层土，这样相当于进行了土料调配，即将已经风化的表层土回填于树根处更利于树株的生长，将底层土置于表层更有利于加速风化。

12.2.2.3　**两踩**

两踩，即植树填土过程中分两次踩实或捣实。中层土回填后进行一次踩实或捣实，封堆后再进行一次踩实或拍打，这可使填土密实，防止透气并抗倒伏。

12.2.2.4　**一提苗**

一提苗，即在填埋树苗过程中至少提一次苗，一般是在完成或部分完成中层土填埋之后、第一次踩实或捣实之前，将树苗轻轻上提或提提松松，以利于树根舒展，或借此机会将树苗调整至适宜埋深。

12.2.2.5　**植树注意事项**

(1)树株排列整齐：植树时在每行的一端或两端要有人指挥调整放置树苗的位置，一人持树苗试放，待树苗位置准确后再由其他人完成填土，填土过程中由持树苗人适时完成提苗和踩实工作。

(2)掌握适宜埋深：树苗根部有育苗期间的埋深痕迹，植树时一般掌握新的埋深在原痕迹处或其以上不超过 3～5 cm，如果所挖坑穴过深可先填土垫高再试放树苗，或在填上过程中于踩实之前通过慢慢提苗调整至适宜埋深。

(3)对于树干较粗、树冠较大的新植树株，为防止因风吹晃动引起透气而影响成活，栽植后可采用打桩拉绳或捆绑支杆(至少三根)的方法进行固定。

12.2.3　后期管理

加强树株管理是保证树株成活、存活及生长旺盛的关键，树株管理的主要内容有浇水与排涝、看护、除草松土、修剪、病虫害防治等。

12.2.3.1　**浇水与排涝**

对已成活多年、根系发达、抗旱力强的树株一般可不浇水，而对新植树或幼龄树应根据情况和要求适时浇水。新完成植树应及时进行浇水，并要浇大水、浇透水，之后的浇水次数和浇水时机应根据树种对水分的要求、土壤含水量(墒情)等具体情况而确定。

给树株浇水有多种方法，如通过沟渠进行自流灌溉或提水灌溉，这能浇得透、效果好，灌溉后待表层土干松时再进行划锄松土，以利于保墒；如果植树零散或不具备灌溉条件，可运水单坑浇灌，这能节约用水，并能保证浇水效果，若采用单坑浇灌一般是在完成 2/3 填土时进行浇水，并在浇水过程中沿树周围插孔以便进水浇透，等水全部洇完后再完成剩余填土，并将表面踩实或拍打封严。

对植树区域还应做好排水抗涝准备(平整土地、配套排水沟渠)，降雨或洪水过后适时排除林区内积水，以防止形成涝灾，并将歪倒的树株及时扶正、培土和修剪。

12.2.3.2　**看护**

对树株(尤其是新植和成材树株)应加强看护，既禁止牧放牛羊，能防止动物对树株的损坏，及时制止破坏、盗挖、砍伐树株行为，也能通过看护观察树株的长势。

对于树株的看护，要在强化宣传、增加护树责任意识的基础上，建立管理组织，固定专人管理，一般实行巡回查看，对重点时段和重点堤段（如新植树区、树苗区、名贵树种区、成材区、靠近村庄和道口地段等）应增加巡查次数、延长看护时间，或实行蹲点看护。

12.2.3.3　除草松土

对于片林区或零星新植树株周围要经常进行表层松土、铲除杂草，以利于保墒（防止透气，减少水分损失）和防止杂草与树株争养分，有利于树株的成活和生长，还能改善整体面貌。

除草松土次数一般在头3年每年不少于2～3次，以后可酌情减少。除草松土时机一般选择在每次灌溉浇水或降雨之后的表层土即将干松时、杂草较多时等。

12.2.3.4　修剪

树株修剪贯穿于育苗、栽植及生长管理各个阶段，通过修剪有助于树株的成活、生长、造型，并可配合病虫害防治进行修剪。

移苗植树时，对于大多数树种（个别美化树种除外，如松柏）一般都要进行修剪，甚至削去树头，这样有利于新植树株的成活（新植树有一个调整适应期，并且移栽时很可能伤及树根，使树株的吸收、输送、供养能力明显降低，如果栽植时留过多的树枝或过大的树冠，发芽时需要很多的水分和养分，可能因大量水分损失而一时供应不足造成死亡）。

树株生长期间，为有利于生长和塑造好的树形（尤其是美化树种），也应注意修剪。大小适宜的树冠、分布均匀的枝条，有利于树株通风透光，能更好地进行光合作用，以给树株吸收供应充足的养分，可使树株有好的长势；若树冠过小，则光合作用不足，树株生长不旺；若树冠过大，通风透光不好，既影响光合作用，也容易被风吹折断或倒伏，还可能因通风不好而诱发病害，必将影响长势。

对生长期间的树株进行修剪时，一般要求树冠不少于全树高度的1/2，树冠造型美观，如呈蘑菇形圆顶，中干突出，枝杈疏密均匀，若一侧缺枝应保留其幼枝，侧枝稠密时应将里枝剪除，杈枝稠密时宜去弱留强，要注意剪除枯衰枝、废杈枝等，并对剪除的病虫害枝要进行焚烧或深埋。修剪防浪林树株时要充分考虑防浪要求，树干高度以高于防洪水位2 m左右为宜，树干发枝部位要低，或修剪成梯级，以保证防浪效果。

树株修剪一般应在入冬以后（树株进入休眠期）进行，因为夏季生长旺盛期间修剪易耗失水分、养分，并影响创伤口愈合。

修剪树株的剪（锯）切口面要平整、光滑，尽可能不造成切口开裂，切口位置不能突出树干过多，也不能因切口位置太靠近树干或树枝而损伤树皮，以便在树株生长期间能用树皮包住切口，防止自切口处开始干裂、腐烂。对大部分切口（面）可进行包扎（如用塑料薄膜包）或涂抹，以防止水分蒸发、病虫侵害及干裂腐烂。

对生长缓慢的“小老树”，可通过平茬复壮（剪除老树，使其生出新的树干或枝条）的方法改造，对实行平茬复壮的幼树要适时修剪定株。

12.2.3.5　病虫害防治

树株病虫害的防治方法主要有林业防治法、物理防治法、生物防治法、药剂防治法。

1）林业防治法

林业防治主要是通过培育健壮苗木提高树株的抗病虫害能力，或通过对环境条件的治理改善消除病虫害的滋生及传播蔓延条件。

常用的林业防治法包括：加强田间管理和浇水、施肥，促进树株生长健壮，提高树株的抗病虫害能力；清除杂草、落叶，以防止害虫潜伏；进行冬耕翻土，将在土中休眠的害虫及虫卵冻死；剪除带有病害或虫卵的枝叶并集中焚烧，防止病害蔓延和害虫繁殖；实行不同树种科学混栽，改善树株生长环境，控制同类病虫害蔓延。

2）物理防治法

常用物理防治法包括：对有昼伏夜出及趋光性的成虫，可通过特制灯具实行灯光诱杀；可直接对害虫（包括幼虫、蛾蛹、成虫、虫卵）进行人工捕杀，如在树干上绑草把诱集并消杀下树化蛹的老熟幼虫，冬季在树株附近土内挖找蛾蛹并集中销毁等。

3）生物防治法

生物防治法包括：可利用昆虫之间的弱肉强食及相互斗杀关系消灭害虫，如用周氏啮小蜂消灭美国白蛾；也可通过喷洒生物制剂防治病虫害。

4）药剂防治法

药剂防治主要指利用化学药剂防治病虫害，所以也称为化学防治。常用的药剂防治法如通过浇灌或喷洒化学药剂预防病虫害及治病除害，该方法操作简便、效果快，常被广泛采用。

使用化学药剂防治病虫害需要准确判定病害或虫害种类，以便对症下药。

12.3　草皮种植与管理

12.3.1　草皮种植

草皮种植主要分为两种方法：一种是直接移挖种草在拟植草区域内栽植（成墩间隔栽植或成片满铺栽植），另一种是在拟植草区域内直接播撒草种子。

土方工程防护草皮一般是直接移挖适应当地生长条件的野生草并按墩栽植，常选用具有适应能力强、枝叶茂密、爬秧抓地、生长快、防护效果好、管理费用低等优点的葛芭草。按墩植草密度应根据植草时间、防护要求等情况而定，一般是16～25墩/m^2，若植草时间较晚且要求尽快达到较高覆盖率（尽早发挥防护作用），可适当增加植草密度（如36墩/m^2）。按墩植草时间一般在4～5月份或雨季，植草时一般刨浅坑，植草后用土封填并踏实；若在旱季植草，应及时浇水。

播撒草种子前应先将拟种草区域表层土翻松、平整，播种后应酌情洒水补充水分。

12.3.2　草皮管理

草皮管理内容主要有浇（洒）水、施肥、清除杂草、修剪、补植或稀疏、防治病虫害、部分更新等。

（1）浇（洒）水、施肥：对新栽植或种植的草皮，要酌情浇（洒）水，以利于成活和提高出苗率；有条件时（尤其是播撒草种子前翻地时）可施底肥，或移栽成活后可在浇水或降水之前追撒化肥，以促使草皮快速生长、尽早发挥防护作用。草皮生长过程中，也可酌情浇（洒）水、施肥。

(2)清除杂草:应及时清除防护草皮内的杂草(尤其是高秆杂草),以免影响(消耗养分、影响草皮的光合作用)防护草皮的生长,常见高秆杂草有蒺藜秧、拉拉秧、茅草、艾蒿、霸王苑、野苘棵等,清除杂草应尽可能连根除掉,如人工拔除或铲(锄)除,当清除量很大时也可采用割草机或镰刀割除、喷洒灭草剂灭除。

(3)修剪:为给草皮提供通风采光等利于生长的条件,同时提升其绿化美化效果,应适时对草皮按适当高度进行修剪。草皮过长,既影响美观,又使通风采光条件差并可能导致部分草枯萎死亡,还容易藏匿害堤动物;草皮过短,其抗冲护土作用差,因草叶过少可能使光合作用降低,也会影响草皮生长。所以,草皮的修剪高度一般控制在 10 cm 左右。

(4)补植或稀疏:对过于稀疏的草皮应进行补植,以提高覆盖率;对过于稠密的草皮应进行部分剔除,以使其达到适宜密度,保证良好长势和防护效果。因稀疏补植草皮时,应将表土层锄松或覆盖一层腐殖土,选用与原草皮相同种类的草,带土成墩或成片移栽,注意将新植草根部埋严、贴紧、拍实并酌情洒水,补植草皮时间以春、夏两季为宜。因局部范围内部分草退化而需补植时,可把退化草铲除,垫一层肥沃土壤,整平顺后再进行按墩栽植或成片满铺栽植,植草后应酌情浇水。

(5)防治病虫害:发现草皮有病虫害时,要认真观察症状,分析判断病虫害种类,对症采取防治措施(如喷洒药剂杀菌、灭虫),或对病害严重的草皮进行更新。

(6)部分更新:每种草的生长都有兴衰周期(寿命),如遭遇不利生长条件(高温干旱、积水成涝、病虫害、冻害、践踏、土质差、缺养分等)或所选择草种不适宜当地条件,将会加速草皮的退化,甚至枯萎死亡。若局部范围内的草退化或病害严重,可对该范围草皮进行更新,草皮更新分为原草种的重新栽植或种植,或直接更换成其他品种的草(移栽或种植新草种)。进行草皮更新时,应根据事先已分析(甚至化验)诊断的导致草皮严重退化或病害的原因采取改善生长条件的措施(如除病杀菌、土壤改良、土地翻松、平整、平顺、施肥等,或直接更换成适应当地生长条件的草种),选择符合品种要求的壮苗或优良种子,按要求进行栽植或种植,并加强对新植草皮的管理,促成其良好长势,以尽快发挥其防护作用。

第13章 相关法律、法规知识

随着法律体系的日趋完善,河道管理、工程建设与管理、水资源开发利用、抗洪抢险等都有法可依、依法行事,河道修防工应掌握《中华人民共和国水法》等相关法律、法规知识。

13.1 我国法的形式

我国法的形式(法的效力等级)依次是宪法、法律、行政法规、地方性法规、行政规章、最高人民法院司法解释、国际公约。

宪法:法律地位和效力最高,我国的宪法由全国人民代表大会制定和修改。

法律:是全国人民代表大会及其常务委员会制定的规范性文件,其效力低于宪法、高于其他法。

行政法规:是最高国家行政机关(国务院)制定的规范性文件。

地方性法规:是指省、自治区、直辖市、省(自治区)人民政府所在地的市以及经国务院批准的较大的市的人民代表大会及其常务委员会,在其法定权限内制定的规范性文件。

行政规章:由国务院各部、委制定的法律规范性文件为部门规章;由省、自治区、直辖市、省(自治区)人民政府所在地的市,以及经国务院批准的较大的市的人民政府制定的法律规范性文件为地方政府规章。

最高人民法院司法解释:最高人民法院对于法律的系统性解释文件和对法律适用的说明,对法院审判有约束力,具有法律规范的性质。

国际公约:指我国作为国际法主体同外国缔结的双边、多边协议和其他具有条约、协定性质的文件,具有法律效力。

13.2 《中华人民共和国水法》相关内容

现行《中华人民共和国水法》(简称《水法》),由第九届全国人民代表大会常务委员会第二十九次会议于2002年8月29日修订通过,自2002年10月1日起施行,分为总则,水资源规划,水资源开发利用、水资源水域和水工程的保护,水资源配置和节约使用,水事纠纷处理与执法监督检查,法律责任,附则共八章八十二条;第一部《水法》于1988年1月21日经第六届全国人民代表大会常务委员会审议通过,自1988年7月1日起施行。

《水法》第四条规定:“开发、利用、节约、保护水资源和防治水害,应当全面规划、统筹兼顾、标本兼治、综合利用、讲求效益,发挥水资源的多种功能”。

《水法》第七条规定:“国家对水资源依法实行取水许可制度和有偿使用制度。但是,农村集体经济组织及其成员使用本集体经济组织的水塘、水库中的水的除外”。

《水法》第二十条规定：“开发、利用水资源，应当坚持兴利与除害相结合，兼顾上下游、左右岸和有关地区之间的利益，充分发挥水资源的综合效益，并服从防洪的总体安排”。

《水法》第二十一条规定：“开发、利用水资源，应当首先满足城乡居民生活用水，并兼顾农业、工业、生态环境用水以及航运等需要。”

《水法》第三十四条规定：“禁止在饮用水水源保护区内设置排污口。”

《水法》第三十七条规定：“禁止在江河、湖泊、水库、运河、渠道内弃置、堆放阻碍行洪的物体和种植阻碍行洪的林木及高秆作物。”

“禁止在河道管理范围内建设妨碍行洪的建筑物、构筑物以及从事影响河势稳定、危害河岸堤防安全和其他妨碍河道行洪的活动。”

《水法》第三十八条规定：“在河道管理范围内建设桥梁、码头和其他拦河、跨河、临河建筑物、构筑物，铺设跨河管道、电缆，应当符合国家规定的防洪标准和其他有关技术要求，工程建设方案应当依照防洪法的有关规定报经有关水行政主管部门审查同意。”

“因建设前款工程设施，需要扩建、改建、拆除或者损坏原有水工程设施的，建设单位应当负担扩建、改建的费用和损失补偿。”

《水法》第三十九条规定：“国家实行河道采砂许可制度。”

《水法》第四十一条规定：“单位和个人有保护水工程的义务，不得侵占、毁坏堤防、护岸、防汛、水文监测、水文地质监测等工程设施。”

《水法》第四十三条规定：“国家对水工程实施保护。”

“在水工程保护范围内，禁止从事影响水工程运行和危害水工程安全的爆破、打井、采石、取土等活动。”

《水法》第四十七条规定：“国家对用水实行总量控制和定额管理相结合的制度。”

13.3　《中华人民共和国防洪法》相关内容

《中华人民共和国防洪法》（简称《防洪法》），由中华人民共和国第八届全国人民代表大会常务委员会第二十七次会议于 1997 年 8 月 29 日通过，自 1998 年 1 月 1 日起施行。该法分为总则、防洪规划、治理与防洪、防洪区和防洪工程设施的管理、防汛抗洪、保障措施、法律责任、附则，共八章六十六条。

《防洪法》第二条规定：“防洪工作实行全面规划、统筹兼顾、预防为主、综合治理、局部利益服从全局利益的原则。”

《防洪法》第三条规定：“防洪工程设施建设，应当纳入国民经济和社会发展计划。”

“防洪费用按照政府投入同受益者合理承担相结合的原则筹集。”

《防洪法》第六条规定：“任何单位和个人都有保护防洪工程设施和依法参加防汛抗洪的义务”。

《防洪法》第七条规定：“各级人民政府应当加强对防洪工作的统一领导，组织有关部门、单位，动员社会力量，依靠科技进步，有计划地进行江河、湖泊治理，采取措施加强防洪工程设施建设,巩固、提高防洪能力”。

《防洪法》第二十二条规定:“禁止在河道、湖泊管理范围内建设妨碍行洪的建筑物、构筑物,倾倒垃圾、渣土,从事影响河势稳定、危害河岸堤防安全和其他妨碍河道行洪的活动。”

“禁止在行洪河道内种植阻碍行洪的林木和高秆作物”。

《防洪法》第二十六条规定:“对壅水、阻水严重的桥梁、引道、码头和其他跨河工程设施,根据防洪标准,有关水行政主管部门可以报请县级以上人民政府按照国务院规定的权限责令建设单位限期改建或者拆除。”

《防洪法》第二十七条规定:“建设跨河、穿河、穿堤、临河的桥梁、码头、道路、渡口、管道、缆线、取水、排水等工程设施,应当符合防洪标准、岸线规划、航运要求和其他技术要求,不得危害堤防安全,影响河势稳定、妨碍行洪畅通”。

《防洪法》第二十八条规定:“对于河道、湖泊管理范围内依照本法规定建设的工程设施,水行政主管部门有权依法检查;水行政主管部门检查时,被检查者应当如实提供有关的情况和资料。”

《防洪法》第三十七条规定:“任何单位和个人不得破坏、侵占、毁损水库大坝、堤防、水闸、护岸、抽水站、排水渠系等防洪工程和水文、通信设施以及防汛备用的器材、物料等。”

《防洪法》第三十八条规定:“防汛抗洪工作实行各级人民政府行政首长负责制,统一指挥、分级分部门负责”。

《防洪法》第四十二条规定:“对河道、湖泊范围内阻碍行洪的障碍物,按照谁设障、谁清除的原则,由防汛指挥机构责令限期清除;逾期不清除的,由防汛指挥机构组织强行清除,所需费用由设障者承担。”

“在紧急防汛期,国家防汛指挥机构或者其授权的流域、省、自治区、直辖市防汛指挥机构有权对壅水、阻水严重的桥梁、引道、码头和其他跨河工程设施作出紧急处置”。

《防洪法》第四十五条规定:“在紧急防汛期,防汛指挥机构根据防汛抗洪的需要,有权在其管辖范围内调用物资、设备、交通运输工具和人力,决定采取取土占地、砍伐林木、清除阻水障碍物和其他必要的紧急措施”。

13.4 《中华人民共和国河道管理条例》相关内容

《中华人民共和国河道管理条例》(简称《河道管理条例》),由国务院第七次常务会议,于 1988 年 6 月 3 日通过,自 1988 年 6 月 10 日起施行。该条例分为总则、河道整治与建设、河道保护、河道清障、经费、罚则、附则,共七章五十一条。

《河道管理条例》第四条规定:“国务院水利行政主管部门是全国河道的主管机关。”

“各省、自治区、直辖市的水利行政主管部门是该行政区域的河道主管机关。”

《河道管理条例》第七条规定:“河道防汛和清障工作实行地方人民政府行政首长负责制。”

《河道管理条例》第九条规定:“一切单位和个人都有保护河道堤防安全和参加防汛

抢险的义务。”

《河道管理条例》第十一条规定：“修建开发水利、防治水害、整治河道的各类工程和跨河、穿河、穿堤、临河的桥梁、码头、道路、渡口、管道、缆线等建筑物及设施，建设单位必须按照河道管理权限，将工程建设方案报送河道主管机关审查同意后，方可按照基本建设程序履行审批手续。”

《河道管理条例》第十二条规定：“修建桥梁、码头和其他设施，必须按照国家规定的防洪标准所确定的河宽进行，不得缩窄行洪通道。”

“桥梁和栈桥的梁底必须高于设计洪水位，并按照防洪和航运的要求，留有一定的超高。设计洪水位由河道主管机关根据防洪规划确定。”

“跨越河道的管道、线路的净空高度必须符合防洪和航运的要求。”

《河道管理条例》第二十条规定：“有堤防的河道，其管理范围为两岸堤防之间的水域、沙洲、滩地（包括可耕地）、行洪区，两岸堤防及护堤地。”

“无堤防的河道，其管理范围根据历史最高洪水位或者设计洪水位确定。”

《河道管理条例》第二十一条规定：“在河道管理范围内，水域和土地的利用应当符合江河行洪、输水和航运的要求；滩地的利用，应当由河道主管机关会同土地管理等有关部门制定规划，报县级以上地方人民政府批准后实施。”

《河道管理条例》第二十二条规定：“禁止损毁堤防、护岸、闸坝等水工程建筑物和防汛设施、水文监测和测量设施、河岸地质监测设施以及通信照明等设施。”

《河道管理条例》第二十四条规定：“在河道管理范围内，禁止修建围堤、阻水渠道、阻水道路；种植高秆农作物、芦苇、杞柳、荻柴和树木（堤防防护林除外）；设置拦河渔具；弃置矿渣、石渣、煤灰、泥土、垃圾等。”

“在堤防和护堤地，禁止建房、放牧、开渠、打井、挖窖、葬坟、晒粮、存放物料、开采地下资源、进行考古发掘以及开展集市贸易活动。”

《河道管理条例》第二十五条规定：“在河道管理范围内进行下列活动，必须报经河道主管机关批准；涉及其他部门的，由河道主管机关会同有关部门批准：（一）采砂、取土、淘金、弃置砂石或者淤泥；（二）爆破、钻探、挖筑鱼塘；（三）在河道滩地存放物料、修建厂房或者其他建筑设施；（四）在河道滩地开采地下资源及进行考古发掘。”

《河道管理条例》第三十五条规定：“在河道管理范围内，禁止堆放、倾倒、掩埋、排放污染水体的物体。禁止在河道内清洗装贮过油类或者有毒污染物的车辆、容器。”

《河道管理条例》第三十六条规定：“对河道管理范围内的阻水障碍物，按照‘谁设障，谁清除’的原则，由河道主管机关提出清障计划和实施方案，由防汛指挥部责令设障者在规定的期限内清除。逾期不清除的，由防汛指挥部组织强行清除，并由设障者负担全部清障费用。”

13.5 《中华人民共和国防汛条例》相关内容

现行《中华人民共和国防汛条例》（简称《防汛条例》），1991 年 6 月 28 日国务院第八十七次常务会议通过，2005 年 7 月 15 日修改，国务院以第 441 号令发布，并于发布之日起施行。该条例分为总则、防汛组织、防汛准备、防汛与抢险、善后工作、防汛经费、奖励与处罚、附则,共八章四十九条。

《防汛条例》第三条规定:"防汛工作实行'安全第一,常备不懈,以防为主,全力抢险'的方针,遵循团结协作和局部利益服从全局利益的原则。"

《防汛条例》第四条规定:"防汛工作实行各级人民政府行政首长负责制,实行统一指挥,分级分部门负责。各有关部门实行防汛岗位责任制。"

《防汛条例》第五条规定:"任何单位和个人都有参加防汛抗洪的义务。"

"中国人民解放军和武装警察部队是防汛抗洪的重要力量"。

《防汛条例》第十条规定:"有防汛任务的地方人民政府应当组织以民兵为骨干的群众性防汛队伍,并责成有关部门将防汛队伍组成人员登记造册,明确各自的任务和责任。"

"河道管理机构和其他防洪工程管理单位可以结合平时的管理任务,组织本单位的防汛抢险队伍,作为紧急抢险的骨干力量。"

《防汛条例》第十一条规定:"有防汛任务的县级以上人民政府,应当根据流域综合规划、防洪工程实际状况和国家规定的防洪标准,制定防御洪水方案(包括对特大洪水的处置措施)。"

"防御洪水方案经批准后,有关地方人民政府必须执行"。

《防汛条例》第二十一条规定:"各级防汛指挥部应当储备一定数量的防汛抢险物资,由商业、供销、物资部门代储的,可以支付适当的保管费。受洪水威胁的单位和群众应当储备一定的防汛抢险物料。"

《防汛条例》第三十二条规定:"在紧急防汛期,为了防汛抢险需要,防汛指挥部有权在其管辖范围内,调用物资、设备、交通运输工具和人力,事后应当及时归还或者给予适当补偿。因抢险需要取土占地、砍伐林木、清除阻水障碍物的,任何单位和个人不得阻拦。"

"前款所指取土占地、砍伐林木的,事后应当依法向有关部门补办手续。"

13.6　《中华人民共和国安全生产法》相关内容

《中华人民共和国安全生产法》(简称《安全生产法》),由中华人民共和国第九届全国人民代表大会常务委员会第二十八次会议于 2002 年 6 月 29 日通过,自 2002 年 11 月 1 日起施行。该法分为总则、生产经营单位的安全生产保障、从业人员的权利和义务、安全生产的监督管理、生产安全事故的应急救援与调查处理、法律责任、附则,共七章九十七条。

《安全生产法》第三条规定:"安全生产管理,坚持安全第一、预防为主的方针。"

《安全生产法》第二十条规定:"生产经营单位的主要负责人和安全生产管理人员必须具备与本单位所从事的生产经营活动相应的安全生产知识和管理能力。"

《安全生产法》第二十一条规定:"未经安全生产教育和培训合格的从业人员,不得上岗作业。"

《安全生产法》第二十四条规定:"生产经营单位新建、改建、扩建工程项目(以下统称建设项目)的安全设施,必须与主体工程同时设计、同时施工、同时投入生产和使用。安全设施投资应当纳入建设项目概算。”

《安全生产法》第四十六条规定:“从业人员有权对本单位安全生产工作中存在的问题提出批评、检举、控告;有权拒绝违章指挥和强令冒险作业。”

《安全生产法》第四十七条规定:“从业人员发现直接危及人身安全的紧急情况时,有权停止作业或者在采取可能的应急措施后撤离作业场所。”

《安全生产法》第四十九条规定:“从业人员在作业过程中,应当严格遵守本单位的安全生产规章制度和操作规程,服从管理,正确佩戴和使用劳动防护用品。”

《安全生产法》第五十条规定:“从业人员应当接受安全生产教育和培训,掌握本职工作所需的安全生产知识,提高安全生产技能,增强事故预防和应急处理能力。”

13.7　《中华人民共和国合同法》相关内容

《中华人民共和国合同法》(简称《合同法》),由中华人民共和国第九届全国人民代表大会第二次会议于1999年3月15日通过,自1999年10月1日起施行。该法分为总则(一般规定、合同的订立、合同的效力、合同的履行、合同的变更和转让、合同的权利义务终止、违约责任、其他规定)、分则(买卖合同,供用电、水、气、热力合同,赠与合同,借款合同,租赁合同,融资租赁合同,承揽合同,建设工程合同,运输合同,技术合同,保管合同,仓储合同,委托合同,行纪合同,居间合同)、附则,共三部分二十三章四百二十八条。

《合同法》第三条规定:“合同当事人的法律地位平等,一方不得将自己的意志强加给另一方。”

《合同法》第四条规定:“当事人依法享有自愿订立合同的权利,任何单位和个人不得非法干预。”

《合同法》第五条规定:“当事人应当遵循公平原则确定各方的权利和义务。”

《合同法》第六条规定:“当事人行使权利、履行义务应当遵循诚实信用原则。”

《合同法》第七条规定:“当事人订立、履行合同,应当遵守法律、行政法规,尊重社会公德,不得扰乱社会经济秩序,损害社会公共利益。”

《合同法》第九条规定:“当事人订立合同,应当具有相应的民事权利能力和民事行为能力。”

“当事人依法可以委托代理人订立合同。”

《合同法》第十条规定:“当事人订立合同,有书面形式、口头形式和其他形式。”

《合同法》第十二条规定:“合同的内容由当事人约定,一般包括以下条款:(一)当事人的名称或者姓名和住所;(二)标的;(三)数量;(四)质量;(五)价款或者报酬;(六)履行期限、地点和方式;(七)违约责任;(八)解决争议的方法。”

“当事人可以参照各类合同的示范文本订立合同。”

《合同法》第四十四条规定:“依法成立的合同,自成立时生效。”

“法律、行政法规规定应当办理批准、登记等手续生效的,依照其规定。”

《合同法》第五十二条规定:“有下列情形之一的,合同无效:(一)一方以欺诈、胁迫的手段订立合同,损害国家利益;(二)恶意串通,损害国家、集体或者第三人利益;(三)以合法形式掩盖非法目的;(四)损害社会公共利益;(五)违反法律、行政法规的强制性规定。”

《合同法》第五十三条规定:“合同中的下列免责条款无效:(一)造成对方人身伤害的;(二)因故意或者重大过失造成对方财产损失的。”

《合同法》第六十条规定:“当事人应当按照约定全面履行自己的义务。”

“当事人应当遵循诚实信用原则,根据合同的性质、目的和交易习惯履行通知、协助、保密等义务。”

《合同法》第七十六条规定:“合同生效后,当事人不得因姓名、名称的变更或者法定代表人、负责人、承办人的变动而不履行合同义务。”

《合同法》第七十七条规定:“当事人协商一致,可以变更合同。”

“法律、行政法规规定变更合同应当办理批准、登记等手续的,依照其规定。”

《合同法》第八十八条规定:“当事人一方经对方同意,可以将自己在合同中的权利和义务一并转让给第三人”。

《合同法》第九十三条规定:“当事人协商一致,可以解除合同。”

“当事人可以约定一方解除合同的条件。解除合同的条件成就时,解除权人可以解除合同。”

《合同法》第一百零七条规定:“当事人一方不履行合同义务或者履行合同义务不符合约定的,应当承担继续履行、采取补救措施或者赔偿损失等违约责任。”

《合同法》第一百一十四条规定:“当事人可以约定一方违约时应当根据违约情况向对方支付一定数额的违约金,也可以约定因违约产生的损失赔偿额的计算方法。”

《合同法》第一百二十八条规定:“当事人可以通过和解或者调解解决合同争议。”

“当事人不愿和解、调解或者和解、调解不成的,可以根据仲裁协议向仲裁机构申请仲裁。”

“当事人没有订立仲裁协议或者仲裁协议无效的,可以向人民法院起诉。”

《合同法》第二百一十二条规定:“租赁合同是出租人将租赁物交付承租人使用、收益,承租人支付租金的合同。”

《合同法》第二百一十四条规定:“租赁期限不得超过二十年。超过二十年的,超过部分无效。”

“租赁期间届满,当事人可以续订租赁合同。”

《合同法》第二百五十一条规定:“承揽合同是承揽人按照定作人的要求完成工作,交付工作成果,定作人给付报酬的合同。”

“承揽包括加工、定作、修理、复制、测试、检验等工作。”

《合同法》第二百五十二条规定:“承揽合同的内容包括承揽的标的、数量、质量、报酬、承揽方式、材料的提供、履行期限、验收标准和方法等条款。”

《合同法》第二百六十九条规定:“建设工程合同是承包人进行工程建设,发包人支付价款的合同。”

“建设工程合同包括工程勘察、设计、施工合同。”

《合同法》第二百七十五条规定:“施工合同的内容包括工程范围、建设工期、中间交工工程的开工和竣工时间、工程质量、工程造价、技术资料交付时间、材料和设备供应责任、拨款和结算、竣工验收、质量保修范围和质量保证期、双方相互协作等条款。”

13.8 《中华人民共和国劳动法》相关内容

《中华人民共和国劳动法》(简称《劳动法》),1994年7月5日第八届全国人民代表大会常务委员会第八次会议通过,自1995年1月1日起施行。该法分总则、促进就业、劳动合同和集体合同、工作时间和休息休假、工资、劳动安全卫生、女职工和未成年工特殊保护、职业培训、社会保险和福利、劳动争议、监督检查、法律责任、附则,共十三章一百零七条。

《劳动法》第三条规定:“劳动者享有平等就业和选择职业的权利、取得劳动报酬的权利、休息休假的权利、获得劳动安全卫生保护的权利、接受职业技能培训的权利、享受社会保险和福利的权利、提请劳动争议处理的权利以及法律规定的其他劳动权利。”

“劳动者应当完成劳动任务,提高职业技能,执行劳动安全卫生规程,遵守劳动纪律和职业道德。”

《劳动法》第十六条规定:“劳动合同是劳动者与用人单位确立劳动关系、明确双方权利和义务的协议。”

“建立劳动关系应当订立劳动合同。”

《劳动法》第十九条规定:“劳动合同应当以书面形式订立,并具备以下条款:(一)劳动合同期限;(二)工作内容;(三)劳动保护和劳动条件;(四)劳动报酬;(五)劳动纪律;(六)劳动合同终止的条件;(七)违反劳动合同的责任。”

《劳动法》第五十四条规定:“用人单位必须为劳动者提供符合国家规定的劳动安全卫生条件和必要的劳动防护用品,对从事有职业危害作业的劳动者应当定期进行健康检查。”

《劳动法》第五十五条规定:“从事特种作业的劳动者必须经过专门培训并取得特种作业资格。”

《劳动法》第五十六条规定:“劳动者在劳动过程中必须严格遵守安全操作规程。”

“劳动者对用人单位管理人员违章指挥、强令冒险作业,有权拒绝执行;对危害生命安全和身体健康的行为,有权提出批评、检举和控告。”

《劳动法》第六十九条规定:“国家确定职业分类,对规定的职业制定职业技能标准,实行职业资格证书制度,由经过政府批准的考核鉴定机构负责对劳动者实施职业技能考核鉴定。”

《劳动法》第七十七条规定:“用人单位与劳动者发生劳动争议,当事人可以依法申请调解、仲裁、提起诉讼,也可以协商解决。”

“调解原则适用于仲裁和诉讼程序。”

第3篇　操作技能——初级工

模块1　工程运行检查

工程运行检查是对运行当中的工程（包括管护设施）所进行的检查，是及时发现工程问题、实施工程养护维修、确保工程安全运行的重要环节和基础依据。对检查中发现的一般问题应及时进行处理；情况较严重的，除查明原因采取措施外，还应报告上级主管部门；情况严重的，应对异常和损坏部位详细检查记录（包括拍照或录像）、分析原因、提出处理意见，并上报主管部门批准和按要求进行处理。

工程运行检查内容随工程类别、工程情况、检查深度等不同而不同，本模块包括堤防检查、堤岸防护工程及防洪（防浪）墙检查、防渗及排水设施检查、穿（跨）堤建筑物及其与堤防接合部检查、管护设施检查、防汛抢险设施及物料检查、防护林及草皮检查。

1.1　堤防检查

1.1.1　检查分类及检查内容

堤防检查分为经常性（日常）检查、定期检查、特别检查和不定期检查。经常性（日常）检查由基层管理组织（班、组、站、段）的工程管理或养护人员按照岗位责任制要求进行检查，主要进行外观检查，如工程存在问题或缺陷、险段险点变化情况、违章建筑和行为等，通过检查记录形成工程运行检查日志；定期检查主要由基层管理单位按照有关规定进行阶段性检查（如月检查、半年检查和年终检查）和特定时期（如汛前、汛期、汛后、凌汛期等）检查，每年汛前和汛后要组织徒步拉网式普查等，主要进行工程表面检查或普查、河势查勘等，通过汛前检查以便及时处理影响防汛安全的工程问题或拟订度汛方案，通过汛后检查以便研究制订水毁工程修复措施、安排当年修复计划或编报下年度修复计划；特别检查是指工程处于非常运用条件（如大洪水、大暴雨、台风、地震）、发生重大事故或发现较大问题时进行的检查，一般由管理单位组织进行，必要时邀请上级主管部门或有关单位派员参加，或由上级主管部门直接组织检查，检查内容包括防汛准备情况、工程情况等；不定期检查指对重要堤段进行的不定期检查或探测检查。

工程检查包括外观（表面）检查和内部或水下隐患探测检查。外观（表面）检查主要是通过眼看、耳听、手摸进行直观的查看和评定，或借助简单工具、仪器对工程外表缺陷进行量测；内部或水下隐患探测是利用探测技术和探测工具、设备、仪器查找工程内部或水下部分可能存在的隐患，或对已发现的表面缺陷和迹象（如裂缝、浪窝、塌陷坑、动物洞口、动物活动痕迹）进行更深入的探测查实。

对堤防进行检查前，应明确检查范围、检查内容和要求，对参与检查人员进行分工，可划分段落并按堤顶、临（背）河堤坡、堤脚、护堤地等分项进行检查，指定各检查小组的负责人和记录人，确定巡查的起始点和次序，按分工发放不同检查分项的检查记录表。检查中发现问题要现场测量、记录，对疑难问题要现场集体分析和初步定论。完成检查后，要及时汇总、报告检查结果，并整理保存检查资料。

堤防的检查范围应包括管理范围和保护范围，并按要求进行外观检查和内部探测检查，除按有关规定检查常规项目和内容外，还应针对具体情况和存在问题增加检查项目及检查内容。

堤防的检查内容主要有：堤顶是否坚实平整，有无凹陷、裂缝、残缺，堤肩线是否顺直，硬化堤顶与土堤或垫层是否有脱离现象，堤顶上有无堆积杂物、打场、晒粮等现象；堤坡是否平顺，堤坡上有无雨淋沟、滑坡、裂缝、塌坑、残缺、洞穴、害堤动物活动痕迹、垃圾杂物，排水沟是否完好、排水是否顺畅；堤脚有无隆起、下沉、陡坎、残缺、洞穴；背水堤坡及堤脚以外有无渗水、管涌等现象；混凝土有无溶蚀（侵蚀）、冻害、裂缝、破损等情况；砌石是否完好，有无松动、塌陷、脱落、风化、架空等情况。

本等级只要求进行外观检查，根据需要可进行隐患探测检查。

1.1.2 堤顶检查

1.1.2.1 堤顶坚实检查

工程建设施工、竣工验收及大型或较大型整修期间，应采用干密度试验的方法检查堤顶的坚实情况（应满足设计干密度要求）；工程运行期间和小型维修之后，一般都采用直观检查方法定性堤顶的坚实情况，如看表面有无松土、脚踩踏有无坚硬感、有无行车辄印及牲畜蹄印痕迹等，若发现有松土、车辄印，或有松软感觉，说明堤顶不够坚实，应进行夯实或压实。

1.1.2.2 堤顶平整检查

堤项平整检查一般采用直接观察法进行定性检查，如观察有无明显的凹陷、雨后有无积水或积水痕迹；也可根据堤顶行车时是否颠簸、颠簸程度如何等因素进行定性分析判断；还可借助夜间灯光（如行车灯光、手电灯光）照射进行直观判断，如顺光看时阴影处为低洼处。

堤顶是否平整的定量检查一般用长直尺和钢尺进行检测，即将长直尺摆放在拟检查处，通过观察尺子与堤顶表面是否吻合来判定是否平整，并可用钢尺量测出不平整处的偏差值（尺子底缘至堤顶表面的垂直距离），见图 3-1-1。

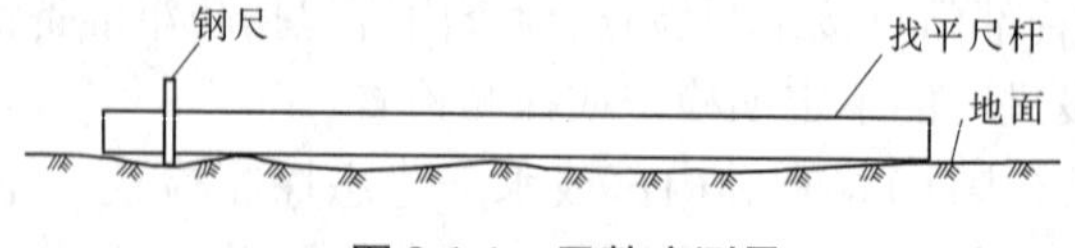

图 3-1-1 平整度测量

堤顶的平整还要体现在横向坡度的饱满上，堤顶应保持向一侧或两侧倾斜（一般都是向两侧倾斜，称为花鼓顶或鱼脊背），坡度宜保持在 2% ~3% 。横向倾斜坡度的检查可依据丈量的水平距离和用水准仪测量的高差进行计算，$i=(h/b)\times100\%$，见图 3-1-2。

1.1.2.3 路面破损检查

检查路面有无凹陷、陷坑、破损或缺陷等现象，首先是直接进行观察，如对未硬化堤顶应注意观察有无车槽、明显的起伏不平（波浪状或称为搓板状）、凹陷或凸凹不平、陷坑

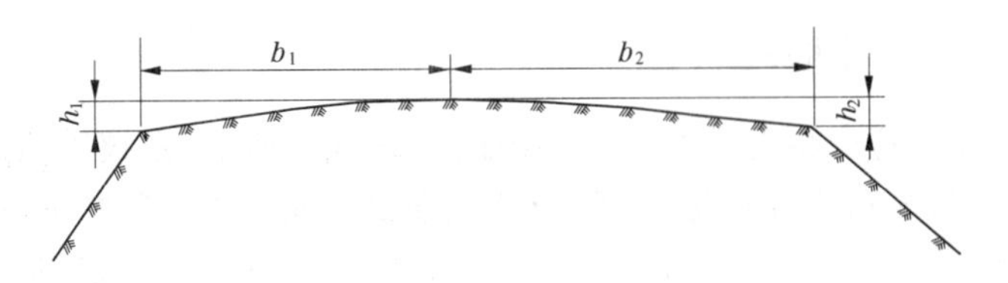

图3-1-2　倾斜坡度测量

(局部塌陷)、雨后积水或积水痕迹、残缺、表层土松动破损等;对已硬化堤顶,除注意观察路面是否平整、路面结构是否完好(有无破损破碎、残缺、陷坑等)外,还应注意观察路基是否坚实、路肩是否规顺整洁等。当观察发现存在以上现象时再丈量记录特征数据,并与设计要求进行比较,以掌握破损和偏差程度。

1.1.2.4　堤顶裂缝检查

检查堤顶有无裂缝首先进行巡查观察,发现裂缝后再仔细进行观察和丈量,要准确判定裂缝的走向(纵向裂缝、横向裂缝、龟纹裂缝)、标定裂缝的位置(里程桩号范围、在堤顶上的位置、距某特征位置的距离)、丈量裂缝的有关数据(长度、最大宽度、一般宽度或平均宽度、可见深度),并做好检查记录。

当裂缝较严重需要继续观测时,要设置观测标志。必要时可借助仪器对裂缝进行探测或开挖探坑检查。

1.1.3　堤坡检查

堤坡检查一般先采用巡查或拉网式排查的方式,用直接观察的方法进行全面检查,对重点段落位置或已发现的问题再进行细致检查丈量。查看堤坡是否平顺时,检查人员可俯身贴近堤坡从不同角度观看,对初步发现的不平顺处可再用长直尺和钢尺进行检测,与堤顶平整度的检测方法相同,参见图3-1-1。

观察发现堤坡存在雨淋沟或水沟浪窝、陷坑、洞穴等问题时,要逐一仔细检查记录,如成因、位置、形状、长度、宽度、直径、深度、约估工程量等。对于较深大的洞穴需进一步探测时,可开挖探坑或借助探测仪器进行探测。

堤坡裂缝的检查记录内容与堤顶裂缝相同。

观察发现堤坡上堆放垃圾或杂物时,要记录其种类、数量及所在位置,应尽快清除,并要采取预防措施。

1.1.4　堤脚检查

堤防滑坡易在堤脚处或其附近有隆起现象,基础沉陷易导致堤脚处下沉,顺堤走溜、偎堤洪水冲撞及雨水集中排放都可能将堤脚处或其附近冲成陡坎,违规挖土易造成堤脚残缺,所以对堤脚及其附近应注意检查有无隆起、陡坎、残缺等现象,以确保工程完整、安全。

检查堤脚时,应首先采取沿堤脚附近行走、直接观察的方法进行检查,重点查看堤脚附近地面是否平整,堤坡是否平顺,有无陡坎、残缺,堤脚线是否规顺;对观察发现的问题再进行细致检查记录,要记清问题种类、形成原因、位置、尺度、约估工程量等。

1.1.5　害堤动物破坏痕迹检查

检查工程时要注意观察有无害堤动物（如獾、狐、鼠、地羊、白蚁等）破坏工程迹象（如洞穴、动物活动迹象等），当在堤坡、堤脚及其他隐蔽部位（如杂草旺盛、长期堆放料物等部位）发现洞穴时更应仔细查看、分析。首先要分析判断是不是害堤动物洞穴，动物洞穴一般都有与工程表面相连通的多个洞口（如进出口、通气孔），洞口周围应有动物活动迹象（如爬行痕迹、爪蹄印、粪便、绒毛、造穴挖土等），发现洞穴后要注意在其周围查找是否另有洞口和动物活动迹象，对可疑又难以判定的洞穴可请有经验的人员进一步鉴别确认；其次要确定洞内是不是仍有害堤动物，这要注意查看有没有最近的活动迹象（如新造穴挖土等），或在洞口周边铺撒一层新鲜的细颗粒虚土以便观察有无新增爬行痕迹或爪蹄印。若能判定是害堤动物洞穴且仍有害堤动物活动，要捕捉害堤动物并对洞穴进行处理。

发现洞穴要检查记录洞口位置、洞口尺寸、探测洞穴深度或进行开挖探洞，不宜开挖时可尝试注水观测（查找附近出水点、判断洞穴方向、长度和大小、驱赶动物）。

1.1.6　背水堤坡窨湿或渗水检查

堤防偎水期间，在高水位、临背河大水位差的长时间作用下，水有通过堤身和堤基内土颗粒孔隙向背水侧渗流的特性，即在背水堤坡或堤脚附近有产生渗水的可能，即将产生渗水时背水堤坡或堤脚附近会因土体含水量增高而出现潮湿、湿润、湿软等现象（概括为窨湿），当已形成渗水时会有明显的出水点（出逸点）。

在堤防偎水期间要注意查看背水堤坡及堤脚附近有无窨湿和渗水现象，首先是观察背水堤坡或堤脚附近某范围内有没有土体含水量明显增高（该部分土体颜色比周围更深），表现出潮湿、湿润，甚至有水流出的现象；其次是用脚踩踏潮湿、湿润和出逸点附近范围地面有明显的湿软感觉；再次是注意查看附近地面水位或地下水位（如井水位）的变化，有渗流观测设施（测压管）的断面应结合渗压观测资料进行分析判断。

1.1.7　检查记录

工程检查人员应对检查情况进行认真记录并签字，检查记录要在现场及时填写、完成，记录（包括拍照或录像）应清晰、完整、准确、规范，每次检查完毕应及时汇总整理资料并上报，必要时结合观测和监测等资料编写检查报告。检查原始记录表见表3-1-1。

表3-1-1　堤防工程检查原始记录表

堤防名称：　　　　桩号：　　　部位：　　　日期：　　天气：

检查内容与要求：			
检查记录（包括检查范围、发现问题）：			
检查结论：			
检查组负责人（签名）		检查人员（签名）	

1.2　堤岸防护工程及防洪(防浪)墙检查

1.2.1　检查内容

堤岸防护工程按断面形式不同分为坝式护岸(坝岸)、坡式护岸(护坡)、墙式护岸(如挡土墙)和其他护岸,按修筑结构与材料不同分为堆石护岸、干砌石护岸、浆砌石护岸、混凝土护岸;防洪(防浪)墙一般都是浆砌石或混凝土结构。

堤岸防护工程及防洪(防浪)墙的检查包括外观检查、内部隐患探测及水下工程探测(摸)检查。检查内容有:坡面是否平整、完好,砌缝是否紧密;砌体有无松动、塌陷、架空、垫层淘刷等现象;护坡上有无杂草、小树和杂物等;散抛石坡面有无浮石;浆砌石或混凝土结构的变形缝和止水是否正常完好、变形缝内填料有无流失、分缝两侧有无错动,坝坡墙面是否有局部侵蚀剥落、裂缝或破碎老化,排水孔是否畅通;土坝体(土心)顶部是否平整,土石接合是否严紧密实,有无杂草(尤其是高秆杂草),有无陷坑、水沟、獾狐洞穴;护脚(护根)坡面及平台(根石台)是否平顺,表面有无凹陷、坍塌,护脚材料有无冲动走失。另外,应注意检查河势有无较大改变,滩岸有无坍塌。

1.2.2　砌石护坡检查

对砌石护坡一般先采用巡查或普查方式,按直接观察的方法进行检查,发现问题或可疑问题后再进行重点检查,并做好分析判断和丈量记录。

对存在的缺损,应检查记录缺损所在位置(堤段桩号或坝号、在横断面上的位置)、缺损处的原修筑结构(干砌、浆砌等)、缺损的主要尺寸和工程量等。

检查砌块是否松动时,首先观察石块周围砌缝是否有变化,石块与周围是否平整,发现砌缝宽度明显变化、勾缝处有裂缝、勾缝脱落,或石块与周围不平等现象时,可用脚踩在石块上并晃动的试探方法进行检查,发现砌块松动时要分析原因,记录松动位置、结构和范围。

当砌石护坡有明显凹陷和局部塌陷时,应注意观察周围有无异常现象(如土石接合部进水、排水沟断裂造成沿坝后或坝面集中过水等),以帮助分析塌陷原因和塌陷深度,必要时可局部翻拆探视或用探杆探试,要检查记录塌陷原因、位置、结构和范围。

为及时排出浆砌石护坡后的积水,应设置贯通护坡体横断面的排水管(排水管后应有反滤材料),在对浆砌石坝或护坡进行检查时应注意观察排水管是否畅通,若排水管的可视深度较小可用钢筋或长直竹木杆进行试探,确定排水管有堵塞现象时要记录堵塞位置和堵塞情况(如堵塞物、堵塞深度等)。

1.2.3　护脚或护根检查

堤岸防护工程要有深大的基础或满足要求的护根工程(多为堆石结构,习惯称为根石或护脚),尤其是建设在易冲刷河床上的河道整治工程更是很大程度上靠护根维持稳定,所以要重视对护脚护根工程的检查(分为水上部分检查和水下部分探测检查)。

护脚工程或护根工程的水上部分，一般采用直接观察的方法进行检查，重点查看其坡面是否规顺，有无浮石、凹陷、坍塌，坡度是否满足要求，根石台是否完整。

护脚工程或护根工程的水下部分，一般是根据水上观察和河势观察情况而有重点地进行探测检查，重点探测水下根石坡度和范围，分析根石缺失情况。

对以上观察和探测检查发现的问题要进行详细记录计算：如实测根石坡度、是否满足坡度要求、不满足坡度要求的根石缺失量，凹陷位置、范围和最大凹陷深度，坍塌位置、尺度、工程量等。

1.2.4　护坡顶部及土坝体顶部检查

对护坡顶部及土坝体顶部要重点检查：封顶石是否平整严紧，有无缺失、松动、勾缝脱落，土坝体顶部是否平整，土石接合是否密实，有无陷坑、水沟、獾狐洞穴等，还要注意观察坝顶排水是否顺畅、土坝体顶及边坡有无杂草杂物等。封顶石不够平整严紧、有缺失或松动时，应详细记录成因（沉陷、施工损坏等）、位置、范围、程度等；土坝体顶不够平整要丈量记录范围和程度；土石接合部不够密实，有陷坑、水沟或獾狐洞穴时，要区别缺陷种类并分别丈量记录位置、尺度。

1.2.5　变形或裂缝检查

对整体性强的浆砌石护坡和混凝土护坡，还要注意观察有无整体变形（垂直沉陷、水平位移）、裂缝。当观察发现有变形时，要丈量记录变形的范围和有关数据（沉陷值、水平移动值），并提出观测建议；当观察发现有裂缝时，要准确记录裂缝在坝岸或护坡上的位置、丈量裂缝宽度及长度、查看或探测裂缝深度。

1.2.6　散抛石护面检查

对散抛石坝岸或护坡一般采用直接观察的方法进行检查，要注意观察坡面是否规顺、完好，坡面上有无浮石（坡面上孤立无靠的石块，即处在坡面线之外的石块）、塌陷、杂草、杂物等。对观察发现的问题再逐一进行细致检查记录。

1.2.7　防洪（防浪）墙破损检查

防洪（防浪）墙的破损主要表现为残缺破损和表面破损，一般先采取直接观察的方法进行检查，对表现明显、便于确定的破损可再直接丈量记录其位置和尺度，对不明显的可疑表面破损（如潜在的表层侵蚀剥落等）可再辅以轻轻敲击的检查方法，通过听声音（有破损层时声音浑厚、不清脆）、体验手感（有破损层时弹性感强）而准确判定是否有破损和破损位置、范围、深度。

1.2.8　检查记录

在堤岸防护工程及防洪（防浪）墙检查中，对所有查出的问题都要及时、准确地做好记录（包括拍照或录像），记录要书写清楚、描述准确、内容全面（如工程名称、里程桩号或坝号、在横断面上的具体定位、走向、长度、宽度、深度、洞径、工程量等）。

另外，对需要继续观察的项目（如裂缝或变形的发展）要做好标记，对需要及时养护或维修加固的部位要做出明显标示。

1.3　防渗设施及排水设施检查

1.3.1　防渗设施及排水设施

非均质或修建在强透水地基水上的堤防一般需设置防渗及渗流排水设施，常见的防渗设施有防渗斜墙、心墙、铺盖、截渗墙等；排水设施由堤身排水和堤基排水构成，主要有棱体排水、贴坡排水（表面排水）、排水沟、减压井等。

均质土堤一般不再设置防渗设施及排水设施。

对防渗设施及排水设施的检查内容主要有：防渗设施的保护层是否完整、渗漏水量和水色（浑、清）有无变化；排水沟进口处有无孔洞暗沟，沟身有无沉陷、断裂、接头漏水、淤堵阻塞，出口有无冲坑悬空；减压井井口工程是否完好，有无积水流入井内，是否淤堵；排水导渗体或反滤层有无淤塞现象。

1.3.2　防渗斜墙和铺盖的检查

对斜墙和铺盖的检查，首先要确定防渗设施所对应的范围（斜墙和铺盖都有保护层，在表面上不易直接定位），采用巡查或普查的方式对其保护层进行直接观察，如要注意观察保护层是否完整、表面是否平整、有无裂缝和塌坑等异常现象；对保护层的异常之处再进行细致检查，如开挖检查或探测检查，要检查记录异常之处的位置、尺度、分析危害程度，对已经伤及斜墙和铺盖安全的严重裂缝与塌坑要查明影响深度及影响范围。

1.3.3　排水设施的检查

排水设施的检查，首先是对排水设施外观进行全面观察，注意查看各项设施是否完好，如有损坏或缺损要检查记录损坏或缺损的位置、范围、程度；其次是注意观察排水导渗体及排渗沟有无淤塞现象，这可通过观察排水设施出水量大小及出水颜色变化而初步判断，对可能淤塞处再进行更加细致的查看和检测（如掏挖等），发现有淤塞时要记录淤塞位置、范围、淤塞物和淤塞程度；再次是通过对工程周围面貌和流水迹象的观察而判断减压井井口工程是否完好、有无积水流入井内等，并做好有关记录。

1.4　穿（跨）堤建筑物及其与堤防接合部检查

1.4.1　检查内容

对于穿堤建筑物（水闸、涵洞、虹吸、泵站、各类管道、电缆等）和跨堤建筑物（桥梁、渡槽、管道、线缆、道口等）及其与堤防接合部的检查内容主要有：穿堤建筑物与堤防接合部是否密实，穿堤建筑物与堤防接合部临水侧截水设施是否完好、背水侧反滤排水设施有无阻塞现象，穿堤建筑物变形缝有无错动、有无止水破坏，穿堤建筑物有无损坏、能否安全运用；跨堤建筑物支墩与堤防接合部是否有不均匀沉陷、裂缝、空隙等，上下堤道路及其排水设施与堤防接合部有无裂缝、沉陷、冲沟，跨堤建筑物与堤顶之间的净空高度能否满足堤顶交通、运行管理、维修养护、防汛抢险等要求，跨堤建筑物有无损坏、能否安全运用。

1.4.2　穿（跨）堤建筑物外观检查

采用巡查或普查方式直接对穿（跨）堤建筑物外观进行全面观察检查，重点查看是否完整，发现破损或残缺处再逐一进行细致检查（如手摸、敲打、脚踩、借助简单工具的探试等）和记录，以确定破损或残缺处的类别、结构、材料、位置、尺度、工程量。

1.4.3　穿（跨）堤建筑物与堤防接合部临背水侧设施检查

可通过观察保护层的完好情况而初步分析推断穿堤建筑物与堤防接合部临水侧截水设施是否完好，对保护层存在的、可能影响截水设施完整的裂缝或塌坑应进行开挖检查，对截水设施存在的缺陷位置、尺寸、工程量、影响程度要记录清楚；对背水侧反滤排水设施要注意观察外观是否完好，观察分析反滤料和保护层有无淤塞现象，对淤塞处要确定和记录位置、范围、淤塞物、淤塞程度。

1.4.4　上堤道路及其排水设施与堤防接合部检查

上堤道路及其排水设施与堤防接合部易因雨水的集中排放而导致冲沟，也易因荷载不均而导致沉陷、裂缝，在对以上部位全面观察的基础上，对出现的冲沟、沉陷、裂缝处要进行细致的检查记录，要区分类别确定缺陷的位置、走向、尺度、工程量等。

1.5　管护设施检查

1.5.1　管护设施及检查内容

堤防管护设施依据堤防管理设计规范规定进行布设，主要包括工程观测、交通、通信、探查维护、运行管理、防汛、管理单位生产生活等设施。对管护设施的检查内容主要有：各种观测设施是否完好、能否正常观测，观测设施的标志、盖锁、围栅或观测房是否完好，观测设施及其周围有无动物巢穴等；堤顶道路有无交通限行卡，路口安全标志及管理设施是否完好、能否正常运行；堤防通信设施和通信设备是否完好；堤防及堤岸防护工程上的各类桩牌是否齐全、完好、醒目，堤防沿线的管理房和护堤屋有无损坏、漏雨等。

1.5.2　桩牌设施检查

对各类管护设施进行巡查或全面排查时，要注意查看标志桩牌（如交界牌、指示牌、公里桩、百米桩、边界桩、标志牌、责任牌、简介牌、交通闸口设施、纪念碑、坝号桩、高架坝号桩、根石断面桩、滩岸桩、警示桩牌等）是否齐全、埋设位置是否正确、布局是否合理、埋设是否牢固、有无缺失或破损。当发现标志桩牌有丢失或破损（包括桩牌体破损和粉饰层及标示内容破损脱落）现象时，要核实记录清楚：丢失或破损桩牌的种类、材质、在工程上的位置，破损位置、范围、程度，破损影响范围内的图形、字体等。

1.5.3　管护设施建筑物检查

对管护设施建筑物（管理单位生产、生活区建筑物，如护堤屋、管理房、仓库等）应经常进行全面观察，重点查看有无破损、漏雨现象，对发现的问题要进行细致的检查分析，要确定破损或漏雨处的结构、材质、位置、范围、程度等。

1.6　防汛抢险设施及物料检查

1.6.1　防汛抢险设施和物料

常用防汛抢险设施和主要物料有土料、石料、沙、碎石（石子）、木竹料、绳缆、铅丝、麻袋、编织袋、草袋、土工合成材料、堵漏材料、照明器材设备、抢险工器具、探测仪器、通信器材、运输机具、抢险机械设备、救生器材设备、爆破材料等。对防汛抢险设施及物料的检查范围主要是国家储备部分，检查内容主要包括：重点堤段是否按规定备有土料、沙石料、编织袋等防汛抢险物料，是否按规定备（配）有防汛抢险的照明设施、探测仪器、通信和运输交通机具，各种防汛抢险设施是否完好，要求能够区分查对各类抢险工器具和物料的规格型号、材质、数量、完好状况。

1.6.2　清点防汛物料

对各类防汛物料数量要分类清点统计，一般按摆放或堆放规律进行清点计算（如根据垛数和每垛的数量，或层数和每层的数量进行计算），对摆放或堆放无规律的物料应逐一清点或边倒垛边清点（既完成清点，又使物料堆放整齐），检查清点完成后要形成包括物料名称、规格型号、数量等内容的防汛物料储备登记表。

1.6.3　堤防上储备防汛物料检查

堤防上储备的防汛物料主要有防汛备土（土牛）、备石（备防石）或沙石料，以上物料多以规格统一的堆或垛分散存放。对该类物料应重点查看堆放位置是否合理、堆垛形状尺寸是否整齐美观、堆垛周围是否整洁（包括清除杂草、垃圾杂物）、堆垛是否完整无损等；对不满足堆放要求和存在缺损的堆垛要仔细检查并详细记录：堆垛位置或编号、存在问题、缺损部位在堆垛上的位置、缺损尺度、缺损数量等。

1.7 防护林及草皮检查

1.7.1 检查内容

水利工程的生物防护措施主要有草皮防护、防浪林、行道林、防护林等，其主要作用有防风沙、削减防浪、护土防冲、提供抢险用料、美化工程、改善环境。

对生物防护工程的主要检查内容包括：防浪林或防护林带所植树株是否满足防汛、抢险、管理等规定，是否适应生长环境条件，有无缺损、病虫害、缺水、缺肥、渍涝等现象；草皮中是否有小树、荆棘、杂草等，草皮是否有被冲刷，人畜损坏、病虫害或干枯坏死等现象。

1.7.2 林草缺失数量的检查

检查前按林带或片区进行检查分工，确定检查范围，明确检查要求；检查中区分品种，对照规定或确定的合理种植密度进行排查，对观察发现的缺损处再进行丈量细查，以确定缺损位置、缺损树草的品种、缺损原因、缺损范围、缺损数量等具体情况。

1.7.3 有无杂草的检查

有无杂草的检查，首先要清楚拟检查区域内防护草皮的品种、特征，以便能准确区分杂草，然后对拟检查区域进行全面观察，对初步发现的杂草（尤其是高秆杂草）区域再进行细致检查记录，以确定存在杂草区域的位置、范围，杂草种类、密度、高度、危害程度等。

模块2 工程观测

工程观测是对在建和已投入运行工程所进行的直接观察或借助仪器设备所进行的观察及测量的总称。工程观测和检查相比,观测更体现在过程的持续性、结果(资料)的系统性、分析比较的完整性,以便了解发展过程或从中找出规律而满足相应需求,如查找有无裂缝属于检查内容,而发现裂缝后通过对裂缝尺寸(宽度、长度、深度)的连续测量记录以分析裂缝是否发展或如何发展则属于观测内容。

工程观测的目的和要求可概括为:一是监测工程安全状况;二是检验工程设计;三是积累科技资料。三者互相联系,但监测工程安全状况是工程观测的首要目的。

水利工程观测是河道修防工应掌握的基本技能或应履行的工作职责,本模块包括堤身沉降观测、水位或潮位观测、堤身表面观测。

2.1 堤身沉降观测

2.1.1 沉降点的布置

土具有较大的压缩性(主要是土中的水和气体被挤出或被压缩),堤身及堤基在铅垂方向的压缩将引起高程的降低,称为沉降。堤防的压缩沉降与受压荷载的大小、作用时间的长短、土的性质、堤基和筑堤质量等因素有关,其沉降过程非常漫长,一般具有初期沉降较快,后期沉降逐渐减慢的特点。

堤防工程竣工运行初期,堤身填土尚未固结稳定,大部分沉降量将在这一阶段发生,因此要对堤身进行沉降观测,以了解土体的沉降速度和稳定性。当工程进入正常运行状态后,堤身填土已逐渐趋于稳定,可减少沉降观测次数,但每年汛后至少要进行一次全面检查、观测,以便为工程冬修或编报下年度维修计划提供依据。对于3级以上堤防,一般应设置堤身沉降观测项目,4、5级堤防可参照执行。

对于堤防的沉降问题应重点关注总沉降量和不均匀沉降差,过大的总沉降量可能导致堤顶高程不足,使之不能满足防洪标准要求;过大的不均匀沉降差可能导致堤防裂缝或诱发其他隐患,也难以满足正常运用要求。

堤防沉降观测,一般采用等级水准测量或普通水准测量,通过对固定沉降观测点(简称沉降点)定期进行高程测量,可计算各点不同时段的沉降量和沉降总量,并可比较各点之间的沉降差,以检查是否有不均匀沉降。

通过对沉降观测资料的计算分析,可研究堤防沉降规律,分析存在问题及其成因,为今后采取预防措施提供依据。

为做好堤防沉降观测,要了解沉降点的布设,能够准确识别沉降标志,观测中应按相应等级水准测量的操作技术要求进行测量、记录、计算,观测后要及时收集整理沉降资料、分析沉降成果。

堤防工程沿线的地形地质条件较复杂，工程受综合环境因素的影响较突出，沉降观测断面应布置在工程结构及地形地质条件有显著特征或特殊变化的堤段和建筑物处，使其具有较好的控制性和代表性，可使观测资料的可比性、相关性、适用性更好。

在已确定的沉降观测堤段上选设沉降观测断面，沉降观测断面一般应选择在最大堤高、堵口合龙、施工接头、地质地形变化较大、材料差异及存有隐患等位置，观测断面间距一般为 50 ~ 100 m，在断面基本相同和基础无大变化的堤段上断面间距可适当加大，每个观测堤段的观测断面个数一般不得少于 3 个。

在已选择的观测断面上再选设沉降点，每个观测断面上的沉降点个数不少于 4 个，分别设在临河堤坡正常水位以上、堤顶的临背河堤肩、背河堤坡上每隔 20 ~ 30 m 设置 1 个、有戗台或淤背加固区的可在其外缘布设 1 个，沉降点必须选设在工程表面稳定、地势开阔的位置，以防止受到工程表面变形的破坏或影响测量视线的通达。

2.1.2　沉降点标志

设置在堤防工程上的沉降点一般都有明显的标志，沉降点标志一般由底板、立柱和标点头三部分组成。通常采用如图 3-2-1 所示的标志形式。设置在护坡工程上的沉降点采用图 3-2-1(a)形式，即用围井将沉降点与护坡隔开，以防止护坡对标点的影响；设置在土坡上的沉降点采用图 3-2-1(b)形式。

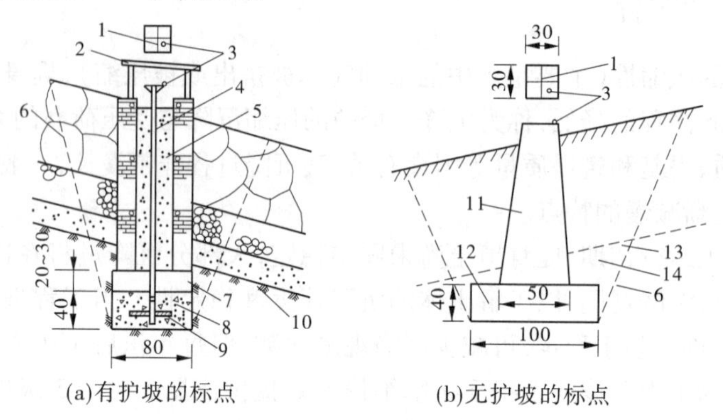

1—十字线；2—保护盖；3—标点头；4—Φ50 mm 钢管；5—填沙；6—开挖线；7—回填土；
8—混凝土；9—铁销；10—坝体；11—柱体；12—底板；13—最深冰冻线；14—围填土料

图 3-2-1　标点结构示意图　（单位：cm）

沉降点及其围井的具体尺寸可根据工程情况确定。

在图 3-2-1(a)中，浇筑沉降点混凝土时预埋直径 50 mm 的钢管作为支柱，支柱顶上焊接一块 200 mm × 200 mm × 8 mm 的钢板，为使预埋及连接牢固，可在钢管顶端与钢板之间加焊四根斜钢筋，在钢管下端焊接两根十字铁销（图 3-2-1 中 9），以便与现浇混凝土底座牢固连接；钢板上面刻划有十字线或钻一小圆孔，以作为观测水平位移的观测位置；在钢板的一角焊接一个铜质或不锈钢球体标点头（图 3-2-1 中 3），以作为沉降观测的观测位置，即测量标点头处的高程。

在图3-2-1(b)中,底板和柱体一般用混凝土浇筑而成,也可用石料砌筑而成,必须稳固;在立柱顶上直接刻画十字线,并预埋标点头,或浇筑混凝土时在立柱顶上预埋刻画有十字线并焊接了标点头的钢板。

沉降点必须埋设牢固、标志醒目、保护可靠,并要加强看护管理,防止受到自身沉降变形或人为破坏,以保持沉降点的可靠使用和沉降观测资料的准确性、连续性。

2.2　水位或潮位观测

2.2.1　水尺的设置

水位(或潮位)是指某一固定点的自由水面相对于基准面的高程,以米(m)表示,水位与时间、地点、流量、潮汐变化等因素相对应。江河水位是指江河上某断面、某时间、对应某流量的水面高程。

通过对水位的持续观测可掌握洪水变化过程,分析了解江河湖泊水位的年内季节性变化和年际变化规律,分析了解海水的潮汐变化规律,以满足各有关需要。

观测水位常用的方法有人工测读水尺法(通过在观测位置设置的水尺,靠人工直接测读和计算水位)、自记水位计测记法、遥感技术测记并远程传递法。

用于观测水位的水尺按用途不同分为基本水尺、参证水尺、辅助水尺、临时水尺等。在常设站点(基本观测站)设置的、用于逐日观测水位的水尺为基本水尺;设置在自记水位计旁、用以校核自记水位计的水尺为参证水尺;在主要河段或主要工程位置设置的、用于洪水或凌汛期间观测水位的水尺为辅助水尺,相应的观测站为辅助观测站;满足临时用途(如工程建设、抢险)而临时设置的水尺为临时水尺。

按水尺的设置形式分为直立式水尺和倾斜式水尺。直立式水尺一般是将现成的尺板固定在直立的靠桩、柱、杆上或直接在直立的建筑物面壁上刻画尺面刻度,水尺的基点(也称零点)高程已知,尺面刻度分划到厘米、标注出分米和米的数字,若在斜坡上设置直立式水尺一般应在同一观测断面上设置一组水尺(梯级设置),见图3-2-2,直立式水尺的靠桩要牢固、避免发生下沉,尺面应垂直、尺板固定牢固、各节(一般每节长1 m)尺板之间接缝严密、梯级水尺的各级之间要有一定的搭错高度(重合范围一般要求不小于0.1~0.2 m)。倾斜式水尺一般是直接涂画在建筑物的斜面或岸坡上,见图3-2-3,为方便观测计算,涂画刻度和标注数字时已将垂高和斜距进行了折算,可直接读取折算后的垂高数据。

水尺的布设范围应高于测站历年最高水位、低于测站历年最低水位0.5 m,要求各水尺的尺面完整、刻度准确、标注清晰、基点高程准确并定期或经常进行校测。

布设水尺的位置应根据河道河势和工程情况合理选择,一般应选择在:靠水时间长、溜势比较稳定、代表性强的河段或重要工程位置,水闸、泵站等水利工程的进出口附近,进洪、泄洪工程口门的上下游,其他需要观测水位或潮位的位置。为便于观测,水尺附近应有安全通达的道路,如图3-2-3中的台阶。

图 3-2-2　直立式水尺

图 3-2-3　倾斜式水尺

2.2.2　水位(潮位)观测与计算

2.2.2.1　水位观测时间

为便于分析比较,水位的观测时间应力求统一,具体观测时间(或次数)应按上级统一规定要求执行。平时只观测基本水尺,一般每日 8 时(北京标准时间)观测一次,洪水、凌汛及水位急剧变化期间应根据需要增加观测次数并酌情开始辅助水尺的观测,应注意跟踪观测洪峰水位,根据对自记水位计的校核要求进行参证水尺的观测,根据需要对临时水尺进行观测。

2.2.2.2　水尺测读

当水面平静或虽有风浪但安装有静水设备时,可直接读取静止水面横截于水尺尺面位置的读数。

当有风浪而又无静水设备时,观测人员需注意观察水面波动规律,可抓住时机读取波峰和波谷两个读数,并取平均值作为最终读数;也可除读取波峰和波谷读数外再捕捉瞬时平稳时机及时读数,以用于校正波峰和波谷的平均数;为消除因时机选择不当而带来的误差,可多次测读再取平均数。

当因主流摆动而导致水位变化幅度较大时,可等待水尺附近较平稳时再读数,或读取最高水位和最低水位再取平均数。

冰凌期间,应将水尺周围的冰层打开、捞除碎冰,待水面平静后观读;若水尺处已冻实应向河心方向另打孔观测。

当随着水位的涨落变化需要更换不同梯级的水尺进行观测时,应对两支相邻水尺同时比测至少一次。

当采用矮桩式水尺时,应用测尺量取水面在桩顶以上的读数或水面在桩顶以下的读数(数字前加“ - ”号),根据桩顶高程可计算水位。

观读水尺时,首先注意水尺编号或梯级水尺的第几级,以便准确确定该水尺的基点(零点)高程;其次注意水面在水尺上的大体位置(如处在第几块尺板上),以便准确确定读数当中的米数;再次是根据标注数字确定读数当中的分米数,并根据刻度读出厘米,水位的观读精度一般记至厘米,必要时可估读到毫米。读数时,观测员要到达水尺附近并蹲下身子,以尽量使视线靠近水面;在含沙量小、水较清澈的水面上读数时,还应注意折光影响。

观读水尺要在现场进行记录,要反复对证水面在水尺上的位置与读数的准确性,检查读数和记录结果的准确性,确保三者之间都准确无误。同时,要注意观测和备记当时的有关情况,如风向、主流摆动和水面起伏(观测记录波高)、水尺附近的流向(顺流、逆流、静水)、漫滩、串沟、回水顶托、流冰、冰塞、引水、分洪等情况。

2.2.2.3　水位计算

水位观测要按规定格式及内容要求进行记录,参见表3-2-1。

表3-2-1　水位观测记录表

日期	时间	观测站	水尺编号	零点高程	观测员 记录员	水尺读数	水位 (m)	涨	落	备注

计算人签字:　　　　　　　　　　　　　　　校核人签字:

计算水位之前,要对观测记录资料进行检查比对,注意查看记录内容是否齐全、书写是否清晰、描述是否清楚、零点高程引用是否正确,并注意将本次观测记录成果与此前同尺成果或上下游相邻尺同时观测成果相比对,确认无误后再计算水位。

利用水尺观测水位,是根据水尺读数与水尺的零点高程计算水位,即:

$$\text{水位} = \text{水尺读数} + \text{水尺零点高程}$$

水尺零点高程应尽可能采用等级水准测量测定,并定期(如每年汛前)进行校测。

完成水位观测和计算后,应在规定时间内,按约定方式,及时将水位上报传递,并将成果资料整理保存。

2.2.2.4　潮位观测

潮位的观测站点和水尺或观测设施应选设在经常靠水的陡岸、海堤或防浪墙等附近,水尺或观测设施的高低应满足潮位的涨落变化范围;潮位的观测和计算方法与水位观测相同;观测时间应根据统一规定、潮汐变化规律和满足某些需要而具体确定。

2.3　堤身表面观测

2.3.1　观测内容

堤身表面观测主要是对堤身表面变形和已检查发现的表面缺陷病害(如裂缝、塌陷、水沟浪窝、洞穴、残缺、滑坡或滑坡迹象、树草长势和病虫害等)及因内部隐患而在堤防表面可能出现的迹象(如渗水、管涌、流土、害堤动物活动迹象等)所进行的直接观察、丈量、测量或简易探测,更侧重于对以上观测项目的发展变化情况(或过程)进行连续性观测(也称后续观测),以便于分析发现变化规律和采取对应措施。

2.3.2　雨淋沟观测

受雨水冲刷而形成的狭长沟壑和坑穴称为水沟浪窝,其中的狭长沟壑又称为雨淋沟。

雨淋沟或水沟浪窝多发生在因局部地势相对低洼而造成集中过水、坡陡、坡长、土质抗冲能力差、防护措施薄弱的土方工程表面,如在堤防的堤坡、堤坡连同堤顶、戗台、上下堤辅道土质路面和辅道侧面及辅道与堤坡交会处、穿堤建筑物与堤防接合部、穿(跨)堤建筑物与堤防表面交会处、堤岸防护工程的土坝体边坡及土石接合部等位置常出现雨淋沟或水沟浪窝。

对于雨淋沟或与水沟浪窝的观测应从对工程的巡查和排查开始,并注重对形成和处理过程的检查观测与记录。检查工程时对雨淋沟或水沟浪窝的易发和多发部位更加注意观察,降雨期间可酌情冒雨顺水、查看工程,降雨之后及时查看积水情况、排除积水和检查是否有雨淋沟或水沟浪窝。

平时检查发现雨淋沟或水沟浪窝,要注意观察记录其周围地势、表层土质、防护草皮长势、筑堤质量和内部隐患(如有无裂缝、暗洞等)等情况。要观测记录雨淋沟或水沟浪窝所在工程的名称和在工程上的位置(所在堤段的里程桩号范围和在堤身横断面上的位置);要丈量或测量记录雨淋沟的长度、宽度、深度等特征尺寸,并计算或约估体积(工程量),有条件的可拍照或摄像,以获取更翔实的资料。雨淋沟或水沟浪窝的长度可用皮尺或钢尺顺沟丈量;雨淋沟或水沟浪窝的宽度一般是不规则的,可根据其形状沿长度方向选择多个量测位置,分别量取每个位置的上、下口宽度,并取其平均值作为该处的宽度,若沿长度方向宽度不等可分别记录最大宽度、一般宽度或平均宽度,对于较小的雨淋沟也可直接目估确定平均宽度位置并丈量该宽度;雨淋沟或水沟浪窝的深度一般也是不规则的,需量测多个深度值,并分别记录最大深度、一般深度或平均深度。

降雨期间发现雨淋沟或水沟浪窝,应立即疏导排水,并对雨淋沟或水沟浪窝周围进行圈堵,以防止其扩大,要初步确定(可目估)雨淋沟或水沟浪窝的位置、长度、宽度、深度等情况;降雨过后应进行跟踪观测,要详细观察、量测、记录有关情况,如排水出路、积水迹象、表层土质、防护草皮、筑堤质量、内部隐患迹象、准确位置、各项尺寸和工程量,并适时进行开挖回填处理。

对尚未处理的雨淋沟或水沟浪窝,要经常进行观测,通过前后资料的对比以发现其变化情况。对于正在处理的雨淋沟或水沟浪窝,要对处理过程进行观测记录,如开工和完工时间、处理方法、土料质量、草皮恢复等;处理后还要注意对处理效果的后续观测,如再次降雨后在该位置是否又有冲刷现象。

对于堤防雨淋沟或水沟浪窝的观测,要建立清晰完整、准确规范的观测资料(包括发现、发展、处理),并注意对观测成果进行分析,以便查找出现雨淋沟或水沟浪窝的原因、探讨有效的预防措施,为堤防工程的管理、养护、维修加固提供依据。

2.3.3　塌坑观测

由于修筑质量差、内部隐患、高水位浸泡、雨水浸入、渗漏破坏等原因,可能导致堤防工程和堤岸防护工程的土坝体顶部或边坡发生较大范围内的地面高程明显下降,称为塌陷;由于局部范围的塌陷(湿陷、塌窝)而形成的边壁比较陡的坑穴称为塌坑。

对于塌坑的观测也是从检查(巡查、排查)开始,并注重对过程的检查观测。

检查发现塌坑后,要注意观测记录其表层土质、防护草皮长势(防护效果)、筑堤质量、内部隐患迹象(如有无虚土、裂缝、暗洞、空洞等)、有无高水位浸泡或雨水浸入、有无渗漏破坏等情况,要观测记录塌坑所在工程的名称、塌坑在工程上的位置、塌坑形状,要丈量或测量记录其上、下口尺寸和深度,并计算或约估工程量。一般采用皮尺或钢尺丈量塌坑的平面尺寸,平面形状为圆形或近似圆形时需量测其直径,平面形状近似长方形的需量测其平均长度和平均宽度,平面形状不规则的可采用割补法确定其平均的长和宽,对于塌坑深度一般采用探杆或垂吊测绳的方法进行丈量,其体积可根据相应形体进行计算,或以面积与平均深度的乘积计算。

洪水或高水位期间发现塌坑,要确定(可目估)塌坑的位置、尺寸、深度、约估工程量,并按抢险要求进行抢护。

降雨期间发现塌坑,应立即在其周围进行圈堵以防止其扩大,要初步确定(可目估)塌坑的位置、尺寸、深度、约估工程量;降雨过后应进行跟踪观测,要详细观察、量测、记录有关情况,如表层土质、防护草皮、筑堤质量、内部隐患、准确位置、准确尺寸和工程量,并适时进行翻填处理。

对尚未处理的塌坑要经常进行观测,通过前后资料的对比以发现其变化情况。

对于正在处理的塌坑,要对处理过程进行观测记录,处理后还要注意对处理效果的后续观测。

对于塌坑的观测要建立清晰完整、准确规范的观测资料(包括发现、发展、处理),并注意对观测成果进行分析,以便找出导致塌坑的主要原因,为堤防工程建设、维修加固提供依据。

模块3　工程养护

工程养护，是指在加强工程运行观测和检查的基础上，针对工程可能发生或已经发生的“局部、表面、轻微缺陷和损坏”，对工程所进行的经常性保养和防护，以保持工程完整和运行安全、维持或恢复或有所改善工程面貌、保持工程设计功能、延长工程使用寿命、充分发挥工程效益。本模块主要介绍堤防养护、堤岸防护工程及防洪(防浪)墙养护、防渗设施及排水设施养护、穿(跨)堤建筑物与堤防接合部养护、管护设施养护、防汛抢险设施及物料养护、防护林及草皮养护。

3.1　堤防养护

3.1.1　堤顶养护

堤顶分土质堤顶和硬化堤顶，这里主要介绍对土质堤顶的养护。对土质堤顶的养护要求是堤顶完整、堤线顺直、边口整齐，堤顶平坦且饱满、坚实、无车槽、无明显凹陷、无起伏、排水通畅、无杂物垃圾等。

3.1.1.1　堤顶宽度的养护

养护人员要熟知堤顶宽度要求，通过对工程的巡查、丈量，要能够发现堤顶超宽或不足；对于堤顶宽度的小量偏差可进行切削、填补、拍打或夯实(常用夯具有木人夯和石硪，木人夯是专用于1～2人即可夯打的木制硪具)等修整，修整时按标准宽度挂线，切削超宽处并填补残缺处，也可另取黏性土对宽度不足或残缺处进行填补(清除表层干松土，用含水量适宜的新土回填，并拍打或夯实)，通过修整可使堤顶宽度一致。

3.1.1.2　堤线顺直与边口整齐的养护

为了使堤线更加顺直、边口更加整齐，对小量残缺处应进行顺直、平顺、拍打或夯实等修整，修整前可确定出比较顺直、平滑的两堤肩线位置，按画出的灰线或挂线对堤肩进行修整(削凸填凹)，修整时不仅要保持顶平，还要处理好与堤坡的平顺衔接(即坡顺，使之符合设计坡度或与现坡自然顺接)。

3.1.1.3　堤顶平整

对堤防进行巡查、观察或检测时，要注意观测堤顶是否平整(堤顶纵向每10 m长范围内高差不大于5 cm)、饱满(符合横比降要求，如堤顶应保持向一侧或两侧倾斜、横比降在2%～3%)、有无明显凹陷或起伏、是否坚实、有无车槽等。若堤顶稍微不够平整应及时进行铲平(铲高垫洼)、整理、夯实，或填土、整平、夯实，以防止凹陷并尽可能保持横比降要求；若发现局部坑洼不平(如雨后有积水处等)或有起伏状，可人工用铁锨铲高垫洼、整平后夯实，或在低洼处另行填土(堤顶较干燥时先洒水，再填土)、整平并夯实；若缺损分散范围大、需要整平面积较大，可在雨后有利时机或洒水后，用刮平机刮平、机械压实进行整修;对已形成的车槽要及时填垫、整平、夯实;对不够坚实(施工压实不够、干燥松动、行车破坏、冻融破坏等所致)处可进行人工夯实,若面积较大可用机械压实,尤其是利用雨后或洒水后的有利时机进行压实,既能获得较高的密实度(坚硬),也能使表面平整光滑。

3.1.1.4　洒水养护

长时间天气干燥、行车多或堤顶土质沙性大时,易导致堤顶表层土干松扬沙或破损,应适时对堤顶进行洒水养护,洒水应少洒、勤洒、洒匀,若能结合洒水进行填垫、平整、压实,其养护效果更好。

3.1.1.5　堤顶清洁

发现堤顶有砖瓦石块、垃圾、积雪、打场晒粮等杂物时,应及时清扫、清除,以保护堤顶完整和保持堤顶整洁。

3.1.1.6　顺水排水

要通过养护合理安排排水出路,若采用散排水,要填垫低洼处以防止形成集中过水;若采用集中排水,可沿堤肩修筑边埂以引导雨水从排水沟排放,要注意填垫、平整、夯实排水沟与周围接合处,疏导进水口周围,及时清除排水沟内淤积物,确保排水沟与周围接合密实、进水畅通、排水安全。

降雨时,可冒雨顺水,以便及时合理地疏导积水和圈堵已造成或可能造成工程损坏的集中过水,保证排水畅通、安全,减少水沟浪窝或其他水毁工程发生,保护堤顶完整。

雨后,要及时检查工程,及时排除积水,并适时对低洼处进行填垫、平整、夯实。

3.1.1.7　树草养护

对堤顶树株和堤肩草皮要加强养护管理,及时清除(拔除、割除、铲除、灭草剂灭除)杂草,用镰刀或割草机按适宜高度修剪草皮,按适宜树形修剪树株,对树草浇水、施肥、预防病虫害,对少量的缺损进行补植,以保证树草生长旺盛,并美化工程面貌。

3.1.1.8　堤顶交通管理

为保护堤防工程安全和堤顶完整,平时要禁止铁木轮车、履带拖拉机、超重等对堤顶损害严重的车辆通行;施工、防汛抢险及道路泥泞期间要禁止除防汛车辆外的其他车辆通行。

禁止通行期间,拦路设施要设有醒目的标志(如红白相间的拦路杆、挂旗、挂牌、夜间指示红灯),并配以必要的宣传标牌。

3.1.2　堤坡养护

通过对堤坡养护,应保持设计坡度或竣工坡度,要使坡面平顺,堤坡上无雨淋沟、陡坎、残缺、天井、洞穴、陷坑、杂物,护坡草皮覆盖率高、整齐、美观,集中排水沟完好、排水顺畅,分散排水过水均匀,戗台(平台)保持设计或竣工宽度、台面平整。

3.1.2.1　平顺堤坡

对于轻微的堤坡不顺,可通过人工用铁锹铲高填洼使其平顺,并对新整修处进行平整、拍打或夯实,整修时可用直尺、挂线或借助坡度尺控制堤坡的平顺;对于堤坡的局部低洼不顺,可填垫黏性土使其平顺,并平整、拍打或夯实。

对因整坡而损坏的草皮，要及时补植恢复。

3.1.2.2　**查水顺水**

对采用散排水的堤坡和戗台，要结合冒雨顺水和雨后排除积水的观察，及时填垫或圈堵低洼处，合理疏导排水，使排水分散、均匀，减少沿土坡的集中排水，防止因集中排水而造成冲刷破坏（形成雨淋沟、水沟浪窝、跌窝、陷坑）。

对采用集中排水的堤坡和戗台，要经常注意消除排水沟轻微缺陷，填垫、平整、夯实排水沟与周围接合处，疏导进水口周围，及时清除排水沟内淤积物，确保排水沟完好、排水沟与周围接合密实、进水畅通、排水安全；要经常检查和培修在戗台外口修做的纵向挡水小堰和在戗台顶修做的横向小堰，并疏导雨水从排水沟排除，防止雨水沿排水沟之外的堤坡或戗坡集中下排。

3.1.2.3　**堤坡完整**

要经常检查堤坡是否完整，尤其是洪水过后或雨后要进行普查，对于小量缺陷（如小的雨淋沟等）要及时填垫、平整、夯实恢复；若发现水沟浪窝、陷坑、天井（较深且坑壁很陡的陷坑）、井穿（洞口虽小，但内部较宽大和深的浪窝）、陡坎、残缺等较大缺陷，要及时提出维修处理意见。

通过对堤坡的经常性养护修整，包括对坡脚附近地面的平整，应使堤坡平顺、完整，堤脚线保持连续、顺直或平滑。

3.1.2.4　**草皮养护**

加强对护坡草皮的养护管理，及时清除杂草（尤其是高秆杂草），按适宜高度经常进行修剪，及时浇水、施肥、补植和预防病虫害，以确保草皮良好长势，提高草皮覆盖率和抗冲刷能力。

3.1.2.5　**堤坡清洁**

加强对堤坡的日常巡视检查，及时清除杂物、垃圾，保持堤坡整洁。

3.1.3　堤防护坡养护

土质堤防的边坡易遭受雨水、水流、风浪等冲刷破坏，应根据工作条件采取相应的防护措施，常用护坡措施有草皮护坡、砌石护坡、混凝土护坡等。对于江河堤防，除在经常靠水堤段（称为险工段）的临河坡修做坝岸防护工程（习惯称为险工，属河道整治工程之一）外，其他堤段（平工段）一般采取草皮护坡；湖堤的临河坡常采用砌石或混凝土护坡，背河坡常采用草皮护坡。

砌石护坡：按砌筑结构不同分为浆砌石护坡、干砌石护坡和堆石（乱石）护坡，按砌缝形状又分为平缝砌石（层层间砌缝水平）和花缝砌石（砌缝随石料的形状自然衔接变化、插花扣严），堤防石护坡多采用平缝或花缝干砌，为防止水流冲（淘）刷土坡、适应护坡体与堤坡之间的变形、防止反向渗流（由护坡后流向护坡外）时土坡发生渗透变形，砌石护坡下面应设置具有反滤作用和适应土石不同变形的碎石垫层。

位于冲淤变化大的软基上的砌石护坡，其底部可采取抛散石固根护脚的方法，以增加护坡的稳定性。

混凝土护坡：当地缺少石料时可采用混凝土护坡，一般是沿堤坡铺填垫层后现浇混凝土,也在铺填垫层后铺砌混凝土预制板。

护坡的养护内容包括:要经常巡视检查护坡工程,及时修复护坡的轻微缺陷,及时清除护坡工程上的小树、杂草、杂物,保持护坡完整和坡面整洁;要经常填垫、平整、夯实土石接合部填土,保持接合紧密、饱满,防止集中过水冲刷;要及时疏导排水,培修恢复挡水小埂,清除排水沟内淤积杂物,保持排水畅通、安全。

3.1.4　护堤地管理

对堤防护堤地要经常巡查,能检查发现边界是否明显、界桩是否齐全、界桩埋设位置是否正确和埋设是否牢固、边界土埂是否完好、护堤地是否平整、树株生长是否旺盛、有无杂草、垃圾、污物等。若边界不清楚或界桩位置不正确,要及时补充埋设界桩或调整界桩位置、培修或修复边界土埂;界桩不牢固时要扶正、培土、捣实;界桩不够醒目时可进行刷新;经常对护堤地进行平整;及时修剪护堤地内树株,并预防树株病虫害;及时清除护堤地范围内的杂草、垃圾、污物等,保持清洁美观。

3.1.5　辅道养护

辅道,即堤顶与堤下道路连接的坡道(也称为上下堤坡道)。在修建辅道时,应用黏土盖顶,中间修成花鼓顶形,解决好排水出路(如沿辅道与堤身交界处修排水沟、在平台处埋设桥式排水暗沟或散排水等),对行车较多的主要防汛辅道应采取沙石、铺砌块石、混凝土或沥青路面硬化,以满足交通要求。

本等级重点要求能对土路面辅道进行养护,对于土路面辅道的养护要围绕保持规顺、平坦、无沟坎、无凹陷、无残缺等要求进行:平时应加强对辅道的巡视检查,发现边棱不够顺直时要进行削补修整;发现路面有局部不平或轻微雨淋沟、凹陷、残缺时,要及时进行填垫、平整、夯实;干旱季节应酌情进行洒水养护,防止起土扬沙和干裂破坏;雨季或降水期间,要适时顺水、排水,注意疏导辅道路面及辅道与堤坡接合处的排水,保证排水安全,防止雨淋沟或水沟浪窝的形成;雨后抓住有利时机对路面进行平整或刮平、夯实或压实;经常清扫路面、清除垃圾杂物,保持路面整洁;及时对道路两旁的树草进行浇水、修剪、预防病虫害,清除杂草,保持树草生长旺盛。

3.2　堤岸防护工程及防洪(防浪)墙养护

3.2.1　堤岸防护工程养护

堤岸防护工程主要包括堤防护坡工程和部分河道整治工程(如依堤而建的险工坝岸或防护坝、依滩岸而建的护滩控导工程等),堤岸防护工程建筑物按使用材料不同主要有石护坡(坝)、混凝土护坡(坝),按砌筑结构不同分为散抛堆石护坡(坝)、干砌石护坡(坝)、浆砌石护坡(坝)。

对于堤岸防护工程的养护,因其结构、材料及工程部位的不同而不同。

3.2.1.1　**土坝体养护**

对土坝体顶部的局部坑洼和轻度不平整，应铲高垫洼、平整、夯实，以保持土坝体顶部平整；对土坝体边棱进行削补、平顺、拍打或夯实，使其达到棱线顺直、边口整齐；对土坝体边坡进行顺坡、夯实，使边坡保持平顺；对土石接合部进行填土、平整、夯实，或在土石接合部培修挡水土埂（土眉子），以保证土石接合部填土密实和防止沿土石接合部过水；及时清除工程表面的杂草、碎石、垃圾杂物，经常对防护草皮和绿化美化树株进行修剪、预防病虫害，保持工程面貌美观、清洁；及时进行顺水、排水，清除排水沟内淤泥、杂物，保持排水畅通、安全，减少或防止水沟浪窝等水毁现象出现；对备防石垛经常进行检查、归垛整理，保证石垛完整、摆放整齐美观。

3.2.1.2　**散抛堆石护坡（坝）养护**

对散抛堆石护坡（坝）坡面浮石、轻度凸凹不顺及局部塌陷，要经常进行拣整（去高填洼），使其坡面平顺、无塌陷；及时清除坝坡上的淤泥、杂草、杂物，保持坡面整洁；经常疏导排水，清除坡面排水沟内淤泥、杂物，保持排水畅通、安全；对土石接合部要经常进行填垫、平整、夯实，以保证填土密实，并培修眉子土，防止因排水冲刷土石接合部而造成护坡石料沉陷；要防止施工或运输车辆碾压破坏浆砌封顶石，对浆砌封顶石已出现的局部松动或勾缝脱落要及时垫平、砌筑、勾缝。

3.2.1.3　**干砌石护坡（坝）养护**

要经常检查干砌石护坡（坝）坡面有无凹陷、表层砌石松动、局部石块损坏等现象，有局部松动或个别石块破损现象时要及时用片石垫平、塞紧、嵌固或更换；若局部塌陷或垫层被淘刷，应先拆移塌陷处石料、恢复土坡和垫层，恢复内部填石，再恢复表层干砌石；要及时清除护坡表面的杂草、碎石、杂物，保持坡面整洁；疏导排水，清除坡面排水沟内淤泥、杂物，修补排水沟裂缝、断裂，保持排水畅通、安全；要防止施工或运输车辆碾压破坏封顶石，对封顶石已出现的松动或局部勾缝脱落要及时垫平、塞紧、勾缝；对护坡（坝）后填土要经常进行填垫、平整、夯实，以保证土石接合部填土密实。

3.2.1.4　**浆砌石护坡（坝）养护**

注意观察坡面有无裂缝，一旦发现坝体裂缝要做出标记、做好继续观测和记录，在加强观测的同时还要注意覆盖缝口，以防止因河水或雨水进入而加剧裂缝的发展；若发现浆砌石护坡（坝）永久分缝（也称变形缝或沉陷缝）内填料流失应及时填补（填补前将缝内杂物清除干净）；对于坡面局部出现的表层砌石松动、石块损坏等现象，要及时用砂浆灌缝，或用片石垫平、塞紧、嵌固，也可进行局部更换，发现局部灰缝脱落时应及时勾补（清除缝内灰渣，清理干净并洒水湿润，用水泥砂浆填缝并抹平）；及时清除工程表面的杂草、碎石、杂物，保持坡面整洁；疏导排水，清除坡面排水沟内淤泥、杂物，保持排水畅通、安全；若在砌体上设置的排水孔堵塞不畅，应及时进行掏挖、疏通；要防止施工或运输车辆碾压破坏封顶石，对封顶石已出现的松动或局部勾缝脱落要及时垫平、塞紧、勾缝；对护坡（坝）后填土要经常进行填垫、平整、夯实，以保证土石接合部填土密实、完整，或修做挡水土埂，以防止沿土石接合部过水。

3.2.1.5　**根石养护**

根石养护的内容主要包括：①要经常对根石进行观察、探测，以便及时发现缺失及缺陷;②对浮石及根石坡面按要求坡度进行拣整,拣整是对新抛石或洪水过后出现的石料堆积、坡面不顺及残缺不齐等部位按设计坡度或某拟订坡度所进行的整理,即通过去高填洼或将凸出处石块直接抛入水下,并将表层石块进行排放,使根石坡面平顺或符合某坡度要求、表层石块排放稳定、排挤严紧、表面没有浮石和小石;③及时清除根石坡面上的杂草、幼树、杂物、淤泥,以保持坡面整洁美观。

3.2.2　防洪(防浪)墙养护

防洪墙修建在堤防临河坡,防浪墙修建在堤顶的临河堤肩处,以抵御水流冲刷、风浪或风暴潮的强烈淘刷和袭击,可借助防洪(防浪)墙减小堤防横断面、降低土堤顶高程、减少工程占地。防洪(防浪)墙常采用陡坡式挡土(挡水)墙或直立式挡土(挡水)墙,常用断面形式主要有重力式、扶壁式、悬臂式等,防洪(防浪)墙的常用结构是浆砌石、混凝土或钢筋混凝土。

要加强对防洪(防浪)墙的运行安全观测检查,并做好养护工作:要及时清除防洪(防浪)墙表面的杂草、垃圾、杂物,保持表面清洁;对防洪(防浪)墙后填土及时进行填垫、平整、夯实,消除或预防坑洼不平,保证填土密实,防止沿土石接合部过水;对墙体变形缝(沉陷缝)内流失的填料应及时填补,填补前应将缝内杂物清除干净;浆砌石防浪墙局部勾缝脱落应及时修补(同砌石坝的勾缝修补)。

3.3　防渗设施及排水设施养护

堤防的防渗设施主要有黏土铺盖、黏土斜墙、黏土心墙、沥青混凝土斜墙、土工膜或复合土工膜防渗体、水泥混凝土或水泥黏土混凝土防渗墙等。

堤防的反滤排水设施主要有表面式排水(也称为贴坡排水,如沙石反滤层贴坡排水)、内部式排水(如堤坝趾堆石排水体,也称棱体排水;设有水平排水层的堆石排水体;设有水平排水层的上昂式排水体等)、井式排水(减压井、排渗沟)及混合式排水四种。排水设施(体)多由符合级配要求的沙石料修筑而成,也可采用透水土工材料。在堤坝下游设置排渗减压设施后,可避免背河坡脚附近沼泽化,使渗水按指定位置排出和排走;可避免背河堤坡及坡脚附近地基发生渗透破坏(管涌或流土);可降低堤身浸润线(贴坡排水除外)。堤防的反滤排水设施在运用过程中容易因淤塞而失效,必须加强观测、养护、维修,确保其排水减压效果稳定可靠。

对于防渗设施的养护:应注意检查保护层是否完整,有无异常变化(如大的变形、局部突变),或是否可能受到破坏(如开挖、钻探等),对防渗设施所在位置要进行平整、保护,制止可能危及防渗设施安全的行为或活动,以保持保护层及防渗设施完好,发现局部损坏要及时修复(清基、恢复防渗体、恢复保护层)。

对于反滤排水设施的养护:应注意观察出水量及出水颜色有无变化;应经常对排水体出水口及排水减压井周围进行观察、检查,一旦发现有孔洞、暗沟、冲坑、悬空等现象,要排除积水,用符合要求的材料及时填垫、平整、拍打或夯实;要及时清除排水沟内的淤泥、杂物及冰塞,确保排水畅通;减压井周围发现积水,应疏通排水沟或用抽水设备及时排干,填平坑洼,使井口高于地面、井周围无积水;若减压井井盖损坏,应修复或更换;对于排水设施出现的局部松动、裂缝和损坏,轻者进行修补,重者建议维修。

3.4 穿(跨)堤建筑物与堤防接合部养护

3.4.1 穿堤建筑物与堤防接合部养护

常见穿堤建筑物有水闸(涵闸)、虹吸、泵站、各类管道、电缆等。

穿堤建筑物与堤防接合部易存在回填土不密实、不均匀沉陷、集中渗流或雨水集中排放等问题,易导致接合部出现裂缝、沉陷、冲沟(或水沟浪窝)、表层土松软等缺陷。

平时应注意查看穿堤建筑物与堤防接合部有无沉陷、冲沟、表层土松软等现象,一旦发现要及时进行填垫、平整、夯实,以保持接合部填土密实,并使回填土高出周围地面或培修土埂;要注意疏导排水,防止沿接合部形成集中冲刷;穿堤建筑物与堤防接合部发现裂缝时应加强观测,酌情对裂缝采取填土封缝、灌缝、灌浆、开挖回填等处理方法;要注意对穿堤建筑物附近及穿堤建筑物与堤防接合部树草进行浇水、修剪、预防病虫害等管理,及时清除接合部的杂草、杂物,保持工程面貌整洁、美观。

3.4.2 跨堤建筑物与堤防接合部养护

常见跨堤建筑物有桥梁、渡槽、管道、线缆等。

要及时清除跨堤建筑物与堤防接合部的杂草、杂物;对接合部排水设施进行巡查、顺水,保证排水安全,减少和避免雨淋沟或水沟浪窝;对跨堤建筑物支墩与堤防接合部要经常进行观测、检查,发现支墩周围有填土不实或不均匀沉陷时应及时填土、平整、夯实,保证回填土密实、接合部平整。

3.5 管护设施养护

3.5.1 桩牌养护

堤防工程设置的桩牌设施主要有里程桩(公里桩、百米桩)、界桩(碑)、工程标志牌、工程简介牌、交通标志、护路杆、交通闸口设施等。

对以上桩牌设施应经常进行巡查、养护,如注意检查设置是否齐全、埋设位置是否准确、埋设是否牢固、表面是否清洁、涂刷是否醒目、标注是否清晰等,通过补设缺失、调整不当埋设位置、对埋设处填土捣实、拧紧锚固、清除桩牌表面污物、清理桩牌周围杂草杂物及定期刷新等养护,以保证其数量齐全、位置准确、埋设牢固、标志醒目、版面清洁、字迹清晰。

3.5.2 管护设施建筑物养护

对管护设施建筑物(如房屋、观测设施保护建筑物等)要经常清扫、刷新,清除周围杂草、垃圾、杂物,保持整洁、卫生、美观。

生产和生活区的建筑物或设施,如办公室、动力配电房、机修车间、设备材料仓库、宿舍、食堂,应经常清扫、刷新,清除其周围杂草、垃圾、杂物,保持整洁、卫生、美观,要经常检查水、电、管线安全,经常进行通风、换气,创造良好的生活和办公环境。

对于生产和生活区的庭院与环境绿化、美化设施,要及时进行清扫,清除杂草、垃圾、杂物,对树草经常浇水、施肥、修剪、预防病虫害,以保持整体整洁、美观。

3.6　防汛抢险设施及物料养护

防汛抢险设施及物料包含的内容很多,有集中存放于仓库内的(如麻绳、铅丝、木桩、篷布、编织袋、土工材料、发电照明机具、小型工器具等)和专用料场内的(如木材、钢材、大量沙石料、大型机械设备及工具等),还有分散存放于堤防(堤坡、平台或戗台)及土坝体上的(如防汛备土及沙石料等)。

对于在堤防上及土坝体顶上存放的防汛备土及沙石料等,应注意查看其存放位置是否适宜、堆放是否规顺整齐、料堆周围是否整洁、物料质量是否合格、物料数量是否准确、取用是否方便等,针对存在或可能出现的问题做好有关养护工作。按要求的存放形式和几何形状及尺寸归顺整理料堆,使料堆完整、边棱分明、顶平坡顺、排列整齐、规格一致,对土牛边坡经常进行拍打或夯实;及时清除防汛料堆(土牛、沙石料堆)上及其周围的杂草、杂物,保持料堆及其周围环境整洁;对雨后坍塌的料堆要及时恢复完整,对使用剩余的零星料堆要进行规整。

3.7　防护林及草皮养护

植树种草是对堤防采取的生物防护措施,应重视对防护树草的养护管理:要看护树草、禁止放牧,防止树草丢失、损坏;要对树株进行合理修剪,可使枝条分布均匀、利于透风透光、树冠形状美观,并可通过修剪去除病害残枝,使树株长势良好,树株修枝打杈最好在入冬以后进行;为有利于保墒、促进树株的正常生长,应对树林田间或树株周围及时进行除草松土;对树草(尤其是新植树草)应适时进行浇水(田间灌溉或坑灌)或洒水,春季开冻水应浇早浇足,干旱季节应加大浇水量;对树草最好在栽植前施底肥,有条件追加施肥时应结合浇水或降雨进行,对树株可在浇水或降雨前刨坑埋肥,对草皮可在浇水或降雨前撒(洒)施肥料;多雨季节或堤防偎水形成积水后,应及时进行排涝,并将被风刮歪斜的树株及时扶正、培土,对被风刮折断的树株进行平茬、修整;应注意对树草预防病虫害,在病虫害多发季节或蔓延之前,可针对不同病原体和不同害虫而喷洒相应的保护性药物,冬季对树株涂刷石灰水(拌制黏稠度适宜、均匀、好用的石灰浆液;确定整齐一致的涂刷高度,一般高1.2 m左右,位于同一行树株的涂刷顶端尽可能在一条直线上;顶端涂刷整齐,树干周围涂刷均匀、严密),既预防病虫害,又增加工程美观;为使草皮生长旺盛,应及时清除(拔除、铲除、割除或用除草剂灭除)杂草,并对草皮按要求或适宜高度(过高影响通风采光、过低则影响光合作用)进行修剪(多用割草机或镰刀剪割),使修剪后的草皮整齐一致、美观;对缺失树草及时补植,对过于稠密的草皮进行稀疏剔除。

模块4 工程维修

工程维修,是为保持工程完整与安全、延长工程寿命、充分发挥工程效益,对工程已经发生或存在的病害(损坏、缺陷、隐患)所采取的修复、修补、翻修、加固等处理措施,以消除病害或防止病害发展扩大、恢复原状、维持或进一步改善工程面貌。

工程维修包括岁修、大修和抢修。岁修是每年进行的,对经常养护所不能解决的工程损坏的修复;大修是工程发生较大损坏或存在较大缺陷时进行的,工作量大且技术较复杂的修复;抢修是发生危及工程安全的险情时所采取的抢护措施。

本模块包括堤防维修、堤岸防护工程及防洪(防浪)墙维修、管护设施维修。

4.1 堤防维修

4.1.1 土质堤顶维修

土质堤顶常见缺陷有:宽度不够一致,堤肩线不够顺直,边口不够整齐,堤顶有明显起伏、凹陷、坑洼等不平整现象,堤肩处或连同堤坡有冲沟或残缺。

对于堤顶宽度不够一致、堤肩线不够顺直、边口不够整齐的缺陷,可按统一宽度(设计宽度或某堤段内自定统一宽度)定线(挂线或画线)整修堤肩;对于堤顶有明显起伏、凹陷、坑洼等缺陷,可对堤顶进行整修,按对堤顶的整修程度可依次分为平整堤顶、黏土盖顶及堤顶翻修;堤肩处或连同堤坡有冲沟(雨淋沟、水沟浪窝)缺陷,可同时整修堤肩和堤坡(该部分将在堤坡维修中介绍)。

下面重点介绍整修堤肩、平整堤顶、黏土盖顶及堤顶翻修。

4.1.1.1 整修堤肩

1)确定堤顶整修宽度

根据堤顶的设计宽度,结合实际竣工宽度的变化范围,按照便于整修(整修量小)的原则确定堤顶的统一整修宽度。

2)确定两堤肩线位置

按照堤顶宽度一致、两堤肩线顺直及平滑过渡的原则,用撒灰线、插标杆或打桩挂线的方法确定出两堤肩线的位置。

3)整修堤肩

根据标定出的两堤肩线位置,对超宽处采用人工(如用铁锹或镐)或机械(如挖掘机)进行切削整理,用切削的土料或另外取黏性土填补残缺处,对切削处及填土处进行平整、平顺、夯实或压实。

整修堤肩时,要对堤肩附近一定范围内的堤顶和堤坡统一整修,既要使其顶平,也要使其与堤坡平顺衔接,填补前要对填补处进行清基,填补要用含水量适宜的土料或洒水调配,通过整修使堤顶宽度一致、堤线顺直、边口整齐。

4.1.1.2　**平整堤顶**

平整堤顶,可对堤顶进行铲高垫洼,或另外取土填垫低洼处,或用机械进行刮平,并要对整平处夯实或压实。

堤顶有局部起伏、凹陷、车辙、坑洼不平等缺陷时,需及时进行平整,尤其是抓住雨后含水量适中的有利时机集中进行平整。人工整平时,可利用铁锨(或镐)铲高垫洼、整平后用木人夯夯实,或另外取黏性土直接填垫低洼处,并整平夯实;若整修量较大,可利用机械进行整平,如用刮平机械(地平机、牵引式刮平机)刮平、用碾压机械(平碾、气胎碾、不开振动的振动碾)压实,机械刮平和碾压之前可辅助人工进行填土、整边、平整,以保证堤顶顶平、边齐,提高整平效果。

平整堤顶,要充分利用雨后含水量适中的有利时机,这可使整修施工更加容易、整修效果更加明显(可获得较高的密实度,使表面更加平整光滑)。若堤顶过于干燥,可先洒水湿润再整修,或对填土处先洒水,再填含水量适中的黏土,也可直接填垫含水量稍高的黏土,将填土整平后再进行人工夯实或机械压实。

4.1.1.3　**黏土盖顶**

黏土盖顶,即在现有堤顶上普遍铺盖一层黏性土,并通过整修(成型、整平、压实)使堤顶变得平整、密实及符合横向坡度(如整形成花鼓顶)要求。当堤顶土质较差(如含黏量不足,易出现表面松散、浮土等现象)、堤顶缺陷(如起伏、凹陷、车辙、坑洼不平等)较严重、堤顶横向坡度不足(花鼓顶变平或凹陷)及堤顶高度不足时,可对堤顶进行黏土盖顶整修,以恢复或改善堤顶面貌。

盖顶前:将堤顶上影响施工的标志桩牌挖除,并妥善存放;清除堤肩草皮、清基,并将原堤顶表面刨毛(如耙松、旋耕机旋松等)、洒水,以利于新老土层的接合。

盖顶时:作业面长度尽量大些,最小长度一般不小于100 m,以便机械整平和保证大范围平顺;采用符合要求的黏性土进行铺盖,按测算或拟订的盖顶厚度控制铺土,堤顶中部厚些、向两边逐渐变薄,易于整修成符合要求的横向坡度;铺土时,可用推土机摊铺、刮平机械刮平,或机械摊铺、人工整平,一个工段应统一铺土、统一整平、统一碾压,可采用履带式拖拉机、平碾或气胎碾进行压实,碾压机械行走方向平行于堤轴线,并控制行车速度(平碾为2 km/h、拖拉机为2挡),严禁出现漏压、欠压及过压等现象,机械碾压不到的部位可采用人工夯实,压实或夯实后的干密度达到设计要求;压实后可再进行更精细的机械刮平、人工整平和修整成型,最后再进行表面压光。

盖顶后:要对堤肩进行平顺整理,使顶部平整、与堤坡平顺衔接、堤肩线顺直、边口整齐;对两侧堤肩恢复植草;恢复堤顶标志桩牌;对采用集中排水的堤顶,盖顶后还要按原标准重新整修堤肩土质边埂。

4.1.1.4　**堤顶翻修**

堤顶翻修,是将现有堤顶表层土翻松、重新整修成型(如整修成符合横向坡度要求的花鼓顶)、整平并压实,当堤顶凹陷和坑洼不平等缺陷严重,而堤顶高程和土质又满足要求时,可对堤顶进行翻修处理。在雨后或洒水后含水量适宜时,用旋耕犁或拌和机将堤顶一定厚度的土层翻松、破碎、拌匀,也可在翻松后再洒水,并用机械(如旋耕犁、拌和机、牵引耙具等)或人工进行破碎、拌匀;用机械(推土机、地平机、牵引式刮平机)或辅助人工对土料进行推、刮、填垫等整修,使其成型和平整,然后用压实机械进行压实;其他整修内容同黏土盖顶施工。

4.1.2 堤坡陷坑、冲沟的维修

堤坡上常出现冲沟(雨淋沟或水沟浪窝)、陷坑、洞穴、残缺、裂缝等缺陷,这里主要介绍陷坑和冲沟的维修处理。

4.1.2.1 陷坑维修

检查发现堤坡有陷坑时应及时进行开挖填垫处理:对陷坑周边清基,将陷坑上口扩大开挖,挖除陷坑内松土、杂质,把坑壁削成缓坡或回填过程中再陆续切削坑壁(也称为开蹬),以利于新旧土体接合;然后用符合要求的土料分层(每层厚 10 ~ 20 cm)回填、平整、夯实,夯实后土的干密度要达到设计要求(对不同等级的堤防所要求的压实度不同,可根据设计压实度和土料的最大干密度确定设计干密度,设计干密度 = 设计压实度 × 土料的最大干密度),回填完成后土面要略高于周围地面,并对表面及时植草防护。

4.1.2.2 冲沟维修

受雨水冲刷,堤坡上常出现雨淋沟或水沟浪窝,这主要有两方面的原因:一是土坡抗冲能力差,如堤坡土质差、回填土质量不高、护坡措施的防护能力低等;二是形成了冲刷能力较强的集中冲刷,如降雨强度大、堤坡不够平顺、分散排水不够分散,形成了沿低洼处的集中过水而造成集中冲刷,或集中排水不够顺畅(形成积水)、排水设施与周边接触不实,从而导致了沿低洼处或不同材料接合处的集中过水,将造成局部严重冲刷。若以上两方面原因叠加,将会造成对局部堤坡的集中冲刷或严重冲刷,轻则形成雨淋沟,重则形成水沟浪窝,再严重时可与其他隐患贯通形成暗洞,加剧内部隐患。

为预防冲沟,修筑工程要选用符合设计要求的土料,并按质量标准要求进行施工,以提高工程质量;平时要注意填垫低洼处、平顺堤坡,并对填土进行拍打或夯实,要对不同材料接合处进行填垫、平整、夯实,以保持工程表面平整平顺和不同材料接合处的填土密实,要合理安排排水出路和培修挡水土埂(或在土石接合部修做眉子土),使散排水均匀、集中排水顺畅;加强护坡草皮的管理,提高草皮的防护能力;雨水期间要及时顺水排水、圈挡低洼过水处、防护抗冲能力薄弱处,对已形成的冲沟(雨淋沟、水沟浪窝)周围进行圈堵,防止因集中过水而造成集中冲刷或使冲沟继续扩大。

对堤坡上已经形成的冲沟,一时不能处理时应对其周围进行圈堵,以防止继续扩大;待土料含水量适宜时应及时进行开挖填垫处理。对冲沟周围进行清基,将冲沟内杂物清除干净,挖除松土(一般需挖至沟底以下 0.5 m),将沟壁切削成缓坡或在回填过程中再逐渐切削开蹬,以利于新旧土体接合;用符合要求或抗冲能力更强的土料分薄层(每层厚 15 ~ 20 cm)回填、平整、夯实,回填土夯实后的干密度不小于原堤防标准或设计标准,回填土顶部应高出周围地面(高出值的大小,应根据总回填深度、夯实质量等因素综合考虑确定,以沉陷后不低于原地面为宜,一般需高出 10 ~ 20 cm;若因冲沟底部不够平整而使中部回填深度大、边缘回填深度小,也可将回填后的顶面做成蘑菇顶),以防因再次集中过水而造成更严重的冲刷;填垫完成后应对裸露土面及时植草防护,以提高其抗冲能力。

4.2　堤岸防护工程及防洪(防浪)墙维修

当堤岸防护工程的堆石护坡或护脚(也称为护根,习惯称为根石)出现沉陷坍塌、残缺、走失(石块被水流挟带而走或因水流淘刷基础而引起塌陷滚动)等缺陷时,若水流平缓、冲刷力小,可采用抛投一般块石(也称散石、乱石)的方法对缺陷处进行维修加固,若水深溜急、冲刷力强,可抛投大块石(自然大块石、黏结大块石)、预制块体或石笼进行维修加固。

4.2.1　抛散石

4.2.1.1　抛石方法

抛散石有多种施工方法,按施工位置的不同分为坝岸顶抛石和水上抛石两种;按施工组织形式的不同分为人工抛石、机械抛石、人机配合抛石及船抛石等方法。

1)人工抛石

人工抛石,多指在坝岸(护坡)顶进行,靠人力搬运石料并抛投的抛石施工方法。抛石前,首先要在需抛石位置对应的坡面上支设或顺坡摆放抛石排(滑槽),以供顺抛石排(滑槽)抛投石料,可通过调换抛石排(滑槽)的长度和倾斜程度而调整抛投石料的滑落位置,以确保抛石到位,并可防止抛投石块砸坏坝岸(护坡)坡面;抛石时,由人工直接搬运或利用架子车运送石料并抛投于抛石排(滑槽)上,石块借自重滑落于需抛石位置。

2)机械抛石

机械抛石,一般指在坝岸(护坡)顶部进行、靠机械运输和抛投石料的抛石施工方法。根据施工机械或机械组合的不同,机械抛石又有不同的抛投方法。可由机械(如装载机)装运石料,并卸放于已支设的抛石排(滑槽)上,石料借自重滑落于需抛石位置;也可由机械(如挖掘机)装运石料,并直接将石料放置(借助于较长的悬臂)或抛投于需抛石位置;如石料距抛石位置较远,还可由一种机械(如装载机)装运石料至坝岸(护坡)顶部附近,再由另一种机械(如挖掘机)将石料抛投或放置于需抛石位置。

3)人机配合抛石

人机配合抛石,可按人工抛石做好各项准备工作,采取机械运输石料(如用自卸汽车或拖拉机由石料开采场直接运输,或用装载机由石垛运输)至坝岸(护坡)顶部抛石位置,再由人工抛投石料在抛石排(滑槽)上,石料借自重滑落于需抛石位置;也可采取机械运输、抛投石料,人工拣整顺坡。

4)船抛石

船抛石,属于水上抛石,是用船将石料运输至需抛石位置的对应水面上,将船体定位后由人工向需抛石位置直接抛投石料。该种方法仅适用于有水运条件、采用水运方式运输石料、抛石位置在水面以下的抛石施工。

采用船抛石时,抛石前要在坝岸顶及岸坡上用明显的标志标示出需抛石位置,确定抛投位置时应考虑石块在水中下落期间顺水流的水平移动距离;船到位后要利用锚、缆进行准确及安全定位;事先确定每个断面的抛投数量,按计划数量抛石,抛石顺序一般是先上游、后下游,先深水、后浅水。

4.2.1.2 **抛石要求**

(1)抛石前,应探测拟抛石断面形状,或根据根石探测断面图确定抛石断面,标示抛投区位置,掌握水深、流速等水情水势,为施工调度提供依据;

(2)为增加抗冲能力,抛投石料的单块质量一般应在 30 kg 以上,有条件的可先抛大石块,再抛乱石;

(3)加固维修抛石宜选择在枯水期进行,以便确定抛石位置、抛石到位和整修;

(4)抛石时,应尽可能直接抛投到位,如及时变换抛石排(滑槽)在坝岸上的支设位置、调换抛石排(滑槽)的长度和坡度,若采用船抛石应将船准确定位并适时调整,确保送石到位;

(5)抛石中,应及时探测抛石后的坡度,以便调整抛投位置;

(6)在水深溜急的情况下,应选用大块石在预计抛石范围的偏下游部位先抛投出一条石埂,然后用一般块石逐次向上游抛投,并要突击抛投,以减少石料走失;

(7)抛石完成后,对水下抛石要及时进行探测,以检查抛石位置是否准确、抛石坡度是否满足要求,如有不足应考虑是否需要补抛;对水上抛石应进行拣整或粗排,以使抛石到位、坡面平顺、符合坡度要求,从而恢复或进一步改善工程面貌。

4.2.1.3 **抛石拣排**

抛石的拣排包括拣整和粗排。

1)拣整

拣整为通过搬运高处的石料补填至低洼处(即去高填洼)或直接将多余石料抛投到水下,以消除新抛石或洪水过后出现的石料堆积、坡面不顺、局部残缺等现象,也可按设计坡度或平均坡度对堆石护坡和根石的坡面进行平顺整理,以使坡面平顺、符合坡度要求、表层石块排放稳定、表面没有浮石和小石。

拣整时,应按设计坡度或自定平均坡度进行控制,要自上而下将控制坡面以外的石料抛至低洼处或抛入水下,并将表层石块排放稳定,这可使坦石或根石稳定、抗冲。

2)粗排

粗排比拣整的质量要求更高,是在拣整归顺坡面的同时挑选出适宜的表层用石(不经专门加工,可仅用手锤打去虚棱边角),然后对表层石料进行层层压茬、排放严紧、坡顺石稳地排整。粗排时,大石块丁向使用排在外层,一般石块大面朝下排在中间,较小石块排在里层,内外互相衔接,上下层层压茬,大石排紧,小石塞严。

通过粗排可使表层石料更加稳定、抗冲,工程面貌更加整齐、美观。

粗排多用于堆石护坡坡面,也可用于枯水位以上根石,粗排根石除直接对散石进行排整外,也可用铅丝网片进行网护或直接用石笼排砌。

4.2.2 抛石笼

当堤岸防护工程根石走失严重或因遭受大溜顶冲而易将散石冲走时,可采用抛投石笼的方法进行加固维修。

石笼是利用网片(如铅丝网片或其他材料网片)或笼筐(如用钢筋焊制或由其他材料

编制）装散石并经封口而成的，从而可将散石笼成一个松散的整体，以提高其抗冲能力，比较常用的是铅丝石笼（简称铅丝笼）。石笼的大小应视加固需要和抛投能力而定，常用石笼体积一般为 1.0 m^3 左右，大的体积有 2～3 m^3。

抛石笼施工多在坝岸（护坡）顶进行，分为人工抛笼、人机配合抛笼；若条件许可（如水上、水位较低、有施工场地等）也可在拟抛石笼位置直接装石成笼，或在其附近装石成笼后再掀抛到位，习惯将这种现场装抛石笼称为抛旱地笼；还可采用船抛石笼。

4.2.2.1　人工抛石笼

人工抛石笼的施工步骤为：在拟抛石笼位置的对应坡面上支设抛石排，在与抛石排对应的坝岸（护坡）顶部安设专用抛笼架（能借助转动而抛笼）或临时摆放数根垫桩（靠掀垫桩抛笼）；在抛笼架或垫桩上铺放提前编制或现场编制的铅丝网片或笼筐；用已运至附近的散石在网片上或笼筐内装石，在网片上装石时不要砸断铅丝，也可在笼片上先铺放一薄层柳料，装石时要小石在里、大石在外，四周装实放稳；完成装石后进行封笼，封网片时可用稍微带弯的钢筋棍或木棍直接将折起后的铅丝网片的相邻边拧在一起，封笼筐时可另用铅丝将笼筐与筐盖拧在一起，封笼要严紧，每米长封口的拧结处应不少于 4 道；最后是抛笼（推笼），抛笼时，在统一喊号指挥下、多人用力一致地掀动抛笼架或掀动垫桩，使石笼滑落于抛石排上，并沿抛石排滑落于需抛笼位置。

4.2.2.2　人机配合抛石笼

人机配合抛石笼的施工组合有多种形式，施工步骤也因组合不同而不同。

一种组合的施工步骤为：在抛石笼位置的对应坡面上及顶部由人工或人机配合支设抛石排、抛笼架或摆放数根垫桩；在抛笼架或垫桩上铺放网片或笼筐；用装载机将石料装运至装笼地点并装笼；由人工封笼并抛笼；

另一种组合的施工步骤为：将铅丝网片或笼筐铺放在机械（如挖掘机）斗内，由另一机械装运石料并装笼，有人工封笼，靠机械伸长悬臂直接将石笼抛在指定位置。

4.2.2.3　抛旱地笼

当拟抛石笼位置在水上、水位较低、附近有装笼或装抛笼施工场地时，可在拟抛石笼位置直接铺放网片，利用现场散石或已提前抛投的散石进行装石、封口成笼，这可使石笼的大小和形状随位置需要而变，使抛笼后的坡面更加平顺，且避免了因从高处抛投而可能导致网片破裂或铅丝被砸断；另外，也可在拟抛石笼位置附近铺设数根垫桩，在垫桩上再铺放网片，然后装石、封口成笼，最后掀桩推笼至需要抛笼位置。

4.2.2.4　船抛石笼

在船上铺设垫桩、垫桩上铺放网片或笼筐，然后装石封笼、直接推笼入水，这更容易抛笼到位。

4.2.2.5　抛石笼注意事项

（1）抛水下石笼期间，应不断进行探测，以及时掌握抛笼到位情况或调整抛笼位置，确保抛笼到位；

（2）抛笼时，注意调整滑落高度，尽量防止砸断网片铅丝或造成石笼破裂；

（3）推笼前，先进行安全检查，防止笼片挂在抛笼架上或铅丝挂带施工人员入水；

（4）抛笼完成后，应再抛投足够量的散石，以利用散石填补笼与笼之间的空隙，并通过对水上散抛石的拣整使其坡面平顺、面貌美观。

4.3 管护设施维修

各种标志标牌(主要包括交界牌、指示牌、里程桩、边界桩、标志牌、责任牌、简介牌等)及交通闸口设施(如警示桩)一般由金属材料、水泥混凝土(多为预制件)或石材(多为装饰石材)做成。

界桩、标志标牌及交通闸口设施常出现的问题或缺陷有:连接或安装不牢固,埋设不稳固,涂层脱落,标示不清晰或警示不醒目,金属构件变形、生锈,混凝土或石材受损残缺等。平时要加强对界桩、标志标牌及交通闸口设施的巡视检查,发现问题或缺陷要及时进行维修。

连接或安装不牢固时,要进行拧紧、锚固或焊接。

埋设不稳固时,一般应根据原埋设情况进行加固,如对原埋设处再培土捣实或夯实、增加锚拉或支撑、加大混凝土或砌石基础(墩子),必要时可改变成更加稳固的埋设方式。

发现涂层脱落,可将脱落处原涂层用铲子清除,或用砂纸磨平,必要时可刮腻子找平,然后进行底色粉刷和标示内容喷涂。

标示不清晰或警示不醒目时,可先粉刷底子,再进行文字或图案喷涂(如对界桩、交通闸口设施进行红白相间的刷漆),以使标示清晰、警示醒目。

发现金属构件变形、生锈时,应及时整形、用砂纸或砂轮除锈、刷防锈漆、恢复原颜色或标示内容。

若混凝土预制桩牌出现受损残缺,轻者可抹水泥砂浆、找平、压光,或通过刮腻子找平,或用环氧原浆涂料刷涂;重者可用混凝土补修、找平、压光,或用混凝土补修后再刮腻子找平;最后恢复外观面貌。

若特制石材(尤其是精加工高档石材)桩牌受损残缺,应请专业加工人员修补,或按原设计标准重新加工、更换。

另外,若发现界桩、标志标牌及交通闸口设施的埋设位置不准确,要及时调整;若有丢失或设置数量不足(如界桩偏少)现象,要及时进行补设。

模块5　工程抢险

工程抢险主要指对防洪工程突发险情所进行的紧急抢护，使之转危为安。险情的形成和发展受多种因素影响，在着手抢险以前必须对产生原因有正确的分析判断，对人力、物力、后勤供应准备情况有足够的了解估计，然后确定适合具体条件的抢护措施，全力以赴地进行抢险。本模块主要介绍陷坑及漫溢险情的抢险。

5.1　陷坑抢险

5.1.1　险情简述

陷坑又称跌窝，一般是在持续高水位或大雨情况下，在堤顶、堤坡、戗台及坡脚附近，突然发生局部下陷而形成的险情。这种险情既破坏堤防的完整性，又可能因缩短渗径而降低堤防的抗渗能力，易诱发渗水、管涌、漏洞等险情，严重时可导致堤防决口。

陷坑也常伴随有渗水、管涌、漏洞等险情同时发生。

5.1.2　原因分析

导致堤防发生陷坑险情的主要原因如下：

(1)施工质量差。如堤防分段施工的两工接头处理不好，因筑堤土块大、碾压不实而致使土块架空，水沟浪窝回填不实，刨树坑夯填不实，堤身或堤基局部不密实，堤内埋设涵管漏水，土石(混凝土等)接合部不密实等。

(2)堤防存有隐患。如基础未处理或处理不彻底，有白蚁、獾狐、老鼠等动物洞穴，有坟墓、地窖、防空洞等人为洞穴，有树根或抢险料物腐烂形成的空洞，堤身或堤基内有内部裂缝、暗洞、古河道等。

(3)遭遇持续高水位浸泡或暴雨冲蚀。在渗透水流或暴雨冲蚀入渗作用下，工程质量较差处或隐患处周围土体可能因湿软、支撑不住上部土体而下陷形成跌窝。

(4)伴随渗水、管涌或漏洞险情发生陷坑。由于对堤防渗水、管涌、漏洞等险情未能及时发现和处理，可能因湿软而下陷形成跌窝，或因土体抗剪强度降低使已有架空塌陷而形成陷坑，也可能使堤身或堤基局部范围内细土颗粒被渗水带走而形成新的架空，当架空处支撑不住上部土体时即发生局部塌陷而形成陷坑。

5.1.3　一般要求

陷坑抢险以“查明原因，抓紧抢护，防止险情扩大”为原则，应根据出险部位、出险原因及当时条件采取不同抢护措施，及时进行抢护或防护处理，以消除险情或防止险情扩大。对位于堤顶或临河的陷坑要用防水截渗材料回填，对位于背河的陷坑要用反滤导渗材料回填。

5.1.4 抢护方法

发现陷坑后应根据具体情况和不同天气而采取相应的抢护方法：雨天要以防护为主，如在陷坑周边抢修挡水小围堰或用防水布覆盖陷坑，以防止陷坑险情继续扩大；正常天气情况下应突出一个抢字，在条件允许的情况下应及时采用翻挖（开挖）、分层回填、夯实的方法（也称为翻填夯实法）予以彻底处理；当陷坑在水下不太深时，也可先在陷坑周围抢修土袋围堰，将水抽干后再进行翻填夯实；对不宜进行翻填处理（如堤身单薄等）或在水下较深的陷坑，可进行填土或填土袋，并可同时进行帮宽加固，称为填塞封堵；对背河陷坑，尤其是伴有渗水、管涌或漏洞等险情的陷坑，应采用反滤导渗材料回填。

5.1.4.1 雨天防护

雨天出现陷坑且降雨不停时，为防止陷坑继续扩大应及时采取防护措施，如冒雨在距陷坑口 0.3 ~0.5 m 以外周边抢修挡水小围堰，所用材料酌情确定，如黏土、土袋或土与防水布，以阻止雨水流入陷坑；条件允许时，可在抢修挡水小围堰的同时用防水布覆盖陷坑，或在陷坑周边挖沟槽以将覆盖陷坑的防水布周边掩埋密实。同时，要加强观察，警惕防护小围堰失效。

降雨过后，要适时对陷坑进行翻挖、分层回填和夯实处理。

5.1.4.2 翻填夯实

若条件许可（如无降雨，陷坑在水上，水情允许开挖施工，未伴随渗水、管涌等险情），应优先采用翻填（开挖回填）夯实的方法对陷坑进行抢护。

1）开挖

（1）清基：将陷坑内、陷坑周边拟开挖范围（根据陷坑深度和开挖坡度确定）内及开挖范围外 0.2 m 内的松土、草皮、杂物清除干净，清除物应弃掉，不得用做回填土料。

（2）开挖：开挖边坡不陡于 1∶0.5 ~1∶1.0（硬土陡些，松土缓些），一般开挖至坑底以下 0.5 m，当开挖较深时可逐级开蹬（如每 1 m 坑深开一级蹬，蹬宽 0.3 m）。对开挖土料要分类堆放，符合要求的开挖土料可再用于回填。

2）回填

（1）回填材料：对位于堤顶或临水坡的陷坑，宜用防渗土料回填。对位于背水坡及背水坡脚以外的陷坑，宜用透水性土料回填。当陷坑在水下不太深时，可先在陷坑周围抢修土袋围堰，将水抽干后再进行翻填夯实。

（2）分层回填夯实：应控制每层回填土虚土层厚 0.2 ~0.3 m，为确保填土层不超厚，严禁把土料直接倒入坑中；夯实机具一般选用电夯、气夯、石硪、手锇等。

（3）回填超高：为满足沉陷需要和防止从回填处集中过水，应使回填处顶部中心点高出周边原地面 h（h 等于坑深的 1/10），回填处周边高出原地面 0.02 ~0.05 m，回填覆盖范围要大于开挖坑周边 0.2 m，从而使回填土形成中间鼓的“饱盖顶”形状。

5.1.4.3 填塞封堵

当陷坑发生在堤身单薄的临水坡或临水陷坑在水下较深时，可直接用黏性土填塞陷坑或用编织袋、麻袋、草袋装黏性土填塞陷坑，将陷坑填满后再抛填黏性土加以封堵和帮宽堤身或修筑前戗,见图3-5-1,以彻底消除堤身隐患,防止在陷坑处形成渗水通道。

若在陷坑处发现漏洞进口应立即堵住,以防止进水,并在背河采取反滤导渗措施。

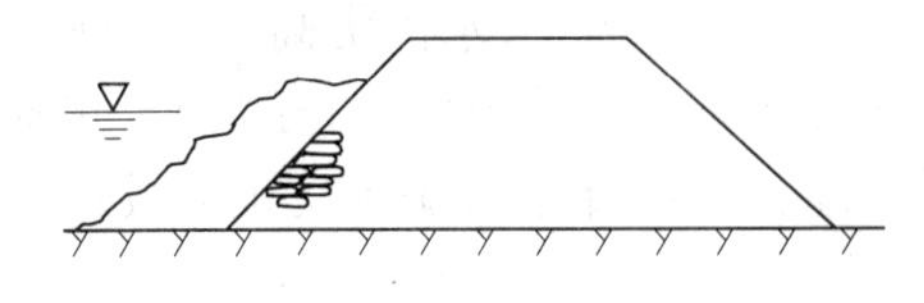

图3-5-1　**填塞封堵**

5.1.4.4　填筑滤料

若陷坑发生在堤防背水坡或坡脚附近,应用透水材料回填;当背水侧陷坑处伴有渗水、管涌险情时,应先清除陷坑内松土或湿软土,然后用粗沙填实,如涌水水势严重,可按背水导渗要求加填沙石、石子、块石、砖块、梢料等透水材料,以消杀水势,待将陷坑填满后再铺设沙石反滤层;若背水侧陷坑处伴有漏洞险情,应尽快找到漏洞进口,对堤防临水侧进行截堵,对背水侧用透水材料回填和采取反滤排水措施。

5.1.5　陷坑抢险注意事项

(1)对陷坑险情,应先查明原因,准确把握各类条件,区别不同情况选用不同抢护方法,要备足物料,迅速抢护。

(2)在陷坑抢护过程中,必须密切注意上游水位涨落变化,及时采取对应措施,以免诱发其他险情。

5.2　漫溢抢险

5.2.1　险情简述

漫溢是洪水漫过堤顶的现象,因洪水漫过堤顶而形成的险情称为漫溢险情,简称漫溢。土质或土石堤坝一般按非溢流结构设计,其抗冲刷能力(尤其是堤顶及背水坡)较差,一旦发生洪水漫溢堤坝,将对其造成严重冲刷,使其快速坍塌,甚至造成决口。

5.2.2　原因分析

造成堤防漫溢的主要原因如下:

(1)由于暴雨集中而形成特大洪水(超设计标准洪水),或河道宣泄洪水不及而壅高水位,都可能使洪水位高于堤顶高程;

(2)设计时对波浪壅水和爬高估计不足,大洪水恰遇较强风浪时使波浪超过堤顶;

(3)施工中堤防未达设计高度,或因地基有软弱层、填土碾压不实而产生过大沉陷量,导致堤顶高程低于设计值;

(4)河道内有阻水障碍物(如闸坝、桥涵、渡槽、生产堤、围堤、违章建筑物、片林、高秆作物等)或河道严重淤积,从而降低了河道泄洪能力,可使水位壅高而超过堤顶;

(5)主流坐弯、风浪过大、地震等壅高水位。

5.2.3 一般要求

对漫溢险情的抢护原则是“预防为主,水涨堤高”。当预报洪水位有可能超过堤顶时,为防止发生洪水漫溢,应在堤顶迅速抢筑子埝(子堤)。选择抢护措施时应充分利用机械和人力、因地制宜、就地取材,力争在洪水到来之前完成加高防护。

5.2.4 抢护方法

为防止漫溢险情的发生,除平时进行河道整治(如裁弯、疏浚)和加强河道管理(制止违章建筑、清除行洪障碍物等)、汛期采取洪水调度措施(如运用上游水库的调蓄作用削减洪峰,采取分滞洪措施减轻堤防压力)外,更多的是当预报洪水位有可能超过堤顶时迅速在堤顶抢筑子堤,常用子堤有土子堤、土袋子堤、防水布土(或土袋)子堤、桩柳(木板)子堤、柳石(土)枕子堤等。

5.2.4.1 土子堤

土子堤是完全用土修筑成的子堤,所以也习惯称为纯土子堤。土子堤临水坡脚一般距堤顶临河堤肩 0.5 ~ 1.0 m,顶宽 0.5 ~ 1.0 m,边坡不陡于 1∶1,子堤顶应超出预报最高洪水位 0.5 ~ 1.0 m。

在抢筑土子堤前,应清除子堤底宽范围内原堤顶面的草皮、杂物;将子堤底宽范围内原堤顶表层土刨松或犁成小沟,以利于新老土接合;沿子堤轴线先开挖一条深 0.2 m、底宽约 0.3 m、边坡 1∶1 的接合槽,以扩大子堤与原堤顶的接合面,见图 3-5-2。

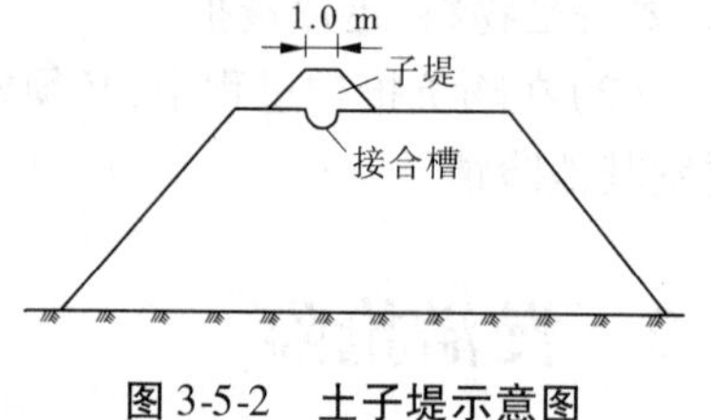

图 3-5-2 土子堤示意图

抢筑土子堤时,应选用黏性土,要分层填土、夯实,以确保填筑质量和防渗效果。不要用沙土、含有植物根叶的腐殖土、易溶于水的土料及透水强的材料填筑。

抢筑土子堤应在背河护堤地以外取土,以维护堤坝安全;遇紧急情况时,可用汛前沿堤储备土料;万不得已时,可临时借用背河护堤地或浸润线以上背河堤肩土料,用后应尽快恢复工程。

采用土子堤法能就地取材、施工简单、修筑快、费用低,但其抗冲能力差,该法适用于堤顶较宽、取土容易、风浪不大、洪峰历时不长的堤段。

5.2.4.2 土袋子堤

土袋子堤指全部用土袋排砌成的子堤或主要用土袋排砌并培土筑成的子堤,见图 3-5-3。土袋主要起固定成型和防冲作用,这可减少用土并提高子堤的抗冲能力,该法适用于堤顶较窄、风浪较大、取土较困难、土袋供应充足的堤段。

装土袋子应优先选用防水土工编织袋,也可用一般土工编织袋、麻袋或草袋,袋子装土不应超过七八成,以便搬运和排砌,可将袋口缝合或扎严,也可在排砌时将袋口叠压,所用土料最好是黏性土或两合土,土料紧张时也可装颗粒较粗或掺有砾石的土料,避免使用稀软和易溶于水(易被风浪冲刷吸出)的土料。

土袋子堤的临水坡脚距临水堤肩 0.5 ~ 1.0 m,子堤顶高程应超过最高洪水位 0.5 ~

1.0 m。

排砌土袋时，若排砌单排土袋，可将袋口顺纵向依次叠压，要排砌紧密，上下层要错缝掩压，逐层向后收坡，以使土袋子堤临水面形成 1∶0.3 ~ 1∶0.5 的边坡。高度超过 1 m 的子堤可排砌多排土袋，或仅将底层酌情加宽，排砌时应将临水侧土袋的袋口朝向背水侧，土袋内侧缝隙可随排砌随用散土填垫密实。

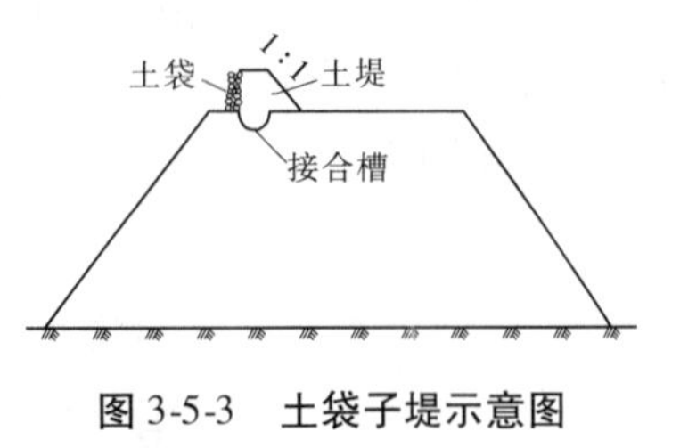

图 3-5-3　土袋子堤示意图

若需要在土袋后培土，应随排砌土袋随分层铺土夯实，土戗背水坡不陡于 1∶1。

子堤的临水侧缝隙可用麦秸、稻草塞严，以免土料被风浪抽吸出来。

5.2.4.3　**防水布土(或土袋)子堤**

防水布土(或土袋)子堤是在纯土子堤或土袋子堤上再覆盖防水布而成的子堤，通过覆盖防水布(如彩条编织布、复合土工膜、篷布、土工膜等，用土工织物代替也有较好的防冲效果)可进一步提高子堤的抗冲能力，所以其中的土子堤可与纯土子堤相同或稍小些。

铺设防水布或土工织物前，应清除铺设范围内的杂草、杂物、尖锐物；铺设防水布时，应至少从原堤顶临水堤肩以下 0.5 m 处铺至子堤背水堤肩，在防水布下边沿处要打小桩固定，或排压土袋压稳，或挖沟槽用土埋压，在防水布上边沿处要填土或用土袋压稳，在防水布的其他范围内也应花压(不连续地摆放)一些土袋，以保证防水布裹护稳固可靠，提高部分原堤坡和子堤临水坡的抗冲刷及抗风浪淘刷能力，确保子堤安全。

例如：1992 年 8 月 7 日，黄河发生花园口站洪峰流量 7 600 m^3/s 的洪水，河南中牟九堡下延工程 1 800 m 长连坝将会漫顶，中牟黄河河务局提前采取抢修子堤的措施，赶在洪水到来之前 4 h 完成抢修子堤 1 800 m(完成土方 1 800 m^3，用塑料布 6 000 m^2、编织袋 5 000条)，防止了洪峰水位超高坝顶 0.3 m 洪水的漫溢，避免了因工程失事而可能导致顺堤行洪等严重后果，使工程转危为安。

为便于防水布或土工织物的铺设，可先将其做成软体排(将防水布或土工织物的底端坠上圆柱体重物，如钢管或水泥杆，也可缝制成管状袋子后装填土料或沙石并封口成土枕，以起到配重和便于自动滚放的作用；配重体两端各拴长绳一根，以便铺设时控制排体；防水布或土工织物的上端也拴系绳索或固定直杆后再拴系绳索，然后将其自配重端开始滚卷成捆)，然后由上而下进行滚展铺放，并将上端压稳或打桩固定，见图 3-5-4。

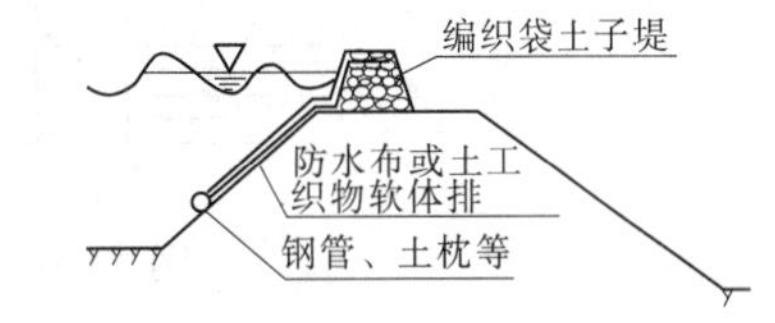

图 3-5-4　防水布或土工织物土袋子堤示意图

5.2.4.4　**桩柳(木板)子堤**

当土质较差、取土困难、缺乏土袋，可就地取得桩柳(或其他梢料)，或可提供木桩或木板时，可修筑桩柳(木板)子堤，参见图 3-5-5 和图 3-5-6。其中，单排桩桩柳子堤的具体做法是：①在距临水堤肩 0.5 ~ 1.0 m 处打木桩一排，桩长可根据子堤高而定，木桩梢径为 5 ~ 10 cm，木桩入土深度为桩长的 1/3 ~ 1/2，桩距为 0.5 ~ 1.0 m；②在桩后的堤顶上挖深约 0.1 m 的纵向沟槽；③将柳枝、秸料或芦苇等捆成长 2 ~ 3 m、直径约 20 cm 的柳(软料)把，用铅丝或麻绳将柳把自下而上逐层叠放地绑扎于木桩后，第一层柳把(也称埽由)放置在沟槽内,也可直接将散柳捆扎在木桩后;④在柳把或散柳后面再散放厚约 20 cm 的秸料;⑤在秸料后再分层铺土、夯实,修做成土戗,土戗顶宽 1.0 m,边坡不陡于 1:1,其做法与土子堤相同。

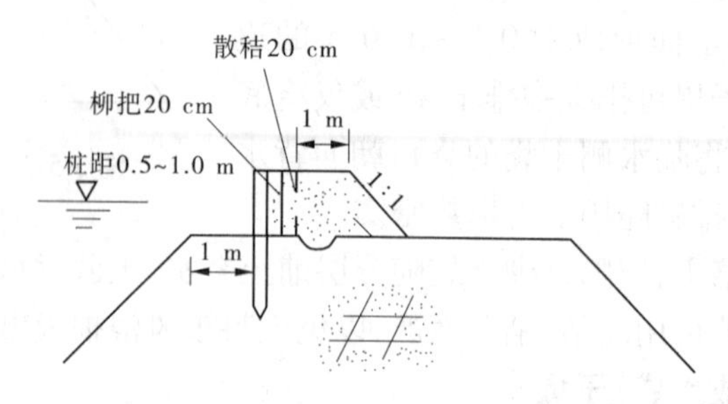

图 3-5-5　单排桩桩柳子堤示意图

若堤顶较窄,也可在拟修子堤前后各打一排木桩,两排桩的排距为 1.0 ~ 1.5 m,两排桩内侧相对绑扎柳把或散柳,再在柳把或散柳内侧各散放秸料一层,然后在中间填土夯实,以做成双排桩桩柳子堤。为增加整体性,可用 16 ~ 20 号铅丝将两排桩依次对应拴拉紧固,也可用木杆将两排桩依次对应钉紧或绑扎固定。

当缺乏柳料时,也可用木板、门板、秸箔等代替柳料,从而修筑成桩木板(或秸箔)子堤。

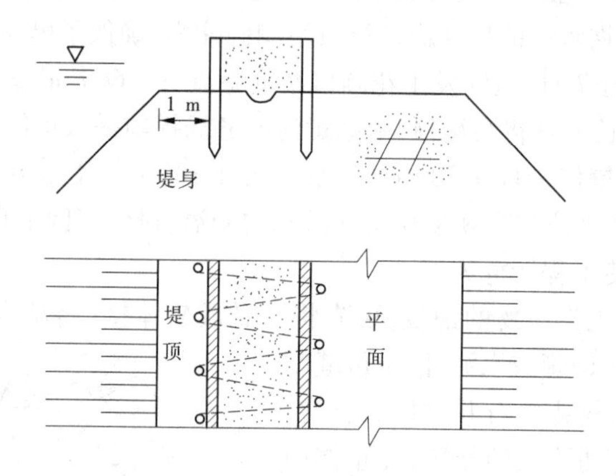

图 3-5-6　双排桩桩柳子堤示意图

5.2.4.5　**柳石(土)枕子堤**

当取土困难、柳料比较丰富时,可抢修柳石(土)枕子堤,具体做法是:①根据拟修子堤高度、枕直径大小和枕的堆放方式确定子堤横断面上的柳石枕个数;②在距临水堤肩 0.5 ~ 1.0 m 处捆扎固定底层第一个枕,要在底层第一个枕两端各打设木桩一根或在枕下挖深 0.1 m 的沟槽,以固定枕和增加枕与堤顶的接触面;③按确定的堆放方式完成其余枕的捆扎堆放,即堆放枕达要求的子堤高度;④在枕后再修筑土戗(土子堤),如对拟做戗范围进行清基,开挖接合槽,刨松拟做戗范围的堤顶表层,以利新旧土的接合,然后在枕后分层铺土、夯实,要求戗顶宽一般不小于 1.0 m,边坡不陡于 1:1。

5.2.4.6　**防洪(防浪)墙防漫溢子堤**

当修建土质堤防受到场地或土料限制时,可用独立的防洪墙代替土质堤防,或在土质堤防临河修建陡坡防洪墙(也称为挡土墙),或在堤顶上的临河堤肩处设置防浪墙,以通过减小填土断面、降低填土高度而减少用土量或减少占地,防洪(防浪)墙一般为浆砌石、混凝土或钢筋混凝土结构。

当防洪墙有可能漫溢时,可直接在墙顶用土袋进行加高,若因加高而影响墙体稳定安全,可在防浪墙前抛投土袋或块石进行加固。

当防浪墙有可能漫溢时,可在墙后填土或排砌土袋,待填土或土袋与防浪墙顶齐平后再进行加高。在墙后填土或排砌土袋时,其高度、宽度及坡度应满足挡水和自身稳定要求,以防止将防浪墙挤压倾倒。

5.2.4.7 机械化修做子堤

在抢筑子堤时,应尽可能发挥机械化施工速度快、效果好、省时、省力的优势,实行机械化或人机配合修做子堤,使抢险更加主动。适宜机械化修做的有土子堤、防水布土子堤、土袋子堤等,其修做方法步骤如下:

(1)挖槽、清基、刨毛。如用挖掘机顺拟修子堤轴线开挖接合槽,用推土机或装载机对拟修子堤范围进行清基,对不太坚硬的土质表层可用旋耕犁(机)进行刨毛,对坚硬表层可用挖掘机刨毛。

(2)防水布料缝制或黏合。可用缝合机提前将防水布料缝制成符合抢险需要长度和宽度的布块,也可用缝合机或胶黏剂在抢险现场对防水布料进行缝制或黏合。

(3)修做土子堤。用挖掘机或装载机挖装土,自卸车运土,推土机或装载机铺土、整平,用推土机或碾压机具压实,人工整修子堤。

(4)土袋排砌和花压土袋。可用装袋机装土袋,机械运输土袋,由人工完成土袋排砌,或对防水布和土工织物花压土袋。

5.2.5 注意事项

防漫溢抢险应注意以下事项:

(1)预报可能发生漫溢险情时,应尽快做好抢修子堤的物料、机具、人力、进度、取土地点、行车路线(施工道路)、施工场地布置、后勤保障等安排,制订周密的抢护方案。抢护中,要统一指挥,充分发挥机械作用,务必在洪水到来之前完成子堤修做。

(2)在选择抢护方法上要随机应变,应结合现场条件和供料情况尽可能首选适宜机械化修做或人机配合修做的子堤,只有条件受限或工程量较小时才全靠人工抢修。

(3)抢筑子堤务必全线同步施工,突击进行,不能做好一段再做一段,决不允许中间留有缺口或部分堤段施工进度过慢。

(4)抢筑子堤要保证质量,要指派专人指导、检查、监督施工,绝不允许子堤溃决。

(5)完成子堤抢筑后,仍要有足够的防守力量加强防守,要严密巡视查险,以便发现问题及时抢护。

5.3 抢险备料制作

本节主要介绍铅丝笼网片编织和柳把捆扎。

5.3.1　铅丝笼网片编织

工程抢险或根石加固所用石笼是用网片或笼筐装散石并经封口而成的，其中常用铅丝网片，网片的大小取决于拟抛石笼的体积，其最小面积为石笼立方体的表面展开面积，如 1 m^3 石笼至少需要 6 m^2 网片（如图 3-5-7 所示，称为两侧带耳网片），2 m^3 石笼至少需 10 m^2 网片，3 m^3 笼至少需 14 m^2 网片，石笼体积越大，其抗冲能力越强，抢护效果越好，也越节省网片材料，但抛笼操作难度越大，所以一般常用 1～3 m^3 石笼。

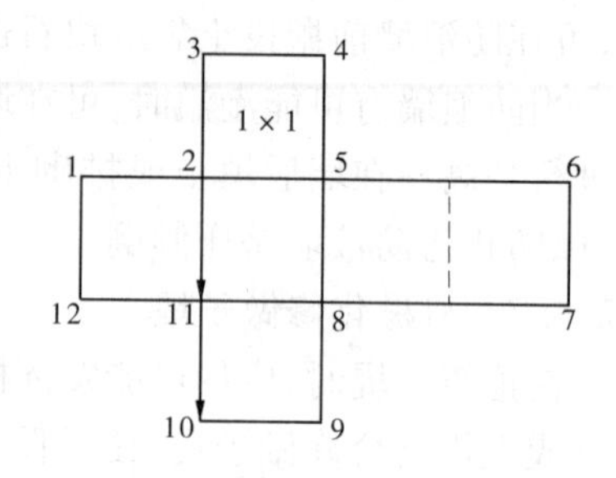

图 3-5-7　1 m^3 石笼网片示意图

按笼体表面展开形状编织网片最节省编网材料，但这也给下料、编织及储存运输带来不便，为适应快速抢险的需要，也常按单块矩形网片（如 $A \times B$）进行下料和编织。

铅丝网片一般用 8 号或 10 号铅丝做网纲，用 12 号铅丝编网，网眼为 0.15～0.2 m 见方，可人工编织或用特制机械编织，人工编织铅丝网片的操作步骤方法如下。

5.3.1.1　布设网片边框

打小木橛：选择宽敞平整的土场地，按网片形状和尺度要求，在网片的周边打若干个小木橛以形成网片边框，木橛高出地面 0.2 m，埋深以使小木橛稳固为准。若编织常用尺寸的网片，也可提前用钢材（如角钢和钢筋）焊接成定型的编网框架，并在框架周边上加焊适当长度的钢筋，以便固定网纲和编网铅丝（网条），这更能适应场地和实现快速方便地编网。

5.3.1.2　截网纲

网纲长度应根据网片形状、尺度和便于成笼需要而具体确定，编织矩形网片时，网纲长度为其周边长度加富裕长度，编织类似如图 3-5-7 所示形状的网片（需分块编织）时，网纲长度大约为各分块周边长度总和再加富裕长度，上图所示网片的网纲长度大约为 18.20 m（按 0.20 m 的富裕长度计算）。

5.3.1.3　截网条

（1）网条根数：为方便计算和考虑编织时网眼可能不够均匀，可按每间隔 20 cm 布设一根网条，根据网片起编边（开始挂网条的边，如图 3-5-8 中的 B 边）长度可计算确定需要网条根数。

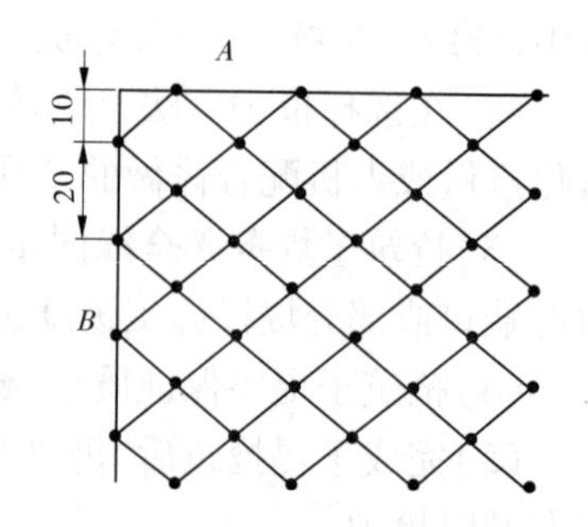

图 3-5-8　编织网片示意图

（2）每根网条的长度：按所编网片的另一条边（如图 3-5-8中的 A 边）长度计算，考虑实际编网时网眼大小、松紧程度等对网条长度的影响，一般可按该边长的 3～3.4 倍计算，常取 3.2 倍。若网片 A 边长 3 m，则单根网条长 $=3.2\times3=9.6$（m）。

在截网条之前，要根据拟编网片形状确定是整片编织（如矩形网片）还是分片编织（如图 3-5-7 所示形状的网片可分三片进行编织，中间为一片，两个耳朵为两片），以便根据边长确定网条长度。

5.3.1.4　**盘网条**

在网条中心处做对折痕迹，分别从网条两端开始向中间缠绕，直至距中心对折痕迹处0.5左右结束，以缠绕成便于握拿编拧和伸展的空心扁圈盘。

5.3.1.5　**编网片**

(1)在用小木桩围成的网片边框上或特制编网框架上拴挂网纲；

(2)把盘好的网条按间距0.2 m，靠近网纲的为0.1 m，把折印处套在网纲上并将两端相互缠绕拧结(两网条同时旋转，各旋转180°或360°)，拧结时双手交叉，一次拧成，不要还手，否则就拧不紧；

(3)把各相邻网条从一边依次相互缠绕拧结(两网条同时旋转，各旋转360°)起来，要求结扣紧、网眼均匀方正，将到达网纲的网条在网纲上绕回并背扣，重复步骤(3)直至编满整个边框或框架；

(4)将所有到达网纲的网条在网纲上缠绕拧结牢固，以作为封边，若网条仍有富裕长度可作为封笼之用。

5.3.1.6　**网片存放**

抢险时可随编随用，提前编织的网片需妥善存放、保管，一般是层层叠放或将5个叠好的网片捆为一捆再集中存放。对于两侧带耳的网片，可将两耳折到中间片上，再根据网片大小和便于存放运输的要求确定是否需继续折叠，然后将折叠好的网片按要求存放。

5.3.2　柳把捆扎

柳把(较粗的也称为埽由或埽个)常用于制作柳箔、桩柴护岸、桩柳子堤、反滤导渗、捆枕楼厢及备料等，其制作方法步骤如下。

5.3.2.1　**准备工作**

(1)场地选择：选择平坦开阔且与料场和成品堆放场相连接的场地，其具体大小应根据捆扎柳把的规格和数量、捆扎分组和场地安排等具体情况而确定。

(2)工器具准备：捆扎柳把一般需要油锯或木工锯、手钳、月牙斧、绞棍、垫桩(一般长2 m，直径0.15 m左右)、麻绳或尼龙绳(长2 m，直径1～2 cm)等工器具，具体需要数量应根据捆扎分组和人员分工安排情况而具体确定。

(3)材料准备：12～18号铅丝、柳料(柳枝直径小于3 cm为宜，粗一些的可劈开使用，长度可不受限制)或其他秸料(如荆条、芦苇、高粱秆、玉米秆、棉花秆、稻草、麦秸秆等均可，但应注意长短搭配、软硬搭配等)。

(4)人力组合：可根据具体情况确定施工人数和进行人力组合，一般每10人为1组，可安排整料2人、粗捆2人、绞紧2人、扎丝1人、截捆1人、运柳把2人。

5.3.2.2　**布桩绳**

先将5～10根垫桩按间距1 m均匀地平铺排开，两桩之间铺放捆扎束紧(粗扎)用麻绳或尼龙绳1根，即1桩1绳均匀铺放。

5.3.2.3　**整料铺柳**

首先确定起始端(也就是截取成品柳把的一端，所以又称为截把端)和续料端(即连续铺料延长的一端),截把端要整齐,续料端要便于继续搭接续料。

铺料时,将柳或秸料铺放在木桩上,要注意首尾交叉均匀的错茬续加(不要多根整齐续加),所铺柳秸料要外细内粗,应根据柳把直径大小确定铺料多少,柳把直径一般为0.10~0.30 m,埽由直径为0.3~1.5 m,直径超过1.5 m的叫埽个。

5.3.2.4 捆扎

(1)粗扎:用已铺放的捆扎束紧用麻绳或尼龙绳进行束扎,每米捆扎1根。

(2)细扎:用绞棍将粗扎的柳捆进一步绞紧,并随即用12~18号铅丝进行捆扎,一般按每0.25~0.50 m捆扎1道。完成细扎后要将粗扎用的麻绳或尼龙绳解除,以备后用。

5.3.2.5 截把存放

捆扎长度大于要求的柳把长度并方便后续续料捆扎时可进行截把,可边续边扎边截,依次循环进行。截好的柳把要及时使用,一时用不上的要整齐堆放(如逐层纵横交替叠放或逐层递减叠放)。

第 4 篇　操作技能——中级工

模块1　工程运行检查

本模块重点介绍堤防检查、堤岸防护工程及防洪(防浪)墙检查、防渗设施及排水设施检查、穿(跨)堤建筑物与堤防接合部检查、管护设施检查、防汛抢险设施及物料检查、防护林及草皮检查。

1.1　堤防检查

1.1.1　裂缝检查

堤防裂缝按成因分为沉陷裂缝、滑坡裂缝和干缩裂缝,按方向分为纵向裂缝、横向裂缝和龟纹裂缝,按部位分为表面裂缝和内部裂缝,各裂缝的鉴别见表4-1-1。

表4-1-1　堤防裂缝鉴别表

裂缝	示意图	检查要点	主要成因	主要危害性
龟纹裂缝		沿堤防呈龟纹分布的裂缝	①筑堤材料干湿和胀缩变化 ②堤防填料不均匀或压实不够	①表面水流易入堤身致雨毁严重 ②堤顶路面干松破坏 ③影响路面结构层的耐久性
横向裂缝		裂缝垂直于堤防长度方向延伸	①相邻堤段的不均匀沉降 ②堤身或堤基隐患	①表面水流易入堤身致雨毁严重 ②完整性被破坏 ③易形成渗流通道、管涌、漏洞等险情 ④导致重大隐患
纵向裂缝		裂缝大体沿平行于堤防长度方向延伸	①基础或堤身不均匀沉降 ②堤坡破坏 ③堤防有失稳滑动的迹象	①有失稳可能 ②有滑动,甚至溃堤(决口)的危险 ③表面水流易入堤身致变形加快

进行堤防裂缝检查时,应首先采用巡查或排查的直观方式检查有无裂缝,发现裂缝后再进行细致检查和丈量,以确定裂缝的走向(延伸方向)、位置(里程桩号范围、在堤坡或堤顶上的位置、距某特征位置的距离)和有关数据(长、宽、深)。

裂缝长度:初步观察时可目估或步量估算,细致检查时应用钢尺或皮尺顺缝丈量。

裂缝宽度:往往不够均匀,需量测多个宽度值(如最大宽度、一般宽度)或用平均宽度表示。量测裂缝宽度时,较宽的裂缝一般用钢尺直接丈量,细小的裂缝可用卡尺测量。

裂缝深度:①当裂缝较宽、深度可见时,可用探杆或坠以重物的测绳进行探测,精度要求不高时可直接目估;②当裂缝较窄时,可采用开挖探坑或竖井的方法进行探缝量测,为便于探找裂缝可在开挖前向缝内灌些石灰水,开挖时要注意保持缝迹完整,开挖深度超过裂缝终点以下 0.5 m,开挖中也可量测不同深度处的裂缝宽度或观察裂缝两侧土体是否有相对位移,开挖探测结束后按设计要求及时进行回填;③可借助仪器对裂缝深度进行探测。

1.1.2 堤防塌坑、洞穴检查

堤防受水浸泡后往往出现塌陷,这削弱了堤防整体安全,缩短了堤防渗径,可能导致渗透变形,甚至形成漏洞或溃堤。观察发现塌坑、洞穴后要进行细致检查记录,以确定其类别、位置(桩号、在横断面上的位置、距某特征位置的距离)、平面尺寸和深度。

1.1.2.1 塌坑尺寸测量

塌坑尺寸包括上、下口平面尺寸和深度。平面尺寸可用钢尺或皮尺直接丈量,由于塌坑往往不够规则,所以丈量平面尺寸时多采用割补成较规则形状的方法以确定其平均的长和宽,或近似圆直径,并计算出上、下口面积;塌坑深度,一般可直接丈量,坑较深时可通过测杆或测绳进行测量,一般只测量一个深度值,当坑底较大且深度差别明显时应测量多个深度值,并计算平均深度。根据平面尺寸和平均深度可按柱体或台体计算出塌坑体积。

1.1.2.2 洞穴尺寸测量

洞口直径(最大洞径、平均洞径)可用钢尺或皮尺直接丈量,若洞口不够规则可丈量多个直径再取平均值;可见洞深可直接丈量或用探杆、测绳进行探测;洞穴的不可见深度可借助开挖进行探测。

1.1.3 雨天时背水堤坡渗水检查

高水位长时间偎堤期间,要加强对背水堤坡有无渗水的巡查或排查,对防渗薄弱堤段要重点观察,尤其在雨天更要从水色、水温等方面仔细检查辨别有无渗水现象。

1.1.3.1 观察水色

渗水(尤其是透过堤基的渗水)多为清水,而雨水沿堤坡径流会因对土壤的冲蚀变得较浑浊。

1.1.3.2 探试水温

可用手或脚探试水温而辨别渗水或雨水,雨水水温随气温变化较敏感,渗水水温总是滞后于气温变化,天凉时渗水温、雨水凉,天暖时渗水凉、雨水温。

1.1.4 背水地面管涌(流土)或沼泽化检查

1.1.4.1 管涌(流土)检查

管涌和流土统称为翻沙鼓水,也叫泡泉、地泉,多发生在背河堤脚附近或堤脚以外的洼地、潭坑、池塘、水沟中。管涌发生在沙性土或沙砾石中,是其中细颗粒通过粗颗粒之间的孔隙逐渐被渗流带出,在出水口处形成沙环;流土发生在黏性土或颗粒均匀的无黏性土体中,渗流出口局部土体表面被顶破、隆起或击穿,某范围内的土颗粒同时被渗水带走,出口局部形成洞穴、坑洼。

检查背水地面有无管涌(流土),首先采用直观法直接进行巡查或排查,发现有以上特征时再仔细检查或蹲守观察,以判别是管涌,还是流土,并做好检查记录:

(1)位置:需记录管涌(流土)出水点所对应的堤防里程桩号和到背水堤脚的距离,如在堤防桩号××km+×××m、背水堤脚外××m处出现管涌或流土。

(2)出水口孔径:出水流速较小、出水清澈时,可用钢尺直接量取出水口直径;出水流速较大、出水浑浊时,可量取出水口水柱直径。

(3)沙环直径和高度:沙环直径可用钢尺直接量取,沙环高度(沙环顶与原地面之间的高差)可借助于平放的直尺再用钢尺量取(即直尺底与原地面之间的距离)。

1.1.4.2　沼泽化检查

沼泽,是指地表过湿或有常年及季节性薄层积水、土壤水分饱和、生长有喜湿性和喜水性沼生植物的区域,沼泽化区域具有以下特征:

(1)由于沼泽地土壤缺氧、有机物分解缓慢,则多有泥炭(黑泥)形成和积累;

(2)许多沼泽植物的地下根系不发达,部分根系常露出地表,以适应缺氧环境;

(3)沼生植物有不定根,沼泽植被主要由莎草科、禾本科及藓类和少数木本植物组成;沼泽地是珍贵鸟类、鱼类栖息、繁殖和育肥的良好场所等。

检查堤防背水侧附近区域是否有沼泽化现象时要根据以上特征进行分析判断,如是否经常或常年积水、是否长时间地表过湿或土壤水分饱和、是否有沼泽植物等。

判断确定有沼泽化现象后,要记录沼泽所在位置、大约面积等。

短期挡水(偎水)或低水位挡水堤防的背水侧地面一般不会形成沼泽化。

1.2　堤岸防护工程及防洪(防浪)墙检查

1.2.1　护坡变形缝和止水检查

对于整体性强的浆砌石或混凝土护坡,为适应不均匀沉陷、温度变形、方便施工等要求,常需设置分段永久缝(也称为变形缝),并在缝内采取止水(防水)措施。可在缝内嵌压沥青油毛毡、沥青麻袋、沥青衫木板或柏油芦席等材料,也可对分缝内直接灌注沥青,对防水要求不高的护坡工程也可在分缝内先填充松散性砂浆或沙料,再用水泥砂浆对缝表面进行勾缝。

对护坡工程进行巡查或排查时,要注意对变形缝逐条进行观察,对缝口的外观(如缝面是否平顺,宽度是否均匀,填充材料是否饱满密实)进行检查评定,重点查看变形缝两侧有无明显错动、缝口有无损坏,嵌缝密封料或勾缝是否脱落、缝内嵌压或填充物是否完好、有无老化破损现象等。对初步观察发现的可疑问题再通过细致查看周围迹象、手摸或脚踩等感觉、细杆探测、听小锤敲击声音、借助手电光照射目测等检查方法逐一进行分析判断,以确定变形缝和止水是否完好。对确已损坏的变形缝要进行详细的记录:如已损坏变形缝的位置、长度、损坏形式、损坏深度、损坏程度、止水材料种类等。

1.2.2 护坡坡面剥蚀脱落、裂缝或破碎老化等检查

受施工质量差或水流磨蚀等影响,混凝土护坡表面易出现蜂窝(砂浆缺失、有诸多小孔洞)、麻面(表面粗糙不光滑)、骨料外露等缺陷;受不均匀沉陷、温度变形等影响,混凝土或浆砌石护坡易出现裂缝;由于水长时间浸泡、侵蚀性水侵蚀、干缩湿胀、热胀冷缩和冻融破坏,易导致混凝土或砌石护坡表层剥蚀脱落;机械损伤(碾轧、碰撞)易引起护坡表层局部破碎、表面凸凹不平等;混凝土或石料老化易导致其脆性提高、强度降低,使护坡表面易呈现粉末化破碎或层层脱落;当护坡长时间遭遇侵蚀性水的侵蚀时,易使混凝土或石料中的某些物质被化学溶解、流失,从而使结构密实度减低、强度降低,进而使护坡表面发白、表层孔洞增多,称为溶蚀。

对混凝土或砌石护坡坡面要注意观察有无蜂窝、麻面、骨料外露、裂缝、表层脱落、溶蚀破坏等迹象,一旦发现可疑迹象要分别进行细致检查,如表层脱落时用手摸应有碎块或粉末脱落、小锤敲击有颤动感、听小锤敲击声不清脆,有蜂窝、麻面、骨料外露、溶蚀破坏等缺陷时其表面应粗糙不平或有孔洞;当检查确定存在缺陷时要详细记录有关情况,如护坡结构、缺陷类别、缺陷位置、缺陷范围、缺陷厚度或深度、裂缝分类、裂缝尺寸(长、宽、深)等。

1.2.3 防洪墙永久缝和嵌缝材料检查

防洪墙一般为浆砌石或混凝土结构,墙体上也应设置永久分缝,缝内嵌压沥青油毛毡、沥青麻袋、沥青衫木板或柏油芦席等材料或直接灌注沥青,防水要求高时缝内还需设置止水片(常用金属或橡胶止水片)。

对防洪墙进行观察检查时,应对永久缝进行细致检查,重点查看永久缝两侧墙段是否有错位(垂直错位、水平错位)、缝内止水片是否完好、嵌缝材料是否有破损缺失现象。发现墙段有错位现象时,要量测错位距离,对错位处缝内嵌缝材料是否破损缺失、止水片是否完好进行直接观察、探摸或开凿探视,并对墙体错位、止水片破坏、嵌缝材料破损缺失等缺陷进行详细记录。

1.3 防渗设施及排水设施检查

1.3.1 排渗设施破损情况和渗水量检查记录

在对排渗设施(棱体排水、贴坡排水、反滤排水沟、排水减压井等)进行全面观察检查的基础上,对初步发现的问题再进行细致检查记录。

1.3.1.1 排渗设施破损情况检查

当发现排渗设施有破损现象(如残缺、坍塌变形、保护层松动破碎、井口设施破坏等)

时,要逐一记录破损类别、位置、尺度等情况,对可能影响到内部结构或可能是由于内部原因而引起的坍塌变形应进行局部拆除探查,以查清变形原因和危害程度。

1.3.1.2　排渗设施出水量检查

对排渗设施进行检查时,除需要观察记录出水颜色(如清水、浑水)外,还要观察出水量,以分析判断排渗设施的排渗效果和运行完好情况,相同水位条件下出水量明显加大或明显减小都不正常,这可能是排渗设施反滤失效或被淤积堵塞,对出水量的观测方法见工程观测有关内容。

1.3.2　排渗沟及减压井检查

1.3.2.1　排渗沟检查

在对排渗沟进行巡查或排查时,除注意观察工程是否完好外,还要注意观察比较出水量的变化,当和正常情况相比出水量明显减小时,要仔细检查是否有淤堵现象。

排渗沟的淤堵可能表现为覆盖物及泥土堆积在保护层上、淤积物淤塞在保护层石缝中及排渗沟周边反滤层中,首先要用直接观察、伸手摸探、探杆插捣等方法检查确定排渗沟保护层上有无覆盖物及泥土堆积,尤其要对生长植物处进行更细致的检查;其次要用观察、摸探、插捣等方法检查确定排渗沟保护层石缝中有无淤堵现象,对生长有植物的石缝更要仔细检查,对可能是因排渗沟周边反滤层被淤积堵塞而影响出水量的区域,可采用局部拆除的方法进行探查。

检查确定排渗沟有淤堵现象时,要记录淤堵位置、淤堵类别、淤堵范围、保护层上淤积物厚度等情况。

1.3.2.2　减压井检查

首先对排水减压井进行全面观察检查,重点查看排水减压井井口工程是否完好,井周围有无塌坑、积水,有无积水流入井内,井内有无淤积现象等;

其次对检查发现的缺陷进行细致检查记录,包括缺陷类别、缺陷所在位置(如井口、井管、井管内等)、结构材料、尺度或程度等。

1.3.3　排水导渗体或滤体检查

在对排水导渗体或滤体进行全面检查时,要注意观察渗水量是否有明显变化,以分析判断反滤排水效果是否正常,当和正常情况相比出水量明显减小时可能有淤积堵塞现象,排渗设施的堵塞主要表现在覆盖物及泥土堆积在保护层或堆石体以上、淤积物淤塞在保护层石缝或堆石体孔隙中、反滤层或其他滤体被淤积堵塞、井管被淤积。

当观察发现出水量明显减小、有淤堵特征或分析有淤堵可能时,应分别情况进行细致观察和探摸检查:对保护层或堆石体以上的淤积(堵塞)堆积物可直接用观察、摸探、插捣的方法检查,并查明堆积厚度、范围和堆积量;对保护层石缝或堆石体孔隙中的淤积(堵塞)物可直接观察、摸探、插捣,或对堆石体局部拆除进行探查;对反滤层或其他滤体的淤积堵塞一般采用局部拆除的方法进行探查;对于井管内的淤积堵塞可进行抽水查看,或用探绳、锥杆进行探摸。

1.4　穿(跨)堤建筑物与堤防接合部检查

1.4.1　跨堤建筑物检查

建设跨河(跨堤)建筑物(如桥梁、渡槽、管道、电缆等)应当符合防洪标准、岸线规划、堤顶交通、防汛抢险、管理维修等要求,不得危害堤防安全、影响河势稳定、妨碍行洪畅通。

对跨堤建筑物的检查内容主要有:

(1)检查跨堤建筑物与堤顶之间的净空高度。

跨堤建筑物与堤顶之间的净空高度(跨堤建筑物最低处在堤顶以上的垂直高度)应满足堤顶交通、防汛抢险、管理维修等方面的通行和施工要求,一般不低于4.5 m。

检查跨堤建筑物与堤顶之间的净空高度时,可直接用长直测杆探测或用仪器测量。

(2)检查跨堤建筑物支墩与堤防接合部是否有裂缝、空隙。

由于荷载差异致使跨堤建筑物支墩与堤防接合部易产生不均匀沉陷,可能导致支墩附近的堤防表面出现塌陷和裂缝,或支墩与堤防接合部出现裂缝和空隙,所以规范要求跨堤建筑物支墩不应布置在堤身设计断面以内,当确需布置在堤身背水坡时必须满足堤身设计抗滑和渗流稳定要求。

对跨堤建筑物支墩与堤防接合部进行检查时,注意查看支墩周围有无明显的沉陷错动痕迹;注意查看支墩与周围填土之间是否有裂缝和空隙,可通过脚踩或简易锥探的方法检查支墩周围回填土是否密实,必要时可开挖探视内部是否有空洞等隐患;注意查看支墩附近的堤防表面是否有塌陷和裂缝。

当检查发现存在以上缺陷时,要检测记录缺陷类别、范围、尺度、裂缝走向等。

1.4.2　上堤道路及其设施检查

对上堤道路及其设施的检查内容主要有:

(1)上堤道路及其设施侵占堤身检查。道口与堤顶交会处不能占压堤顶宽度,不能降低堤顶高程,道身要在堤坡以外依堤坡修筑(堤肩外要设置宽度不小于1 m的平台),不能因修建上堤道路而削弱堤身设计断面。

检查上堤道路时,要注意观察丈量道口与堤顶交会处的堤顶是否平整、交会处的堤顶宽度是否与其他堤段一致、堤身与道身交会处的堤坡是否平顺完整、有无冲沟等缺陷。

(2)上堤道路对行洪影响检查。设在堤防临水侧的坡道应与水流方向一致,即顺堤线纵向傍堤坡修筑,尽可能不修建丁字道路,尤其是在窄河道堤段。

(3)路况检查。要注意检查路面宽度、坡度、平整状况及路面结构的完好程度,要检查道路侧面土坡的平顺、完好情况。对查找发现的缺陷要详细记录,并分析判断该道路是否满足防汛、抢险、运行观测、维修养护施工、生产交通等安全通行要求。

(4)道路设施检查。上堤道路设施主要有在路面两侧或道路侧面与堤坡交会处设置的集中排水设施、土路肩和道路侧面的草皮防冲防护或其他护坡措施、在路面两侧设置的路缘石、在道路上端平台外沿设置的路缘石(以防止因啃压平台进而侵占堤顶)、道口两侧堤肩处设置的警示桩（白红相间刷漆）等，对道路检查时要注意检查以上设施是否完好、有效、醒目，对观察发现的问题要逐一细致检查记录。

1.5　管护设施检查

1.5.1　小型管护机械设备检查

堤防工程管护常用的小型机械设备有割草机、小翻斗车、小型推土机、洒水车、夯实机、小型刮平机、拖拉机、小型装载机（如斗容量0.5 m^3）、植树挖坑机、打药机、灌溉设备、灌浆设备、小型移动式发电机组等。

对于以上常用管护机械设备，在熟悉其构造、性能、安全使用操作要求的基础上，要经常进行全面检查、及时养护、定期保养维修，以确保设备完好、运行安全可靠。常用检查方法有：①启动前，要进行外观检查，主要检查电路、油路、气路、润滑及行走系统，如连线或连接是否可靠、油料或水是否充足、有无漏电或漏油及漏水迹象、轮胎气压是否正常等；②启动时，要注意听取空载运转声音是否正常，并注意查看各项指示仪表和灯光是否正常；③运行时，要注意测试检查离合、调速、转向、刹车等装置是否灵活可靠，再次注意查看各项仪表指示和灯光是否正常；④运行中，注意听取运转声音，并注意观察各项仪表指示是否在正常范围内；⑤运用后，应注意检查是否处在安全停止状态，并进行擦拭保养。

对检查测试发现的异常现象应进行细致检查分析，或请有经验的专业人士会诊排查。对检查确定的问题或故障应分类逐一记录在档，并与以前的检查结果或维修处理情况进行对比，以便准确了解和掌握该机械设备的状况，为保养和使用提供依据。

1.5.2　照明设施检查

照明设施包括照明电路、用电控制和安全保护装置、照明电器等。送电前，先查看仪表、线路、开关或安全保护装置（如保险丝、漏电保护器）及到照明设施的连接是否正确、牢固、可靠，再检查线路有无断路、短路、金属芯裸露、保险丝规格不符等不安全因素，确认安全后才能合闸送电；送电后，注意听取保护装置发出的声音是否正常，注意观察照明设施亮度是否正常，并定时对线路、装置及照明设施进行巡回检查，以便及时发现和排除故障。

负责电路及电器安装、检查、维修的人员应持证上岗。

1.6　防汛抢险设施及物料检查

1.6.1　防汛抢险物料的储备检查

防汛抢险设施及物料按照国家常备、社会团体和群众筹集（汛前调查可用数量、登记造册，并落实调运计划，备而不集，用后付款）的方式储备，其中国家常备的防汛抢险常用工具设备和物料（如土料、石料或沙石料、麻袋、编织袋、铅丝、麻绳、土工合成材料、抢险工器具、通信器材、运输机具、抢险机械设备、照明器材设备、救生器材设备、爆破材料等)是按照储备定额(如每千米堤防多少方土料、多少方石料等)或计划指标进行储备的,并且部分物料还有储存期限要求。

进行防汛抢险物料储备情况检查时,首先要查对储备物料的品种、型号、规格、数量是否符合定额或计划指标要求,如品种是否齐全、型号和规格是否符合要求、数量是否充足;其次要检查存放是否合理,保存是否良好,有存放期限要求的物料是否在有效使用期内。

通过检查核对,编制出防汛抢险物料储备表,对检查发现的问题提出整改意见,对账物、账账是否相符作出评价。

检查人员应能够识别所储备防汛抢险物料及工器具的品种、规格、型号,并能快速准确清点储备物料的数量。

1.6.2　照明、探测和交通等防汛设施的储备检查

首先对要检查的照明、探测和交通等防汛设施应分类(种类、型号、性能、功率或马力、购进时间等)登记、统计数量,并检查完好情况;然后与储备定额或计划指标进行核对,以判断是否达到储备要求;还要检查存放条件和管理水平。

通过检查核对,编制出照明、探测和交通等防汛设施储备表,并对存在问题提出整改意见。

1.7　防护林及草皮检查

1.7.1　防护林及草皮的病虫害检查

为便于发现和准确判断树草病虫害及病虫害种类,应熟悉所种植树草的特性和正常生长特征,学习掌握所种植树草易发生的病虫害种类、特征、害虫习性、病害或虫害规律等知识,详见植树种草基本知识。

检查树草有无病虫害时,首先采用直接观察的检查方法,通过对树草长势的巡视观察及时发现长势异常(如叶片发黄、落叶、枯萎、叶片不舒展、叶片小、生长慢、不发芽、腐烂等)的片区;然后对长势异常的片区进行细致检查,通过对地表层、地面、根系、树干、枝叶等各种迹象的观察分析,确定是病害还是虫害、病害或虫害种类,对检查确认的问题要详细记录(如病虫害片区所在位置、病害或虫害种类、病害或虫害危害程度等)。对一时难以确定的问题,可请专家会诊或送样本化验检查。

1.7.2　防护林及草皮的缺失率检查

防护林及草皮的缺失率是相对应种植数而言的,是指缺失数占应种植数的比例(习惯用百分数表示)。

统计计算某区域内的防护林或草皮缺失率时,首先确定该范围内的应种植防护林树株总数(按应种植总面积和拟订的株行距计算)或应种植草皮总面积,再实际统计该范围内的现存树株数或现存草皮面积,然后计算出缺失数和缺失率。

模块2　工程观测

本模块包括堤身沉降观测、水位或潮位观测、堤身表面观测、渗透观测、堤岸防护工程变位观测和近岸河床冲淤变化观测。

2.1　堤身沉降观测

2.1.1　沉降测量方法

对于采取了堤基处理、控制堤身填筑质量、预留沉降超高、控制竣工高程为正误差等措施后的堤防，一般不再选设固定观测断面和观测点进行沉降观测，可每隔一定时间进行一次堤顶高程普测，也为实施堤防培修提供依据。

对于重要堤段或严重隐患堤段，尤其是在竣工运用初期应进行沉降观测，沉降量较大时应增加沉降观测次数，随着时间的推移，堤防沉降量逐渐减小，工程进入正常运行状态，可减少沉降观测次数，直至停止观测。

沉降观测一般是通过对专门埋设的固定观测点(沉降标点或沉降点)定期进行水准高程测量，从而计算同一标点的阶段沉降量和累积沉降量，并可分析不同标点之间的沉降差。

对于精度要求较高的沉降观测，应采用三(四)等水准测量，甚至二等水准测量，精度要求较低的沉降观测可采用普通水准测量，中级修防工一般掌握普通水准测量。

沉降观测前，先识别找到附近的水准点(高程已知的控制点，分为等级水准点和普通水准点)并准确记录其高程；其次是确定施测路线(附合水准路线、闭合水准路线和支水准路线)，以便组织测量；再次是准确识别各沉降观测点的位置、编号，以便确定观测顺序和准确做好测量记录，保证观测资料的准确和连续。

进行沉降测量时，尽量使两水准尺到仪器的距离相近(仪器支设在两测点中间)，且仪器距各测点的距离适宜(最远一般不宜超过150 m)；观测员读数要迅速准确(每次读数前都整平长水准气泡)、声音洪亮、表达清晰，并多次观察仪器是否水平和重复读数，以保证读数准确和便于记录员记录。

2.1.2　测量数据记录计算

测量前，记录员要熟悉水准测量基本知识和测量记录表(参见表4-2-1)，准确掌握“后视读数”和“前视读数”的区别，以便能将原始数据准确地分类记录；到达测量现场后，要记录水准点编号和高程，了解测量路线，以便准确记录计算。

测量中，记录员要专心听取观测员的读数并边记录、边回读，听不清楚的要及时询问，经多次重复对证以保证读数准确、记录无误。

进行测量记录时，将在已知高程点上的水准尺读数（包括水准点上的读数、转点上的第二次读数）记为“后视读数”，在未知高程点上的水准尺读数记为“前视读数”或“间视读数”（同一测站上连续观测的中间水准尺上的读数），在点号栏内记录立尺点（包括水准点、观测点）的点名，在对应水准点的高程栏内记录水准点高程。在测量数据的记录、计算过程中，如有不清楚事宜必须及时和观测员商议确定，测量数据记录、计算字迹要清晰，对错误数字不允许涂改，确需修改时可在错误数字上画一道较轻的横线（画线后仍能辨认清楚该数字），然后在其上方清晰地书写正确数字。

可按下式计算各测量点高程：

已知高程 + 后视读数 = 本站仪器的视线高程（视线高）

视线高 − 前视读数或间视读数 = 测点高程

表 4-2-1　普通水准测量观测手簿

测量地点：　观测者：　记录者：　日期：　年　月　日　天气：

点号	后视	视线高	间视	前视	高程	备注
						测量路线：

2.2　水位或潮位观测

2.2.1　自记水位计的检查和使用

按结构原理的不同，自记水位计主要有浮子式、声波反射式等，一般常用浮子式自记水位计，它由浮子、浮轮、角位移传感器和水位传感器、数据采集显示器、配套软件、电池板及测井等组成，当水位变化时浮子做相应的涨落，同时把涨落的直线位移借助悬索传递给浮轮，变为水位轮角位移量，通过自记笔实现对水位的纸质记录，也可通过传感器将液位模拟量转换为数字信息量，用于实时在线记录、显示、传输和处理。

按自记台的结构形式和在断面上的位置不同，自记水位计分为岛式、岸式、岛岸结合式，图 4-2-1 是岛岸结合式自记水位计自记台示意图。

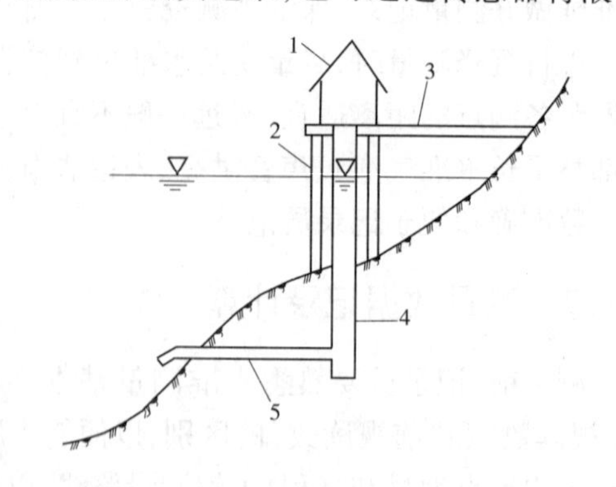

1—仪器室；2—支架；3—测桥；4—测井；5—进水管

图 4-2-1　岛岸结合式自记水位计自记台示意图

在自记水位计投入运用之前或每次更换记录纸时，都应检查水位轮感应水位的灵敏性、走时机构的准确性、电源是否充足可靠、记录笔是否好用、墨水是否适度。换纸后，应上紧自记钟并调整到准确时间，将自记笔尖调整到与准确时间对应的水位坐标上，观察1～5 min且一切正常后方可离开，当出现故障时应及时排除。

对自记水位计应按记录周期定时换纸，每次换纸时都应注明换纸时间及校核水位，若欲换纸时恰逢水位急剧变化，可适当延迟换纸时间。

对自记水位计的记录成果应定时进行校测：日记式自记水位计一般每日8时校测一次，用于潮汐预报的潮水位站应每日8时、20时各校测一次，当一日内水位变化较大时应增加校测次数；周记和双周记式自记水位计应每七日校测一次，对其他长期自记水位计应在使用初期加强校测，待运行稳定可减少校测次数。校测水位时，应在自记纸的时间坐标上对应校测时间画一道短线以示标记。

2.2.2　自记水位计记录成果的订正与摘录

2.2.2.1　自记水位计记录成果的订正

对自记水位计的记录成果(纸)应先检查有无漏记现象，如有漏记应区别情况进行补填：①记录曲线中断不超过3 h，且不是水位转折时期时，可采用趋势描绘法插补中断时间的水位，一般测站可按曲线趋势用红色铅笔以虚线插补描绘，潮水位站可按本次曲线的趋势，并参考前一天的自记曲线，用红色铅笔以虚线插补描绘；②中断时间较长或跨越水位的急剧变化区间时，可采用相关曲线法插补计算，并在水位摘录表的备注栏中加以注明。

当自记水位计的记录曲线呈锯齿形时，应用红色铅笔通过中心位置画一细线，作为水位过程线；当记录曲线呈阶梯状时，应用红色铅笔按形成原因加以订正。

对自记水位计记录成果的订正包括时间订正和水位订正两部分，对于一般测站，若1 d内的时间误差超过5 min，自记水位与同时间的校核水位之差超过2 cm，应进行订正；对用于潮汐预报的潮水位站及使用精度要求较高的其他自记水位计，若1 d内时间误差超过1 min，水位误差超过1 cm，应进行订正。订正时，先采用直线比例法订正时间，再采用直线比例法或曲线趋势法订正水位。

2.2.2.2　自记水位计记录成果的摘录

摘录应在订正后进行，摘录成果应能反映水位变化的完整过程，并应满足计算日平均水位、统计水位特征值等需要：当水位变化不大且变率均匀时，可按等时距摘录；当水位变化急剧且变率不均匀时，应加摘转折点水位；摘录时刻宜选在整小时或6 min的整数倍处，8时水位和特征水位必须摘录；当采用面积包围法计算日平均水位时，0时和24时水位必须摘录。

对所有摘录点的位置及相应水位值应在记录纸上逐一标明，以备核查。

2.3　堤身表面观测

2.3.1　裂缝观测目的

通过对堤防裂缝的后续观测，可了解其发展情况(如裂缝长度、宽度、深度的变化，裂缝两侧土体是否有错位等)，有助于分析确定导致裂缝的原因、判定裂缝性质、预测裂缝发展趋势、预估裂缝对堤防工程造成的危害，为实施处理加固和预防措施提供依据。

2.3.2　裂缝观测内容与观测方法

对堤防裂缝进行后续观测前，应首先确定观测对象（如横向裂缝、缝宽较大或长度较长的纵向裂缝、疑似滑坡裂缝、重要堤段或险点隐患堤段的裂缝、穿（跨）堤建筑物与堤防接合部或其他土石接合部裂缝等），然后根据观测要求在观测裂缝上选择观测位置和布设观测标志。为便于观测资料的记录、整理、分析、保存，对选定的观测裂缝和观测位置应分别进行编号。

裂缝的后续观测内容主要有裂缝位置、走向、长度、宽度、深度及其发展变化。

2.3.2.1　位置观测

裂缝位置一般用其在堤段上的里程桩号范围、在横断面上的位置及距某特征位置（如堤顶轴线、临背河堤肩、临背河堤脚）的距离表示，观测裂缝的位置变化主要是观测由于长度的发展而使其在里程桩号范围上的变化或到某特征位置的距离变化，这可直接观测记录不同时期裂缝两端点所对应的里程桩号变化或到某特征位置的距离的变化，一般只观测其中一项变化。

为了观测方便、准确和便于对比，可在裂缝两端附近分别设置已标定里程桩号或到某特征位置距离的固定标志（如小木桩），只要定期量测裂缝两端到固定标志的距离即可发现其位置的变化，并计算变化量。

2.3.2.2　走向观测

一条裂缝的大致走向一般用横向、纵向，或某斜向，或呈龟纹状（纵横交错）加以区分和表示，准确的走向可用裂缝在工程表面上的正投影图（类似于平面图）表示：在裂缝附近的工程表面上用诸多固定标志点（如小木桩或能较长时间保留的石灰点）画出大小适宜的方格网，并按比例将方格网和裂缝在方格网中的位置绘制在图纸上（称为裂缝位置及走向图），通过定期观测并修正裂缝位置及走向图，可根据裂缝在方格网中的位置变化（如到某条方格线的距离变化）确定裂缝走向变化。

2.3.2.3　长度观测

裂缝长度可用皮尺或钢尺直接沿缝丈量。

若需要观测裂缝长度是否变化，可在裂缝两端分别设置固定标志点（木桩或能较长时间保留的石灰点），然后定期测量缝端到固定标志点的距离，根据距离变化可分析裂缝长度的变化。

2.3.2.4　宽度观测

裂缝宽度可用钢尺、皮尺，甚至卡尺直接量测。

若需要观测裂缝宽度是否变化，可沿裂缝选择若干有代表性观测位置，在每个观测位置处的裂缝两侧各打一根木桩，两木桩间距以 50 cm 左右为宜，在木桩顶上设置小铁钉以标定丈量距离时的准确位置，通过定期丈量各观测位置处两木桩之间的距离，可比对分析裂缝宽度是否变化，并可计算裂缝宽度的变化量（距离的变化量）；也可直接量测各观测位置处的裂缝宽度，以比对分析裂缝宽度是否变化和计算宽度变化量，直接测量裂缝宽度时应尽量避免对缝口的损坏，以免影响观测成果，为便于辨别缝口是否遭到破坏可在各观测位置处的缝口喷洒少量石灰水。

2.3.2.5　深度观测

若需要观测裂缝深度是否变化,可根据直接观察结果和裂缝宽度的观测结果而定性分析判断,也可借助探杆或测绳,或开挖探坑(井)、在裂缝处钻孔取样等方法对裂缝深度进行定期量测,以比对分析裂缝深度是否变化和计算变化量。

在开挖探坑(井)或钻孔取样前,可从缝口灌入石灰水,以利于识别缝迹。开挖探坑时,须注意保持缝迹完整,应分段开挖、分段测量,并绘制出缝迹剖面图,开挖深度要超过裂缝终点0.5 m,要注意施工安全和开挖后的恢复回填。

以上各项观测的记录格式参见表4-2-2。

表4-2-2　裂缝观测记录表

日期		裂缝编号	性质	裂缝位置	缝长(m)	缝宽(cm)			缝深(cm)	备注
月	日					号测点	号测点	号测点		

2.3.3　测次要求

裂缝观测的测次应视其发展情况而定,在发现裂缝初期应每天观测一次,若裂缝发展较快,或在汛期高水位期间及每次降雨后,应增加观测次数;若裂缝发展减缓,可减少测次,甚至停止观测。

2.4　渗透观测

渗透观测包括渗水观测、渗透变形观测、测压管水位观测、渗流量观测、水色变化观测等,下面重点介绍测压管水位观测、渗流量观测和水色变化观测。

2.4.1　测压管水位观测

测压管,是深入工程内,或工程与地基接触处,或地基内,与渗透水流相贯通并可在管口测定水面高程(水位)的管道,通过埋设于某处的测压管水位可反映在该处的渗透水流水面变化,也能反映在管底处的扬压力大小。

2.4.1.1　测压管水位观测方法

观测测压管水位时,一般可直接从管口开始量测,不便于直接量测的可利用观测仪器进行观测(探测),目前常用的观测仪器有电测水位器、测深钟、遥测水位器等。

1)直接观测法

当水面接近管口或水面位置准确可见时,可直接丈量管口到水面的距离,通过管口高程计算水面高程,测压管水位 = 管口高程 − 管口至水面的距离。

2)电测水位器观测法

当水面在管口以下较深或不能准确确定管中水面位置时,可用电测水位器测定测压管水位:将仪器的测头徐徐放入测压管内,在测头刚好与水面接触时(水导电接通电路)仪器将发出仪表指示或信号,观测人员迅速捏住与管口相平的吊索,通过吊索上的刻度读取管口至水面的距离,据此可按上式计算测压管水位。

3)测深钟观测法

测深钟观测法的原理与电测水位器相同,当垂吊测深钟的吊索与水面接触时测深钟发出报警声响,此时通过吊索读取管口至管中水面的距离,据此计算测压管水位。

4)遥测水位器观测法

采用遥测水位器观测测压管水位,可实现远程自动化观测,其原理是利用测压管中水位的升降由浮子带动传动轮和滚筒,通过电路追踪量测滚筒的转动量并变成信号传输到室内的指示仪表或显示器上,即可读出测压管水位。

2.4.1.2　测压管水位观测要求

测压管水位观测的测次应根据堤防偎水、渗流及水位变化情况而确定,在设计正常水位以下,一般不少于每10 d观测一次;当临河水位较高、变化较快或超过正常水位时,应每天观测一次。

每次观测测压管水位时,都应固定观测路线,按同一顺序进行观测,并同时观测临、背河水位。观测测压管水位的精度要求一般为两次读数差应不大于1~2 cm,观测记录表参见表4-2-3。

表4-2-3　测压管水位观测记录表

观测者:　　　　计算者:　　　　校核者:　　　　测压管编号:

日期	管口高程(m)	管口至水面距离(m)			管中水面高程(m)	临河水位(m)	背河水位(m)	天气情况	备注
		一次	二次	平均					

对测压管管口高程,在堤防工程运用初期至少每月进行一次校测,沉降趋向稳定后每年至少进行一次校测;吊索长度应每隔1~3个月进行一次校测。

2.4.2　渗流量观测

通过对渗流量大小的观测,可分析堤防工程的防渗效果,以便及时发现和处理防渗措施存在的问题,确保工程安全运行。观测渗流量大小的方法主要有容积法、量水堰法或测流速法,观测渗流量时应连续观测两次,取其平均值作为观测成果。

2.4.2.1　容积法

选择已知总容积的容器或带有容积刻度的容器,使渗出水全部流入容器内,测记容器被充满或充至某容积刻度的总用时,可根据容积和总用时计算渗流量。该方法适用于渗流量较小(小于1 L/s)的情况,其观测记录计算格式见表4-2-4。

2.4.2.2　量水堰法

在渗流出口或背河堤脚附近修筑挡水溢流堰,读取堰上水头,用堰流公式计算过堰流量,该法适用于渗流量较大(1~300 L/s)的情况,其观测记录计算格式见表4-2-5。

表 4-2-4　渗透流量观测记录表(容积法)

主管：　　　　校核者：　　　　填表计算者：　　　　观测者：

观测时间	观测地点	充水容积(L)	充水时间(s)	渗透流量(L/s)	水位(m)		最近一次降雨情况		天气情况	气温(℃)	备注
					上游	下游	起止时间	降雨量(mm)			

表 4-2-5　渗透流量观测记录表(量水堰法)

主管：　　　　校核者：　　　　计算者：　　　　观测者：

观测时间	量水堰编号	堰上水头(m)	渗透流量(L/s)	渗水透明度	水位(m)		最近一次降雨情况		天气情况	气温(℃)	备注
					上游	下游	起止时间	降雨量(mm)			

若需要测定不同渗透部位的渗流量，可在各渗透出口附近分别设堰观测，并可由各部分渗流量求和得总渗流量。

若直接测定总渗流量，一般应将量水堰布置在背河堤脚附近，这需要设置能汇集各部分渗流的集水沟，在集水沟的出口或直线段上布置量水堰。

量水堰结构见图 4-2-2，为避免量水堰漏水，应对量水堰上下游进行防渗漏护砌或采用混凝土引槽。量水堰的堰板(可采用钢板、玻璃板等)应直立设置，并与引槽轴线及水流方向垂直，堰板顶应水平，堰口边缘处应削成 45°角倾角(以使水流与堰口接触为一直线)。量水堰的出流应不被淹没，即经过堰顶的水舌为自由水舌。

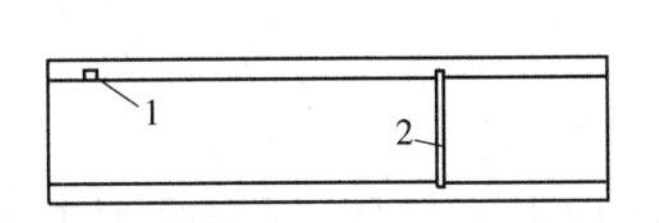

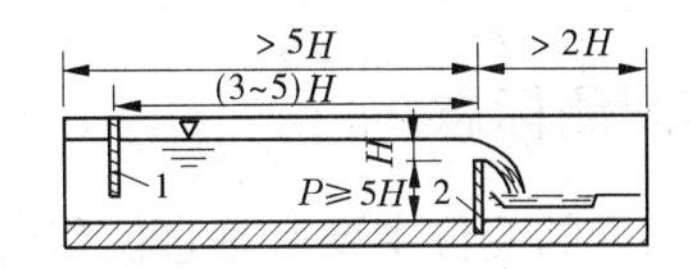

1—水尺或测针；2—堰板

图 4-2-2　量水堰结构示意图

常用量水堰有三角堰、梯形堰、矩形堰。三角堰采用底角 90°的等腰三角形，适宜堰上水头 0.05 ~ 0.3 m；梯形堰边坡 1∶0.25，堰口水平，底宽不大于 3 倍堰上水头，一般为 0.25 ~ 1.5 m；矩形堰堰板顶部水平，顶宽一般为 2 ~ 5 倍堰上水头，如 0.25 ~ 2 m。

安装量水堰后，应将其位置、形式、尺寸等资料记录在考证表内，见表 4-2-6。

2.4.2.3　测流速法

测流速法适用于渗水量较大，且渗水能汇集到具有比较规则的平直段排水沟内的情况，先用流速仪测量流速(点流速、过水断面平均流速)，然后根据过水断面面积计算渗流量，其观测记录见表 4-2-7。

表 4-2-6　量水堰考证表

编号	位置	尺寸			流量计算公式	水尺位置	水尺形式	水尺零点高程	考证图	安设日期			备注
		堰顶高程（m）	堰口底宽（m）	堰口底角（度）或坡度						年	月	日	

校核者：　　　　填表者：　　　　填表日期：　年　月　日

表 4-2-7　渗透流量观测记录表（测流速法）

主管：　　　　校核者：　　　　计算者：　　　　观测者：

观测时间	观测地点	水深（m）	断面面积（m^2）	观测时间（s）	信号数	流速（m/s）	平均流速（m/s）	渗流量（L/s）	最近一次降雨情况		水温（℃）	备注
									时间	雨量（mm）		

2.4.3　水色变化观测

对于渗透水流颜色（主要是清、浑），一般是直接进行定性观察，并根据不同时段的观察结果分析水色是否有明显变化；也可根据需要定期取水样进行透明度检测或水质分析，以便及时、准确地发现水色的变化，为分析截渗和反滤设施效果提供依据。

2.5　堤岸防护工程变位观测

2.5.1　位移观测标志

堤岸防护工程的变位主要有垂直位移（沉降）和水平位移，堤岸防护工程的变位观测主要指沉降观测和水平位移观测。

堤岸防护工程位移观测标志（固定观测点）一般埋设在观测断面上，也可直接与工程建设为一体，观测标志的形式和结构参见图 4-2-3。位移观测标志的顶部一般设有 200 mm × 200 mm 的钢板，钢板上刻画有十字丝，以作为观测水平位移的控制位置，钢板上还附设有铜质或不锈钢球形标点（即图中的铜球点），以作为观测垂直位移（沉降）的高程测量点。

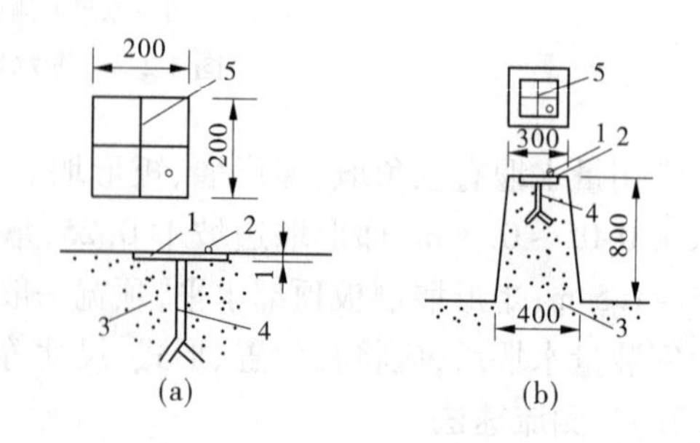

1—钢板；2—铜球点；3—混凝土；4—预埋钢筋；5—十字线

图 4-2-3　位移观测标志结构示意图

2.5.2　位移观测数据记录

堤岸防护工程的沉降观测与堤防工程的沉降观测相同,即通过测定观测点在不同时期的高程值,以前后高程的变化计算同一点的阶段沉降量和累积沉降总量,也可计算不同观测点之间的沉降差。所以,某次沉降观测数据的记录实际就是水准高程测量数据的记录(参见表4-2-1),通过不同测次的高程测量资料可整理出沉降资料。

堤岸防护工程的水平位移观测,是测定观测点在不同时期到某固定基线的水平距离,以前后水平距离的变化可计算出同一观测点的阶段水平位移量和累积总水平位移量,水平位移观测记录可参见表4-2-8。

表4-2-8　水平位移观测记录表(视准线法)　(单位:mm)

<table>
<tr><th rowspan="2">测点</th><th rowspan="2">观测时间</th><th colspan="3">正镜位移量</th><th colspan="3">反镜位移量</th><th rowspan="2">正反镜平均位移量</th><th rowspan="2">埋设偏距</th><th rowspan="2">累计位移量</th><th rowspan="2">上次位移量</th><th rowspan="2">间隔位移量</th><th rowspan="2">位移方向</th><th colspan="2">基点编号</th><th rowspan="2">备注</th></tr>
<tr><th>第一次</th><th>第二次</th><th>平均</th><th>第一次</th><th>第二次</th><th>平均</th><th>测站</th><th>后视</th></tr>
<tr><td></td><td></td><td></td><td></td><td></td><td></td><td></td><td></td><td></td><td></td><td></td><td></td><td></td><td></td><td></td><td></td><td></td></tr>
</table>

校核者:　　　　　　观测者:　　　　　　记录者:

另外,对于堤(坝)坡的位移观测,主要是选择一些有潜在滑移危险的代表性堤段进行观测,既要进行垂直位移观测,还要进行水平位移观测,以便分析堤(坝)坡的抗滑稳定情况或及时发现其滑动问题。

2.6　近岸河床冲淤变化观测

2.6.1　泓道、沙洲、滩地的变化

2.6.1.1　标记泓道的变化

河道横断面上的最低点(河床最低点)称为该断面的深泓点,沿河道流程各个横断面上的深泓点连线称为河道的深泓线,深泓线在河道中的平面位置称为泓道,泓道也就是河道主流(也称主溜、大溜)所在的位置,所以观察河道的泓道也就是从表面上观察河道主流的位置。

要标记泓道的变化,首先能识别确定泓道(主流)的位置,如主流处常伴有波浪或较大的波纹,涨水时主流处水面高(俗称河心高),落水时主流处水面低(河心低),顺风流动时主流处水面发亮,逆风时主流处水面浪大,主流处水浑浊色黄、非主流处水清色蓝等;其次是能将识别确定的泓道位置准确清晰地标记出来,如泓道在河道宽度上的位置(靠左岸、靠右岸、居中、距岸边有多远)、泓道的沿程流向(从哪到哪、顶冲点、转向何方)、泓道所流经的主要参照物等;再次是通过对不同时期的标记结果进行比较可反映出泓道的变化情况(如相比发生了左移、右移、上提、下挫、走弯、趋直等),并可分析总结其变化规律。

2.6.1.2　标记沙洲的变化

因河流淤积或冲刷堆积而造成的在水中出露的沙滩称为沙洲,也称为河心滩。其中

面积较小而形如鸡心的河心滩又称为鸡心滩,经常淹没在水面以下的叫"浅滩"。

发现沙洲,要记录或在河道图上标记其详细情况,如在河道沿程上的位置(里程桩号范围)、在河道宽度上的位置、沙洲形状与面积大小等;通过对不同时期所标记结果的比较可反映出沙洲的实际变化情况,并可分析总结其变化规律。

2.6.1.3 标记滩地的变化

河道中水流一侧或两侧的陆地统称为滩地,通常将河道内主河槽(输送枯水或中小水的河槽)以外的陆地统称为滩地,其中将新淤积延伸的、中小水即可淹没的滩地又称为嫩滩。

对于滩地,要在河道地形图上标记其所在的岸别(左岸或右岸)、在河道上的沿程位置、距某堤岸的最大宽度和一般宽度、滩地大约面积等,通过对不同时期所标记结果的比较可发现滩地的实际进退变化,并可分析总结其变化规律。

2.6.2 滩岸崩塌监测

对于河道滩岸的淤积延伸或冲刷坍塌(崩塌)观测,一般可通过巡查或普查的方式直接进行定性观察,如是否有淤积或坍塌现象、约估其变化情况;必要时,可对临时选定的某范围滩地进行丈量或测量,以测记其淤积或坍塌的位置、长度、宽度、高度、崩塌量等情况。

对于大滩或对河势有较大影响的代表性滩岸,可通过选设观测断面、提前布设断面桩(滩岸桩)的方式进行监测:①在容易发生崩塌的河段选择固定观测断面,在观测断面上常设醒目的滩岸桩(一般是埋设高于农作物的高桩,如埋设水泥杆,并在桩上刷红白相间的漆或涂料)作为固定观测点,或提前打设木桩作为观测点;②分别量测记录滩岸前沿到各观测点的距离作为初始距离,再通过量测不用时期滩岸前沿到观测点(滩岸桩)的新距离,可比较发现滩岸的实际崩塌情况,也可分析崩塌规律。对于河道滩岸的淤积延伸或冲刷坍塌(崩塌)监测时间及监测次数,应根据实际需要确定。

另外,也可利用河道河势及冲淤变化一般规律对滩岸的淤积延伸或冲刷坍塌进行分析预测,如小水上提、大水下挫,一弯变、多弯变;小水塌弯、大水刷尖,小水塌滩淤槽、大水刷槽淤滩等。

模块3　工程养护

本模块包括堤防养护、堤岸防护工程及防洪(防浪)墙养护、防渗设施及排水设施养护、穿(跨)堤建筑物与堤防接合部养护、管护设施养护、防汛抢险设施及物料养护、防护林及草皮养护。

3.1　堤防养护

3.1.1　堤顶养护

堤顶分为土质堤顶和硬化堤顶,常见硬化堤顶结构有泥结碎石路面、沥青碎石路面、水泥混凝土路面等,本等级主要介绍土质堤顶和泥结碎石硬化堤顶的养护方法。

3.1.1.1　土质堤顶养护

对土质堤顶应围绕完整、堤线顺直、边口整齐、顶面饱满、平坦、坚实、无车槽、无明显凹陷、无起伏、排水通畅、无杂物垃圾等要求进行养护。

1)保持堤顶设计排水坡度

为便于排水,堤顶横向应向一侧或两侧倾斜,大多数堤防都修筑成中间高、向两侧倾斜的堤顶(习惯称之为花鼓顶或鱼脊背堤顶),其横向坡度一般为2% ~3%。

对堤顶养护期间,要经常目测检查堤顶是否饱满或测量计算堤顶的横向坡度,当发现堤顶横向坡度有轻微不足时要及时养护整修。人工整修时可铲高填洼或直接对低洼处补充填土,通过对堤顶中间部分适度多填土而使其成为符合横向坡度要求的斜坡(使花鼓顶饱满),然后对新填土进行平整、夯实;利用刮平机械对堤顶刮平整修时,可将土向堤顶中间渐渐集中而使其成为符合坡度要求的斜坡,刮平并成型(或辅以人工整修)后再对新填土进行压实。

堤顶整修应抓住雨后土料含水量适宜的有利时机,若在干旱季节整修可洒水后进行。

2)堤顶坑洼补土垫平夯实

当发现堤顶局部不够平整、已有坑洼现象或有可能向更不平整发展时,应及时进行补土垫平养护。可人工铲高垫洼、平整、夯实,或另取土对低洼处填垫、平整、夯实,整修时所用土料含水量应适中(施工所用土料含水量应在最优含水量附近),当堤顶较干燥时应先洒水,再填土、整平、夯实;也可抓住雨后含水量适中的有利时机利用机械进行整修(刮平机刮平,或辅以人工整平,压实机械压实)。

堤顶应保持坚实、无车槽,发现有不够坚实(施工压实不够、干燥松动、行车破坏、冻融破坏等所致)现象,应及时进行人工夯实或机械压实,如堤顶土质干燥可先洒水,再压实,最好结合整平或补土垫平而进行夯实或压实。

3.1.1.2　泥结碎石堤顶养护

泥结碎石堤顶，是在土质堤顶上直接压筑黏土碎石层或压实碎石后再灌注黏土泥浆而成的硬化堤顶，为提高该堤顶的平整度和耐磨性，常在泥结碎石结构层以上再设置磨耗层（一般铺筑厚度 2 ~ 3 cm 的石屑或黄沙）。

对于泥结碎石堤顶的养护，除土质堤顶的养护内容外，主要是对硬化路面的经常性养护和对磨耗层的补充与整修。

1）泥结碎石路面经常性养护

对泥结碎石堤顶养护期间，要经常对路面进行清扫，以清除垃圾杂物，保持路面清洁；要对磨耗层经常进行整理，如用铁锨或扫帚从边缘向路中间收敛磨耗层料，或根据需要调整磨耗层料厚度，以使路面保持平整；干旱季节要经常洒水养护，防止起尘扬沙及引起路面破损；要注意查看路面排水情况，降雨期间注意顺水，雨后及时排除路面积水并对低洼处进行填垫，保证排水畅通安全。

2）补充磨耗层和路面层整修

对于泥结碎石堤顶路面，在保持路面层结构完好的基础上，应通过铺设磨耗层来保持路面平整、饱满和行车状况良好。

若发现磨耗层不足或局部路面不平，应及时补充磨耗层料（将需增加的石屑或黄沙分撒在磨耗层不足或局部路面不平处）并进行整平或扫匀，通过调整局部磨耗层厚度恢复路面平整。

若发现路面层有波浪起伏、车辙、坑槽等不平或损坏现象，要及时对路面层进行以下整修：①将拟整修处的磨耗层料清除并合理堆放，以备后用；②对波浪不平或车辙之处可进行铲高垫洼的平整或刮平，也可用符合要求的黏土与碎石混合料（所用黏土的含黏量符合要求、含水量适宜，碎石符合材质和级配要求，黏土与碎石之间符合配比要求）直接对低洼处进行填垫、平整、夯实或压实；③对局部坑槽，应直接用混合料进行填垫、平整、夯实或压实；④整修消除波浪、车辙、坑槽后再恢复或补充磨耗层料。

3.1.2　堤坡养护

堤坡养护要围绕使其坡面平顺，坡面上无雨淋沟、陡坎、残缺、天井、洞穴、陷坑、杂物，护坡草皮覆盖率高、整齐、美观，集中排水沟完好、排水顺畅，分散排水过水均匀，戗台（平台）保持设计宽度，台面平整等要求进行。本等级要求能及时修复堤坡或戗台坡局部残缺和雨淋沟，维护堤坡完整。

要经常检查堤坡、戗台坡及加固区边坡是否完整，暴雨后或洪水过后要进行全面普查，若发现局部雨淋沟、水沟浪窝、天井、陷坑、陡坎、残缺等轻微缺陷，要及时进行养护整修，修复堤坡或戗台局部残缺和雨淋沟时，要清除表层杂草、杂物、松土及不符合要求的土层，对陡坡边壁进行削坡（削成缓坡）或在回填过程中再逐级开蹬，用符合要求的土料分层填垫、整平、夯实，使回填后的顶面要高于原地面，整坡平顺后恢复防护草皮。

3.1.3　护坡养护

要求能排整散抛石护坡局部塌陷，修补砌石护坡局部破损，疏通已堵塞的排水孔。

3.1.3.1　散抛石护坡养护排整

对散抛石护坡，要及时清除坡面上的树草、杂物、垃圾，保持坡面整洁；要经常填垫、平整、夯实土石接合部填土，保持接合部填土密实、饱满，防止沿接合部集中过水冲刷；要注意检查坡面是否平顺、有无塌陷，发现散抛石护坡不够平顺或有局部塌陷时应进行排整：排整包括拣整（自上而下按设计坡度，或某要求坡度，或平均坡度控制坡面进行整理，通过搬移高处的石块补填到凹陷处或将多余的石块直接抛入水下根石部位、拣除护坡表面的浮石及小石和石渣、将面层石块排放稳定，从而使坡面平顺、石块排放稳定、表面没有浮石和小石）和粗排（类似于要求较低的花缝干砌，是将在现有抛石中挑选的相对较规则的石料不经专门加工或根据需要仅用手锤打去虚棱边角而作为表层用石，按大面朝下、大石在外、小石在里、层层压茬、大石排紧、小石塞严、坡面平顺、石块稳定的要求，对护坡由里到外地进行排整，从而使护坡表面平顺、石块排紧平稳，并提高其抗冲能力和改善工程面貌），若散抛石护坡石料不足应补充抛石后再进行拣整或粗排。

3.1.3.2　砌石护坡局部破损养护

对砌石（浆砌、干砌）护坡，应及时清除坡面上的杂物、垃圾，保持坡面整洁，经常填垫、平整、夯实土石接合部填土，保持接合部填土密实、饱满，防止沿接合部集中过水冲刷，还应注意检查坡面是否平顺、表层石料有无局部松动或破损等现象。

若护坡表层局部石块松动，要及时进行嵌固（可直接进行垫平、塞紧或勾缝而使其稳定；对于局部表层石块较严重的松动，可将松动石块拆移、对内部进行平整填垫，然后安稳石块或通过塞挤和勾缝而使石块稳定）。

若护坡局部石块破损，应挑选或经加工修整后满足材质、形状和尺寸等要求的石块，按原结构进行更换。

3.1.3.3　疏通堵塞的排水孔

为及时排出护坡后的积水（因江河高水位渗水和雨水沿土石接合部浸入所致）、快速减小护坡后的水压力（也称为反向水压力）、有利于护坡或坝体稳定，应在浆砌石和混凝土护坡（或坝岸）上设置一定数量的贯通护坡体的排水孔，排水孔一般由预埋的竹管，或 PVC 管，或无沙混凝土块构成，也可直接预留排水孔，排水孔后应铺设反滤材料，以防排水时使孔后土坡发生渗透变形。

对浆砌石或混凝土护坡进行养护期间，应及时清除坡面上的杂物、垃圾，保持坡面整洁，经常填垫、平整、夯实土石接合部填土，保持接合部填土密实、饱满，防止沿接合部集中过水冲刷，还应注意观察排水孔（管）有无堵塞现象，尤其是临河水位骤降和降雨后更要仔细观察排水孔（管）的排水是否正常，若发现排水孔已被堵塞，应用竹片或钢钎进行掏挖，或用注清水的方法进行冲洗（从管口注入清水，流出浑水，经多次间隔置换而清除已淤积的泥土），以保证排水孔排水畅通。

3.2　堤岸防护工程及防洪(防浪)墙养护

3.2.1　堤岸防护工程养护

要求能修补护坡坡面局部破损,修补护坡局部流失的垫层。

3.2.1.1　护坡坡面局部破损或残缺修补

若散抛石护坡(坝岸)局部坡面凸凹不顺,应进行拣整顺坡或粗排;若散抛石护坡(坝岸)局部塌陷或残缺,应进行抛石补填并拣整或粗排。

对于干砌石护坡(坝岸),要经常检查坡面有无局部石块松动、破碎等现象,一旦发现局部石块松动要及时进行嵌固(垫稳、塞紧,或局部拆除、平整填垫、安稳或通过塞挤而稳定);若因内部(填石、垫层,甚至土坝体)沉陷而导致表面不顺或表层局部石块松动,要将松动部位拆除,处理内部隐患(分层回填夯实恢复土坝体、铺设垫层、抛填恢复内部石料)后再恢复表层砌石;若发现局部石块破碎,要用选择或加工成的适宜石块进行更换。

对于浆砌石护坡(坝岸),若坡面有局部勾缝脱落,应及时进行勾缝修补:清除已松动勾缝,用扁铲和刷子将缝口内填充料或杂物剔除(剔深不小于2 cm)并刷净,对拟勾缝处洒水湿润,用勾缝工具(抿子、托板)将砂浆塞填在缝内并用力插捣抿压(勾满勾密实),将缝表面成型(平缝、凸缝、凹缝)并抹光,将缝边多余砂浆切齐并清理干净,要求勾缝顺直、缝宽均匀一致,对修补后的勾缝还要注意洒水养护;若局部坡面有石块松动,可进行塞挤或用砂浆嵌缝稳固,或将较严重的松动石块拆除、对内部进行平整填垫,然后用砂浆砌垒恢复并勾缝;若坡面局部石块破碎,应选用或通过加工修整成适宜的石块进行浆砌更换并勾缝。

3.2.1.2　局部流失垫层的修补

为及时排出护坡(坝岸)后积水,又阻止护坡(坝岸)后土颗粒被渗水带出,同时也能起适应护坡(坝岸)体与土体之间不同变形的过渡作用,应在护坡(坝岸)后,尤其是干砌石或堆砌石护坡(坝岸)后设置反滤层(又称为反滤垫层或过渡层),反滤层一般用沙子、石子或碎石修做而成,沙石料分2~3层铺设,细料层靠近土坡,依次由细料层到粗料层,也可直接在土坡上铺设无纺土工布(习惯统称为土工织物)作为反滤层。

对浆砌石或混凝土护坡(坝岸),由于在排水孔后已设置了反滤材料,可只在护坡(坝岸)后设置起适应不同变形作用的垫层(如碎石垫层)。

在对护坡(坝岸)进行养护期间,若发现局部垫层料有流失现象(一般表现为护坡或护岸工程的坡面有局部沉陷,坡后有悬空),应及时补充垫层材料。若垫层料流失部位外露,可按原设计要求直接分层填料铺设;若垫层料流失部位不外露,可结合对裹护体的翻修而修复,即先拆除局部缺陷处的裹护体,清理流失剩余垫层,回填夯实土体,然后按设计要求分层填铺反滤垫层,最后恢复裹护体。

3.2.2　防洪(防浪)墙养护

要求能及时修补浆砌石防浪墙局部破损。

浆砌石防洪(防浪)墙局部破损主要包括勾缝脱落、石块松动、石块破碎(风化破碎、机械破碎等)等。

对浆砌石防洪(防浪)墙养护期间,若检查发现有局部勾缝脱落现象,应及时进行勾缝修补(清除已松动的勾缝、剔除缝内填充料或杂物、将缝口剔清刷净、湿润后塞填新的砂浆并用力抿压、缝表面成型并抹光、修补后还要洒水养护);若发现有局部石块松动现象,要及时塞挤或用砂浆嵌缝稳固并勾缝,或拆除表层松动石料,对内部进行平整填垫,修整石块,然后重新砌筑,以使石块牢固稳定;若局部石块出现破碎现象,应选择材质、形状及大小适宜或经加工修整成符合要求的石块,按原结构砌筑更换。

3.3　防渗设施及排水设施养护

3.3.1　排渗设施出口处的孔洞、暗沟、冲坑悬空的修复

受填筑不够密实、渗水集中出流或雨水集中冲刷等影响,在排渗设施(如贴坡排水、棱体排水、导渗沟、排水减压井等)出口周围易出现孔洞、暗沟、冲坑悬空等缺陷。

在排水设施运用期间,应经常对其进行检查、养护,若发现排渗设施出口周围存在轻微的孔洞、暗沟或冲坑悬空缺陷,应及时进行修复。排除附近积水,对缺陷附近进行清理、清基或开挖,拆除附近排水材料,用符合要求的材料对孔洞、暗沟、冲坑悬空处进行填垫夯实,或直接对悬空处进行塞填,然后恢复铺设排水材料,恢复排渗设施。

3.3.2　排水(排渗)沟保护层修复

拟在背河堤(坝)脚或其附近修建排水(排渗)沟时,需在沟周围按由细到粗的要求分层铺设反滤料,以形成反滤层,反滤层之上再干砌一层块石或大卵石作为保护层。

在排水沟运用期间,要及时清除排水沟内的淤泥、杂物及冰塞,防止堵塞排水孔隙和缝隙,确保排水畅通;要注意观察排水沟保护层是否完好,若保护层局部石块松动要及时垫稳、塞紧,若保护层局部石块缺失或破碎,要及时进行补充或更换;若发现保护层缝隙有堵塞现象,可用竹片或钢钎进行掏挖,或用清水冲洗,以及时清除淤积堵塞物。

3.4　穿(跨)堤建筑物与堤防接合部养护

3.4.1　穿堤建筑物进、出口处堤防的养护

受接合部往往回填土不密实、产生不均匀沉陷、土石接合部过水等影响,穿堤建筑物与堤防接合部易出现裂缝、沉陷、冲沟、表层土松软等表面缺陷,而穿堤建筑物进出口处的堤防还可能因受水流冲刷、渗水破坏等影响而出现局部冲淘刷破坏或渗透变形。

在工程养护中,除及时清除穿堤建筑物与堤防接合部的杂草、杂物外,还应注意查看接合部填土有无松软现象,若发现接合部填土松软要及时进行夯实;对穿堤建筑物与堤防接合部填土要经常进行填垫、平整、夯实,保持土石接合部填土密实且高出周围地面;要注

意查看接合部有无裂缝,若发现轻微裂缝可填土封缝,对于较严重的裂缝应列入维修计划(开挖回填或灌浆);若发现接合部有沉陷、冲沟缺陷,要及时填土、平整、夯实;还应注意检查穿堤建筑物与其他防洪工程接合部是否密实完好。

对于穿堤建筑物进出口处的堤防,除注意观察有无裂缝、沉陷、冲沟、表层土松软等缺陷并及时养护修复外,过水期间还要注意观察附近水流是否平稳、堤防或防护工程是否被冲淘刷,每次洪水或引水运用过后都要全面检查穿堤建筑物进出口处对堤防的冲刷情况,对造成的局部冲刷或残缺要及时进行养护修复。清除附近杂草,进行表层清基,用黏性土料回填、平整平顺,并夯实,恢复防护草皮或防护工程。若发现进出口处水流条件较差、对附近堤防或连接工程冲刷严重,应提出维修计划或采取其他工程措施建议。

3.4.2　上堤辅道局部破损修复

对上堤辅道应注意检查和维护排水设施(尤其是辅道与堤坡交会处应设置集中排水沟),雨前清除排水沟内淤积堵塞物,降雨期间注意顺水、疏导排水,雨后及时排除积水,尽可能减轻水毁现象(雨淋沟、水沟浪窝等);干旱季节应酌情进行洒水养护,防止起土扬沙和干裂破坏;对因行车破坏或冲刷破坏而已造成的路面凹陷、局部雨淋沟、残缺等,要及时进行铲高填洼或另取土填垫、平整、夯实,也可在雨后有利时机利用机械进行刮平、压实;若发现边棱不够顺直或局部有残缺,可挂线削补修整,或另取土填补,并拍打或夯实。

对于沙石路面,要注意向路面中部清扫沙子或及时补充沙子层,以使沙子层分布均匀或衬平路面;对路面进行养护整平或补残时,可用黏土掺沙子或石屑一并回填。

对于干砌石路面,若局部石块不稳,要注意垫平并将周围用沙石灌塞严紧;若发现局部石块破碎,要选用或加工成适宜石块进行更换。

3.5　管护设施养护

对小型管护机械设备进行保养时:①要进行隔尘保护管理,如尽可能将其存放在符合保管条件的库房内或专用箱内,或采取覆盖隔离措施,要经常进行除尘去污擦拭,以保持清洁;②发动前,对小型机械设备进行全面检查、调试,注意查看各连接部分是否牢固,油、水、电等各个系统是否正常;③发动后,注意查看各仪表指示及发动机声音是否正常,还要注意检查测试行走、传动、转向、制动等装置是否正常,各项检查合格后方可投入使用;④使用中,要注意按操作程序(规程)正确使用小型管护机械设备,减少碰撞、震动、磨损、伤害,注意观察转向、制动、行走、仪表指示、照明等系统是否正常,注意听取声音是否正常,一旦发现异常现象应及时排除故障,不能带病作业;⑤使用后,要进行除尘去污擦拭、上油保养,并妥善看护保管;⑥定期进行保养,按保养级别(一般分为三级保养)和相应要求定期进行保养,及时更换易损配件,使小型机械设备保持良好状态。

对于小型机械设备的易损配件,可提前购买储备,以便发现损坏时能及时更换。

对于放置小型机械设备的仓库、机修车间,要经常清扫保持清洁,要注意通风换气保持干燥,以防止潮湿霉变或生锈,提高保管和养护质量。

3.6　防汛抢险设施及物料养护

3.6.1　防汛备土的养护管理

防汛备土,一般沿堤线分散堆放(如每隔50 m存放一个)于堤坡或戗台上(习惯称为土牛),也可相对集中地堆放(如每隔500～1 000 m堆放一个)于淤背加固区内。

新修做土牛要求堆放位置合理、形体尺寸一致、顶平坡顺、边棱整齐、表面拍打密实,以保持美观和提高抗雨水冲刷及抗风蚀能力。

对已修做土牛的养护管理内容主要包括:及时清除土牛表面及其附近周围的高秆杂草、杂物,保持料堆整洁,但对能起防护作用的矮棵草不宜一律清除,以提高土牛的抗风蚀和抗雨水冲刷能力,防止土料流失;若发现土牛有雨淋沟、残缺,要及时进行平整、整修,并将表面拍打密实;使用土牛应从一端集中挖取,使用结束后要将剩余部分进行规整,仍保持形状规则、顶平坡顺、边棱整齐的要求;还要对土牛注意看护,防止乱挖乱用。

3.6.2　防汛备沙石料的养护管理

防汛所备沙石料包括沙子、石子、石料,习惯将防汛备石称为备防石。

对于沙子、石子,除材质要求外,往往还有级配(不同规格)要求,一般将沙子、石子集中存放于规划设置的料场内,要防止不同规格的石子混掺。

备防石一般按长方体成垛堆放于堤岸防护工程的土坝体顶部或堤防淤背加固区内,每垛数量(立方米)多为10的整数倍,石垛大小和尺寸统一(高1～1.2 m),摆放位置合理(不影响施工、观测、抢险、交通),几何形状规则美观。

防汛所备沙石料的养护管理主要包括:应注意查看其存放位置是否适宜、堆放是否规顺整齐、料堆周围是否整洁、物料质量是否合格、物料数量是否准确、取用是否方便等;要及时清除料堆(垛)及料场周围的杂草、杂物,保持物料整洁;要经常对料堆(垛)按统一选定的存放形式和几何形状进行规顺整理,使之完整、整齐、美观,要对各料堆(垛)挂牌标示,标示内容包括材料名称、堆垛编号、规格、数量等,要注意不同物料及同一物料的不同规格(级配)应分别存放,不能混杂;对使用剩余的零星料堆要及时进行规整;要做好看护工作,防止材料缺失,要做到账物相符、账账相符,严格执行出入库手续。

3.7　防护林及草皮养护

3.7.1　树株修剪

树株修剪贯穿于育苗、栽植及生长管理全过程。通过育苗期间的修剪,可有利于选择培植壮苗和促进树苗的生长;借助植树时的修剪,可减少养分和水分的损失,以适应新植树株吸收、输送、供养能力的下降,有利于新植树株的成活;通过生长期间的修剪可剪除病害、枯萎及过密的树枝,形成分布均匀的枝条,塑造大小适宜、形状美观的树冠和树形,有利于透风透光、促进树株生长、增加绿化美化效果。

对新植树株的修剪应在栽植前后进行，对已成活树株的修剪一般应在落叶或入冬后进行，美化树株的修剪可随时进行。

树冠的大小一般不小于全树高度的1/2，树冠应尽可能成蘑菇形或符合特定造型要求，要使中干突出、树形美观，要尽可能使枝条分布均匀，杈枝稠密应去弱留强，枝杈的疏密以能通风透光、充分进行光合作用、使树株生长旺盛为宜，若树株一侧缺枝应保留其幼枝。

修剪树株时，所使用的剪、刀、铲、锯等工具要锋利，以使修剪面（创伤面）尽量齐平、光滑，避免撕裂，树枝的修剪面不能凸出于树干过多，也不能因修剪枝杈而损坏树干或主干周围树皮，以便使树株在生长过程中能用树皮包住创伤口，从而避免病虫害侵蚀，并防止因雨水渗入而导致木材腐烂；若修剪树株的创伤口较大，可对其进行包裹或用防水涂料涂抹，以避免或减轻侵蚀伤害、水分蒸发。

修剪防浪林树株时，要考虑满足梯级高度、适当加大树冠和保留较密树枝的防浪要求，以保证其具有较好的防浪效果。

3.7.2 草皮补植更新

草皮的防护能力既取决于其覆盖率大小，也取决于草的长势，若由于多种原因（如栽植稀疏、病虫害退化缺失、局部老化退化等）而使草皮覆盖率不高、长势不好，应及时进行补植或更新。

3.7.2.1 草皮的补植

进行草皮补植前，应铲除补植范围内的退化草、杂草，将补植区域表层土翻松（最好结合施底肥进行翻松）、整平，若表层土质为沙土也可覆盖一层腐殖土，若土地贫瘠也可垫一层肥沃土壤；应选用与原草皮相同品种的草（多为葛芭草）进行补植，补植时间以春末、夏季为宜（雨季最好）；补植时宜带土成墩栽植（应适当密植，如按36墩/m^2进行栽植）或成片移植，要注意使新植草与土壤结合紧密并埋实；补植后应及时洒水或浇水，并适时松土保墒，以提高新植草的成活率。

若因遭水流或雨水冲刷而使草皮流失，应先选用符合要求的土料填垫恢复工程，然后补植草皮；若因局部草皮干枯坏死而需补植，应先分析判明草皮干枯坏死的原因，再采取对应预防或防治措施（如选择适宜草种，改善植草区域的土、水、肥等生长条件，进行病害或虫害防治），然后进行草皮补植。

对补植成活后的草皮应更加注意管理养护，如勤浇水、及时清除杂草、必要时可在降雨或浇水前追施肥料等，以促成草皮的快速生长，力求尽快发挥草皮的防护作用。

另外，若草皮过于稠密，应进行剔除稀疏，以保持其适当的密度，创造良好的生长条件（通风透光、促进光合作用、合理分配供应养分和水分等），促成草皮良好长势，可使草皮具有较好的防护效果。有时可将草皮的剔除稀疏与补植结合进行，这可一举两得。

3.7.2.2 草皮的更新

每种草的生长都有其兴衰周期（寿命），如遭遇不利生长条件（高温干旱、积水成涝、病虫害、冻害、践踏、土质差、缺乏养分、缺少光合作用等）或选择草种不当，将会缩短兴衰周期(寿命),即会加速草皮的退化,甚至死亡。

当因老化退化、病害退化、品种不适宜等因素而造成局部片区草皮覆盖率不高或长势不好时,可进行集中更新,更新分为原草种的重新栽植及更换草种的新栽(种)植。

更新前,要查清导致草皮退化或死亡的原因,要对不利于草皮生长的因素进行消除或改善,如选择同品种壮苗或选择更适宜的新品种草,对病害因素要进行除病杀菌,若土质不符合要求可覆盖腐殖土或肥沃土壤,或将表层土进行更换、改良,对植草区域要进行土地翻松、平整、平顺;更新时,要按要求进行栽植或种植,保证更新种植质量;更新后,要加强对新植草皮的管理与养护,促进草皮生长,尽快发挥其防护作用。

模块4　工程维修

本模块包括堤防维修、堤岸防护工程及防洪(防浪)墙维修、防渗设施及排水设施维修、穿(跨)堤建筑物与堤防接合部维修、管护设施维修。

4.1　堤防维修

4.1.1　泥结碎石路面维修

若泥结碎石堤顶路面有轻微坑洼不平,可通过调整磨耗层厚度而找平,或通过补充磨耗层材料(将增加的碎石屑或黄沙撒在低洼处)而找平;若局部坑洼较严重,应及时进行填垫整修。清除局部磨耗层料,铲高垫洼平整,或用混合料(黏土+碎砾石)进行填垫、平整、夯实或压实,并恢复磨耗层;若坑洼现象严重,且堤顶横比降或高度不足,可用混合料进行盖顶维修;若坑洼现象严重,而堤顶高度和材料能满足要求,可利用原有材料进行翻修处理。

4.1.1.1　泥结碎石堤顶路面的填垫整修和盖顶维修

泥结碎石堤顶路面和盖顶的维修施工基本与土质堤顶的维修相同,所不同的是,如何选配黏土+碎(砾)石混合材料,一般要求黏土含量不大于15%、塑性指数为18~27,矿料级配应符合表4-4-1规定,若天然碎(砾)石材料不能满足要求,可人工掺配。

表4-4-1　级配碎(砾)石路面的矿料级配组成

分类	编号	通过下列筛孔(mm)的质量百分率									
		60	50	40	30	20	10	5	2	0.5	0.075
碎石	1		100	90~100		68~85	45~70	30~55	20~37	15~25	7~12
	2			100	85~100	70~90	50~70	50~60	25~40	20~32	8~15
砾石	1		100	90~100		65~85	45~70	30~55	20~37	15~25	7~12
	2			100	85~100	70~90	50~70	40~60	25~40	20~32	8~15
	3			100		85~100	60~80	45~65	30~50	20~32	8~15

4.1.1.2　泥结碎石堤顶路面的翻修处理

泥结碎石堤顶路面的翻修施工主要包括以下步骤:

(1)挖槽。清除拟翻修范围的磨耗层料,开挖堤顶路面层(称为挖路槽,简称挖槽),要求路槽槽壁垂直,路槽深度视破坏程度和根据施工需要而定(一般应将路面层全部挖除),局部翻修时一般挖成正方形或长方形路槽;若开挖路槽后发现底层有局部翻浆或软弱土层,应将其全部挖除,并进行换土回填压实。

（2）清基及压底。挖槽后要清除已松动的材料，将槽底整平、成型（符合设计的高程和纵横坡度要求），对基底层进行碾压，使其达到设计干密度要求。

（3）选配材料。当填筑时需补充路面材料，所选用混合材料要符合材质、配合比及级配等要求；若利用从旧路面挖出的材料回填，应将其破碎、筛选；新旧材料可掺配使用。

（4）修复路面。摊铺混合材料、平整、成型、压实，整修后再恢复路面磨耗层。

4.1.2　土料干密度和含水量的测定

4.1.2.1　干密度的测定

测定土料干密度的方法主要有秤瓶比重法、烧（或烘）干法、核子密度仪测定法，重点介绍秤瓶比重法和烧（或烘）干法。

1）秤瓶比重法

秤瓶比重法，又习惯称为干幺重法，是根据阿基米德原理及每类土料的比重变化不大（可视为常数）进行检测换算的。

瓶加浑水重 = 瓶加清水重 + 土颗粒重（干土重）- 土颗粒排开水的质量

$$m_2 = m_1 + GV_s\rho_w - V_s\rho_w$$

土颗粒体积　$V_s = (m_2 - m_1)/\rho_w(G-1)$

干土重　$m_s = GV_s\rho_w = G(m_2 - m_1)/(G-1)$

干密度　$\rho_d = m_s / V = [G(m_2 - m_1)/(G-1)]/V = K(m_2 - m_1)$

$$K = G/[V(G-1)]$$

式中　V——取土环刀容积，一般 $V = 100$ mL；

G——土的比重，沙土 $G = 2.65$、两合土 $G = 2.70$、黏土 $G = 2.75$；

W_1——瓶加清水重，m_1 为瓶加清水的质量；

W_2——瓶加浑水重，m_2 为瓶加浑水的质量；

ρ_w——水在4 ℃时的密度；

K——与土质（涉及 G 的大小）及环刀体积 V 有关，若 G 和 V 已知，可得知 K。

用秤瓶比重法测定土料干密度时，环刀体积 V 已知，事先称得瓶加清水重 m_1，根据土质选择比重 G，再根据所取土样测得瓶加浑水重 m_2，可计算该土样的干密度 ρ_d。

为减小现场计算工作量，也可在环刀体积 V 为某常数的情况下，提前计算出对应不同土质（不同 G）及不同（$m_2 - m_1$）的干密度（ρ_d），并将各组数据绘制成表格（称为干密度 ρ_d 查对表，详见附录3），以供现场试验时根据土质及测得的（$m_2 - m_1$）值直接查得对应的干密度 ρ_d。

用秤瓶比重法测定土料干密度的试验器具主要有能精确到克的杆秤或电子秤、容积400～500 mL的大口透明瓶（如玻璃罐头瓶）、盖瓶口玻璃片、取土环刀（带环刀帽）、手锤、木板、削土刀或削土钢丝弓、手铲（平铲）或铁锨、尖嘴软囊加水器、搅棒、水桶、提篮、擦布等。

用秤瓶比重法测定土料干密度的主要操作步骤如下：

（1）事先称得瓶＋清水＋盖瓶玻璃片的总质量 m_1（简称瓶加清水重）；

（2）取土样：用手铲或铁锨铲除拟取土样处的表面松土层，将带帽环刀平稳地放在拟取土样处,环刀帽之上再盖压木板,然后用锤子平稳、缓慢地敲砸木板使环刀入土,直至使环刀帽内土料接近充满时,之后是取出土样(轻轻挖除环刀周围2 cm以外的土体,再用手铲插入环刀底部将土样取出,以保证土样完整);

(3)削土样:将环刀外土料去除干净、两端逐渐削平,称算湿土质量m,计算湿密度$\rho = m/V$;

(4)将土样小心地破碎成小块并装入瓶内,先加水2/3,充分搅拌、破碎,以使土块分解成散粒状,将搅棒冲洗后取出,再慢慢加清水至瓶满并加盖玻璃片,将瓶及瓶盖以外擦拭干净,称得瓶加浑水重m_2;

(5)根据公式计算干密度ρ_d,或根据土质及测得的$(m_2 - m_1)$查干密度ρ_d查对表(见附录3)得ρ_d。

用秤瓶比重法测定土料干密度时,应注意以下事项:

(1)尽可能在不易压实的部位取土样,以增加干密度实测值的可靠性;

(2)取样时,应垂直慢压或平稳敲砸环刀入土(防止震松土料),并使环刀帽内土料接近充满,以保证所取出土样饱满,所取土样中应无树根及其他影响削平的杂质;

(3)削土样要细致小心,先用小刀将两端削成半圆球状,然后用小刀或钢丝弓将两端逐渐削成与环刀边缘齐平,并将环刀外围的土去除干净;

(4)试验所用瓶口应平整光滑、无残缺;

(5)向瓶内加水时,可使瓶口稍微倾斜,以使气泡居于高处,要边慢慢充水、边从低处开始推移玻璃片,在注满水(以水与玻璃片完全接触不留气泡为准)的同时将玻璃片推盖严密;

(6)称重时,应将瓶外、瓶盖及秤盘擦拭干净,以保证称重精度;

(7)黏土土样不易分解,向瓶内放土样时更应注意破得碎些,并注意加水后多搅拌,以使其充分溶解;

(8)每套工器具应尽可能固定使用,配套使用的器具(如瓶与瓶盖)应固定搭配,以免用错有关数据(如瓶加清水重),若用多个环刀取样应分别编号、称重。

2)烧(或烘)干法

用烧(或烘)干法测定土料干密度的主要操作步骤如下:

(1)用环刀取土样、削平、称算湿土质量、计算湿密度,其操作方法同秤瓶比重法;

(2)将整个土样细破碎全部装入铝盒内,称得铝盒+湿土质量,然后用酒精烧干(用酒精将细破碎的土料湿润均匀,一般烧2~3遍,燃烧中不断搅拌翻动,直至烧干),也可用烤箱或微波炉烤干(烘烤时,将细破碎的土料摊铺均匀,每烤完一遍要搅拌翻动,再摊铺均匀,烤多次直至烤干),烧(或烘)之后称算干土质量,按下式计算土料干密度:

$$\rho_d = \text{干土质量} / \text{环刀体积}$$

(3)计算土料含水量:

$$\omega = [(\text{湿土质量} - \text{干土质量}) / \text{干土质量}] \times 100\%$$

3)核子密度仪测定法

核子密度仪(核子密度/湿度检测仪的简称,又习惯称为核子仪)是利用同位素放射原理检测密度和湿度的电子仪器,常用于快速检测压实材料的湿密度、干密度及含水量。

用核子仪可以检测土壤、石料、土石混合物，还可以检测水泥混凝土，具有检测快速、检测项目多等优点；但其购买成本高，使用和保存要求高（如应注意防辐射），仪器报废后要由指定单位或厂家销毁处理。

使用核子仪前，要用传统的检测方法（瓶比重法或烘干法）对核子仪的检测成果进行对比试验，或以此来修正（标定）核子仪的读数。

使用核子仪检测时，被检测土层表面要平滑，要在拟检测处用钢钎锥一个直径 20 mm 的检测孔，将仪器的探杆深入孔内即可直接读取有关数据。

4.1.2.2　土料含水量的测定

测定土料含水量的关键是如何测得土中水的质量和干土质量，常用测定方法是烧干法或烘干法，也可根据已测定的湿容重和干容重，按公式换算含水量。

1）烧（或烘）干法测定土料含水量

用烧（或烘）干法测定土料含水量，可与干密度检测同时进行，也可单独取样测定，其主要操作步骤如下：

（1）取湿土料 5 ~ 8 g，放入重为 m_3 的带盖铝盒中，用天平称得湿土 + 带盖铝盒的总质量 m_4；

（2）用点滴管将纯酒精 2 ~ 3 g 陆续滴入铝盒内土料上，并在桌台上随滴酒精随轻击盒底，以将土料浸湿均匀；

（3）用酒精烧（燃烧中注意搅拌）土料至少 2 ~ 3 次，直至将土料烧干为止，也可用烤箱或微波炉烘干土料；

（4）烧（烘）干土料后，趁热盖好盖子，用夹钳夹起铝盒放在天平上，称得干土 + 铝盒的总质量 m_5；

（5）计算含水量：

$$\omega = [(m_4 - m_5)/(m_5 - m_3)] \times 100\%$$

用烧（或烘）干法测定土料含水量时应注意以下事项：

（1）注意所取土样的代表性；

（2）取样与试验间隔时间较长时应将土样密封保存，以防水分蒸发；

（3）若一次取多个土样分别测其含水量，应将土样分别编号并记录取样位置、土质名称等；

（4）试验所用天平和铝盒应保持干燥，铝盒质量应定期校正。

2）换算含水量

已知土料湿密度和干密度时，可按以下公式换算土料含水量

$$\omega = (\rho - \rho_d)/\rho_d$$

4.1.3　开挖回填法处理堤防裂缝

裂缝是堤防常见缺陷，对于缝宽不超过 5 mm 的小裂缝可不处理或只封堵（填或盖）缝口，以防止雨水浸入；对于较大裂缝可采用开挖回填（分为顺缝开挖回填和横墙隔断开挖回填）、灌浆等方法进行处理，下面介绍开挖回填法。

4.1.3.1　顺缝开挖回填

对于缝宽大于 5 mm 的非横向裂缝,可采用顺缝开挖回填的方法进行处理。开挖前,用经过过滤的石灰水或煤水灌缝,以便在开挖过程中辨析裂缝;顺缝开挖长度超过裂缝两端各至少 2 m,开挖深度应至裂缝以下 0.3 ~ 0.5 m,坑槽底部宽度不小于 0.5 m,边坡满足稳定安全和便于施工的要求,开挖示意图参见图 2-10-1;回填时,将槽坑周边陆续削缓坡度(或开蹬)并洒水,以便新旧土接合,注意调配回填土料含水量,要分薄层(层厚0.1 ~ 0.2 m)回填、夯实,夯实后的干密度不小于设计要求或原堤身土料的干密度;回填后的顶部应稍高出原地面(具体高出值应视开挖回填深度而定,一般为 0.1 m 左右),表层之上可再覆盖沙性土保护层,以防新填土因水分损失过快而干裂。

施工中,应采取坑口保护措施,避免雨淋、进水;挖出的土料要适当远离坑口堆放,以免因附加荷载引起滑坡或坍塌。

4.1.3.2　横墙隔断开挖回填

对于横向裂缝,尤其是贯穿性横向裂缝,一般采用横墙隔断法进行处理。该方法是在顺缝开挖抽槽的同时,再沿裂缝每隔 3 ~ 5 m 开挖一条垂直裂缝的横槽,横槽底宽不小于 0.5 m、槽长不少于 3 m,开挖示意图参见图 2-10-2。通过横槽可增加新旧土料的接合,延长沿新旧土接触面的渗径,所以又将横槽称为接合槽,也称为横墙隔断。

横墙隔断法的开挖与顺缝开挖相同,若开挖较深可采用梯级开挖,待回填时再逐级削去台阶并削缓边坡。

开挖时,要注意开挖边坡的稳定安全,可酌情加以支护。

处理堤防横缝应尽可能选择在非汛期进行;处理与临水尚未连通的裂缝应从背水面开始,并分段开挖回填;处理与临水相通的裂缝应先在临水侧修前戗或月堤;处理背水坡有漏水的裂缝应做好反滤导渗。

4.2　堤岸防护工程及防洪(防浪)墙维修

4.2.1　干砌石护坡(坝岸)维修

(1)若干砌石护坡(坝岸)出现局部松动,可直接塞垫嵌固;或将已松动块石拆除,对内部进行填垫平整,然后重新砌筑表层,要求坡面平顺、砌石稳固。

(2)若干砌石护坡(坝岸)出现坡面凸凹不顺,可将凸凹不顺处的表层石料拆除,对内部石料进行去凸填凹的平顺整理,或直接对低洼处补充石料并平顺整理,然后恢复表层砌石。

(3)若干砌石护坡(坝岸)出现滑动、塌陷,一般采用局部翻修的处理方法。将缺陷部位的石料拆除(表层石料和内部石料分开堆放),清除护坡(坝岸)后垫层,用黏土分层回填、夯实,并整修恢复土坡,然后按要求铺填并整理恢复垫层,利用旧石或通过新补充抛石再自下而上排整(石料的大面朝下、小面朝上,大石排紧、小石塞严,插接牢固、密实、稳定)恢复内部填石,最后干砌表层石料。

砌筑表层石料时,同一砌层厚度应一致,砌缝水平等宽,相邻石块两端接触宽度不小于7 cm，上下层之间不能有对缝和咬牙缝（两缝错距小于8 cm）、虚棱石（仅在面口处接触，接触深度不足总深度的1/3）、悬石（面口处悬空，悬空深度大于总深度的1/2）、坝面洞，石块要经多次试安和修凿加工直至满足形状和尺寸要求，砌垒稳固、坡面平顺。

（4）若干砌石护坡（坝岸）有局部残缺，要及时进行修补。一般是先拆除残缺部位，再抛填补充石料，然后干砌表层；也可直接对残缺部位抛填补充石料，然后干砌表层石料。

4.2.2　浆砌石护坡（坝岸）维修

（1）若浆砌石护坡（坝岸）出现勾缝脱落，须将原缝内填料剔除（剔深不小于2 cm），将缝口处清除干净，并用水冲洗或洒水湿润，然后用强度等级较高的砂浆恢复勾缝，并进行养护。

（2）若浆砌石护坡（坝岸）出现局部松动，轻者可直接进行嵌固、勾缝；对较严重的局部松动可进行局部拆修：拆除松动石块，清理干净拆除部位并洒水湿润，用坐浆法重新砌筑并勾缝和养护。

（3）若浆砌石护坡（坝岸）出现塌陷等明显缺陷，可对缺陷进行翻修。将缺陷部位拆除并清理干净，消除内部隐患（如恢复土坡、恢复垫层），回填内部石料，恢复表层砌筑并勾缝。

4.2.3　混凝土护坡维修

对施工期间出现的缺陷（如麻面、蜂窝、空洞、裂缝等）应在施工中及时修补或返工补救，这里主要介绍对混凝土护坡在运行期间常见缺陷（表层剥蚀脱落、局部破碎、残缺、护坡后淘空、裂缝、断裂等）的维修。

（1）若现浇混凝土护坡出现剥蚀脱落、局部破碎、残缺等缺陷，可将缺陷部位凿除或凿毛，并清扫或冲洗干净，用高强度等级水泥砂浆或环氧树脂砂浆（使用于薄层维修）对缺陷处进行填补、抹平、压光，并按要求进行养护。

（2）若预制混凝土块出现残缺或损坏，轻者可用原材料或强度等级更高的材料进行修补；残缺或损坏较严重的可整块拆除更换，更换时须注意做好衬砌、嵌固，以恢复整体效果。

（3）若混凝土护坡后发生局部淘空，而尚未导致坡面缺陷，可将淘空部位进行清理，用符合要求的土料分层回填、夯实或捣实，以整理恢复土坡，然后分层铺设垫层。

（4）若混凝土护坡出现裂缝，可根据裂缝大小而选用不同的维修方法，如充填法、灌浆法、表面涂抹法（也称喷涂法）、凿槽嵌补法、粘贴法等。

（5）若现浇混凝土护坡出现断裂，且断裂缝两侧混凝土均未明显错位凹陷（即不需要处理内部隐患），可沿缝两侧一定宽度将混凝土破碎成槽，在槽内重新浇筑；如果断裂后部分范围已凹陷，可将已断裂凹陷的混凝土块拆除，填实土坡或垫层，然后重新浇筑。

（6）若预制混凝土块断裂，一般可整块更换。

4.2.4　堤岸防护工程的陷坑及冲沟处理

对在堤岸防护工程的土坝体顶或边坡上出现的陷坑、冲沟，其维修方法与堤防水沟浪窝处理方法(清基、削坡或开蹬、分层回填夯实)相同。

若堤岸防护工程的土石接合部出现陷坑、冲沟,应先拣除塌陷的石料,再回填处理陷坑或冲沟,最后按原结构恢复护坡(坝岸);对于护坡(坝岸)后的隐蔽性陷坑、冲沟,应结合对护坡(坝岸)的翻修进行处理(拆除石料,恢复填土,整坡,再恢复护坡),也可在非汛期通过灌注稠泥浆进行加固。

4.2.5 捆抛柳石枕

柳石枕,是用柳枝(或其他树枝、条料、秸料、芦苇等软料)包裹石块(或土袋),并用绳或铅丝捆扎而成的圆柱体结构物,常用于防汛抢险中的护脚(护根)、护坡、防冲、堵口,也用于水中进占施工。

柳石枕的捆抛操作方法与步骤见防汛抢险有关技能。

4.2.6 防洪(防浪)墙表面破损维修

4.2.6.1 浆砌石防洪(防浪)墙表面破损维修

浆砌石防洪(防浪)墙的表面破损主要有勾缝脱落、石块松动或破碎、裂缝等。

(1)浆砌石防洪(防浪)墙面出现勾缝脱落、石块松动或破碎时,与浆砌石护坡(坝岸)的维修方法相同。

(2)浆砌石防洪(防浪)墙面出现裂缝时,可清除缝内杂物,然后用填塞水泥砂浆、灌灰浆或表面抹补的方法进行维修。

4.2.6.2 混凝土防洪(防浪)墙表面破损维修

混凝土防洪(防浪)墙的表面破损主要有表层剥蚀脱落、局部破碎、残缺、裂缝等,其维修方法与混凝土护坡的相应维修方法相同,下面仅简单介绍对裂缝的维修方法。

1)喷涂法

喷涂法适用于宽小于0.3 mm的表层裂缝,表面喷涂材料有环氧树脂类、聚酯树脂类、聚氨酯类或改性沥青类等;喷涂处理时,用钢丝刷或风砂枪清除裂缝处表面附着物和污垢、凿毛并冲洗干净,对凿毛处喷或涂刷一层树脂基液,然后用树脂砂浆抹平。

2)粘贴法

粘贴法分表面粘贴(适用于宽小于0.3 mm的表层裂缝)和开槽粘贴(适用于宽大于0.3 mm的表层活缝)两种,粘贴材料有橡胶片材、聚氯乙烯片材等。表面粘贴时,在干燥基面上涂刷一层胶黏剂,再压贴刷有胶黏剂的片材;处理活缝时,需沿缝凿槽(宽18~20 cm、深2~4 cm、长超缝端15 cm),清洗干净,槽面涂刷一层树脂基液,用树脂砂浆找平,沿缝铺宽5~6 cm的隔离膜,在隔离膜两侧干燥基面上涂刷胶黏剂、压贴片材,最后用弹性树脂砂浆填平,并压光。

3)充填法

充填法适用于宽大于0.3 mm的表层裂缝,对死缝可充填水泥砂浆、树脂砂浆等,对活缝应充填弹性树脂砂浆、弹性嵌缝材料等。处理死缝,先沿缝凿宽深5~6 cm的V形槽并清洗干净,干燥槽面涂刷树脂基液或潮湿槽面涂刷聚合物水泥浆,然后向槽内充填填充材料,并压实抹光;处理活缝,沿缝凿U形槽并清洗干净,槽底用砂浆找平,并铺设隔离膜,槽侧面涂刷胶黏剂,槽内充填弹性填充材料与原混凝土面齐平,并压实。

4)灌浆法

灌浆法适用于深层裂缝和贯穿裂缝,死缝可灌注水泥浆材、环氧浆材、高强水溶性聚氨酯浆材等,活缝可灌注弹性聚氨酯浆材等;施工工序有布孔、钻孔、洗孔、埋设灌浆管、封堵缝口(如沿缝凿槽、用砂浆嵌填封堵)、压水检查、灌浆(吃浆量小于 0.02 L/5 min 时结束灌浆并封孔)、质量检查(如钻检查孔进行压水试验)。

4.3　防渗设施及排水设施维修

4.3.1　防渗铺盖及斜墙的陷坑处理

若防渗铺盖或斜墙所在区域出现陷坑,应首先查明原因,并分析判断防渗体是否已经遭到破坏(如断裂、穿透),然后按不同情况分别进行维修处理。

若由于正常沉陷或较轻的外来因素(如开挖)而导致防渗体局部陷坑,并未导致防渗体断裂破坏,可采取直接回填的处理方法。对陷坑周围进行清基,清除防渗体保护层,用符合要求的黏土分薄层回填、平整、夯实,恢复防渗体,最后恢复保护层。

对于伴随着防渗体断裂破坏而出现的陷坑,需采取开挖回填的处理方法。对陷坑周围进行清基,挖除保护层及防渗体,消除导致缺陷的隐患或进行加固处理(如挖除软弱层、回填夯实等),用符合要求的黏土分层回填、平整、夯实,恢复防渗体,最后恢复保护层。

4.3.2　背水近堤坑塘的处理

近堤坑塘的存在,将缩短堤防渗径,易诱发渗水、渗透变形、滑坡等险情,增加了运行观测、巡堤查险、施工加固及险情抢护的难度。对背水近堤坑塘一般采用填垫的处理方法,根据坑塘位置、规模大小、施工条件等不同,常采用机淤填筑(吹填)或运土填垫等方法。

4.3.2.1　机淤填筑

机淤填筑(吹填),一般是利用挖(吸)泥船直接抽吸河道含沙浑水,通过管道输送到拟填筑坑塘处,经沉沙排水而实现对坑塘的填筑;也可利用水枪+泥浆泵机组冲挖所选择土场(可距坑塘较近)内的泥沙,通过管道输送到拟填筑坑塘处,以沉沙排水淤筑。

用挖(吸)泥船在河道内取沙时,沙场(船位)一般选择在弯道环流顶点下游靠近新滩,水上管道短,利于固定船只和生产安全,且离开坝岸 15 m 以上的地方;输沙管道铺设要短而顺直,避免死弯和漏水,管线最高点应尽量离船只近些,管道出水口距堤脚及填筑区(习惯称为淤区)围堤脚不小于 5 m;淤区围堤应满足蓄水沉沙深度、安全超高、防渗宽度及边坡稳定安全等要求;淤筑期间,要及时排放沉沙后的余水,排水口应远离输沙管道出口。

对近堤坑塘完成淤沙后可用黏土或壤土包边、盖顶,以利于土地的开发利用,对淤背加固区的边坡应植树植草防护。

4.3.2.2 运土填垫

若不具备机淤填筑条件或坑塘分散、填筑量较小，可采用人工或机械运土填垫。施工时，清除坑塘周边树草、杂质，安排坑塘蓄水出路，用沙性土，按进占法填塘，随进占卸土随在顶部平整压实，填筑完成后要整平顶部、平顺边坡、包边盖顶、植草防护。

4.3.3 坡面防渗体保护层维修

堤防坡面防渗体主要有黏土斜墙、沥青混凝土斜墙、土工膜或复合土工膜防渗等。为防止冻融破坏、人为或机械损坏、延缓材料老化，需对坡面防渗体设置保护层，保护层一般可直接用沙壤土填筑而成，也可结合护坡用沙砾石及块石修筑而成。

若防渗体的土质保护层出现残缺、冲沟或陷坑等缺陷，一般采用回填或开挖回填的处理方法。对缺陷处进行清基，挖除松土、削缓坡度，分薄层回填、夯实（干密度达到设计要求），对回填后表面进行平顺整理，并植草防护。

若防渗体的沙砾石及块石保护层出现缺陷，按石护坡进行维修。

若保护层下的防渗体受到破坏，要采用开挖回填的处理方法。对缺陷处进行清基，将缺陷处的保护层挖除或拆除，消除防渗体内部或防渗体以下隐患，整修恢复防渗体，恢复保护层，对土质保护层恢复植草防护。

4.3.4 清掏减压井及排水孔

当减压井发生淤积堵塞而影响排水减压效果时，可采用洗井（从井中不断抽出浑水、让渗水带出淤积在透水井管壁内或井管外围反滤层内的泥沙）、冲淤（向井内灌注清水或用高压水枪冲射清水，并同时抽出浑水，靠置换清淤），或直接掏挖井管内的淤积物的方法进行处理。

当排水孔发生堵塞现象时，一般采用人工清除（如用竹片或钢钎掏挖）排水孔内淤积杂物或注水洗孔的方法进行处理；若清掏排水孔无效，可将排水孔拆除，重新补设。

4.4 穿（跨）堤建筑物与堤防接合部维修

4.4.1 接合部土方工程维修

穿（跨）堤建筑物与堤防接合部土方工程常出现接合不密实、沉陷、陷坑、水沟浪窝、洞穴、残缺、裂缝等缺陷，其维修方法与堤防工程相应缺陷的维修相同。

对土石接合不密实处，要及时进行平整、夯实，或清基、填垫、平整、夯实。

当出现沉陷、陷坑、水沟浪窝、洞穴、残缺时，宜采用回填或开挖回填的方法进行处理。将缺陷部位的杂物、松土清除干净，对陡坡进行削坡或回填中逐渐开蹬，用符合要求的土料分层填土、夯实，整理恢复工程，并对新填土处植草防护。

对裂缝，可用封堵封口、灌浆、顺缝开挖回填或横墙隔断开挖回填等方法进行处理。

4.4.2　接合部石方护砌工程维修

对于穿(跨)堤建筑物与堤防接合部的石方护砌工程,可参照堤岸防护工程护坡(坝岸)的维修方法进行维修。

当散抛石护砌工程出现缺失、坡面凸凹不顺时,应进行平顺拣整或补充抛石并拣整,以使工程完整和坡面平顺。

对干砌石护砌工程,若出现局部松动,可直接塞垫嵌固,或拆除松动块石、找平垫稳后重新砌筑,以达到坡面平顺、砌石稳固的要求;若出现滑动、塌陷、鼓肚等缺陷,可进行局部翻修处理(将缺陷部位拆除,清除垫层,用黏土回填、夯实、恢复土坝体,按设计要求恢复垫层,自下而上、交错压茬、砌筑紧密地恢复干砌石);若护砌表面出现残缺或空洞,可选用或经修整而合适的石块进行塞填。

对浆砌石护砌工程,若出现勾缝脱落,可剔除缝内填料,用水冲洗或洒水湿润,然后重新勾缝;若出现局部松动,轻者可直接嵌固、勾缝,较严重的可拆除松动块石,用坐浆法重新砌筑;若出现塌陷、鼓肚,一般进行翻修处理(局部拆除,重新砌筑)。

4.4.3　接合部混凝土护砌工程维修

穿(跨)堤建筑物与堤防接合部的混凝土护砌工程出现损坏时,与堤岸防护工程混凝土护坡的维修方法相同。

现浇混凝土出现蜂窝、麻面、局部破碎时,可将破碎层清除,对维修部位凿毛或刷毛,并冲洗干净,用水泥砂浆或环氧树脂砂浆进行填补、抹平、压光,按要求进行养护。

预制混凝土块护坡出现残缺或损坏时,轻者可进行修补,严重时可拆除、更换。

护砌工程有淘空现象时,可直接对淘空部位进行清基,然后分层回填、夯实或捣实;若因淘空或沉陷已造成混凝土护砌面层局部破坏,应将破坏部位拆除,回填、夯实、恢复土坡,铺设垫层,再恢复混凝土护砌面层。

若混凝土护砌工程出现裂缝,可酌情采用喷涂、粘贴、充填、灌浆等方法进行处理。

4.5　管护设施维修

对各类房屋、庭院及观测设施保护建筑物,要经常进行检查、维修。

若粉饰层脱落,可对脱落部位进行清理、打磨,用砂浆找平或刮腻子找平,然后涂刷粉饰层。

若建筑物主体结构出现局部剥蚀、破碎、裂缝等缺陷,要及时进行修补。将缺陷部位表层清除或沿缝凿槽,用符合要求的材料填补、抹平,恢复表面粉饰,具体维修要求参照工业与民用建筑物有关标准。

若附属设施有损坏、残缺、腐烂、生锈等缺陷,要及时修补、更换、除锈、刷漆。

房屋防水是检查维修重点,若局部漏水,可清除漏水处防水面层,重新涂刷或粘贴(冷贴、热贴)新防水材料,或对防水结构层进行修补,更换排水瓦片;若漏水严重或防水结构存在不足、防水材料普遍老化,可进行翻修处理:拆除原防水层,消除存在问题,重新修做防水层。

对于库房的通风、防盗、防爆等装置,要经常检查、维修、加固完善或更换。

当建筑物出现影响使用安全的裂缝等严重隐患时,应及时翻修改建,确保使用安全。

模块5　工程抢险

本模块主要介绍渗水抢险及防风浪抢险。

5.1　渗水抢险

5.1.1　险情简述

在持续高水位作用下,在背水堤坡下部、堤脚附近或堤脚以外一定范围内的地面,可能出现潮湿、湿软、湿润、有水流(渗)出的现象,称为渗水。渗水现象可通过观察或手摸脚探等方法加以区别判断,在晴天情况下若堤防背水侧某处土壤明显潮湿、湿软或有积水,应注意详细观察和检查,如积水是否增加、是否有流水,或将潮湿处做成小土槽,察看槽内是否有积水,以分析判断是否有渗水;雨天应注意观察和探试水量、水色、水温等,以分析判断是否有渗水现象。

5.1.2　原因分析

导致堤防发生渗水的主要原因有:

(1)高水位持续时间较长,或水位超过堤防设计标准。

(2)堤防断面不足(如宽度小、坡度陡,尤其是背水坡度陡),致使浸润线出逸点抬高,造成渗水在背水堤坡上出逸。

(3)均质堤防土料渗水性强,非均质堤防的截渗效果不好。

(4)堤防修筑质量差,如土质差、有干土块或冻土块、碾压不实、接头处理不好等。

(5)堤身堤基有隐患,如动物洞穴、人为洞穴、暗沟、古河道、老口门、树木(根)或抢险材料腐烂后的空洞等。

(6)穿堤建筑物与堤防接合部填筑不密实。

(7)堤基有强透水层,背水侧排水反滤设施失效,可使浸润线抬高,导致渗水从坡面逸出等。

5.1.3　一般要求

渗水抢险以"临水截渗、背水导渗"为原则,要采取措施减少入渗水量、减小出逸流速或提高土体抵抗渗透变形的能力,防止土粒被渗流带走,保持堤防稳定安全。可在临水坡用黏性土壤修筑前戗,用土工膜或复合土工膜截渗,以截断渗水入堤或通过延长渗径减少入渗水量及控制出逸流速;可在背水坡用透水材料(如沙石、土工织物、柴草、沙土等)做反滤排水,将已入渗的水排出,降低浸润线,提高土体抵抗渗透变形的能力,防止渗水将土颗粒带出,保持堤身稳定。切忌在背水坡面用黏性土压渗,这样会阻碍堤身内的渗流逸出，势必抬高浸润线，导致渗水范围扩大和险情加剧。

在抢护渗水险情之前，应首先查明发生渗水的原因和险情严重程度，结合水情进行综合分析后再决定是否采取抢护措施。若堤身因浸水时间较长而在背水坡出现散浸，但仅呈现湿润发软状态或渗出少量清水，且经观察并无发展，水情预报水位不再上涨或上涨不大、持续时间不长时，可暂不作抢护处理，但要加强观察、密切注意险情变化；若渗水严重，发展较快，有发展成管涌或流土的可能，应及时采取临河截渗或背河导渗的抢护措施，防止险情扩大。

5.1.4 抢护方法

5.1.4.1 临水截渗

为防止渗水或减少渗水量，降低浸润线，以避免或控制渗水险情，当渗水范围确定、临河水深和流速不大、截渗材料充足、背河抢护困难时，可在临河采取截渗措施，常用的有防水布截渗、黏土前戗截渗、土袋（或桩柳）前戗截渗。

1）防水布截渗

当水较浅、入渗位置确定时，可对入渗范围直接铺设防水布（如篷布、土工膜、复合土工膜、彩条布、雨布、塑料布等）进行截渗，见图 4-5-1。

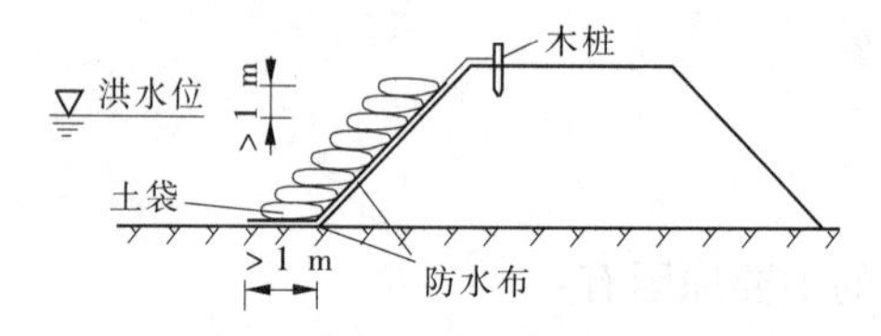

图 4-5-1 防水布截渗示意图

铺设防水布前，应对铺设范围或其中的水上铺设范围进行清基平整，清除杂草、杂物、尖锐物，以利于防水布与堤坡和堤基表面密切结合，并防止将防水布戳破。

铺设防水布时，若水较浅，可由抢护人员直接下水进行展铺，并用土袋或散土对防水布进行稳压（从下端起逐层错缝向上压土袋 1 ~ 2 层，不留空隙），布的上端要打桩固定或用土袋稳压；若水较深，可先把防水布做成软体排再铺放，铺设时将排体上端打桩固定或稳压，下端靠自重或再借助外力（如用支杆撑推）顺堤坡滚动展铺，然后进行稳压、固定。防水布的底端应铺至临水坡脚外 1 m 以上，上端要预留足够的超高（不小于 1 m）和固定长度，顺堤线方向可逐幅搭接铺设，搭接宽度不小于 0.5 m，对窄幅防水布可提前缝接或黏结成较宽布幅（但总幅宽不宜超过 8 ~ 10 m）后再搭接铺设。

2）黏土前戗截渗

当临河水流较缓、水深不大、风浪较小、有黏性土料和机械化施工条件时，可通过抢修黏土前戗进行截渗。

（1）根据渗水范围和渗水严重程度确定拟修前戗尺寸。戗顶应高出水面约 1 m 或不小于 1 m；戗顶宽度可根据渗水严重程度（如出逸点高低、渗水量大小）和施工方法确定，应满足截渗和施工要求，一般戗顶宽 3 ~ 5 m；前戗长度至少超过渗水段两端各 5 m；水下边坡不陡于 1∶4.0，水上边坡可采用堤坡坡度或暂时更陡些。

(2)清基。填筑前应清除修戗范围内或水上部分堤坡上的草皮、树木、杂物,以免影响戗体截渗效果。

(3)采用进占方式填筑黏土前戗。可用自卸车由临水堤肩起、由上而下、由里而外、逐渐推进地向水中缓慢倒土,切勿向水中猛倒,以免沉积不实。

若渗水严重,也可采用先铺设防水布再加修黏土前戗的截渗措施,如土工膜黏土前戗或复合土工膜黏土前戗。

3)土袋(或桩柳)前戗截渗

当堤前流速较大、散土料易被冲失时,可采用土袋(或桩柳)前戗截渗法。

(1)抢筑防冲墙。可先在拟修前戗位置前抛投土袋(或石块、石笼)作为防冲墙(也称隔堤);也可在拟修前戗位置前打设木桩或钢管桩一排,桩距1 m,桩顶高出水面约1 m,在桩上捆扎梢料(柳枝、秫秸、芦苇),或在桩上连接木杆、竹竿后再拴挂芦苇草帘,从而编制成防冲篱笆墙,为保证防冲篱笆墙的稳固,可用麻绳或铅丝将防冲墙木桩顶拴系在堤顶木桩上。

(2)填筑黏土。在防冲墙与堤坡之间填筑黏土,从而抢筑成土袋(或桩柳)黏土前戗。

5.1.4.2　背水导渗

在临水面抢护渗水险情往往工程量较大,且常受到入渗位置不确定、水深、溜急、风浪大、施工条件差、危险性大、料物走失等诸多不利因素的影响,致使抢护难度增大或抢护效果降低,所以常采取背水导渗措施抢护渗水险情,常用的背水导渗措施有反滤层法、透水后戗(透水压渗台)法、反滤沟法等。

1)反滤层法

当堤身透水性较强、背水坡土体过于稀软、堤身断面小(不宜开沟导渗)、反滤料又较丰富时,可采用反滤层法。此法是在渗水出逸区域并超出周边一定宽度范围内满铺反滤材料,以将渗水排出并防止土颗粒被渗水带出,从而可阻止险情的发展,常用的有沙石反滤层、梢料反滤层(柴草反滤层)、土工织物反滤层。

(1)沙石反滤层。

铺设反滤料前应清除拟铺料范围内的软泥、草皮、杂物等,清除厚度视情况而定,一般为10~20 cm,然后按反滤要求均匀铺设一层厚15~20 cm的粗沙,上盖一层厚15~20 cm的细石(小石子),再盖一层厚15~20 cm的碎石(大石子),最后压厚大于30 cm的块石保护层,见图4-5-2,使渗水从块石缝隙中流出,排入堤脚下导渗沟。

反滤沙石料可用天然料或人工料,务必洁净,否则会影响反滤效果。铺筑反滤料要严格掌握下细(靠近被保护土层)上粗,粗细料不能混掺,每层铺设后都要拍打平整。

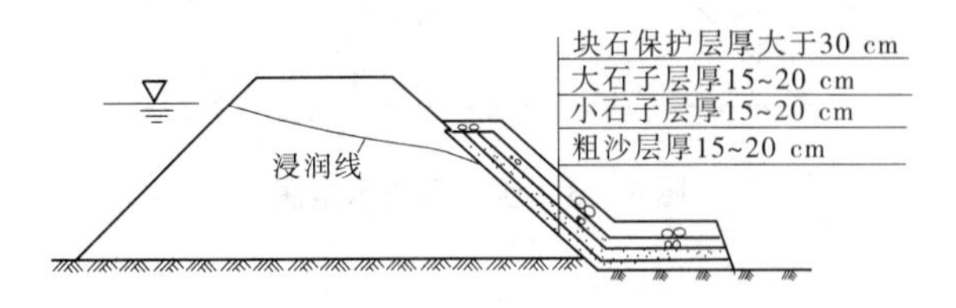

图4-5-2　沙石反滤层示意图

(2)梢料反滤层(柴草反滤层)。

清除拟铺料范围内的软泥、杂物等,先铺设一层厚度不小于10 cm的细料(如稻糠、麦秸、稻草等),再铺一层厚度不小于30 cm的粗梢料(如柳枝、秫秸、芦苇等),梢料粗枝应顺堤坡朝上,细枝朝下,要从下往上搭接铺设,粗细料都要延伸到堤脚以外,以便排水。梢料层之上再盖一层草袋、席片、编织袋、稻草、麦秸或土工织物等,最后用块石或土袋压重和保护。

(3)土工织物反滤层。

清除拟铺设土工织物范围内的软泥、草皮、杂物,尤其是尖锐物等,并平整场地;满铺一层符合反滤层要求的土工织物,铺设时最好用缝合机缝合,若采用搭接则搭接宽度不小于20~30 cm;土工织物上面再满铺一层厚度不小于40~50 cm的透水材料(如沙子、石子或梢料);之上再压块石或土袋保护。

至于土工织物下面是否需要铺设透水料可视具体情况而定,如有条件最好先铺一层厚15~20 cm的中粗沙,再铺土工织物,然后压碎石或梢料,最后压块石或土袋保护。

选用土工织物作滤层时,要考虑土工织物类型、渗水严重程度和被保护土壤情况,常采用机织型和热粘非机织型透水土工织物,其厚度、孔隙率、孔眼大小及透水性不随压应力增减而改变。

2)透水后戗(透水压渗台)法

透水后戗(透水压渗台)法既能排出渗水、防止渗透破坏,又能加大堤身断面、达到稳定堤身的目的,一般适用于堤身断面单薄、渗水严重、背水堤坡较陡、背水堤脚附近有潭坑池塘、透水材料充足的堤段,根据使用材料的不同主要有沙土后戗、梢土后戗。

(1)沙土后戗。

沙土后戗采用比堤身透水性大的粗沙、中沙、细沙、粉沙或沙土修做而成,见图4-5-3。戗顶一般高出浸润线出逸点0.5~1.0 m,戗坡不陡于1∶3,顶宽应根据渗水情况、筑戗材料及施工需要而确定,一般顶宽不小于2~4 m,后戗长度应超过渗水堤段两端各至少3~5 m。若采用透水性较大的粗沙或中沙修做后戗,其断面可小些;若采用透水性较小的细沙、粉沙或沙土修做后戗,其断面应大些。

抢筑沙土后戗时,先清除拟修戗体与堤基堤坡接触边界及其周边一定宽度范围内的软泥、草皮、杂物等,清除深度一般为10~20 cm。清基之后分层填筑沙或沙土,并逐层进行压实或夯实,从而修筑成符合要求的沙土后戗。

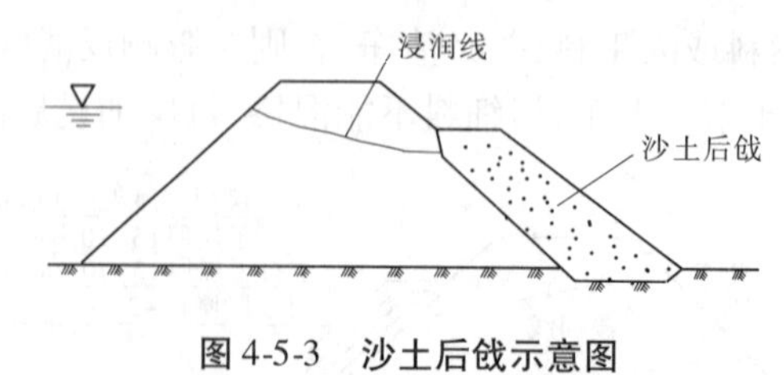

图4-5-3 沙土后戗示意图

(2)梢土后戗。

当附近沙或沙土料源不足,而梢料较充足时,可修做梢土后戗,见图4-5-4,其外形尺寸及清基要求与沙土后戗基本相同。

对于一般渗水堤段，首先在拟修戗位置的堤基地面上按细、粗、细三层铺设梢料，其中上下细料（麦秸、稻草）层厚度各不小于5 cm，中间粗梢料（柳枝、芦苇、秫秸等）层厚不小于20 cm；然后在铺好的梢料上分层铺填沙性土并夯实，土层厚1.0～1.5 m；土层之上再按上述方法铺设水平梢料层，梢料层之上再填土，如此重复直至达到拟修高度，可修筑成层梢层土的梢土后戗。铺放各层粗梢料时，都按垂直堤线方向铺放，要铺放平顺、头尾搭接、粗头向里（堤坡）、细头向外、伸出戗身，以利于排水。

对于渗水严重堤段，为加速渗水的排出，除在拟修戗位置的堤基地面上和戗体内铺设水平梢料层外，还可在拟修戗位置的堤坡上全部或每隔一定距离再铺设梢料层，并使其与戗体水平梢料层连通，以修筑成如图4-5-4所示梢土后戗。坡面梢料层也是按细、粗、细三层铺设，总厚度不小于30 cm，铺放粗梢料时要使粗头顺坡向上、细头顺坡向下、头尾搭接。

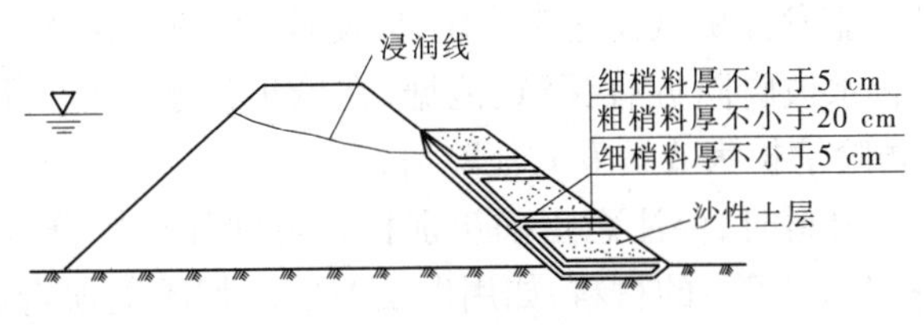

图4-5-4　梢土后戗示意图

为加快梢土后戗的修筑速度和使其反滤效果稳定可靠，可提前将梢料捆扎成细料在外、粗料在内的梢料捆，以修做梢料捆土后戗。梢料捆的制作同柳把制作，斜坡梢料捆长度与拟修戗顺堤坡长度相同，平层梢料捆长度稍大于戗体宽度，梢料捆直径一般为30～50 cm；垂直堤线铺设梢料捆，要捆捆紧靠平铺并连接成梢料捆排体反滤层；在反滤层上再压土，土上再铺梢料捆，如此重复直至完成后戗的修筑。

3）*反滤沟法*

当堤防背水坡大面积严重渗水，且堤防横断面较大时，可采用反滤沟法。在背水坡上开挖沟槽，沟槽内铺设反滤料，以引导渗水排出，降低浸润线，使险情趋于稳定。根据所填反滤料的不同常用的有沙石反滤沟、土工织物反滤沟、梢料反滤沟。

按开挖沟槽在堤坡上的布置形式不同分为纵（顺堤轴向）横（顺堤坡方向，也称竖沟）沟、Y字形沟、人字形沟，见图4-5-5。沟槽的大小和间距应根据渗水程度及堤坡土质而定，一般沟深0.5～1.0 m、底宽0.5～0.8 m，边坡以能自身稳定为宜，沟底与堤坡平行，横向反滤沟间距一般为6～10 m。

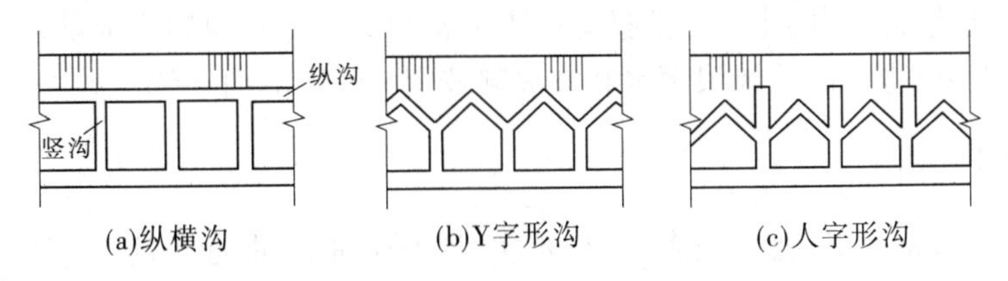

图4-5-5　反滤沟布置示意图

在沟槽内铺设反滤料时，要按下细上粗、边细中粗的原则分层（一般分细、中、粗三层，如图 4-5-6 中的 1、2、3 区，每层厚 20 cm 或其以上）铺填，要逐段开挖沟槽、逐段填充反滤料，反滤料顶面要铺盖起保护作用的草袋、土工织物、席片、麦秸等，以防止泥土掉入反滤料内而阻塞渗水通道，之上再压块石、土袋或土保护。

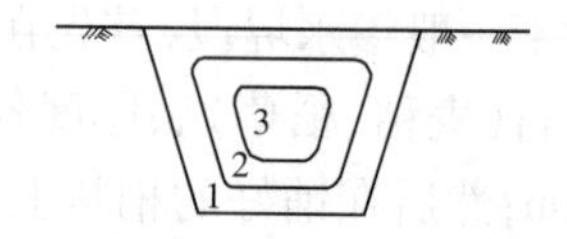

图 4-5-6　反滤沟反滤料布置示意图

堤坡上的反滤沟要与堤脚附近外侧纵向反滤沟连通，纵向反滤沟再与堤外原有排水沟渠连通，以形成纵横贯通的导渗排水系统，保证排水畅通。

5.1.5　渗水险情抢护注意事项

（1）若对渗水险情采取临水截渗措施有困难，为避免贻误战机，应采取背水反滤导渗措施或临背并举；

（2）抢险时应尽可能发挥机械化施工作用，以使抢险快速、安全、可靠；

（3）若渗水堤段背水坡脚附近有深潭、池塘，在抢护渗水险情的同时应抛填块石、沙石料或土袋固基，以防险情扩大或诱发其他险情；

（4）抢险选用土工材料时，要注意正确辨别材料类别和选择符合要求（如厚度、孔眼大小、透水与否、透水性大小等）的材料，如用做反滤层时切不能误选不透水材料，并要注意及时在土工材料上覆盖保护层，以避免其遭受阳光曝晒或缩短曝晒时间；

（5）采用沙石料导渗时，应严格按照反滤质量要求分层铺设，并尽量减少在已铺反滤料上践踏，以免造成反滤层的破坏、影响反滤排水效果；

（6）采用反滤沟导渗时，要因地制宜选择反滤沟的开挖形式，一般不开挖纵沟；

（7）抢护渗水险情时，应尽量避免在渗水范围内来往践踏，以免因扰动而使险情扩大或诱发其他险情，或因加大加深稀软范围而造成施工困难；

（8）切忌在背河用黏性土修做后戗或压渗台，这将阻碍渗流逸出、抬高浸润线、导致渗水范围扩大和使险情恶化。

5.2　防风浪抢险

5.2.1　险情简述

江河涨水时，临河水深加大、水面加宽，若遭遇大风可形成较大风浪，堤防临水坡在风浪一涌一退的连续冲击作用下可能遭受严重冲淘刷破坏（如冲淘刷成陡坎），或引起坍塌，甚至导致溃决，也可能受风浪壅水和波浪顺坡爬高的影响而导致漫溢。

5.2.2　原因分析

（1）堤防抗冲能力差，如土质差、碾压不实、护坡质量差、断面单薄、高度不足等。

（2）风大浪高。当临河水深、水面宽（吹程大）、风力（速）大时，易形成冲击力大的风浪，风浪直接冲击破坏堤坡，使之形成陡坎，或导致滑坡、崩塌，从而侵蚀堤身。

（3）风浪爬高大。风浪爬高可使水面以上堤身土料饱和范围加大，土料的抗剪强度降低,易造成堤坡崩塌破坏。

(4)堤顶高程不足。当风浪爬高超过堤顶高程时可导致漫溢,甚至造成决口。

5.2.3　一般要求

防风浪抢护以“削减风浪,护坡抗冲”为原则,可利用漂浮物拒波浪于堤防临水坡以外的水面上,削减波浪高度和冲击力,以避免或减轻对临水坡的破坏;也可利用防护措施提高堤防临水坡的抗冲能力,以保护临水坡免遭冲蚀破坏。

5.2.4　抢护方法

防风浪抢护方法很多,属于削减风浪的常用抢护方法有挂柳防浪、挂枕防浪、湖草排防浪、柳箔防浪(也可靠坠压而直接护在堤坡上)、木(竹)排防浪等,属于护坡抗冲的常用抢护方法有防水布或土工织物防浪、土袋防浪、桩柳防浪(柴草防浪)等。

若因风浪导致堤防漫溢,除防风浪抢护外,还采取漫溢险情抢护措施。

5.2.4.1　**削减风浪抢护**

1)挂柳防浪

当水流冲击或风浪拍打堤岸、有可能使堤坡遭受冲击淘刷破坏时,可采用挂柳(或其他树头、树枝)防浪方法,参见图 4-5-7(将其中的枕改成树头或树枝),以起到削减风浪、缓和溜势、减缓流速、促淤防塌的作用,具体做法如下:

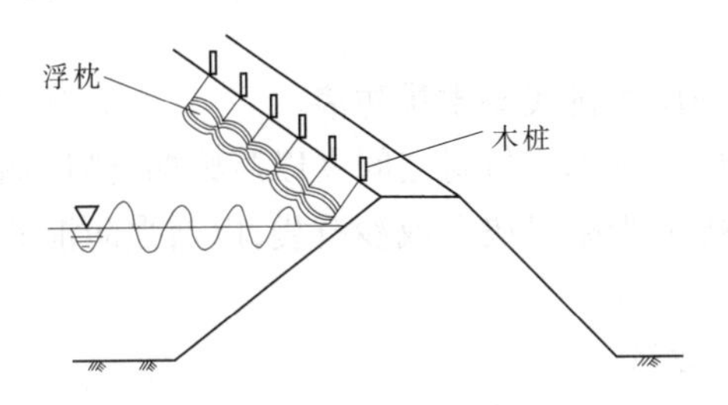

图 4-5-7　挂枕防浪示意图

(1)选柳。选用枝叶茂密的柳树头或柳枝,一般要求干枝长 1.0 m 以上、粗头直径不小于 0.1 m,如直径较小可将数棵捆在一起使用。

(2)挂柳。在堤顶上打桩,桩距一般为 2 ~ 3 m,根据挂柳多少可设置单排桩或多排桩;用铅丝或绳缆将树头或树枝根部拴挂在堤顶木桩上,然后按树梢向下推柳入水,应从受威胁严重或已冲刷堤段下游开始、顺序压茬、逐棵向上游拴挂,棵间距离和悬挂深度应根据风浪大小、溜势及冲刷情况而定,风浪小及边溜处稀些,风浪大、主溜处及淘刷严重处应密些,悬挂深度以使树枝覆盖风浪冲击范围为宜。

(3)坠压。若柳枝在水中漂浮,可能因不能紧贴堤坡而影响缓溜落淤效果,也可能因枝杈摇动而破坏堤坡,所以推柳入水时或入水后要坠压块石或沙石袋,坠压数量以使树头或树枝紧贴堤坡不再漂浮为宜。

挂柳防浪能就地取材,消浪效果显著。但随着时间的延长,柳叶容易腐烂脱落,其防浪作用明显降低。

2)挂枕防浪

当风浪较大时可挂枕防浪,它分为挂单枕防浪和挂连环枕防浪两种。

(1)挂单枕防浪。

用铅丝将柳枝、芦苇或秸料捆扎成直径为0.5~0.8 m的浮枕(不包裹石块或土袋的枕),枕长一般为10 m,挂于弯曲堤段的枕应短些,捆枕时在枕中间铺放并固定一根直径3~4 cm的麻绳(俗称龙筋),以用于调整和固定枕的位置;在距临水堤肩2~3 m处的堤顶上打设间距3 m的木桩一排,用绳缆将推放入水的枕拴挂在木桩上,见图4-5-7,若枕过于漂浮可坠以块石或土袋,也可在捆枕时包裹少量石块或土袋。若来不及捆枕,也可直接将梢料捆扎成捆而悬挂防浪。

(2)挂连环枕防浪。

风浪大时可并排挂两个或多个浮枕,并用绳缆、木杆或竹竿将多排枕捆系在一起,以构成连环枕(枕排)防浪,其中在枕排中最前面(最先迎波浪)的浮枕直径要大些,而其容重要小些,以使其浮于水面碰击风浪,后面浮枕的直径可逐渐减小、容重增大或适当坠压,以消除余浪。

3)木(竹)排防浪

选用直径5~15 cm的圆木,用铅丝或绳缆将诸多圆木捆扎成宽1.5~2.5 m、重叠三至四层、长度3~5 m的木排,风浪大时可将几块木排联用(宽度越大,消浪效果越好);将木排锚定在距临水坡2~3倍波长(两个波峰之间的距离)处,一般距临水坡10~40 m,借以削减风浪。

在竹源丰富地区,常采用竹排代替木排防浪。

捆扎木排或竹排时,可在圆木或竹材之间夹以芦柴捆、柳枝捆等,以节省竹木用量。

若竹木排过于漂浮,可适当坠以块石或沙石袋,以增强防浪效果。

5.2.4.2 **护坡抗冲抢护**

1)防水布或土工织物防浪

将防水布铺设在堤坡上,以抵抗波浪对堤防的破坏,见图4-5-8,其具体做法如下:

图4-5-8 防水布防浪示意图

(1)准备防水布。一般是将防水布按单幅宽顺堤线方向连续铺设,长度不足可在铺设时搭接固定,搭接长度不小于1.0 m;若防水布的出厂幅宽不能满足防浪覆盖范围(低于波谷、高于风浪爬高)的要求,可预先将两幅或多幅进行缝接或黏接,也可在铺设时进行搭接固定。

(2)铺设防水布前,应清除拟铺设范围内堤坡上的砖瓦石块、树枝、杂物等,以免刺破防水布,有条件时可平整坡面,以使防水布与坡面接触严密,以便平展铺放和增强其抗冲能力。

(3)铺设防水布时,防水布顶部一般应高出壅高后洪水位1.5~2.0 m,可在顶部打桩或打钉固定并用土袋排压,其余周边排压土袋固定,也可直接沿四周用土袋排压固定,对中间部分要适当压花袋固定,风浪冲击力较强时应用绳索或铅丝将土袋连系起来,以增加稳压效果,防止将防水布揭开,保证其防浪效果。

当缺乏防水布时,可用土工织物代替,土工织物也有较好的防浪效果。

为便于铺放,可先将防水布或土工织物做成软体排,再进行滚动展铺和稳压,即成为防水布软体排或土工织物软体排防浪。

2)土袋防浪

当堤坡抗冲能力较差、风浪冲击较严重时,可采用土袋防浪法,其做法如下:

(1)用袋子(编织袋、麻袋、草袋等)装土、沙、碎石等七八成满,可不封袋口,也可捆扎或缝合袋口。

(2)根据风浪冲击范围和冲击严重程度确定土袋的排放范围及排放方式。土袋以高出水面1.0 m或高出波浪爬高0.5 m为宜,土袋应低于波谷以下一定深度。一般情况下可直接沿堤坡排放一层土袋,见图4-5-9;如风浪冲击严重,可先铺放土工织物或厚约0.1 m的软草一层,以代替反滤层,从而防止风浪将土淘出,然后排放土袋。排放土袋时,袋口朝上或向里(若不封袋口应将袋口折叠下压),袋底朝下或向外,依次排挤严密,上下错缝,互相叠压,以保证防浪效果。若堤坡较陡,可在最下一层土袋前打设间距0.3~0.4 m的木桩一排,以防止土袋向下滑动。若抛投土袋,应捆扎或缝合袋口。

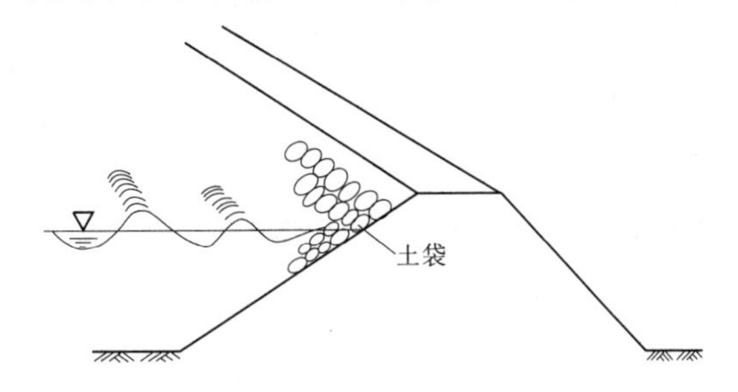

图4-5-9　土袋防浪示意图

3)桩柳防浪(柴草防浪)

当缺少防水布、土工织物及土袋,而可就地获取桩柳(或其他柴草)时,可采用桩柳防浪(柴草防浪)法。在遭受风浪冲击破坏堤坡的下边缘处顺堤线方向打设长桩一排,再将柳枝、芦苇、秫秸等梢料顺铺在堤坡与长桩之间,直到高出水面1.0 m,再压块石或土袋,以防梢料漂浮。

若一次打桩的防护高度不足,可在铺放梢料并压块石或土袋之后,再退后打设第二排桩,并铺放梢料、压块石或土袋,由此可修做成二级桩柳防浪,必要时可修做多级桩柳防浪。

5.2.5　防风浪抢险注意事项

(1)抢护风浪险情时尽量不在堤坡上打桩,以免破坏土体结构,诱发其他险情,影响堤防抗洪能力。必须打桩时,桩距要大或打在堤顶及背河坡上。

(2)防风浪要坚持“预防为主,防重于抢”的原则,如种植好防浪林和护坡草皮,加强管理养护,备足防汛物料等。

(3)尽可能采取防水布、土工织物、土袋防浪措施,它具有速度快、效果好等特点。

(4)铺设防水布、土工织物时,要谨防被尖锐物扎破,接头要严紧,满足搭接长度要求,一定要固定压牢,以防被风浪揭起漂浮。

第 5 篇　操作技能——高级工

模块 1　工程运行检查

本模块主要介绍堤防检查、堤岸防护工程及防洪(防浪)墙检查、防渗设施及排水设施检查、穿(跨)堤建筑物与堤防接合部检查、管护设施检查、防汛抢险设施及物料检查、防护林及草皮检查。

1.1　堤防检查

1.1.1　查找浸润线出逸点

在高水位长时间作用下,水沿土体内连通孔隙产生的流动现象称为渗流(渗透)。渗透水流在堤内的水面与堤身横断面的交线称为浸润线。浸润线与堤防背水坡或坡脚以外地面的交点称为出逸点,即浸润线为自临河洪水位至背河出逸点之间的堤内水面线,见图 5-1-1。

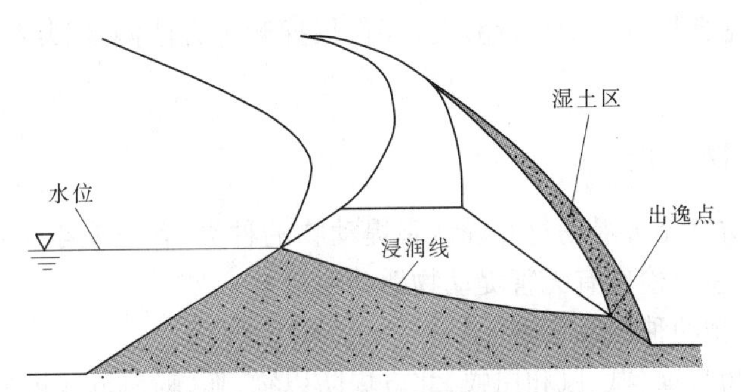

图 5-1-1　浸润线及出逸点示意图

浸润线以下的土壤为饱和状态,背水坡上的出逸点是最高出水点,对应出逸点以下的背水坡是饱和湿土区,因水的毛细作用而使出逸点以上的一定范围仍有洇湿现象(潮湿带);如果出逸点在坡脚以外的地面上,则出逸点周围是湿土区。

一般采用观察法在偎水堤段的背水坡脚附近及其以外附近地面查找出逸点位置。

晴天条件下,先观察查找含水量明显增大的区域,如果该区域处在或部分处在堤坡上,还要注意查找干湿土分界线。然后在含水量明显增大的区域或干湿土分界线附近再仔细进行排查,以直接查找出水点或逆水流动方向找到出水点。当出水点在堤坡上时,最高的出水点就是出逸点;当出水点在坡脚以外的地面上时,一般取距坡脚最近的出水点为出逸点;如果出水点淹没在水下,则要注意观察有无鼓水、翻花、冒泡现象,其对应的位置很可能就是出逸点。

雨天时,增加了查找、判断出逸点的难度,首先要在可能的渗水区域(如堤坡下部或堤脚附近)查找流水点,然后从出水颜色和水温差别上对流水点加以分析、判断,以确定是雨水径流点或是渗水出逸点。

1.1.2　混凝土护坡检查

由于施工质量差、不均匀沉陷、温度变化等原因，混凝土护坡易出现分缝处位移（水平位移及垂直沉降位移）、坡面凹陷隆起等变形、裂缝或断裂等破损，下面主要介绍护坡的变形和裂缝检查。

1.1.2.1　变形检查

在对混凝土护坡进行巡查或全面排查的基础上，再对选设的固定断面或标志点，尤其是分缝两侧、凹陷或隆起等位置进行更加细致的检查，以查看分缝处两侧是否有明显的位移、错动，坡面是否有明显的凸凹不顺，并就检查发现的情况与原标准断面进行比较以确认是否有变形和变形程度；对检查发现的变形进行检测，如可用钢尺直接丈量位移的水平距离和垂直距离（沉降值）、用长直尺和钢尺量测（等同于堤顶平整度的检测方法）坡面的最大凹陷深度或最大凸出高度、用钢尺或皮尺丈量凹陷或隆起凸出的范围，对于渐变式的沉降可用水准仪进行高差测量。

1.1.2.2　裂缝检查

先采用直观法仔细观察混凝土护坡有无裂缝，发现裂缝后应确定裂缝的位置、走向、尺度（直接丈量长度、最大宽度、平均宽度，缝宽很小时可用卡尺量测，采用金属丝或细杆探试、凿挖探坑、钻孔探视或取样、超声波探伤仪探测等方法测定裂缝深度），并判定是表层裂缝还是断裂裂缝。

1.1.3　害堤动物检查

为能检查堤防有无害堤动物并确认害堤动物的种类，首先应学会识别害堤动物的特征和习性，其次应注意检查有无害堤动物活动痕迹。

1.1.3.1　害堤动物的种类及危害

常见害堤动物有獾、狐、鼠和白蚁，北方堤防以獾、狐、鼢鼠危害最多，白蚁危害在南方堤防出现较多。害堤动物以在堤内掏挖洞穴（打洞），甚至能打成贯通性洞穴而严重危害堤防安全，所以有“千里之堤、溃于蚁穴”的说法。

1）獾及獾洞

獾是一种夜行动物，毛灰色、灰褐色或灰黄色，头长、耳短，头部有宽白纵纹，耳缘也是白色，胸腹部和四肢黑色，体长0.5～0.7 m，尾长14～20 cm，獾前肢发达，爪子很长，适于和善于掘洞，多在山坡的树林、灌木丛、荒地、坟墓、土丘、溪流近旁、堤坝等人迹罕至的地方挖洞而居。在我国不同地域分布有不同体型的獾，如产于我国北方的狗獾，分布于我国长江以南的鼬獾，各地均有分布的猪獾等。獾在立冬至惊蛰冬眠，4～5月生育，产仔后觅食（肉）频繁，易被发现。

堤防獾洞多在堤坡不顺、偏僻、好隐蔽（如树丛、高秆杂草、旧房台、石垛等部位）、靠近水源的堤段堤坡中部，洞口位于背风朝阳的地方，洞径一般为0.3～0.7 m，洞道甚长，一处洞穴可能有多个洞口，几个洞互相连通，巢位于穴道末端。獾洞的存在将减小堤防断面，削弱堤防的抗洪强度。

捕捉獾的方法有踩夹夹捕法、开挖捕捉法、烟熏网捕法、灌浆法等。

2)狐及狐洞

狐体长约70 cm,尾长约45 cm。毛色变化很大,一般呈赤褐、黄褐、灰褐色,耳背上部及四肢前外侧均呈黑色,尾尖白色,尾基部有一小孔,能分泌恶臭。

狐常居于树洞、土穴、旧獾洞中。

3)鼠及鼠洞

鼠体形小,多为灰色,常见鼠类为鼢鼠(也叫盲鼠或地羊),身体粗短肥胖。鼠洞穴直径一般为10 cm左右,常在表层(深0.1~0.2 m)土内,并形成土垄。

捕捉鼠的方法有人工捕杀、器械捕捉、毒饵诱灭、熏蒸洞道、化学绝育等。

4)白蚁及蚁穴

白蚁也称白蚂蚁,是一种群性生活的昆虫,幼蚁为白色,工蚁和兵蚁的颜色也较浅,白蚁活动非常隐蔽,一般活动在靠近水源、比较潮湿、阴暗、通风不好、食物集中、偏僻不被惊动的地方。

白蚁洞穴具有较强的隐蔽性,其洞口较小,但洞内部较大且洞长(甚至纵贯堤身),一般不易被发现,所以白蚁穴将严重危害堤防安全。

白蚁一般在3~6月或9~11月大量外出觅食,可利用该期间普查白蚁,要注意查找白蚁外出留下的泥线、泥被、移殖孔等迹象。

捕捉白蚁的方法有地表普查法、铲挖法、引诱法。

1.1.3.2 害堤动物活动痕迹检查

检查堤防有无害堤动物时,首先要注意查找有无洞口,并要在已发现的洞口附近再进行细致的查看、分析,看其附近有没有与之贯通的另外洞口(獾洞往往一处洞穴可能有多个洞口,如进出口、通气孔);其次要注意查找洞口周围有没有动物活动痕迹,如打洞期间洞外有新鲜土壤,动物进出洞时有蹄爪印、摩擦痕迹、爬行痕迹、掉下的毛绒,活动区域有动物粪便,白蚁外出留下的泥线、泥被、移殖孔等,还可在洞口周边铺撒一层较细的新鲜虚土,以便观察有无新增爬行痕迹或爪蹄印。

若发现动物洞穴,要检测记录洞穴类别、洞口位置、洞口直径和洞穴深度等情况,并分析判断洞穴危害程度。若观察分析害堤动物仍在洞中,则要捕捉或铲除。

对难以判定的洞穴,可请有经验的人员确认。

1.2 堤岸防护工程及防洪(防浪)墙检查

1.2.1 堤岸防护工程基础、护脚及水下抛石检查

堤岸防护工程的基础一般都在水下或坐落在散抛石基础上,要靠散抛石护脚(护根)维持工程稳定,所以对堤岸防护工程基础、护脚及水下抛石的检查实际上就是对散抛石的检查,分为水上抛石检查和水下抛石检查。

1.2.1.1 水上抛石检查

堤岸防护工程基础被冲淘刷、护脚被冲动走失,都可能导致水上散抛石坡面沉陷、坍

塌或坡度变陡，检查水上抛石时，首先是采用巡查或排查的方式直接进行全面观察，重点查看坡面是否规顺、有无沉陷、有无坍塌或坡度明显变陡的现象，对观察发现的问题再逐一进行细致的检查记录。若正在沉陷或坍塌期间，可能有“轰隆—轰隆”或“咯吱—咯吱”的异常声音；对沉陷处要确定沉陷位置（工程、坝岸号、距某特征位置的距离），并丈量沉陷范围和最大沉陷深度；对坍塌处要确定坍塌位置，丈量坍塌长度和宽度，并约估已坍塌厚度（深度）；对坡度变陡处要通过丈量高差和水平距离的方法计算实际坡度值，以判断是否满足设计或要求坡度。

1.2.1.2　**水下抛石检查**

对水下抛石是否有淘刷、冲动走失及坍塌现象的检查方法主要有：在坝岸顶部用摸水杆探摸，在水面附近用探水杆探摸（见图5-1-2），在水面上用船探摸、用声纳技术或其他探测仪器探测等，目前常用船在水面上探摸。

图5-1-2　探水杆探摸方法

通过对水下抛石的探摸检查，可基本了解水下抛石是否有局部淘刷、走失及坍塌现象，并大约掌握有关范围和尺度，约估局部抛石缺失工程量；也可通过探测记录不同探测断面上各个探测点的水平距离及到抛石坡面的垂直高度（或深度）而绘制出水下抛石的实际坡面线，将实际坡面线与设计或要求的坡度线比较，便可判断抛石是否满足坡度要求，并计算缺失工程量。当坡度变陡或局部抛石缺失时，则说明工程基础已被淘刷、护脚或水下抛石已被冲动走失，应及时补充抛石。

另外，对不靠水坝岸的土下根石可采用锥探法进行探测。

1.2.2　堤岸防护工程位移、坍塌检查

1.2.2.1　**位移检查**

对堤岸防护工程的位移主要关注垂直位移（沉降），必要时，对整体性强的浆砌石和混凝土工程还应关注水平位移（如顶部的前倾、后仰，根部的前移等）。

（1）垂直位移检查：一般先采用直接观察的方法查看有无位移迹象，如分缝处的两侧顶部出现上下错台、某范围顶部比填土面下沉、顶部高程明显降低等；对观察发现的垂直位移迹象处再进行丈量、检测或水准高程测量，并记录垂直位移所在工程名称、工程的里程桩号或坝岸号、位移在工程横断面上的位置、位移量等数据信息。为便于分析比较，对

沉降量可能比较大的堤岸防护工程应进行沉降观测。选设观测断面和观测点（设有固定标志），定期测量各观测点的高程，以分析计算位移量。

（2）水平位移检查：一般先采用直接观察的方法查看有无水平位移迹象，如分缝处的两侧顶部出现前后错位（前倾后仰）、某范围顶部离开填土前倾（与填土之间有较宽的裂缝）、某范围顶部明显后仰而挤压填土隆起、顶部或根部与某些固定参照物之间的水平距离明显变化等；对观察发现的水平位移迹象处再进行细致的检查、丈量或测量，并做好检测记录。

1.2.2.2　坍塌检查

对堤岸防护工程水上部分，可直接观察有无坍塌或坍塌迹象（如某范围有沉陷趋向、其周边已出现裂缝、边缘处立陡悬空等），对观察发现的可疑之处再细致检测记录。

对堤岸防护工程的水下部分，可通过观察水上部分的明显变化（如已出现坍塌，坍塌范围可能涉及水下）而初步分析判断水下是否有坍塌现象，也可注意观察水下坍塌时伴随的水面异常迹象（如短暂的局部回流旋涡或局部水浑现象）；对观察发现的可疑之处可借助探摸工具或仪器进行探测确定，并做好探测记录和计算坍塌工程量。

1.2.3　混凝土裂缝及碳化程度检查

1.2.3.1　混凝土裂缝检查

先采用直接观察的方法查看有无裂缝，发现裂缝后再一一进行仔细检测，以分析确定裂缝的类型（沉陷裂缝、温度裂缝、应力裂缝等），判定裂缝的位置和方向，丈量裂缝尺度（如长度、宽度，大约深度或以较浅、较深对深度进行定性）。

对于裂缝长度，一般是直接顺缝丈量。对于裂缝宽度，较宽的裂缝可用钢尺直接丈量，较窄的裂缝可用卡尺或塞尺进行测量，若裂缝宽度不等或差别较大，应选择量取多个宽度值，如最大宽度、一般宽度或平均宽度等。

1.2.3.2　混凝土碳化程度检查

混凝土碳化，是混凝土内的碱性物质与空气中的二氧化碳反应生成中性的碳酸盐和水，从而使混凝土碱度降低的过程（现象），所以又称做中性化。

混凝土碳化作用一般不会直接引起其性能的劣化，所以对素混凝土影响不大。但对于钢筋混凝土来说，水泥在水化过程中生成的碱性介质（氢氧化钙）对钢筋有良好的保护作用，而混凝土的碳化会使其碱度降低，所以碳化后的混凝土对钢筋的保护作用减弱。

当碳化深度超过混凝土的保护层厚度时，会使混凝土失去对钢筋的保护作用，钢筋开始生锈；钢筋锈蚀后，锈蚀产生的体积比原来膨胀2～4倍，从而对周围混凝土产生膨胀应力，锈蚀越严重，膨胀力越大，最后可能导致混凝土开裂而形成顺筋裂缝。裂缝的产生又使水和二氧化碳得以顺利的进入混凝土内，从而又加速了碳化和钢筋的锈蚀。

影响混凝土碳化的因素主要有原材料因素、环境因素、施工质量因素等，如水泥品种、二氧化碳浓度、湿度大小（干燥或饱和水条件下碳化反应几乎终止）、混凝土的密实和完整情况（密实无缝二氧化碳不易进入）、渗透系数、渗透压力、结构尺寸等。

混凝土的碳化值，以自混凝土表面向内的碳化深度表示。

检查钢筋混凝土有无碳化现象和检测碳化深度时，首先注意观察在配筋处的附近混凝土表面有没有顺筋裂缝；其次是对顺筋裂缝处或虽未发现裂缝但有碳化可能之处进行碳化深度检测，目前主要采用酚酞试剂法进行检测，也可用碳化深度测定仪直接进行检测。用酚酞试剂法的主要检测步骤如下：

（1）在拟检测处混凝土表层凿或钻小孔洞，孔洞深度超过可能碳化深度；

（2）清洗干净孔洞内灰尘碎屑；

（3）在孔洞内喷1%的酚酞试剂，未碳化的混凝土遇酚酞试剂将变成红色，已碳化的混凝土（呈中性或接近中性）遇酚酞试剂不变色或变化不明显；

（4）用游标卡尺测定没有变色或变化不明显的混凝土层厚度即为已碳化深度。

1.2.4 防洪墙地基渗流破坏迹象检查

若防洪墙地基发生渗流，对于土地基来说，随着渗透压力和渗流速度的加大，有可能发生渗流破坏（管涌或流土）而出现冒水冒沙现象；对于混凝土或岩石地基来说，则可能因遭受渗水的冲蚀或侵蚀溶解而在出逸处出现游离石灰及黄锈现象，或在地基表面出现冲磨光滑、剥蚀粗糙、溶蚀麻坑或孔洞等现象。

检查防洪墙地基有无渗流破坏时，首先注意观察有无渗水现象（如防洪墙的背水侧墙脚或其附近地基表面是否有流水、低洼处冒水、积水、潮湿、生长青苔等现象），发现有渗水现象后再仔细查找是否有渗流破坏的迹象（冒水冒沙、流出游离石灰、地基表面光滑、粗糙、麻坑、孔洞等），并根据渗流破坏迹象划分渗流破坏形式。

1.3 防渗设施及排水设施检查

1.3.1 排渗沟和减压井的水色、出水量、出水含沙量检查

1.3.1.1 水色检查

经过效果稳定可靠的排渗沟或排水减压井反滤后流出的渗水应该比较清澈，在排渗沟或排水减压井运行期间，应注意直接观察渗流出水的清澈程度（水色），或将出水盛在容器内进行透明度检查（见渗流观测有关内容），并通过对不同时间的观察结果或透明度检查结果进行对比分析，可确定水色是否有明显变化和变化情况。若渗流出水过于浑浊，说明反滤设施的反滤效果不好，应注意检查反滤设施是否符合要求或是否出现破损。

1.3.1.2 出水量检查

在排渗沟或排水减压井运行期间，应注意观察和量测渗流出水量（出水量计量方法有容积法、量水堰法、测流速法，详见渗流观测有关内容），根据不同时间的出水量观测结果和当时的水位情况（水位高低、持续时间等），可对比渗流出水量是否有明显变化，并分析判断出水量的变化是否符合正常规律，若出水量存在违背正常规律的急剧增大或突然减小，说明反滤排水效果不好（若失去反滤作用，则可能渗透变形加剧，出水量加大，水色浑；若反滤材料被淤积堵塞，则出水量减小），要注意检查排渗沟或排水减压井是否符合要求、是否出现破损、是否被淤积堵塞。

1.3.1.3 出水含沙量检查

对反滤排水设施出水含沙量一般采用烘干法进行测验(用已知容积的容器取水样,沉淀后倒出清水,对湿土沙烘干,称取干土沙重量,计算含沙量),通过对不同时间实测结果的对比,可发现出水含沙量是否有明显变化,并分析判断出水含沙量的变化是否正常,相同条件下出水含沙量过于增大或过于减小的情况都不正常,可能是失去反滤作用或反滤材料被淤积堵塞所致。

1.3.2 铺盖及斜墙的水下塌坑检查

当观察发现铺盖或斜墙的水上塌坑已发展至水下及怀疑铺盖或斜墙有水下塌坑时,可采用探测(用探杆、铅鱼或其他工具仪器探测)、潜水探摸等方法进行水下塌坑检查。

1.3.2.1 用探杆或铅鱼探测

(1)确定检查(探测)断面或检查范围,一般先沿断面均匀布设探测点,当发现有突变(如探测到有塌坑)时再加密探测点;

(2)测量各测点到某指定点(作为起点,如以岸坡顶边沿为起点)的距离(起点距)或各测点之间的间距,测量各测点与起点之间的高差或各测点之间的高差,也可根据各测点处的水深及水位推算底部高程;

(3)根据探测数据绘制断面图;

(4)比较探测断面图与设计断面图,可知有无塌坑及塌坑的范围和深度。

1.3.2.2 简易工具检查

若塌坑处在水较清澈的区域且水深小于2.0 m,可采用水下检查筒(防水、透光)进行检查(将检查筒伸至拟检查处直接观察)。

1.3.2.3 潜水检查

水不深时,可派熟悉水性的人员下水探试、探摸;水较深时可由潜水员下水探摸检查或携带工具仪器进行观察。

1.3.2.4 水下摄影

可由潜水人员将水下摄影机带入水下,以便拍摄水下铺盖或斜墙实况,可有助于发现水下铺盖或斜墙是否有塌坑及塌坑情况。

1.4 穿(跨)堤建筑物与堤防接合部检查

1.4.1 穿堤建筑物与堤防接合部的渗水、变形、塌坑检查

1.4.1.1 穿堤建筑物与堤防接合部的渗水检查

检查穿堤建筑物与堤防接合部是否有渗水时,一般采用直接观察法,应重点观察穿堤建筑物与堤身接合部背水侧、穿堤建筑物基础与堤基接合处背水侧及穿堤建筑物下游低洼处,要注意查看有无流水、低洼处冒水、积水、明显潮湿、石面或混凝土表面生长青苔等现象;观察发现有渗水现象后再仔细检测记录渗水位置、渗水范围、水色、水量等情况,必要时应进行渗水观测,以分析判断是否有发展成渗流破坏的迹象或发生的可能。

当穿堤建筑物与堤防接合部附近有渗流观测断面和渗流观测设施(测压管)时,也可借助测压管水位观测成果分析判断渗水情况。

1.4.1.2 穿堤建筑物与堤防接合部的变形或塌坑检查

由于受荷载和沉陷差异、集中排水等影响,穿堤建筑物与堤防接合部易出现裂缝、局部沉陷、塌坑、水沟浪窝等变形和缺陷,观察发现以上变形或缺陷时应逐一进行仔细检测记录。确定裂缝位置,丈量裂缝长度和宽度,丈量或探测裂缝深度;确定沉陷或塌坑位置,丈量沉陷或塌坑的平面尺寸和深度,计算沉陷或塌坑工程量;确定水沟浪窝位置,丈量水沟浪窝的长、宽、深,计算水沟浪窝工程量。

若穿堤建筑物与堤防接合部有渗水现象,还要注意观察有无渗透变形(管涌、流土)、溶蚀现象(如游离石灰浸出)及因渗透变形而导致的坍塌变形,必要时可对接合部内部隐患进行探测或开挖探查,对各种变形、隐患要逐一进行详细检测记录。

1.4.2 穿堤建筑物与土质堤防接合部的反滤排水设施检查

穿堤建筑物与土质堤防接合部背水侧排水设施主要有反滤层、贴坡排水、排渗沟、反滤井等。对反滤排水设施进行检查时,首先应注意观察其外观是否完整,如保护层是否有破损、残缺,反滤排水设施周围是否有冲坑、塌陷等;其次要注意查看反滤排水效果,如有没有出水过浑的反滤失效现象、出水量过小的反滤料(层)淤积堵塞现象。

若观察分析排水设施存在淤积堵塞可能,应进行仔细查看、伸手探摸、探杆插捣探测或局部拆除探视,以确定淤积堵塞位置(排水设施在堤防上的位置,堵塞处在排水设施上的结构位置,如保护层缝隙堵塞、反滤料堵塞)、堵塞范围和堵塞程度。

如果反滤排水设施附近有渗流观测断面,也可借助测压管水位观测成果分析判断排水设施是否正常,是否存在反滤失效或淤积堵塞现象。

1.5 管护设施检查

河道工程上设置的各种观测设施主要有测量设施(如水准点)、位移观测设施(如沉降观测点)、水位或潮位观测设施(水位尺、自记水位计)、渗流渗压观测设施(测压管)、滩岸坍塌观测设施(滩岸桩)、堤岸防护工程观测或探测断面位置桩等。

对观测设施进行检查时,要注意观察观测设施周围是否清洁和安全,如有没有影响面貌和观测使用的障碍物(如影响通行到达、影响视线通视等)或不安全因素(包括对检查观测人员不安全或对观测设施不安全);要注意观察观测设施及其保护设施是否完好,如护栏和井壁井盖等是否完好、有没有遭受破坏的迹象、观测设施有没有损坏或锈蚀及淤积堵塞现象、观测标志点是否完好无损、尺面有没有褪色或脱漆现象、刻度标注是否清晰完整,要注意观察观测设施的数量或尺度(如水尺总高度)是否满足要求、位置是否合理、方向是否正确、安设是否牢固、基点或管口高程是否准确、自动观测设施的运行是否正常可靠,要注意观察滩岸桩是否满足位置、数量及标志醒目等要求。

1.6　防汛抢险设施及物料检查

1.6.1　防汛物料检查

检查防汛物料时，要注意识别物料类别（品种）、性能（如透水与不透水、截渗或反滤等）、规格型号（大小、厚薄、粗细、长短），以便能正确使用物料；要分类清点物料数量，并与储备定额或计划指标进行比照，以便核对储备数量是否充足；要细致检查物料质量和储存状况，如物料有没有破损、残缺、霉变、生锈、虫蛀、腐烂、老化等现象，堆放储存是否规则、整齐、清洁，库房及储存设施是否完备和安全，对于有储存期限要求的物料还要查看储存时间，以判断料物是否超期，对超期的料物应及时办理报废手续。

检查完成后，要形成完整、准确的检查记录资料，并就存在的问题提出整改意见。

1.6.2　防汛抢险设施检查

防汛抢险设施主要包括运输车辆（拖拉机、汽车等）、机械设备（推土机、铲运机、挖掘机、装载机、专用机械）、照明设备、救生设备、防汛屋或可临时搭设的移动简易房、在堤防上修筑的土台、块石料台和沙碎（卵）石存储池等。

对防汛抢险设施进行检查时，要分类（类别、名称、型号、规格、功率或马力）统计数量，查对数量是否满足配备要求，要注意检查对设备的养护管理情况（如是否经常擦拭以保持洁净、是否定期保养、放置位置是否合理）和检查评定设备的完好状况（如购进或制造年限、外观是否完好、安装是否牢固、运转是否正常安全、使用是否方便灵活可靠等），要注意检查各类料台及其附近周围是否清洁、平坦、完整，以确定防汛抢险设施能否满足使用要求；还要注意检查管理状况，查找管理方面存在的问题。

每次检查都要形成完整、准确的检查记录。

1.7　防护林及草皮检查

1.7.1　防护林及草皮生长状态检查

为加强对防护林及草皮的管理，要了解每个区域内所种植林草品种、生长特点、正常生长特征等，要经常对林草生长状态进行巡查或排查观察，掌握树草密度、生长时间（树草龄）和长势（颜色、分蘖情况、年均高度、树径、树冠大小、枝叶茂密情况等），能对照正常生长特征及时发现树草的长势不良现象（枝叶稀疏、发芽晚、落叶早、树干锈斑或流水、枝叶干枯、叶片干黄、叶片萎缩、生长速度慢、枯死等），并要对存在问题逐一进行细致检查、分析、记录，如长势不良区域、长势不良程度、表现特征，枯死树草的根、茎、叶特征和痕迹，种植情况（树草品种、树株的大小、种植密度、种植深浅），田间条件和管理情况（田间土质、土壤含水量、灌溉和排水条件、保墒、施肥、病虫害防治）。

对疑难问题，可请专家会诊，或送土壤和树草样本化验，以准确定性并采取对策。

1.7.2　林草缺失检查

对树草进行检查时,可清点统计出某种植区域内的实际成活(或存活)数量,并根据种植要求和合理密度计算出该范围内的应种植数量,应种植数量与实际成活(或存活)数量的差即为树草的缺失数量,缺失数量与应种植数量的比值即为树草缺失率。

若树草缺失率过大,应分析查找缺失原因,如没抓好栽植环节(苗弱、移栽脱节、根小、坑小、培土过深或过浅、透气、水分不适宜等)而造成成活率低、因看护不到位而导致人为破坏或盗伐丢失、因管理不善(旱、涝、病虫害、缺肥等)造成存活数量减少、生长条件不适应等,并根据分析确定的缺失原因提出相应对策,如抓好栽植环节、加强巡查看护、加强科学管理、优化选择适宜树草品种等。

模块2　工程观测

本模块包括堤身沉降观测、水位或潮位观测、堤身表面观测、渗透观测、堤岸防护工程观测、近岸河床冲淤变化观测。

2.1　堤身沉降观测

2.1.1　沉降观测

通过对沉降观测点定期进行高程测量,可由同一观测点在不同时期的高程值计算自上次观测到本次观测期间的阶段沉降量和自开始观测到本次观测以来的累计沉降量,也可由各点的沉降量计算不同观测点之间的沉降差。

测量沉降点高程一般采用三(四)等水准高程测量,精度要求不高时也可采用普通水准测量,普通水准测量的操作要求与方法步骤如下:

(1)观测人员要提前熟悉仪器的操作使用,熟悉水准尺的刻度和标注,要检查仪器的准确性(在相距100~150 m的两点上竖水准尺,先将仪器支设在两尺中间,测得两点之间的高差,作为准确高差;再将仪器支设在一个水准尺附近,重新测得两点之间的高差,比较两次测得的高差,如果两者相同或相近,则该仪器准确,如果两者相差较大,则说明仪器不够准确,应更换或校正),以使测量快速、准确。

(2)测量前,要识别确定水准点和沉降观测标点,获取水准点高程,并根据水准点和观测点的分布确定施测路线(附合水准路线、闭合水准路线和支水准路线)。

(3)要选择干扰少、视线通达、距离适中(仪器到水准尺的距离一般不宜超过150 m,尽量使仪器在两水准尺中间)、平坦、便于稳固支设支架的场地支设仪器,支设仪器时要蹬踩支架腿踏板,以加大支架腿入土深度而使其稳定,仪器的支设高度以能测读两水准尺并尽量便于操作为宜,要进行较准确的整平(转动仪器方向,多次调整脚螺旋,使圆水准器气泡居中)。

(4)进行测量时,转动仪器粗略瞄准目标后扳下制动螺旋,通过微动螺旋准确对准目标,每次读数前都要整平长水准管,必要时(如读数时间长、风较大、读数中有震动影响等)还应在读数中再次观察长水准气泡是否居中,读数时先按由小到大读取中丝所在位置附近的米数和分米数字,再按刻度从小往大读取厘米数,最后约估读取毫米数,读数要快速准确、反复对正,读数声音和吐字表达要清楚,记录员要边记录边回读,以保证测读和记录准确无误,普通水准高程测量只读取中丝读数,有关测量记录的内容和格式见表4-2-1。

为满足堤身沉降观测成果的精度要求,应尽可能固定观测人员和使用固定仪器及测尺,测量转点处要使用尺垫,在前后尺中间支设仪器以保持前后视距相等或满足误差要求；尽量选择在外界条件相近的情况下进行观测，测量闭合差满足规定要求（一般不大于 $\pm 1.4n^{1/2}$，单位为 mm，其中 n 为测站数）。

2.1.2 沉降量计算

（1）根据测量数据可计算本次测得的各测点高程：

已知高程＋后视读数＝本站仪器的视线高程（视线高）

视线高－前视读数或间视读数＝测点高程

（2）根据本次测量高程和以前测量高程可计算各测点的阶段沉降量和累计沉降量：

之前最近一次观测高程－本次测量高程＝近期阶段沉降量

初始高程－本次测量高程＝累计沉降量

（3）根据各点沉降量可计算不同点之间的沉降量之差，也称为不均匀沉降值。

2.2 水位或潮位观测

2.2.1 水情及其涨落变化监测

河道水情主要包括水位、流量、含沙量等。水情预报一般是结合流域天气预报、实测降雨、降雨径流关系、河道水流的水位—流量关系和传播时间等资料进行分析预测。

水情涨落变化监测主要是通过沿河道布设的水文观测站，对水位、流量、含沙量等进行连续观测，以反映其动态变化。

2.2.1.1 水位及其涨落变化的监测

1）水位观测

除之前已介绍的水位观测知识外，观测水位时还要注意观测记录以下附属项目：

要注意观测和标记风向，顺水流方向的风记为“顺风”，逆水流方向的风记为“逆风”，从左岸吹向右岸的风记为“左岸风”，从右岸吹向左岸的风记为“右岸风”；风力大小可根据风速仪观测结果确定，或根据天气预报信息确定，或凭经验确定。

水面起伏度以水尺附近的波浪幅度分级记载，共分为五个等级，波浪变幅≤2 cm 为 0 级、3 ~ 10 cm 为 1 级、11 ~ 30 cm 为 2 级、31 ~ 60 cm 为 3 级、>60 cm 为 4 级，当水面起伏度达到或超过 4 级时应加测波高。

要注意观测水尺附近的水流方向，分为顺流、逆流或回流、停滞三种情况，顺流用符号“∧”表示，逆流或回流用符号“∨”表示，停滞用符号“×”表示。

当发生风暴潮、漫滩、分流串沟、回水顶托、流冰、冰塞、阻塞水流、建设或维修施工、建筑物破损、人工改道、引水、分洪、决口、河岸坍塌、滑坡、泥石流等现象时，应在水位观测记录表中分别予以详细记载。

2）堤防沿线水位涨落变化监测

可根据本测站在不同时间的水位观测结果分析本站水位的实际变化情况，也可结合河势察看结果（涨水或落水迹象）分析预测水位的可能涨落变化。

各测站在同一时间的水位观测结果反映了河道水位的动态变化，可利用各测站的水位观测结果分析堤防沿线水位的实际变化,也可根据上下游测站之间的水位关系及传播时间由上游测站水位分析预测下游测站水位的可能涨落变化。

也可结合流域雨情和河道水情预报分析预测各测站水位的可能涨落变化。

2.2.1.2　流量及其涨落变化监测

1)流量测量

测定河道某过水断面上的流量一般只在固定水文测站选定的测流断面上进行,测定河道断面流量常采用垂线测流法(也称流速—面积法),主要步骤有断面测量、流速测量、流量计算,具体测量方法见第2篇第4章有关内容。

2)堤防沿线流量涨落变化监测

根据本测站不同时间的流量观测结果可分析本站流量的实际变化,结合河势察看情况(涨水或落水迹象)可预测短时间内流量的可能涨落变化。

各测站在同一时间的流量观测结果反映了河道流量的动态变化,可利用各测站的流量观测结果分析堤防沿线流量的实际变化,也可根据上下游测站之间的流量关系及传播时间由上游测站流量分析预测下游测站流量的可能涨落变化。

可由上游测站水位推算下游测站水位,再根据本测站的水位—流量关系分析预测本测站流量的变化。

还可结合河道水雨情预报分析预测各测站流量的可能涨落变化。

2.2.1.3　含沙量测定及其变化监测

1)测定含沙量

测定含沙量一般与流量测算同时进行,主要步骤有断面测量、流速测量、流量计算、点含沙量测算、平均含沙量计算,详见第2篇第4章有关内容。

2)含沙量变化监测

可根据各测站的含沙量实测结果分析河道含沙量的实际变化情况;根据上游测站的含沙量实测结果,结合水情、泥沙等具体情况,可分析预测下游测站含沙量的可能变化。

2.2.2　凌情观测

通过对堤防沿线或观测断面凌情的连续观测可实现对凌情的动态(发生、发展)监测,根据本河段凌情观测结果,结合上下游河段凌情及近期水情和气温预报,也可分析预测凌情的发展变化。

对于江河凌情的观测一般采用目测法或测量法,且在凌期的不同阶段(江河冰凌根据其发展过程和发展程度一般分为结冰期、封河期、开河期)有不同的观测内容。

2.2.2.1　日常观测

结冰期,自有冰晶生成起,经淌凌,至形成最初的稳定冰盖(封河)止。这期间应注意观测冰针、冰凇、棉冰、岸冰、水内冰等冰情现象,应注意观测淌凌密度(一般以冰块宽度占水面宽度的百分比来表示)、最大冰块面积、冰块厚度、平均淌凌速度、岸冰位置和尺度(长度、宽度、厚度)等情况。

封河期,自形成稳定的冰盖起,至冰盖破裂且又开始淌凌止。这期间应注意观测封河位置、冰面宽度、冰厚、冰塞(积聚在冰盖下面的水内冰、碎冰、冰花等)、清沟(封河后的局部敞露水面)位置及面积,应注意观测冰色变化、冰质变化、冰盖变薄、清沟面积增大或再生清沟、冰裂等情况,并及时了解水情和天气预报,以便为分析判断是否即将开河和可能开河形式(武开河、文开河)提供依据。

开河期,自冰盖破裂且又开始淌凌起,至河内冰全部融化止。这期间除观测淌凌情况外,还要注意观测是否有冰堆、冰坝等现象。

对以上各项观测内容都要观察记录出现时间及其变化,观测成果要及时上报。

观测冰厚时,在未封河及封河初期的日常观测中,可目估岸冰或淌凌冰块厚度,或量测岸冰厚度,或破冰丈量靠近岸边的冰层厚度;在冰凌普查时应沿河宽冰面布设诸多测点,用冰穿或冰钻凿(钻)冰孔,沿孔壁测量冰厚。

2.2.2.2 冰凌普查

封河后并能在冰上安全行走时,可按照统一部署和要求进行冰凌普查,一般是沿河段布设诸多观测断面,丈量每个观测断面的冰面宽度,在观测断面上用冰穿或冰钻凿(钻)多个冰孔,丈量冰孔距岸边的距离和冰孔之间的距离,量测每个冰孔处的冰厚、冰下冰花厚、水深,以准确掌握封河情况并计算河段内的总冰量和总蓄水量(也称槽蓄水量)。

2.2.3 潮情及海浪涨落变化监测

对于潮情及海浪的观测和涨落变化监测,与水位的观测和变化监测有许多相似,不同之处在于应结合潮汐变化规律和海洋气象预报而具体部署和分析。

2.3 堤身表面观测

2.3.1 滑坡体观测与判断

由于土质构造、水文地质、渗水压力等原因,可能导致堤岸及其他岩土体斜坡(或斜坡连同部分地基)内部潜在薄弱层带,因沿薄弱层带的抗剪强度不足而难以保持稳定,使部分土体沿某贯通滑裂面(剪切面)发生向下滑坠、向外滑移的变形破坏,称为滑坡。

2.3.1.1 滑坡特征

滑坡前,一般先在可能滑坡体顶部发生两端低、中间高的弧形裂缝;滑动后,裂缝加宽,滑动面两侧土体有明显的上下错位,滑坡体下部发生堆积或隆起外移现象。

根据滑动位置不同分为临河滑坡或背河滑坡,根据滑动范围不同分为局部堤坡(临河滑坡或背河滑坡)的滑动、局部堤坡连同堤肩的滑动、局部堤坡连同部分堤基的滑动。

2.3.1.2 滑坡体观测

(1)滑坡体位置:以其在堤防轴线上的段落位置(里程桩号范围)、在横断面上的位置(如临河、背河)以及起滑点距某特征位置(如堤肩)的距离来定位。

(2)滑坡体规模:以其某些特征数据表示,如滑坡体长度、宽度、厚度及滑坡体体积。量测滑坡体时,常采用割补法直接量取其平均值,或量测多个点次的数值后再取平均值,可根据长、宽、高的平均值计算滑坡体体积。

(3)滑坡体滑落高度和水平滑移距离:是指同一观测点在滑动前后所形成的垂直降

落高度和水平滑移距离,不同观测点可能有不同数值,丈量时可根据滑裂面情况选择多个观测点,分别量测后再取其平均值,一般要量测最大滑落高度和最大水平滑移距离。

2.3.1.3　滑坡发展趋势分析

诱发滑坡的因素很多,如高水位作用时间长、水位骤降、持续暴雨、春季解冻、坡度陡、附加荷载大、抗滑能力差(土料抗剪强度低、施工质量差、含水量增加等)、震动影响(尤其是中细沙或粉沙的震动液化)、顺堤行洪、风浪淘刷等。

分析滑坡发展趋势应从确定诱发因素、观测了解诱发因素的发展变化(如诱发因素是否缓解或消除、是否加剧或恶化)、观测滑坡迹象及其发展变化等方面入手,结合以往工程资料等综合情况进行全面分析和预测。

(1)当裂缝两端有向边坡下部逐渐弯曲延伸趋势、主缝两侧分布有与其平行的众多小缝、裂缝宽度和长度有发展或发展较快时,易形成滑动。

(2)当裂缝两侧有上下错位、局部边坡有向下位移、边坡下部出现隆起现象时,易出现滑坡。

(3)当诱发因素加剧或运行条件恶化,如高水位浸泡时间长、堤身内浸润线高、高水位骤降、震动影响、外荷载过大时,易导致滑坡。

2.3.2　渗透变形引起的局部塌陷监视

在高水位运行期间,伴随着渗水、渗透变形,甚至漏洞的形成,可能引起堤防局部塌陷,这是因为局部填土受浸泡沉陷或因土颗粒被渗透水流带出易造成土体内部架空,当架空部位支撑不住上部土体时将引起局部塌陷。

若堤防有局部塌陷,应观测确定塌陷位置、塌坑平面尺寸和深度,计算塌陷体积。

为监视堤防塌陷部位的发展变化,可在塌陷处及塌陷周围设置一些固定观测标志,对固定观测标志进行定期观察和测量,通过对有关数据的分析比较可及时判定塌陷的发展变化情况,如塌陷范围的扩大、塌陷深度的增加等。结合对工程情况和运行条件的调查了解、河势及水情和天气预报等情况,可分析预测局部塌陷的发展变化趋势。

根据监测和分析预测结果,对危害严重的塌陷应及时采取处理措施。

2.4　渗透观测

渗透观测主要包括出水流量观测、出水颜色观测、堤坝内埋设仪器设施的观测,其中渗流出水流量观测方法(容积法、量水堰法或测流速法)已在操作技能——中级工有关部分介绍,下面介绍渗流水体透明度观测与内部埋设仪器的观测数据记录和整理。

2.4.1　渗流水体透明度观测

渗出水流的颜色(清浑程度)可用其透明度表示。

2.4.1.1　渗流水体透明度测定方法

(1)在渗水出逸处用玻璃瓶取水样,摇匀后注入透明管(常采用高35 cm、直径3 cm、管壁有厘米刻度、下部设有放水控制阀门的平底玻璃管)中。

(2)从透明管上端透过水体观看放置在管底以下 4 cm 处、白色底板上印有 5 号铅印字体汉语拼音字母的纸片,如看不清字体则打开放水阀门慢慢降低管中水柱高度,直到刚好看清字体时立即关闭阀门,此时从管壁刻度上读出的水柱高度(cm)即为该水体的透明度。可根据实测透明度值判断水的透明情况,一般将透明度大于 30 cm 的水定性为清水。

若需测定渗出水流的含沙量,可在观测透明度后使浑水沉淀,取出泥沙后烘干,称取干沙质量,根据干沙质量和水体体积计算含沙量;也可根据已测定的透明度,由透明度与含沙量关系线查出相应的含沙量。

2.4.1.2　渗流水体透明度观测操作要求

(1)透明度观测应尽可能固定专人,以免因视力差而引起误差;

(2)透明度观测应在同等光亮条件下进行,并避免阳光照射字板;

(3)透明度观测次数可根据需要确定,同一水样的两次观测值相差不得超过 1 cm。

2.4.2　内部埋设仪器的观测数据记录和整理

随着观测或试验目的不同,堤坝内埋设的常见仪器设施有渗流观测设施(如测压管)、应力应变观测设施、位移观测设施等,其中测压管水位的观测记录已在操作技能——中级工有关章节中介绍,现仅介绍测压管水位观测资料的选用和渗流量观测资料的选用。

2.4.2.1　测压管水位观测资料的选用

测压管水位一般与临河水位同时观测,这就忽视了测压管水位滞后于临河水位的问题,使得两者之间的对应关系不够严谨,尤其是在临河水位急剧变化期间可能使两者之间的关系更不够合理。另外,测压管水位也容易受降雨影响。所以,应对测压管水位观测资料进行以下分析、筛选:

(1)若由观测数据绘制的测压管水位过程线上有局部突起,且突起时间与雨情相吻合,则可能是受降雨影响所致,此段资料应不予选用。

(2)若水位过程线上偶尔出现突升或突降,则可能观测记录或计算错误,可不予选用。

(3)若某根测压管水位始终偏高,可能是测压管本身问题,此观测资料不予选用,可另设新测压管。

(4)若测压管进水段被淤积堵塞,其观测资料不予采用。

(5)测压管水位的峰谷出现时间应比临河水位的峰谷时间滞后,不符合这一规律的资料不能选用,应选取已达稳定渗流条件的观测资料。若临河水位的稳定时间较长,可选用测压管水位过程线中较平缓段所对应的资料;若临河水位变幅不超过 5%,且持续时间在 15 d 以上,可取该时段的平均值作为上游水位,然后选用该时段最后一天的测压管水位资料,也可在临河水位和各测压管水位过程线上分别取其峰值水位作为对应水位;若临河水位有明显或急剧变化,而测压管水位基本不变,该时间段资料不予选用。

2.4.2.2　渗流量观测资料的选用

受降雨影响的渗流量观测资料应不予采用,一般可在渗流量过程线上取降雨停止后出现的最小流量值作为不受降雨影响的渗流量观测值。

2.4.3 浸润线绘制

(1)均质堤防的浸润线,以临河水面与堤坡的交点为起点,以背河出逸点或背河水面点作为终点,在起点与终点之间以平滑渐变的曲线连接,即为要绘制的浸润线。

(2)对于非均质堤防(坝),为了较准确地绘制浸润线,应在堤身(坝体)内埋设测压管,根据形成稳定渗流期间的临河水位、各测压管水位及背河出逸点或背河水面点,可准确绘制出浸润线。

2.5 堤岸防护工程观测

2.5.1 抛石护脚(护根)工程探测

对抛石护脚(护根)工程的探测一般是在预先选设的固定观测断面上进行,探测方法主要有船上探测、探水杆探测、旱地锥探、专用机械设备探测、浅地层剖面仪探测等,其探测成果包括数据记录表、探测断面图、缺石量计算及探测报告等。

2.5.1.1 探测方法

1)船上探测

对水下护脚(护根)工程可利用船只在水面上进行探测,见图5-2-1。探测时,将测船定位在拟探测断面所对应的水面上并随着探测需要而在探测断面水面上移动,然后依次测量出各测点到岸边某固定点(可定为起点)的水平距离 X 和自水面到护脚(护根)工程表面的深度 H,根据各测点的 X 和 H 值可绘制出护脚(护根)工程的实测坡面线,再由探测时的水位推算出各测点高程。

图5-2-1 用船探测根石

根据探测时所用船只多少和船的定位方法不同分为单船垂直水流定位探测法(船头或船尾探测)、单船顺水流方向定位探测法(船两侧探测)和双船探测法(在绑扎连接的两船之间进行探测)。若缺少船,也可采用木筏探测法。

2)探水杆探测

在坝岸或平台顶部水平支设一根标有距离刻度或标志的长直探水杆,利用标有长度标志的绳索将铅鱼悬垂在探水杆上,可通过变换垂足位置和调整绳索长度(使铅鱼刚好触及护根工程表面）依次测量出各测点到坝岸顶某固定点（可定为起点）的水平距离 X 和自探水杆到护脚（护根）工程表面的总长度（高度）H，根据各测点的 X 和 H 值可绘制出护脚（护根）工程的实测坡面线。

3）旱地锥探

对于不靠水且埋于土下的护脚（护根）工程可采用锥探方法进行探测，即在距某固定点（可定为起点）一定水平距离处进行人工锥探，凭手感判定护脚（护根）工程表面位置并测得土下深度，根据各测点的水平距离、土面高程或土面与起点之间的高差、土下深度可绘制出护脚（护根）工程坡面线。

4）专用机械设备探测

利用长悬臂专制机械或其他探测设备可对护脚（护根）工程进行探测，可通过测得水平距离及对应深度而绘制出护脚（护根）工程坡面线。

5）浅地层剖面仪探测

浅地层剖面仪探测也称为声呐技术探测，是通过探测设备沿已标定（如插花杆或画线）的探测断面在水面发射声波并接收反射波（信号）进行探测，由于河水、泥沙、护脚抛石等不同介质存在着波阻抗差异（即对波的反射不同），仪器将接收到不同的反射波（信号），通过仪器对这些反射信号的记录、识别、处理而得到水下根石的分布信息，结合 GPS 测量的三维坐标，可绘制出护脚（护根）工程断面图，其探测原理参见图 5-2-2。该项探测技术正在含沙量大小不同和河床地质结构不同的水域陆续进行试验应用或推广应用。

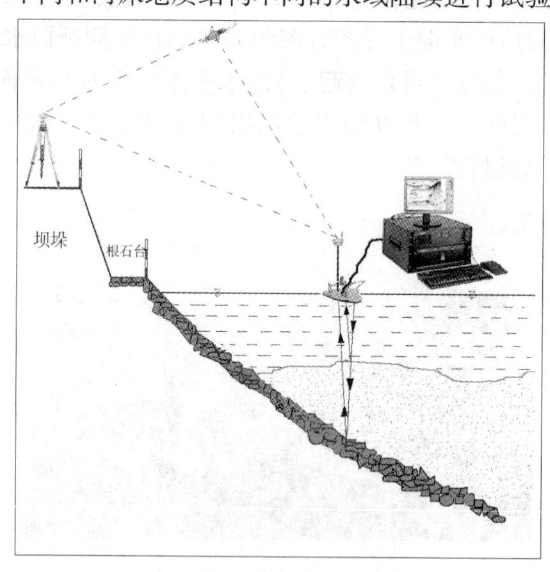

图 5-2-2　浅地层剖面仪探测示意图

2.5.1.2　探测记录

对护脚（护根）工程进行探测时，要清楚地填写探测记录表，探测数据的记录有“起点距/高差”和“间距/高差”两种形式。

1）“起点距/高差”记录形式

探测时先选择某固定点为起点（记为 0/0），其他各测点的位置均以与起点之间的水平距离和高差表示，即水平距离和高差都是对起点而言的，当测点比起点低时应在高差前加“ - ”，若各测点呈单趋势降低可省略“ - ”而在备注栏内注明“降低”，该记录形式参见表 5-2-1。

表 5-2-1　护脚(护根)工程探测记录表(一)

记录人：

坝号	时间	断面	断面情况												备注
			起点高程	起点距(m)/高差(m)											
			71.8	0	1	4.0	6.0	8.6	10.5	12.0	14.0	16.0	18.0		降低
				0	0	1.8	2.2	4.4	6.3	7.7	8.8	11.2	13.3		

2)“间距/高差”记录形式

探测时先选择某固定点为起点(记为 0/0)，其他各测点的位置分别以与前一相邻点之间的水平距离和高差表示，即水平距离和高差都是与前一点的差值，当测点比相邻前一点低时应在高差前加“ - ”，若各测点依次呈单趋势降低可省略“ - ”而在备注栏内注明“降低”，该记录形式参见表 5-2-2。

表 5-2-2　护脚(护根)工程探测记录表(二)

记录人：

坝号	时间	断面	断面情况												备注
			起点高程	间距(m)/高差(m)											
			71.8	0	1.0	3.0	2.0	2.6	1.9	1.5	4	2.0	2		降低
				0	0	1.8	0.4	2.2	1.9	1.4	1.1	2.4	2.1		

2.5.1.3　根石断面图

绘制根石断面图时，首先分清根石探测数据的记录形式，估算出根石断面的大致尺寸范围；然后根据图纸大小和根石断面的尺寸范围选择适宜的作图比例；再在图纸上先标定出起点位置，根据每组数据所代表的与起点之间的关系或与前一相邻点之间的关系依次将各测点绘在图纸上，连接各测点即得到根石探测断面图，参见图 5-2-3。每个断面图上都必须标注图名(如某工程、某坝岸、某断面根石探测断面图)、坝岸顶高程、根石平台顶高程、探测水位、各测点高程和水平间距、探测日期等。

若探测发现根石坡度不满足稳定安全要求或某要求坡度，应标定出缺石断面，计算缺石面积，根据各探测断面计算缺石量，并建议及时抛石补根。

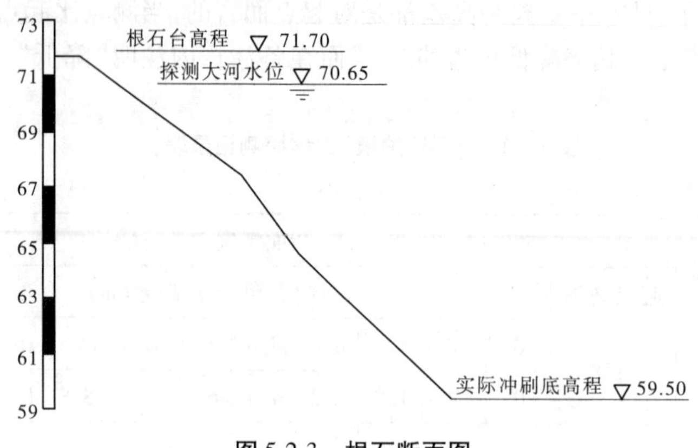

图 5-2-3　根石断面图

2.5.2　抛石护脚(护根)工程探测注意事项

(1)测点定位准确。可在坝岸顶用两根以上的花杆标定出探测断面位置,或在岸坡上画出探测断面位置线,以保证探测在选定的探测断面上进行;各测点应尽量均匀分布,发现有突变现象时再加密测点;各测点定位要准确,量测水平距离和垂直高度(深度)的探杆及测绳刻度要准确、标志要醒目(如拴系不同颜色的布条),并易于准确读数。

(2)注意准确判断。采用人工锥探探测根石时,全凭感觉经验作出判断,如遇到石块时有叮当的响声、手有震动感觉,遇到石缝时有摩擦、扭锥感觉,遇到沙层有摩擦感、进锥与拔锥较容易,遇到淤泥层时进锥有柔软弹性感或光滑感、拔锥困难、探锥拔出后常带有淤泥。

(3)下锥垂直。在水中锥探时,可先使锥杆尾部适当向上游倾斜地深入水中,当锥尖接触到石块时再立即将锥杆竖立垂直并快速准确地读取水下深度。若在旱地锥探,应始终使锥杆处在垂直位置。

(4)用绳索准确测深。若用绳索拴系铅鱼探测深度,应准确掌握绳索的松紧,否则将因绳索弯曲而导致测深偏大;还要考虑铅鱼的冲距影响,如可在适当偏上游的位置开始探测,或根据锥探与绳测的误差关系对绳测结果进行修正。

(5)注意探测操作安全。在船上一侧进行探测时,应注意在探测操作位置的另一侧加石配重,以保持船体平衡;在水深溜急的水面上探测应选用大船,并用有丰富经验、操作熟练的人员进行操作。

进行各种探测的所有探测人员都必须佩戴救生衣和安全绳。

2.6　近岸河床冲淤变化观测

2.6.1　判定主流线位置

沿流程各断面最大垂线平均流速所在位置的连线称为水流的动力轴线,也称为主流线。主流(也称主溜、大溜)是河流中水面流速最大的流带,可根据以下特征判断确定主流的位置:主流处流速大或流动态势凶猛,并常伴有波浪;涨水期间主流处水面高(涨水河心高),落水期间主流处水面低(落水河心低);顺风时主流处发亮,逆风时主流处浪大;对于多泥沙河流,主流处水浑浊、颜色更黄,非主流处水较清、颜色发蓝;若有断面测量成果,可按深泓线对应的平面位置确定主流线位置。

查勘河势时,对于判断确定的主流线位置应用文字详细记录描述(如从哪儿流向哪儿,偏左岸、偏右岸、居中,在哪儿顶冲、在哪儿转向等),最好将主流线标注在河道地形图上,主流线是构成河势图的主要部分,为便于比较分析,可选用不同线型(如粗实线、细实线、粗虚线、细虚线、点画线等)或不同颜色将在不同时间或不同流量的主流线绘在同一张河势图上。

河势图反映了河道水流在某种水沙条件下的平面情势,反映某河段在某时(如汛前、汛末等)及相应流量时的河道水流平面形态和河道边界状况,其内容主要包括主流线位置、工程靠水情况(靠水位置及水流态势,如靠水无溜、边溜、大溜顶冲、回溜等)、水边线位置、沙洲位置、滩岸坍塌及还滩情况等。

河势图一般直接在河道地形图上绘制,河道地形图应将主要工程(如某险工或某号坝岸)、主要观测断面和常用固定标志物标注清楚。绘制河势图时,首先要找到本河段河道地形图上的主要工程和常用固定标志物,熟悉绘图比例;然后将查勘获得的河势信息准确地绘制在图上,要求内容表达清楚、位置标示准确,内容较多时可以图例的方式注明,在河势图上还要注明图名、查勘时间、当时对应水情、绘图时间、绘图人等内容。

识读河势图时,首先识读图例、说明,弄清各种线型、颜色所代表的意义;然后识读主流线、水边线、滩岸位置、局部水流现象等;再对同流量级或每年同期河势进行比较,以发现变化情况、分析变化原因、预测变化趋势。

2.6.2　查勘主流摆动变化情况

对于主流的摆动情况,可在查勘现场作出主观分析判断,这需要熟悉和掌握以前相同条件的主流线情况;为更好地分析判断主流线是否存在变化、具体变化情况,以及预测变化趋势,可将不同时间,或不同流量,或每年同期查勘的主流线用不同线型或不同颜色套绘在一起,然后进行全面、系统的对比分析,以得出正确结论、分析导致原因、探讨应对措施。

模块 3　工程养护

本模块包括堤防养护、堤岸防护工程及防洪(防浪)墙养护、防渗设施及排水设施养护、管护设施养护、防汛抢险设施及物料养护、防护林及草皮养护。

3.1　堤防养护

3.1.1　干砌石护坡局部塌陷的土体或被淘刷的垫层修复

在干砌石护坡的砌石层下面一般应按反滤和适应不同变形的原则设置沙、石(碎石或砾石)垫层,垫层一般分 2 ~ 3 层(细料层靠近土坡,依次由细料层到粗料层)铺设,总厚度为 0.15 ~ 0.25 m;对于反滤要求较低的护坡,也可只设置以适应不同变形为主的碎石或砾石垫层,对于变形不大的护坡,也可直接在土坡上铺设起反滤作用的无纺土工布。

当设有垫层的干砌石护坡有坡面不够平顺或局部塌陷时,要对塌陷附近周围进行仔细观察,以分析判断是否因砌石下局部土体塌陷或垫层被淘刷而导致,作出准确判断后应及时进行修复:将塌陷部位砌体拆除(拆除范围应超出损坏区周边 0.5 ~ 1.0 m),挖除垫层和松散土体,用符合要求的土料分层回填、夯实、整理恢复土坡,然后按原设计或新的设计要求分层铺填垫层(注意细料靠近土坡、依次由细到粗、各层料不能混掺),最后抛填内部石料、整理干砌表层石料。

3.1.2　填补变形缝内局部流失的填料

为便于施工、防止因堤基或堤身不均匀沉陷而导致护坡出现裂缝,常需对混凝土或浆砌石护坡进行分段,即通过每隔一定长度预留一道永久缝(也称为变形缝)将其分成若干护坡段。若对护坡的防渗要求较高,变形缝内可嵌压沥青油毛毡、沥青麻袋、沥青杉木板或柏油芦席等材料,或对变形缝直接灌注沥青;若对护坡的防渗要求不高,变形缝内也可填充松散性砂浆或沙料,并在缝表层进行勾缝,以封固填充料和增加工程表面美观。

对设有变形缝的混凝土或浆砌石护坡工程进行观测养护时,除完成与其他护坡相同的养护内容外,还要注意观测分缝处的变化,如分缝处是否有表层勾缝脱落、内部填充料流失或灌注的沥青老化流失等现象,若发现变形缝内填料流失应及时填补。填补前将缝内杂物或已老化损坏的填充物清除干净,用新的填充物进行填充或灌注,完成填充需要表面勾缝的还要将缝口进行清理、刷净、湿润,勾缝后注意洒水养护。

3.1.3　混凝土网格局部破损修补

对于坡度较陡、石料较缺乏地区的堤防或其他土方工程(如填方路基、渠道等),可采用混凝土网格与草皮相接合的护坡方式(习惯称为混凝土网格护坡),即在土坡上现浇混凝土网格或铺设预制混凝土网格,网格内用土填平,填土上再栽植或种植防护草皮,这既比单一的草皮护坡增加了防护能力,又比混凝土或砌石护坡节约了防护材料。

对于混凝土网格护坡的养护,除对网格内护坡草皮的养护内容(如及时清除杂草、杂物,对草皮按适宜高度修剪、预防病虫害、浇水、施肥、补植、更新,以保持整洁美观、提高草皮覆盖率和抗冲能力)外,还包括对混凝土网格的检查养护。要经常检查混凝土网格内填土是否饱满平顺、混凝土网格与土坡及填土之间的接合是否密实、混凝土网格有无局部破损等现象;混凝土网格内填土不够饱满平顺时,要进行铲高垫洼的平整、平顺,或垫土平顺;混凝土网格与土坡或与填土结合不够密实时,要及时平整或垫土平整,并夯实;混凝土网格有局部破损时可用水泥砂浆抹补(凿除破损部位、清洗干净、抹补砂浆、成型压光、养护),若破损部位较大可用混凝土修补。

3.2　堤岸防护工程及防洪(防浪)墙养护

3.2.1　恢复干砌石护坡(坝岸)局部流失的反滤层

对于设有反滤层(垫层)的干砌石护坡或坝岸,若发现坡面不够平顺或局部塌陷,首先应分析判断是否因砌石下局部土体塌陷或反滤层(垫层)料流失所致,判断确认后再及时进行修复。将塌陷部位及其周边0.5~1.0 m范围内石料拆除,挖除已塌陷或部分流失的反滤层(垫层)和松散土层,用符合要求的土料分层回填、夯实、整理恢复土坡,然后按设计要求分层铺填反滤材料,最后回填石料并按原砌筑结构砌筑护坡面层。

对挡水时间短、临河水位变化平缓、反向渗水威胁较轻的砌石护坡或坝岸,往往对反滤层(或垫层)的要求较低,其重点是提高抗冲能力,如黄河下游修建的石坝大多没有设置反滤层(垫层),而是在砌筑体与土坝体之间用含黏量较高的黏土填筑了水平宽度不小于1 m的黏土保护层(也称为黏土坝胎),这可提高土体的抗冲能力,也可使砌筑体与土坝体之间接合更加密实。当黏土坝胎被冲刷塌陷时,要拆除塌陷处的石方,用黏土分层回填、夯实,整修恢复土坡和黏土坝胎,然后恢复砌石(堆砌、干砌、浆砌)。

3.2.2　疏通排水孔管

在对浆砌石或混凝土护岸进行运行观测和养护时,除其他养护内容外,还应注意观察排水孔(管)有无堵塞现象,一旦发现排水孔(管)内被堵塞,可用竹片或钢钎进行掏挖疏通,或通过灌注压力水进行清洗,以使排水孔(管)畅通;若因排水孔(管)后的反滤料堵塞而造成排水失效,可用高压水进行冲洗,如果仍不能疏通可考虑翻修恢复。

3.2.3　填补永久缝局部流失的填料

对大体积混凝土或浆砌石结构物,为满足施工要求、防止由于堤基不均匀沉陷及温度变化而导致出现裂缝,常需通过设置永久缝而对其进行分段。分段后,对于防渗要求较高的结构物(如混凝土或浆砌石挡水大坝、闸室、洞身等),除分缝处需用沥青油毛毡、沥青麻袋、沥青衫木板或柏油芦席等材料隔开外,缝内还需设置止水设施(如金属止水片、塑料止水、橡胶止水、沥青止水井等);对于防渗要求不高的浆砌石或混凝土护坡工程,可对分缝直接灌注沥青,也可在分缝内填充松散性砂浆或沙料,并在缝表层勾缝。

当对设有永久缝的结构物进行运行观测和养护时,应注意观测永久缝处是否有变化,如前后或上下错位、勾缝脱落、缝内填料破损流失等。若检查确认永久缝内填料有所流失,应及时进行填补:将缝内杂物清除干净,用新填充材料进行填充(如沥青加热、拌和、运输、填充,或填充松散性砂浆、沙料)或灌注(如沥青加热、灌注),完成填充后需要表层勾缝的还要将缝口进行清理、刷净、湿润,勾缝后应注意洒水养护。

3.2.4　钢筋混凝土防洪(防浪)墙表面轻微剥落或破碎的修补

若发现混凝土或钢筋混凝土防洪(防浪)墙表面有轻微剥落或破碎,应及时进行养护修补:用钢丝刷清刷、人工凿除、风镐凿除等方法将轻微剥落或破碎层剔除,对混凝土表面进行凿毛(形成粗糙面)、清洁、湿润,可采用砂浆(水泥砂浆、环氧树脂砂浆、预缩砂浆)填补、抹平、压光的修补方法,也可采用环氧石英膏涂抹的修补方法,还可通过喷浆(先将修补部位凿毛,再将水泥、沙和水的混合物高压喷射到拟修补部位)进行表面修补。

砂浆应随拌随用,从拌和到用完一般不宜超过 40 min。砂浆的拌制分为机械和人工两种拌和方法,用量小时可采用人工拌和,人工拌和砂浆一般在钢板上、砂浆槽内或硬化地面上进行(防止浆液损失和掺入杂质),要按要求配比配料,并经多次(一般不少于三次)混掺先将干料拌至均匀(颜色一致),再慢慢加水并经多次(一般也少于三次)拌和至干湿均匀一致,这也称为三干三湿拌浆法。

3.3　防渗设施及排水设施养护

为防止冰冻、人为或机械性破坏,延缓防渗材料老化,对设置在堤防(或土石坝)临河及基础表层的防渗体(如黏土斜墙、沥青混凝土斜墙、斜铺或平铺的土工膜防渗材料、水平黏土铺盖等)应修做保护层,保护层一般用少黏性土料(如沙壤土)填筑而成,也可结合护坡用沙、碎石(或砾石)及块石修筑而成,保护层厚度应大于当地冰冻厚度,且便于施工,一般不小于 0.5 m。

为做好对保护层的保护和养护,应经常检查保护层是否完整、有无异常变化(如大的变形,尤其是局部突变);要做好对保护层的保护,禁止在保护层范围开挖、钻探、植树等;对土质保护层表面要植草防护,并经常进行平整、顺水、排水,防止出现雨淋沟、水沟浪窝等水毁现象,以保持保护层完好无损;若发现保护层有局部破损,应及时进行整修恢复(对土质保护层:局部清基、平整、夯实,或局部清基、填垫、平整、夯实,恢复防护草皮;对沙砾石保护层:破损处表层砌石直接按原砌筑结构恢复,或将破损处表层砌石拆除、填垫恢复沙砾料层,再按原砌筑结构恢复表层砌石)。

如果保护层变形明显、破损严重,并估计已造成对防渗体的破坏,或者初步判明保护层的破损原因来自于内部(尤其是不均匀沉陷引起),则有必要对防渗体进行探测检查(如挖探坑探视或仪器探测);若防渗体已遭到破坏,应先消除防渗体以下土体隐患、恢复防渗体,再对保护层进行整修恢复。

3.4　管护设施养护

3.4.1　观测设施养护

观测设施主要包括水准点、测量基点(线)、测量仪器(如水准仪、经纬仪等)和配套工具、水位尺、测压管、断面桩、滩岸桩等,可分为在野外设置的观测设施和可室内存放的测量器具两大类。

3.4.1.1　野外观测设施的养护

水准点、测量基点(线)、水位尺、测压管、断面桩、滩岸桩等野外观测设施,要经常进行巡视检查和养护整修。

加强对观测设施及其保护设施的看护管理,及时制止有可能影响设施安全的活动,防止设施丢失和遭受破坏,确保设施齐全完整;要对观测设施及其保护设施周围及时进行平整填垫、清理杂草杂物,保持设施整洁;要对观测设施及其保护设施经常进行整理、刷新,对观测设施定期进行检查、校正校测(主要是高程校测),对设施的局部破损要及时进行养护维修,确保设施埋设牢固、标示醒目清晰、高程及位置准确。

对水位尺、断面桩要注意检查和调整埋设位置及方向,以使其位置和方向准确;要注意对尺面和桩面清洁刷新,使之标志明显、尺面清晰;对不符合要求(如残缺不全)的水位尺、断面桩要及时更换;对水尺零点高程要定期进行校测。

对测压管除注意保护其完整外,还要注意检查其是否被堵塞,对已堵塞的测压管要用掏挖、钻探或冲洗的方法及时疏通,还要注意定期校测管口高程。

3.4.1.2　室内存放测量器具的养护

对于测量器具,要注意保持清洁、防锈、防潮、防震,应存放于专用箱盒内,放置于通风、干燥、防震处;使用前,要对器具进行检查、调试,确保连接牢固、转动灵活、标示清晰准确,以满足使用要求;使用时,要熟悉操作要求,按程序操作,对技术要求较高的专用器具一般应由专业人员操作使用,确保使用得当;对测量器具要经常或定期进行校验,其中对技术要求较高的专用仪器(如水准仪、经纬仪、探测仪器等)应由专业人员校验,并由具备维修资格的人员对其进行养护与修理。

3.4.2　照明设施养护

对各种照明设施及其供电线路要经常进行安全检查,发现照明设施破损、线路老化、漏电、安全保护装置(如开关、保险丝、保护器等)不全或配件损坏等安全隐患时,应请持证上岗的专业人员及时维修、更换,以保证照明设施、线路及保护装置安全可靠。

对照明设施及其周围要经常清除灰尘、清理树枝、杂草、杂物,以保持整洁并及时消除不安全因素;对照明设施周围应设置醒目的警示标志或防护装置(如防护网、灯罩等),以提醒人们注意安全和保证使用安全;对各类照明设施要分类妥善管护,要注意安全操作,要注意防潮、防水、防碰伤漏电,要注意检查绝缘装置或材料的完好无损,发现绝缘缺陷要及时更换。

3.4.3 专用管护机械设备养护

对于小型专用管护机械设备,使用后应进行检查、养护、妥善保管,发现故障及时修理,以保持设备状态良好。

对于大型专用管护机械设备(如拖拉机、铲运机、挖掘机、翻斗车、洒水车、刮平机等),应安排专人使用、专人管理养护,要及时进行擦拭保洁,要进行定期检查和分级保养,要及时进行调试和排除故障。

对专用管护机械设备的养护内容主要包括:要经常进行除尘去污擦拭,以保持清洁;使用前,要进行全面检查、调试,注意查看各连接部分是否牢固,油、水、电等各个管线系统是否正常;发动后,要注意查看各仪表指示是否正常,要注意听取发动机声音是否正常,还要注意检查测试行走、转动、制动等装置是否正常,各项检查合格后方可投入使用;使用中,要注意按操作程序安全操作,注意查看方向、制动、行走、仪表指示、照明等系统是否正常,注意听取发动机声音有无异常,一旦发现异常现象,应立即停机检查并及时排除故障;使用后,要及时除尘去污、上油保养、放水防冻,并妥善看护或保管;对机械设备要按规定要求定期进行不同等级的保养,及时完成相应保养级别所要求的保养内容,及时更换易损配件,以保证机械设备处于良好运行状态。

3.5 防汛抢险设施及物料养护

本节主要要求能养护防汛抢险工器具。

防汛抢险工器具主要包括常用工具(如锤、斧、锯、手钳等)、专用工具(如硪、做埽工具、打桩和抛投工具等)、电石灯、探照灯、救生衣(圈)、小型设备、探测器具或设备等,应根据以上器具的结构、材质、性能等不同而具体进行检查和养护。

重点检查防汛抢险工器具的组装方法是否正确,安装连接是否牢固,支设是否稳固,有无霉变、锈蚀、腐烂、虫蛀等现象。

对检查发现的问题要及时进行调试、养护、修复:对组装不当或使用不够顺手的要调整安装,对安装连接不牢固的要进行加固,要定期进行防腐烂、防生锈、防虫蛀的涂刷和上油,对不能满足要求的材料或构件要进行加固或更换,要磨砺锐器,及时淘汰超期、不能满足使用要求的工器具和材料,以保证防汛抢险工器具满足好用(顺手、锋利)和使用安全(坚固、结实、有相应的强度或刚度)等要求。

对防汛抢险各类工器具要分类整齐存放、妥善保管,对工器具及其周围经常进行清扫和擦拭保洁,要改善存放条件,做好防尘、防风吹雨淋日晒、防潮等各项保护,以提高管理及养护水平。

3.6 防护林及草皮养护

3.6.1 树木病虫害防治

防治树木病虫害主要有林业防治法、物理防治法、生物防治法、药剂防治法等。树株或病虫害不同，所选用的防治方法有所不同，下面介绍几种常见病虫害的防治。

3.6.1.1 杨树主要病虫害的防治

1)食叶类害虫

常见的食叶类害虫有杨扇舟蛾、杨小舟蛾、刺蛾等。杨扇舟蛾成虫长13~20 mm，体灰褐色；一般每年5月初出现幼虫，大约每月繁殖1代，10月下旬老熟成虫吐丝作茧化蛹越冬；成虫有趋光性，昼伏夜出。

防治措施：人工清除越冬蛹，摘除幼虫虫苞；利用灯光诱杀成虫；利用白僵菌或苏云杆菌防治；可用90%敌百虫、80%敌敌畏乳油或50%马拉硫磷乳油1 000倍液喷洒。

2)蛀干类害虫

蛀干类害虫主要有光肩星天牛、桑天牛等。光肩星天牛成虫体长20~35 mm，体黑色，5月初见成虫，7~8月为产卵盛期，卵经过半月左右孵化幼虫，开始啃食树干。

防治措施：保持林内通风透光；在幼虫期用毒签或注射器将500倍有机磷农药注入蛀孔，再用湿泥封住；在成虫羽化期用40%乐果乳油1 000倍液喷施树干灭虫；花绒坚甲和啄木鸟对天牛有抑制作用，应加以保护利用。

3)刺吸类和螨类害虫

刺吸类和螨类害虫主要有草履蚧、叶蝉、红蜘蛛等，对幼树幼苗危害较大。

防治措施：防治草履蚧可选择氧化乐果等农药喷洒；防治红蜘蛛可用三氯杀螨醇1 000倍液喷洒；防治叶蝉可用90%敌百虫或80%敌敌畏1 000倍液喷洒。

4)杨灰斑病

高温、多雨、湿度大易引发杨灰斑病，病害发生在叶片及嫩梢上，先是生出水渍状病斑，病斑上发生深绿色突起的毛点，可使病叶早落、嫩梢枯顶死亡变黑。

防治措施：扦插苗不宜过密；苗圃地实行轮作；用多菌灵、甲基托布津等喷雾杀菌，半月1次，一般需3~4次；及时消除病株病枝。

5)杨溃疡病

杨溃疡病多发生在3月中下旬，树干表皮出现褐色病斑，质地松软，手压有褐色臭水或带腥臭的黏液流出，4月上中旬病斑上散生许多小黑点并突破表皮，5、6月水泡自行破裂，随后病斑下陷呈深褐色。病斑包围树干后可致病斑以上树干枯死。

防治措施：选植壮苗，提高抗病力；有病患可用石硫合剂、波尔多液、多菌灵防治。

6)腐烂病

腐烂病多发生在春季或秋季，主要发生在主干、大枝、枝干分权及幼树上；发病初期，病部呈暗褐色水肿状斑，皮层组织腐烂变软，病斑失水后树皮干缩下陷或龟裂；发病后期，病斑上生出许多针头状黑点。病斑包围树干或枝干时可致以上部分枯死。

防治措施：苗圃倒茬或土壤消毒；及时伐除、消毁已枯死或濒临死亡的树木；对发病较轻的树木可采取刮涂法对病斑进行处理（用小刀或钉板将病部树皮纵向划破，划刻间距3～5 mm，划刻范围稍超越病斑，深达木质部，然后用毛刷涂抹10%碱水、不脱酚洗油原液、双效灵、甲基托布津、多菌灵、福美砷、843抗腐剂、百菌清、代森锰锌、百菌敌等药剂，之后再涂赤霉素，以利伤口愈合）。

3.6.1.2　榆树主要病虫害的防治

1）榆蓝叶甲

榆蓝叶甲，别名榆绿叶甲、榆兰金花虫；成虫、幼虫取食叶片，严重时把叶片啃光；成虫体长8 mm左右、宽4 mm，长椭圆形，体黄褐色，头小，头顶有三角形黑纹；老龄幼虫体长11～14 mm，深黄色，头部较小，表面疏生白色长毛；成虫在树皮裂缝、屋檐、墙缝、土内、砖石缝、杂草间等处越冬，5月中旬开始出现，幼虫发生期可延长到8月下旬，8月下旬至10月上旬为成虫发生期。

防治措施：①人工捕杀，如震落幼虫杀灭、成虫群飞寻找越冬场所时可网捕处死、挖蛹杀死。②冬季结合修剪收集枯枝落叶焚烧，深翻土地、清除杂草，以消灭越冬虫源。③药剂防治。卵孵化盛期喷2 000～3 000倍的20%速灭杀丁乳油，或2.5%溴氰菊酯乳油5 000～8 000倍液，或20%菊杀乳油，或1 000倍的90%敌百虫等；幼虫危害期，在树干的两侧交错位置上，各轻轻刮去死表皮15 cm长1段成半圆环，涂40%氧化乐果乳油原液，或喷洒80%敌敌畏1 000～1 500倍液、或50%杀螟松1 000～1 500倍液；早春及解除夏眠前，在干基10～15 cm以上涂宽10～15 cm宽毒环（2.5%敌杀死乳油、20%杀灭菊酯乳油、10%氯氰菊酯乳剂各1份，加柴油25份），以阻杀上树成虫。④保护和利用天敌，如卵期的赤眼蜂、跳小蜂，幼虫期的寄生蝇，成虫期的蟾蜍、鸟以及蜀蝽等。

2）榆毒蛾

榆毒蛾，别名榆黄足毒蛾；成虫全身素白色，触角黑色；幼虫体长30 mm左右，淡黄色，背线黄色，老熟后灰黄色，虫体毛束灰褐色，蛹体长15 mm左右，淡绿色；幼虫在树皮缝内越冬，4～5月间越冬幼虫开始活动取食，6月中旬化蛹，7月初羽化，成虫有趋光性，产卵于枝条或叶片背面，卵相连成串，幼虫孵化后啃食叶肉，残留叶脉，3龄以后的幼虫由边缘蚕食或把整个叶片吃光；老熟幼虫在叶背或灌木杂草上吐少量丝连缀化蛹，9月上旬出现第2代成虫。

防治措施：①摘除卵块及初孵群集的幼虫。②喷施生物制剂，应用每克或每毫升含孢子100×10^8以上的青虫菌制剂500～1 000倍液。③喷施化学药剂，用50%杀螟松乳油1 000倍液，或90%晶体敌百虫1 000倍液，或2.5%溴氰菊酯乳油5 000～8 000倍液，或25%灭幼脲Ⅲ号1 000倍液喷雾。④在树干较高、虫口密度较大时，可用触杀性强的药物，如毒笔、合成除虫菊酯等涂刷树干，还可束草把诱集老熟幼虫处死。

3）榆叶蜂

榆叶蜂成虫体长9～12 mm，体蓝黑色，头部黑色，触角黑色；幼虫黄绿色，头部黑褐色；老熟幼虫在土中结丝质茧发育为预蛹过冬，5月下旬开始化蛹，6月上旬羽化、产卵，6月下旬幼虫孵化，危害（取食叶片）至8月下旬，苗圃和幼龄林发生较重。

防治措施：①冬季翻耕，消灭越冬幼虫；秋季扫除落叶并处理，消灭茧内幼虫。②及时剪除产卵枝梢和初龄幼虫群集危害的枝叶并焚烧。③幼虫发生期喷施每毫升含孢量 100×10^8 以上的苏云金杆菌制剂(青虫菌、灭蛾灵等)400倍液。④幼虫盛期,喷90%晶体敌百虫1 000倍液、50%杀螟松乳油1 000倍液,或20%杀灭菊酯乳油2 000倍液。⑤对大树或难于防治的树可于4~7月用高压注射器在周围根上或树干基部注射40%氧化乐果乳油,每孔用药1~2 mL,每树打孔一般2~4个,孔深一般为3 cm左右。

3.6.1.3　梧桐丛枝病防治

丛枝病主要由类菌原体和真菌所致,受害枝条顶芽生长受到抑制而刺激侧芽萌发,使枝条呈丛生状,各枝丛远看如鸟巢,故又名鸟巢病。枝丛内主枝不明显,各小枝枝细、叶小、脆弱易断、易遭冻害,病枝花果往往畸形或不再开花结果,任其发展可能终因累生新的枝叶、养分消耗过度、树木衰弱而枯死。

由类菌原体所致丛枝病主要通过选育抗病品系、选用无病苗木加以防治,对病树注射四环素类药物可收到一定的治疗效果;真菌性丛枝病可通过剪除病枝的途径防治。

幼树发病最好立即砍掉;大树发病可及时砍除病枝,但不可用手只是折断病枝,否则残留的类菌质体还能导致丛枝病复发,留下的渣口也会形成“疤”进而影响泡桐材质。

合理栽植(密度适宜、不在同一位置重复栽培泡桐)也能有效预防丛枝病的发生。

3.6.1.4　美国白蛾的防治

美国白蛾,也称秋幕毛虫或网幕毛虫,体长12~35 mm,多为白色。其食性杂,可危害杨、柳、榆、法桐等诸多种树木及农作物和蔬菜等;幼虫群聚叶片及嫩枝,使叶片呈白色网膜状态,日久叶片干枯;老熟幼虫下树化蛹;成虫昼伏夜出,有趋光性。

主要防治措施:①物理防治。剪除幼虫网幕集中烧毁;剪除叶片枯萎的树枝集中焚烧;在树干上绑草把诱集下树化蛹的老熟幼虫并集中销毁;直接捕杀幼虫、成虫,冬季在树下挖找蛾蛹并集中销毁;在成虫常出没的地方设置特制灯具以诱杀昼伏夜出、具有趋光性的成虫。②生物防治。在老熟幼虫期和化蛹初期释放周氏啮小蜂;在3龄前幼虫期喷洒BT+美国白蛾病毒防治;在高龄幼虫期利用苦参碱等进行喷烟或喷雾防治。③药剂防治。在低龄幼虫期,可喷药(如25%灭幼脲Ⅲ号、20%除虫脲和20%杀铃脲等)雾防治;进入高龄幼虫期时,可选用低毒、低残留的药剂(如菊杀乳油、高效氯氢菊酯乳油、溴氰菊酯乳油等)进行喷烟或喷雾防治。

3.6.1.5　春尺蠖的防治

春尺蠖主要危害杨、榆、桑、苹果等树木,以取食嫩芽、幼叶和花蕾为主,严重威胁树体的生长和生存。

主要防治措施:①林业防治。选用无虫苗木;栽植隔离树种,阻止害虫大面积蔓延。②物理防治。烧毁有虫卵苗木;在树干距地面1 m处缠绕塑料或胶带,涂松脂胶或粘虫胶,设毒环和毒绳阻止雌成虫上树产卵;利用灯光、秸秆或糖醋等方法诱杀;人工捕虫灭杀、摘卵烧毁;在树干下人工挖蛹灭杀;6月下旬可在树冠下铺塑料薄膜并盖潮湿泥土,以引诱老熟幼虫入土化蛹并集中消杀。③生物防治。悬挂鸟巢招引山雀等鸟类,以鸟治虫;利用有姬蜂治虫;1~2龄幼虫时可喷施生物农药或病毒(如BT、青虫菌乳剂、阿维菌素、苏云金杆菌乳剂、白僵菌、尺蠖核型多角体病毒等)进行防治。④药物防治。成虫羽化前在树干喷洒速灭杀丁乳油等药物触杀雌成虫;幼虫期可喷洒90%晶体敌百虫800倍液、

5% 锐劲特悬浮剂 1 500 倍液、10% 吡虫啉可湿性粉剂 2 000 倍液、7.5% 鱼腾酮乳油 800 倍液等;施药时,可人工喷药、打孔注药、飞机喷药及利用烟雾机施放烟雾(3.5 kg 柴油 + 1 份药物的混合液)。

3.6.2　林木蓄积量计算

林木蓄积量是指一定面积林木中现存各种活立木的材积总量,以 m^3 计。单株立木的蓄积量可根据其胸径(作为平均直径)和树高计算,也可根据胸径及树高直接查立木材积表(见附录 4)求得;林木蓄积总量,可由平均单株立木的蓄积量乘以树木总株数求得。

胸径测量或换算:可直接量测离地面 1.3 m(成人平均胸高)处的树干带皮直径(cm),也可量测离地面 1.3 m 处的树干周长,再由周长推算直径;若树株在 1.3 m 以下有分杈,则对各分杈分别测量、计算;若树株恰好在 1.3 m 处有畸形,则可在其上下同距离处分别量测,并取其平均数作为胸径。

树高测量:树高指从地面起至树梢的高度(m),树高可直接丈量,也可先丈量或测量自某点到树株的水平距离,测得该点与树顶之间的仰角,然后按直角三角形函数关系计算树高。

模块4　工程维修

本模块包括堤防维修、堤岸防护工程及防洪(防浪)墙维修、防渗设施及排水设施维修、穿(跨)堤建筑物与堤防接合部维修、管护设施维修。

4.1　堤防维修

4.1.1　测量放线及工程量计算

4.1.1.1　测量放线

1)直线长度放样

若需要在已知直线上放样出距指定点满足某水平长度要求的另一点,可按以下方法放样。

(1)量水平距法:精度要求不高时,可在已知直线方向上直接用目测水平的方法丈量所要求的水平距离,由此定出满足某水平长度要求的另一点。

(2)试放法:精度要求较高且可较准确地丈量两点之间的倾斜距离时,可大约选择试放点,水准测量出试放点与指定点的高差,丈量两点之间的斜距,计算其水平距离,经多次试放可找到符合水平距离要求的点。

(3)做图法:沿已知直线测绘出地面线图,在图上确定出符合水平距离要求的地面点,根据斜距直接放样出该点。

2)已知直线的延长

精度要求不高时,可过已知直线上的两点直接拉直线延长;或在直线上的两点分别竖立标杆,通过两标杆目测或拉直线确定出在一条直线上的第三根标杆。

若精度要求较高,应采用经纬仪延长已知直线。

3)测放已知直线的垂线

精度要求不高且地面平坦时,可利用几何关系(如等腰三角形底边上的中线垂直平分底边,直角三角形勾3、股4、弦5),用皮尺做等腰三角形或直角三角形放线。

若精度要求较高或地面不够平坦,应利用经纬仪测放已知直线的垂线(等同于测放90°水平角,见水平角放样)。

4)高程测放

(1)水准高程测放。

在较平坦场地上可直接用水准测量测放出所要求的高程点。在适宜位置支设水准仪,读取在高程已知点上的水准尺读数(后视读数),计算视线高(已知高程+后视读数),根据所要求高程计算出在测放点上的水准尺应读数(前视应读数=视线高-测放点高程),也可根据高差计算出前视应读数(前视应读数=后视读数-高差),在测放点位置上先打设外露较高的木桩,可通过多次测算和渐渐打桩下降而使前视刚好为应读数,该桩顶即为测放高程;也可直接打设较高木桩,将水准尺紧贴在木桩侧面,并在测算中渐渐调整水准尺的上下位置,直至使前视刚好为应读数时可过尺底确定出满足高程要求的测放点位置。

(2)深基坑或井下高程放样。

若放样点在深基坑或井下,可用水准仪+钢尺进行放样。如图 5-4-1 所示,支设水准仪,读取后视读数 a,计算视线高(也可记为原视线高或视线高 l),在垂挂的钢尺上读数 b,将仪器支设在坑底,再在钢尺上读数 c,由 b、c 可计算出钢尺的垂高,由原视线高减钢尺的垂高可求得新视线高,用新视线高放样 D 点高程。

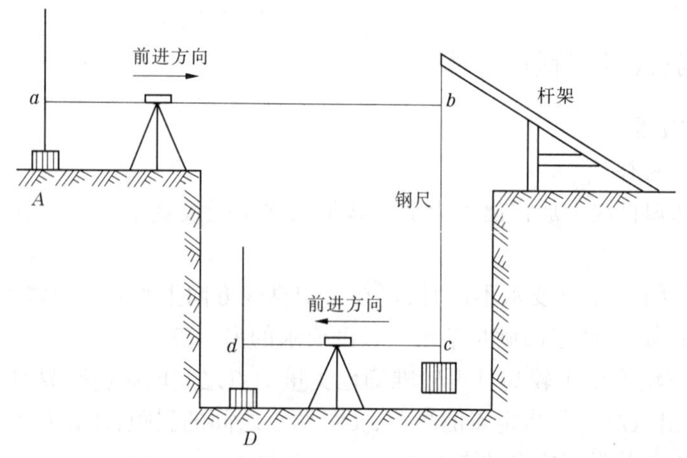

图 5-4-1 深基坑(或井下)高程放样示意图

5)测设堤(坝)坡脚线

常用横断面法测设堤(坝)坡脚线的位置。见图 5-4-2,将拟建堤(坝)某位置的设计横断面套绘在同一位置的地形横断面(剖面)图上,在图上确定出坡脚点(有与原地面的坡脚点或与清基后地面线的坡脚点之分)的位置,如坡脚点到中心桩或断面以外所设控制桩的水平距离,可用量水平距法或试放法放出坡脚点在地面上的位置。

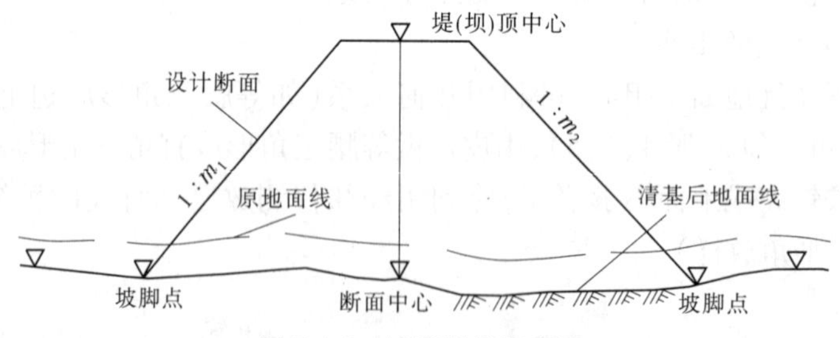

图 5-4-2 坡脚放线示意图

对于平坦地面,也可用水准仪直接测得地面高程,根据设计高程、顶宽、坡度及确定的清基深度,计算出坡脚点到中心桩或断面以外所设控制桩的水平距离,再直接丈量水平距离放样,地面不平坦时可用试放法测放。

6)测设清基边线

参见图5-4-2,先确定出坡脚点的位置,再外加因清基而外延的水平距离(包括工程边界以外的清基宽度、因清基深度增加的水平距离、清基放坡增加的水平距离)即可确定出清基边界点,由各个横断面的清基边界点可确定出清基边界线(简称清基边线)。

7)坡度放样与检查控制

(1)开挖坡度控制。

若直接按设计坡度开挖,可用坡度尺检查控制开挖坡度,或用丈量水平距离和高差的方法检查验算或修正开挖坡度;若采用阶梯法开挖,应距边界线预留一定水平宽度再开始下挖,下挖至符合坡度要求的深度后再预留同样的水平宽度,依次开挖成阶梯状,见图5-4-3,把台阶削去可使开挖边坡符合设计坡度要求。

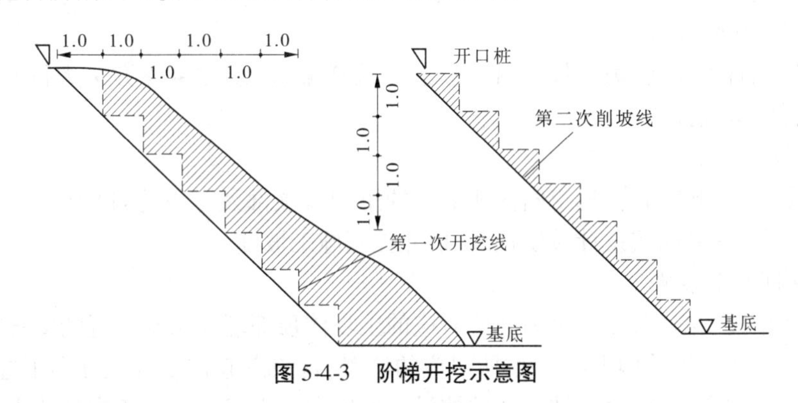

图5-4-3　阶梯开挖示意图

(2)填筑坡度控制。

填筑坡度控制主要有样架法、坡度尺法、量距法。

样架法:在填筑横断面的坡脚处打设小木桩(作为坡脚桩),可使桩顶与起坡点齐平或在桩身上标注出起坡点位置,在距坡脚桩一定水平距离处设置铅直高桩(或竹竿),根据起坡点与高桩(或竹竿)之间的水平距离可计算出满足设计坡度要求的高差,通过水准高程测量在高桩(或竹竿)上标定出符合设计坡度要求的斜坡上端位置,或通过水准高程测量在高桩(或竹竿)上标定出与起坡点齐平的位置,然后沿桩丈量所计算的高差以确定斜坡上端位置,在上端位置与起坡点之间连接直线即为所要求的坡度线,参见图5-4-4。

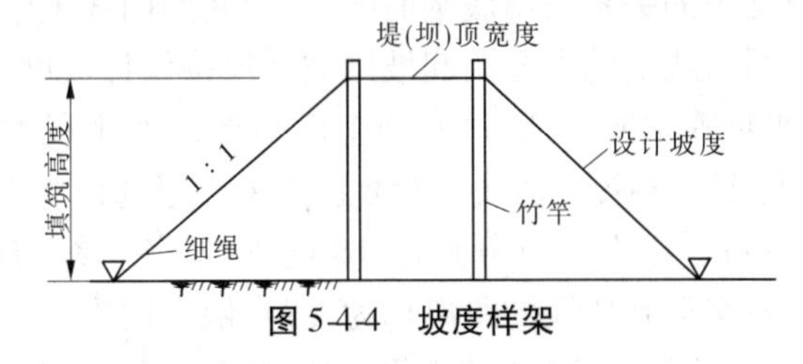

图5-4-4　坡度样架

坡度尺法:施工中可用特制或多用坡度尺放样和检查控制坡度。图5-4-5(a)是以设计坡度定做的坡度尺,水平边上设有水准管,气泡居中时斜边符合设计坡度,可以此放样或检查控制边坡;图5-4-5(b)是多用坡度尺,检查坡度时将坡度尺长柄紧贴在斜坡上,铅垂线位置所标示的比值即是斜坡的坡度,可以此来放样或检查控制边坡。

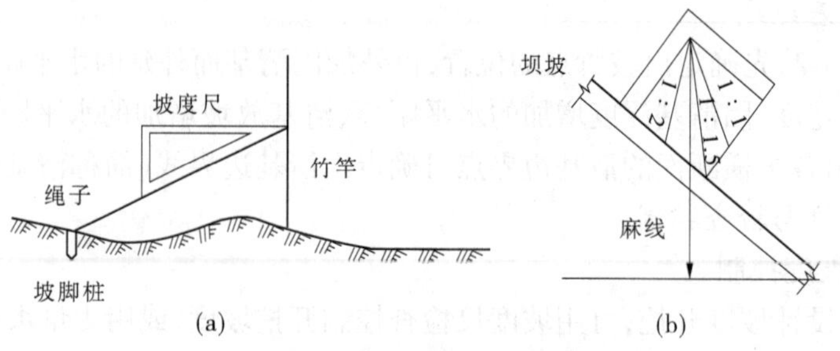

图 5-4-5　坡度尺示意图

量距法:通过直接量取已填筑边坡的水平距离和对应高差,可验算坡度是否符合要求或据以修整边坡。

8)护坡(坝岸)放样

一般采用打桩挂线、坡度尺、支杆或支架、放样架、切线支距等方法进行护坡(坝岸)的施工放样和坡度控制。

(1)打桩挂线法。

选择多个控制断面,在每个断面所对应的土坝体顶部及基槽底部的起坡处分别打设木桩,在上下木桩之间按设计坡度挂线,以此控制施工坡度。

(2)支杆或支架法。

选择多个控制断面,在每个断面所对应的土坝体顶部埋设水平放置的支杆或支架,在支杆或支架上找出护坡(坝岸)外坡所对应的位置,自该点起按设计坡度向下挂线至基槽内可确定出起坡点,也可由起坡点开始按设计坡度向上引线并拴挂于支杆或支架上。

施工中,可通过在支杆或支架上丈量水平距离和挂垂线测量高差而检验坡度。

(3)放样架法。

放样架法适用于对圆锥面护坡(坝岸)的放样,按设计坡度特制与实物相似的锥形放样架,将放样架支设在过护坡圆锥体底圆圆心的竖轴上,并使放样架顶位于圆锥体顶尖位置,自放样架顶按设计坡度(即顺圆锥面)悬挂多条坡面线,以控制施工坡度。

(4)切线支距法。

切线支距法适用于圆锥面护坡(坝岸)的放样,即当底部平坦、底圆半径和圆心位置已知时,可利用切线与支距的关系放出底圆曲线,再由底圆曲线上的点开始起坡按设计坡度与顶部挂线,或自底圆曲线上的点开始起坡用坡度尺按设计坡度控制锥面的施工。

切线支距法的放线步骤主要包括:过底圆上已知点 A 作半径 OA 的垂线 AB(底圆曲线在 A 点处的切线),见图 5-4-6;在切线 AB 线上自 A 点起选设多个点,各点到 A 点的距离依次为 $X_i(i=1,2,\cdots)$;过以上各点分别作 AB 的垂线,各垂线与底圆曲线的交点依次为甲、乙、丙、丁、戊等,各交点到切线的距离称为支距,依次记为 $L_i(i=1,2,\cdots)$;根据几何关系则有 $L_i=R-(R^2-X_i^2)^{1/2}$,由已知的 R 和各 X_i 值可计算出对应的 L_i 值,即可确定出底圆曲线上的多个点,将各点平滑连接可得底圆曲线。

9)扭曲面放样

扭曲面(如水闸边墩或岸墙与上下游护坡之间的过度段)两端坡度不同,一般由直立的墩墙逐渐过渡到坡度较缓的护坡,放样时可先定出两端位置(包括坡顶和坡底)并拴挂

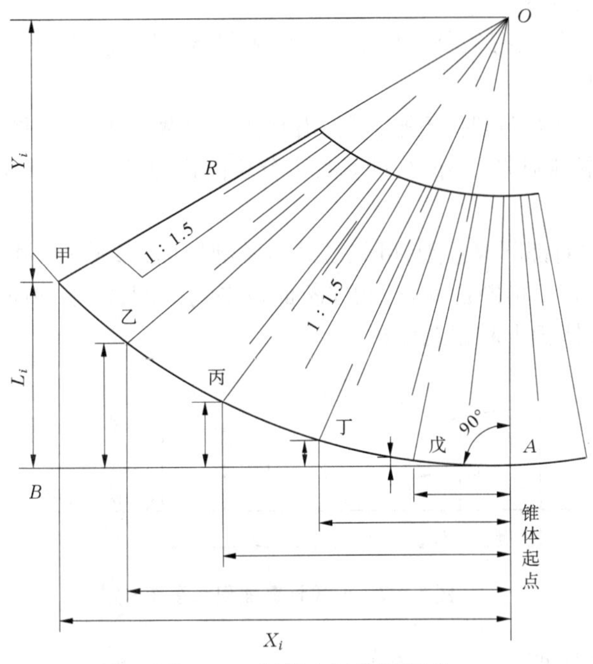

图5-4-6　切线支距法放样图

出设计坡度线，然后在两端坡度线之间按等分法分层连线即可。

4.1.1.2　**工程量计算**

工程量常以体积、面积或长度计量，要按有关规定分别计算。

土石方开挖工程量应根据土质类别、岩石级别、开挖方式（如明挖、暗挖、人工或机械开挖）、开挖工程类别（如一般开挖、坑槽开挖、基础开挖、坡面开挖、平洞开挖、竖井开挖、地下厂房开挖）等分别计算，以自然方计量。

土场挖方及运输土方以自然方计；土方填筑工程量应根据填筑方式、土质类别等分别计算，以压实方计量。

土方1自然方=1.33松方=0.85实方。

石方砌筑工程量应根据砌筑石料（料石、方块石、乱石等）、砂浆及其强度等级、砌筑方法（浆砌、干砌、堆石）及砌筑部位（如表层、内部）等不同分别计算，以砌体方计；石料运输按松方或质量计量。

石方1自然方=1.53松方=1.31砌体方。

混凝土工程量应根据结构、位置、强度等级、级配等不同分别计算，以成品实体方计量；钢筋可按含钢率或根据配筋图计算；立模面积应根据结构尺寸、形状、施工分缝要求等具体情况按设计立模面积（浇筑体接触面积）计算。

吹填（淤筑）工程量计算吹填区填筑方，并考虑吹填区固结沉降、地基沉降等因素。

土工合成材料按设计铺设面积计算，搭接及嵌固用量已计入消耗系数中。

灌浆工程的钻孔按长度计算，灌浆按灌入材料量或按灌浆眼数计量。

金属结构常按质量计算，并注意区分型号、直径、壁厚等；设备按台（套）计算。

各项工程量均应按设计尺寸计算，施工规范允许的超挖量、超填量、施工附加量、操作损耗量等已包含在定额中。

规则形体的工程量按有关公式(见附录 5、附录 6)计算。不规则形体的工程量可按分割法或断面法近似计算:

(1)如果只在一个方向起伏不平,可先沿起伏方向做剖切面,如图 5-4-7 所示,再沿突变处分割成规则或较规则若干分块,计算每个分块面积并求和得剖切面的总面积,总面积乘以宽得体积。

(2)如果纵横方向都不够规则,可先沿纵向做剖切面,参见图 5-4-7,再在纵向变化处分别取横断面,计算每个横断面面积,相邻断面取平均面积,由平均面积及断面间距计算每分段体积,由分段体积求和得总体积。

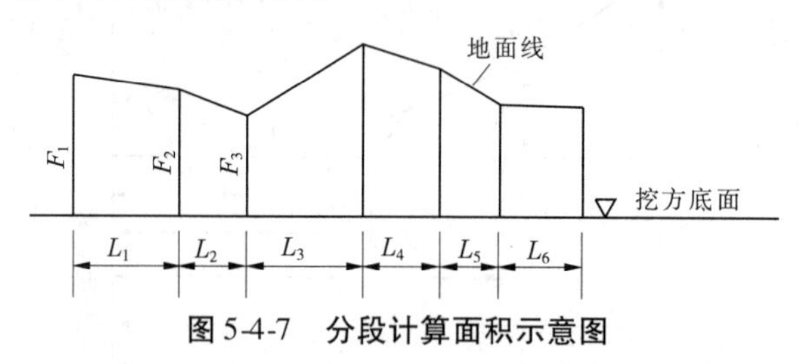

图 5-4-7 分段计算面积示意图

4.1.2 堤防加高培厚

堤防加高培厚(加高帮宽)的有关工作主要包括:①确定帮宽(帮临或帮背)或加高帮宽方案;②测绘原堤防横断面图(一般沿堤防纵向每 50 m 测一个断面,明显变化或分界处加测);③在测绘的原堤防横断面图上套绘设计数据(高程、顶宽、坡度)得加培横断面图;④计算加培工程量(计算每个横断面的加培面积,相邻断面的加培面积取平均值,根据断面间距和平均加培面积计算每个加培堤段的工程量,逐段求和得总加培工程量);⑤组织培修施工(熟悉设计图纸、放样,抓好施工组织、清基、取土、填筑、压实、质量控制等各个环节)。

4.1.3 混凝土堤顶路面维修

混凝土堤顶路面常见缺陷有蜂窝、麻面、磨蚀、剥蚀、裂缝、填缝材料破损、翘起、断裂、破碎、沉陷等。

4.1.3.1 表面维修

混凝土路面出现蜂窝、麻面、磨蚀、剥蚀、局部表层破碎等表面缺陷时,可将缺陷处表层混凝土凿除,将表面刷毛、冲洗干净,用高强度等级水泥砂浆填补找平、压光并养护。

若混凝土路面表面凸凹不平,可将凸处凿除,或将凹处凿毛、刷毛、冲洗干净,然后用水泥砂浆填补找平并养护。

若混凝土路面过于光滑,宜用金刚石锯切机、旋转铣刀盘锯机刻痕,以增加粗糙度。

4.1.3.2 裂缝处理

混凝土路面出现裂缝可采用凿槽嵌补法处理:①沿缝凿槽(槽宽至少 30 cm、槽深 7 cm);②将槽内吹刷干净,均匀涂刷水泥浆或环氧水泥砂浆;③槽底每隔 50 cm 铺设一根垂直于裂缝的钢筋;④槽内浇筑快硬混凝土,振捣密实并抹平;⑤新浇混凝土养护。

4.1.3.3　接缝维修

1）填缝材料维修

混凝土路面接缝处需嵌入填缝材料（如木板条、灌注沥青等），若填缝材料出现破损或缺失，可剔除旧填缝材料并清理干净，然后用新填缝料进行填缝。在缝壁及接缝板接头处涂刷地板胶或建筑热沥青，将接缝板嵌入缝内；或将加热式填缝料（如橡胶沥青类等）加热溶化，滤去渣物，然后灌缝；或用常温式填缝料（如聚氨酯焦油类、聚氨酯类和聚氨酯沥青等）直接灌缝。

2）接缝处翘起的维修

当路面板端部翘起而路面板完好时，可将翘起处的分缝切割加宽，以释放应力而使翘起得以逐渐缓解；若因翘起而使相邻板块形成错台，可用机械磨平错台。

4.1.3.4　断裂破碎维修

1）断裂维修

若混凝土路面断裂缝较少，可沿缝按一定宽度破碎成槽，再在槽内重新浇筑混凝土。

2）破碎维修

当纵横交错的断裂缝已造成混凝土路面破碎时，可将较小的破碎块拆除，对路面基层整平加固，再重新浇筑混凝土面层；如果破碎严重，可将整块拆除，对路面基层整平加固，再重新浇筑混凝土路面层。

4.1.3.5　路面沉陷维修

当混凝土路面整块沉陷较轻时，可将因沉陷而出现的错台高处凿平，或将已沉陷板块表面凿毛，用混凝土进行罩面衬平，也可尝试垫升法（在路面板上钻贯穿孔，用起重设备将沉陷的路面板吊起，通过钻孔将砂浆或干沙灌入面板与路面基层之间，从而将面板垫升）或压力灌浆法（在路面板上钻孔，通过钻孔灌注水泥浆，灌浆结束先用木楔堵塞灌孔、待灌注材料凝固后再用细料混凝土封孔）进行处理；当沉陷较严重时，应将整块破除，加固路基或路面基层后再重新浇筑混凝土路面。

4.1.3.6　路面大修

1）加铺面层

当路面裂缝较多、损坏范围大而路基较好时，可通过加铺面层进行大修。加铺前应修复严重破碎部位，对表面进行凿毛、清洗，加铺层分缝位置与旧路面分缝位置一致。

2）翻修

若因路基质量较差而使路面破坏或沉陷严重，可进行翻修处理。将整块或整段路面拆除，整平加固路基后再恢复路面，翻修时应在新修部分与未拆除板块之间设置拉筋。

4.1.4　护坡维修

4.1.4.1　散抛石护坡维修

若散抛石护坡坡面凸凹不顺、下滑脱落、局部残缺，可直接进行拣整顺坡（按设计坡度挂线，将凸出处或上部残留石料搬移补抛到凹陷部位，并将石块摆放平顺、稳固），也可先对缺石部位进行抛石，然后按设计坡度拣整顺坡。

若因土石接合部被淘刷而造成护坡塌陷，应将塌陷部位的石料拆除，挖除垫层，进行清基,分层回填、夯实、整理恢复土坡,重新铺设垫层,抛填石料并拣整恢复护坡。

4.1.4.2　砌石护坡维修

1)干砌石护坡维修

若干砌石护坡出现局部松动,可直接嵌固,或拆除松动石块重新干砌;护坡有局部残缺时,先抛填石料,再对表层石料进行干砌;如坡面有较大空洞,应用碎石填塞紧密;护坡出现滑动、塌陷、凸凹不顺等缺陷时,一般采用翻修处理方法:将缺陷部位拆除,恢复土坡,恢复垫层,抛填内部石料并进行表层干砌。

2)浆砌石护坡维修

浆砌石护坡出现勾缝脱落时,应将脱落处缝内填料剔除,将缝口清理干净并洒水湿润,重新勾缝;若局部石块松动,可直接勾缝嵌固或局部拆除重砌(拆除松动石块,清理干净并洒水湿润,用坐浆法砌筑);若出现塌陷等较严重缺陷,一般进行翻修处理:将缺陷部位拆除并清理干净,消除内部隐患(如加固恢复土坡、垫层),恢复砌石并勾缝。

4.1.4.3　混凝土护坡维修

混凝土护坡发生剥蚀脱落、局部破碎时,可凿除破坏层,填补砂浆(水泥砂浆、环氧树脂砂浆)并抹平、养护;若预制混凝土块护坡出现严重损坏,可进行整块更换;若混凝土护坡发生沉陷破坏,应进行局部翻修:拆除已破坏部位,清除垫层,回填、夯实并整修恢复土坡,铺设垫层,恢复(新浇混凝土或安砌预制块)护坡;当护坡后发生局部淘空而尚未导致坡面缺陷时,可将淘空部位进行清理,然后恢复填土或垫层;对混凝土护坡裂缝可用充填法、灌浆法、表面涂抹法(喷涂法)、凿槽嵌补法、粘贴法等进行处理;若护坡出现断裂,可局部拆除、内部加固、重新浇筑,或沿缝破碎成槽、内部加固、重新浇筑;若预制混凝土块断裂,可直接更换。

4.2　堤岸防护工程及防洪(防浪)墙维修

4.2.1　排水孔及反滤层维修

散抛石或干砌石护坡(坝岸)后应设置垫层(反滤层);在浆砌石和混凝土护坡(坝岸)上应设置排水孔(管),并在排水孔(管)底部分层设置反滤料或埋设无沙混凝土块。

4.2.1.1　排水孔维修

出现排水孔(管)堵塞时,可用竹片或钢钎掏挖疏通,或用水冲洗疏通;若排水孔(管)损坏严重已无法疏通恢复,可拆除更换(局部拆除护坡,更换排水管,按原结构恢复护坡);当更换排水管时使反滤层或无沙混凝土块遭到破坏,应重新分层铺设符合要求的反滤料或更换无沙混凝土块,然后按原结构恢复护坡。

4.2.1.2　反滤层维修

当反滤层或无沙混凝土块被淤积堵塞时,可尝试用高压水冲洗(冲水与放水交替,直到出清水为止);当淤积堵塞冲洗无效、反滤层或无沙混凝土块遭到破坏时,可进行翻修:局部拆除护坡,或从土石接合部开挖至反滤料破坏处,挖除已破坏反滤料或无沙混凝土块,修整恢复土坡,按设计(反滤料、层数、层厚)重新铺设反滤层(细料层靠近土体,各层面拍打、平整,层次清楚,层层间互不混掺,防止杂物混入反滤料内,铺设坡度陡于1:1的反滤层时应采用挡板支护铺筑,铺筑反滤层期间严禁人车通行)或更换无沙混凝土块,按原结构恢复护坡。

4.2.2 丁(顺)坝维修

丁坝,因坝与河岸在平面上构成丁字形而得名,具有调整水流、保护河岸的作用,故又名挑水坝。顺坝是顺河岸布置的整治建筑物,具有引导水流、保护河岸的作用。按砌筑结构的不同,丁坝和顺坝均分为散抛堆石坝(乱石坝)、干砌石坝和浆砌石坝。丁坝和顺坝的基础一般为浆砌石结构,其护脚(护根)一般为散抛乱石、大块石或石笼结构。下面分别介绍散抛堆石坝(乱石坝)、干砌石坝和浆砌石坝的维修。

4.2.2.1 散抛堆石坝(乱石坝)维修

散抛堆石坝(乱石坝)常见缺陷有坡面凸凹不顺、下滑脱落、局部残缺、土石接合部冲沟、根石残缺等。若散抛堆石坝(乱石坝)坡面凸凹不顺、下滑脱落、局部残缺,可按设计坡度将凸出处或上部残留石料拣抛到凹陷、残缺部位,也可直接补充抛石并拣整顺坡;若根石坡不顺应进行拣整平顺,根石缺失应补充抛石(散石、石笼)并对水上部分拣整平顺;若土石接合部有冲沟、蛰陷,应及时进行开挖、回填、夯实处理:清基,清理塌陷石料,挖除松散土层,削缓冲沟边壁,分层填土、夯实,整理恢复土坡,重新铺设垫层,恢复抛石并拣整顺坡。

4.2.2.2 干砌石坝维修

干砌石坝常见缺陷有表层砌石松动、坡面塌陷、凸凹不顺、局部残缺、土石接合部冲沟、根石缺失、根石坡不顺等。若表层砌石局部松动,可塞垫嵌固或拆除松动块石重新砌筑;若局部残缺,应先补充抛石,再砌筑表层石料;若干砌石坝坡面塌陷或凸凹不顺,轻则可采用浅层翻修的处理方法(拆除缺陷部位表层砌石,拣整平顺内部石料,恢复表层干砌),如坝后土体或垫层已被冲刷则应进行深层翻修(拆除缺陷部位石料及垫层,分层回填、夯实、整理恢复土坡,恢复垫层,恢复内部填石、干砌表层石料);若干砌石坝有土石接合部冲沟蛰陷、根石缺失或根石坡不顺,按乱石坝维修相关内容维修。

4.2.2.3 浆砌石坝维修

浆砌石坝常见缺陷有勾缝脱落、局部松动、塌陷、裂缝、土石接合部冲沟、根石缺失、根石坡不顺等。若出现勾缝脱落,应将缝内填料剔除(剔深不小于2 cm),将缝口清理干净并洒水湿润,用强度等级较高的砂浆重新勾缝并洒水养护;若表层砌石局部松动,可直接塞挤或勾缝嵌固,或局部翻修(拆除松动石块、清理干净、洒水湿润、重新砌筑并勾缝);若出现塌陷,一般应进行翻修处理:将塌陷部位拆除并清理干净,消除内部隐患(如恢复土坡、恢复垫层),恢复砌石并勾缝;若出现裂缝,应清除缝内杂物,然后用水泥砂浆填缝(填实、抹平)或用灰浆灌缝,也可沿裂缝对坝面抹保护层;若存在土石接合部冲沟、根石缺失、根石坡不顺等缺陷,可按乱石坝维修相关内容维修。

4.2.3 挡土墙维修

4.2.3.1 浆砌石挡土墙维修

浆砌石挡土墙常见缺陷有墙面勾缝脱落、局部石块松动或破碎、裂缝、墙后填土不实、土石接合部冲沟、根石缺失、根石坡不顺等。对以上缺陷的维修与浆砌石坝维修相同,还要对挡土墙后填土经常进行填垫、平整、夯实,确保填土密实。

4.2.3.2 混凝土挡土墙维修

混凝土挡土墙常见缺陷有墙面表层剥蚀脱落、局部破碎、残缺、裂缝、墙后填土不实、土石接合部冲沟、根石缺失、根石坡不平顺等。对剥蚀脱落、局部破碎、残缺、裂缝等缺陷的维修方法与混凝土护坡维修相同(凿除破坏层、填补水泥砂浆或环氧树脂砂浆、抹平,用充填、灌浆、表面涂抹、凿槽嵌补、粘贴等法处理裂缝);对墙后填土要经常填垫、平整、夯实;对土石接合部冲沟要回填或开挖回填恢复。

若混凝土挡土墙已发生碳化,轻者采用环氧材料修补;若碳化深度较大,可凿除碳化层并冲洗干净,用环氧砂浆或细石混凝土填补密实,再以环氧基液做涂层保护。

4.2.4 堤岸防护工程水下基础及护脚维修

堤岸防护工程水下基础及护脚(根石)常出现石料缺失(走失)、坍塌等缺陷,要经常(尤其是大水期间及过后)对根石进行检查、探测,若发现根石缺失、坍塌,应及时抛投散石、大块石、预制块或石笼(大溜顶冲坝垛的迎水面至下跨角之间应抛大块石、预制块或石笼)进行加固,缺乏石料时也可抛投土袋或水泥土袋进行加固,抛石完成后或枯水季节要对水上根石坡面进行拣整顺坡,也可对根石进行装排旱地石笼的整修加固。

4.2.5 止水设施维修

止水分为明止水和暗止水,明止水是在有防水要求的分缝处或结构(如闸门)表面粘贴或粘贴并固定(预埋螺栓、钢板锚压)止水材料,暗止水是在分缝内填充或预埋止水材料,或设置止水设施(如沥青井)。常用止水材料有沥青、沥青油毛毡、沥青衫木板、金属止水片、橡胶止水片、P 形橡胶止水等。堤岸防护工程及防洪(防浪)墙常采用在分缝内填充沥青、沥青油毛毡或沥青衫木板的止水措施。

工程运行中,若明止水设施损坏,可拆除已损坏止水材料,修复预埋件,重新粘贴或粘贴并固定新止水材料;若暗止水的浅层填充材料损坏,可将已损坏材料剔除,重新填充新止水材料;若暗止水的深层填充材料、预埋止水片或止水井损坏,可对分缝或止水设施周围进行凿挖,取出已损坏止水材料,修复止水设施,填充或埋设新的止水材料,恢复结构物;若暗止水难以修复,可改换为明止水。

4.3　防渗设施及排水设施维修

4.3.1　堤防防渗设施维修

堤防的防渗设施主要有黏土防渗体(黏土斜墙、黏土铺盖、黏土心墙等)、土工膜或复合土工膜防渗体、混凝土防渗墙等。

若黏土防渗体发生陷坑、残缺、断裂等缺陷,应采取直接清基回填或开挖翻修的处理方法:对缺陷部位及其附近进行清基,分别挖除缺陷部位的保护层及防渗体,消除内部隐患,加固基础,用黏性土分层填筑(层厚小、层面间应刨毛)、夯实、整理恢复防渗体,分层填筑或砌筑恢复保护层,对土保护层恢复植草防护。

若土工膜或复合土工膜防渗体发生穿透、断裂等破坏,应进行开挖处理:清除防渗体损坏部位的保护层,剪除已损坏部位(周边外延0.5~1.0 m)的土工膜或复合土工膜,消除土体内部隐患,进行表面平整和拣除杂质及尖锐物,铺设新的土工膜或复合土工膜(避免张拉过紧,与周边进行搭接、黏接或焊接处理),回填、夯实、整理恢复保护层,恢复防护草皮;若只是土工膜局部损坏,可在开挖后直接对损坏部位(超出边缘10~20 cm)更换新土工膜,然后恢复保护层。

若防渗墙遭到破坏,一般开挖修复或加固:清基、开挖、修复防渗墙、恢复填土。

4.3.2　堤防排渗设施维修

均质堤防一般不设排渗设施,非均质堤防排渗设施主要有表面式排水(也称贴坡排水,如砂石反滤层)和内部式排水(也称棱体排水,如堆石排水等)。排渗设施常见缺陷有保护层被破坏、反滤材料缺失、反滤层或棱体发生淤积堵塞、反滤料混掺或排水体被破坏等。若保护层被破坏,按原结构恢复;若反滤料缺失,用符合要求的材料分层铺设;若堆石排水残缺,应堆筑恢复;当排渗设施局部淤积堵塞时,可采取掏挖、冲洗等方法修复,若掏挖或冲洗无法恢复,可局部翻修;若反滤料混掺或排水体破坏严重,可拆除重修。

4.3.3　减压井维修

基础渗漏严重时,可在建筑物下游(背河)附近打设井管(井管透水段周围设置棕皮、钢丝网或沙子等反滤材料),通过井管抽水降低渗透压力,称为减压井。减压井常见缺陷有:井管周围回填土不密实、沉陷,井管淤积,滤水管或反滤料淤积堵塞等。若减压井周围填土不密实、出现沉陷,要及时填土、平整、夯实,防止因地表水进入井周围而导致反滤料淤积堵塞;若井管发生淤积,常采用直接清淤(如掏挖、钻挖)或洗井(加大抽浑水量,靠渗水置换淤积的泥沙;或注清抽浑)的处理方法;若减压井滤水管或反滤材料淤积堵塞,可采用清水冲淤、洗井的处理方法;对无法修复的减压井应及时更新。

4.4 穿(跨)堤建筑物与堤防接合部维修

穿堤建筑物与堤防接合部的截渗设施主要有黏土防渗体(水平黏土铺盖、建筑物后回填黏土、穿堤建筑物分段分缝外围设置的黏土环等)、在混凝土岸墙上粘贴或用预埋螺栓锚压并伸入回填土中的防渗材料(沥青麻布、复合土工膜)、垂直于砌石或混凝土岸墙修建并伸入回填土中的截渗刺墙等。

对表层或浅层黏土防渗体应经常填垫、平整、夯实,以保证回填土密实、完整;若深层黏土防渗体遭受破坏,应开挖回填修复,回填时需清除穿堤建筑物表面乳皮或粉尘,并将建筑物表面湿润或边涂抹泥浆边回填黏土夯实;若发现沥青麻布或复合土工膜遭到破坏,应开挖附近土方,修复或置换沥青麻布、复合土工膜等防渗材料,回填黏土并夯实;若截渗刺墙发生裂缝或断裂,应开挖附近土方,凿除或拆除刺墙破坏处,按原结构修复刺墙(称为凿槽修补),或开挖附近土方、将破坏处清理干净、对刺墙直接进行局部加固(如灌浆、塞填砂浆或混凝土、修做附加层以封堵加厚等)、恢复填土并夯实。

4.5 管护设施维修

对各种小型管护机具(如割草机、喷药机、刮平机等)应经常进行检查、测试、保养,对检查发现的问题、故障应及时进行维修。如对连接部分要经常紧錮,确保连接牢固可靠;对转动部分要经常上油,保证转动灵活;对利器经常开刃、磨砺;要检查小型机械的行走、方向、动力、冷却循环等系统,发现已损坏零部件及时更换,保证运转正常、安全;对金属部分定期除锈刷漆;对木制部分要进行防腐、防虫蛀;对不能保证安全使用的小型管护机具要及时更换。

模块 5　工程抢险

本模块介绍管涌抢险和裂缝抢险。

5.1　管涌抢险

5.1.1　险情简述

在高水位时,堤防下游坡脚附近或坡脚以外一定范围内的地面(包括潭坑、池塘或稻田)可能发生翻沙鼓水现象,其表现为两种情况:一种是沙性土(多为沙砾石)中的细颗粒通过粗颗粒之间的孔隙逐渐被渗流带出,出水口处形成沙环,随着流失颗粒的增多使渗流流速增加,进而又使较粗颗粒逐渐流失,若任其发展可形成贯穿通道,这种现象称为管涌(又称泡泉);另一种是发生在黏性土或颗粒均匀的非黏性土中,渗流产生的浮托力超过覆盖的有效压力时,渗流出口局部土体表面被隆起、顶破或击穿,使出口附近部分土体中所有颗粒同时被带出,出口局部形成洞穴、坑洼,这种现象称为流土。管涌和流土统称为翻沙鼓水。

翻沙鼓水一般发生在背水坡脚附近或较远的坑塘洼地,多呈孔状出水口冒水冒沙,出水口孔径小的如蚁穴、大的可达几十厘米,出水口少则一两个、多则成群。如翻沙鼓水发生在坑塘,则水面将出现翻沙鼓泡,水中带沙色浑。

"牛皮包"常发生在黏性土与植物根交织胶结在一起的地表土层处,是由于渗压水或水和气体尚未顶破地表土层而形成的隆起现象,"牛皮包"下可能是渗水,也可能是流土或管涌。

发生翻沙鼓水险情后,随着大河水位上升、高水位持续时间增长,土颗粒流失增多,孔口将逐渐扩大,如不及时抢护可能导致堤防坍陷、沉陷、裂缝、脱坡等险情,甚至造成堤防溃决,所以只要发现翻沙鼓水险情(管涌或流土)就应及时进行抢护。

5.1.2　原因分析

导致管涌或流土的原因主要有:堤基内有古河道、历史溃口、强透水层等隐患,或地表虽有黏性土防渗覆盖,但由于天然或人为因素(如取土、建闸、开渠、钻探、基坑开挖、打井、挖鱼塘等)而使隔水层遭到穿透破坏;堤身抗渗能力低,如断面尺寸小、土料抗渗性低、施工质量差、有洞穴或土石接合部不密实等隐患;在汛期长时间高水位作用下,渗透坡降变陡,渗流流速和压力加大,当渗透坡降大于渗流出逸处土层的允许渗透坡降时,即发生渗透破坏,形成管涌或流土;土体抵抗渗透变形的能力不够,如没有反滤排水措施或反滤排水效果不好等。

5.1.3　一般要求

对翻沙鼓水（管涌或流土）险情的抢护应以“反滤导渗，控制涌水带沙，留有渗水出路，防止渗透破坏”为原则。由于渗流入渗点一般在堤防临水面深水下的强透水层裸露处、隔水层穿透处或堤身的某些抗渗薄弱处，其位置难以准确确定，加之汛期水深流急，很难在临水面进行抢护，所以对管涌或流土险情一般是在背水面进行抢护。

对于小的仅冒清水的管涌可以加强观察，暂不处理；对于出浑水的管涌，不论大小，均必须迅速抢护，决不可麻痹疏忽，否则将导致险情扩大，甚至造成溃口灾害。

5.1.4　抢护方法

对于管涌或流土险情的常用抢护方法有反滤围井法、减压围井（养水盆）法、反滤压（铺）盖法、透水压渗台法等，对水下管涌和“牛皮包”要按相应的方法进行抢护。

5.1.4.1　反滤围井

在管涌或流土出口处抢筑反滤围井，以制止涌水带沙，防止险情扩大。此法一般适用于出口附近地表比较坚实和透水性较差、出水口数目不多和面积较小的管涌，或出水口数目虽多但未连成大面积而可以分片处理的管涌群，对位于水下较浅的管涌也可采用此法。根据井内所用反滤材料的不同，常见的有沙石反滤围井、梢料反滤围井和土工织物反滤围井，另外还可根据井壁材料的不同进行分类。

1）沙石反滤围井

抢筑沙石反滤围井前，应备好土袋、沙石反滤料、排水管等料物，确定围井内径（一般为管涌出口直径的10倍或其以上，且不小于0.5 m）。

抢筑沙石反滤围井时，先将拟修围井范围内杂物清除干净，并挖除软泥层厚约0.2 m；然后用土袋排垒成不透水的井壁，井内分层铺设沙石反滤料，在顶层反滤料内或其以上设置穿过井壁并伸出井壁以外一定长度的排水管，以将经反滤后的渗水排到井外，防止因漫溢或冲刷井壁附近地面而导致围井坍塌，见图5-5-1。

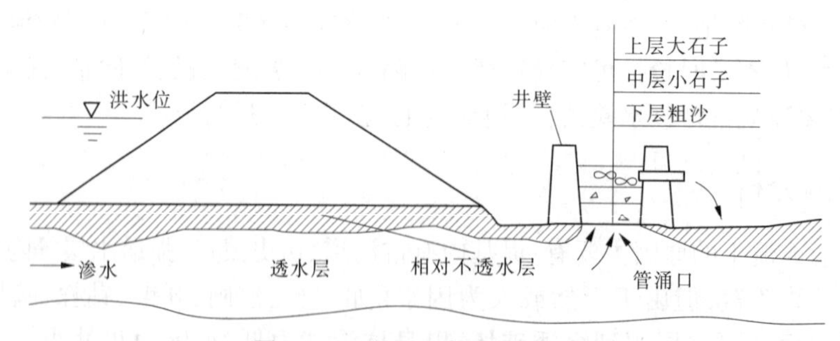

图5-5-1　沙石反滤围井示意图

围井高度以能使经反滤后的渗水不挟带泥沙为宜，井壁铺底宽度根据其高度和满足稳定要求而确定，排垒土袋时要将袋口叠压、错缝排紧，井壁与堤坡或地面必须接触严密，防止井壁及接触处漏水；若因井内涌水过大而使铺填反滤料有困难，可先用砖、石填塞，消杀水势后再在井内分层铺填沙石反滤料，靠近土面铺填粗沙层，然后依次是小石子和大石子层,每层厚度0.2~0.3 m,如发现反滤料下沉可继续补充,直到稳定为止。

若铺填完各层反滤料后未能达到制止涌水带沙的效果,可将上层填料拆除,再按上述层次(粗沙层、小石子和大石子层)适当加厚填筑,直到渗水变清为止。

当管涌较小或出现小的管涌群时,也可将无底水桶、汽油桶、钢管等直接扣在出水口周围作为井壁,再在桶内铺填沙石反滤料,在桶壁适宜高度处设有排水孔,亦能起到反滤围井的作用。在易于发生管涌的堤段,可预先备好不同直径的无底桶和反滤料,发生管涌时可立即修做成反滤围井,更利于加快抢险速度和确保抢险安全。

2)梢料反滤围井

当缺乏沙石反滤料而可就地获得梢料时,可用梢料反滤围井抢护管涌险情。井壁的修做同沙石反滤围井;围井内铺放梢料作为反滤材料,底层铺放厚度为20~30 cm的麦秸、稻草等细料,第二层铺放厚度为30~40 cm的柳枝、秫秸、芦苇等粗料,顶层反滤料内或其以上设置穿过井壁并伸出井壁以外一定长度的排水管,顶部用块石或土袋压实,以防梢料漂浮。

3)土工织物反滤围井

当沙石反滤料及梢料较缺乏、可提供土工织物时,可用土工织物反滤围井抢护管涌险情。井壁的修做同沙石反滤围井;在围井内先铺设土工织物,然后用碎石、砖、石等透水材料填压,厚度40~50 cm;也可在土工织物上铺放梢料,并用石块或土袋压重;在反滤料以上压重层之下设置穿过井壁并伸出井壁以外一定长度的排水管。

5.1.4.2 减压围井(养水盆)

当缺乏反滤材料、临背水位差较小、高水位历时短、管涌周围地表较坚实完整且渗透性小时,可在管涌出口处抢筑无滤层围井(土袋井壁或利用无底桶、钢管做井壁)或在背水堤脚附近修筑围堤(也称月堤、围埝)以形成养水盆,将管涌圈在无滤层围井或养水盆中,靠抬高井(盆)内水位而减小临背水位差、减小渗透坡降,从而制止渗透破坏,以控制或消除管涌险情,所以又称为减压围井(养水盆)法。

根据井壁材料或修筑方法的不同,减压围井(养水盆)分为无滤层围井、无滤层水桶、背水月堤。

1)无滤层围井

用土袋在管涌出口周围排垒围井,其修筑方法同反滤围井井壁的修筑,只是井内不铺填反滤料,靠蓄水平压而制止涌水带沙,这需要随着井内水位升高而不断加高加固井壁,直至出水不再挟带泥沙,使险情趋于稳定为止,然后在该水位处设置排水管。

2)无滤层水桶

对小的管涌,可采用无底水桶或其他桶管(如汽油桶、钢管等)代替土袋井壁而直接扣在管涌出水口周围,并对桶周围视情况加固以保持其稳定和防止沿接触处漏水,靠桶内水位升高而制止涌水带沙。

3)背水月堤

当背水堤脚附近出现分布范围较大的管涌群时,可修做土袋堤、防水布土堤,或用机械抢筑的土堤,也称为月堤(围埝),借助月堤与堤防背坡形成养水盆,参见图5-5-2,以将管涌出口圈围在盆内,随着盆内水位升高需加高加固月堤,通过在盆内蓄水平压而制止涌水带沙,从而控制或消除险情,然后在使险情趋于稳定的水位处安设穿过月堤的排水管,及时将余水排出,以有利于月堤的安全。

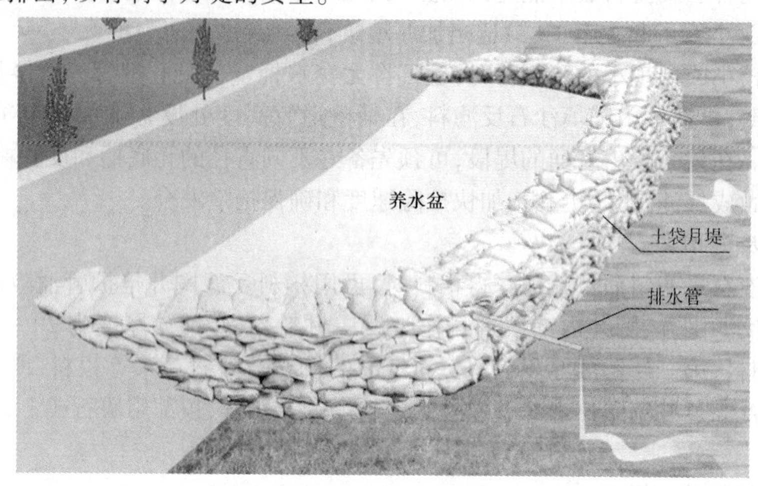

图 5-5-2　背水月堤

修筑背水月堤必须保证质量,同时要加快修筑进度,以及时控制险情,确保抢险成功。

5.1.4.3　反滤压(铺)盖

当管涌较多、面积较大、涌水带沙成片、涌水带沙比较严重时,可在管涌出口处较大范围内抢筑反滤压(铺)盖,以将渗水排出并制止涌水带沙,从而控制或消除险情。根据所用反滤材料的不同,主要有沙石反滤压(铺)盖、土工织物反滤压(铺)盖、梢料反滤压(铺)盖。

1)沙石反滤压(铺)盖

当沙石反滤料供应充足,尤其是有机械化施工条件时,应优先选用沙石反滤压(铺)盖,其修筑方法与抢护渗水险情所用的沙石反滤层基本相同,参见图 5-5-2,只是压(铺)盖位置、面积大小、滤层厚度可能不同。

抢筑沙石反滤压(铺)盖时,先清理拟修范围内的软泥和杂物;对其中涌水带沙较严重的管涌出水口可用石块或砖块抛填,以消杀水势;然后满铺一层粗沙,厚约 0.2 m;其上再铺小石子和大石子各一层,厚度均约 0.2 m;最后压盖块石保护层。

2)土工织物反滤压(铺)盖

抢筑土工织物反滤压(铺)盖的要求与沙石反滤压(铺)盖基本相同,也与抢护渗水险情的土工织物反滤层基本相同,需先平整地面、清除杂物,尤其是尖锐物,视涌水大小采取抛投石块或砖块措施消杀水势,在拟修铺盖范围满铺一层土工织物,之上再铺石子或砖石透水料厚 0.4 ~0.5 m,或铺粗沙厚 0.05 ~0.1 m,最后压盖片石或块石一层。

对于单个管涌口,也可用反滤土工织物袋(或草袋)装粒料(如砾石、卵石等)反滤导渗。

3)梢料反滤压(铺)盖

当缺少沙石料和土工织物时,可就地取用梢料修做梢料反滤压(铺)盖。修做梢料反滤压(铺)盖的清基、消杀水势及表层盖重保护均与沙石反滤铺盖相同,梢料的铺设也与抢护渗水险情的梢料反滤层(柴草反滤层)基本相同。铺设梢料时,先铺一层细料(如麦秸、稻草等),厚 0.1 ~0.15 m;再铺粗料(如柳枝、秫秸、芦苇等),厚 0.15 ~0.3 m;然后上铺席片或草垫等;之后可视情况(如反滤效果不好)再按细料、粗料、席片或草垫的顺序(称为层梢层席)重复铺一层或数层,直至能制止涌水带沙、浑水变清水为止;最后用石块或沙土袋压重保护,以免梢料漂浮。

必要时可在梢料反滤层上再盖压透水性大的沙土,从而修成梢料透水平台,其梢料层末端应露出平台脚外,以利于渗水排出。

5.1.4.4 透水压渗台

在大堤背水坡脚抢筑透水压渗台,类似抢护渗水险情的透水后戗,可以平衡渗压,延长渗径,减小水力坡降,并能导水滤土,防止土粒流失,使险情趋于稳定。此法适用于管涌险情较多、范围较大、反滤料缺乏,而透水性大的沙土料丰富的堤段。

修筑透水压渗台时,先将拟修台范围内的软泥、杂物清除;对较严重的管涌或流土出水口可用沙石或砖石填塞,待消杀水势后再填筑压渗台。

透水压渗台的尺寸应根据险情范围、涌水程度、地基条件、土料性质、修筑方式等因素而确定,以能制止涌水带沙,使浑水变清水、保持台体稳定为原则。

5.1.4.5 水下管涌抢护

在潭坑、池塘、水沟、洼地等水下出现管涌时,常用填塘、水下反滤层、抬高坑塘沟渠水位等方法进行抢护。

1)填塘

水下出现管涌时,若人力、机械设备、时间和取土条件允许,可进行填塘抢护。填塘前,应合理安排施工行车路线和倒土次序,对涌水严重的出水口可先抛填砖、石,消杀水势;若填塘速度足够快,也可不用提前消杀水势;填塘时,选用沙性土或粗沙,由上游到下游、自岸边开始逐步进占倒土,填筑高度和范围以能制止涌水带沙、使浑水变清水为宜。

2)水下反滤层

当坑塘过大、因填塘工程量大而可能贻误抢险时机时,可采用直接向水下抛填沙石反滤料以修筑水下反滤层的抢护方法。抢筑时,应先填塞较严重的管涌,待水势消杀后再从水上直接向管涌区内按要求分层倾倒反滤料,使管涌处形成反滤层(堆),以制止涌水带沙,控制或消除险情。

采用水下反滤层法可能用沙石较多,为节省沙石反滤料,也可先用土袋做成水下或水中围井,在井内再分层回填沙石反滤料。

3)抬高坑塘沟渠水位

为减少临背水头差、减轻渗水或制止涌水带沙,可利用自然蓄水或通过涵闸、管道、临时安装的抽水设备引水入坑,以抬高坑塘沟渠水位,这与蓄水减压的养水盆相似。若坑塘、沟渠、洼地周边的围堤尺度不能满足抬高水位的要求,应进行加高加固。

5.1.4.6 "牛皮包"的处理

在黏性土与植物根交织胶结在一起的地表土层下为透水层,当渗透水压未能顶破地表土层时易形成鼓包现象,称为"牛皮包"险情,对其可采取如下抢护方法:在隆起部位分层铺设沙石反滤料或梢料(铺青草、麦秸或稻草等细料一层,厚 0.1 ~0.2 m,其上再铺柳枝、秫秸或芦苇等粗料一层，厚 0.2 ~ 0.3 m，粗料厚度超过 0.3 m 时，可分横竖两层铺放)，铺设反滤料后用锥戳破鼓包表层，使内部的有压水或水和空气排出，然后用石块、土袋进行保护或压重保护。

5.1.5　管涌抢险注意事项

(1)在堤防背水侧抢护管涌险情时，切忌用不透水材料强填硬塞或抢筑压渗台，以免截断排水通路，造成渗水无法排出，致使险情恶化或诱发其他险情。

(2)抢护管涌险情应以反滤围井为主，有条件可优先选用沙石或土工织物反滤围井。反滤铺盖适用于管涌面积大、涌水带沙成片、单孔出水量小的管涌群。

(3)用梢料处理管涌时，要注意压重保护，压重不够将影响反滤效果，如果中途撤掉压重可能因渗水大量涌出而加重险情。

(4)采用无滤层减压围井时，井壁要有足够的高度、稳定安全性和防透水能力，并应严密监视井壁与地面接触处有无漏水现象和围井周围是否有新的管涌出现。

(5)反滤料级配要合理，既要保证渗水畅通排出，又不让土颗粒及滤料细颗粒被渗水带走，同时不能使滤料层被堵塞。铺设反滤料的层数及每层厚度要根据反滤要求而定，各层反滤料不得混杂。

(6)有条件时尽可能采用机械化抢险，如用机械做透水压渗戗台、填塘、修筑围堤、沙石反滤铺盖，这可加快抢险速度，争取抢险主动。

5.2　裂缝抢险

5.2.1　险情简述

堤坝裂缝是一种常见缺陷或险情，也可能是其他险情(如滑坡、坍塌)的预兆，若出现裂缝后又遇长时间高水位作用可能诱发渗水、管涌或流土、滑坡、坍塌，甚至发展成漏洞，所以对裂缝应引起高度重视。

裂缝按其出现的部位可分为表面裂缝、内部裂缝，按其走向可分为横向裂缝、纵向裂缝、龟纹裂缝，按其成因主要分为不均匀沉陷裂缝、滑坡裂缝、干缩裂缝、冰冻裂缝、震动裂缝等，其中横向裂缝(尤其是贯穿性横向裂缝)和滑坡裂缝的危害性较大。

5.2.2　原因分析

导致产生裂缝的原因主要有：

(1)堤坝的地基地质条件差异、地形和边界条件变化、结构尺寸和荷载差异，堤防与刚性建筑物接合处不密实，分段施工进度不平衡、两工接头及与岸坡接头处理不当、施工质量不稳定，建设时间不同及运行工作条件变化等，都可能引起不均匀沉陷裂缝。

(2)坡度过陡、背水坡在高水位渗流作用下抗剪强度降低、临水坡水位骤降、堤脚处被掏空或有坑塘、地基有软弱夹层等，均有可能引起滑坡性裂缝。

(3)筑堤土料含水量过大、黏性土含黏量过高，易引起干缩或冰冻裂缝。

（4）对土料选择控制不严（如用淤土、冻土、硬土块、带杂质土填筑堤防），碾压不实，新旧接合部位未处理好，堤防存在隐患（如獾、狐、鼠、蚁洞穴，人为洞穴、暗洞等），长时间遭受渗流作用，均易出现各种裂缝。

（5）振动及其他因素影响。如地震、爆破造成沙土液化，引起裂缝等。

5.2.3　一般要求

对裂缝险情的抢护原则是：首先判明产生裂缝的主要原因，及时抢护滑坡裂缝和横向裂缝。对属于滑坡的纵向裂缝应先从抢护滑坡着手；对横向裂缝，不论是否贯穿堤身，均应迅速处理，因为即使尚未贯穿的横缝也会缩短渗径、加重渗水、诱发其他险情；对较宽较深的纵向裂缝，也应及时处理；对较窄较浅的裂缝或龟纹裂缝，一般可暂不处理，但应注意观测其变化，及时堵塞缝口，以免雨水进入，待洪水过后再视情况进行处理。

5.2.4　抢护方法

对裂缝险情的抢护方法有开挖回填法、横墙隔断法、封堵缝口法、盖堵法等。

5.2.4.1　开挖回填法

开挖回填法抢护裂缝是比较彻底的处理方法，此法适用于对没有滑坡可能性，并经观测确认已经稳定的纵向裂缝的处理。

开挖前，可用经过过滤的石灰水或煤水灌缝，以便于在开挖过程中查找裂缝走向和确认裂缝深度，使开挖准确到位。

开挖时，一般按梯形断面顺缝开挖，参见图2-10-1，开挖深度应至裂缝以下0.3～0.5 m，开挖沟槽底宽不少于0.5 m，开挖边坡要满足稳定安全、便于施工、利于新旧填土接合等要求，一般边坡为1:1，开挖沟槽长度应超过裂缝两端各至少2 m。若开挖深度超过1 m，可逐级开蹬（每加深1 m增加一级蹬）开挖，蹬宽一般为0.3 m。开挖土料不应堆放在坑边，以免影响边坡稳定，应将不同土料分别堆放，以便于将满足要求的土料再用于回填。开挖后，应及时保护坑口，如避免雨淋或长时间日晒等。

回填时，应先检查坑槽底和边壁表层土壤含水量，如偏干则应洒水湿润，如表层土过湿或有冻结现象应予以清除；回填时要选用与原堤相同土料或更适宜土料，要控制回填土料含水量在适宜范围内，要分层（层厚0.1～0.2 m）回填、平整、夯实，全部回填完成后的顶部应高出原堤面至少5～10 cm，并做成拱形，以防雨水灌入。

5.2.4.2　横墙隔断法

横墙隔断法适用于对横向裂缝的抢护，具体做法包括以下几个方面：

（1）除顺缝开挖沟槽外，再沿裂缝每隔3～5 m开挖一条与裂缝垂直的沟槽（称为横槽，也称为横墙），横槽长一般不小于3.0 m，参见图2-10-2，其余开挖和回填要求均与开挖回填法相同。

（2）当横向裂缝前端已与临水相通或有连通可能时，应在裂缝堤段临水面先做前戗截流，然后按横墙隔断法开挖回填；若沿裂缝背水坡已有漏水，除做前戗截流外，还应同时在背水坡做反滤导渗设施，以免土料流失。如裂缝尚未与临水连通，并已趋于稳定，可从背水面开始，按横墙隔断法分段开挖回填。

(3)当横向裂缝漏水严重、险情紧急或因河水猛涨来不及进行全面开挖回填时,可在采取临河截渗、背河导渗措施的同时,再沿裂缝每隔3～5 m挖一道竖井进行截堵,待险情缓和或洪水过后再适时采取横墙隔断法进行处理。

5.2.4.3 封堵缝口法

1)灌堵缝口

对宽度小于3～4 cm、深度小于1 m、不甚严重的纵向裂缝和龟纹裂缝,经观测确认已经稳定时,可采用灌堵缝口的方法进行处理:

(1)用干细沙壤土由缝口灌入,再用钢筋或钢棍捣实;

(2)灌缝后,再沿裂缝修筑宽5～10 cm、高3～5 cm的黏土埂压住缝口,以防雨水浸入;

(3)若灌堵后又出现裂缝,证明裂缝仍在发展,应加强观测和判明原因,选择适宜方法适时进行处理。

2)灌浆堵缝

对较宽、较浅的裂缝,可采用自流灌浆法进行处理。沿缝口开挖宽、深各为0.2 m的沟槽,先用清水灌一下,再灌水土质量比为1∶0.15的稀泥浆,然后灌水土质量比为1∶0.25的稠泥浆,泥浆土料为两合土,灌满后封堵沟槽。

如裂缝较深、开挖困难,可在非汛期采用压力灌浆法进行加固处理。可将缝口逐段封死,将灌浆管直接插入缝内灌浆;也可将缝口全部封死,再在裂缝两侧重新打眼灌浆。灌浆时,一般控制灌浆压力在0.12 MPa左右,避免跑浆,要反复多次以求灌实。

压力灌浆方法对已稳定的纵缝都适用,但不能用于滑坡性裂缝,以免加速裂缝发展和促成滑坡险情。

5.2.4.4 盖堵法

洪水期间,对于深度较大的裂缝,尤其是贯穿性横缝,不宜采取开挖回填的处理方法,更不能进行灌浆加固,可采用盖堵法,该方法也适用于各种裂缝的防雨水浸入。

盖堵时,临水堤坡应铺设防水布或其他不透水材料,如覆盖土工膜或复合土工膜之后再用土帮坡或铺压土袋、直接盖压黏土或土袋等,以起截渗作用;在堤顶也应用防水布覆盖,以防雨水浸入;对于在背水坡的裂缝,若仅为防止雨水流入缝中,也应覆盖防水布,若考虑汛期高水位渗水作用,则应铺设土工织物并用沙、沙土或沙土袋稳压,也可铺设其他反滤材料(如沙石或梢料),以起反滤排水作用。

5.2.5 裂缝抢险注意事项

(1)发现裂缝后应尽快用防水布覆盖保护,以防雨水流入缝中,并加强观测;

(2)开挖回填、横墙隔断、封堵缝口的处理方法仅适用于趋于稳定并不伴随有坍塌、滑坡等险情的裂缝;

(3)当出现伴随有滑坡或坍塌险情的裂缝时,应先抢护滑坡或坍塌险情,待滑坡或坍塌险情趋于稳定后再视情况采取相应措施处理裂缝;

(4)对未堵、已堵及已处理完毕的裂缝,均应注意观察、分析其发展情况,以便及时采取必要措施;

(5)汛期一般不宜采取开挖回填或横墙隔断法抢护横缝,如必须采用应提前修做截渗前戗或反滤导渗,或两项措施并举;

(6)采用开挖回填、横墙隔断法抢护裂缝险情时,须密切注意水情、雨情预报,加强河势、工情、险情观测,备足人力、机械设备、料物等,抓住时机,保证质量,快速完成;

(7)汛期不宜对裂缝进行压力灌浆。

第 6 篇　操作技能——技师

模块1　工程运行检查

本模块包括堤防检查、堤岸防护工程及防洪(防浪)墙检查、防渗设施及排水设施检查、穿(跨)堤建筑物与堤防接合部检查。

1.1　堤防检查

1.1.1　人工探测检查堤防隐患

堤防隐患是危害堤防安全的潜在病患,常见堤防隐患可概括为洞穴、裂缝、暗沟、渗漏、近堤坑塘五大类,其中洞穴包括动物(獾、狐、鼠、白蚁等)洞穴、人为洞穴(如防空洞、碉堡、军沟、藏物洞、废井、废窖等)、朽木(树根或抢险软料腐朽)洞穴等;裂缝按成因分为干缩裂缝、沉陷裂缝、滑坡裂缝,按方向分为纵向裂缝、横向裂缝和龟纹裂缝;暗沟是由于筑堤不够密实、土块堆垒、或裂缝遇水冲扩而造成的内部连通性孔洞;渗漏主要是由于堤身或堤基土料抗渗性差、存在松土层、透水带、老溃口、古河道、堤身单薄、填筑(包括不同材料接合处)不够密实、岩基裂隙发育或岩溶严重等原因造成的,包括堤身渗漏、基础(堤基)渗漏和接缝渗漏(也称接触渗漏)。

检查堤防是否存在隐患时,除观察表面迹象(如近堤坑塘、地表裂缝、洞口、塌陷、渗漏出逸迹象等)外,对于堤身堤基内隐患类别、位置、规模等具体情况应采用探测方法查明,常用探测方法有机械钻探、人工锥探、人工开挖探(视)测、人工用探杆探试或下水探摸、仪器探测(如电法探测)、结合渗流或测压管水位观测成果进行分析推测等。

以上探测方法中,除机械钻探外其余都可算做人工探测方法。

1.1.1.1　机械钻探

利用机械设备钻孔取样,通过对样本的直接观察或试验分析,可确定地质结构、土质特性等,并判定有无隐患及隐患类别、位置、尺寸,通过多处钻探可确定隐患范围、规模。

1.1.1.2　人工锥探

用直径12~19 mm带有锥头的圆钢作为锥杆(长度根据需要确定或分段连接),由人工(一般至少4人)将锥杆锥入堤身或堤基内,根据锥入时的手感、发出的声音、锥入难易程度(锥进速度)等差异,可初步分析判断是否存在隐患或可能存在隐患的类别、位置、尺寸等,通过多处锥探可确定隐患范围、规模。

锥探结束后,应对锥孔灌浆加固,根据锥孔吃浆量大小也能进一步验证隐患是否存在及隐患规模大小。

1.1.1.3　人工开挖探(视)测

对于位置较明确、埋藏较浅的隐患或疑似隐患,可通过开挖探坑,以直接观察是否存在隐患并确认隐患类别、位置、尺寸,通过开挖多处探坑可确定隐患范围、规模。

探(视)测完成后,应及时分层回填、夯实探坑,并整理恢复工程。

1.1.1.4 人工用探杆探试或下水探摸

对于有表面迹象的隐患和水下隐患,可直接用探杆探试或进行下水探摸,以判断隐患类别、位置、尺寸。

1.1.1.5 仪器探测

目前,使用的堤防隐患探测仪器多为电法探测设备,该设备是依据自然电场法、直流电阻率法(两电极之间不同介质的电阻值不同)、激发极化法等原理,结合电子和计算机技术而研制的探测分析系统。探测渗漏隐患一般采用自然电场法探测仪器,探测裂缝、孔洞、松散体及不良土质(如粉沙层、细沙层和粗沙层)可采用直流电阻率法探测仪器。

用电法探测仪器探测堤防隐患主要包括以下操作步骤。

(1)布设测点:普查时可沿临水侧和背水侧各布设一条测线,详查时应适当加密测线,测点间距以 2 m 为宜;

(2)读取各测点电阻值,在探测现场对探测数据进行分析、判断、筛选,以排除干扰误差,必要时应补充探测,以保证探测资料的真实、准确、完整;

(3)资料分析:对外业探测记录资料进行分析检查,由普查探测数据绘制成沿堤防的电阻率剖面图(标明大堤桩号、探测位置),由详查探测数据绘制成电阻率色谱图,根据电阻率变化幅度分析判断隐患异常点,根据异常点的分布形态并参考有关资料(如地质资料、建设资料、管理资料、以往探测资料等)对堤防隐患进行定性分析和定量估算。

1.1.1.6 渗流(渗压)观测

通过渗流(渗压)观测(如测压管水位观测、渗流量观测),可分析判断堤防的抗渗能力(若同一横断面上自上游至下游的各测压管水位递减量较小,则说明堤防的抗渗能力较低),并可分析推断堤防是否存在渗漏隐患,或判定渗漏隐患的严重程度。

1.1.2 堤防滑坡检查及量测

检查堤防滑坡时,首先要注意查看堤顶或堤坡上有无顺堤方向的、两端向坡下弯曲延伸的滑坡裂缝;其次要注意观察有无滑坡特征,如顶部有明显的下滑错落,见图 6-1-1,底部有外蜒或隆起;对已形成的滑坡,要确定滑坡体位置、量测滑坡体特征数据、计算滑坡体体积。

1.1.2.1 滑坡体位置

滑坡体位置可以其在堤防纵向上的段落范围(如里程桩号)、在横断面上的具体位置(如临河坡、背河坡、堤顶连同堤坡)及滑动面起点距堤肩的距离来定位。

1.1.2.2 滑坡体特征数据

滑坡体特征数据主要包括滑坡体长度(顺堤防纵向长度)、滑坡体宽度(顺堤坡长度)、滑坡体厚度(垂直堤坡的深度)、垂直滑落高度(滑缝两侧土体错开后的垂直高差)、水平滑动距离(滑缝两侧土体错开后的水平距离或滑坡体下部外移距离)。

1.1.2.3 滑坡体体积

滑坡体通常是不规则的,在量测特征数据时需认真观察,一般采用割补法直接量取平均的长、宽、厚,并按三者乘积近似计算滑坡体体积;也可在滑坡体上选择多个断面,丈量

图 6-1-1　滑坡特征图

每个断面的滑坡体宽(顺坡长)和厚,计算每个断面的面积,相邻断面的面积取平均值,根据平均面积和断面间距计算各断面之间的滑坡体体积,求和后可得总滑坡体体积。

1.2　堤岸防护工程及防洪(防浪)墙检查

1.2.1　堤岸防护工程破损原因及发展趋势预估

1.2.1.1　堤岸防护工程破损原因

堤岸防护工程破损缺陷主要有残缺、砌块松动、凹陷(凸凹不平)、局部塌陷、勾缝脱落、表面蜂窝、麻面、骨料外露、裂缝、机械损伤破碎、变形位移、永久缝内嵌压或填充物破损流失、剥蚀脱落、溶蚀破坏、老化破碎(呈粉末化或层层脱落)等,导致破损缺陷的原因主要涉及设计、材料质量、施工质量、运行管理、水流冲刷、外力作用、环境和自然条件、河床地质等多方面。

(1)设计不完善(如修建位置不适应河势变化、掩护长度不足、结构的抗冲或适应变形能力较差、基础小、基础浅等)、土坝体不密实、管理不善、遭受严重冲刷等原因都可能导致塌陷或残缺;

(2)施工质量差、基础冲刷、裹护体内部或土坝体不密实、土石接合部集中过水、外部施工碰砸损坏等原因都可能导致砌块松动、凹陷(凸凹不平)、局部塌陷;

(3)材料质量差、勾缝质量差、变形影响、冻融破坏、老化破碎、外部施工碰砸损坏等原因都可能导致勾缝脱落;

(4)施工质量差或水流磨蚀、溶蚀破坏等原因都可能导致蜂窝、麻面、骨料外露;

(5)不均匀沉陷、温度变形、冻融破坏、外力荷载等原因都可能导致坡面出现裂缝;

(6)机械损伤、长时间浸泡、侵蚀性水侵入侵蚀、干缩湿胀、热胀冷缩、冻融破坏、材料老化等原因都可能导致剥蚀脱落、破碎;

(7)基础隐患、土坝体不密实、荷载差异、结构不合理等原因都可能导致变形位移;

(8)若遭遇侵蚀性水侵蚀,材料中的某些物质被化学反应溶解、流失,易导致溶蚀破坏；

(9)工程变形位移、材料老化等原因易导致永久缝内的嵌压或填充物破损流失。

1.2.1.2 堤岸防护工程破损发展趋势预估

发现堤岸防护工程有破损现象后，要对破损情况进行全面的观察记录，如破损类别、位置、尺寸、严重程度等；要全面了解工程情况，如建设时间、建筑结构、地质条件、基础情况、工程标准、安全稳定、曾经出现的破损及其维修情况、现存隐患等；要全面分析查找导致破损的原因，并从中确定主要影响因素；要加强河势观察，并根据近期水情预报分析预测河势的可能变化趋势及对该工程的影响；要在掌握全面情况的基础上再结合主要影响因素的变化趋势而分析预估破损的发展趋势，并提出相应对策。

1.2.2 基础及护脚工程破损原因及发展趋势预估

堤岸防护工程的基础及护脚工程一般都是散抛石(堆石，也称为根石)结构或浆砌石结构，基础及护脚工程破损主要表现为淘刷坍塌、坡面沉陷、被水流挟带走失等，导致基础及护脚工程破损的主要原因有水流的冲刷能力强、基础浅、河床易被冲刷、散抛石的单块重量小(抗冲能力小)、基础及护脚工程(根石)坡度陡等。

为分析预估堤岸防护工程的基础及护脚工程破损发展趋势，要分析查找导致破损的主要因素，了解基础及护脚工程的深度、坡度、厚度、结构(如有没有石笼或大块石等抗冲能力强的材料)等情况，及时观测(观察)水情和加强河势观察，并根据水情预报分析预测河势的变化趋势及其对工程的影响，在掌握全面情况的基础上再结合导致基础及护脚工程破损的主要因素的变化趋势而预估破损的发展趋势，并提出相应对策。

河势(溜势)是导致基础及护脚工程破损的重要原因之一，当堤岸防护工程遭遇大溜顶冲时，水流对基础或护脚工程的冲淘刷剧烈，易导致其破损并将加快破损的发展。

若护根深度满足不了水流的冲刷深度，护根体就要坍塌沉陷或整体下滑而导致其上部破坏出险；若护根坡度过陡，可能发生坍塌；若护根厚度小，易出现水流透过裹护层淘刷土体的现象而导致沉陷；若护根石的单块质量小，易因护根石被水流挟带走失而形成破损或使破损速度加快。

1.3 防渗设施及排水设施检查

1.3.1 排渗沟及减压井反滤层检查

设置排水设施(如贴坡排水、棱体排水、褥垫或管式排水、排渗沟、减压井)的目的是排出渗水、降低堤身浸润线或降低承压水的剩余水头、防止产生渗透变形(破坏)，以利于工程的稳定安全。排水设施周围应分层铺设反滤材料，反滤材料(如沙石料、棕皮、土工织物)的粒径或孔径顺渗流方向应由细到粗(细料层靠近被保护土体)；反滤层的透水性应大于被保护土体的透水性，以便能畅通地排出渗水；反滤层的每一层自身不能发生渗透变形(即细颗粒不能通过粗颗粒孔隙被渗水带走)，层层间也不能发生渗透变形(细层颗粒不能穿过粗颗粒层的孔隙被渗水带走）；被保护土层的颗粒不能穿过反滤层而被渗流带走，特小颗粒允许通过反滤层的孔隙被带出，但不得堵塞反滤层，也不能因此而破坏原土料结构；各反滤层均不能被淤积堵塞或被覆盖堵塞。

检查判断排渗沟、减压井的反滤层是否有效时，首先应采用直接观察的方法进行外观检查，如注意观察排水设施（包括反滤层的保护层）是否完整、排水设施表观破损是否影响到反滤层的完整、排水设施上是否有可能引起反滤层堵塞的覆盖物、排水设施的出水量是否与当时的渗压条件相吻合或在同一渗压条件下出水量是否有明显变化（出水量过大或过小都不正常，过大可能是残缺破坏、过小可能是反滤材料的透水性过小或被淤积堵塞）、出水颜色是否较清澈或颜色变化是否过大（出水过浑则说明反滤效果差）、出水中是否有细颗粒被渗水带出（有细颗粒或由细变粗的颗粒被渗水带出则说明反滤料的级配不满足要求或反滤层厚度不足）等，通过外观检查可初步判断反滤层是否正常或确定可疑之处；其次是对可疑之处采用手摸探测、探杆插捣探试、局部拆除（开挖）探视等方法进行细致检查，以准确观察判断是否正常和所存在问题的类别、位置、范围、危害程度等。

1.3.2　防渗体破坏或局部失效检查

设置防渗措施的目的是减少通过堤（坝）身和堤（坝）基的渗流量、降低浸润线（增加下游坝坡的稳定）、防止渗透变形，堤（坝）防常用的防渗措施有黏土铺盖、黏土心墙、黏土斜墙、沥青混凝土斜墙、土工膜或复合土工膜铺盖、垂直截渗墙（混凝土、黏土水泥混凝土、土工膜）等。

防渗体一般位于堤身和堤基内，或在保护层之下，属于隐蔽工程，检查判断防渗体是否遭到破坏或是否有局部失效现象时，首先应采用观察的方法进行外观检查，如注意观察防渗体所在部位堤防表面或保护层是否有明显变形（如凹陷、塌坑、不均匀沉陷错位等）、裂缝、滑坡，防渗体是否受到树株（树根）或其他建筑物及钻探的穿透破坏，堤防偎水期间应注意观察防渗效果（如堤防背水侧是否有渗水现象、渗水量大小、与采取防渗措施前相比出水量是否有明显减小、与采取防渗措施后的以往相同情况相比出水量是否有明显变化、渗流出口处是否有渗透变形），通过外观检查初步分析判断防渗效果是否正常、防渗体有无遭到破坏或导致局部失效的可能；其次，对于有渗压观测设施的堤段，可通过观测比较防渗体前（上游）后测压管水位而分析判断防渗体是否被破坏或是否有局部失效现象（防渗体后水位较防渗体前水位有明显降低说明防渗效果显著，若前后水位相差较小则防渗体可能被破坏或局部失效）；再次，对初步判定的防渗体被破坏或局部失效之处，可采取开挖探视、钻探取样、仪器探测等方法进行细致检查，以便作出准确判断。

导致防渗体失效或防渗效果不好的原因还可能包括防渗材料不符合要求、建设期间施工不当（如造成不同材料混掺）或施工质量差、防渗体尺度（厚度、高度）不满足要求等。

1.4　穿(跨)堤建筑物与堤防接合部检查

1.4.1　穿(跨)堤建筑物检查

对修建在堤防上的穿(跨)堤建筑物应注意检查工程(也包括水闸上下游及两岸连接工程,如防冲槽、护坦、翼墙、底板、边墙、导流墙、消力池、海漫、护坡、刺墙等工程)是否完好(如有无残缺、破损等)、结构是否完好(如各部位有无裂缝、断裂、变形、过大的不均匀沉陷等)、止水设施是否完好、挡水后是否稳定安全(如有无整体滑动,上下游及两岸连接工程有无滑动、倾覆、沉陷坍塌等)、闸门是否漏水、过闸水流对工程的影响(如过闸水流的上下游溜势、有无回流或折冲水流、过闸水流对护岸护底工程的冲刷破坏、工程有无冲刷坍塌等)、启闭设备是否安全可靠等。对于整个水闸工程的安全状况应由专家组或借助仪器检测而评估鉴定。

对闸前或闸后冲刷坑深度可采用人工或借助仪器进行探测。人工探测,一般是先选定探测断面和探测点位置,然后在船上用探水杆或尼龙绳拴铅鱼(球)探测水下深度,通过水面高程可推算坑底高程,对比原高程可确定冲刷坑深度,通过对更多断面和测点的探测可确定冲刷坑范围;仪器探测,一般是利用超声波或同位素测深仪对水下冲刷坑进行探测,并绘制出冲刷坑水下地形图,通过与原高程相比较可确定冲刷坑深度、范围。

1.4.2　穿(跨)堤建筑物与堤防接合部隐患检查

由于穿(跨)堤建筑物与堤防在结构、材料、荷载、运行工作条件等方面的显著差异,再加上交叉建设和结构复杂带来的施工难度增加,易导致两者接合部(习惯称为土石接合部)回填土不密实、产生不均匀沉陷、遭受渗流(接触渗流、绕渗、止水破坏或防渗效果不好而导致的集中渗流)影响或破坏,致使接合部可能存在内部裂缝、空洞(暗洞)、渗水(尤其是接触性集中渗流)、管涌,甚至诱发漏洞等隐患。

另外,受内部隐患和雨水集中排放的影响,在穿(跨)堤建筑物与堤防接合部表面也易出现裂缝、沉陷(凹陷、塌坑)、水沟浪窝等外观缺陷。

检查穿(跨)堤建筑物与堤防接合部是否存在隐患时,首先采用直接观察的方法进行外观检查,如注意观察有无表面缺陷和渗流现象,并对观察发现的问题逐一进行细致的检测记录和分析(如表面裂缝是否和内部裂缝贯通,表面沉陷是否因内部填土不密实或空洞坍塌所致,水沟浪窝是否与内部空洞或裂缝相通,渗流出水位置、出水量、出水颜色、出水中是否有颗粒被带出等),以利于初步分析判断表面缺陷是否由隐患导致、可能存在的隐患类别和大致范围等情况;其次是在外观检查的基础上对初步分析确定的可疑之处再进行隐患探测检查,常用探测方法有探杆探试、开挖探测(探视)、人工锥探、机械钻探、仪器探测等,并常结合渗流渗压观测成果(如水闸的测压管水位)进行分析推测,以确定隐患类别、位置、范围、规模等。

(1)探杆探试:对有表面迹象的可能(可疑)隐患之处,可通过人工用探杆探试的方法确定隐患的埋深和大致尺寸范围。

(2)开挖探视:对于埋藏较浅、位置比较确定的可疑隐患,可采用人工开挖探坑的方法直接进行探视检查,以准确辨别和丈量隐患种类、位置、尺寸,并通过开挖多个探坑可确定隐患的范围和规模。

(3)人工锥探:对于埋藏较深、范围较广的隐患或可疑之处,可采用人工锥探的方法进行探测(人工将锥杆锥入隐患或可疑之处的堤身或堤基内,根据锥入时的手感、发出的声音、锥进难易程度等差异,分析判断是否存在隐患或可能存在隐患的类别、位置、厚度等),并可在锥探探测的基础上直接进行灌浆加固,以尽早消除隐患,也能根据灌浆吃浆量的多少验证隐患是否存在和隐患规模大小,灌浆后要及时封孔。

(4)机械钻探:利用机械设备钻孔取样,通过对样本的直接观察或结合对样本的试验结果可分析判定有无隐患及隐患的类别、位置、厚度,借助于在不同位置的多次钻孔取样,可确定隐患的范围和规模。由于穿(跨)堤建筑物与堤防接合部地形不够平坦或场面比较狭窄,机械钻探的使用可能受到限制。

(5)仪器探测:探测方法与堤防隐患探测基本相同,但由于穿(跨)堤建筑物与堤防接合部场面比较小、结构复杂突变、材料和工作条件差异较大等原因,仪器探测可能也受到限制或增加了准确探测及分析判断的难度。

(6)渗流(渗压)观测:穿堤建筑物与堤防接合部往往存在或可能存在较严重的渗流现象,对于比较重要的穿堤建筑物需设置渗流(渗压)观测设施(如水闸的测压管),通过渗流(渗压)观测(如测压管水位)成果可分析判断防渗效果(自上游至下游各测压管水位依次递减明显则说明防渗效果好)和穿堤建筑物与堤防接合部发生渗漏的可能性(下游的测压管水位越高越易发生渗漏),以此分析推断是否存在渗流隐患。

测压管水位一般采用人工观测,也可利用电子仪器监测闸基集中渗流、建筑物土石接合部绕渗,目前研制使用的 ZDT－1 型智能堤坝探测仪、MIR－1C 多功能直流电测仪,均具有智能型、精度较高、高分辨率及连续探测、现场显示曲线的特点,并可借助计算机生成彩色断面图及层析成像,可用于对涵闸、泵站及涵洞等工程的渗水监测。

模块 2　工程观测

本模块包括堤身沉降观测、水位或潮位观测、堤身表面观测、渗透观测、堤岸防护工程观测、近岸河床冲淤变化观测。

2.1　堤身沉降观测

2.1.1　基准点引测

堤防沉降观测所用基准点高程应从国家建立的水准测量高程控制网点引测，引测基准点高程最低应采用三（四）等水准测量，必要时可用二等水准测量。

一、二等水准测量需要用精密水准仪及配套水准尺，并按较严格的操作程序和较高的精度要求进行测量；三（四）等水准测量可使用普通水准仪，但必须使用配套水准尺，并按一定的操作程序和精度要求进行测量，即三（四）水准测量与普通水准测量的主要区别在于所使用的水准尺和部分要求不同，下面主要介绍三（四）等水准测量。

2.1.1.1　水准尺

三（四）等水准测量所使用的水准尺为成对配套使用、直式双面尺，黑面（主尺面）刻度从零开始标注，两尺红面（辅尺面）刻度分别从 4 687 mm 和 4 787 mm 开始标注，测量中任选一根尺作为后视尺，则另一根为前视尺，整个测量过程中必须固定顺序交替使用。

2.1.1.2　测量要求

每一测站只测读前后两个水准尺，即一站一转点，不设间视读数，要求尺子到仪器的距离（视距）不超过 75 ~ 80 m，每一测站前后两尺子到仪器的视距差不超过 3 ~ 5 m，各测站累计视距差不超过 5 ~ 10 m，这就要求测高程前必须先测算视距，只有视距及视距差都满足要求后才能测算高程，否则需变更水准尺或仪器的位置直至符合要求；测量中，尺子的黑红两面都要读数，读数次序为后前前后（三等）或后后前前（四等），读数时须说明黑面或红面，以便于准确记录，同一尺子的黑红面读数差（不含起点差）不超过 2 ~ 3 mm，用两个尺面分别测算的高差不超过 3 ~ 5 mm，整个测量过程的高程误差（mm）不超过 $\pm 20L^{1/2}$（平原地区）或 $\pm 6N^{1/2}$（山区），其中 L 为测量路线的千米数，N 为测站数。三（四）等水准测量记录表参见表 6-2-1。

2.1.2　沉降观测资料整理

沉降观测资料的整理主要包括：各类基础资料和外业测量资料的收集检查，外业测量成果的分类汇总，沉降观测成果的分析，各类资料的入档保存。

表6-2-1 三(四)等水准测量记录表

时间： 天气：

测站编号	后尺	下丝	前尺	下丝	方向及尺号	水准尺读数		K+黑面读数减红面读数	平均高差	各点高程及其他备注
		上丝		上丝		黑面	红面			
	后视距		前视距							
	视距差 d		$\sum d$							
					后尺				—	
					前尺				—	
					高差(后－前)			—		
							/			

观测：________ 记录：________ 计算：________ 校核：________

2.1.2.1 各类基础资料的收集检查

对基准点布设及高程登记表、各观测标点的布设及考证表(见表6-2-2)等各类基础资料应注意及时收集,对收集上来的资料要全面检查,如手续是否齐全、记录内容是否全面清楚,数据是否准确无误。

表6-2-2 沉降观测标点考证表

编号	形式	埋设日期			埋设位置	基础情况	测定日期			高程(m)	备注
		年	月	日			年	月	日		

水准点形式：______ 编号：______ 高程：______m 位置：______ 接测距离：______m

校核者：______ 观测者：______ 埋设者：______ 填表日期：______年____月____日

2.1.2.2 外业测量资料的收集检查

外业测量完成后应及时收集测量资料(如基准点引测资料、各观测点高程测量记录计算资料等),并对资料进行检查核对,如资料是否齐全、签字是否齐全、引用高程是否正确、记录是否清楚、计算是否正确等,若发现问题应及时找观测人员和记录人员核对。

2.1.2.3 外业测量成果的分类汇总

对检查无误的各次测量成果(如各观测点高程)应进行分类摘抄汇总,以形成便于计算和分析比对或上报的各类表格,如某观测点的历次测量高程登记表、沉降量计算表、沉降观测报表(见表6-2-3)、各观测点的沉降量统计表(见表6-2-4)等。

表6-2-3 沉降观测报表

观测部位	标点	原测定日期	原高程	上次观测日期	上次平均高程	本次观测日期	间隔时间(d)	累计时间(d)	间隔沉降量(mm)	累计沉降量(mm)	备注

观测日期：自________年________月________日至________年________月________日

校核者：________ 计算者：________ 观测者：________

表 6-2-4　沉降量统计表

测点	累计垂直位移量(mm)													年沉降量(mm)
	月 日	月 日	月 日	月 日	月 日	月 日	月 日	月 日	月 日	月 日	月 日	月日	历时(d)	

全年统计	最大沉降量	测点	最小沉降量	测点	平均沉降量
	mm		mm		mm
备注					

校核者:________　填表者:________　填报时间:______年____月____日

2.1.2.4　**沉降观测成果的分析**

根据沉降观测成果可整理绘制出反映沉降过程、沉降量分布的有关曲线,为进行全面系统的沉降分析提供依据。

(1)沉降过程线:根据同一点的沉降观测资料,以累计沉降量或高程为纵坐标,以时间为横坐标,可绘制出沉降过程线或高程随时间的变化曲线,以反映出沉降过程。正常的沉降过程应该是初期沉降快、后期沉降慢,甚至渐趋停止沉降。

(2)堤防纵向沉降量分布图:以累计沉降量为纵坐标,以堤线长度(里程桩号)为横坐标,根据位于同一纵断面上的每一个沉降观测点的位置桩号和截止到某时间的累计沉降量可绘制出堤防纵向某纵断面上的沉降量分布图,由该图可反映出沿堤防纵向的沉降情况,也能很直观地反映出沿堤防纵向的不均匀沉降差。随着所选择的纵断面不同(如临河堤肩纵断面、背河堤肩纵断面等),可绘制出不同纵断面上的沉降量分布图。

(3)堤防横向沉降量分布图:以累计沉降量为纵坐标,以横断面底宽长度为横坐标,坐标原点选择在临河堤脚或背河堤脚点上,根据位于同一横断面上的每一个沉降观测点到堤脚点的距离和截止到某时间的累计沉降量可绘制出堤防某横断面上的沉降量分布图,由该图可反映出某横断面上各点的沉降情况,也能很直观地反映出该横断面上的不均匀沉降差。随着所选择的横断面不同,可绘制出不同横断面上的沉降量分布图。

(4)堤防沉降量平面分布图:根据所有观测点在堤防上的平面位置和截止到某时间的累计沉降量可绘制出沉降量在堤防上的平面分布图(即在堤防平面图上标定出各观测点位置和截止到某时间的累计沉降量),由该图可反映出堤防沉降的平面分布情况,也能反映各个观测点之间的不均匀沉降差。

(5)沉降量等值线图:在堤防沉降量平面分布图上,由沉降量相等的各点连成的线为沉降量等值线,标定有沉降量等值线的图称为沉降量等值线图。勾绘沉降量等值线时,可根据沉降量范围先确定出符合某级差要求的一组数值(多为整数,如 1,2,3,…或 2,4,6,…或 5,10,15,…)作为等值线的沉降量值,然后将沉降量分别相同的各点依次连接起来可得到沉降量值不同的多条等值线。

2.1.2.5　**各类资料的入档保存**

对以上各类观测和分析资料,应按档案管理要求分类装订、登记、收存并妥善保管,以满足后续使用要求。

2.2　水位或潮位观测

2.2.1　水尺零点高程校测

水尺投入运用前必须准确测定其零点高程，在水尺运用过程中应定期对其零点高程进行校测，校测次数的多少应根据零点高程的可能变化情况而确定，运用初期应增加校测次数，沉降稳定期间可减少校测次数，但每年至少应在年初或汛前对全部水尺校测一次；每次洪水过后应对经过洪水的水尺进行校测；有封冻的测站应在封冻前和解冻后各校测一次；当发现水尺零点有变动或遭遇有可能导致变动的因素，或在整理水位观测结果发现某水尺观测数值有异常时，应随时进行校测。

引测或校测水尺零点高程时，首先确定基准点高程，然后按精度要求施测，一般采用三（四）等水准测量，精度要求较低的可采用普通水准测量。对测量成果核验无误后方可使用，水尺零点高程一般应记至毫米。

2.2.2　水位或潮位观测报告

在完成水位或潮位观测及观测资料整理之后，必要时应写出观测报告。

2.2.2.1　观测资料整编

对水位观测资料进行整编时，首先注意考证水尺零点高程的引测和校测及应用是否正确、自记水位计是否按要求进行比测、观测资料是否齐全完整、书写是否清楚、计算是否正确，然后根据观测资料计算日平均水位、编制日平均水位表、绘制平均水位过程线、编制月或年水位统计表、摘录洪水位表等。

1）水尺零点高程考证

将本年度各次水尺零点高程的引测或校测记录进行整理，按要求格式填写水尺零点高程考证表，见表6-2-5。

表6-2-5　水尺零点高程考证表

水尺编号	引测或校测结果					采用高程（m）	使用日期	说明
	时间	水准点高程（m）	闭合差（m）	允许闭合差（m）	测量高程（m）			

2）自记水位计比测

与参证水尺比测合格后的自记水位计方可正式使用，长期自记水位计应取得一个月以上连续完整的比测记录；在自记水位计的使用过程中仍需定期进行比测，阶段比测次数应在30次以上，比测时间应选择在涨落水的不同阶段。

3）日平均水位计算

（1）若每日只观测一次水位，可用该观测值作为日平均水位；

（2）当水位变化平缓、按等时距观测或摘录水位时，可采用算术平均法计算日平均水位，即将一日内各次水位值求和再除以观测次数；

（3）当一日内水位变化较大、按非等时距观测或摘录水位时，可采用面积包围法计算日平均水位：以小时为横坐标，以水位值为纵坐标，绘制出一日内 0 ~ 24 时水位过程线，计算水位过程线与纵横坐标所包围的面积再除以 24（小时数），当无零时或 24 时水位时应根据前后相邻水位按直线插补。

当算术平均法与面积包围法的计算结果误差超过 2 cm 时，应以面积包围法为准。

2.2.2.2　**观测报告的编写**

在收集水位或潮位观测资料并进行成果整理分析的基础上编写观测报告，编写观测报告时应首先拟定编写提纲（要表达的主要内容及层次），然后根据提纲分层次详细编写。

水位或潮位观测报告的主要内容应包括：观测目的，观测站或水尺所在位置（河道或河段名称、工程或观测地点名称）、观测站或水尺类型（基本水尺、参证水尺、辅助水尺、临时水尺）、水尺编号，具体观测安排或要求，观测成果，观测成果分析，重大水情或洪水位的描述，与以往类似水情的水位变化比较，异常现象分析，附必要的成果图表。

2.3　堤身表面观测

2.3.1　观测资料的收集

进行堤身表面观测前，应部署观测项目和观测内容，提出观测要求，根据观测内容的不同准备相应的记录表格；观测期间，按要求全面完成观测，完成文字和表格的详细填写，形成翔实的观测资料；观测结束后应及时上交，收集各项观测资料。

2.3.2　观测资料的整理

对收集上来的各项观测资料应及时进行检查、整理、成果分析和入档保存。

2.3.2.1　**检查**

首先检查各类资料是否齐全；然后检查资料内容是否全面（如缺陷或病害名称、位置、形状、主要尺寸、规模等是否详细）、格式是否符合要求、书写是否清晰、描述是否清楚；再核对资料的正确性，一般可从前后关系、文字与数字关系、图文表等多方面核证资料的准确性；最后对检查发现的资料缺项、重大缺陷或病害的观测资料有必要进行再次核对，以补充资料和核对资料的正确性，确保资料准确。

2.3.2.2　**整理**

对检查确认的观测资料进行项目分类、成果整理和分类归纳，如根据文字记录补充表格中内容或备注说明、摘录观测成果而整理出各类统计表（如裂缝、雨淋沟或水沟浪窝统计表等）和汇总表（如各类缺陷总统计表等）等，以更加系统直观地反映出观测成果和堤身表面所存在的各类问题。

2.3.2.3　成果分析

根据对观测成果的分类整理,可分类统计出存在问题的数量、存在的主要问题、存在问题的主要方面;对重点问题,除用文字、表格进行说明外,必要时可用图纸进一步表达;对存在的主要问题应进行成因及危害性分析,必要时提出处理建议。

2.3.2.4　入档保存

对以上各类资料应按档案管理要求进行分类装订、打印封面和目录索引,并及时归档保存,以满足今后对该资料的需要。

2.4　渗透观测

2.4.1　资料收集检查

渗流观测资料的收集与以上观测资料(如堤身表面观测资料)收集在程序上相同,只是资料的组成和具体内容不同,观测结束后应及时上交或指派专人负责收集观测资料。

收集观测资料之后,首先要检查资料类别是否齐全;其次是检查资料内容是否齐全;再次是检查资料内容的表达是否清楚、书写是否清晰、观测数据的大小变化是否符合前后或相关变化趋势等,必要时可对重大问题或可疑问题进行现场核对,以确保观测数据的准确性和可靠性。

2.4.2　资料整理

渗流观测资料主要包括测压管水位观测资料和渗流量及水色(透明度)等观测资料,对以上资料收集并检查确认后应分别进行整理。

2.4.2.1　测压管水位观测资料的整理

(1)对检查确认的观测资料进行系统化整理,形成在观测时间内连续、完整的观测资料表格,并辅以必要的文字说明。

(2)以时间为横坐标,以水位为纵坐标,由同一测压管的观测水位可绘制出该观测点的水位过程线,由各观测点的观测水位可绘制出相应观测点的水位过程线,并可由各观测点的水位过程线确定其最高水位和出现最高水位的时间。

(3)为便于比较、分析,可将各观测点的水位过程线绘制在同一张图纸上,各观测点水位的变化规律应符合:各观测点的水位过程线形状应该相似,最高水位值应依次递减,出现最高水位的时间应依次滞后,在临河水位上升阶段各测压管水位的上升速度(过程线的斜率)小于临河水位的上升速度,在临河水位下降阶段各测压管水位的下降速度(过程线的斜率)小于临河水位的降落速度(甚至导致短时间内出现测压管水位高于临河水位的现象),测压管水位滞后于临河水位的滞后程度主要取决于堤防土料的渗透系数大小(渗透系数愈小,滞后时间越长)。

2.4.2.2　渗流量观测资料的整理

(1)可将同一观测位置(段落)的渗流量观测数据按时间汇总,形成观测时间内连续、完整的观测资料表格,并辅以必要的文字说明;也可将渗流量观测数据与同期临河水位资料比对汇总;还可绘制出渗流量过程线(以时间为横坐标,渗流量为纵坐标)、渗流观测期间的临河水位过程线、水位渗流量关系曲线。

(2)对以上图表进行分析:正常情况下,渗流量过程线与临河水位过程线的形状应该比较相似,渗流量随着水位的增高而成正比变化,但流量的变化滞后于水位的变化。

(3)结合以上分析初步判断工程的防渗效果或已采取截渗措施的运行效果,以作为需对异常问题进一步观测或采取工程措施的依据。

2.4.2.3 **透明度观测资料的整理**

可将透明度观测资料整理汇总成随时间变化的图表,也可建立透明度与渗透流量或临河水位的关系图表,正常渗流情况下的透明度应比较稳定或随着水位的增高、渗流量的加大而有所减小;对透明度变化不符合规律的工程应进一步分析其防渗能力或注意检查观测已采取的截渗和反滤排水措施的运行效果。

2.4.2.4 **资料的归档保存**

资料的归档保存同其他资料的分类装订、归档保存和妥善保管。

2.5 堤岸防护工程观测

2.5.1 资料收集检查

护脚(护根)工程观测资料的收集检查与其他观测资料的收集检查相同,只是随着资料内容的不同而检查重点不同,如对于护脚(护根)工程观测资料应重点检查断面位置或编号的记录是否清楚、起测点是否明确、起测点的高程是否准确、各观测点的记录形式(“起点距/高差”或“间距/高差”)是否一致、各观测点的定位数字是否齐全、各观测点的相互关系是否正确等,对重大问题或可疑问题应现场核实。

2.5.2 资料整理

根据护脚(护根)工程观测(探测)资料可绘制出各个观测断面的实测坡面线(断面图),由每个观测断面的实测坡面线与设计坡面线比较可显示出该断面是否缺少石料,并可据此计算缺石面积,根据同一坝岸上的各个观测断面缺石面积及断面间距或总围长可计算该坝岸的缺石量,由各坝岸的缺石量可统计出某处工程的总缺石量(可形成按坝岸号统计的某处工程缺石量统计表),必要时需写出护脚(护根)工程探测报告。

2.5.2.1 **计算缺石量**

(1)根据实测数据绘制各个观测断面的实测坡面线(断面图);

(2)当观测断面的实测坡面线陡于或局部陡于设计坡面线时则认为该断面的石料不足,由实测坡面线(或其平均坡度线)、河床线及设计坡面线之间所围成的面积为该断面的缺石面积,参见图6-2-1,缺石面积按规则形状的面积公式计算或对非规则形状按割补法近似计算;

(3)坝岸缺石量,可根据该坝岸上每个缺石断面的缺石面积乘以该断面所代表的长度并求和而得,或依次由相邻两断面的缺石面积取平均值再乘以断面间距并求和而得

(也称为断面间距法),也可根据各缺石断面上缺石面积的算术平均值乘以坝岸的裹护长度而得(称为平均面积围长法);

(4)某处工程的缺石量等于各坝岸缺石量之和,一般汇总成各坝岸缺石量统计表。

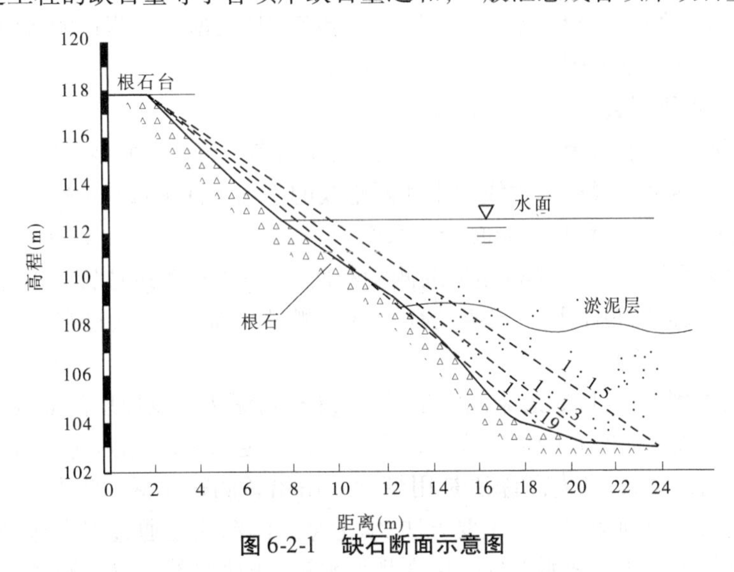

图6-2-1　缺石断面示意图

2.5.2.2　**护脚(护根)工程探测报告**

报告内容主要包括工程概况、探测目的、探测方法、探测结果(探测坝岸数和探测断面总数、缺石坝岸数和缺石断面数量、多数缺石断面的缺石部位、缺石部位的最陡坡度与平均坡度、总缺石量等)、缺石原因分析(如水情溜势原因、基础深度原因、抛护材料原因等)、建议采取的抢险或加固措施(如抛散石、大块石、石笼等)、探测存在问题与建议。该报告可针对某坝岸具体情况编写,也可针对一处工程或某河段各处工程编写。

护脚(护根)工程探测报告格式见附录7。

2.6　近岸河床冲淤变化观测

2.6.1　断面观测

河道大断面(指河床线与历年最高洪水位所围成的横断面或河道对应设计水位的横断面)测量包括水上部分的陆地断面测量和水下部分的水道断面测量,有堤防河道的陆地断面应测至堤防背河地面,无堤防河道的陆地断面应测至历年最高洪水位以上0.5～1.0 m所对应位置。

2.6.1.1　**陆地断面测量**

(1)对于地势较平缓的断面可采用水准测量,根据精度要求可选用三(四)等或普通水准测量,首先在拟测断面上选设测点(如地形突变处及适宜间距处),并对各测点设置标志(如打木桩)和进行编号;然后在断面附近的适宜位置(能观测到拟测点、仪器到各测点的距离差小)支设仪器,测得各测点的高程,丈量测点之间的水平距离(或根据斜距和高差折算平距）；最后是根据各测点的高程和测点之间的水平距离绘制出断面图。

（2）对于地势陡峻的断面可采用经纬仪测量，将仪器支设在位于断面上的某固定标志点上，量取仪器高，读取各测点上的测尺读数（各丝读数及竖直角读数），计算视距（斜距）、竖直角、测点到仪器支设点的水平距离、测点高程，根据以上测得的各测点高程和水平距离可绘制出陆地断面图。

2.6.1.2　水道断面测量

水道断面测量一般采用垂线测量法，沿拟测断面布设若干条垂线，测出每条垂线的水深，相邻水深取平均值，根据两垂线间距和两垂线的平均水深可计算两垂线之间的过水面积，依次计算并求和可得到整个断面的过水面积。

（1）两垂线间距：在没有架设揽道的测量断面上，可根据垂线位置采用经纬仪测距法测算（两垂线到仪器的视距差）；在架设有缆道的测量断面上，可通过在缆道上标定的起点距计算（起点距之差）。

（2）水深：可用测深杆法、悬索测深法、缆道悬索测深法或浅地层剖面仪探测法测得。测深杆法是利用长 6 m 左右的金属或木杆直接探试测定水深，一般在船上或涉水施测，施测时应注意使测杆垂直；悬索测深法是用悬索垂吊铅鱼测得水深（即铅鱼到达水底时的悬索入水深度），是目前测水深的主要方法；缆道悬索测深法是通过室内探测记录器测记铅鱼由水面至河底时的悬索所走过的长度测得水深；浅地层剖面仪探测法是利用探测设备在水中沿着标定的断面方向进行探测，通过对探测数据的处理可得到不同位置处的水深并据以绘制出断面图。

2.6.2　测量记录

进行河道大断面观测时，应根据测量位置（水上、水下）和测量方法的不同而按相应要求做好记录计算，要提前准备记录表格并熟悉表格内容和记录要求；测量过程中，观测人员和记录人员要密切配合，读记多次重复对证，以确保记录准确。

测量结束后要及时将记录表格进行整理计算，绘制断面图，并将测量资料归档保存。

模块3　工程养护

本模块包括堤防养护、堤岸防护工程及防洪(防浪)墙养护、防渗设施及排水设施养护。

3.1　堤防养护

3.1.1　工程养护资料的整理

3.1.1.1　工程养护资料

工程养护资料,指在养护工作开展及养护项目实施过程中形成的文字、数据、图表、声像、电子文件等原始材料,它反映了养护工作开展及养护项目实施的先后过程和实际情况。从检查工程、确立养护项目开始,到养护项目实施、验收总结结束,水管单位和养护单位所形成的养护资料及其主要包括以下内容。

1)水管单位围绕工程养护工作所形成的养护资料

(1)工程检查和普查资料:主要包括月检查、不定期(特别)检查或普查资料,班组检查、单位检查或普查资料。以上资料的主要内容有检查或普查所辖工程存在缺陷、需养护项目及相应工程量,这是编制年度养护实施方案的主要依据之一。其中,月工程检查由运行观测部门完成,主要是检查所辖工程目前急需养护的项目、位置、内容、尺寸及工程量,作为下达月养护任务通知书的依据。

(2)年度工程养护实施方案:根据工程检查和普查资料及工程管理重点进行编制上报,其主要内容包括上年度实施方案执行情况,本年度实施方案编制依据、原则,工程基本情况,本年度工程管理要点,养护项目名称、养护内容及工程量,主要工程(工作)进度安排,经费预算,养护质量要求、达到的目标、主要措施等。

(3)年度养护合同:根据年度养护实施方案所列工程项目和养护要求等内容,与养护单位签订年度养护合同。

(4)月度养护任务通知书:是养护合同的附件,其主要内容有任务统计表(养护项目及内容)、工程量汇总表、安排说明(养护方法、质量要求以及完成时间等)。

(5)工程运行观测日志:包括工程运行状况(河道工程的工情、水情、局部河势、其他工程运行安全情况等)、工程养护情况及存在问题。

(6)各种工程观测记录:包括河势观测、水位观测、沉降观测、测压管观测、启闭机运行、启闭机检修等记录。

(7)会议纪要:会议由水管单位主持、养护单位参加,会议主要通报养护工程(工作)进展及质量情况、协调解决养护工程(工作)中存在的问题、讨论确定下月养护工程(工作)重点。

(8)月度验收签证:由水管单位组织月度验收,签证内容包括本月完成的养护项目、工程量、质量评定,月度验收签证作为工程价款月支付的依据。

(9)支付款审核证书。

(10)工程养护年度管理工作报告:见养护工作报告的编写。

(11)工程养护年度初验工作报告:由水管单位组织工程养护年度初验,初验报告内容主要包括养护项目概况、月验收情况、工程质量鉴定、年度初验发现的主要问题及处理意见、初验意见。

(12)工程养护年度验收申请书:在完成初验、具备年度验收条件下,由水管单位向主管单位提出年度验收申请,申请书内容主要包括工程养护完成情况、初验结果、验收准备情况、建议验收时间等。

(13)工程养护年度验收鉴定书:由上级主管单位完成,水管单位收存,鉴定书内容主要包括验收主持单位、参加单位、验收时间、地点、养护项目概况、年度养护投资计划执行情况及分析、历次检查和验收情况、质量鉴定、存在的主要问题及处理意见、验收结论、验收委员会组成人员签字表、被验单位代表签字表。

(14)工程养护声像资料:能反映养护前、后及养护过程,有可对比参照物,录音、照片、录像等资料要配注日期和文字说明,按工程项目分类储存,便于检索、查询。

(15)年度工程管理工作总结。

2)养护单位围绕工程养护实施所形成的养护资料

(1)养护施工组织方案:根据养护合同,结合养护工作特点及养护单位施工能力编制施工组织方案。

(2)养护施工自检记录表:按工程项目分列。

(3)工程养护日志:内容主要包括养护施工项目、参加施工人数、使用工日、动用机械数量、消耗台班(时)、当日完成工程量等。

(4)养护月报表。

(5)月度验收申请书。

(6)工程价款月支付申请书及月支付表。

(7)工程养护年度工作报告:见养护工作报告的编写。

3.1.1.2　养护资料的整理

养护资料的整理包括资料收集、检查核对、整理归档等主要工作,资料收集是保证资料齐全、做好资料整理的基础,资料的检查核对是保证资料准确翔实、具有保存价值及使用价值的关键,整理归档并妥善保管是资料整理的最终结果,以便更好地发挥资料的利用价值。

1)资料的收集

围绕养护工作的开展或养护项目的实施所形成的资料很多,要将资料的形成和收集贯穿于养护工作开展和养护项目实施的全过程,要安排专人(如堤防工程的包堤段责任人,或另安排他人)负责资料的形成、收集、归纳和整理,不能靠事后临时查找,更不能靠事后补救,收集资料的过程也是检验资料是否齐全的过程,可借助资料的收集促进资料的形成。

为做好资料的收集工作,要根据资料的形成特点,明确不同阶段所应收集的资料:

(1)开工前应注意形成和收集的有关资料主要包括工程运行观测日志、各种观测记录、工程检查和普查资料、年度养护实施方案、年度养护合同、养护施工组织方案等。

(2)养护实施过程中应注意形成和收集的有关资料主要包括月度养护任务通知书、会议纪要、养护日志及养护施工记录、养护自检记录、养护质量检查表、声像资料、月度验收申请书、月度验收签证、支付款审核证书、养护月报表、工程价款月支付申请书及月支付表等。

(3)养护后期应注意形成和收集的有关资料主要包括工程养护年度管理工作报告、工程养护年度初验工作报告、工程养护年度验收申请书、工程养护年度验收鉴定书、年度工程管理工作总结、工程养护年度工作报告等。

2)资料的检查核对

收集资料后要逐项进行检查核对,重点检查资料项目及记录内容是否齐全、资料的先后关系或衔接时间是否合理、资料内容是否符合格式要求、各项资料之间或本资料的前后有关内容是否一致、记录内容与实际过程是否一致、文字书写或图表是否正规清晰等,发现养护资料存在问题后要及时与有关人员一起核对,或结合其他资料对证核实。通过对资料的检查核对,保证资料齐全、准确。对资料进行检查核对时要注意以下事项:

(1)资料之间要相互吻合。资料收集、整理人员要熟悉对养护资料的有关要求,在养护实施期间要经常到施工现场察看养护情况、进度、质量等,检查资料时要与相关资料纵横联系起来对比查看,以便能核对发现养护资料是否真实可靠、各资料与实际是否相符、各资料之间是否吻合一致、各资料的填写是否符合要求,对检查发现的问题要及时提出处理意见,确保各类数据准确可靠。

(2)各种原始资料应采用碳素钢笔或签字笔填写,要书写规范、字迹清楚,严禁胡乱涂改(可按要求改正)。

(3)资料的签字、印鉴齐全。

(4)反映养护工作过程的声像资料必须图像清晰、声音清楚,声像资料拍摄录制时应有参照物,并要附以日期及语言或文字说明。

3)资料的整理归档

养护资料收集、检查核对完成后,要按照档案管理要求进行分类(如分项目、分时间等)归纳、整理、编号、装订、归档,归档资料必须完整、准确、系统、字迹清楚、图面整洁、装订整齐,装订成册(卷)的资料要附有整齐统一的封面,要将每册(卷)资料的名称、编号、目录等信息录入电脑,以建立快捷的检索系统。需要移交水管单位和上级主管部门的各类技术资料,移交前要由有关负责人审核把关。

3.1.2 养护工作报告的编写

3.1.2.1 养护工作报告的内容

养护工作报告的内容随着编写单位的不同而有所不同:

水管单位编写的工程养护年度管理工作报告内容主要包括工程概况、养护方案、养护过程、项目管理、工程质量、历次检查情况、遗留问题处理、决算、建议等。

养护单位编写的工程养护年度工作报告内容主要包括工程概况、养护方案、完成的主要项目及工程量、投入工日及机械台班、主要养护项目的实施、价款结算与财务管理、存在问题与建议等。

综合以上两个报告所涉及的主要内容有工程概况、养护方案、养护过程、养护项目管理或养护施工管理(进度、质量保证)、完成的主要项目及工程量、投入工日及机械台班、主要养护项目的实施、存在问题与建议等。

3.1.2.2 养护工作报告的编写

首先确定养护工作报告的类别(水管单位编写的工程养护年度管理工作报告、养护单位编写的工程养护年度工作报告)及与之相应的主要内容;然后根据该报告的内容要求收集、查阅有关资料;最后是以报告要求的内容为提纲,结合实际、分层次、有重点地进行编写。

工程概况:工程属地、工程类别、起止地点桩号或坝号、工程规模、存在的主要缺陷或问题、存在缺陷或问题对工程的影响,以此提出实施养护的必要性。

养护过程:依据工程运行观测、检查和普查所发现的缺陷,提出需进行养护的项目和养护内容;按要求编制养护实施方案;确定养护施工单位,签订养护合同;抓好养护实施期间的各项管理、监督检查和验收等。

养护方案:包括方案的编制依据与目的,养护项目,各项目的养护内容和工程量,养护进度安排,养护质量要求、达到的目标,养护方法,如何组织实施与管理,经费预算,进度与质量保证措施等。

养护项目管理或养护施工管理:包括水管单位的养护项目管理(进度、质量、经费)措施,养护单位的养护施工进度与质量保证措施(包括组织措施、技术措施、经济措施等)和成本控制措施。

存在问题与建议:总结养护实施中的经验教训,分析查找存在问题,如养护项目安排与标准要求是否合理、养护的施工时间是否合理、施工方法与施工能力(人员组成、技术水平、技术手段、养护机械设备、工具、仪器等)是否适应、资金供应与保障措施是否及时等;根据存在问题,结合发展要求,提出有利于将来更好地完成养护任务的措施建议。

必要时,在报告后附有关原始资料或图表。

3.2 堤岸防护工程及防洪(防浪)墙养护

3.2.1 养护资料的整理

3.2.1.1 养护资料的形成

在项目设置上,堤岸防护工程及防洪(防浪)墙的养护资料与堤防工程的养护资料相同,所形成的养护资料项目主要包括工程运行观测日志、各种观测记录、工程普查资料、年度养护实施方案、年度养护合同、养护施工组织方案、月度养护任务通知书、会议纪要、养护日志及养护施工记录、养护自检记录、养护质量检查表、声像资料、月度验收申请书、月度验收签证、支付款审核证书、养护月报表、工程价款月支付申请书及月支付表、工程养护年度管理工作报告、工程养护年度初验工作报告、工程养护年度验收申请书、工程养护年度验收鉴定书、年度工程管理工作总结、工程养护年度工作报告、工程养护年度验收申请报告等。

以上各项资料所记录的内容应反映关于堤岸防护工程及防洪(防浪)墙养护工作的开展或养护项目实施的先后过程和实际情况,具体内容要求可参阅堤防养护资料。

3.2.1.2　养护资料的整理

资料的整理包括资料收集、检查核对及整理归档等主要工作。

1)资料收集

对堤岸防护工程及防洪(防浪)墙的运行观测及普查,一般由包工程管护(黄河上也习惯称为班坝责任制)人员、或包工程责任人、或另安排专人负责各项原始资料的形成、收集与整理;从养护项目立项、实施到验收总结,应安排专人负责所有资料的形成、收集与整理;要将资料的形成和收集贯穿于养护工程(工作)的全过程,使形成和收集的资料齐全、完整、准确,能反映堤岸防护工程及防洪(防浪)墙养护的全过程。

2)资料的检查核对

检查核对内容及注意事项与堤防养护资料的检查核对相同。

3)资料的整理归档

整理归档方法同堤防养护资料的整理归档。

3.2.2　养护工作报告的编写

3.2.2.1　养护工作报告的内容

堤岸防护工程及防洪(防浪)墙的养护工作报告在内容层次上与堤防工程的养护工作报告相同,而在每个层次中的具体细节内容上不同。

3.2.2.2　养护工作报告的编写

堤岸防护工程及防洪(防浪)墙的养护工作报告编写准备及编写次序与堤防工程养护工作报告的编写相同,而每个层次中的具体内容要结合具体情况、有选择、有重点地编写,这正是与堤防工程养护工作报告的不同,如两者的工程项目和内容不同,其工程概况应包括工程属地、工程类别、工程地点、工程结构形式、工程规模、存在的缺陷或主要问题、提出养护的必要性等。

必要时,可在报告后附有关原始资料或图(如根石断面图)表。

3.3　防渗设施及排水设施养护

3.3.1　防渗设施及排水设施养护资料的整理

3.3.1.1　养护资料的形成

在养护资料的项目设置上,防渗设施及排水设施养护资料与堤防工程养护资料相同,从对防渗设施及排水设施的运行观测及普查,到对防渗设施及排水设施养护项目的立项、实施及验收总结,所形成的养护资料项目参见堤防工程养护资料。

3.3.1.2　养护资料的整理

防渗设施及排水设施养护资料的整理与堤防工程或堤岸防护工程及防洪(防浪)墙养护资料的整理相同,也是抓好资料收集、检查核对、整理归档三个环节。

在对防渗设施及排水设施进行运行观测、工程普查、养护项目立项、养护实施、验收总结等各个环节中,都应安排专人负责原始资料的记录、收集、整理。

3.3.2　养护工作报告的编写

防渗及设施排水设施养护工作报告的编写准备及编写次序,与堤防工程或堤岸防护工程及防洪(防浪)墙养护的工作报告编写相同,只是每个层次中的具体内容不同,要结合具体情况,有选择、有重点地编写。

若以上工作报告需以红头文件上报,则要确定主送单位(写给谁)、编写单位、编写时间、抄送单位、印发时间等,并要符合公文格式要求。

模块4　工程维修

本模块包括堤防维修、堤岸防护工程及防洪(防浪)墙维修、防渗设施及排水设施维修、穿(跨)堤建筑物与堤防接合部维修。

4.1　堤防维修

4.1.1　堤防隐患处理

4.1.1.1　堤防常见隐患

隐患是危害工程安全的潜在病患,堤防常见隐患有洞穴(动物洞穴、白蚁穴、人为洞穴、朽木洞穴等)、裂缝(如沉陷裂缝、滑坡裂缝,纵向裂缝、横向裂缝)、暗沟(筑堤不够密实,或土块堆垒而造成的内部连通性孔洞)、渗漏(包括因防渗能力差而可能沿孔隙的渗水和因集中通道而可能的漏水及渗漏可能引起的渗透变形,如堤身渗漏、基础渗漏、接缝渗漏或称为接触渗漏)、近堤坑塘等五大类。

4.1.1.2　堤防隐患处理方法

1)洞穴隐患处理

对于浅层洞穴可进行开挖回填处理(开挖、清理杂物及腐殖质、分层回填、夯实或压实),对于深层洞穴可进行灌浆处理。

2)裂缝隐患处理

首先区分滑坡裂缝和非滑坡裂缝,然后分别进行处理:对于滑坡裂缝应按滑坡征兆进行处理(防止裂缝进水、清除附加荷载、削缓上部坡度、固脚阻滑、防冲防护、反滤排水),见堤防滑坡处理;对于非滑坡裂缝一般采用开挖回填法或灌浆法进行处理。

(1)开挖回填。

开挖回填包括顺缝开挖回填和横墙隔断开挖回填,详见第2篇第10章。

(2)灌浆。

灌浆分为无压充填灌浆、压力充填灌浆(简称压力灌浆或锥探灌浆)和劈裂灌浆,对堤防裂缝常采用压力灌浆,压力灌浆施工的主要工序有造孔、拌浆、输浆、灌浆、封孔,其工艺流程参见图6-4-1。

造孔:孔距(排距和间距)取决于堤段重要程度、隐患性质、灌浆压力等因素,一般采用小孔距、多排、梅花形布置,排距1.5~2.0 m、孔距1.0~1.5 m,对渗透性强、隐患较多的堤段可按序布孔并逐渐加密;孔深按实际需要确定,一般应打入隐患以下1.0~2.0 m;锥孔应尽量布置在隐患处或其附近,锥孔距导渗和观测设施的距离一般不少于3 m;可人工锥孔或机械锥孔,多采用液压式打锥机械锥孔。

拌浆:堤防灌浆浆液多为泥浆(灌注位置在浸润线以下时可采用符合配比要求的土

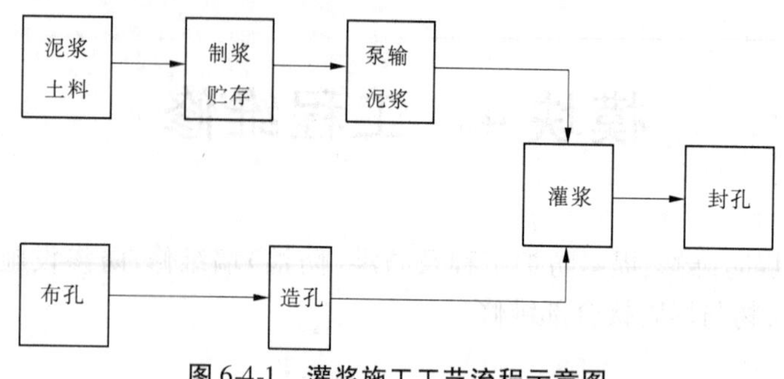

图 6-4-1　灌浆施工工艺流程示意图

料水泥浆),泥浆的主要指标是浓度和颗粒粒径。泥浆浓度大,则其干缩小、流动性差,泥浆浓度常用比重(用比重计测定,要求比重一般为 1.4 ~ 1.6)或容重(量杯称重法测定)表示,也可粗略判断浆液浓度(将手伸入浆池中,以手掌手背挂满泥浆为宜)。土料颗粒细则其悬浮性好、流动性大、析水性差(保水性好)、透水性弱、收缩性大,泥浆土粒的大小可通过土料选择或筛分来控制。灌浆所用土料以黏粒含量 20% ~ 45%、粉粒 40% ~ 70%、沙粒小于 10%、成浆率高、收缩性小、稳定性好为宜,在隐患严重(吸浆量大)的堤段可适当选用中粉质壤土、重粉质壤土、少量沙壤土(两合土)。拌制泥浆时,要将土料过筛(拣除杂质和超径土块),确定适宜的水土比例(具体比例需按设计稠度确定,水土质量比一般可采用 1:1 ~ 1:2),要边加水、边加土、边搅拌,多采用机械拌浆。

输浆:用泥浆泵通过管道抽吸拌浆桶或拌浆池内的泥浆并加压输送到锥孔内,所加压力的大小应根据灌浆需要确定。

灌浆:灌浆时,先低压灌入少量稀浆,排出孔内气后再逐渐增加浆液浓度和灌浆压力,灌浆顺序为先灌边孔、后灌中孔,根据吃浆量大小可重复灌浆;灌浆过程中应不断检查各管进浆情况,及时处理串浆、喷浆、冒浆、塌陷、裂缝等异常现象:串浆时可堵塞串浆孔口或降低灌浆压力,喷浆时可拔管排气,冒浆时可减少输浆量、降低浆液浓度或灌浆压力,发生塌陷时可加大泥浆浓度或过后对陷坑处用黏土回填、夯实,发生裂缝时可夯实裂缝、减小灌浆压力、少灌多复,对可能引起滑坡的裂缝禁止灌浆;灌浆过程中应做好记录,详细记录孔号、孔位、灌浆历时、灌浆压力、浆液浓度、异常现象的处理措施及处理结果、每孔吃浆量;灌浆压力应控制在设计最大允许压力以内,一般控制在 98 kPa;在设计或允许的最大灌浆压力下、吃浆量小于 0.4 ~ 0.2 L/min,并持续 30 min 以上,或当增压 10 min 后仍不再进浆时可结束该孔灌浆。

封孔:灌浆结束后,一般是直接用含水量和土质都适宜的松散土料进行封孔,也可用浓泥浆或掺有 10% 水泥的混合泥浆封孔,并在表层用松散土料填垫、平整、夯实。

3)暗沟隐患处理

对于埋藏较深的暗沟,可通过灌浆进行处理;对于位置明确的浅层暗沟或已导致表面塌陷的暗沟,可进行开挖回填处理。

局部不够密实时,可采取抽水洇堤的处理方法,通过对不密实处的充水浸泡,能够使堤身内的疏松土质变得密实,该方法施工简单、操作方便、便于掌握;但虚土洇实后堤身内部可能出现裂缝或空隙,需要再用压力灌浆进一步充填加固。

4)渗漏隐患处理

(1)堤身渗漏处理。

堤防设计时,均质堤防应通过选择筑堤土料和断面尺寸,保证施工质量来满足防渗要求,非均质堤防可通过采取防渗措施(如黏土心墙、黏土斜墙)或防渗与反滤排水措施(如贴坡排水、棱体排水等)来满足防渗要求。

若堤防在运行期间出现堤身渗漏问题,可在临河采取截渗措施(如堤防加宽、修做黏土前戗、铺设土工膜或复合土工膜、增设黏土斜墙等),也可在背河采取透水后戗、机淤固堤及防止渗透变形的反滤排水措施。

修做前戗或后戗:堤防抗渗性差、堤身单薄、渗流出逸点位置较高、堤坡坡度较陡时,可用修筑前后戗的方法进行加固。临河前戗用黏性土修筑(也称为黏土前戗),戗顶高出设计洪水位0.5~1.5 m,戗顶宽(以使浸润线出逸点降至背水坡脚以外为宜)一般为5~10 m,戗坡一般与大堤临水坡相同;背河后戗用透水性较强的土料修筑(也称为透水后戗),戗顶至少高出浸润线出逸点0.5 m,戗顶宽度不小于3~6 m,边坡为1:3~1:5。

堤身铺设土工膜或复合土工膜截渗:确定铺设范围,将临河堤坡清基、整平、压实、拣除尖锐杂物,顺堤坡铺设土工膜或复合土工膜,土工膜或复合土工膜的幅与幅之间要采取搭接、黏接、缝接或加热焊接等方法进行连接,用符合要求的土料修做保护层。

放淤固堤:包括自流放淤和机淤固堤(也称为吹填固堤)。自流放淤是利用自流水流(如引水、汛期漫滩洪水)挟带的泥沙淤填低洼处,具有简便、经济的优点,但往往受地势、水位、水流含沙量等条件限制。机淤固堤是利用机械设备(简易吸泥船、挖泥船、泥浆泵等)将浑水输送到指定区域,经沉沙排水而实现淤背加固。机淤固堤施工时,船位应选择在弯道环流顶点的下游侧、沙量丰富、土质疏松、水浅溜缓,并尽量靠近岸边(但要离开坝岸15 m以上)的新滩,以便于抽吸开挖和利用含沙量较高的底层水流及时还沙、减少水上管道长度、利于固定船只和施工安全;输沙管道铺设应尽量短而顺直、避免急弯,要使接头严密,要将管线最高点尽量布置在船只附近(如堤肩处)并安装真空安全阀,输沙管道出水口距大堤坡脚或淤区围堤的距离应不小于5 m;淤区围堤应分层填筑夯实或压实,断面大小要满足蓄水沉沙的要求并适应修筑能力,一般高2~3 m、顶宽2~3 m、边坡1:2~1:3;排水管道或设备要有足够的排水能力,保证及时排水;机淤固堤标准(如淤筑高程、淤筑宽度)应根据渗流稳定计算,并结合实际情况确定,淤筑高程一般在设计洪水位以上0.5 m;淤筑完成后应进行黏土包边盖顶,并进行植草植树防护。

(2)堤基渗漏处理。

对于单层或浅层透水地基(包括古河道、老溃口),临河可采取截渗措施(如黏土截水槽、水平黏土铺盖、水平或垂直铺设土工膜或复合土工膜、垂直防渗墙、板桩、防渗帷幕等),背河可采取盖重加固措施(如透水后戗、机淤固堤)或反滤排水措施(如沙石反滤层等);对于多层透水地基,临河可采取水平截渗铺盖(黏土铺盖、土工膜或复合土工膜截渗),背河可采取机淤盖重、反滤排水或排渗减压措施(如排渗沟、减压井)。

截水槽:在堤轴线或临水堤脚附近的堤基面上顺堤开挖梯形槽并回填黏土(也称为抽槽换土),形成黏土截渗体,以截断浅层透水层或延长渗径,也用于处理堤身与堤基的接触渗流。

黏土铺盖：堤基渗漏时，可用黏土将堤防临河一定范围内的透水堤基表面覆盖起来，形成黏土截渗体，以阻截水流沿堤脚附近的入渗（使入渗点外移），从而延长渗径、减轻渗漏；修筑黏土铺盖前应将堤基表面清基整平，修筑时按筑堤标准分层铺土、压实，黏土铺盖之上还要修做保护层。

土工膜或复合土工膜截渗：堤基渗漏时，可在堤防临河一定范围内的透水堤基表面水平铺设土工膜或复合土工膜，也可在堤防临河堤脚附近垂直铺设土工膜（也称为土工膜防渗墙）。水平铺膜前应对堤基表面进行清基、整平、压实，并拣除尖锐物，铺设时应做好搭接、黏接、缝接或加热焊接，铺设后要修做保护层。垂直铺设土工膜的施工工序有开槽、铺膜、膜两侧填土等。开槽时，一般需用黏土泥浆固壁，以防止槽壁坍塌，开槽深度满足设计要求（最好截断透水层）；铺设时，直接选用幅宽满足深度要求的土工膜或将窄幅提前连接（黏接、缝接、焊接）加宽，将土工膜滚卷成捆放入已开槽内，边开槽、边破捆铺设（处理好接头的黏接、缝接或焊接）；在已铺设土工膜两侧用松散无尖锐物的土料回填；若堤防设有其他防渗体，要将土工膜与其他防渗体衔接，以形成封闭防渗。

垂直防渗墙：根据修筑材料不同，垂直防渗墙主要有黏土防渗墙、混凝土（水泥混凝土、水泥黏土混凝土）防渗墙、土工膜防渗墙（即垂直铺设土工膜）等。其中又将较薄的防渗墙称为轻型防渗墙，轻型防渗墙又分为定喷（定向高压喷射灌浆）墙和射水法防渗墙。混凝土垂直防渗墙的施工工序主要是开槽及水下浇筑混凝土。一般是利用钻机钻挖（钻挖时需用黏土泥浆护壁）成圆孔，并可套挖成槽孔，或利用射水装置及成型器挖成槽孔，然后进行水下混凝土浇筑，逐次钻挖浇筑则可形成柱列式或板槽式防渗墙，以截断堤基透水层或延长渗径。

防渗帷幕：顺堤（坝）走向、对堤（坝）轴线或临河坡脚附近一定宽度的堤（坝）基进行密孔灌浆（岩基灌注水泥浆或化学浆，沙砾石堤基灌注水泥浆或水泥黏土浆），浆液凝固后可形成连续的防渗墙体（称为防渗帷幕），以此截断透水层或延长渗径。

排渗沟、减压井：当多层透水堤基渗水严重，甚至背河易出现管涌、流土、沼泽化、承压水等现象时，为排出渗水、降低浸润线和渗透压力、防止发生渗透变形，可在背河坡脚（坝趾）附近设置穿入透水层内一定深度的排渗沟或减压井。排渗沟分为明沟和暗沟（做成沟后安设排水暗管，然后用土料将沟回填起来），排渗沟底部坐落在透水层上，沟底及两边坡铺设反滤层，反滤层之上修做干砌石保护层，将渗水汇集于沟内再集中排（流）出；减压井可以穿入透水层内更大深度（贯穿透水层的为完全井，穿入透水层一部分的为不完全井），一般设置单排井，井距 15 ~ 30 m，井管直径不宜小于 15 cm，进水井管周围填充反滤料（造孔下井管，在井管周围回填沙子）或提前用反滤材料（如棕皮、钢丝网）裹护进水滤管，井管集水后可自流或抽出。

（3）接缝渗漏处理。

接缝渗漏包括堤身与堤基接触面、堤身与岸坡接触面、堤身或堤基内不同材料接合面（统称为土石接合部）等处的集中渗漏。修堤时，可通过采取清基、光滑面倒毛、设置截水槽、回填黏土、提高回填土质量、穿堤建筑物与堤防接合部设置止水（如沥青麻布、油毛毡等）或修建刺墙等措施有效预防接缝渗漏。若堤防运行期间出现接缝渗漏，一般采取临河截渗措施（如黏土前戗、延长接缝处的防渗体、覆盖土工膜截渗等）、背河反滤导渗措施

(沙石反滤铺盖、贴坡排水、透水后戗、机淤固堤等),或对位置准确的浅层接缝渗漏进行中部开挖截堵(中堵截渗)。

5)近堤坑塘处理

近堤坑塘可采用挖运土回填(人工、机械)或机淤填筑(船只、泥浆泵)的方法进行处理,临河坑塘应回填黏性土,背河坑塘应回填透水性土料。

4.1.2　堤防滑坡处理

滑坡,也称脱坡,是堤坡或堤坡连同部分堤基的部分土体因失稳而脱离原来的位置向下滑移的现象,前者称为浅层滑坡,后者称为深层滑坡。滑坡的预兆是在滑坡体顶部出现滑坡裂缝,滑坡裂缝一般是纵向、弧形裂缝,裂缝两端向堤坡倾斜方向弯曲,缝宽较大,裂缝两侧土体可能有错动距离,滑动体的下部有隆起外移现象。

引起堤防滑坡的因素主要有坡度陡、附加荷载大、堤基有软弱夹层、抗滑能力差(如土料抗剪强度低、施工质量差、含水量增加)、高水位浸泡时间长、顺堤走溜冲刷、风浪淘刷、高水位骤降等。

对于滑坡的处理,应根据其成因及发展阶段等不同而采取相应措施。

4.1.2.1　出现滑坡征兆时的处理

出现滑坡裂缝可采取如下处理措施:

(1)清除附加荷载,如清除堤顶或堤坡上堆放的重物、杂物,以减小滑动力;

(2)削缓上部坡度,以减小滑动力;

(3)在可能滑坡体下部修做固脚阻滑工程,如在堤脚附近堆放石块、土袋、石笼等重物,修做滤水土撑、滤水后戗,以增大阻滑力;

(4)若因水流冲刷可能导致滑坡,应及时进行防冲防护或挑流防冲,如利用土袋或土工布等裹护被冲刷处、抛石修坝垛或抛枕及做埽挑流;

(5)若因堤防防渗能力差、高水位浸泡时间长使土料含水量过高而可能导致背河滑坡,除修做滤水土撑、透水后戗及固脚阻滑工程外,也可采取反滤排水措施,以降低浸润线、防止渗透变形;

(6)如遇降雨或裂缝处偎水,要对裂缝进行防水覆盖,以免因沿裂缝进水而促成或加剧下滑。

4.1.2.2　已出现滑坡的维修

(1)汛期高水位时出现滑坡,可按滑坡险情进行抢护,过后再按筑堤标准恢复堤坡,并可根据堤防状况视情采取加固措施(如修做黏土前戗或其他防渗工程、沙土后戗、机淤固堤、放缓堤坡等),也可结合滑坡位置及现场条件直接修做永久工程(如背河滑坡修做沙土后戗)。

(2)非汛期出现滑坡,可根据成因直接进行永久性维修处理:恢复堤坡或放缓堤坡,培修堤防,修做黏土前戗或采取其他截渗措施,修做沙土后戗,进行机淤固堤等。

恢复滑坡工程或在滑坡位置修筑其他工程时,须将滑动体全部挖除,将未滑动的边坡进行修整,用符合要求的土料重新分层填筑、夯实或压实。

4.2　堤岸防护工程及防洪(防浪)墙维修

4.2.1　混凝土裂缝处理

混凝土裂缝按成因分为沉陷缝、干缩缝、温度缝、应力缝、施工缝等,按特征分为表层缝、深层缝、贯穿缝等。除预留永久缝外,混凝土其他裂缝一般需进行处理,混凝土裂缝的处理方法有灌浆法、表面涂抹(喷涂)法、粘补(粘贴)法、凿槽嵌补(充填)法、喷浆修补法等。

4.2.1.1　灌浆法

灌浆法适用于处理深层裂缝和贯穿裂缝,分为水泥灌浆和化学灌浆(用于细小裂缝或有特定要求的裂缝),混凝土裂缝灌浆施工的主要工序有布孔、钻孔、洗孔、埋设灌浆管、封堵缝口(止浆堵漏)、压水检查、灌浆、封孔、灌后质量检查。

灌浆施工时,按照小、密、梅花形布置的要求布孔;采用钻孔机械钻孔,孔深超混凝土裂缝深0.5 m;钻孔后要对钻孔进行冲洗,以清除孔内粉尘、污物;要用水泥砂浆或环氧砂浆对裂缝口进行封堵,以防漏浆、跑浆;要通过压水试验检查灌浆管道埋设和缝口止浆堵漏效果,并为调整灌浆压力提供参考;采用设计灌浆材料、以适宜灌浆压力(一般为0.2～0.5 MPa)进行灌浆;满足残余吃浆量标准(小于0.02 L/5 min)或在残余吃浆量情况下保持规定灌浆压力达一定时间,即可结束灌浆;灌浆结束后用水泥砂浆封孔;要注意检查有无漏灌,并可通过打检查孔进行压水试验或取样检查而分析灌浆质量。

4.2.1.2　表面涂抹(喷涂)法

表面涂抹(喷涂)法适用于修补较小的浅层裂缝,用钢丝刷或风砂枪清除裂缝处表面附着物和污垢,沿缝凿毛或凿槽(深0.5～2 cm、宽5～20 cm)并清洗干净,对凿毛或凿槽处先涂刷一层水泥浆或环氧基液,然后一次或分次涂抹适宜涂抹材料(如环氧基液、水泥浆、水泥砂浆、环氧砂浆、防水快凝砂浆等)直至填满抹平,并养护。

4.2.1.3　粘补(粘贴)法

粘补法(粘贴法)适用于浅层裂缝的修补,分为表面粘贴和开槽粘贴两种。采用无筋表面粘贴法时,将裂缝表面凿毛并清洗干净,已凿毛处干燥后涂刷一层胶黏剂,然后将刷有胶黏剂的止水片材(如橡胶止水片、玻璃丝布、紫铜片等)粘贴在裂缝处。采用开槽粘贴法时,沿裂缝凿槽(宽18～20 cm、深2～4 cm、长超过缝端各15 cm)并清洗干净;在槽底涂刷一层树脂基液并用砂浆找平,基面干燥后涂刷胶黏剂,然后粘贴刷有胶黏剂的止水片材;在槽的两侧面涂刷一层胶黏剂,槽内回填弹性树脂砂浆直至填满、抹平,并养护。

4.2.1.4　凿槽嵌补(充填)法

凿槽嵌补(充填)法适用于修补缝宽大于0.3 mm的表层裂缝。嵌补死缝时,沿裂缝凿V形槽(宽、深5～6 cm)并清洗干净,槽面涂刷基液(干燥状态下涂刷树脂基液、潮湿状态下涂刷聚合物水泥浆),槽内嵌补水泥砂浆、预缩砂浆或环氧树脂砂浆等,填满、抹平,并养护。嵌补活缝时,沿裂缝凿U形槽(宽、深5～6 cm)或倒梯形深槽并清洗干净,槽底用砂浆找平,槽侧面涂刷胶黏剂,槽内嵌补弹性树脂砂浆等弹性材料,填满、抹平,并养护。

4.2.1.5　喷浆修补法

喷浆修补法分为无筋素喷浆和挂网喷浆。采用无筋素喷浆时,先将裂缝附近表面凿毛并清洗干净,然后喷射一层高强度水泥砂浆,以堵塞裂缝、提高防渗、抗冲及耐磨性。采用挂网喷浆时,先沿裂缝凿槽并清洗干净,槽内挂金属网后再进行喷浆。

4.2.2　埽工施工

埽工,是一种以薪柴(柳、秸、苇等)、土、石为主体,以桩、绳为联系的水工建筑物。由于埽工所用材料粗糙系数较大,且具有一定的弹性,再加上桩绳的联系固定,由此可做成整体性较好、有一定弹性、适应性强的埽体,所以埽体比用石料等材料修筑的水工建筑物更能适应边界条件的变化、缓和水溜冲击、阻塞水流(缓流落淤)、易于堵口闭气,因而埽工在河道整治工程施工进占、防洪工程险情抢护及堵口截流中得到了较广泛应用,如打桩挂柳防浪、捆枕厢埽防冲裹护等。

埽工施工(做埽方法)将在工程抢险操作技能中陆续介绍。

4.2.3　经纬仪放线

4.2.3.1　测放水平角

水平角是空间角在水平面上的投影所形成的角,所以只有在水平面上或接近水平面上,且精度要求不高的特定条件下才可以利用三角函数关系测放水平角(在已知边上量取某长度,作已知边的垂线,根据水平角的正切函数计算出另一条直角边的长度,在垂线上确定该位置,连接两直角边端点可得水平角),一般情况都要用经纬仪测放水平角。在角顶点上支设经纬仪,转动仪器瞄准(粗瞄准目标制动仪器,再利用微动螺旋准确瞄准)已知边上的标志点,读取水平度盘读数(初始读数)或归零,由初始读数加上要测放的水平角度数计算得在测放边上的应读数,打开制动,转动仪器至度盘读数接近应读数时制动仪器,再利用微动螺旋准确找到应读数,向下转动望远镜、利用仪器视线在地面上定出测放点,由测放点和角顶点组成水平角的另一条边。

4.2.3.2　测放直线

用经纬仪按水平角测放方法在已知直线上测放出 90°角,即可测放出已知直线的垂线;用经纬仪按水平角测放方法在已知直线上测放出 180°角,即可将已知直线反向延长;按 0°角测放即可顺线延长已知直线。

4.3　防渗设施及排水设施维修

4.3.1　减压井维修与更新

减压井有可能出现井管淤积、滤水管或反滤材料淤堵、井周围出现沉陷、井管损坏等现象,致使排水减压效果下降,甚至无法满足使用要求,需及时进行维修或更新。

4.3.1.1　减压井维修

若减压井发生井管淤积，一般采用清淤处理方法，如掏挖、钻挖、洗井冲淤；若滤水管或反滤材料发生淤堵，可采用清水冲淤、洗井的处理方法；减压井井管周围回填土不密实或出现沉陷时，要及时回填、平整、夯实，防止因地表水进入井管周围而增加排水量或引起滤水管及反滤材料淤堵；浅层井管损坏时，可开挖至已损坏井管处，对损坏井管进行维修或更换，然后恢复填土。

4.3.1.2　减压井更新

当减压井的滤水管或反滤材料发生淤堵且无法修复时，或因深层井管发生损坏而使井不能继续使用时，可对减压井进行更新（打新减压井）。打设较粗直径的减压井时，一般用钻孔机械钻孔，钻孔时用泥浆固壁，钻孔后下设井管，可提前在井管进水段周围绑扎钢丝网或棕皮等反滤材料，也可下设井管后再在进水段周围回填沙子，在井管非进水段周围回填不透水土料，完成打井后要及时进行抽水洗井，直至出清水为止；打设小口径减压井时，一般采用水冲法造孔，随用高压水造孔、随下井管，井管进水段周围提前绑扎滤水材料或下井管后再回填一些沙料，非进水段周围回填不透水土料，完成下井管后也要及时抽水洗井。

4.3.2　防渗铺盖及斜墙的翻修与新修

防渗铺盖多指黏土铺盖，也可采用土工膜或复合土工膜铺盖；斜墙多指黏土斜墙。

4.3.2.1　黏土铺盖及斜墙的翻修与新修

当黏土铺盖或斜墙发生尚未破坏整体功能的陷坑、残缺等缺陷时，一般采取直接修补的处理方法。对缺陷部位及其附近清基，清除保护层，用符合要求的黏土分层回填、夯实、整修恢复铺盖或斜墙，再分层填筑恢复保护层。

当黏土铺盖或斜墙发生较严重塌陷、断裂，或需要对防渗体以下基础进行加固处理时，一般采用翻修处理方法。对缺陷部位及其附近清基，清除保护层，挖除已遭破坏的防渗体，对基础进行加固处理，恢复防渗体，恢复保护层。

当已有黏土铺盖或斜墙损坏严重、土料及尺度不符合设计要求、没有设置黏土铺盖或斜墙的堤防有渗漏现象时，可考虑新修黏土铺盖或斜墙。做好清基及基础处理，按设计要求选择黏性土料，按土方工程施工程序及技术要求组织施工，按设计尺度及要求控制施工质量，新修黏土铺盖或斜墙完成后要修筑保护层。

4.3.2.2　土工膜或复合土工膜铺盖的翻修与新修

土工膜或复合土工膜铺盖遭到穿透、断裂等破坏时，可进行局部翻修。对缺陷部位及其附近进行清基，清除保护层，若不需要加固处理铺盖以下基础，可直接对土工膜或复合土工膜的缺陷部位进行修补（将修补处清理干净，用新土工膜或复合土工膜覆盖缺陷处，进行搭接、黏接或焊接），然后回填恢复保护层；若需要加固处理铺盖以下基础，可将缺陷部位的土工膜或复合土工膜剪除，对基础进行加固处理并将表面进行平整、夯实、拣除尖锐物，更换（搭接、黏接或焊接）新土工膜或复合土工膜，恢复保护层。

当土工膜或复合土工膜铺盖破坏严重、年久老化时，可清除新修。

若堤防渗漏严重而尚未采取截渗措施时，可采取土工膜或复合土工膜铺盖截渗。

4.3.3　背水侧盖重的翻修与新修

背水侧盖重一般指透水后戗和淤背加固工程。当背水侧盖重工程发生局部缺损、冲沟时，可直接用符合要求的土料进行修补（填垫、平整、夯实）；当残缺、水沟浪窝严重或有内部隐患时，可进行开挖回填处理（清基、挖除松散土层、回填、夯实）；当残缺范围大、尺寸标准不足，或土质不符合设计要求时，可按设计标准新修（清基、基础处理，分层填筑或淤筑、整平、压实，黏性土包边盖顶、植草防护）。

4.4　穿（跨）堤建筑物与堤防接合部维修

4.4.1　接头错位的维修

穿堤建筑物接头错位主要是不均匀沉陷造成的。对于外表面的接头错位，可直接凿除高出部分，用高强度等级砂浆抹平压光；也可将低处的表面凿毛，然后用与原结构相同或强度等级更高的材料加高衬平、压光。对于处于水下的接头错位，维修时间应选择在枯水期，在上游修筑围堰挡水，抽出坑内积水，用高压水枪冲洗或擦洗的方法将错位处表面清理干净，拆除接头错位处的明止水，凿除接头错位处高出部分并用高强度等级砂浆抹平，或将错位处低处表面凿毛并抹补砂浆找平，重新粘贴并用预埋螺栓和钢板固压明止水材料。

4.4.2　永久缝止水失效的维修

为防止沿建筑物永久分缝处渗漏，对永久缝应采取止水措施，如在分缝内填充沥青、沥青油毛毡、沥青麻布或沥青衫木板，在分缝内设置沥青井、预埋止水片（金属片、橡胶片），在分缝表面粘贴并固压止水橡胶（明止水），在结构外围修筑黏土截渗环（明止水）等。

工程运行期间，对已损坏的明止水设施应及时更换：拆除固压钢板、去掉已损坏的止水材料、修复预埋螺栓、粘贴并固压新的止水材料；如果永久缝内的浅层填充材料损坏，可剔除已损坏材料，重新塞填或灌注新填充材料；如果深层填充材料、预埋止水片或止水井损坏，可将永久缝或止水井周围开槽凿宽，更换止水材料，修复止水设施，然后用强度等级更高的材料对已凿除部分进行恢复。对于确实不易维修的暗止水，可变更为明止水措施；若结构外围修筑的黏土截渗环发生损坏，可采用开挖回填的方法修复。

4.4.3　穿堤建筑物接合部渗漏的维修

若穿堤建筑物与堤防接合部存在渗漏隐患，可按以下措施进行维修处理：

在堤防临河（穿堤建筑物上游），如能确定渗水进口位置或范围，可用防渗材料盖堵；或通过修做黏土前戗、延长不透水翼墙和护坡而延长防渗段长度。

在穿堤建筑物与堤防接合部，设置止水设施（如修做伸入堤身内的刺墙、在岸墙上粘压沥青麻布或复合土工膜并埋入堤身内、接合部回填黏土、修做黏土环），注意回填、夯实接合部黏土,保证回填土密实,增加截渗效果。

对穿堤建筑物附近堤段(尤其是沿接触面附近)进行压力灌浆,提高回填土密实性;也可采用截堵防渗(称为中堵截渗)的方法:直接对存在集中渗漏隐患的接合部位进行开挖,然后用黏土或灰土分层回填夯实,开挖回填处理时需清除建筑物表面乳皮或粉尘,并将建筑物表面湿润,或边涂泥浆边填土夯实。

在堤防背河(穿堤建筑物下游):延长反滤段,如修做透水后戗、增设反滤排水体或反滤铺盖。

模块5　工程抢险

本模块包括漏洞抢险、穿堤建筑物及其与堤防接合部抢险。

5.1　漏洞抢险

5.1.1　险情简述

在长时间、高水位作用下，堤防背水坡及坡脚附近出现的横贯堤身或堤基的集中流水孔洞（通道），称为漏洞。漏洞水流常为压力管流，其流速大、冲刷力强，使险情发展快，所以漏洞是堤防最严重险情之一。

漏洞又分清水漏洞和浑水漏洞。清水漏洞系堤身散浸所形成，在高水位、堤坡陡、偎水时间长、透水性大的堤段，渗水在背河堤坡的薄弱处（如已有孔洞）集中流出，即漏洞伴随散浸出现，此时渗水尚没有带出堤内土颗粒，所以形成清水漏洞，其危险性比浑水漏洞小，但如不及时处理也可能演变成浑水漏洞，同样会造成决口危险；浑水漏洞有的是由清水漏洞演变而来，有的是因为堤内有孔洞而使洪水直接贯穿流出，流出浑水或由清变浑，均表明漏洞正在迅速扩大，如不及时抢堵或抢护不当，堤防随时有发生陷坑、坍塌甚至溃决的危险。因此，当发生漏洞险情时，要全力以赴迅速进行抢堵。

5.1.2　原因分析

导致堤防出现漏洞主要有以下原因：

(1)堤身土料填筑质量差，如修筑时土料含沙量大，土料有机质含量高，土块没有打碎，产生架空现象，碾压不实，分段填筑接头未处理好等；

(2)堤身存在隐患，如动物（蚁、鼠、獾、狐等）洞穴、树根腐烂洞穴、裂缝等；

(3)堤身位于古河道、决口老口门、老险工或其他建筑处，筑堤时对原抢险所用秸料、木桩、杂物等腐烂物未清除或清除不彻底等；

(4)对沿堤旧涵闸、战沟、碉堡、地窖和埋葬的棺木等未拆除或拆除不彻底；

(5)沿堤修筑闸站等穿堤建筑物时，建筑物与土堤接合部填筑质量差，在高水位长时间作用下产生集中渗流，随着渗流的加剧形成管涌，以致发展成漏洞。

5.1.3　一般要求

漏洞险情发展很快，特别是浑水漏洞更容易危及堤防安全，甚至很快造成决口，所以抢护漏洞要抢早抢小、一气呵成，切莫贻误战机。对漏洞险情的抢护原则是：“前截后导，临背并举”。应尽早找到漏洞进水口，以便及时对进水口进行截堵，截断漏水来源；与此同时，在漏洞出水口处采取滤导措施，以制止土料流失，防止险情扩大。切忌对漏洞出水口用不透水材料强塞硬堵,以免造成更大险情。

5.1.4 探找漏洞进水口

为及时截断漏洞水源,必须尽快探找到进水口的准确位置或大致位置,以便实施临河截堵措施。探找漏洞进水口的方法主要有水面观察(查看旋涡)法、观察出水颜色法、人工排摸法、潜水探漏法、布幕查漏法、软罩查洞法、撑杆布罩组合排摸法、竹竿吊球法、竹竿探测法、麻杆探洞法、仪器探漏法等。

5.1.4.1 水面观察(查看旋涡)法

漏洞进水口附近的水流易形成旋涡,在无风浪时一般能直接观察到旋涡现象,若旋涡不够明显,可在水面撒些糠皮、锯末、泡沫塑料、碎草等漂浮物,以观察漂浮物是否在水面上旋转或集中于一处,据此可判断水面是否有旋涡和旋涡位置,并可在旋涡所对应的位置找到漏洞进水口。此法适用于漏洞进口处水不深,而出水量较大的情况。

5.1.4.2 观察出水颜色法

为大体确定漏洞进口位置或范围,可在对应漏洞出口位置的临河附近水面(或直接在疑似漏洞进口的范围)分段分期地撒些石灰、墨水、烟灰、高锰酸钾等有色颜料,然后注意观察漏洞出水情况,如发现出水中有所撒颜色,可初步确定进口的大体位置。

5.1.4.3 人工排摸法及潜水探漏法

当水面看不到旋涡,估计漏洞进口在水下不是很深、洞口直径不大时,可采用人工排摸法探找漏洞进口,即由熟悉水性的多人手臂相挽地顺堤坡排成横排(高个在前),在水中顺堤线方向并排前进,并不断用脚踩探,凭感觉查找洞口。排摸时,每人都要腰系安全绳、身穿救生衣,并另备长杆、梯子等救生设备,以确保安全。

当漏洞进口在水下较深时,可采用顺杆下水探摸的方法,即由坡上人员将长杆插到需要探摸处,由水性好的人员(腰系安全绳)扶杆潜入水中进行探摸;也可由专业潜水员或经过专门培训的潜水员直接潜水探摸洞口。

5.1.4.4 布幕查洞法

利用篷布、复合土工膜、土工织物、编织布、席片等制成布幕(四角或更多处拴绳,底端适当配重,既能使布片展开并贴近堤坡,还能比较容易地拖拉移动),靠多人顺堤线方向拖拉布幕缓慢移动,通过移动当中突然拖拉困难(排除是因石块、树木等杂物阻挡)或出水量变小而判断进口位置,并可将该布幕直接盖堵漏洞进口,然后盖压闭气。

5.1.4.5 撑杆布罩组合排摸法

撑杆布置组合排摸法是在传统软罩查洞的基础上发展而来的,其中撑杆布罩的制作方法如下:可选择一根长3.0 m、直径6 mm的钢筋,弯成长轴0.8 m、短轴0.5 m的椭圆形钢筋圈框,两钢筋头在长轴一侧并超出圈长0.1 m,以便于与撑杆焊接或绑扎;在钢筋圈框上缝制柔软、强度高、透水差的布块,从而做成布罩,所用布块要比钢筋圈宽松许多,以便形成兜状而利于被吸入洞口内;选用直径25 mm的钢管(只要强度满足,轻型钢管最好)、或顺直好用且强度高的木杆作为撑杆,撑杆长度根据探摸需要确定,将布罩固定在撑杆上即完成撑杆布罩的制作,为了增加探测范围可同时制作杆长不等(如分别是2.0 m,2.5 m,3.0 m,3.5 m,…,8.5 m,9.0 m或更长)的系列撑杆布罩。

用撑杆布罩探摸漏洞进口时，每人持一个撑杆布罩，由多人持不同杆长的布罩同时顺堤线方向探摸，这可分别探摸不同深度，探摸时要使布罩面平行且贴近堤坡缓慢前行，凭手感（布罩被吸附时移动困难）探找漏洞进口。

5.1.5 漏洞抢护方法

漏洞抢险强调临背并举，抢护方法主要分为临河截堵方法和背河导渗方法，当遇位置准确的穿堤漏洞时，在临截背导的同时还可采用抽槽截洞法进行抢护。

5.1.5.1 临河截堵

临河截堵方法有塞堵法、盖堵法及戗堤法。当漏洞进水口较小、周围土质较硬时，一般可用软性材料塞堵，并盖压闭气；当漏洞进水口较大，或虽小但不易塞堵（如土质松软、洞口周围有裂缝等）时，可用面积较大的软帘、网兜、薄板等盖堵进口，并盖压闭气；当漏洞进水口较多、情况复杂、洞口准确位置一时难以找到，且水深较浅时，可抢筑前戗或月堤，以截断进水。

1）塞堵法

当漏洞进水口较小、洞口周围土质较硬、只有一个或少数洞口、洞口位于水下较浅、洞前流速小、人可下水接近洞口时，可由抢护人员或潜水员下水，用软楔、草捆、棉絮、棉被、土袋等物塞堵漏洞进口。

（1）软楔塞堵。

用细绳拴结成网格约为 0.1 m×0.1 m 的圆锥形网罩，网罩内填麦秸、稻草等软料，以做成圆锥形楔体（称为软楔），软楔大头直径一般为 0.4～0.6 m，长（高）度为 1.0～1.5 m，为防止软楔入水漂浮，应先对其进行浸泡或制作时就在软料里裹填一部分石块、黏土。为适用对不同大小漏洞的抢护，可事先拴结成大小不同的网罩，抢险时再根据洞口大小直接选用网罩并填充料物。塞堵时，将软楔小头塞入漏洞进口内，并尽力塞紧塞严。堵塞后，最好再用防水布覆盖漏洞进口并用土袋或散土压牢，或直接用土袋及散黏土进行盖压闭气，直到完全截进水。

（2）草捆塞堵。

用细绳把稻草或麦秸等细软料捆扎成圆锥体或圆台体草捆，其粗头直径一般为 0.4～0.6 m，长（高）度为 1.0～1.5 m，务必捆紧扎牢，为防止漂浮，可在软料里裹填一部分石块或黏土。汛前可制作储备一定数量、不同规格的草捆，以备抢险急需。塞堵时，视情清除洞口杂物，将草捆小头塞入漏洞进口内，若洞口较大也可用多个草捆同时塞堵。塞堵后，再用防水布覆盖漏洞进口并用土袋或散土压牢，或直接用土袋及散黏土进行盖压闭气。

（3）软罩堵漏法。

用钢筋、扁钢、竹条等材料扎制成不同直径的圆圈边框（如用长 3.0 m、直径 6 mm 的钢筋做成直径 0.9 m 的圆圈），选用轻型、柔软、强度高的防水布块（应大于边框所围成的面积）并缝制在圆圈边框上，即成为堵漏专用软罩，也可直接用探找漏洞进口的撑杆布罩代替软罩。当软罩防水布被水流吸入洞内时相当于进行塞堵，同时软罩又盖住洞口也相当于盖堵，在软罩之上再进行压盖闭气。软罩堵漏具有抢堵快、适应于不同形状的洞口、软罩与洞口接触严密、操作简便、易于携带等特点。

(4)软袋塞堵法。

用袋子(不透水袋子最好)装土、锯末、麦糠、软草等混合料成为软袋,以使软袋容重略大于水容重为宜,一般将袋子装七八成或其以下满,以保证软袋在水中一个人能抱得起、按得下,便于塞堵操作,用软袋塞堵漏洞进口后再进行盖压闭气。

采用堵塞法堵漏时,若洞口不止一个,不要顾此失彼,尤其是若没有探摸到主洞口更容易延误抢险时间,导致口门扩大,情况更趋严重。

2)盖堵法

用面积较大的覆盖物先盖堵漏洞进水口,待漏洞进水明显减小或基本断流后,再在上面快速抛填土袋或散黏土盖压闭气,以截断漏洞进水。依据盖堵材料的不同分为铁锅盖堵法、木板盖堵法、网兜盖堵法、软帘盖堵法等,现介绍以下几种抢护方法。

(1)铁锅盖堵法或木板盖堵法。

当漏洞进口较小、水深较浅、洞口周边土质坚硬且较平坦时,可采用铁锅或木板盖堵法。将铁锅或木板盖(扣)堵住洞口后,要在其周围用胶泥封闭,或直接抛压土袋和散黏土盖压闭气。

(2)网兜盖堵法。

当漏洞进口较大时,可采用网兜盖堵法进行抢护。一般用直径 3 cm 的麻绳做网纲,用直径 1.0 cm 左右的麻绳或 0.5 cm 的尼龙绳,按 0.2 m×0.2 m 的网眼编织网片,网片宽一般 2~3 m,网片长度应为自堤顶固定处至漏洞进水口底部边缘长度的 2 倍以上。抢堵时,将网片对折,两端一并系牢于堤顶木桩上,在网片中间折叠处坠以重物,将双层网片顺堤坡沉下成网兜形,然后在网兜中抛填柴草、黏土或其他物料,以此盖堵洞口,之后再抛压土袋或散黏土闭气;也可在岸上先将网兜装好,再用机械直接将网兜抛投在漏洞进口位置,必要时可连续抛投多个网兜盖堵。

(3)软帘盖堵法。

当漏洞进口较多、洞口较大、洞口周围土质松软或有许多裂缝、洞口附近流速较小时,可选用此法抢堵漏洞。可选用草帘、苇箔、篷布、复合土工膜、土工织物、土工编织布等作为软帘,也可临时用柳枝、秸料、芦苇等编扎成软帘,软帘的大小应根据需要盖堵范围确定。为了便于快速铺放和保证铺放效果,也可提前将软帘做成软体排及电动式软帘,如在软帘的上端可根据受力大小拴系绳索或铅丝,软帘的下端坠以较重的滚筒(如钢管、水泥杆或土枕)或块石、土袋等重物,以利于软帘沉帖边坡。

铺盖软帘前,要清除盖堵范围内或水上范围的树木、石块、高秆杂草、杂物、尖锐物等,以使软帘与坡面贴紧和不被扎破。

铺盖软帘时,将已滚卷起的软帘(软体排、电动式软帘)置放在洞口的上部,把其上端绳索或铅丝拴牢于堤顶木桩上,使其顺堤坡下滚(不能自行滚动时可借助木杆或竹竿推撑)展铺,见图 6-5-1,盖堵洞口后再在软帘上抛填土袋和散黏土盖压闭气。

3)戗堤法

当漏洞进水口较多、范围较大、洞口在水下较深、地形复杂、进口位置难以找准或找不全时,可采用戗堤法进行抢护。戗堤法包括黏土前戗法、临水月堤法,或两者的结合。

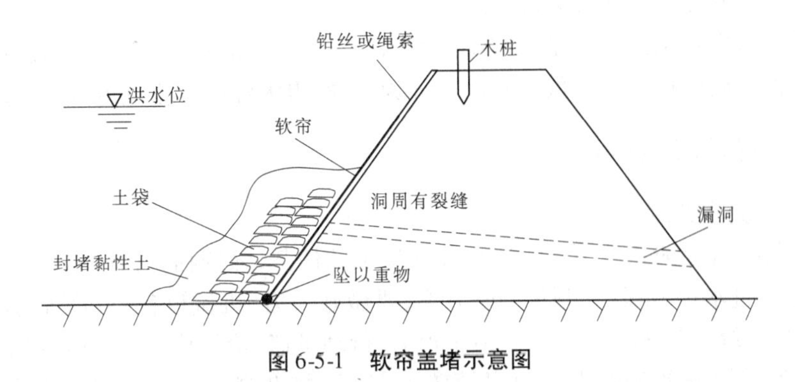

图6-5-1　软帘盖堵示意图

(1)黏土前戗法。

当堤前水流速度较小时,可依堤坡修筑黏土前戗堵漏:根据漏水堤段范围、堤前水深、漏水严重程度及施工方式等因素确定前戗尺寸,一般前戗顶宽不小于2~3 m,长度至少超过漏水堤段两端各3~5 m,戗顶高出水面1.0 m,水上坡度可与堤坡相同,水下坡度以能使边坡自身稳定为宜,一般不陡于1∶4.0。填筑前,将拟修戗范围堤坡上的草皮、树木和杂物尽量清除,以免抛填土不实,影响戗体截渗效果;填筑时,要提前在临水堤肩备黏土再集中力量填筑,或直接由自卸车沿临水坡由上而下、由里向外地向水中均衡推进倒土,切忌向水中猛倒乱倒,以免造成土料流失或因沉积不实而降低截渗效果;若土料向漏洞内流失,可在洞口附近加抛土袋;当堤前速度较大时,可增抛土袋防冲,或用土袋与散黏土结合修筑前戗。

(2)临水月堤法。

如临水水深较浅、流速较小,可在漏洞进水口上下游的适宜位置,分别由堤坡开始,用土袋或散黏土向水中修筑月牙形围堰(月堤),以将洞口圈围起来,从而截断进水。为更加安全可靠,可在堤坡与月堤之间再填筑黏土进行封堵。

5.1.5.2　背河导渗

为保证安全,在临水截堵漏洞进口的同时,必须在背河漏洞出口处采取反滤导渗措施,如修做反滤铺盖、反滤围井(包括反滤水桶法)、透水压渗台等,以制止泥沙流失,防止险情扩大。以上方法已在渗水或管涌险情抢护中介绍,同样适用于漏洞抢险,只是由于漏洞出口直径和出水量可能较大而对反滤导渗设施的要求(尺寸、修筑质量等)更高。

5.1.5.3　抽槽截洞

若能确定漏洞穿越堤身的准确位置且其在堤顶以下埋藏较浅、堤顶较宽、堤身断面较大,可在临河截堵和背河导渗的同时再考虑在堤顶上采取抽槽截洞措施:①探测确定漏洞穿堤的准确位置和深度,做好一切抢护准备,如人员组织、机械、器材料物(土料、土袋、棉絮等)等,开工后要一鼓作气迅速完成,中途不得停工;②确定开挖范围,抽槽应尽可能垂直漏洞轴线,开挖边坡要稳定;③用挖掘机挖槽,直至挖到漏洞处;④当挖出漏洞后,先堵死开挖槽处的进水口,截断进水,排干槽内积水,清除淤泥,再堵塞开挖槽处的出水口,然后用黏性土分层回填并夯实洞身和开挖槽。

抽槽截洞虽行之有效,但高水位时采用此法有较大风险,必须慎重选择,并制订周密的抢堵方案，选用时须注意以下条件：

（1）抽槽后堤身仍能保持足够抗洪能力，必要时可以加宽堤身断面，不致发生意外；

（2）抽槽截洞的挖深以不低于水面 2 m 为宜，挖得太深会发生塌方，增加抢护难度。

5.1.6　漏洞抢险注意事项

漏洞抢险应注意以下事项：

（1）漏洞险情抢护是一项十分紧急而又复杂的任务，强调临背措施并举，所以一定要尽快找到漏洞进水口；抢险要制订周密方案，要做好人力、机械设备、料物等各项准备，要做到组织严密、统一指挥、方法得当、措施得力、行动迅速、抢早抢小、一气呵成。

（2）抢堵漏洞进水口时，切忌乱抛填砖块、石块、柳杂料等，以免因形成棚架而使险情扩大或难以闭气。

（3）切忌在漏洞出水口处用不透水材料强塞硬堵，以免堵住一处而又出现多处，导致险情扩大和恶化，甚至因贻误战机而造成堤防溃决。

（4）盖堵法抢护漏洞进水口时，须防止从覆盖物周边进水，覆盖后应立即封严周边并迅速盖压闭气，否则有可能导致盖堵失败，甚至导致洞口扩大，增加再堵困难。

（5）在漏洞进水口探找和塞盖堵时，要确保人身安全，如腰系安全绳、穿救生衣，并安排专人监护等。

（6）漏洞抢堵完毕后，仍要安排足够的防守力量加强巡查防守，以防再次出现漏洞。

（7）凡发生漏洞险情的堤段，汛后一定要进行开挖翻筑或锥探灌浆等加固处理。

5.2　穿堤建筑物及其与堤防接合部抢险

5.2.1　险情简述

穿堤建筑物（如涵闸、管道、电缆等）及其与堤防接合部可能产生的险情有裂缝（包括接合部裂缝、穿堤建筑物结构裂缝、连接建筑物裂缝等）、渗水（包括接合部渗水和基础渗水）、管涌、漏洞、闸（阀）门漏水、水闸滑动、水流冲（淘）刷连接建筑物引起塌陷或倾覆等。

5.2.2　原因分析

导致以上险情的主要原因如下：

（1）穿堤建筑物与堤防接合部回填不实，易产生局部沉陷、空洞、裂缝。

（2）穿堤建筑物自身结构及荷载差异，易导致建筑物自身结构裂缝；穿堤建筑物与堤防在荷载和材料等方面的差异，易产生不均匀沉陷，从而导致接合部裂缝。如遇降雨径流进入裂缝将使裂缝被冲蚀扩大，形成陷坑或暗洞，雨水或水流冲刷有可能使岸墙护坡出现裂缝、塌陷或倾覆。

（3）在洪水期间高水位作用下，洪水沿裂缝及穿堤建筑物与堤防接合部（包括与地基及堤身的接触面）易形成集中渗流或绕渗，严重时在建筑物下游侧可能出现管涌、流土，甚至发展成漏洞，危机涵闸、堤防等安全。

(4)高水位挡水期间,闸(阀)门易出现漏水险情。

(5)在较大的水平水压力作用下易使水闸产生滑动。

(6)基础防渗能力不足(土质差、防渗长度不够等)易导致基础渗水、管涌等。

5.2.3　一般要求

不同穿堤建筑物及其与堤防接合部的险情有所不同,对其所采取的抢护要求也不同,现主要介绍涵闸及管道险情的抢护要求。

5.2.3.1　涵闸抢护要求

对涵闸渗水险情的抢护原则是临截背导,还可采用中堵截渗法;对涵闸管涌险情的抢护原则是临截背导,还可在背河蓄水平压以制止涌水带沙;发现漏洞时应快速寻找进水口,临水堵塞漏洞进水口,背水反滤导渗,还可采用抽槽截洞法;对水闸滑动险情的抢护原则是增加阻滑力,减小滑动力,如加载(加重)阻滑、蓄水平压(抵减向下游的水平推力)阻滑、上游围堤围堵减小水平推力等;对闸门漏水应实施塞堵、囤堵、盖堵。

5.2.3.2　管道险情抢护要求

对管道险情的抢护原则是临河封堵、中间截渗和背河反滤导渗。洪水到来前应拆除活动管节、关闭进口阀门、封堵进口(如用钢板加橡皮垫圈通过螺栓密封进口),防止漏水;发现管道险情应排除管内积水,以利检查监视和抢护险情;对发生在管道与堤防接合部的险情按相应要求抢护。

5.2.4　抢护方法

5.2.4.1　涵闸抢护

涵闸险情的抢护方法大部分与堤防相应险情的抢护方法相同,现仅另介绍以下几种抢护方法。

1)闸前围堵

当水闸漏水(包括闸门漏水和渗水、管涌、漏洞等漏水)严重或有滑动可能、其他抢护方法受限或效果不够理想、场地条件许可时,可在闸前修做围堰以将水闸围堵起来,见图6-5-2,从而截断进水和减小滑动力。

图6-5-2　闸前围堵示意图

当闸前流速不大时,可修做土方围堰,堰顶应超高水面0.5~1.0 m,顶宽4~6 m,边坡以满足自身稳定为宜;当闸前流速较大时,可对土方围堰用土袋或防水布防护,或直接修筑土袋围堰。

2)堵塞漏洞进口

(1)防水布覆盖:一般适用于涵洞式水闸临水堤坡上的漏洞抢护。所覆盖防水布长度要能从堤顶向下铺至洞口以下一定范围,布幅宽不足时可提前缝接、焊接或黏接,也可铺设时现场搭接;水较浅时,可由抢护人员下水直接展铺防水布,并用土袋或散黏土盖压闭气;水较深时,可将防水布先做成软体排再铺设,铺设软体排时,在堤顶肩部打数根木桩,将排体上端固定,靠自重或借助人力用木杆或竹竿顶推使排体顺堤坡展铺开,直至铺盖住漏洞进口,在软体排上再抛压土袋或散黏土闭气。

(2)塞堵法:当水下混凝土建筑物裂缝较大或有孔洞时,可用浸油麻丝、桐油灰掺石棉绳、棉絮等塞(嵌)堵;当裂缝、漏洞较小时,可用瓷泥、环氧砂浆黏堵并加压顶紧。当接合部漏洞进口不大,水深在2.5 m以内时,可用旧棉絮、棉衣、草捆或用尼龙网袋装草泥堵塞,塞堵后要压盖土袋或散黏土闭气。用尼龙网袋装草泥堵塞时,一般分三组作业:一组装网袋,一组运网袋,一组在水中找准洞口位置堵塞。

3)闸后蓄水平压

在闸后一定范围内用土料或土袋筑成围堤,以形成养水盆,见图6-5-3,将水闸及渗漏出水口圈堵起来,通过拦蓄出水壅高下游水位,以减小上下游水头差,从而制止涌水带沙或减小出水量,也可借以抵消部分上游水平推力而防止或阻止水闸滑动险情。修筑围堤的高度应根据蓄水要求而定,要留有1 m左右的超高,围堤顶宽约2 m,土围堤边坡不陡于1:2,土袋边坡1:1,并在靠近控制水位处安设溢水管。条件许可时,应尽可能采用机械化修筑土围堤。

图6-5-3　下游蓄水平压

为减小临时抢筑围堤的工程量,汛前可在水闸下游两侧修筑部分围堤(也称为翼堤),并备足合龙土方、袋子等,这可在出险时快速抢筑剩余围堤,以赢得抢险主动。

当水闸下游附近渠道上建有节制闸时,也可通过关闸壅高水位。

4）闸门漏水抢险

闸门漏水多是由于闸门止水破坏、闸门不能落到底（如石块支垫）、开敞式水闸闸门漫溢等原因所致，常用抢护方法有：从闸门下游侧用沥青麻丝、棉纱团、棉絮，或用直径适宜内装可膨胀物（如黄豆、海带丝、棉絮等）的袋子塞堵缝隙并用木楔挤紧；在闸门前用土袋、散黏土围堵，或铺设防水布后再用土袋、黏土盖压闭气；若闸门下有较大空隙，可先用大体积物体（如柳石枕、加大土袋等）填塞，然后围堵或铺设防水布并盖压闭气；可通过对闸门加高，防止漫溢。

5.2.4.2　管道抢护

对管道险情一般采取临河堵漏、背河反滤导渗、蓄水平压等抢护措施，汛期过后可通过压力灌浆进行截渗加固。

模块6　培训指导

职业培训指导是指进行理论培训和技能操作指导，强调干什么学什么、缺什么补什么的原则，须具有明确的培训指导对象、具体的培训指导内容和切合实际的培训指导方式。

6.1　培训指导对象

根据国家职业标准，河道修防工设有初级（国家职业资格五级）、中级（国家职业资格四级）、高级（国家职业资格三级）、技师（国家职业资格二级）及高级技师（国家职业资格一级）五个职业等级，其中初级工、中级工及高级工属于技师的培训指导对象，初级工、中级工、高级工及技师属于高级技师的培训指导对象。

6.2　培训指导内容

培训指导内容应根据学员职业等级和国家职业标准，结合教学安排和学员具体情况来确定。由于不同等级的职业技能标准不同，学员的具体情况和要求不同，因此具体到某次的培训指导内容有所不同。安排培训指导内容时，应注意符合职业标准并具有针对性。

6.3　培训指导形式

培训指导常用的教学形式有课堂培训和现场指导。

课堂培训适用于基础理论及操作技能中的基本知识（如方法、步骤、计算等）授课，一般是将同等级的学员组建成培训班，按确定的课程、指定的教材、拟定的教案进行集中教学。课堂培训能保证学习时间、促进学员学习，通过讲解、复习及学员之间的交流探讨有助于对所学知识的理解和记忆，为提高动手能力奠定基础。

现场指导适用于实际操作技能的具体操作指导，又分为集中指导和分散指导两种形式。集中指导是对培训班全体学员集中进行的指导，是按教案确定的内容统一实施的指导，包括演示讲解、操作指导、动手实践等。分散指导是在生产岗位、劳动现场或施工工地，甚至茶余饭后等空闲时间，对个别学员所进行的单独指导（如以师带徒），这种形式更像是咨询、请教、交流和探讨，以更加灵活、放松的形式传授理论知识、手把手地启发实践，这种方式能针对个别学员的具体问题进行实用性更强的指导，有助于学员牢固记忆和熟练掌握技能技巧。

职业技能培训指导，尤其是高职业等级人员对低职业等级人员所进行的培训指导，属于定向培训，其培训对象具有特定性，培训内容具有很强的针对性，接受培训指导的学员大多是参加工作多年的职工，他们感性认识能力较强、有一定的或较丰富的实践经验，但往往理性认识能力和记忆力可能相对较差,不适应或不习惯说教式的纯理论学习,所以应尽可能采用现场或岗位教学的培训指导形式,培训指导应切合实际、突出理论与实践的密切联系(如随讲解、随动手操作,力求操作步骤清晰、动作要领突出、标准要求明确),并应按需施教、因人施教,以满足学员的特定要求,提高培训指导效果。

职业技能培训指导的方法应适合成年人的特点,可采用速成的、联系实际的教学方法,也可采用一事一训、单科独进、分科结业的培训指导方法,要坚持学用结合、学练结合,以提高技能操作的娴熟和技巧。

6.4　培训指导准备

对于课堂培训和集中指导,教师需要根据培训方案编写自己所承担授课任务或指导内容的教案,并围绕教案进行备课,以使培训指导有序进行,并保证培训指导效果。

6.4.1　编写教案

培训方案,也称为教学大纲,是根据职业等级标准、培训要求、学员情况等因素而周密策划的关于整个培训活动的具体实施方案(如时间、地点、课程或项目设置、使用教材、各门课程或各操作项目课时、授课或实习时间安排等),是教师编写培训教案的依据。

教师应根据培训方案编写教案,教案是对教学内容、教学步骤、教学方法等细节问题进行具体安排和设计的教学文书,教案对每个课题或每个课时的教学内容安排、教学步骤构思、教学方法选择、板书设计、使用教具或现代化教学手段的应用、各项教学内容或各个教学步骤的时间分配等都经过周密考虑和精心设计而确定下来,即通过教案的编写解决了在某时、教什么、怎样教的问题,所以应重视对教案的编写。

6.4.1.1　教案内容

教案内容主要包括课题或课程名称、课时教学内容、教学目的(本课题或本课时要完成的教学任务、要求、目标)、课型(新授课、复习课、理论课、实践课等)、教学重点(说明本课所解决的关键性问题)、教学难点(说明学习时可能存在困难的知识点,对此应引起重视)、教学程序(或称课堂结构,说明教学过程中的各层次内容排序、采用的教学方法、讲解或指导的具体步骤)、板书设计(说明上课时准备写在黑板上的内容)、使用教具(说明辅助教学手段使用的工具)或现代化教学方法选择、作业处理(说明如何布置处理书面或口头作业)等。

在以上内容中,围绕教学过程的设计是重点,因为教学任务的完成主要靠教学过程来实现,教师要根据既定教学目的与要求,结合学生实际设计出教学活动的具体“施工”计划,包括怎样指导预习、采用什么方式和方法进行授课、讲解哪些内容、提出哪些启发性问题、怎样板书或怎样突出重点内容(课题名称、内容提纲、重要结论、术语、名词、概念等)、怎样进行归纳总结、如何将新学知识与已学内容相衔接(比如提问旧课、导入新课)、如何巩固提高(作业、练习、测验)等细节。

6.4.1.2　教案的格式和结构

教学的格式和结构包括概况(包括课题、授课时间、培训目标、培训重点和难点、培训方法等)、培训进程(包括培训步骤及其时间分配,培训内容的分析,培训方法的具体运用)、板书内容或多媒体教学的版面设计(如何突出、醒目地标示出重点)、复习或练习内容安排。

6.4.1.3 教案编写的基本要求

教师所编写的教案要达到准确(按培训方案安排的课程授课,引用及补充的教材真实可靠、观点正确、内容准确)、适用(培训指导内容建立在相应等级职业技能标准及学员自学基础上,具有较强的针对性、适用性和实用性,所以要在掌握职业等级技能标准要求和了解学员知识及技能水平的基础上围绕缺什么、教什么、怎样教去准备教案)、规范(教案的结构完整规范、语言通顺简明、书写或排版工整)、简明(教案内容要简练明确,除重点内容需详加注释外一般采用纲领书写方式,要求步骤清楚、条理清晰)和灵活(视课堂实际情况灵活运用教案,如合理补充或删减教学内容、调整教学次序,以保证教学效果)等。

6.4.2 备课

备课,是根据教学大纲的课程安排,围绕教案所拟定的具体节次的授课内容,依据指定教材或再借助更多的参考书籍,对拟讲授内容所进行的详细准备,以形成比教案内容更加丰富和详细的讲稿,包括所要讲授的内容和次序、知识的扩展、重点内容的注释、实际应用举例、实践经验总结等,这是顺利完成教学任务、保证教学质量的关键和先决条件。

为做好备课,需要教师准确把握培训大纲、认真编写教案、刻苦钻研教材或参阅更多参考资料,在自己弄懂、弄通、学会的基础上,再结合实际拟定适宜的教学思路和教学方法,并将全部授课内容形成讲稿,对授课内容的表达要语言精练、通俗易懂、表述清楚、归纳概括性强、重点突出、操作步骤清晰、操作要领明确、操作便捷、便于学员的理解记忆和掌握。

备课是完成好教学的基础,备课的过程也就是在考虑讲哪些内容、按怎样的顺序讲、如何表达的更清楚、如何突出重点等问题的过程,所以对备课应有较高的要求。备课时,教师要熟悉培训方案、教案和教材,把握教学内容,分析教学任务(找准重点章节及各章节的重点、难点),明确教学目标,研究学生特点,选择教学方法,设计教学过程;要广泛阅读有关文献和教学参考书,必要时可对教材内容作充实、删减、更新;要根据学生的知识结构、水平和理解能力,确定讲授范围、层次,选择易被学员接受的培训指导方法;每次备课都应确定本次课的重点和难点,考虑采用何种教学方法来讲清重点、突破难点,包括设计如何举例、演示、操作等。

备课一般分为教材总备课、单元备课、课时备课、课前备课、课后备课五类。教材总备课是对本课程整个教学任务的备课,是将本课程的各项拟培训指导内容分配到已确定的总课时中,相当于编列授课计划;单元备课是逐课题、逐单项内容的备课;课时备课即每一节课的备课;课前备课,也称为课前准备,包括进一步熟悉教材、备授课方法、备表达语言、备教具等;课后备课,即课后总结,可通过课后总结吸取经验教训,并可对已备课内容进行修改、充实、完善,以利于今后更好地教学。

备课要坚持范围上"由大到小"、内容上"由粗到细"、循序渐进的方法,要清楚教学要求、掌握学员情况，要在通读教材的基础上确定重点和难点，编写出符合实际的讲稿。

6.5　培训指导实施

通过培训指导不仅要让学员在自学的基础上掌握本等级职业标准的基本知识和技能，还要注意培养他们的自学能力，以便为他们今后独立获取知识和技能、提高分析问题和解决问题的能力创造条件。

6.5.1　选择适宜的培训指导方法

授课前，教师应根据学员状况分析其学习掌握基础知识或操作技能的能力，根据实际选用适宜的培训指导方法。学员学习和掌握知识或技能一般包括感知教材、理解教材、巩固知识、运用知识四个基本阶段。

感知教材：从对教材的感知开始，只有学员的感性知识丰富，表象清晰，他们才能比较容易地理解和掌握培训教材的相关知识、技能操作方法和程序要点，如果学员缺乏必要的感性认识基础，则学习起来就会感到比较困难；学员的感性认识可来源于实践经验的积累、以往学习的储备、培训指导过程中的直观教学（教具、试验、实习、参观等）及教师的生动和形象描述。

理解教材：是学员掌握知识的中心环节，是对感性认识的理性升华，教师要在学员感知教材的基础上进一步引导学员对所感知的教材加以分析、概括，经过思维加工而形成概念并加深对新概念的理解，从而掌握知识和技能；学员理解教材是个复杂的思维过程，为了使学员能正确地理解思维、把教材内容与学员已有的感性认识有机地结合起来并逐步形成准确的知识概念和操作技能，教师要善于运用比较、分析、综合等逻辑思维方法和归纳演绎等逻辑推理形式来启发引导学员的思维和理顺组织学员的思维过程，培养学员的逻辑思维能力，有意识地培养学员提出问题和分析问题的能力。

巩固知识：学员理解了教材还不等于掌握了知识和技能，更重要的是要使学员巩固所学知识和技能，知识的巩固贯穿于教学过程的自始至终，如通过多练习、完成书面或口头作业、举一反三、参加试验或实习等实际动手操作而加深对知识的理解、巩固学习效果和提高熟练程度。

运用知识：掌握知识的最终目的是应用，教学中要注意多举例和安排必要的实践或实际活动，学员应在教师的培训指导下将理论知识与应用实例相联系、用学过的知识解释实际现象或解决实际问题、将已经掌握的操作技能运用到实践或实际活动中，以提高分析问题和解决问题的能力、形成熟练的操作技能技巧。

教师的授课方法主要分为注入式和启发式两大类。注入式教学（也叫"填鸭式"教学）就是不顾学员理解与否、只注重在限定的时间内把现成的结论灌输给学员，更多的是照本宣科；启发式教学是指在授课过程中教师采用启发的方式（如反问、提示、举例）引导学员积极主动地思考、理解、掌握所学知识的方法，这种方法能激发学员的学习兴趣、集中学习精力、帮助学员理解记忆、培养学员的思考能力。

对职工进行培训指导授课时，应采用启发式教学，可灵活选用以下方法：

(1)讲授法:教师通过叙述、描绘、解释、推理论证等方法向学员系统地传授知识和技能,还可利用现代化教学手段通过试验或演示等方法进行教学;讲授法是一个主要的教学方法,其他一些教学方法都可与讲授法相结合,这是由于在教与学的过程中得当的语言和形体交流有助于表达、理解、记忆,是传授和接受知识或技能的捷径。

(2)问答法:是教师在授课过程中采取提出问题或提问问题,以便探讨新问题和推出新概念的教学方法,从而可激发学员学习兴趣、启发学员积极思考、集中精力听讲,有助于使学员通过独立思考来获取知识,使印象更加深刻、记忆更加巩固,可提高教学效果,这对于发展学员的思维能力和提高语言表达能力均具有重要作用。运用问答法应建立在学员具备一定的实践经验和知识基础上,类似于开展交流和探讨。

(3)演示法:是配合讲解并运用直观教具或现场实际操作进行示范演示的教学方法,这可使本来比较抽象的问题变得直观、简单,以增加学员的感性认识,加深对学习对象的印象,以帮助学员形成正确、深刻的观念,有助于理解记忆和巩固所学知识或技能。

(4)强化练习法:是促进系统理解、加深记忆、巩固所学知识和技能、提高技能运用技巧的一种教学方法,学员掌握知识和技能需要经过多次反复,每重复一次都有所巩固强化和新的提高,练习是学员牢固掌握知识、形成技能技巧的基本途径,对提高学员运用知识或技能解决实际问题的独立工作能力也有很大帮助。

(5)开展讨论法:通过在课堂、自习或实践操作过程中开展各种形式的讨论,可使学员相互启发、取长补短,弥补个人理解的片面性,从而可加深对所学知识或技能的掌握,也能启发学员独立思考、积极钻研,拓宽知识面或提高对技能的运用能力。

(6)复习巩固法:是巩固所学知识或技能,使所学知识或技能更加系统化和完整化的一种教学方法,这不仅可以防止遗忘,而且还可以恢复曾经学习过但已遗忘的东西,复习的作用不仅在于巩固知识,还有加深对已有知识的理解和改进认识的作用,帮助学员准确把握所学知识或技能。复习有多种形式,如课后复习、日常复习、单元复习、全面系统的复习等。

(7)作业检验法:课外作业是教学的一个有机组成部分,它是课堂教学的延续,通过完成课外作业能检验学员的学习效果,能培养学员独立思考、钻研问题和自学能力。课外作业的内容包括复习或预习教材、阅读课外书籍、完成书面作业、完成实践活动等,教师要对学员完成的课外作业认真批改,对存在的共性问题可予以统一辅导讲解,对个别错误可予以分别指导。

培训指导过程中,要注意采用板书、不同字体、不同颜色、符号标记、画线勾圈、旁批注解、强调说明、图示、图解、举例、演示、示范、实际动手操作等方法手段,将培训指导内容中的重点、难点、定理、定律、公式、要领、程序(步骤)、技巧等加以突出,这更有助于学员把握重点、增加理解和记忆。

应当指出的是,在理论教学及操作指导中,并不存在固定的教学方法,也不存在万能的教学方法,具体采用哪种授课方法、手段,应根据教学内容、教学条件及学员的习惯和接受能力而选择,教师要掌握整个教学方法体系,要分析具体情况,以一种或几种方法为主,综合运用其他方法,具有针对性的组织培训指导。如理论课应采用讲解、板书、图示、图解、举例的方法,并重点介绍特征、成因、处理方法等;实践课应以演示、示范、实际动手操作等方法为主，并主要讲解操作程序、标准要求、动作要领、经验窍门等。

授课过程中，注意通过布置作业、指定思考题、划定预习范围等方式，调动学员的学习积极性，并通过座谈了解、征求意见、提问、测验等途径，及时了解教学效果，听取学员意见，不断总结教学经验、改进教学方法、提高培训指导能力。

6.5.2　理论培训的组织实施

实施理论培训时，教师要提前准备好培训教材、讲稿、教具；讲授过程中，教师要注意语言速度、音量大小、节奏和语气，要注意对重点部分予以强调（如板书、提醒、复述、提问、标示）；授课时，通过导言讲明学习的意义、内容、目标要求，从而调动学员学习的积极性；通过介绍拟学知识的应用实例，使学员感知新的学习内容，激起学习兴趣；通过多措并举的科学授课，促使学员理解、记忆、掌握新知识；通过多次重复、做题练习、测验等手段，促使学员不断巩固所学知识；通过理论与实践、理论与操作技能的结合，提高学员运用知识于实践的能力；要注意通过测验考核检查教学效果，并从中总结教学经验，以求提高教学水平。

6.5.3　操作指导的组织实施

实施操作指导前，教师应根据操作指导项目和内容要求制订指导计划，确定指导方法、步骤，选择或准备教材、场地、所用工具料物、仪器、设备等。

操作指导过程中，教师要边讲解边示范，要让学员多练习，对基础较差的学员要手把手地教，努力争取好的培训指导效果。

要注意检查指导效果，如采用观察、测试等方法及时掌握学员的学习情况，以分析培训效果，及时总结和改进教学指导方法。

第 7 篇　操作技能——高级技师

模块1 工程运行检查

本模块包括堤防检查、堤岸防护工程及防洪(防浪)墙检查、防渗设施及排水设施检查、穿(跨)堤建筑物与堤防接合部检查。

1.1 堤防检查

1.1.1 堤防检查方案的编制

堤防检查方案,是对堤防实施检查的全面规划和行动指南,是为了顺利完成检查任务、达到预期检查目的和要求,在实施检查前所作的全面计划和安排。

编制堤防检查方案,应了解工程历史,掌握工程现状,结合工程的工作条件和运行要求,切合实际地选设检查项目,明确检查内容和要求,确立具体的实施步骤和保障措施,使检查方案具有很强的应用性和可操作性。

目前,大多数堤防普遍存在以下问题:

(1)堤基条件差。多数堤防傍河而建,在堤线选择上有很大局限性,堤基地质条件复杂多变且多未处理。

(2)堤身质量差。多数堤防是在原民堤的基础上经逐渐加高培厚而形成的,往往质量不佳。

(3)堤后坑塘多。堤后地势一般低洼,再加上有近堤取土、开挖利用的现象,且随着堤防的加高培厚使原来的远坑塘也变成了近坑塘,从而造成了堤后坑塘较多的现象。

基于以上原因,当堤防遭遇洪水时,有发生渗水、管涌、滑坡等险情的可能,严重者可导致大堤溃决。因此,在准确掌握堤防工程现状的同时应重视对工程历史的了解,收集堤防工程各项资料(包括历次复堤、改建、扩建、除险加固等方面的设计和施工技术资料,历年的运行检查、观测、维修、抢险资料,堤防水文、地质、地形、地貌等环境资料),建立堤防工程运行技术资料档案和堤防检查数据库,促进堤防检查的信息化建设,对编制和完善检查方案、提高检查效能有重大的现实意义。

堤防的种类繁多(如防洪堤、海塘堤、渠堤,江河堤、湖堤、库区堤、蓄滞洪区围堤等),各自的工作条件和运行要求有很大差异(挡水时间有长有短、挡水位有高有低,防洪标准不一),工程的修筑材质、标准和存在的缺陷与隐患不同,所以编制堤防工程检查方案时应切合实际,要科学合理地选设检查项目,明确检查内容和具体检查要求。

编制堤防检查方案时,应在收集有关资料、掌握全面情况的基础上,按拟定的检查方案主要内容提纲分层次编写。

堤防检查方案的主要内容一般包括指导思想、工程概况、检查范围、检查项目和内容、检查方式方法和要求、检查成果和要求、时间安排、检查的组织实施等。

（1）指导思想：堤防工程检查目的、检查重点等；

（2）工程概况：如工程名称、工程所处地点位置、里程桩号、重要程度、规模与结构、存在的主要问题等；

（3）检查范围：检查工程类别，每类检查工程的段落范围、检查工程的结构位置等；

（4）检查项目和内容：首先划分检查类别（如经常性检查、定期检查、特殊检查、汛前检查、汛后检查等），其次是确定每个检查类别里检查哪些项目，还要确定每个项目里检查哪些内容，并根据有关规范要求制成统一的检查记录表格；

（5）检查方式方法和要求：采取什么方式（个人巡查、小组检查、联合普查、专家组检查等）、采用什么方法（如观察、探试探摸、开挖探视、仪器或设施探测等）对所要求的检查项目和检查内容进行检查，检查使用的工器具，检查时要获得哪些指标数据、达到什么深度（精度），检查注意事项等；

（6）检查成果和要求：通过检查要获取哪些成果（如哪些图表资料、哪些成果分析资料、哪些报告等），对每项成果的要求（如格式、内容、整齐、清晰、准确、完整、真实，符合工程技术档案有关规范、符合规程要求等）；

（7）时间安排：包括检查准备期、检查实施期（细化到各类工程、各检查项目、各检查内容）、资料整理期、成果报告期的具体时间安排；

（8）检查的组织实施：根据所检查工程的规模大小、检查内容的多少、检查深度要求、检查所采用的方式方法等具体情况，确定检查工作领导组织和检查人员组成，明确岗位责任，确定职责分工（明确组长、技术负责人、记录员，将工作任务落实到人等），并落实后勤保障措施。

1.1.2　堤防检查的实施

工程检查应坚持经常性、及时性、全面性和连续性原则。堤防检查按时间要素分为经常性检查、定期检查和特别检查，按空间要素分为外部检查和内部检查（探测检查）。

堤防检查的实施分为检查准备、检查实施、检查成果整理三个阶段。

1.1.2.1　检查准备

依照编制的堤防检查方案逐项落实各项准备工作，如人员落实、分组分工、明确任务（工作内容及程序安排）、技术交底、按要求格式统一准备检查记录表格、检查工器具落实、车辆和生活等保障措施落实、部署动员等。

1.1.2.2　检查实施

按照检查方案拟定的组织形式、任务分工、检查方式等要求认真组织检查，采用切合实际的检查方法对方案安排的检查范围、检查项目和检查内容逐项进行检查，检查要细致、全面，对检查内容要现场检测、记录、填表、绘图，保证原始检查资料完整、准确，全面完成检查任务。

1.1.2.3　检查成果整理

对检查中形成的原始资料要及时收集，对收集上来的原始资料要进行细致查对，在确保原始资料完整和准确的基础上再做好资料的分类、汇总，整理出检查成果，对检查成果进行分析（找出存在的主要问题），写出检查报告，最后要按照档案管理要求对各类检查资料进行整理、装订、入档收存。

原始资料查对:第一是查看各项检查资料书写是否清晰、表述是否清楚准确;第二是注意查看资料是否齐全、检查内容是否齐全、资料内容是否符合检查方案和规范要求(如检查工程类别、检查项目和检查内容是否与方案安排的一致,填写格式是否符合有关规范要求等),还要注意分析所采用的检查方法是否得当;第三是对检查发现的重大问题可进行资料与实际的查对,一方面是对问题的再次检查,另一方面也是对检查资料的实际核对;第四是对核对无误的资料进行分类汇总,以形成本次检查成果。

检查成果分析:首先对检查成果中所反映的问题进行分类归纳,从中确定出工程存在的主要问题;其次是结合该工程技术资料档案、近期工作条件等有关因素,分析确定导致问题的主要原因,以利于提出预防措施或加固处理意见,对一时拿不准的问题可建议进行观测或探测。对检查成果进行分析时要注意资料的连续性、全面性和相关性,如注意收集查阅以往同类问题的检查资料、维修处理资料等。

1.1.3　堤防检查报告的编写

工程检查技术报告是反映检查过程、检查成果的技术文件,主要分为定期检查报告、特别检查报告和专项检查报告。工程检查技术报告的内容一般包括检查目的、检查依据、所检查工程概况、检查工作开展(或检查实施)情况、检查发现(工程存在)的主要问题、导致问题发生的主要原因、问题的危害(影响)程度及可能发展趋势、解决(处理)问题的措施建议等。

检查依据:有关规范、工程检查方案等。

检查工作开展(或检查实施)情况:包括开始准备时间、开始检查时间、检查完成时间、采取的检查方式和方法、重点项目的检查过程等。

编写工程检查技术报告时,应先收集有关资料(有关规范、工程检查方案、检查成果资料、检查成果分析等),然后按报告内容提纲分层次、有重点地编写,其中检查工作开展(或检查实施)情况、检查发现(存在)的主要问题、导致问题发生的主要原因、问题的危害(影响)程度及可能发展趋势是报告的核心内容。

如果工程检查技术报告需以单位的正式文件向上一级呈报,则应确定报告题目(如"××工程××检查报告")、主送单位(写给谁)、主题词、编写单位、编写时间、抄送单位、印发时间、印发份数等内容。

工程检查技术报告参考格式见附录8。

1.2　堤岸防护工程及防洪(防浪)墙检查

1.2.1　堤岸防护工程及防洪(防浪)墙检查方案的编制

堤岸防护工程一般经常靠水,其水下部分或护脚护根工程存在不易检查(探测)、检查(探测)不到位、检查(探测)不够准确等问题,可能使工程经常出现缺陷,甚至因突发险情而影响防洪安全。所以,应重视对堤岸防护工程及防洪(防浪)墙的检查,尤其要重视对水下工程的及时和准确检查(探测)。

堤岸防护工程及防洪(防浪)墙的检查也分为经常性检查、定期检查、特殊检查、汛前检查、汛后检查等。

在编制程序和内容层次上,堤岸防护工程及防洪(防浪)墙的检查方案与堤防工程检查方案相同,应先收集资料,以便了解工程历史,掌握工程现状,结合工程的工作条件(如是否偎水、水情、河势)和运行要求,切合实际地选设检查项目、明确检查内容和要求;然后按拟定的检查方案主要内容提纲(一般包括指导思想、工程概况、检查范围、检查项目和内容、检查方式方法和要求、检查成果和要求、时间安排、检查的组织实施等)分层次编写。只是两方案在部分层次的具体内容上因工程差别而有所区别。

(1)工程的概况:如工程名称、坝岸编号、筑坝材料和结构形式(如散抛堆石、浆砌石、干砌石、混凝土等)、平面形状(如丁坝、顺岸、护坡)、工程规模、河势情况(对应不同水情下的持溜情况)、存在的主要问题等;

(2)检查范围:检查哪些工程(险工、护滩控导、护坡、防洪或防浪墙),每类工程检查哪些坝段、检查哪些结构位置(护坡体、护脚或护根、墙体,水上或水下工程)等;

(3)检查项目和内容:由于结构、材料和工作条件的不同,决定了检查项目和检查内容的不同,如重点检查裂缝、塌陷、脱缝、破碎、散抛石走失等内容;

(4)检查方式方法和要求:采取什么检查方式(个人巡查、联合普查、专家组检查等)、采用什么检查方法(如观察、拆除探视、用探杆探试或探摸、用船探摸、用仪器探测、专用设备探摸等)对所要求的检查项目和检查内容进行检查,检查使用的工器具、船只设备,检查时要获得哪些指标数据、达到什么深度(精度),检查注意事项等。

1.2.2　堤岸防护工程及防洪(防浪)墙检查的实施

实施对堤岸防护工程及防洪(防浪)墙的检查也分为检查准备、检查实施、检查成果整理三个阶段。

1.2.2.1　检查准备

堤岸防护工程检查准备工作的主要内容与堤防工程检查基本相同,只是根据检查技术和要求的不同而需要调整检查人员的组成(如增加探测水下工程的检查人员、船工等)、准备相应的检查工器具和检查记录表格、准备必要的安全救生器材,进行技术交底和部署动员时要特别强调水上作业安全。

1.2.2.2　检查实施

按照检查方案拟定的组织形式、任务分工、检查方式等要求认真组织检查,按方案安排的检查范围、检查项目和检查内容逐项进行检查,检查时要根据实际情况采用安全、准确的检查方法,对检查内容要现场测量、填表、记录清楚,对水下探测数据的测读和记录更要在现场反复对证,以保证原始检查资料完整、准确,探测结束应及时绘制有关附图。必要时,探测过程中要采取可靠的安全措施。

1.2.2.3　检查成果整理

对原始资料的收集查对方法及资料整理方法与堤防工程检查相同,只是资料内容与格式要求有所不同,应按相应的要求进行资料整理并入档收存。

对检查成果的分析方法也与堤防工程检查相同,只是查找问题的侧重面有所不同(如重点是冲淘刷情况、基础或护根缺失量、坡度是否满足稳定安全要求等)和分析问题时所考虑的因素有所不同(如水情与溜势)。

1.2.3　检查报告的编写

在堤岸防护工程及防洪(防浪)墙检查技术报告的编写方法和内容层次上,与堤防工程检查技术报告相同,其主要内容一般包括检查目的、检查依据、所检查工程的概况、检查工作开展(检查实施)情况、检查发现(存在)的主要问题、导致问题发生的主要原因、问题的危害(影响)程度以及可能发展趋势、解决(处理)问题的措施建议等,只是其中的具体论述内容和侧重点有所不同。

编写工程检查技术报告时,应先收集有关资料(有关规范、检查方案、检查成果资料、检查成果分析资料、近期检查或维修加固资料等),然后按报告内容提纲分层次、有重点地编写。

1.3　防渗设施及排水设施检查

1.3.1　防渗设施及排水设施检查方案的编制

部分水工程存在着不同程度的渗水现象,或者说渗水是比较普遍的现象(水有渗透能力,土石等部分材料有渗透性),只是随着渗水程度和当地材料的不同而采取的防渗或反滤排水措施不同,对于均质堤防是依靠符合要求的材料和合理的全断面防渗,对于非均质堤防是依靠部分防水材料防渗(修筑成防渗设施)或借助部分透水材料反滤排水(修筑成反滤排水设施),或防渗与排水措施并用,本节指对非均质堤防及其他工程的防渗设施及排水设施进行检查,而均质堤防的渗水检查已包含在堤防检查中。

建于江河岸边的部分堤防和其他工程的地基多为透水性较强的沉积土层,多次培修而成的堤身又难以满足防渗要求,致使堤防的渗水隐患比较普遍,高水位期间易发生渗水、管涌等险情。工程的防渗、排水设施一般具有隐蔽性(如位于堤身内、地基内、保护层下、水下),工程本身或地基的变形将直接对设施造成影响,而设施存在的问题又难以发现,所以应重视对防渗设施及排水设施的检查。

在编制程序和内容层次上,防渗设施及排水设施检查方案与堤防工程检查方案相同,都是应先收集资料,再按拟定的检查方案主要内容提纲(一般包括指导思想、设施概况、检查范围、检查项目和内容、检查方式方法和要求、检查成果和要求、时间安排、检查的组织实施等)分层次编写,只是两方案在部分层次的具体内容上有所区别。

(1)设施概况:防渗设施或排水设施名称、设施所在工程、设施在工程上的位置(里程桩号和在工程横断面上位置)、设施结构、材料、规模、设施存在的问题等;

(2)检查范围、检查项目和检查内容:检查设施的哪些段落范围,检查设施的哪些组成结构(如保护层、截渗体、堆筑体、反滤层等),检查哪些具体内容;

(3)检查方式方法和要求:观察、测量或计量(如渗流水位、渗流量)、开挖或局部拆除探视、探测等,检查达到的深度等。

1.3.2　防渗设施及排水设施检查的实施

实施对防渗设施或排水设施的检查也分为检查准备、检查实施、检查成果整理三个阶段。

1.3.2.1　检查准备

准备工作的主要内容与堤防工程检查相同,只是根据检查技术和要求的不同而需要调整检查人员的组成、准备相应的检查工器具和检查记录表格。

1.3.2.2　检查实施

实施程序与堤防工程检查相同或与堤岸防护工程及防洪(防浪)墙检查相同,只是具体的检查方法有所不同。

1.3.2.3　检查成果整理

资料整理方法与堤防工程检查相同,只是资料内容与格式要求有所不同,应按相应的要求进行整理并入档收存。

检查成果的形成:检查中做好记录,按格式要求填写登记表格。现场检查完成后,要及时收集检查资料,对资料进行整理分析,确保资料的真实、齐全、准确。

对原始资料的查对:与堤防工程检查或堤岸防护工程及防洪(防浪)墙检查相同。

对检查成果进行分析时,应区别防渗设施或排水设施,结合以往的检查或观测资料,考虑有关条件(如临背河水位差)的变化而综合比对分析,对拿不准的问题可建议继续观测。

1.3.3　检查报告的编写

在编写方法和内容层次上,与堤防工程或堤岸防护工程及防洪(防浪)墙的检查报告相同,只是其中的具体论述内容和侧重点有所不同。

编写检查报告时,应先收集有关资料,然后按报告内容提纲分层次、有重点地编写。

1.4　穿(跨)堤建筑物与堤防接合部检查

1.4.1　检查方案的编制

在编制程序和内容层次上,与以上检查方案相同,只是在具体内容上有所区别。

(1)工程概况:穿(跨)堤建筑物的类别名称、结构、材料、规模,建筑物在堤防上的位置(里程桩号),结合部存在的问题等;

(2)检查范围、检查项目和内容:说明是检查穿(跨)堤建筑物还是检查穿(跨)堤建筑物与堤防结合部,包括结合部在堤防上的段落范围和结合部在堤防断面上的位置,检查结合部的哪些项目和具体内容。

1.4.2　检查的实施

穿(跨)堤建筑物与堤防结合部检查的实施与以上其他检查的实施步骤(检查准备、

检查实施、检查成果整理）相同，只是随着检查位置、结构、材料、具体检查内容、检查技术和要求等不同而可能需要调整检查人员、采用不同的检查方法、准备不同的工器具、形成不同的检查成果。

1.4.3　检查报告的编写

在编写方法和内容层次上，穿（跨）堤建筑物与堤防结合部的检查报告与以上其他检查报告相同，只是其中的具体论述内容和侧重点有所不同。

模块 2　工程观测

本模块包括堤身沉降观测、水位或潮位观测、堤身表面观测、渗透观测、堤岸防护工程观测及近岸河床冲淤变化观测。

2.1　堤身沉降观测

2.1.1　沉降观测成果分析

在对沉降观测资料收集、整理和观测成果初步分析(如沉降过程线、纵断面沉降图、横断面沉降图)的基础上,可进一步分析归纳各点的沉降规律,分析查找引起过大沉降或过大不均匀沉降的原因,必要时可探讨应采取的预防或处理措施。

2.1.1.1　分析沉降规律

堤防的正常沉降过程应该是初期沉降快、后期沉降慢,直至趋于停止,这是因为土的沉降(铅垂方向的压缩)与作用力大小、作用时间长短、土质等因素有关,在作用力大小和土质一定的情况下,其沉降随时间延长而逐渐完成,随着土的不断压缩(体积逐渐变小)其体积继续被压缩变小的变化量必将逐渐减小。

通过各观测点的沉降过程线可反映出沉降量随时间的变化情况,正常沉降过程线开始阶段比较陡、后半阶段渐渐变平,当发现某些观测点的沉降量仍比较大,甚至没有减缓或趋于停止迹象时,应注意分析或探测查找可能存在的异常问题,如土料压缩性大、堤基存在软弱夹层、堤身质量差或其他内部隐患等。

2.1.1.2　分析查找引起过大沉降量或过大不均匀沉降的原因

影响沉降量大小的因素主要有土的压缩性、土结构的扰动、土的沉积时间、受压荷载、受压历时等,引起不均匀沉降的原因主要有土层不均匀(如土质、厚度、密度、含水量等不同,特别是软夹层的存在)、地质地形条件突变、荷载分布不均等。

通过堤防各测点沉降量分布图(包括沿某纵断面的沉降量分布图、沿某横断面的沉降量分布图、堤防平面上的沉降量分布图)可反映出观测堤段的全部沉降情况,由此可确定沉降量过大的堤段和部位,也可分析比较不均匀沉降情况和计算不均匀沉降差。

对沉降量过大或不均匀沉降过大的段落和位置,首先应注意分析是否存在因沉降而导致高程不足的问题和不均匀沉降值超出规定要求的问题,然后应通过分析、调查、探测检查(如挖坑探视、钻孔取样、仪器探测)及结合对其他观测资料的综合分析而判定造成过大沉降量或过大不均匀沉降的原因,如堤基内是否存在古河道、老口门、软弱淤泥夹层等内部隐患,基面地形条件是否突变或岸坡是否过陡,是否存在筑堤土质差、压实质量差、接头处理不好或接合部不密实等问题,是否有高水位持续时间长或渗流破坏等现象,以便为堤防工程的运行管理和处理加固提供依据。

2.1.1.3　探讨预防或处理措施

预防沉降量过大或不均匀沉降过大主要有以下措施：

(1)结构措施。采用轻型结构或轻质回填料以减轻质量，加大基础的平面尺寸和深度以减小基底压应力，合理设置沉降缝以适应不均匀沉降等。

(2)施工措施。先重后轻的施工顺序，适当放缓加荷速度，实施预压加固，提高压实质量等。

(3)地基处理。挖除软弱土层及其他内部隐患以使土层均匀，进行基面清理、平整、压实，削缓地形突变处和岸坡，预压加固，打承载桩等。

(4)采取预留沉降量的设计高程和一定超高值的施工高程。

通过对已建堤防的沉降观测和观测成果分析，可为确定类似堤防工程的有关设计和施工指标(如压实指标、预留沉降量、施工超高值等)提供参考依据。

当通过沉降观测和成果分析发现已建堤防存在过大沉降量或过大不均匀沉降时，可采取灌浆加固或培修加高等处理措施。

2.1.2　沉降观测技术报告

对于堤防沉降观测，在整个观测结束后或经过某阶段观测后，应在收集观测资料、整理分析观测成果的基础上写出观测技术报告，其主要包括以下内容。

(1)观测堤段的工程概况：堤段名称或地点桩号、历史背景、工程规模、重要性、存在的主要问题(如地质地形条件、内部隐患等)等，由此提出进行沉降观测的必要性或沉降观测目的；

(2)沉降观测断面及观测点的布设情况；

(3)观测实施情况：观测起止时间、测次、观测方法等；

(4)观测成果及分析：通过对观测资料的整理形成的图、表，观测获得的平均沉降量、最大沉降量、最大不均匀沉降差等；

(5)异常现象说明及成因分析：异常现象类别(如沉降量过大或不均匀沉降差过大)，出现异常现象的位置，导致异常现象的成因(分析推断、调查验证或探测检查)；

(6)必要时可提出加固处理措施；

(7)沉降观测存在的问题及对今后观测工作的建议；

(8)附有关图表。

2.2　水位或潮位观测

2.2.1　水位的插补

在对水位原始资料进行全面审查核对时，应注意检查每支水尺的使用日期、零点高程引测和校正资料、引用高程是否正确等，注意检查换(跨)水尺观测水位时通过两支水尺计算的水位是否准确、一致，注意审查水位观测资料是否齐全，注意审查由观测资料摘录的代表性水位和推算的日平均水位是否合理、准确。

当缺少某时段水位观测资料时,可按直线法、水位相关曲线法或水位过程线法插补。

2.2.1.1 **直线插补法**

当缺测期间的水位变化平缓或虽有较大变化但系单一变化趋势(上涨或下落)时,可采用直线法进行插补:

$$\Delta Z = (Z_2 - Z_1)/(n + 1)$$

$$Z_i = Z_1 + i\Delta Z$$

式中 ΔZ——每日需插补的水位差值;

n——缺测天数;

Z_1、Z_2——缺测阶段前一日与后一日的水位;

Z_i——缺测期间第 i 日的水位值,$i = 1,2,\cdots$。

2.2.1.2 **水位相关曲线插补法**

若缺测期间水位变化较大(如跨越高峰或低谷),且当本站水位与邻站水位有相关关系时,可利用本站与邻站之间的水位相关曲线,由缺测期间的邻站某时水位插补本站同期水位。

当区间无大支流汇入或无较大流量分流且河床冲淤变化不大时,利用该方法插补缺测水位的准确程度比较高。

2.2.1.3 **水位过程线插补法**

当缺测期间的上下游站区间流量变化不大且两站的水位过程线又大致相似时,可参考临站水位过程线补绘出本站水位过程线,从而插补出本站的缺测水位。

插补时,可先将本站与邻站水位过程线绘制在同一张图纸的同一坐标系中,然后参照邻站水位过程线趋势将本站水位过程线的空缺部分补全。

2.2.2 水位资料的合理性分析

2.2.2.1 **单站水位观测资料的合理性分析**

对单站水位观测资料进行合理性分析时,首先审查资料内容是否全面、书写是否清楚;然后结合年内发生的重大洪水过程或冰凌情况,对依据水位观测资料绘制的当年逐日或逐时段水位过程线进行全面分析检查,通过重点检查水位变化的连续性、洪水过程的完整性、流量与水位的对应性可初步判断有无异常水位;再对异常水位资料进行多方面对证分析,如本站同期其他观测资料、上下游相临测站水位及其他资料、区间降雨汇流或引水分流资料、附近河道建筑物或施工影响等,以最终判定资料的合理性。

除以上造成水位异常的原因外,水准点或水尺零点高程的变动或引用不正确、观测记录或计算错误、断面迁移或换读水尺不衔接等都可导致水位资料错误。

若审查发现水位资料不够合理,应彻底查清原因并予以插补修正,以提高整编资料的合理性和准确性。

2.2.2.2 **多站水位观测资料的合理性分析**

(1)对于多站水位观测资料的合理性,可结合具有相似关系的上下游各站水位过程线进行对比分析。检查分析时,首先将上下游站的水位过程线纵排在同一张图纸上,以便于比较各站水位的变化趋势,各站水位过程线应该具有较好的相似性,通过与上下游各站水位过程线是否相似的比对可初步发现本站水位过程线是否存在变化趋势异常的时段，对应该时段的水位观测资料可能存在不合理性；其次是结合其他观测资料或结合现场考察（如有无壅水建筑物、有无支流汇入、有无口门分水、水尺的可靠性等）对可疑水位观测资料进行充分分析、考证，以确定其合理与否；再次是对不合理的水位观测资料进行插补修正，恢复其合理性。

（2）当上游测站较密、河道比降平缓、河床比较稳定（无大的冲淤变化）时，可通过水位尤其是特征水位（如洪峰水位、最高水位、最低水位）的沿程传递演变规律、沿程传递演变图对水位观测资料的合理性进行检查分析。某特征水位的沿程传递演变图是以水位为纵坐标、河道长度为横坐标而绘制的沿程变化曲线，即各测站同类水位的连线，该曲线应平滑递降（漫滩、分洪、决口等情况除外），对有明显异常的测站水位应进行重点分析查对，以确定其合理与否，并对不合理资料进行插补修正。

2.3　堤身表面观测

2.3.1　堤身表面观测成果分析

在进行堤身表面观测、收集观测资料、检查整理观测资料的基础上，通过对观测成果的分析，可归纳总结堤身表面缺陷的类别、数量及存在的主要问题；对堤身表面重大缺陷应根据其发展变化趋势而进一步分析成因，并探讨预防或处理措施。

2.3.1.1　分类统计

对经检查确认的观测资料进行分类整理归纳，以形成反映堤身表面所存在问题总量的汇总表（如各类缺陷总统计表等）及反映主要问题的分项统计表（如裂缝统计表、雨淋沟或水沟浪窝统计表等），各类表格所反映问题的内容（如类别、地点或桩号、位置、范围、数量、尺寸、工程量等）应清楚全面，为确定观测堤段易出现的问题和易出现问题的段落位置、分析导致问题的原因（包括内部隐患）提供服务。

2.3.1.2　对重点问题进行分析

应对重点问题的观测资料进行综合对比分析，或对重点问题进行跟踪观测，如比较历次观测数据的变化值、绘制变化过程线、归纳该问题的发展变化速度和规律等，为进一步分析导致问题的成因、预测发展变化趋势、评估对工程安全的影响、提出预防或处理加固措施提供参考依据。

2.3.1.3　分析问题的成因及其危害性，探讨预防或处理措施

根据对堤身表面观测资料的分类整理归纳和对重点问题的综合对比分析或跟踪观测，可确定出观测堤段易出现的问题及易出现问题的段落位置，总结出重点问题的发展变化规律，结合对该段堤防的调查、探测和其他观测（如沉降观测、渗流观测等），可分析确定导致问题的主要原因（如基础质量差、筑堤质量差、排水或防护措施不足、运行条件恶化等）、预测问题的发展变化趋势、评估问题对工程安全的影响程度，必要时应采取预防措施或处理加固措施，以保证工程的安全运行。

对堤身表面观测成果进行分析时，除用文字、表格说明外，必要时可用图纸进一步表

达;对初步确定的结论可通过进一步的观测或通过开挖探视及探测进行考证,以确认结论的正确性。

2.3.2　堤身表面观测技术报告

在对堤身表面观测资料进行收集整理并对观测成果进行分析的基础上编写观测技术报告,该报告应包括以下主要内容。

(1)观测堤段的工程概况:堤段名称或地点桩号、工程规模、重要性、堤身表面易出现的问题或存在的主要缺陷等,由此提出进行堤身表面观测的必要性或观测目的;

(2)观测项目:项目设置、观测内容、观测断面及观测点的布设等;

(3)观测实施情况:观测起止时间、测次、观测方法等;

(4)观测成果及成果分析:观测所发现问题(缺陷)的类别、总量,存在的主要问题,对重点问题的介绍(部位、尺寸、规模),由观测资料而整理形成的表、图;

(5)重点问题的成因分析:根据观测资料、结合调查、必要时通过探测而分析判断;

(6)必要时提出缺陷预防或处理加固措施;

(7)观测存在的问题及对今后观测工作的建议;

(8)附有关图表。

2.4　渗透观测

2.4.1　渗透观测资料分析

2.4.1.1　临背河水位与测压管水位观测资料分析

根据临背河水位及各测压管水位观测资料经数据筛选可绘制出堤身浸润线,通过对浸润线的观察分析可判定观测堤段的渗透和防渗情况。如果浸润线比较平缓,则说明堤防抗渗性较差(土的渗透系数大或不够密实)或截渗措施效果较差,建议采取临河加修黏土前戗、铺设土工膜等截渗措施,或对已采取的截渗措施进行检查修复。

根据堤身断面尺寸、堤身浸润线和渗流量观测资料,可进一步分析计算土体的渗透系数,以检验所选择土料及施工质量是否满足设计要求,为今后的堤防设计与施工质量控制提供参考。

2.4.1.2　渗流量观测资料分析

在稳定渗流情况下,渗流量随着临背河水位差的加大而成正比变化,但渗流量过大或渗流量突然加大(渗流量的加大与水位上涨不成正常比例)都不正常。如果观测堤段的渗流量过大,则可能是堤防抗渗性较差(土的渗透系数大或不够密实),堤基或堤身存在隐患,或已采取的截渗措施效果较差,建议采取新的截渗(包括堤身截渗和堤基截渗)措施或检查修复已采取的截渗措施;如果观测堤段的渗流量突然加大,则可能是已采取的截渗措施局部失效、土体发生渗透破坏(应注意观察出水中是否有土颗粒被带出),或已采取的反滤措施失效所致,应在观察核实后采取相应措施。

2.4.1.3　渗水透明度观测资料分析

在正常渗流情况下，渗水的透明度应比较稳定或随着水位的增高、渗流量的加大而有所减小，若渗水透明度过小（水浑）、相同条件下的透明度明显减小（水变浑浊）或水位稍有增高（渗流量稍有加大）而透明度明显减小都不正常，这可能是已采取反滤排水措施的反滤效果较差、反滤体失效或渗流加剧导致渗透破坏所致，应注意对反滤排水设施进行检查修复，或采取新的截渗与反滤排水措施。

通过以上渗流观测资料的分析，如果初步判定堤防的防渗或反滤排水能力不能满足要求，可进一步进行后续观测、试验或现场勘探，以准确分析探明原因，为采取可靠措施提供依据。

2.4.2　渗透观测技术报告

渗透观测结束后，在对观测资料进行收集整理并对观测成果进行分析的基础上编写观测技术报告，该报告应包括以下主要内容。

(1)观测堤段的工程概况：堤段名称或地点桩号、工程规模、重要性、堤防存在的渗漏问题或隐患等，由此提出进行渗透观测的必要性或渗透观测目的；

(2)观测项目：项目设置、观测内容、观测断面及观测点的布设等；

(3)观测实施情况：观测起止时间、测次、观测方法等；

(4)观测成果及成果分析：观测发现的渗漏问题，对重点问题的介绍（部位、规模等），通过对观测资料的整理形成的图、表；

(5)对重点问题的成因分析：根据观测资料、结合调查、必要时通过探测或试验而分析判断；

(6)必要时提出处理加固措施；

(7)观测存在的问题及对今后观测工作的建议；

(8)附有关图表。

2.5　堤岸防护工程观测

2.5.1　堤岸防护工程沉降观测成果分析

在收集堤岸防护工程沉降观测资料、进行资料检查整理（如根据确认正确的观测资料整理成沉降量统计表、在原断面图上套绘出沉降后的断面图等）的基础上，应重点关注各坝岸或各观测断面的总沉降量、比较不同坝岸或不同观测断面之间的沉降量差、核对沉降总量及不均匀沉降差是否超出规范允许值、评估过大沉降量或过大不均匀沉降给工程造成的不利影响，如沉降后的高程是否满足设计标准或是否满足工程的正常运用要求，不均匀沉降是否造成裂缝或断裂破坏，该破坏是否影响工程稳定和强度安全等，分析引起过大沉降量及过大不均匀沉降的原因，必要时提出预防或处理加固措施。

2.5.2　抛石护脚(护根)探测成果分析

在收集抛石护脚(护根)工程探测资料、进行资料检查整理(检查资料的正确性、绘制实测坡面线、根据设计坡度计算探测断面或坝岸缺石量、形成按坝岸号统计的某处工程缺石量统计表)的基础上,应重点围绕溜势、河床和基础情况、护脚(护根)工程结构、石块大小等综合因素对缺石坝岸进行全面分析,以分析总结出导致缺石的原因和探找根石走失的规律(如溜大、基础浅、坡度陡、散石且石块小的位置易出现根石走失现象),为确定拟加固坝岸和选择加固方式(散抛块石、大块石、石笼等)提供可靠依据。

2.5.3　堤岸防护工程变位观测技术报告

在内容层次上,堤岸防护工程沉降观测或护脚(护根)工程探测技术报告的编写与其他观测报告的编写相同,只是某些层次的具体细节内容不同,应结合具体情况按层次进行编写,观测报告的主要内容层次包括:

(1)工程概况(由此提出进行观测或探测的必要性、观测或探测目的);

(2)观测或探测坝岸、观测或探测断面及观测或探测点的布设等;

(3)观测或探测实施情况;

(4)观测或探测成果及成果分析;

(5)重点问题的成因分析;

(6)必要时提出预防或处理加固措施;

(7)观测或探测存在的问题及建议;

(8)附有关图表。

护脚(护根)工程探测报告可针对某坝岸的具体情况编写,也可对一处工程,甚至对某河段的各处工程进行综合分析编写。

2.6　近岸河床冲淤变化观测

2.6.1　近岸河床冲淤变化观测成果分析

首先,收集各项观测成果,并对各项资料进行全面检查。逐项检查观测项目是否齐全、内容是否全面、记录格式是否符合要求、书写是否清晰、描述是否准确、文字及图表是否一致等,从不同侧面对资料的合理性进行检查考证。

其次,对观测资料进行整理。如在同一张河道地形图上将文字记录的泓道在河道中的平面位置和所流经的主要参照物清楚地标记出来,并可用不同的线型或颜色在河道图上将不同时间观测的泓道、沙洲、滩岸线位置分别标记出来,在河道图上将不同时期查勘的主流线用不同的线型或颜色套绘在一起,根据检查校正后的测量数据编制大断面实测成果表,绘制不同时期的河道断面图等。

再次,在资料整理的基础上对观测成果进行分析。通过对不同观测时间的泓道位置图进行比较可发现泓道的变化情况,由此可判断主河槽在平面位置上是否稳定或摆动情况,并可结合水位、流量、水沙条件等观测资料分析归纳主河道变化规律和预测变化趋势;通过沙洲的出现、大小变化及消失可一定程度地反映主流的摆动变化和河槽的冲淤变化;通过滩岸线位置的变化,如冲刷坍塌后退、淤积延伸前进等,也能反映主流的摆动(偏左、偏右)和河势的变化(上提、下挫、趋直、坐弯等)及河槽的变化;通过用不同线型或不同颜色在河道地形图上套绘的不同观测时间的主流线,可反映出主流线的摆动情况;通过对不同时间测得的河道横断面图的比对分析,可反映出深泓点、滩槽及河床高程的变化情况。

滩岸的冲刷坍塌或淤积延长是随着主流的摆动而发生的,虽然主流摆动具有短时间的重复性,但主河槽的变化则是多种因素长时间综合作用的结果,当通过长时间的观测和分析比较发现河道或某河段有明显变化时,如主河槽不稳定、河势变化大、主流摆动频繁、冲淤剧烈等,应结合河道地质地形条件、来水来沙条件、上游河段或本河段的工程变化等因素进行综合分析,以准确查找原因、分析变化规律、预测发展趋势、评估可能带来的不利影响,必要时可提出防治措施。

2.6.2　近岸河床冲淤变化观测技术报告编写

近岸河床冲淤变化观测技术报告的编写与其他观测项目的报告基本相同,在内容层次上主要包括以下几个方面:

(1)工程概况(由此引出进行观测的必要性或观测目的);

(2)观测项目、观测内容、观测断面及观测点的布设等;

(3)观测实施情况;

(4)观测成果及成果分析;

(5)重点问题的成因分析;

(6)必要时提出预防或处理加固措施;

(7)观测存在的问题及对今后观测工作的建议;

(8)附有关图表。

模块3　工程维修

本模块包括堤防维修、堤岸防护工程及防洪(防浪)墙维修、防渗设施及排水设施维修、穿(跨)堤建筑物与堤防接合部维修。

3.1　堤防维修

3.1.1　堤防维修实施方案的编制

工程维修实施程序一般包括:工程观测、探测、检查、普查,河势查勘,编制维修计划(水管单位编制工程维修实施方案,养护单位编制维修项目施工组织方案),专项设计编报与审批,确定维修施工单位,建立质量检查监督组织,组织维修项目实施和维修项目验收等。

工程维修实施方案内容主要包括:实施方案名称,实施方案编制目的、依据、原则,工程概况,维修项目划分,维修任务及质量标准要求,各维修项目工程量,维修施工方法,施工进度计划,施工力量及部署,施工技术措施,各项保障措施,维修项目投资,质量检查、监督,项目验收,结算支付,附必要图表。

3.1.1.1　实施方案名称

实施方案名称如某单位、某年度或某专项工程维修实施方案。

3.1.1.2　实施方案编制目的

实施方案编制目的包括实施工程维修目的(如为保持工程完整、维护或改善工程面貌、保持或提高工程强度、规范工程管理、提高工程管理水平、延长工程寿命、发挥工程效益等而需对工程进行维修)和编制维修实施方案目的(如为保证维修工作顺利开展、维修项目顺利实施特编制本实施方案,通过本方案明确维修任务及质量标准要求、安排维修施工进度计划)。

3.1.1.3　实施方案编制依据

编制工程维修实施方案要依据:工程管理规划,上级有关要求,工程管理工作意见(或工程管理要点),堤防工程管理标准,堤防工程维修规程,本单位所辖工程实际情况(如通过工程观测、检查、普查、探测、河势查勘等反映出的现有缺陷或问题,工程重要性等)。

3.1.1.4　实施方案编制原则

确定维修项目应遵循“统筹兼顾、合理安排、严格标准、确保安全”的原则。

3.1.1.5　工程概况

工程概况主要包括工程属地、工程类别、迄止地点或桩号、工程规模、工程重要性、工程现状及存在的缺陷或问题,由此阐述进行工程维修的必要性和提出需要进行维修的大项目。

3.1.1.6 **维修项目划分**

工程修理包括岁修、大修和抢修。岁修是每年进行的,是对经常养护所不能解决的工程损坏的修复;大修是工程发生较大损坏或存在较大缺陷时进行的、工程量大且技术较复杂的修复;抢修是发生危及堤防工程安全的险情时所采取的抢护措施。

工程维修包括工程的岁修和大修,工程维修项目除按工程类别(如堤防工程维修、护岸防护工程维修等)、段落或结构位置(迄止位置、工程部位,如某段工程维修、堤顶维修、堤坡维修、护坡维修、根石维修等)进行划分外,还划分为日常维修项目和专项维修(也称为维修专项)。日常维修项目是指经常发生、工程量变化不大、年度必须实施的项目(相当于岁修),专项维修(相当于大修)主要包括技术含量较高或技术较复杂的维修项目、工程量比较大且比较集中的维修项目、年内发生存在不确定性(不一定年年发生)的维修项目。

专项维修须经专项设计,并报上级审批同意后才能实施,专项维修的设计应由水管单位委托具有相应设计资质的单位进行设计,专项维修内容包括专项设计申报文件、专项设计报告及图纸等。

3.1.1.7 **维修任务**

维修任务包括维修内容(如维修堤顶、维修堤坡、维修道路等)和维修任务的大小(工程量)。

3.1.1.8 **维修质量标准要求**

根据工程管理标准、工程原规划设计标准、工程维修规程等,结合工程现状及某些特定要求(如区位重要性、改善面貌要求等),确定通过维修要达到的标准。

3.1.1.9 **维修项目工程量**

按细化后的项目逐项计算工程量,对大类别(工程类别如堤防工程,材料类别如土方、石方等)和主要工程量可文字叙述,逐项工程量应列表显示。

3.1.1.10 **维修施工方法**

维修施工方法主要包括如何维修(如平整,填垫、平整,开挖回填,抛石、拣整,翻修等),施工组合(人工施工、机械施工或人机配合施工),需用什么机械设备,采用的施工工艺(程序),所选择施工方法的优点等。

3.1.1.11 **施工进度计划**

施工进度计划主要指合理安排每个项目的开竣工时间及项目间和项目内各工序之间的优化衔接,施工进度计划安排可用文字叙述和图表表示,其表示方法主要有横道图法、网络图法、进度曲线法等,一般工程常用横道图法,表7-3-1是用横道图法表示的某维修项目进度计划。

表 7-3-1　某年某项目维修施工进度横道图

序号	施工内容	3月											4月							
		1	2	…	10	11	12	…	25	26	…	31	1	…	15	16	…	25	…	30
1	清基																			
2	坝面整修																			
3	填垫土方																			
4	植树植草																			

3.1.1.12　施工力量及部署

根据维修项目的工程量大小、进度计划安排要求、已选择的维修施工方法、维修施工难易程度等因素确定需要的施工力量(人员多少、作业工种、技术水平,机械设备的种类、型号、数量等),并根据维修施工需要进行具体部署。

3.1.1.13　施工技术措施

施工技术措施包括施工质量、进度、安全防护、文明施工、施工环境污染防治等各项措施。对于技术含量较高的维修项目要选择适宜的施工技术,对所采用的先进施工技术要有保证正确、熟练和安全施工的措施(如聘请专家指导,对施工人员进行技术培训和技术交底等)。

3.1.1.14　各项保障措施

各项保障措施包括组织措施、制度措施、经济措施、后勤供应等。

3.1.1.15　维修项目投资

根据施工条件、施工方法等不同,选用适宜的定额标准,套用或分析计算各项单价,由单价与工程量(数量)计算各项目复价,由各项复价求和,并根据取费标准计算总价。

3.1.1.16　质量检查、监督

对于工程维修项目,水管单位依据有关工程法律、法规、批准文件、维修合同实施管理并进行质量检查或抽查,上级主管单位的质量监督机构指派质量监督人员实施监督,质量监督人员既监督质量管理主体,也监督工程维修项目质量。

3.1.1.17　附必要的图表

围绕工程维修从立项到施工所形成的必要图表包括工程观测、检查、普查、探测、查勘等有关图(断面图、坡度图等)表,专项设计图表,项目安排与工程量表,维修投资预算或施工成本测算表,施工进度计划安排图表,已完成项目及工程量表,资金结算及支付表等。

3.1.2　维修项目的实施

工程维修项目的实施应具备以下条件：

(1)日常维修项目已经确定，专项维修已经批准；

(2)维修资金已经落实；

(3)维修合同已经签订，并得到上级主管部门同意；

(4)质量监督手续已经办理。

工程维修项目(尤其是专项维修)的实施参照基本建设项目进行管理，上级主管部门监督；水管单位负责，水管单位建立质量管理体系；维修单位建立质量保证体系。

下面重点介绍水管单位和维修单位对于维修项目的实施。

3.1.2.1　水管单位对于维修项目的实施

工程维修实施方案及专项维修经批准后，水管单位要择优选择维修施工承包单位和材料供应商，并签订相关合同(如维修合同、专项维修合同、采购合同等)，办理质量监督手续，建立质量管理体系(建立质量管理组织、制定质量管理制度)，进一步细化制订进度计划，督促维修项目的施工，加强进度与质量管理(进行定期与不定期检查，对检查发现的问题及时组织有关各方协调解决)，组织阶段检查、验收，申请年度和专项竣工验收，办理资金支付结算和财务决算，收集、整理、归档、保存维修资料。

对于维修资料，除一般维修项目资料外，尤其应注意收集整理专项维修资料，如专项维修设计、专项设计批复及变更资料、专项维修合同、专项维修验收鉴定书(包括验收主持单位、参加单位、验收时间、地点、专项维修概况、质量鉴定、存在主要问题及处理意见、验收结论、验收组人员签字表)、付款审核证书等。

3.1.2.2　维修单位对于维修项目的实施

1)开工前准备工作

维修单位要依据维修实施方案、维修标准、专项设计文件和已签订的维修合同，结合维修工作特点及施工能力，编制维修项目施工组织方案(也叫施工组织设计或施工技术方案)。方案重点是如何组织施工，如何进行施工管理，如何建立质量保证体系(实行全面质量管理，制定和完善岗位质量规范、质量责任及质量考核办法，配齐检查人员，加强质量检查，形成层层检查控制网络)。

开工前，要做好技术交底与技术培训工作，使参加施工及施工管理人员熟悉维修实施方案和维修项目施工组织方案，熟悉专项维修设计图纸，熟悉维修标准规范，熟悉维修施工管理办法和质量检查制度，熟悉安全施工常识；对维修项目实施测量、放样，并进一步核实工程量；组织人员、机械、设备、工具到位，制订各项保障措施，落实维修用料；对于专项维修，要在具备开工条件时提出开工申请，经复核同意后方可开工。

2)施工管理

广义的施工管理包括质量管理、进度管理、投资成本管理、合同管理、安全管理等，各项管理过程都包括计划、执行、检查、纠偏四个阶段。

这里讲的施工管理重点是围绕做好维修项目的施工操作(如加快进度、抓好质量)而进行的管理。

实施维修前,要清除施工范围(设计边线外30~50 cm)内表层不合格土和杂物,对缺陷部位进行处理,对基层整平、夯实或压实。清基处理完成后要及时报验,经验收合格后方能进行下道工序施工,若验收后不能立即施工,应做好保护或施工时重新清理。

维修施工时,选用符合设计要求的材料,选择适宜的参数指标(如土料含水量、铺土厚度、压实遍数等),严格按施工程序、技术规范、操作规程等要求进行施工,严格抓好维修施工各项管理(安全、进度、质量、资金、资料)和检查。

进度管理:要按进度计划安排调度和指导施工,要经常检查实际进度,发现实际进度与计划进度有偏差时要及时分析原因并采取纠偏措施。如组织措施(调整施工组织、充实施工力量)、技术措施(改进施工方法、优化施工组合、抓好关键工序施工等)、经济措施(加强合同管理、实行激励机制等)、保障措施(做好各项供应和保障服务)等,以确保顺利完成各项维修任务;因遇到不可抗拒的因素而导致不能按计划完成时,应合理调整进度计划。

质量管理:维修施工过程中,维修施工单位要严格质量检查,一般实行"三检制",即班组自检、作业队复检、项目部总检,以形成层层检查控制网络;每完成一道工序都要进行检查,自检合格并经监理检查合格方能进行下一道工序,隐蔽工程必须经多方验收检查合格才能覆盖;要接受水管单位、质量监督单位的定期与不定期检查监督,确保按质量标准要求进行施工。

在整个维修项目的实施过程中,要注意按要求形成、收集、整理、保存各种维修资料(除一般维修项目资料外,还包括专项维修资料,如专项维修施工组织方案、专项工程开工申请、专项工程自检记录表、工程价款支付申请书、专项工程维修工作报告、专项维修验收申请书),完成工程量计量和价款支付工作,完成各项验收准备工作等。

3.1.3 维修技术报告的编写

3.1.3.1 维修技术报告的类别

围绕工程维修所形成的技术报告主要有:水管单位的年度维修实施方案(简称维修实施方案)、工程维修年度管理工作报告、工程维修年度初验工作报告、工程维修年度验收申请书,维修单位的工程维修施工组织方案、工程维修年度工作报告、专项工程维修工作报告、专项工程维修验收申请书等。

3.1.3.2 维修技术报告的编写

随着维修工作的开展和维修项目的实施,在对维修工程逐项检查验收及对维修资料收集、整理、分析的基础上,按以下内容层次(相应技术报告提纲)编写有关技术报告。

1)工程维修实施方案

工程维修实施方案由水管单位编写并报上级主管单位审批,其内容及编写已在本篇3.1.1中介绍。

2)工程维修年度管理工作报告

工程维修年度管理工作报告由水管单位编写并报上级主管单位,其内容主要包括工程概况、日常维修项目和专项维修情况、维修项目管理、完成情况、维修施工质量、历次检查情况、遗留问题处理、决算、存在问题与建议等。

3)工程维修年度初验工作报告

工程维修年度初验工作报告由水管单位编写并报上级主管单位,其内容主要包括维修项目概况、月验收情况、工程质量鉴定、年度初验时发现的主要问题及处理意见、年度初验意见、对年度验收的建议等。

4)工程维修年度验收申请书

工程维修年度验收申请书在水管单位完成初验并具备年度验收条件的情况下,由水管单位向上级主管单位提出该申请书,其内容主要包括工程完成情况、初验结果、年度验收准备情况、建议验收时间等。

5)工程维修施工组织方案

工程维修施工组织方案也叫维修施工组织设计,由维修单位依据维修实施方案、维修标准、设计文件和已签订的维修合同,并结合自身实际编写,其主要内容包括维修项目、工程量、进度计划安排、施工组织(如何组织施工)、施工管理、质量保证体系等。

6)工程维修年度工作报告

工程维修年度工作报告由维修单位编写并报上级主管单位和水管单位,其内容主要包括所承揽的维修工程概况、完成的主要维修项目及工程量、投入工日及机械台班、主要维修项目的施工、价款结算与财务管理、存在问题与建议等。

7)专项工程维修工作报告

专项工程维修工作报告由维修单位编写,其主要内容包括专项维修工程概况、施工总布置、施工进度、完成的主要工程量、主要施工方法和施工情况、施工质量管理、工程施工及质量保证措施、工程质量评定等。

8)专项工程维修验收申请书

专项工程维修验收申请书主要包括专项维修工程完成情况、自检结果、验收准备情况、建议验收时间等。

以上各项技术报告可根据需要附有关原始资料或图表;需要成文上报的报告要确定主送单位、编写单位、编写时间、抄送单位、印发时间等内容,并符合公文格式要求。

3.2　堤岸防护工程及防洪(防浪)墙维修

3.2.1　维修方案的编制

在内容层次上,堤岸防护工程及防洪(防浪)墙维修方案与堤防工程维修方案基本相同(其主要内容包括实施方案名称、实施方案编制目的、实施方案编制依据与原则、工程概况、维修项目划分、维修任务及质量与标准要求、维修项目及工程量、施工方法、施工进度计划、施工力量及部署、施工技术措施、维修项目投资、质量监督检查、附必要的图表等);但随着工程项目的不同(如工程结构、维修项目、维修内容、维修方法等),各层次(如工程概况、维修项目、维修任务及质量与标准要求、施工方法等)当中的具体细节不同,应结合实际、突出重点地具体编写。

3.2.2 维修项目的实施

从实施程序上,堤岸防护工程及防洪(防浪)墙维修项目的实施与堤防工程维修项目的实施基本相同,只是具体细节内容有所不同,如维修项目和维修内容的不同而使维修方法及标准要求有所不同(如土方工程强调干密度、砌筑工程要求砌筑质量、混凝土工程强调强度等),应根据具体维修内容(如石方工程维修、混凝土工程维修、散石维修、干砌石维修、浆砌石维修、土石接合部维修等)及相应要求而选用适宜的维修方法,并按相应的质量标准要求及施工技术分别组织维修施工。

3.2.3 技术报告的编写

围绕堤岸防护工程及防洪(防浪)墙维修所形成的技术报告种类与堤防工程维修技术报告相同,每项报告的内容层次也基本相同,只是其中部分层次(如工程概况、维修内容、维修方法等)的具体细节内容不同,应结合实际具体编写。

3.3 防渗设施及排水设施维修

3.3.1 维修方案的编制

在内容层次上,防渗设施及排水设施维修方案与堤防工程维修方案基本相同,只是其中部分层次(如工程概况、维修项目、维修任务及质量与标准要求、施工方法等)的具体细节内容不同,应结合实际情况具体编写。

3.3.2 维修项目的实施

从实施程序上,防渗设施及排水设施维修项目的实施与堤防工程维修项目的实施基本相同,只是随着维修项目和维修内容等不同而使维修方法及质量标准要求有所不同,应根据具体维修内容(如不同形式的截渗设施维修、不同形式的反滤排水设施维修、减压排水设施维修等)选用适宜的维修方法,并按相应的质量标准要求及施工技术分别组织维修施工。

3.3.3 技术报告的编写

围绕防渗设施及排水设施维修所形成的技术报告种类与堤防工程维修技术报告相

同,每类报告在内容层次上也基本相同,只是其中部分层次(如工程概况、维修内容等)的具体细节内容不同,应结合实际情况具体编写。

3.4　穿(跨)堤建筑物与堤防接合部维修

3.4.1　维修方案的编制

在内容层次上,穿(跨)堤建筑物与堤防接合部维修方案和堤防工程维修方案基本相同,只是其中部分层次(如工程概况、维修项目、维修任务及质量与标准要求、施工方法等)的具体细节内容不同,应结合实际情况具体编写。

3.4.2　维修项目的实施

从实施程序上,穿(跨)堤建筑物与堤防接合部维修项目的实施和堤防工程维修项目的实施基本相同,只是随着维修项目和维修内容等不同而使维修方法及质量标准要求不同,应根据具体维修内容(如土方工程维修、护坡工程维修、防渗设施维修、排水设施维修等)选用适宜的维修方法,并按相应的质量标准要求及施工技术组织维修施工。

3.4.3　技术报告的编写

围绕穿(跨)堤建筑物与堤防接合部维修所形成的技术报告种类和堤防工程维修技术报告相同,每项报告的内容层次也基本相同,只是其中部分层次(如工程概况、维修内容等)的具体细节内容不同,应结合实际情况具体编写。

模块4　工程抢险

本模块包括滑坡抢险和坍塌抢险。

4.1　滑坡抢险

4.1.1　险情简述

堤坡或堤坡连同堤基的部分土体失稳滑落,同时出现趾部隆起外移的现象,称为滑坡。从位置上滑坡分为背河滑坡和临河滑坡两种,从性质上分为剪切破坏、塑性破坏和液化破坏,其中剪切破坏最为常见。

4.1.2　原因分析

(1)高水位持续时间长:随着渗流的发生,堤身浸润线升高,土体抗剪强度降低,在渗水压力和土重增大情况下,可能导致背水坡失稳,特别是边坡过陡时,极易引起滑坡。

(2)水位骤降:高水位时,临水坡土体大部分处于饱和、抗剪强度降低的状态,当水位骤降时,临水坡失去外水压力支持,加之堤身反向渗水压力和土体自重大的作用,可能引起堤坡失稳滑动,边坡过陡更容易滑坡。

(3)堤身加高培厚的新旧土体之间接合不好,渗水饱和后易沿接合面形成滑动面。

(4)堤基处理不彻底:堤基存有松软夹层、淤泥层和液化土层,坡脚附近有坑塘等,施工时未处理或处理不彻底,均可能因抗剪强度低、坡度陡等而诱发滑坡。

(5)堤防本身稳定安全系数不足:如因所选择土料的抗剪系数低、施工质量差(铺土太厚、含水量不符合要求、土料中含有大土块或冻土块、碾压不实)而使土体的抗剪强度低,堤身坡度陡,均可能使堤防不能满足稳定要求。

(6)堤身背水坡排水设施堵塞,浸润线抬高,土体抗剪强度降低。

(7)外力作用:堤顶和堤坡上堆放重物过多(附加荷载大),加上持续大暴雨或地震等作用,可导致滑动力增大、抗滑力降低,易引起土体失稳而造成滑坡。

4.1.3　检查观测

滑坡对堤防安全威胁很大,尤其是高水位期间的滑坡将减小堤身断面、缩短渗径、降低抗冲能力,易诱发坍塌、渗水、管涌、漏洞等险情,甚至造成冲决。所以,要重视对滑坡征兆(裂缝)和险情的检查观测,除经常检查外,在高水位期间、水位骤降期间、持续降雨(尤其是特大暴雨)期间、解冻期间及发生较强地震后,更应注意检查、监视有无滑坡险情或滑坡迹象。

4.1.4　分析判断

发现纵向裂缝后,应结合检查观测资料及时进行分析判断是否属于滑坡征兆及能否形成滑坡,以便采取相应的抢护或处理措施,一般应从以下四个方面进行分析判断。

(1)从裂缝的形状判断:滑动性裂缝的主裂缝两端有向边坡下部逐渐弯曲的趋势,主裂缝两侧往往分布有与其平行的众多小缝;

(2)从裂缝的发展规律判断:滑动性裂缝初期发展缓慢,后期逐渐加快,而非滑动性裂缝的发展则随时间逐渐减慢;

(3)从移位观测的规律判断:堤身在短时间内出现持续而显著的位移,特别是伴随着裂缝发展而出现连续性的位移,裂缝两侧有明显的上下错位,边坡上部垂直位移向下,坡脚附近或其外呈现隆起现象;

(4)从浸润线观测资料分析判断:有孔隙水压力观测资料的堤防,当实测孔隙压力系数高于设计值时,可能是滑坡前兆,应根据校核结果判断是否滑坡。

4.1.5　一般要求

造成滑坡的原因归结为滑动力超过了抗滑力,所以对滑坡险情的抢护原则是设法减少滑动力和增加抗滑力,如通过清除滑坡体上部附加荷载、削缓滑坡体上部边坡、防渗排水以减轻土重等措施来减少滑动力,通过固脚压重阻滑、修筑土撑或戗体阻滑、防渗排水以提高土料抗剪强度等措施来增加抗滑力。对因渗流作用引起的滑坡,须采取“前截后导”的抢护措施;如堤身单薄、质量差,为补救削坡后造成的堤身削弱,应采取加筑后戗的措施予以加固;对已形成的滑坡要及时还坡,如基础不好或靠近坡脚附近有水塘,在采取固基或填塘措施后再行还坡。

4.1.6　抢护方法

对于滑坡险情的常用抢护方法有:临河截渗,背河的滤水后戗、滤水土撑、滤水还坡,临背河均可据情使用的护脚阻滑(也称为固脚压重阻滑)、削坡减载等。

必须指出的是,如果江河水位很高,抢护临河滑坡要比抢护背河滑坡困难得多,在临河采取措施也比在背河采取措施困难,为避免贻误时机,应合理选择抢护措施,必要时可临背措施并举。

4.1.6.1　**滤水后戗**

当堤身断面单薄、边坡过陡、背水坡可能滑坡或滑坡严重、有充足的透水性料源、适宜的场地、足够的施工能力时,可在滑坡范围内全面抢护滤水后戗,此法既能导出渗水,降低浸润线,又能加大堤身断面,使险情趋于稳定。具体做法是:先将滑坡体表层松土、杂物清除,再按反滤要求抢筑导渗沟或因表层土过于稀软而铺设反滤层,然后用透水性较大的沙土修筑后戗,参见渗水险情抢护的沙土后戗(图4-5-3),后戗顶高出浸润线出逸点0.5~1.0 m,后戗长度应超过滑坡堤段两端各5~10 m。

若用沙石料修筑后戗可不再抢筑导渗沟或铺设反滤层。

4.1.6.2 滤水土撑

抢护背水坡滑坡险情时，可在滑坡范围内先修做导渗沟，导出滑坡体内渗水，降低浸润线；然后采取间隔抢筑透水土撑（也称滤水戗垛）的方法对滑坡范围进行加固阻滑，见图 7-4-1，以防止滑坡或制止继续滑坡。该方法适用于背水坡排渗不畅、滑坡范围较大、透水性土料不够丰富或取土较困难的堤段。

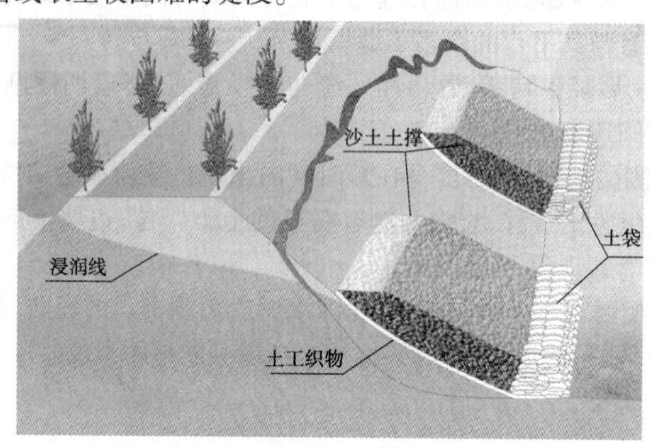

图 7-4-1　滤水土撑

抢筑导渗沟时，先将拟修土撑范围表层松土、杂物清除，再在滑坡体上顺坡到堤脚直至拟修土撑铺底外边界挖沟，沟内按反滤要求分层铺填反滤料（沙石、梢料或土工织物）并做好覆盖保护。抢筑导渗沟后应抓紧抢修土撑，其尺寸应视险情、工情和水情确定，一般每条土撑顺堤线长 10 m 左右，顶宽 5 ~ 8 m，边坡 1∶3 ~ 1∶5（两侧面可陡些，两侧边坡一般为 1∶1.5 ~ 1∶2.0），顶高出出逸点 0.5 ~ 2 m，土撑间距 8 ~ 10 m。修筑土撑采用透水性较大的沙土，要分层填筑、夯实。

若基础不好或背水坡脚附近有坑塘、软泥等，可在滑坡体外先用块石、沙袋或沙土袋固基压重阻滑，用沙性土填塘，然后修土撑，也可修土撑后再固基阻滑。

4.1.6.3 滤水还坡

凡采用反滤结构抢护背水坡滑坡并恢复堤防断面的措施均称为滤水还坡，根据反滤结构或所用材料的不同主要分为导渗沟滤水还坡、反滤层滤水还坡、透水体滤水还坡、土工织物反滤土袋还坡等。

1）导渗沟滤水还坡

先在滑坡范围内修做沙石、梢料或土工织物导渗沟，再将滑坡后形成的上部陡坡或陡坎削缓，然后用沙性土逐层回填、夯实，并整修恢复堤坡。

2）反滤层滤水还坡

先在滑坡范围内全面铺设沙石、梢料或土工织物反滤层，再削缓滑坡后形成的上部陡坡或陡坎，然后用沙性土恢复堤坡。

3）透水体滤水还坡

不再修做导渗沟或反滤层，而是直接用透水材料修做透水体以恢复堤坡，如沙土还坡、梢土还坡。

（1）沙土还坡：采用透水性较强的粗沙或中沙还坡时，可按堤防原断面（坡度）恢复，如用细沙、粉沙或沙土还坡,边坡应适当放缓。还坡时,应清除滑坡体的松土、软泥、草皮及杂物等,将滑坡后形成的上部陡坡或陡坎削成缓坡,要分层回填、夯实。

(2)梢土还坡:类似于抢护渗水险情所采用的梢土后戗(柴土帮戗),参见图 4-5-4。

4)土工织物反滤土袋还坡

在滑坡范围内用土工织物全面覆盖,用以排水滤土,阻止土粒流失,然后用草袋、编织袋或麻袋装沙土叠砌还坡,也称为贴坡排水土袋还坡。

4.1.6.4 **护脚阻滑**

当有滑坡或继续滑坡可能时,可通过在滑坡体外采取护脚阻滑措施,以增加抗滑力,防止滑坡或制止继续滑坡。常用护脚阻滑措施如下:

(1)在遭受水流冲刷而可能诱发滑坡的部位排垒土袋(或先用防水材料覆盖再排垒土袋)防护,并在堤脚处抛投土袋或石块、石笼等重物,既抗冲刷,又压重阻滑;

(2)对于可能滑坡或可能继续滑坡的堤段,可在滑坡体下部堤脚附近堆放块石、土袋、石笼等重物,见图 7-4-2,以起固基、护脚和压重阻滑作用,所堆放重物的数量应根据堤坡稳定需要确定。

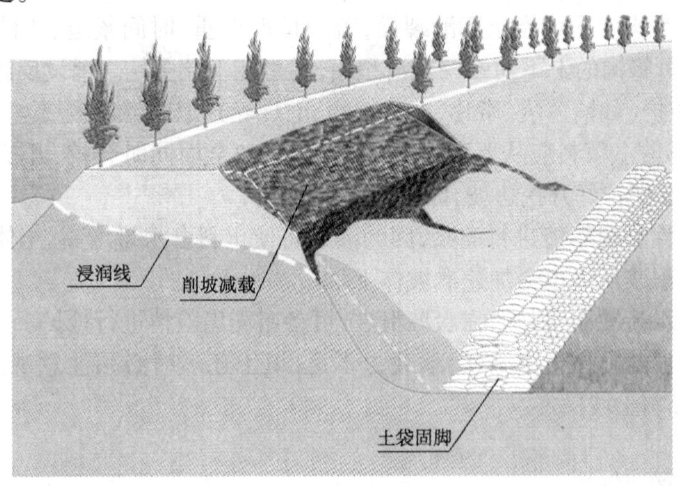

图 7-4-2 护脚阻滑

4.1.6.5 **削坡减载**

当滑动体上部堤坡或堤顶上堆积有重物、堤坡较陡时,应清除滑动体上部附加荷载、削缓滑动体上部边坡,以减小滑动力,从而预防或制止滑坡的发生和发展。

但当堤身断面小、可能遭受冲刷坍塌威胁时,应慎重选择削坡措施。

4.1.6.6 **临河截渗**

临水坡滑坡时,常采取截渗措施,有条件时可采用抢筑黏土前戗截渗,其修做方法与抢护渗水险情的黏土前戗相同。

若背水坡滑坡严重、范围较广,而临水坡又有条件抢筑黏土前戗时,可在背水坡抢筑滤水后戗、滤水土撑或滤水还坡的同时,再在临水坡抢筑黏土前戗或采取其他截渗措施。

4.1.7 滑坡抢险注意事项

抢护滑坡险情应注意以下事项：

(1)发现滑坡或分析确定为滑坡征兆要立即采取措施，抢护前要制订好方案、做好各项准备，采取有效抢护方法，抢护一气呵成。若滑坡险情继续发展或伴随严重渗水、管涌、漏洞等险情，可视情采取多措并举、临背并举的抢护方案，如抛石固脚、填塘固基、开沟导渗、透水土撑、滤水还坡、围井反滤、反滤铺盖等，以确保堤防安全。

(2)在渗水严重的滑坡体上，要避免大量抢护人员践踏，尽量减少践踏，否则易造成险情扩大。如因坡脚泥泞而不便抢护通行，可铺些芦苇、秸料、草袋等。

(3)水下抛石固脚阻滑时，一定要探清滑坡位置，要在滑坡体外缘进行抛石固脚，严禁在滑坡体中上部抛石，否则将加大滑动力，进一步促使土体滑动。

(4)抢护滑坡险情不宜采用打桩阻滑方法，桩的阻滑作用小，且因打桩震动会使土体抗剪强度进一步降低，特别是滑坡土体饱和或堤坡陡时，会促使滑坡险情进一步恶化。只有当土体较坚实、土压力不太大、桩能站稳时才可打桩阻滑，桩要有足够的直径和长度。

(5)开挖导渗沟应尽可能挖至滑裂面，若因情况严重、时间紧迫、条件受限而不能全部挖至滑裂面，可将沟的上下两端挖至滑裂面，尽可能下端多挖。铺设反滤材料后要在其顶面做好覆盖防护（如铺草袋、席片、土工织物、土袋等），以防滤层被堵塞。

(6)导渗沟开挖、填料应从上到下分段进行，切勿全面同时开挖，开挖时要清除松土和稀泥，开挖中要保护好开挖边坡，以免引起坍塌。

(7)对滑坡性裂缝不能进行灌浆，因为灌浆将使土料含水量增高、土体抗剪强度降低（减小抗滑力），灌浆压力也会加速滑坡体下滑。

(8)对由于水流冲刷引起的临水坡滑坡，可参照坍塌险情进行抢护。

(9)发生滑坡时往往土壤湿软、承载力不足，填土还坡时必须注意观察，上土不宜过急、过量，以免影响土坡稳定。

4.2 坍塌抢险

4.2.1 险情简述

坍塌主要指堤防或坝岸的临水面土体、裹护体或土体连同裹护体的崩落险情。坍塌分为塌陷、滑塌、骤塌。塌陷是坡面局部发生下沉的现象；滑塌是某范围内的堤坝坡因失稳而发生坍塌下滑的现象（也称为滑脱）；骤塌是某范围内的堤坝坡部分土体、裹护体或土体连同裹护体突然倒塌入水的现象（也称为崩塌），是最为严重的坍塌险情。当洪水冲刷能力强、主溜顶冲或靠近堤岸、堤岸抗冲能力弱时，易发生坍塌险情，如不及时抢护，将可能造成险情急剧恶化（如引起溜势变化、使坍塌加剧等）或溃堤灾害。

4.2.2 原因分析

(1)水流冲刷：溜势发生大的变化或发生横河、斜河现象，形成顺堤行洪或水流直冲堤岸,造成对堤岸的严重冲刷、淘刷。

(2)高水位持续时间长,水位骤降:高水位时,堤岸土体含水量增大或饱和,其抗剪强度降低;水位骤降时,土体失去了水的顶托力且承受反向渗压作用,易促成坍塌险情。

(3)堤岸质量差、存有缺陷或隐患:遇水流冲刷、渗水或雨水侵入时,因其抗冲能力差和抗剪强度降低而易造成坍塌。

(4)堤岸基础抗冲能力差:如地基土质差、基础浅、裹护材料抗冲能力差(根石走失)等,易使基础被淘空,或地震使沙土地基液化,将造成坍塌险情。

4.2.3　一般要求

抢护坍塌险情的原则是"护脚抗冲,缓流挑溜,减载加帮"。

抢护坍塌险情要因地制宜,就地取材,方法得当,要以固基、护脚、防冲为主,增强堤岸抗冲能力,维持尚未坍塌堤岸稳定性,要及时制止险情扩大或尽快恢复已坍塌堤岸。

4.2.4　抢护方法

抢护坍塌险情的常用方法有固基护脚防冲、缓溜防冲、修坝垛挑溜、护坡防冲等。

4.2.4.1　固基护脚防冲

若堤岸遭受水流冲刷,基础被冲刷淘塌,堤脚或堤坡被冲成陡坎,应尽快采取固基护脚防冲措施,如根据流速大小可对冲刷坍塌位置抛投土袋、石块、石笼、柳石枕等防冲料物,见图 7-4-3。

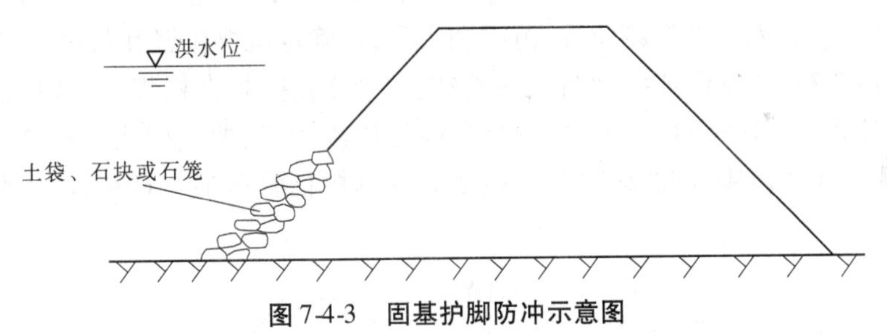

图 7-4-3　固基护脚防冲示意图

抛投防冲料物前,要摸清坍塌位置及长、宽、深(厚)尺寸;可在堤岸顶或船上抛投防冲料物,应先从坍塌严重的部位开始抛,然后分别向上下游依次抛投,抛投坡度应缓于原坡度,抛至险情稳定为止。

若采取捆抛柳石枕固基护脚防冲措施,所用柳石枕一般直径 1 m、长 10 m,枕外围柳料厚 0.2 ~ 0.3 m,石心直径 0.4 ~ 0.6 m,用铅丝或麻绳捆扎,参见图 7-4-4,水浅时可直接就地捆懒枕,水深时应在堤岸顶捆枕并抛(推)至指定位置,捆抛(推)柳石枕的操作程序包括选料、打顶桩、铺设枕木和垫桩、铺放底勾绳和束腰绳(捆扎用麻绳或铅丝)、铺柳、排石、放龙筋绳、再排石、再铺柳、捆枕(可直接用束腰绳将枕捆扎结实,也可通过铰杠、滑子,或其他专用器具先将枕紧束结实,再把束腰绳拧结拴牢)、枕两端用龙筋绳拴带笼头绳扣、抛(推)枕。

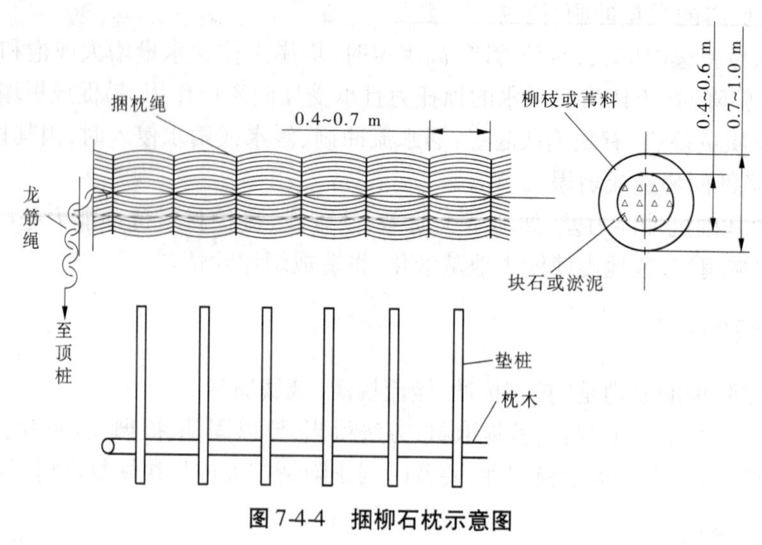

图 7-4-4　捆柳石枕示意图

4.2.4.2　缓溜防冲

1）挂柳缓溜防冲

为减轻水流冲击或风浪对堤岸的拍打冲击，可采用挂柳缓溜防冲措施（与防风浪险情抢护中的挂柳防浪相同）。

2）沉柳缓溜防冲

为减缓近岸流速、抗御水流冲刷，可采取沉柳缓溜防冲措施，见图 7-4-5，其具体做法为：①先摸清堤坡坍塌或被淘刷位置、范围和水深，以确定沉柳位置和数量；②选用枝多叶茂的柳树头或树枝，用麻绳或铅丝将大块石或土（沙）袋捆扎在树杈上；③用船将柳树头抛投在指定位置，应从下游向上游、由低处到高处依次抛投，要使树头或树枝依次排列紧密并捆连；④如淘刷范围大需多排沉柳，应使后一排树梢叠压前一排树杈，以防沉柳之间被淘刷。

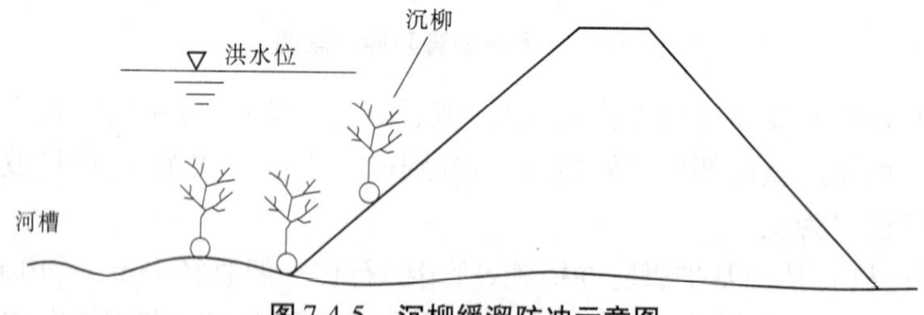

图 7-4-5　沉柳缓溜防冲示意图

4.2.4.3　修坝垛挑溜

若近堤岸溜势较大、堤岸坍塌严重，可采取修坝垛挑溜防冲的抢护方法。自坍塌或可能坍塌堤段的稍上游处开始，用抛投石块、土袋、石笼、柳石（土）枕等方法按适宜间隔距离抢修数道坝垛，靠坝垛守住大溜顶冲点并借以将大溜挑离堤岸，从而起到导流防冲、减轻冲刷、控制坍塌的作用，必要时可在坝垛之间再抢修护坡防冲，称为“守点顾线”，坝垛的布置可参见河道整治有关知识。

抢修坝垛及在坝垛之间再抢修护坡工程前，应探清坍塌位置和尺度、水深、流速等情况，确定抛石大小、抛投速度、抛投方法，应尽可能采用机械化施工或人机配合施工，机械抛石进占和人机配合抢修坝垛的操作步骤如下：

(1)确定坝垛位置和进占轴线，制订施工方案；

(2)整修施工坡道，宽度和坡度要满足自卸车倒石、会车及推土机平石要求；

(3)自卸车倒石进占，高度应高于水面0.5~1.0 m，顶宽3.0~5.0 m；

(4)自卸车倒土，倒土位置在占体下游，倒土速度应跟随进占石体前进，占头石体应超土体3.0~5.0 m，倒土高度与石体同高或稍高，宽度满足设计要求；

(5)挖掘机整修土坡和钩石整坡，把挖掘机停放在临水面占顶上，将超抛块石钩放到护坡位置，并利用挖掘机完成土坡的整修；

(6)人工捡整坦石、细整修土坡和坝面。

施工过程中要密切注视河势、工情等发展变化，确保施工安全。

4.2.4.4 护坡防冲

常用护坡防冲措施有抛投或排垒土袋护坡、桩柴护岸(含桩柳编篱抗冲)、柳石软搂护坡、柳石搂厢护坡、防水布或土工织物软体排护坡等。

用抛投或排垒土袋护坡时，袋子装土至多七八成满，抛投土袋应扎口或缝口，排垒土袋要将袋口叠压，袋口贴坡、向上或向里，依次紧密、错缝、叠压排列，一般只对冲刷坍塌范围全面排垒一层土袋防护，对陡坎处可增加土袋数量，以护脚防冲。

铺放防水布后再排压土袋，其护坡防冲效果更好。

4.2.4.5 坝岸坍塌抢护

抢护坝岸坍塌险情常用以下方法。

1)抛投块石、大块石、石笼

当坍塌险情较轻、坍塌后水下没有裸露土坝体时，对水下部分可根据坝岸前流速大小视情选用抛投块石、大块石、石笼的方法进行抢护，直至抛出水面以上0.5~1.0 m；若坍塌后水上也没有裸露土坝体，可直接进行补充抛石；若坍塌后水上已裸露土坝体，应对土坝体坍塌面进行打坡修整，用与原土质相同或更适宜土料还坡，还坡时要分层、回填、夯实或压实，然后抛石裹护；若坍塌宽度较大，可在块石，或大块石，或石笼与岸坡之间加抛黏土以还土坡。

2)土袋或软体排防护

当坝岸坍塌后裸露土坝体、土坡遭受冲刷破坏而坝岸前流速较小时，可直接对土坡抛投或排垒土袋防护，也可用软体排将土坡快速覆盖起来并加排土袋稳压加固，或再抛石裹护。

3)捆抛柳石枕

当坝岸前流速较大、坍塌后水下已裸露土坝体时，可采用捆抛柳石枕的方法进行抢护，捆抛柳石枕时应注意以下事项：

(1)若因坦坡不平、水深溜急、大溜顶冲等因素使枕入水后难以平稳下沉，应加密摸水点，准确把握有关情况，多用留绳掌控枕的入水下沉；

(2)若抛枕位置底部凸凹不平，在加密摸水点准确把握情况的前提下，要适时调整枕的长短、粗细和抛投位置，以防止因枕体受力不均而产生开裂、折断等现象，同时要注意保持各枕头之间的衔接，以免因枕间空隙大而被冲淘刷；

(3)推枕时，推枕人员要站在垫桩之后或两垫桩之间，不要跨站在垫桩两侧(称为骑桩)，穿戴要随身利落，以免被带入水、发生事故。

4)柳石搂厢

当坍塌严重、坍塌后已裸露土坝体且大溜冲刷土坡时，可采用柳石搂厢法进行抢护。

柳石搂厢具有可就地取材、节约石料、体积大、抗冲能力强、适宜人力和人机配合抢护等优点，但梢料的压缩、腐烂易导致工程沉陷或造成隐患。

修做柳石搂厢分为捆厢船法和浮枕法，其主要操作步骤(见图 7-4-6 和图 7-4-7)如下：

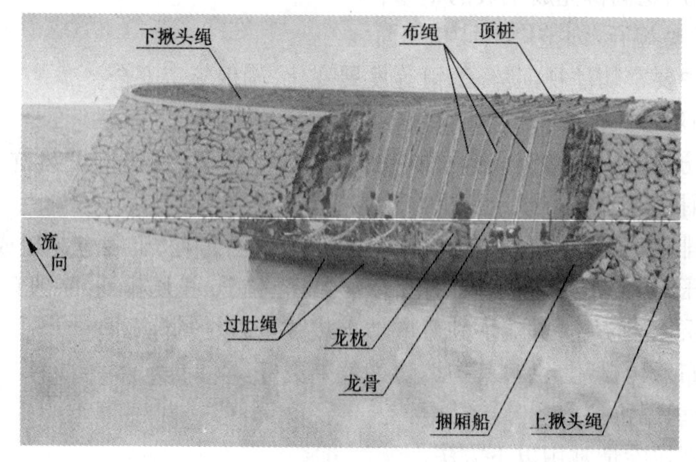

图 7-4-6　柳石搂厢的捆船布绳示意图

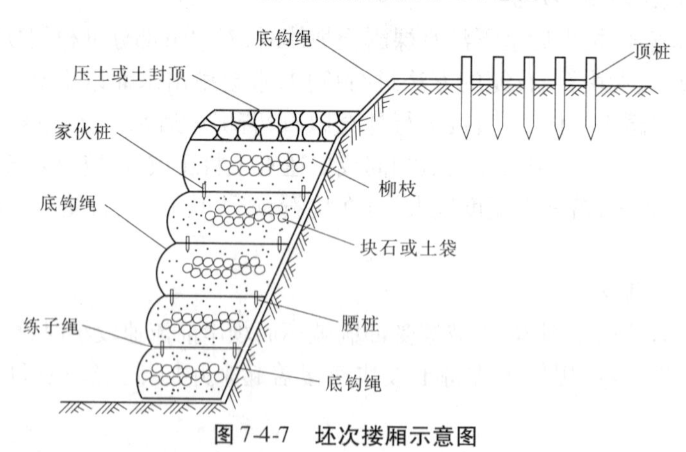

图 7-4-7　坯次搂厢示意图

(1)确定浮体(捆厢船或浮枕)位置；

(2)整坦(坡)；

(3)打顶桩；

(4)捆捆厢船及船定位(清理船面、捆龙枕、安龙骨、捆龙骨、通过锚或定位船及过肚绳将捆厢船定位)或捆抛浮枕代替捆厢船；

(5)布绳;

(6)编底;

(7)底坯搂厢:在底网上铺柳、压石或压土袋,再铺柳、搂绳、下家伙,或在底网上铺柳、下家伙、压石或压土袋,再铺柳、搂绳,桩绳的拴打方法详见附录 12;

(8)逐坯加厢;

(9)封顶。

4.2.5　坍塌抢险注意事项

抢护坍塌险情应注意以下事项:

(1)要全面分析坍塌险情发生原因、严重程度及可能发展变化趋势。坍塌险情一般随流量、溜势的变化而变化,特别是顶冲点变化、主流上提下挫,可能使坍塌位置也随之移动,主流靠岸的部位都有可能发生坍塌,所以在对已出险处进行抢护的同时,应加强对未发生坍塌堤段的巡查,以便及时发现险情,及时采取抢护措施,或采取必要的预防措施。

(2)不可忽视落水出险的可能。落水期间,特别是水位骤降时,堤岸失去高水位时的平衡且承受反向渗水压力作用,易出现滑坡或坍塌,应加强巡查观察。

(3)坍塌的前兆是裂缝,因此要细致检查堤岸顶部和边坡上是否有裂缝,发现裂缝要注意观测其发展变化,要及时分析判断是否属于滑坡或坍塌裂缝,以便对症采取措施。

(4)对于发生裂缝的堤段,特别是产生弧形裂缝的堤段,切不可堆放重物或增加其他荷载,对裂缝要加强观测和采取防水灌入的保护措施。

(5)抢护坍塌险情要尽量避免在坍塌位置及其附近打桩,否则可能因打桩震动而加剧险情。

模块 5　培训指导

在技师关于培训指导内容的基础上编写了本章，要求高级技师能在工程运行检查、工程观测、工程养护、工程维修、防汛抢险及培训指导方面对初级工、中级工、高级工及技师进行实际操作技能的指导，能编写培训讲义，能讲授河道修防工相应等级的专业技术基础知识和计算机应用基础知识。

以上各方面的具体内容见本教材相应等级有关章节和与操作技能相关的基础知识，本模块只重点介绍培训讲义的编写及计算机应用基础知识。

5.1　培训讲义编写

5.1.1　编写培训讲义应遵循的原则

教材是教师教学的主要依据、学员学习的专用书籍，一般是针对不同教育等级的教学大纲或各职业等级的职业技能标准编写的，教材比较系统、完整、严谨，其一般包括目录、课文、作业、图表、注释、附录、索引等。

职业培训讲义，一般是根据某职业等级的职业技能标准和已选定的教材、参考书籍及其他资料，针对培训需求，就某专业或某课题的主要讲授内容而编写的教学材料。

培训指导教师要合理选用教材，要根据教学需要、结合学员实际情况，在已选定的教材为主的基础上补充必要的新知识和新技能，以形成具有较高水平、针对性和实用性强的讲义，编写培训讲义应遵循以下原则。

(1)内容有针对性：讲义内容要依据培训大纲，针对主题和不同等级职业技能标准编写。

(2)可操作性强：职业技能培训指导是在实践和自学的基础上进行的复习、巩固和拓宽提高，教师要把书本知识或实践经验进行归纳、提炼，体现出通俗易懂、形象直观、可操作性强等特点，使其易于学习掌握。

(3)语言逻辑性：讲义及讲课要有条理性，如先讲什么、后讲什么，要求层次清晰；语言要简练、流畅、易懂、表达清楚明了。

(4)方法形式多样性：编写讲义或授课的方法形式应灵活多样，如可采用问答(提问)法、讨论法、案例分析法、模拟法、专题研讨法等，以适应教学特点、避免死板教条。

5.1.2　培训讲义的内容

培训讲义的内容主要根据拟讲授内容确定，可以针对某次培训的具体情况(如培训要求、培训形式、专业或课程内容、已确定教材或指定参考书等)而特写，或为满足带徒传艺需要而特写，也可以结合实际需要、针对普遍情况而编写；可以是综合知识讲义(如用于基础知识培训),也可以是专业或专项讲义;可以讲授普遍知识和技能,也可以介绍独特技能和技巧。

编写针对某次培训的特定讲义时,可对每个课题或每个课时的教学内容、教学步骤、教学方法、板书设计、教具或教学手段等都要做周密考虑和安排。

(1)教学目标:即培训指导要达到的具体要求,包括总要求和各单元要求。

(2)教学重点难点:讲义中应说明培训指导所应解决的关键性问题、比较难以理解记忆的知识点、比较难以掌握的技能操作项目或操作步骤,一般把职业技能等级标准中所要求的基础知识、技能相关知识和操作技能要求作为教学重点,把学员难以理解掌握的知识点或操作技能作为教学难点,以此引起教师实施教学和学员学习掌握的重视。

(3)教学内容:围绕教学目标,把对基础知识、技能相关知识和操作技能的培训指导内容进行细化分解并与教学安排挂起钩来。讲义的主要内容来源于职业技能等级标准、已选定的教材及参考资料、技能操作实践经验,又要随着教学要求、教师和学员情况等不同而使其重点和难点有所不同,讲义内容应在照顾全面和详细的基础上着力突出重点和难点。

(4)教学设计:是对教学内容、教学组织、教学方法与手段、板书等方面的具体构思和设想,以便于顺利实施培训指导和确保培训指导效果。

5.1.3　培训讲义的编写方法

编写讲义需要先拟订编写大纲、选取讲义内容、确定讲义内容呈现方式、对选用材料进行加工,然后进行系统编写,其关键在于讲义内容的选择及讲义内容的呈现方式。

5.1.3.1　拟订编写大纲

为保证讲义编写有条不紊地进行,应先拟订编写大纲,编写大纲一般包括编写目的、使用对象、讲义体系、讲义规模(章节数、单元数、总字数)、简要目录(如章节内容、一级目录、二级目录)、思考练习题类型和习题量、附表等。

5.1.3.2　选取讲义内容

讲义内容应满足职业技能等级标准和培训指导要求,适应学员的基础知识水平和接受能力,选取讲义内容要注重实用性、理论知识对实践的指导性、技能的可操作性,对理论性较深的知识点应直说结果和如何应用、少讲推导过程,对操作技能多讲操作步骤和操作技巧;选取讲义内容还应注重系列性,以满足不同职业等级的需求;对讲义内容应及时补充、修改,以不断更新知识和应用新技术。

5.1.3.3　确定讲义内容呈现方式

在文本编写中,要注意文字叙述方式的启发性,通过反问和思考题启发学员对问题的注意及思考;可通过照片、插图、实例等直观易懂的形式呈现讲义内容,以帮助学员加深理解和记忆,并减少文字叙述;有条件时可发挥声像、多媒体等综合教学作用。

5.1.3.4　讲义选用材料的加工

首先根据编写大纲把材料分类、排序,并确定重点材料;然后根据呈现方式对重点或难点材料进行编辑、注释、图解、制作成声像或多媒体材料。

如果所选用讲义材料较多,可根据需要取其精华,将不适应语句改写成通俗易懂的叙述方式,保留常用操作技能;随着科学技术的发展和实践经验的积累,应对不适应的内容进行修改,及时补充新知识、新技术、新技巧。

5.1.3.5　实践培训讲义的编写

实践培训指导以掌握基本操作技能为目的,所以实践培训讲义应以某些操作技术点为重点,要明确突出所选择的操作技术要点,主要说明操作原理、要领、要求、顺序及注意事项等,必要时介绍一些相关知识或技术点,如常用工器具的相关知识和使用、新技术的发展和推广应用等;讲义文字要通俗易懂,尽可能采用直观、明了的图示方法注释技能操作的方法和步骤。

5.1.4　培训讲义的编写格式

培训讲义的编写格式相对比较自由,它随着编写或发行使用标准要求的高低而不同,正式出版的讲义要符合出版标准的有关要求,自己使用或特定范围内传阅的讲义以清晰、明了、方便使用为准。

5.1.4.1　标题及格式要求

培训指导讲义一般可按篇(模块)、章、节、目的格式进行编写,或按单项课题(题目)及逐级标题的格式进行编写,常用1…、1.1…、1.1.1…、1.1.1.1…或一…、(一)…、1.…的序号表示主要标题的层次关系,各级标题单列成行,各级标题内容要简短意明。

正文叙述中的序号可用(1)…、①…逐级表示,或用1)…、(1)…、①…逐级表示,序号后要尽可能概括出本段所叙述内容的主题或关键词,以便于阅读记忆。

排版时,章、节、目的标题可依次选择宋体小二、三号、小三、四号或小四字号并加粗,正文可采用宋体五号字、每页38行、每行38个字的格式。

5.1.4.2　学习目标和本章小结

编写培训指导讲义可设有"学习目标"和"本章小结"。"学习目标"放在每章的标题下,用简短的文字说明本章的核心内容及学员学习后应达到的目标;"本章小结"放在每章正文之后,用简短的文字对本章主要内容进行串联,以使读者增加对本章内容的印象,或有利于对本章的复习。

5.1.4.3　部分技术规范要求

讲义中的图表按顺序编号,编号能反映其所在篇(模块)章中的位置,表标题放在表的上面并居中,图标题一般放在图的下面;引用公开出版的图书及某参考资料的某部分内容时应注明作者名、书名、版次、出版地、出版社、出版时间、页码,引用公开发表的文章应注明作者名、文章名、刊物名、年份(第几期)、页码;讲义中尽量使用国家标准或国内通用的名词术语。

为了使用方便,可将培训讲义做成教学单元讲义基本表和教学实施两部分。

5.2　计算机应用

计算机系统结构由硬件和软件组成。硬件一般包括显示器、主机(存储器、运算器、控制器)、输入设备(键盘、鼠标)和输出设备(如打印机)等;软件是指应用程序,它随着应用目的、深度要求等不同往往有不同的系统和版本，如 Microsoft Office 2000（文字处理软件 Word 2000、电子表格处理软件 Excel 2000、文稿演示软件 Power Point 2000、个人信息管理软件 Outlook 2000）、Microsoft Office 2003（Word 2003、Excel 2003 等）、Windows XP 中文版操作系统等，本节以 Windows XP 中文版操作系统和 Word 2003 及 Excel 2003 为例进行介绍。

5.2.1 Windows XP 中文版操作系统

一般情况下，计算机均已预置安装好 Windows 中文版操作系统，开机（连接好线路，按主机及显示器上的电源开关）就可以直接启动。

退出时，先点击左下角的“开始”，再点击“关机”并确认，也可使计算机实现待机、关闭和重新启动三种状态。

选择应用程序时，单击左下角的“开始”→（移动光标至）“程序”→（再顺图标后的黑色三角移动光标至）需要的内容和软件并单击。

5.2.1.1 桌面组成

桌面一般显示的图标有“我的文档”、“我的电脑”、“Internet Explorer”、“回收站”及其他程序快捷方式等，最下边是任务栏。

1)“我的文档”图标

用于管理“我的文档”下的文件和文件夹，可以保存各种文档，是系统默认的文档保存位置。

2)“我的电脑”图标

用户通过该图标可以实现对计算机硬盘驱动器、文件夹和文件的管理，并可访问连接到计算机的硬盘驱动器、照相机、扫描仪和其他硬件及有关信息。

3)“回收站”图标

在回收站中暂时存放着用户已经删除的信息，清空之前可从中还原该信息。“回收站”是硬盘的一块区域，永久删除所存信息之前仍然占用硬盘空间。只有打开“回收站”，并点击“清空回收站”时，才真正删除所要删除的信息。

4)“Internet Explorer”图标

通过双击该图标可以访问网络资源。

5)任务栏

任务栏分为工具栏、窗口按钮栏、“开始”菜单按钮等，可通过任务栏进行控制和选择，如关闭、最大化、最小化、控制软件和窗口显示的布局、显示当前运行的软件程序、当前打开的窗口、当前时间等内容。

5.2.1.2 图标操作

图标是指桌面上排列的小图像，它包含图形和说明文字两部分。如果把鼠标放在图标上停留片刻，桌面上会出现对该图标所表示内容的说明或文件存放路径；单击（击左键）某图标代表选择该图标，该图标的背影颜色变深；双击（击左键）某图标是打开该图标所代表的内容或程序；右击（击右键）某个图标可以看到其快捷方式；在某个图标上按住左键，同时移动鼠标可以拖动该图标。

若需对多个图标进行操作,可将鼠标放到所要选项的左上角或右下角,按住左键拖动鼠标,屏幕上画出一个矩形框,矩形框内所包括的图标都会被选中,可对所选中对象作下一步处理。

在屏幕的任一位置单击鼠标,即可取消以上选择。

5.2.1.3 Windows XP 窗口

当用户打开一个文件或应用程序时,都会出现相应窗口,以便于用户进行操作,所以熟悉窗口和熟练地对窗口进行操作对提高工作效率非常重要。

1)窗口的组成

Windows XP 窗口一般由标题栏、菜单栏、工具栏、状态栏、工作区域等几部分组成。

(1)标题栏:位于窗口的最上部,它标明了当前窗口的名称,左侧有控制菜单按钮,右侧有最小化、最大化或还原以及关闭按钮。

(2)菜单栏:在标题栏的下面,它提供了用户在操作过程中要用到的各种访问途径。

(3)工具栏:包括了一些常用的功能按钮,用户在使用时可以直接从上面选择各种工具。

(4)状态栏:在窗口的最下方,标明了当前有关操作对象的一些基本情况。

(5)工作区域:它在窗口中所占的比例最大,显示应用程序界面或文件中的全部内容。

(6)滚动条:当工作区域的内容不能全部显示时,窗口将在右侧和下侧出现滚动条(包括上下或左右方向的箭头及上下箭头之间的方块),可通过点击箭头或拖动方块来查看所要查看的内容。

2)窗口的操作

窗口基本操作包括打开、移动、缩放、关闭等。

(1)打开窗口:一般直接选中要打开的窗口图标,然后双击;也可在选中的图标上右击,再在其快捷菜单中选择“打开”命令或直接点击要选择的内容。

(2)移动窗口:在标题栏上按下鼠标左键并拖动,移动到适宜位置后再松开鼠标左键。

(3)缩放窗口:需要改变窗口的宽度时,可把光标放在窗口的垂直边框上,当光标指针变成双向箭头时拖移边框位置;需要改变窗口的高度时,可把光标放在水平边框上,当指针变成双向箭头时进行拖移;需要对窗口等比缩放时,可把光标放在边框角上,当指针变成双向箭头时进行拖动。还可通过点击最小化按钮、最大化按钮、还原按钮实现窗口的最小化、最大化和还原。

(4)关闭窗口:可直接单击“关闭”按钮;或右键单击控制菜单按钮,在弹出的控制菜单中选择“关闭”命令。

5.2.2 Windows 基本操作

5.2.2.1 文件和文件夹

1)文件

文件是用户赋予了名字并存储在计算机里的所有数据和信息的集合,如用户创建的文档、可执行的应用程序、图片、声像等。将光标放在文件的图标上可以看出该文件的类型、标题、修改日期和大小。

2)文件夹

文件夹是系统组织和管理文件的一种形式，用户可以将文件分门别类地存放在不同的文件夹中，文件夹中也可存放下一级文件夹。

5.2.2.2　资源管理器基本使用方法

可按以下步骤打开和使用资源管理器：

(1)右击“开始”按钮，在弹出的列表中再单击“资源管理器”；或右击“我的电脑”按钮，在弹出的列表中再单击“资源管理器”；

(2)在已出现的对话框中，左边的窗格显示了所有磁盘和文件夹的列表，若驱动器或文件夹前面有“+”号则表明其有下一级子文件夹，单击该“+”号可展开其所包含的子文件夹；右边的窗格用于显示选定的磁盘和文件夹中的内容。

5.2.2.3　文件的操作和管理

文件的操作和管理是通过资源管理器来实现的，它主要包括建立文件夹/文件、文件夹或文件的重命名、移动和复制文件夹或文件、删除文件或文件夹、恢复文件等操作。

1)建立文件夹/文件

打开“我的文档”→单击“文件”菜单→“新建”→单击“文件夹/文件”→输入文件夹/文件名称→确定；或直接单击“创建一个新文件夹”并命名；或双击打开某磁盘，再建立文件夹/文件。

2)文件夹或文件的重命名

单击文件夹或文件图标→在左侧框内单击“重命名这个文件”→输入新的名称；或单击右键，在弹出的快捷菜单中选择“重命名”命令并命名。

3)移动和复制文件夹或文件

选择要移动和复制的文件夹或文件并单击→单击“编辑”→选择“剪切”或“复制”，或单击右键，在弹出的快捷菜单中选择“剪切”或“复制”；将光标移动至要粘贴的位置→选择“编辑”→点击“粘贴”，或单击右键，在弹出的快捷菜单中选择“粘贴”命令即可。

4)删除文件或文件夹

选定要删除的文件或文件夹，选择“文件”→“删除”命令；或单击右键，在弹出的快捷菜单中选择“删除”命令并确认。

5)恢复文件

若需要恢复已删除而暂存在回收站中的文件，可打开回收站，单击要恢复的文件名→单击窗口左侧的“还原此项目”。

5.2.3　文字处理

Word 2003 是目前使用较广泛的文字处理软件，可处理文字编辑、排版、表格及图形，下面主要介绍 Word 2003 的窗口界面和 Word 2003 的基本操作。

5.2.3.1　Word 2003 的窗口界面

1）启动 Word 2003

点击“开始”，将光标移动至“程序”并顺箭头找到“Microsoft Office Word 2003”，然后单击；或直接双击桌面 Word 2003 图标即可打开。

2）Word 2003 的窗口组成

最上面为标题栏，第二行为菜单栏，第三（或三、四）行为工具栏，之下一行为标尺，再下面是正文框，正文框之下是左右滚动条，左面是标尺，右面是上下滚动条。

5.2.3.2　Word 2003 的基本操作

1）输入文字

单击窗口右下角输入法按钮，从弹出的对话框内选择文字输入方法并点击，然后进行文字输入。

2）文档的选择、剪切、复制、粘贴、移动、删除

（1）选择：将光标放在所要选择范围的第一个字符之前，按住鼠标左键并拖动，可将要选择范围拉黑。

（2）剪切或复制：使光标不离开已拉黑范围，然后单击右键，再将光标移动至对话框内的“剪切”或“复制”处并单击，可对所选择（已拉黑）范围进行剪切或复制。

（3）粘贴：将光标放到要粘贴的位置，单击右键，找到对话框内的“粘贴”并单击，可将已复制内容粘贴到指定位置。

（4）移动：使光标不离开已拉黑范围，按下左键并拖移至预定位置后再松开，可完成对已拉黑范围文字的移动。

（5）删除：将光标放在要删除范围的第一个字符之前，可利用键盘的删除键逐字符删除；也可先选择要删除范围（将要删除范围拉黑），再按键盘的删除键或空格键，可实现一次删除；还可将要删除范围拉黑，光标不离开已拉黑范围，点击右键，在对话框内找到“剪切”并点击，也可实现一次删除。

3）字体设置

字体设置主要包括颜色、字体、字号、加粗等选择和设置。

（1）颜色选择：直接点击 A 旁边的箭头，找到所要选择的颜色并点击可设置颜色；若取消颜色，可将取消范围拉黑，点击 A 旁边的箭头，选择黑色（或自动）并点击。

（2）字体加粗：选择要加粗文字范围（将要加粗范围拉黑），点击工具栏按钮 B，B 周围出来方框时表示加粗，再点击一次可取消加粗。

（3）字体选择和变更：直接点击字体对话框中的箭头，找到所要选择的字体并点击可选择字体；若要改换字体，可将要改换范围拉黑，然后点击字体对话框中的箭头，找到所要选择的字体并点击。

（4）字号选择和变更：直接点击字号对话框中的箭头，找到所要选择的字号并点击可选择字号；若要改换字号，可将要改换范围拉黑，然后点击字号对话框中的箭头，找到所要选择的字号并点击。

4）页面设置

单击“文件”，找到“页面设置”并单击，然后可选择或设置纸张大小、方向（纵向、横

向)、页边距及文档网络(如可以选择每页行数、每行字数,只指定行网络等)等;也可利用“格式刷”设置页面,先将样本拉黑并点击“格式刷”(类似小刷子的符号),然后将欲设置页面的范围拉黑即可。

5)段落设置

点击“格式”,找到“段落”并点击,可设置文档的对齐、首行缩进、行距大小等。

6)打印预览

打印前,点击“文件”→“打印预览”可显示打印后的外观效果。

7)保存

完成文字输入和编辑之后或每完成一部分应及时保存,保存时点击工具栏的“保存”按钮(左上角的黑白方框)即可,初次保存时还需要根据对话框提示确定保存位置和文件名称。

5.2.4　表格制作

Word 和 Excel 都可处理表格,Excel 处理表格以操作简便、功能强大而著称。

5.2.4.1　Word 表格

在 Word 窗口菜单栏点击“表格”→“插入”→“表格”并点击,在对话框内输入拟画表格的行数和列数,选择是固定列宽还是根据窗口或内容调整表格,并点击确定。

5.2.4.2　Excel 表格

1)Excel 启动和退出

单击“开始”→“程序”→“Microsoft Office”→“Excel”并点击,即可启动(进入)Excel 处理表格菜单;点击按钮☒可使菜单退出。

2)Excel 的工作环境

(1)标题栏内主要有控制菜单、文档名称、最大化、最小化、关闭等按钮。

(2)菜单栏内有文件、编辑、视图、插入等按钮。

(3)常用工具栏内有新建、打开、保存、打印等按钮。

(4)格式栏内有格式、数据、字体、字号、加粗、倾斜等按钮。

(5)表格区域(工作区):上面以英文字母 A、B、C、D…表示列的位置和列数;左侧以阿拉伯数字 1、2、3…表示行的位置和行数;表格下方的 sheet1、sheet2、sheet3 叫工作簿,通过点击可进入不同的表页;单击右键可进行各种操作,如插入(击插入、击表格、击确定,可插入更多的工作簿)、删除、重命名,或通过点击窗口按钮进行做表操作。

如需复制已填好的表格,可将光标移至要复制的表名处并同时按下“Ctrl 控制”键和鼠标左键,等出现“+”并拖动至其他位置后再松开按键,即实现复制。

3)Excel 单元格的基本操作

(1)做表时,单击左键并拖动鼠标可将符合行数和列数要求的区域拉黑,然后找到工具栏边框符号,点击边框符号旁边的箭头,在列表中选择并点击所要的边框,对应表格即已形成。

(2)复制表格时,可先选择复制范围(拉黑),再击右键,选择并点击“复制”,然后到指定位置点击右键并点击“粘贴”。

(3)移动表格时,拉黑表格,将光标放在边框上,待光标显示四个箭头时再按下左键并拖拉至指定位置后放手。

(4)删除表格时,可将要删除位置(全部、某行、某列)拉黑,击右键,选择并点击"删除",再点击整行或整列删除。

(5)需要调整表格大小时,可将光标移动至表格的分隔线上,或窗口上侧和左侧的分界线上,待光标变成双向箭头后再按下左键并拖拉表格分隔线的位置;需要调整表格格式时,可将需调整位置拉黑,然后在窗口上选择需要调整的项目(如合并单元格)并点击,或击右键再选择需要调整的项目并点击。

(6)制表完成或部分完成后应及时保存,点击"保存"按钮,确定对话框中的表格名称和保存位置,点击"确认"保存。

(7)表格数据运算介绍如下:

单行数据加减乘除运算时,可将光标移动至拟填结果位置并按" = "键,然后击参与运算的第一个数字,再按运算符号(+ 、- 、* 、/),每击一个数字都按一次运算符号,击最后一个数字后按回车键即得运算结果;若单行数字求和,也可用"Σ"键操作,见单列数字求和操作。

若各行为相同运算方式,可单击已填结果栏,将光标移至方框右下角已出现的" + "处,按下鼠标左键下拉,在所拉黑范围内都按相同的方式运算,然后只在每行空格中填写数据即可。

同列求和时,可按选择数字法求和:将光标移至拟填结果位置并按" = "键,每选择一个数字都按一次" + "号,选择最后一个数字后按回车键即可。也可用"Σ"键操作求和:将光标移至拟填结果位置并单击"Σ"符号,如果是同列内的所有数字都参与求和,可直接按回车键即可;若只需同列内的部分数据参与求和,可将光标移至拟填结果位置并单击"Σ"符号,然后逐项击所要选择的数字,并且每击一个数字都要按一次键盘上的","键,击选最后一个数字后按回车键即得运算。

5.2.5　网络信息查询

在已经开通网络系统的计算机上可阅读或查询有关信息。

5.2.5.1　Internet Explorer 浏览器的窗口组成

1)启动 IE 浏览器

确认网线接通后双击桌面上的"Internet Explorer"图标,即可接通上网。

2)IE 工具栏上的常用按钮

(1)"后退"或"前进"按钮:单击"后退"按钮⇦,可返回到此前已显示页面,单击"前进"按钮⇨,可转到下一页面。

(2)"停止"按钮:单击"停止"按钮☒,可取消网页。

(3)"刷新"按钮:单击"刷新"按钮可连接到最新内容。

(4)"主页"按钮:单击"主页"按钮可返回到主页(已设定的起始页面)。

(5)"搜索"按钮:单击"搜索"按钮 搜索,可打开搜索工具页面或搜索查询拟查询内容。

5.2.5.2 打开网页

起初按网址打开网页，输入网址时可不输入“http://”前缀，如只输入后缀网址，如www.edu.com、www.sina.com.cn；可将已经打开过的网页添加到收藏夹，再次登录时直接击网名即可。

5.2.5.3 信息搜索

在网络上，可直接阅读或选择阅读有关信息，也可借助百度搜索引擎查询许多信息（包括网页的中文名称），这需要在关键字文本框中输入欲搜索内容或内容的关键词字，然后单击“百度搜索”按钮。

5.2.6 接收和发送邮件

打开网络，找到邮箱所在网页，在用户名或帐号框内输入邮箱地址（名称、号），在密码框内输入邮箱密码→“登录”→“进入我的邮箱”。

（1）收看和保存邮件。进入我的邮箱后，点击“收件箱”，可直接点击邮件名字并打开阅读；也可点击邮件名字→“下载”→“保存”→确定保存位置和保存内容的文件名称后再点击“保存”。

（2）发送邮件进入我的邮箱后，点击“写信”→输入收件人邮箱地址→输入邮件的主题名称→可直接在页面上编辑输入邮件内容→点击“发送”；也可发送已提前编辑保存的邮件或已保存的其他资料，点击“添加附件”或“浏览”→在文档或磁盘中找到要发送的邮件或资料并点击→点击“打开”→待上传（复制到邮箱）完成后再点击“发送”。

参考文献

[1] 刘纯义,熊宜福.水力学[M].北京:中国水利水电出版社,1996.
[2] 务新超.土力学[M].郑州:黄河水利出版社,2003.
[3] 曾令宜,陶杰,等.水利工程制图[M].北京:高等教育出版社,2007.
[4] 严义顺.水文测验学[M].北京:水利电力出版社,1984.
[5] 林益冬,孙保沭,等.工程水文学[M].南京:河海大学出版社,2003.
[6] 靳祥升.水利工程测量[M].郑州:黄河水利出版社,2008.
[7] 武汉水利电力学院.建筑材料[M].北京:水利出版社,1981.
[8] 徐又建,李希宁,等.水利工程土工合成材料应用技术[M].郑州:黄河水利出版社,2000.
[9] 崔承章,熊治平.治河防洪工程[M].北京:中国水利水电出版社,2004.
[10] 胡一三,刘桂芝,等.黄河高村至陶城铺河段河道整治[M].郑州:黄河水利出版社,2006.
[11] 杨树林.河道修防工与防治工[M].郑州:黄河水利出版社,1996.
[12] 胡一三.黄河防洪[M].郑州:黄河水利出版社,1996.
[13] 罗庆君.防汛抢险技术[M].郑州:黄河水利出版社,2000.
[14] 黄河水利委员会.黄河河防词典[M].郑州:黄河水利出版社,1995.
[15] 张英,李宪文.防汛手册[M].北京:中国科学技术出版社,1992.
[16] 吴存荣,纪冰.河道堤防管理与维护[M].南京:河海大学出版社,2006.
[17] 袁光裕.水利工程施工[M].北京:水利电力出版社,1985.
[18] 陈德亮.水工建筑物[M].北京:水利电力出版社,1995.
[19] 郑万勇,杨振华.水工建筑物[M].郑州:黄河水利出版社,2003.
[20] 姚乐人.防洪工程[M].北京:中国水利水电出版社,1997.
[21] 张瑞瑾,谢鉴衡,等.河流泥沙动力学[M].北京:水利电力出版社,1992.
[22] 马庆云.水文勘测工[M].郑州:黄河水利出版社,1996.
[23] 水利电力部水利司.水工建筑物观测工作手册[M].北京:水利出版社,1980.
[24] 张启岳.土石坝观测技术[M].北京:水利电力出版社,1993.
[25] 中华人民共和国水利部.SL 171—96 堤防工程管理设计规范[S].北京:中国水利水电出版社,1996.
[26] 中华人民共和国水利部.SL 210—98 土石坝养护修理规程[S].北京:中国水利水电出版社,1998.
[27] 中华人民共和国水利部.SL 230—98 混凝土坝养护修理规程[S].北京:中国水利水电出版社,1999.
[28] 中华人民共和国水利部.SL 260—98 堤防工程施工规范[S].北京:中国水利水电出版社,1998.
[29] 中华人民共和国水利部.GB 50286—98 堤防工程设计规范[S].北京:中国计划出版社,1998.
[30] 水利部国科司.堤防工程技术标准汇编[M].北京:中国水利电力出版社,1999.
[31] 黄河水利委员会.黄河埽工[M].北京:中国工业出版社,1963.
[32] 中华人民共和国水利部.SL 26—92 水利水电工程技术术语标准[S].北京:水利电力出版社,1992.

附　录

附录1　土的物理性质指标换算公式

名称及符号	定义公式	换算公式
干容重 γ_d	$\gamma_d = W_s/V$	(1) $\gamma_d = \gamma/(1+\omega)$
		(2) $\gamma_d = G\gamma_w/(1+e)$
孔隙比 e	$e = V_v/V_s$	(1) $e = [G\gamma_w(1+\omega)/\gamma] - 1$
		(2) $e = (G\gamma_w/\gamma_d) - 1$
		(3) $e = \omega_{sat}G$
孔隙率 n	$n = (V_v/V) \times 100\%$	(1) $n = e/(1+e)$
		(2) $n = 1 - \gamma_d/G\gamma_w$
浮容重 γ'	$\gamma' = (W_s - V_s\gamma_w)/V$	$\gamma' = [(G-1)/(1+e)]\gamma_w$
饱和容重 γ_{sat}	$\gamma_{sat} = (W_s + W_w)/V$ $= (W_s + V_v\gamma_w)/V$	(1) $\gamma_{sat} = \gamma' + \gamma_w$
		(2) $\gamma_{sat} = [(G+e)/(1+e)]\gamma_w$
饱和度 S_r	$S_r = (V_w/V_v) \times 100\%$	(1) $S_r = \omega G/e$
		(2) $S_r = \omega G\gamma/[G\gamma_w(1+\omega) - \gamma]$

表中　W_s——土颗粒质量；

ω_{sat}——饱和含水量；

V——土体总体积；

γ——土的天然容重；

ω——土的含水量(或天然含水量)；

G_s——土的比重(常简化为 G)；

γ_w——水的容重；

V_v——土的孔隙体积(包括土体中水和空气所占的体积)；

V_s——土颗粒体积；

m_s——土颗粒质量。

附录2　黄河工程主要险情分类分级表

工程类别	险情类型	险情级别与特征		
		一般险情	较大险情	重大险情
堤防	漫溢			各种情况
	漏洞			各种情况
	渗水	渗清水,无沙粒流动	渗清水,有沙粒流动	渗浑水
	管涌	出清水,出口直径小于5 cm	出清水,直径大于5 cm	出浑水
	风浪	堤坡淘刷坍塌高度0.5 m以下	淘刷坍塌高度0.5~1.5 m	堤坡淘刷坍塌高度1.5 m以上
	坍塌	堤坡坍塌堤高1/4以下	堤坡坍塌堤高1/4~1/2	堤坡坍塌堤高1/2以上
	滑坡	滑坡长20 m以下	滑坡长20~50 m	滑坡长50 m以上
	裂缝	非滑动性纵缝	其他横缝	贯穿横缝、滑动性纵缝
	跌窝	水上	水下,有渗水、管涌	水下,与漏洞有直接关系
险工工程	根石坍塌	其他情况	根石台墩蛰入水2 m以上	
	坦石坍塌	坦石局部坍塌	坦石顶坍塌至水面以上坝高1/2	坦石顶墩蛰入水
	坝基坍塌	其他情况	非裹护部位坍塌至坝顶	坦石与坝基同时滑塌入水
	坝裆后溃	坍塌堤高1/4以下	坍塌堤高1/4~1/2	坍塌堤高1/2以上
	漫溢			各种情况
控导工程	根石坍塌	各种情况		
	坦石坍塌	坦石不入水	坦石入水2 m以上	
	坝基坍塌	其他情况	根坦石与坝基同时滑塌入水2 m以上	根坦石与坝基土同时冲失
	坝裆后溃	联坝坡冲塌1/2以上	联坝全部冲塌	
	漫溢	坝基原形尚存	坝基原形全部破坏	裹护段坝基冲失
水闸	闸体滑动			各种情况
	漏洞			各种情况
	管涌		出清水	出浑水
	渗水	渗清水,无沙粒流动	渗清水,有沙粒流动	渗浑水,土石接合部出水
	裂缝		建筑物构件裂缝	土石接合部裂缝、建筑物不均匀沉陷引起的贯通性裂缝

附录3　干密度 ρ_d 查对表

m_2-m_1 (g)	沙土 (g/cm^3)	两合土 (g/cm^3)	黏土 (g/cm^3)	m_2-m_1 (g)	沙土 (g/cm^3)	两合土 (g/cm^3)	黏土 (g/cm^3)
85. 0	1. 365	1. 350	1. 336	94. 5	1. 518	1. 501	1. 485
85. 5	1. 373	1. 358	1. 344	95. 0	1. 526	1. 509	1. 493
86. 0	1. 381	1. 366	1. 351	95. 5	1. 534	1. 517	1. 501
86. 5	1. 389	1. 374	1. 359	96. 0	1. 542	1. 525	1. 509
87. 0	1. 397	1. 382	1. 367	96. 5	1. 550	1. 533	1. 516
87. 5	1. 405	1. 390	1. 375	97. 0	1. 558	1. 541	1. 524
88. 0	1. 413	1. 398	1. 383	97. 5	1. 566	1. 549	1. 532
88. 5	1. 421	1. 406	1. 391	98. 0	1. 574	1. 556	1. 540
89. 0	1. 429	1. 414	1. 399	98. 5	1. 582	1. 564	1. 548
89. 5	1. 437	1. 421	1. 406	99. 0	1. 590	1. 572	1. 556
90. 0	1. 445	1. 429	1. 414	99. 5	1. 598	1. 580	1. 564
90. 5	1. 453	1. 437	1. 422	100. 0	1. 606	1. 588	1. 571
91. 0	1. 462	1. 445	1. 430	100. 5	1. 614	1. 596	1. 579
91. 5	1. 470	1. 453	1. 438	101. 0	1. 622	1. 604	1. 587
92. 0	1. 478	1. 461	1. 446	101. 5	1. 630	1. 612	1. 595
92. 5	1. 486	1. 469	1. 454	102. 0	1. 638	1. 620	1. 603
93. 0	1. 494	1. 477	1. 461	102. 5	1. 646	1. 628	1. 611
93. 5	1. 502	1. 485	1. 469	103. 0	1. 654	1. 636	1. 619
94. 0	1. 510	1. 493	1. 477	103. 5	1. 662	1. 644	1. 626

表中　m_2——瓶加浑水重；

m_1——瓶加清水重。

附录 4　立木材积表

胸径(cm)	树高(m)									
	10	11	12	13	14	15	16	17	18	19
	材积(m^3)									
4	0.007									
5	0.011									
6	0.015	0.016	0.018							
7	0.020	0.022	0.023	0.025						
8	0.025	0.028	0.030	0.032						
9	0.032	0.035	0.038	0.040	0.043					
10	0.039	0.042	0.046	0.049	0.053					
11	0.046	0.051	0.055	0.059	0.063	0.067				
12	0.055	0.060	0.065	0.070	0.075	0.079				
13	0.063	0.069	0.075	0.081	0.087	0.092	0.098			
14	0.073	0.080	0.086	0.093	0.100	0.106	0.113			
15	0.083	0.091	0.099	0.106	0.114	0.121	0.129	0.136		
16	0.094	0.103	0.111	0.120	0.128	0.137	0.145	0.154		
17	0.105	0.115	0.125	0.135	0.144	0.154	0.163	0.172		
18	0.118	0.128	0.139	0.150	0.161	0.171	0.182	0.192		
19	0.130	0.142	0.154	0.166	0.178	0.190	0.201	0.213	0.225	
20	0.144	0.157	0.170	0.183	0.196	0.209	0.222	0.235	0.248	
21	0.158	0.172	0.187	0.201	0.215	0.229	0.244	0.258	0.272	0.286
22	0.172	0.188	0.204	0.219	0.235	0.251	0.266	0.281	0.297	0.312
23	0.187	0.205	0.222	0.239	0.256	0.273	0.290	0.306	0.323	0.339
24	0.203	0.222	0.240	0.259	0.277	0.296	0.314	0.332	0.350	0.368
25	0.219	0.240	0.260	0.280	0.300	0.320	0.339	0.359	0.378	0.398
26	0.236	0.258	0.280	0.302	0.323	0.344	0.366	0.387	0.408	0.429
27	0.254	0.278	0.301	0.324	0.347	0.370	0.393	0.415	0.438	0.461
28	0.272	0.297	0.322	0.347	0.372	0.397	0.421	0.445	0.469	0.494

附录5　面积计算公式表

名称	图形	面积公式	说明
三角形	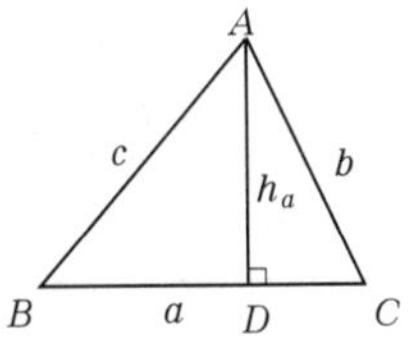	$S=ah_a/2$	a、b、c 分别为三条边长 h_a 为 a 边上的高
矩形	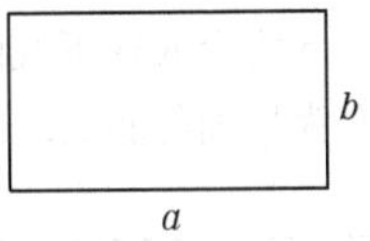	$S=ab$	a、b 为矩形的边长
菱形	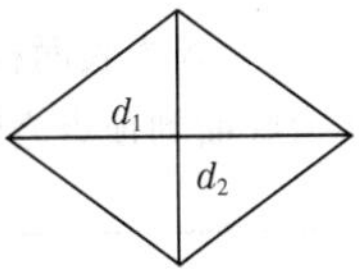	$S=d_1d_2/2$	d_1、d_2 为两条对角线的长
平行四边形	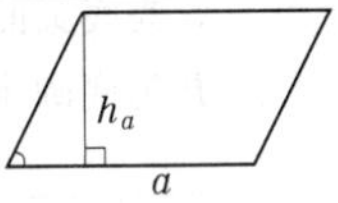	$S=ah_a$	a 为边长 h_a 为 a 边上的高
梯形	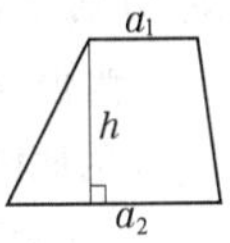	$S=(a_1+a_2)h/2$	a_1、a_2 分别为上下两底长 h 为两底之间的高
圆	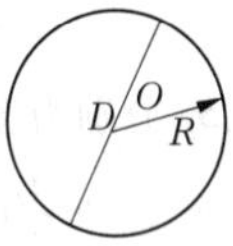	$S=\pi R^2$	R 为半径
扇形		$S=RL/2=\alpha\pi R^2/360$	R 为半径 L 为弧长 α 为弧长对应的圆心角度数
弓形	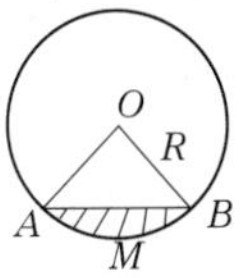	$S_{弓}=S_{扇}-S_{\triangle}$	$S_{扇}$ 为扇形面积 $S_{\triangle}$ 为三角形面积

附录 6 体积计算公式表

名称	图形	面积公式	说明
正六面体		$V = a^3$	a 为边长
棱柱体		$V = Sh$	棱柱体包括直棱柱、斜棱柱 S 为上底或下底的面积 h 为顶面与底面之间的垂高
棱锥		$V = Sh/3$	S 为底面积 h 为底面到顶点之间的垂高
圆锥		$V = Sh/3 = \pi R^2 h/3$	S 为底圆面积 R 为底圆半径
圆台		$V = h[S_1 + S_2 + (S_1 S_2)^{1/2}]/3$ $= h\pi(r^2 + R^2 + rR)/3$	S_1、S_2 分别为上、下圆面积 r 为顶圆半径 R 为底圆半径 h 为高
棱台		$V = h[S_1 + S_2 + (S_1 S_2)^{1/2}]/3$	S_1、S_2 分别为上、下底面积 h 为高

附录7 某局某年汛前根石探测报告

××局(上级主管单位):

为准确掌握河道工程根石现状,及时发现缺陷隐患并抛石加固,确保防汛安全,根据上级安排要求和《根石探测管理办法》,我局于×月×日~×月×日对全部或部分坝岸(如主坝岸、汛期靠水坝岸)根石进行了探测,现将探测情况报告如下。

1. 工程基本情况

我局管辖范围内有险工×处、坝岸×段,控导工程×处、坝岸×段,以上工程在河道整治和防洪安全等方面发挥着重要作用。由于水流冲刷、河床冲淤变化大等,坝岸根石易出现塌陷、走失、坡度变陡等缺陷或隐患,所以需进行根石探测,以便及时发现存在的问题。

2. 探测实施

为切实做好根石探测工作,组成了强有力的领导和探测组织,落实了各项责任和技术、安全等保障措施。本次探测从×月×日开始,到×月×日全部完成,共探测险工×处、探测坝岸×段,所探测坝岸占总险工坝岸数的×%,共探测常设断面(按统一规定要求选择位置并设置固定标志)×个,附加断面×个;共探测控导工程×处、坝岸×段,所探测坝岸占总控导工程坝岸数的×%,共探测常设断面×个,附加断面×个。

探测时,对水上根石部分采用仪器测量或丈量,对旱坝的土下根石用锥杆探测,对水下根石部分采用小船在水面进行探测。现场探测结束后,将校对无误的各项探测数据录入根石探测管理数据库,用微机处理后绘制出各类表格和根石断面图。

3. 探测成果及成果分析

通过探测发现:部分根石存在塌陷现象,由于石料走失使部分根石断面坡度较陡,若按1:1.5的坡度控制,缺石断面×个,占实测断面数的×%,缺石断面比例较去年同期增加或减少了×%,缺石量为×立方米,缺石断面位置、断面坡度及缺石情况详见附表。

4. 重点问题的成因分析

导致以上问题或某问题的原因主要有水量变化、溜势变化、含沙量变化、工程历史或基础深浅、维修加固影响、加固方法或石块大小等。

5. 措施及建议

(1)根据缺石情况,建议对所有缺石坝岸或吃溜坝岸及时实施人工抛石,为安全度汛奠定基础。

(2)注重枯水季节的抛石加固、拣整,以保证抛石到位。

(3)在能够抛石到位的情况下,尽可能抛投大块石或石笼,或在枯水季节装排旱地石笼,以提高根石的抗冲能力。

……

(x)加快根石探测新科技、新方法的推广应用,加强探测人员技术和安全培训,以提高探测精度和效率。

(y)进一步完善根石探测管理系统,使根石现状探测和计算绘图程序更加科学使用。

附有关图表

如各工程的探测断面位置、缺石断面位置、探测断面坡度及缺石量统计表。

年　月　日

附录8　某堤防工程检查报告

××局(上级主管单位):

(检查依据与检查目的)根据……,为了……,对某工程进行了……检查。现将本次检查情况报告如下。

1. 工程概况

某堤防是确保某区防洪安全的重要屏障,××~××,全长×m,其中险工×处,险工堤段长×m;堤身穿堤建筑物×处,其中闸涵×处,跨堤建筑物×处;该工程存在某些缺陷、隐患(如渗漏、古河道、历史决口口门),等等。

2. 检查实施情况

检查准备,从什么时间到什么时间,采用了什么方法,实施完成了哪些检查,如堤顶检查包括路面与面层状况、堤肩与路缘、路闸、上堤路口、雨毁、变形、林木等检查,堤坡检查包括植被生长、坡面、雨毁、动物洞穴、渗流、变形、垃圾、戗台等检查,堤脚及护堤地检查包括残缺、雨毁、水毁、违章等检查,穿堤跨堤建筑物检查,险工及防护工程检查,堤上防汛料物检查包括备土、石料及常备料物等检查,堤防管护设施检查,等等。

3. 检查发现的主要问题与对策

检查发现的各类问题概况、主要问题介绍、导致问题发生的主要原因分析、问题的危害程度及可能发展趋势分析、对策措施(如加强管理、加强养护、加强维修,建议加固、改建、续建或新建等)。

必要附件

如检查记录表、测量示意图、现场照片等。

年　月　日

附录9　某局某年度工程维修实施方案

为加强工程维修管理,提高维修资金使用效益,依据《工程管理标准》、工程管理规划、有关《定额》和上级要求,结合我局工程实际(如工程普查资料),编制该实施方案,以促进维修工作的有序开展和工程维修的顺利实施。

1. 工程概况

辖区内堤防长×km,相应大堤桩号×~×,为×级×类(涉及维修定额标准)堤防,堤顶宽8~12 m,硬化堤顶沥青路面宽6 m;辖区内有险工×处,坝岸×段,工程长度×m,护砌长度×m,根石台高程与设计水平年某流量水位相同,根石台顶宽2.0 m;辖区内有控导(护滩)工程×处,坝岸×段;……

辖区内堤防工程存在的问题有:堤顶行道林和堤肩草皮缺失,堤顶排水沟断裂,沟内有淤土、杂物,堤肩不够平顺规整,路面破损、裂缝;堤坡有残缺、水沟浪窝,坡面不够平顺,排水沟出现断裂;淤背加固区顶面不平整,边坡不平顺,坡面有残缺、水沟浪窝,部分围堤达不到设计标准,存在高秆杂草,排水沟断裂,沟内有淤土;上堤辅道路面残缺、凹陷,道口残缺,坡面不平顺,有水沟浪窝;防浪林因坑塘而部分断带;部分标志桩牌、警示桩有损坏缺失等。河道整治工程存在的问题有:土坝体顶(埽面)凹凸不平,封顶石后填土不实,边埂残缺,水沟浪窝,树草缺损,高秆杂草,备防石垛残缺;护坡坡面不够平顺,排水沟塌陷;根石坡凹凸不顺,根石残缺、塌陷;桩牌缺损等。

2. 维修项目(项目、任务、工程量、资金)

日常维修:共安排日常维修投资×万元(堤防工程×万元,河道整治工程×万元),维修项目、工程量及经费预算详见附表。

维修专项:经设计、批准,共安排维修专项投资×万元(堤防工程×万元,河道整治工程×万元),维修专项项目、工程量及经费预算详见附表。维修专项可分项叙述。

3. 年度维修目标(标准要求)

通过对堤防进行日常维修和专项维修,及时处理表面缺损,保持工程完整、安全和正常运用。使堤顶饱满平坦,无水沟浪窝、残缺陷坑,通车状况良好,雨后无积水;使堤坡平顺,无冲沟、洞穴、杂物、高秆杂草;生物防护工程覆盖率达到标准要求,生长旺盛,防护效果好;各种标志设施完好、规范、醒目。

通过对险工控导工程进行日常维修和专项维修,工程尺度达到设计要求,无缺损、坍塌、松动、破坏等现象,标志齐全,面貌美观,道路畅通。

要做好维修资料的形成、收集、整编和归档工作,保证资料规范、系统、准确。

4. 维修实施安排

各维修项目的维修内容、维修方法、维修进度计划详见附表。

5. 保障措施

为加强工程维修管理，成立工程管理领导小组；制定和完善工程管理规章制度、管理办法和岗位责任制，规范运行观测、日常维修专项维修程序管理；建立检查、监督、保障和激励机制，促进维修工作和维修项目的顺利、高质量开展与实施。

在维修实施过程中，实行“水管单位负责、上级主管部门监督、维修单位保证”的质量管理体系。优化选择维修施工单位和供应商，签订维修合同，督促养护单位编制维修项目施工组织方案，抓好工程量（工作量）确认、合同结算、竣工验收等各个环节，提高合同履行质量和工程维修水平。

年　月　日

附录 10　某局某年度工程维修年度管理工作报告

现将今年的维修工作开展及维修项目实施情况报告如下。

1. 工程概况

辖区内堤防长×km，相应大堤桩号×～×，为×级×类（涉及维修定额标准）堤防；险工×处，坝岸×段，工程长度×m，护砌长度×m；控导（护滩）工程×处，坝岸×段；水闸×处（座），设计流量×m^3/s；……

2. 维修项目内容

今年的日常维修项目有堤防工程维修（包括堤顶、堤坡、生物防护、附属设施、淤区、备防石、管理房、硬化路面等维修）、河道整治工程维修（包括坝顶、坝坡、根石、附属设施、上坝路等维修）、水闸工程维修（包括水工建筑物、闸门、启闭机、机电设备、附属设施、自备发电机组、沉陷观测设施等维修），详见附表；专项维修内容包括×工程×项目（详见附表）。

3. 维修项目实施与管理

今年的维修项目自×时间开始实施，至×时间全部完成，项目实施过程中，成立了维修领导小组，明确岗位职责分工，编制了维修实施方案，建立质量管理体系；办理了质量监督手续，接受质量监督；择优确定了维修施工单位，签订维修合同，督促编制维修施工组织方案和建立质量保证体系。

工程维修质量实行水管单位负责、维修企业保证和质量监督机构监督的管理体制，维修施工中，水管、质量监督单位进行定期和不定期检查验收，维修单位严格自检制度，经过各方共同努力，保证了年度工程维修任务的全面、顺利完成。

4. 完成情况与施工质量

今年共完成维修投资×万元，土方×万 m^3，石方×万 m^3，……，详见工程（作）量附表。维修工程质量达到了标准、规范及合同等要求，通过了检查验收，详见自检、抽检及验收资料或数据，质量评定为×等级（合格、优良）。

5. 历次检查情况和遗留问题处理

按实际情况叙述，如某时某次检查多少点次、合格多少点次、合格率为多少，存在问题有哪些，如何处理，处理结果怎样。

6. 存在问题(或经验)与建议

7. 附件

年 月 日

附录 11　某养护单位某年度工程维修年度工作报告

现将今年所承揽的某辖区工程维修任务的施工和完成情况报告如下。

1. 所承揽的维修工程概况

今年所承揽的某辖区维修工程主要有：堤防工程维修长度 × km，属于 × 级 × 类堤防；险工维修 × 处，坝（岸）× 段，工程总长度 × m，护砌总长度 × m；涵闸维修 × 座；……。各类工程的维修任务及工程量详见附表。

2. 维修项目的完成情况（项目、工程量、工日、台班）

为确保维修工程按期竣工，保证工程质量符合标准，特制订了维修项目施工组织方案，建立了施工质量保证体系和质量创优制度，严格施工管理，落实各项保障措施，促进了维修工程的顺利施工，全面完成了维修任务并通过了检查、验收。

维修施工自 × 时间开始，至 × 时间全部完成，共完成承包额 × 万元，土方 × 万 m^3，石方 × 万 m^3，投入工日 × 个，消耗台班 × 个，……，详见维修工程完成情况附表。

3. 主要维修项目的施工

按维修项目（不同工程类别，日常维修与维修专项）分述。

4. 价款结算与财务管理

合同总价款为 × 元，实际完成 × 元，详细结算情况见附件。

维修施工中，加强成本核算，合理分摊核销，严格物料的进出库和验收标准，做到账物相符、账账相符。

5. 存在问题（或经验）与建议

6. 附件

年　月　日

附录 12 常用桩绳的拴打方法

一、常用绳扣的拴法

(1)顶桩扣:有以下六种拴法,见附图 1。

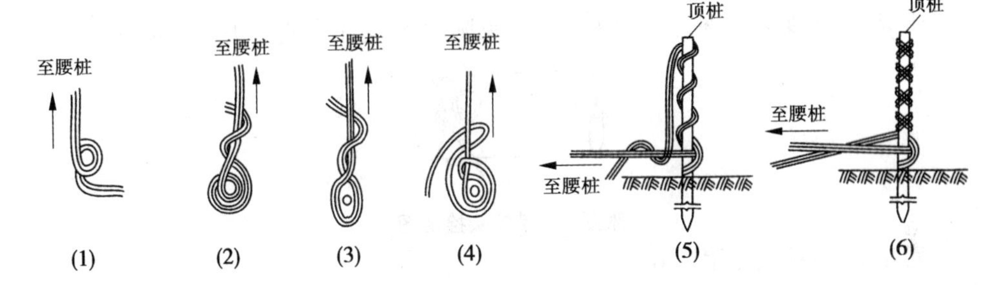

附图 1 顶桩拴绳法示意图

(2)腰桩扣:腰桩拴绳有以下两种拴法,见附图 2。

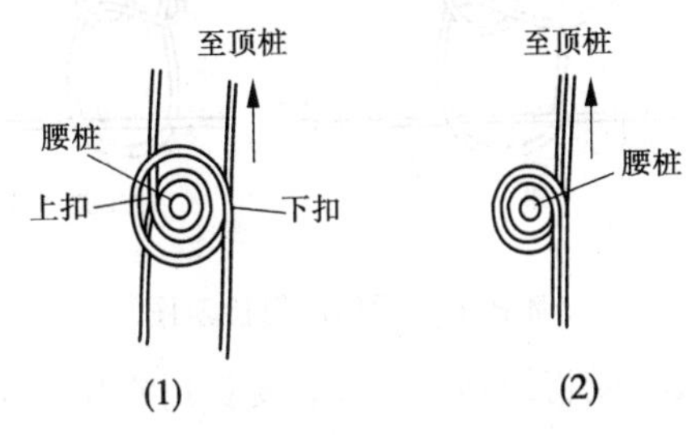

附图 2 腰桩拴绳法示意图

(3)签桩扣:有两种拴法,见附图 3。

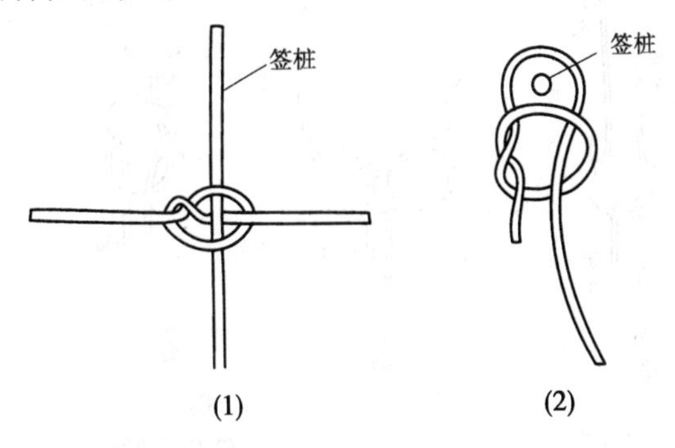

附图 3 签桩拴绳法示意图

(4)琵琶扣:也叫死扣,拴法见附图 4。

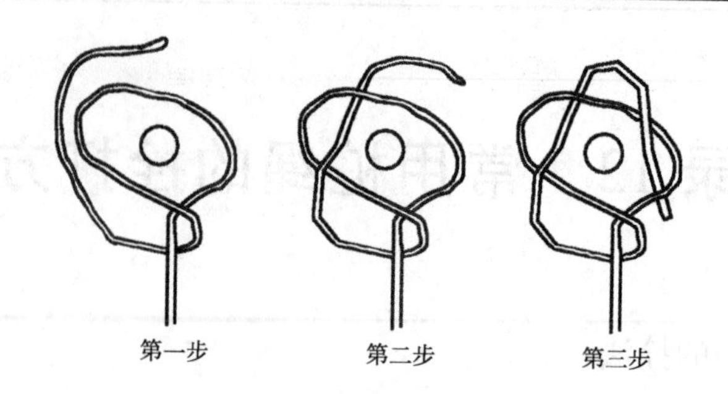

附图 4　琵琶扣拴法示意图

(5)带笼头:用龙筋绳捆拴枕两头的拴法见附图 5,应注意使绳头指向顶桩。

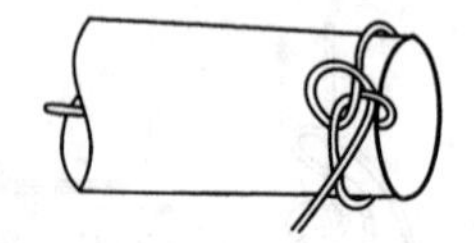

附图 5　带笼头拴法图

(6)死扣活鼻:拴法见附图 6。

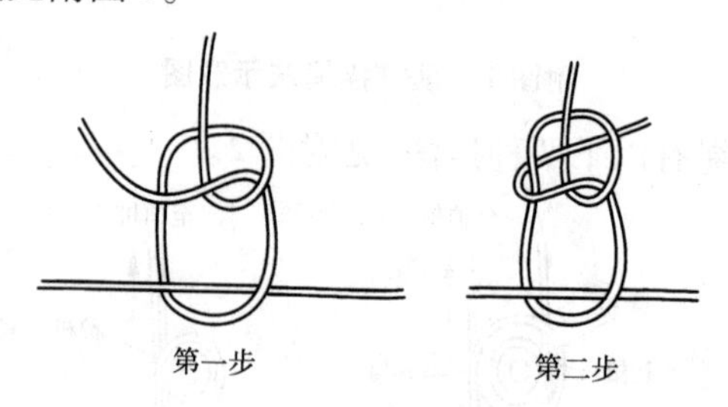

附图 6　死扣活鼻拴法图

(7)接绳扣:如将绳接长,或将绳接多(如单接双),常用以下几种拴法。

①抄手扣接法(外绕套法及串双圈法),见附图 7,需注意使两短绳头分布在长绳两侧。

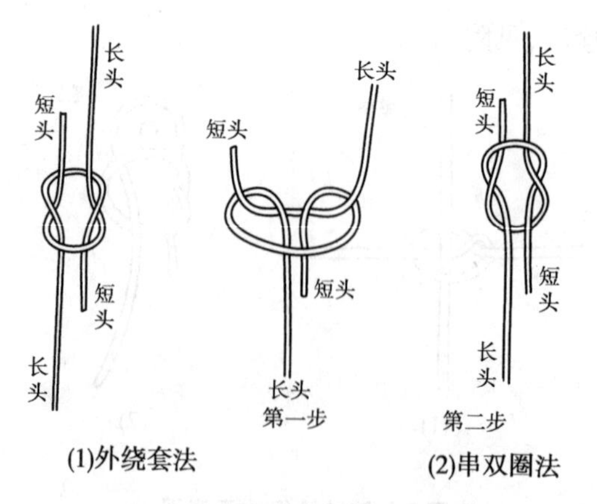

附图 7　外绕套及串双圈接绳法

②弓弦扣接法,见附图 8;如果使另一根绳的两头都较长,则也可称为单绳接双绳。

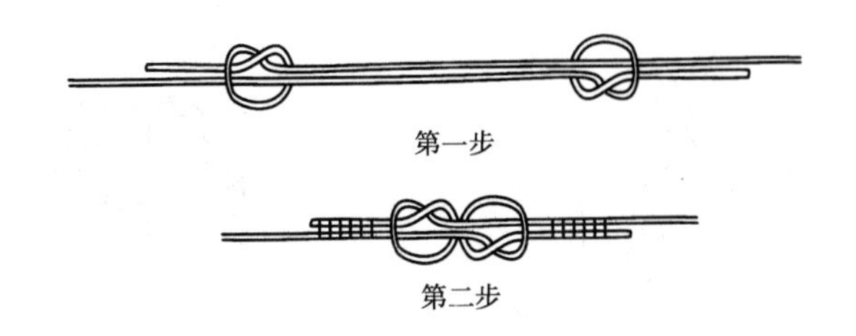

附图 8　弓弦扣接绳法图

③单绳接双绳法,用双绳作绳套、单绳绕穿,见附图 9。

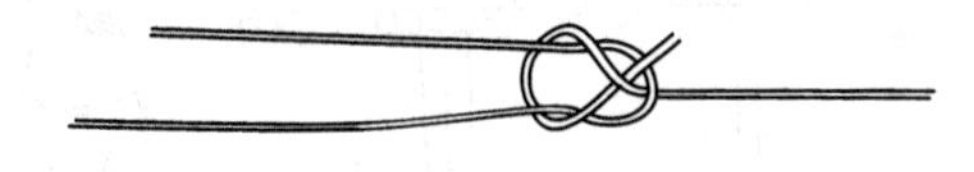

附图 9　单绳接双绳法

(8)五子扣:拴法见附图 10。

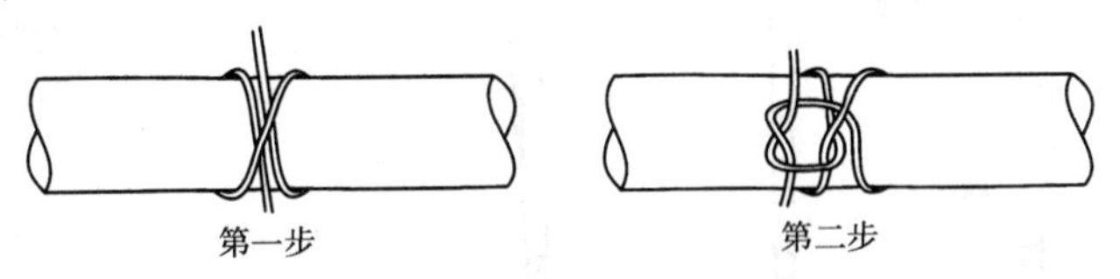

附图 10　拴五子扣示意图

二、常用家伙的拴打方法

埽工中桩绳的组合称为家伙,埽工家伙很多,常用家伙的拴打方法如下:

(1)羊角抓子:一套羊角抓子用两根家伙桩、腰桩一根(埽面宽可增加腰桩)、顶桩一根、双绳一根,布桩及拴法见附图 11。

(2)鸡爪抓子:一套鸡爪抓子用三根家伙桩、一根顶桩、一根腰桩、双绳一根,布桩与拴法见附图 12。

(3)单头人:①单套单头人用家伙桩三根、腰桩两根、顶桩两根、双绳两根;其布桩为家伙桩前一后二、成等边三角形,桩距 1.0～1.2 m;单套单头人的拴绳法为:第一根绳在前桩交叉、在后两桩拴上扣并沿外侧出绳,第二根绳在前桩交叉、在后两桩拴下扣。②连环单头人:连环一次增加家伙桩两根、腰桩与顶桩各一根,其拴法见附图 13。

(4)三星:①单套三星用家伙桩三根、顶桩一根、腰桩一根、双绳一根;家伙桩是前二后一、成等边三角形布置,桩距 1.0～1.2 m;单套三星一种拴绳法:在前两桩拴下扣、从两桩外侧出绳,在后桩先拴上扣、再拴下扣、绳从桩两侧经过。②连环三星:每连环一次需增加家伙桩两根、腰桩一根、顶桩一根、双绳一根,其拴法见附图 14。

(5)棋盘:①单套棋盘用家伙桩四根、腰桩两根、顶桩两根、单绳两根、双绳一根;四根家伙桩成边长(间距)1.0～1.2 m 的正方形,必要时横距可改为 0.8 m;单套棋盘的拴法:两根单绳用琵琶扣分别拴于前排两桩上,并从里侧出绳上扣拴于后排桩上,用双绳下扣拴于前排两桩上、交叉后再从外侧下扣拴于后排桩上。②连环棋盘:每连环一次需增加家伙桩两根、腰桩一根、顶桩一根、双绳一根,其拴法见附图 15。

(6)五子:需家伙桩五根、腰桩三根、顶桩三根,绳的多少随拴法不同而有差异;家伙

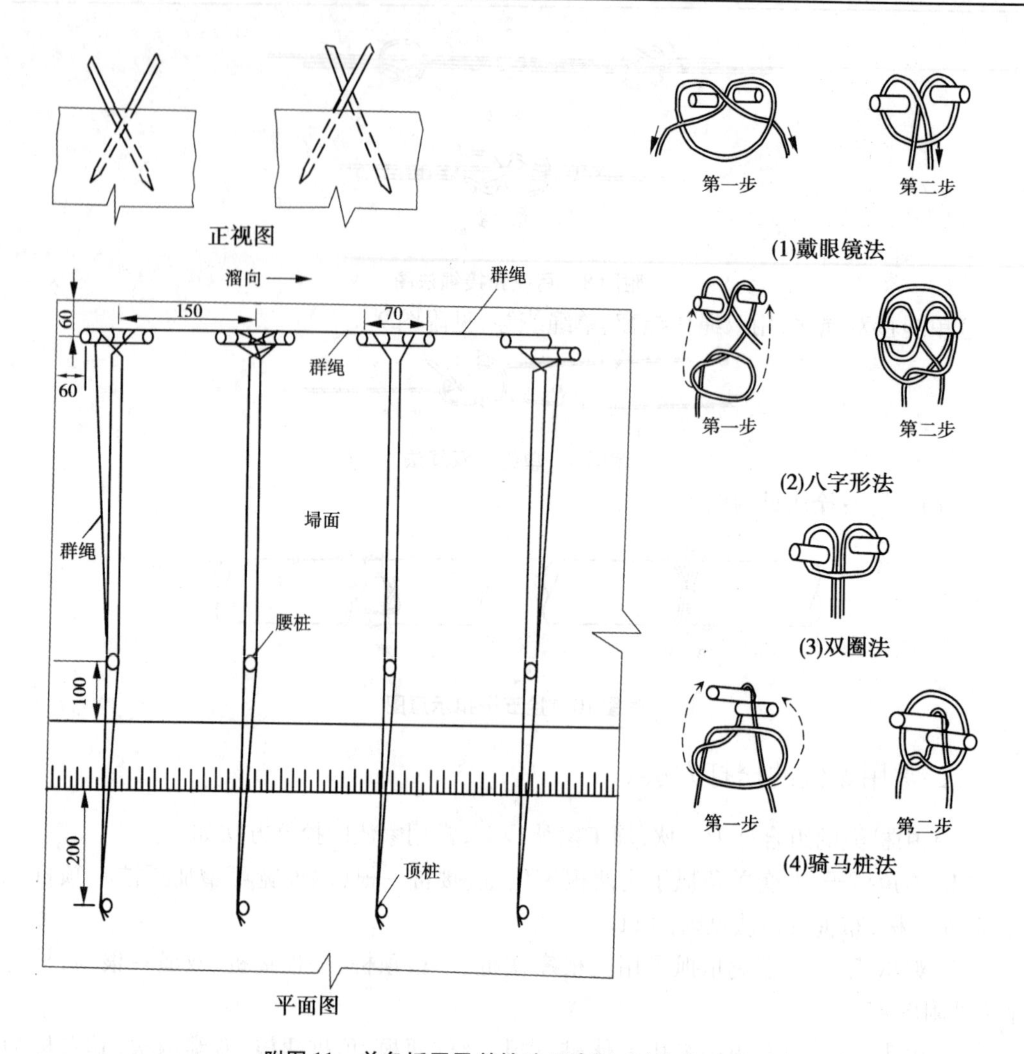

附图 11　羊角抓子及其拴法示意图　(单位:cm)

桩前后排各两根、成边长(桩距)1.0～1.2 m 的正方形,中间一根;有四种拴法(基本为斜三星、单头人和棋盘等拴法的变形组合),见附图 16,第一、二种拴法各需双绳三根,第三种拴法需单绳两根、双绳两根,第四种拴法需单绳一根、双绳一根、群绳(双绳)一根。

(7)连环五子:每连环一次需增加家伙桩三根,腰桩两根、顶桩两根,双绳两根;连环五子有两种拴法:第一种为花拴,第二种与五子第三种方法相同,见附图 17。

(8)圆七星:由七根家伙桩组成,前后各二根、中间三根、成圆形布置,桩的排距和横距均为 0.7～1.0 m,腰桩和顶桩及绳的数量随拴法不同而不同,圆七星有六种拴法,见附图 18。

(9)扁七星:需七根家伙桩、四根腰桩、四根顶桩,双绳四根;家伙桩前排三根、后排四根,排距和横距均为 1.0～1.2 m;扁七星有两种拴法,见附图 19。

(10)连环七星:圆七星连环使用,每连环一次需增加家伙桩三根、腰桩和顶桩各两根、双绳二根;连环二次则有十三根家伙桩,习惯称为十三太保;连环七星的拴法为单头人和三星拴法的组合,见附图 20。

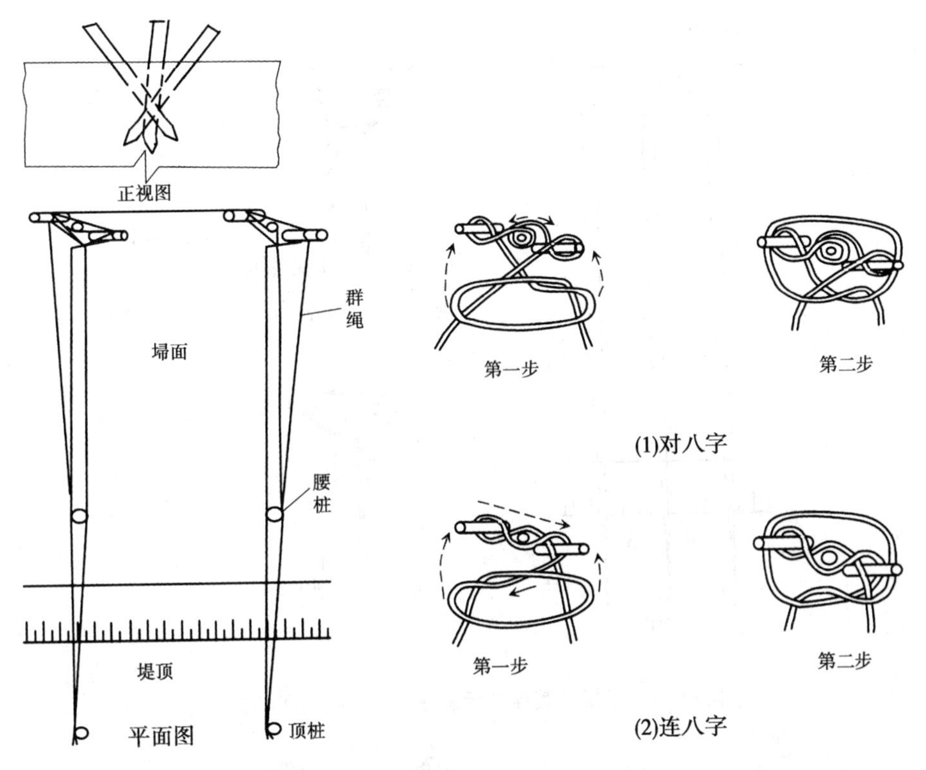

附图 12　鸡爪抓子拴法示意图

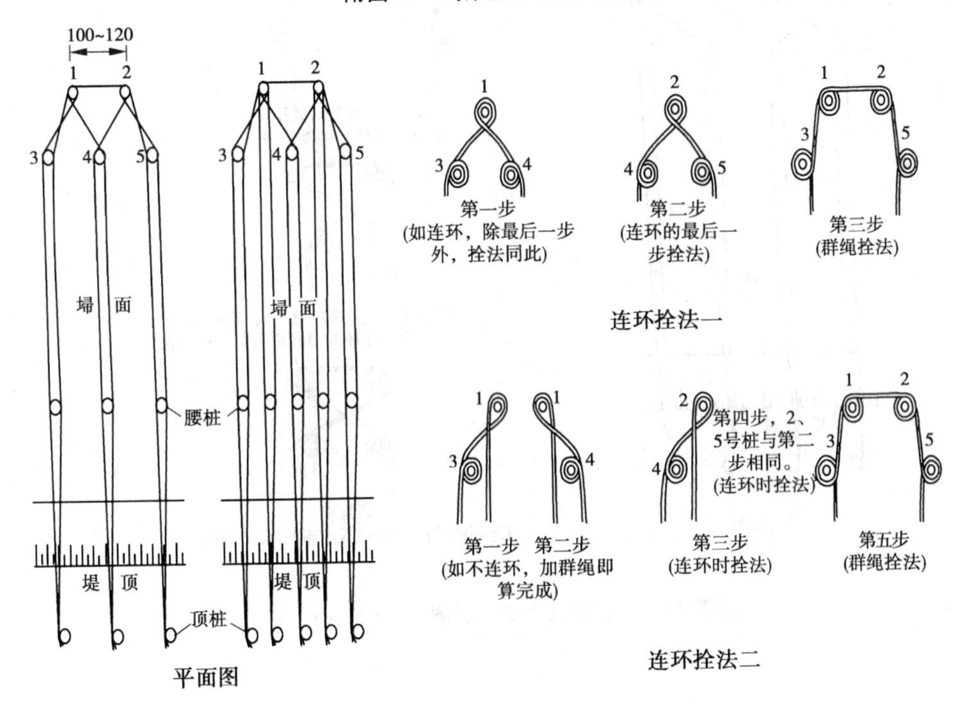

附图 13　单头人拴法示意图　（单位:cm）

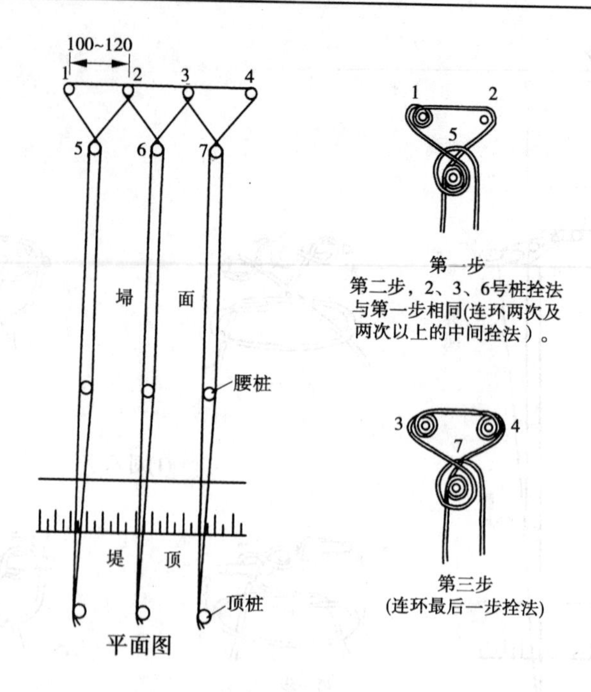

附图 14　三星及其拴法示意图　（单位:cm）

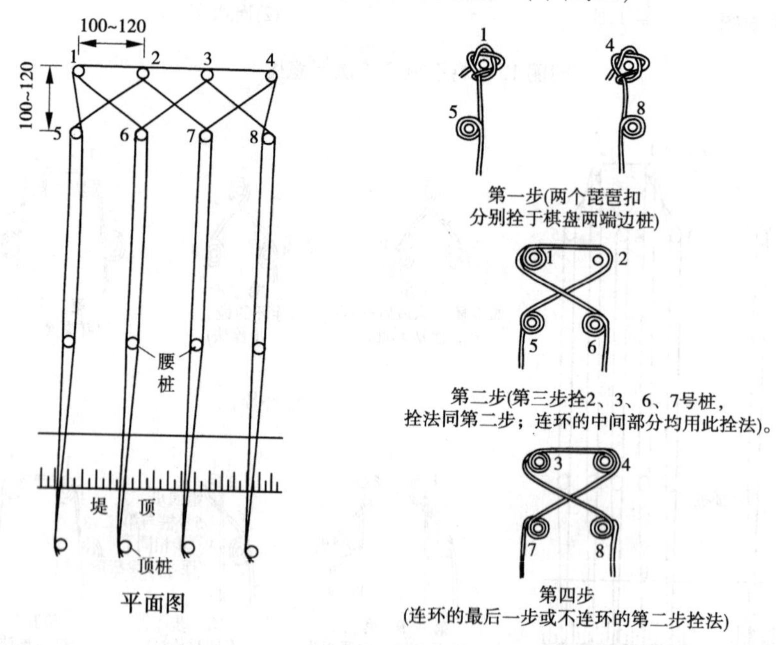

附图 15　棋盘及其拴法示意图　（单位:cm）

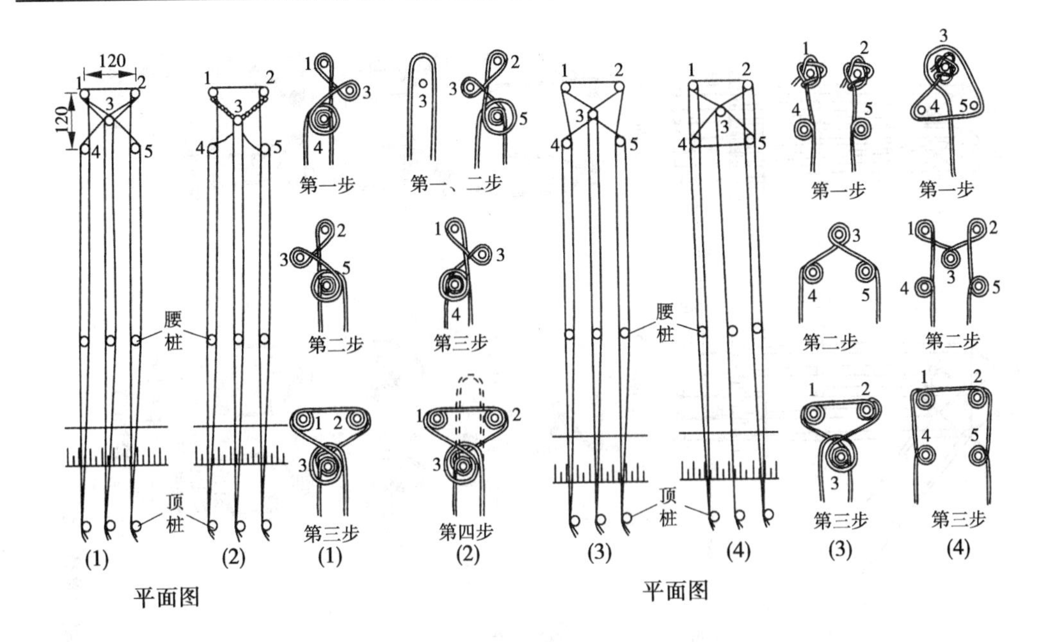

附图 16　五子及其拴法示意图　（单位:cm）

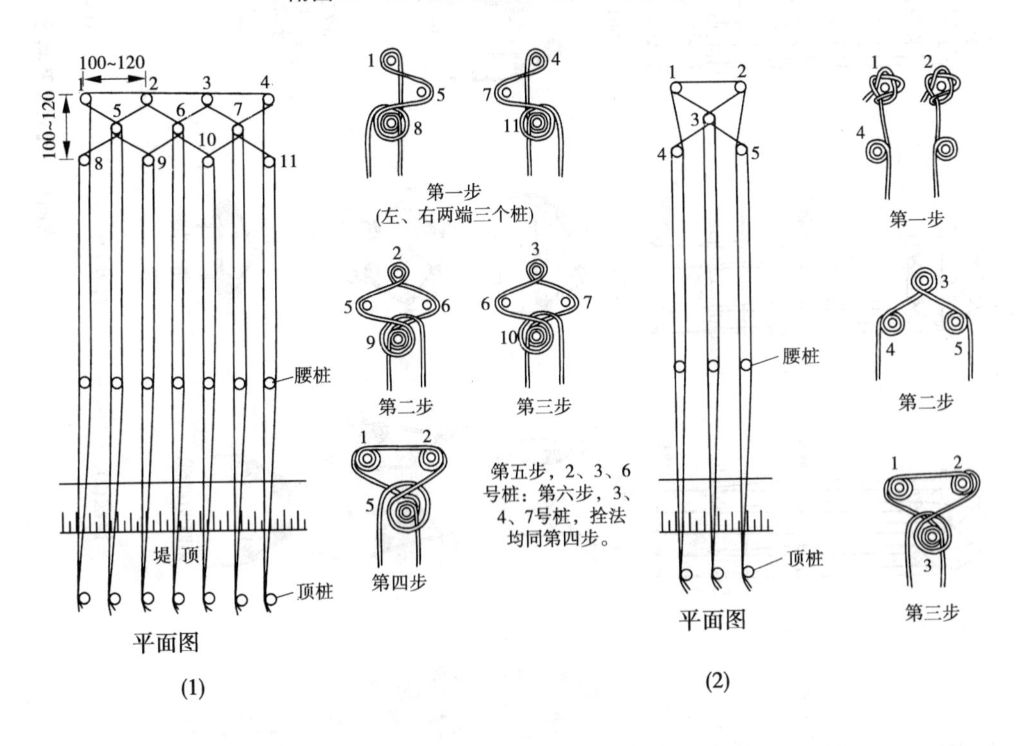

附图 17　连环五子及其拴法示意图　（单位:cm）

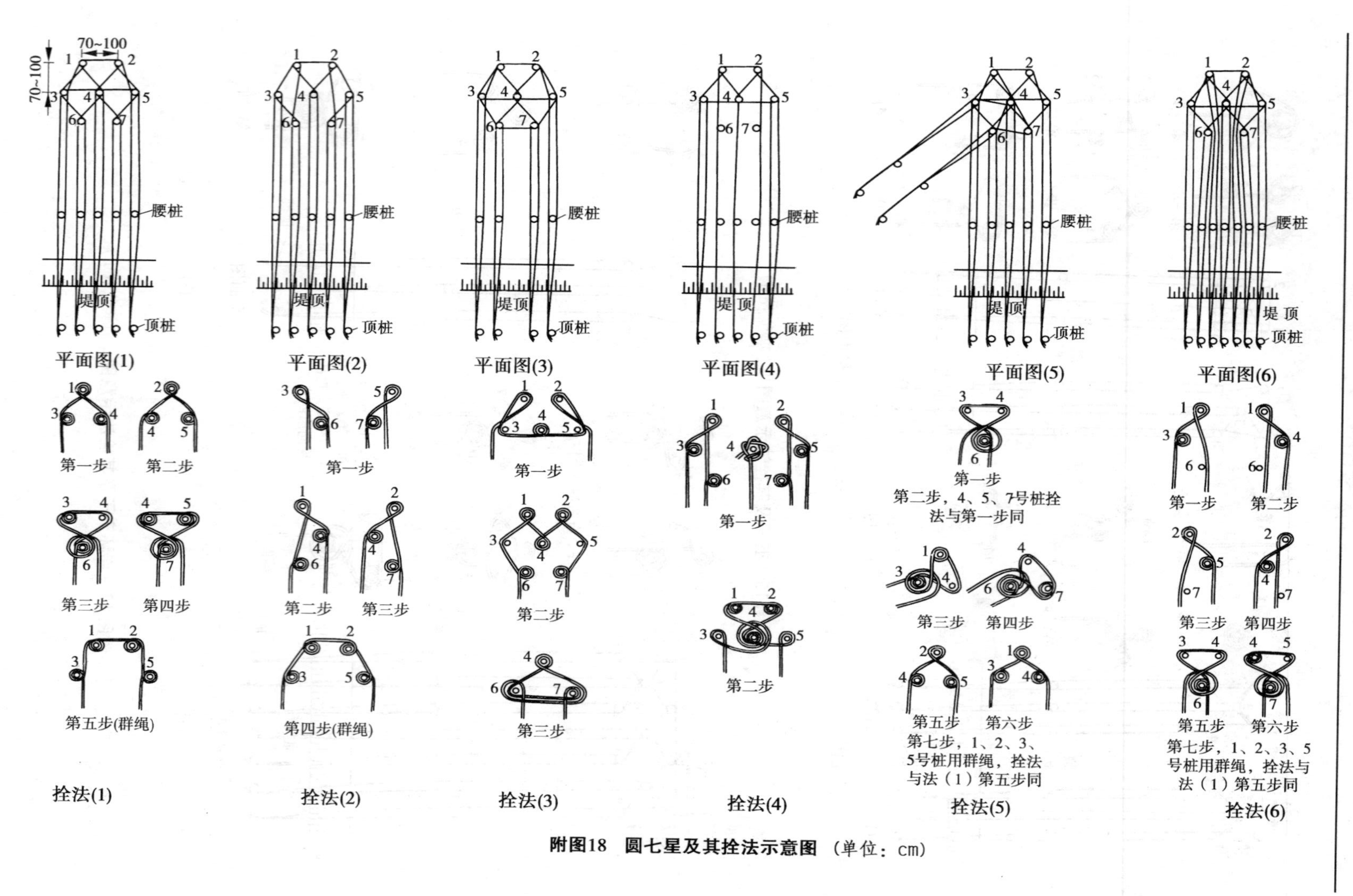

附图18　圆七星及其拴法示意图（单位：cm）

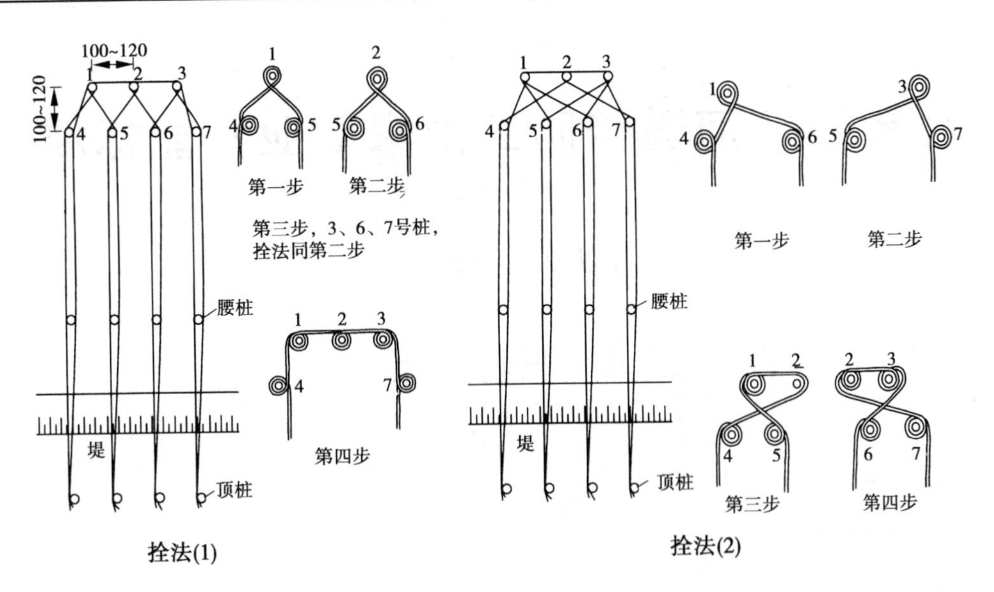

附图 19　扁七星及其拴法示意图　（单位:cm）

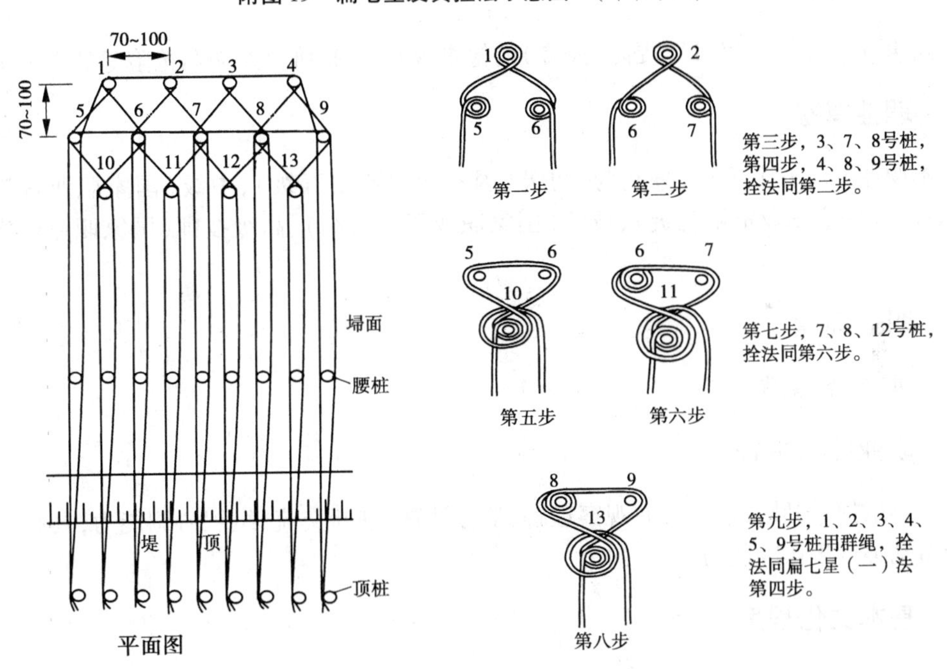

附图 20　连环七星及其拴法示意图　（单位:cm）

附录13　河道修防工国家职业技能标准

（2009年修订）

1　职业概况

1.1　职业名称

河道修防工。

1.2　职业定义

从事河道（湖泊、河口）、堤防（海堤）的检查观测、养护维修及防汛抢险等的人员。

1.3　职业等级

本职业共设五个等级，分别为：初级（国家职业资格五级）、中级（国家职业资格四级）、高级（国家职业资格三级）、技师（国家职业资格二级）、高级技师（国家职业资格一级）。

1.4　职业环境

室外，常温，潮湿。

1.5　职业能力特征

思维敏捷，四肢灵活。具有观察理解、学习计算、判断交流、组织协调能力，具有从事一定劳动强度工作的能力。

1.6　基本文化程度

初中毕业。

1.7　培训要求

1.7.1　培训期限

全日制职业学校教育，根据其培养目标和教学计划确定。晋级培训期限：初级不少于200标准学时；中级不少于180标准学时；高级不少于150标准学时；技师不少于120标准学时；高级技师不少于100标准学时。

1.7.2　培训教师

培训初级、中级、高级河道修防工的教师应具有本职业技师及以上职业资格证书或相关专业中级及以上专业技术职务任职资格；培训河道修防工技师的教师应具有本职业高级技师职业资格证书或相关专业高级专业技术职务任职资格；培训河道修防工高级技师的教师应具有本职业高级技师职业资格证书2年以上或相关专业高级专业技术职务任职资格。

1.7.3　培训场地设备

理论培训场地应具有可容纳30名以上学员的标准教室，并配备多媒体播放设备。实际操作培训场所应具有能满足各项培训要求的1公里四级以上河道堤防（宜含堤岸防护工程、穿堤建筑物等），且配备相应的设备、仪器仪表及必要的工器具等。

1.8　鉴定要求

1.8.1　适用对象

从事或准备从事本职业的人员。

1.8.2　申报条件

——初级（具备以下条件之一者）

（1）经本职业初级正规培训达规定标准学时数，并取得结业证书。

（2）在本职业连续见习工作2年以上。

（3）本职业学徒期满。

——中级（具备以下条件之一者）

（1）取得本职业初级职业资格证书后，连续从事本职业工作3年以上，经本职业中级正规培训达规定标准学时数，并取得结业证书。

（2）取得本职业初级职业资格证书后，连续从事本职业工作5年以上。

（3）连续从事本职业工作7年以上。

（4）取得经人力资源和社会保障行政部门审核认定的、以中级技能为培养目标的中等以上职业学校本职业（专业）毕业证书。

——高级（具备以下条件之一者）

（1）取得本职业中级职业资格证书后，连续从事本职业工作4年以上，经本职业高级正规培训达规定标准学时数，并取得结业证书。

（2）取得本职业中级职业资格证书后，连续从事本职业工作6年以上。

（3）取得高级技工学校或经人力资源和社会保障行政部门审核认定的、以高级技能为培养目标的高等职业学校本职业（专业）毕业证书。

（4）取得本职业中级职业资格证书的大专以上本专业或相关专业毕业生，连续从事本职业工作2年以上。

——技师（具备以下条件之一者）

（1）取得本职业高级职业资格证书后，连续从事本职业工作5年以上，经本职业技师正规培训达规定标准学时数，并取得结业证书。

（2）取得本职业高级职业资格证书后，连续从事本职业工作7年以上。

（3）取得本职业高级职业资格证书的高级技工学校本职业（专业）毕业生和大专以上本专业或相关专业的毕业生，连续从事本职业工作 2 年以上。

——高级技师（具备以下条件之一者）

（1）取得本职业技师职业资格证书后，连续从事本职业工作 3 年以上，经本职业高级技师正规培训达规定标准学时数，并取得结业证书。

（2）取得本职业技师职业资格证书后，连续从事本职业工作 5 年以上。

1.8.3　鉴定方式

分为理论知识考试和技能操作考核。理论知识考试采用闭卷笔试方式，技能操作考核采用现场实际操作、模拟操作和口试等方式。理论知识考试和技能操作考核均实行百分制，成绩皆达 60 分及以上者为合格。技师、高级技师还须进行综合评审。

1.8.4　考评人员与考生配比

理论知识考试考评人员与考生配比为 1∶15，每个标准教室不少于 2 名考评人员；技能操作考核考评员与考生配比为 1∶5，且不少于 3 名考评员；综合评审委员不少于 7 人。

1.8.5　鉴定时间

理论知识考试时间不少于 90 min；技能操作考核时间不少于 60 min；综合评审时间不少于 30 min。

1.8.6　鉴定场所设备

理论知识考试在标准教室进行。技能操作考核在具有能满足各项培训要求的 1 公里四级以上河道堤防（宜含堤岸防护工程、穿堤建筑物等），且配备相应的设备、仪器仪表及必要的工器具等的场所进行。

2　基本要求

2.1　职业道德

2.1.1　职业道德基本知识

2.1.2　职业守则

（1）遵守法律、法规和有关规定。

（2）爱岗敬业，忠于职守，自觉履行各项职责。

（3）工作认真负责，严于律己，有较强的组织性和纪律性。

（4）刻苦学习，钻研业务，努力提高思想和科学文化素质。

（5）谦虚谨慎，团结协作，有较强的集体意识。

（6）重视安全、环保，坚持文明生产。

（7）工程抢险期间能够临危不惧，挺身而出，勇于奉献。

2.2　基础知识

2.2.1　水力学基本知识

（1）静水压强。

(2)流速、流量及水力比降。

2.2.2　土力学基本知识

(1)土的分类。

(2)土的干密度和含水量。

2.2.3　堤防工程基本知识

(1)堤防种类、作用及各部位名称。

(2)堤岸防护工程的结构类型。

(3)穿堤、跨堤建筑物的类别。

2.2.4　水文、测量基本知识

(1)降雨量、水位、河道断面、含沙量等水文要素

(2)洪峰流量及洪峰水位。

(3)水准仪、经纬仪、标尺、卷尺等测量仪器的用途。

2.2.5　堤防观测基本知识

(1)水位、潮位观测方法。

(2)堤身表面观测方法。

2.2.6　工程识图基本知识

(1)高程、坡度、尺度、比例尺、单位、图例。

(2)河道地形图识图知识。

2.2.7　土石方及混凝土施工基本知识

(1)取土、运土、填土、压实知识。

(2)砌石分类与抛石施工知识。

(3)混凝土拌和、运输、浇筑、养护知识。

2.2.8　堤防工程维修养护基本知识

(1)土方工程维修养护基本知识。

(2)石方工程维修养护基本知识。

(3)混凝土工程维修养护基本知识。

2.2.9　常用建筑材料及土工合成材料基本知识

(1)常用建筑材料的种类。

(2)土工合成材料的种类。

2.2.10　堤防工程抢险基本知识

(1)堤防工程险情分类。

(2)堤防工程抢险常识。

2.2.11　河道整治基本知识

(1)河流分类。

(2)河道整治常识。

2.2.12　植树、种草的基本知识

(1)适宜堤防的林草种类及一般知识。

(2)林草种植、浇水、修剪知识。

2.2.13 相关法律、法规知识

(1)《中华人民共和国水法》相关知识。

(2)《中华人民共和国防洪法》相关知识。

(3)《中华人民共和国劳动法》相关知识。

(4)《中华人民共和国安全生产法》相关知识。

(5)《中华人民共和国合同法》相关知识。

(6)《中华人民共和国河道管理条例》相关知识。

(7)《中华人民共和国防汛条例》相关知识。

3 工作要求

本标准对初级、中级、高级、技师和高级技师的技能要求依次递进,高级别涵盖低级别的要求。

3.1 初级

职业功能	工作内容	技能要求	相关知识
一、工程运行检查	(一)堤防检查	1.能发现堤顶是否坚实平整,有无凹陷、裂缝,路面有无破损 2.能发现堤坡是否平顺,有无雨淋沟、裂缝、塌坑、洞穴,是否堆放杂物、垃圾 3.能发现堤脚有无隆起、下沉、冲刷、残缺 4.能发现害堤动物破坏痕迹 5.能发现背水堤坡在晴天时有无窨湿或渗水	堤防外观检查规定
	(二)堤岸防护工程及防洪墙(防浪墙)检查	1.能发现块石(或其他砌块)护坡有无缺损、砌块松动、局部塌陷、排水管堵塞 2.能发现护脚或护根有无破损、冲动 3.能发现坝顶是否平整,有无脱缝、陷坑、水沟 4.能发现堤岸防护工程有无变形、裂缝 5.能发现堤岸防护工程散抛护面有无浮石、塌陷 6.能检查防洪墙(防浪墙)有无破损	堤岸防护工程及防洪墙(防浪墙)外观检查规定
	(三)防渗及排水设施检查	1.能检查斜墙、铺盖水上部分有无断裂、塌坑 2.能检查减压井井口工程是否完好,有无积水流入井内 3.能检查排水设施外观是否完好	防渗及排水设施外观检查规定
	(四)穿堤、跨堤建筑物运行及其与堤防接合部检查	1.能发现穿堤、跨堤建筑物外观有无破损 2.能检查穿堤、跨堤建筑物与堤防接合部临、背水侧设施是否完好 3.能检查上堤道路及其排水设施与堤防的接合部有无裂缝、沉陷、冲沟	穿堤、跨堤建筑物与堤防接合部外观检查规定

续表

职业功能	工作内容	技能要求	相关知识
一、工程运行检查	(五)管护设施检查	1. 能发现铭牌界桩、标志标牌、交通闸口设施有无缺失、破损 2. 能检查管护设施建筑物有无损坏	管护设施外观检查规定
	(六)防汛抢险设施及物料检查	1. 能对防汛物料进行倒垛、清点 2. 能检查堤防上储备的防汛料有无缺损	防汛物料检查规定
	(七)防护林及草皮检查	1. 能检查防护林、草皮缺失的数量 2. 能检查草皮有无高秆杂草	防护林及草皮检查规定
二、工程观测	(一)堤身沉降观测	能识别沉陷标志	沉陷标志知识
	(二)水位或潮位观测	能读出并记录水尺读数并换算为水位或潮位	水尺读数及换算为水位或潮位的方法
	(三)堤身表面观测	能测量和记录雨淋沟及塌坑的范围和大小	堤身表面观测基本规定
三、工程养护	(一)堤防养护	1. 能平整堤顶、堤肩、堤坡,能做平整、顺直 2. 能清除堤顶、堤坡上的杂物、垃圾 3. 能排除雨后堤顶积水 4. 能对堤顶洒水 5. 能清理混凝土或浆砌石护坡表面杂物 6. 能保持护堤地边界明确,地面平整,无杂物 7. 能修复残缺界埂或界沟	堤防养护规定
	(二)堤岸防护工程及防洪墙(防浪墙)养护	1. 能清除堤岸防护工程表面的杂草、碎石、杂物 2. 能清除排水沟内的淤泥、杂物及冰塞 3. 能填补坝式护岸土心上的坑洼和雨淋沟 4. 能补充局部缺失的护脚石 5. 能清除防洪墙、防浪墙表面的杂物、垃圾 6. 能填平防洪墙后地面的塌坑	堤岸防护工程及防洪墙(防浪墙)养护规定
	(三)防渗及排水设施养护	1. 能排干减压井周围积水,填平坑洼 2. 能清除排水沟内的淤泥、杂物及冰塞 3. 能更换损坏的减压井盖	防渗及排水设施的结构及养护规定

续表

职业功能	工作内容	技能要求	相关知识
三、工程养护	(四)穿堤、跨堤建筑物与堤防接合部养护	能清除穿堤、跨堤建筑物与堤防接合部的杂草、杂物	穿堤、跨堤建筑物与堤防接合部养护规定
	(五)管护设施养护	1. 能保养界桩、标志标牌、交通闸口设施 2. 能清扫管护设施建筑物 3. 能养护生产和生活区的庭院和环境绿化、美化设施	管护设施养护规定
	(六)防汛抢险设施及物料养护	能清除防汛备土及沙石料上的杂草和杂物	防汛物料养护规定
	(七)防护林及草皮养护	1. 能按规定养护草皮,清理杂草 2. 能给林木、草皮洒水、施肥 3. 能给树木涂石灰水防治病虫害	防护林及草皮养护规定
四、工程维修	(一)堤防维修	1. 能维修土质堤顶 2. 能维修堤坡上的陷坑、冲沟	堤防维修规定
	(二)堤岸防护工程及防洪墙(防浪墙)维修	能抛石、抛石笼等	抛石、抛笼施工规定
	(三)管护设施维修	能修补界桩、标志标牌、交通闸口设施	堤防标志牌管理维修规定
五、工程抢险	(一)陷坑抢险	能填筑陷坑	陷坑抢险知识与方法
	(二)防漫溢抢险	能抢筑子埝	防漫溢抢险知识与方法

3.2 中级

职业功能	工作内容	技能要求	相关知识
一、工程运行检查	(一)堤防检查	1. 能测量堤防裂缝宽度、深度 2. 能测量堤防塌坑大小、洞穴直径 3. 能在雨天时发现背水堤坡有无渗水 4. 能发现背水滩地有无管涌(流土)或沼泽化现象 5. 能记录管涌的位置、口径、沙环高度等数据	堤防外观检查方法
	(二)堤岸防护工程及防洪墙(防浪墙)检查	1. 能发现浆砌石或混凝土护坡变形缝和止水是否正常完好 2. 能发现坡面是否发生局部侵蚀剥落、裂缝或破碎老化 3. 能发现混凝土有无剥蚀、裂缝、溶蚀及冻融破坏 4. 能发现防洪墙永久缝有无错位和止水是否正常,嵌缝材料是否缺失	堤岸防护工程及防洪墙(防浪墙)外观检查方法
	(三)防渗及排水设施检查	1. 能记录排渗设施破损情况和渗水量 2. 能发现排渗沟是否淤堵、减压井是否损坏 3. 能发现排水导渗体或滤体有无堵塞现象	防渗及排水设施外观检查方法
	(四)穿堤、跨堤建筑物与堤防接合部检查	1. 能检查跨堤建筑物是否满足堤顶交通、防汛抢险、管理维修等方面的要求 2. 能检查跨堤建筑物支墩与堤防接合部是否有不均匀沉陷、裂缝、空隙等 3. 能检查上堤道路及其设施是否符合防汛、管理及维修等方面的要求	穿堤、跨堤建筑物与堤防接合部外观检查方法
	(五)管护设施检查	1. 能检查小型管护机械设备有无故障 2. 能检查照明设施有无故障	管护设施检查方法
	(六)防汛抢险设施及物料检查	1. 能检查是否按规定储备防汛抢险物料 2. 能检查是否按规定备(配)有照明、探测和交通等防汛设施	防汛抢险设施及物料检查方法
	(七)防护林及草皮检查	1. 能检查防护林、草皮有无病虫害 2. 能检查计算防护林、草皮的缺失率	防护林及草皮检查方法

续表

职业功能	工作内容	技能要求	相关知识
二、工程观测	(一)堤身沉降观测	能记录测量数据	水准测量基本知识
	(二)水位或潮位观测	能阅读、整理自记水位计数据	水位观测方法
	(三)堤身表面观测	能监视裂缝开度变化	裂缝观测方法
	(四)渗透观测	1. 能观测测压管水位 2. 能测量和记录渗流量，并记录水色变化	渗透观测方法
	(五)堤岸防护工程变位观测	1. 能识别堤岸防护工程变位观测标志 2. 能记录沉降、位移观测数据	堤岸防护工程变化观测方法
	(六)近岸河床冲淤变化观测	1. 能标记泓道、沙洲、滩地的特殊变化 2. 能监测河道滩岸崩塌情况	河道基本知识
三、工程养护	(一)堤防养护	1. 能按标准保持堤顶的设计排水坡度 2. 能按技术要求对堤顶坑洼补土垫平、夯实 3. 能补充泥结碎石堤顶磨耗层，保持结构完好 4. 能修复堤坡、戗台局部残缺和雨淋沟 5. 能排整散抛石坡面局部塌陷 6. 能修补砌石护坡局部陂损 7. 能疏通堵塞的排水孔	堤防养护方法
	(二)堤岸防护工程及防洪墙(防浪墙)养护	1. 能修补护坡坡面局部破损 2. 能修补护坡局部流失的垫层 3. 能修补浆砌石防浪墙局部破损	堤岸防护工程及防洪墙(防浪墙)养护方法
	(三)防渗及排水设施养护	1. 能修复排渗设施进口处的孔洞、暗沟、出口处的冲坑悬空。 2. 能修复排水沟保护层	防渗及排水设施养护方法
	(四)穿堤、跨堤建筑物与堤防接合部养护	1. 能修复穿堤建筑物进、出口处堤防的局部破损及残缺 2. 能修复上堤道路局部破损	穿堤、跨堤建筑物与堤防接合部养护方法

续表

职业功能	工作内容	技能要求	相关知识
三、工程养护	(五)管护设施养护	能保养小型管护机械设备	管护设施养护方法
	(六)防汛抢险设施及物料养护	能保持防汛备土及沙石料不流失、混杂	防汛物料养护方法
	(七)防护林及草皮养护	1. 能补植还原草皮 2. 能进行疏枝	防护林及草皮养护方法
四、工程维修	(一)堤防维修	1. 能维修泥结碎石路面 2. 能测定土料的含水量和干密度 3. 能采用开挖、回填的方法处理堤防裂缝	堤防维修方法
	(二)堤岸防护工程及防洪墙(防浪墙)维修	1. 能修复干砌石、浆砌石、混凝土护坡等的残缺或损坏 2. 能维修堤岸防护工程的陷坑、冲沟 3. 能按要求捆抛柳石枕等 4. 能修复防洪墙(防浪墙)表面破损	堤岸防护工程及防洪墙(防浪墙)维修方法
	(三)防渗及排水设施维修	1. 能修复铺盖、斜墙的陷坑和背水近堤坑塘 2. 能修复坡面防渗体的保护层 3. 能清淘减压井、排水孔	防渗排水设施维修方法
	(四)穿堤、跨堤建筑物与堤防接合部维修	能修复穿堤、跨堤建筑物与堤防接合部土方及石方、混凝土砌护工程	穿堤建筑物与堤防接合部维修方法
	(五)管护设施维修	能维修管护设施建筑物	管护设施维修方法
五、工程抢险	(一)渗水抢险	1. 能在堤防临水面防渗 2. 能在堤防背水坡导渗	渗水抢险知识与方法
	(二)防风浪抢险	能采用各种措施防风浪	防风浪抢险知识与方法

3.3 高级

职业功能	工作内容	技能要求	相关知识
一、工程运行检查	(一)堤防检查	1. 能查找、判断背水坡浸润线出逸点位置 2. 能发现混凝土护坡有无变形、裂缝,并测量相关数据 3. 能测量害堤动物活动痕迹,并判断害堤动物种类及危害程度	堤防检查要求
	(二)堤岸防护工程及防洪墙(防浪墙)检查	1. 能发现堤岸防护工程基础是否被淘刷、护脚有无冲动 2. 能探测堤岸防护工程水下抛石是否被冲刷流失 3. 能检查堤岸防护工程是否有位移、坍塌迹象 4. 能测量混凝土裂缝宽度,并检查混凝土碳化程度 5. 能检查防洪墙地基有无渗流破坏迹象	堤岸防护工程及防洪墙(防浪墙)检查要求
	(三)防渗及排水设施检查	1. 能检查排渗沟、减压井的水色、水量、含沙量有无改变 2. 能探测、判断铺盖(水下)、斜墙(水下)塌坑大小	防渗及排水设施检查要求
	(四)穿堤、跨堤建筑物与堤防接合部检查	1. 能检查穿堤建筑物与堤防接合部有无渗水、变形、塌坑 2. 能检查穿堤建筑物与土质堤防接合部背水侧反滤排水设施有无淤堵现象	穿堤、跨堤建筑物与堤防接合部外观检查要求
	(五)管护设施检查	能检查各观测设施是否完好	观测设施检查要求
	(六)防汛抢险设施及物料检查	能检查防汛物料、设施是否完好	防汛抢险设施及物料检查要求
	(七)防护林及草皮检查	1. 能分析判断防护林、草皮生长状态 2. 能分析防护林、草皮缺失的原因,并提出处理建议	防护林及草皮检查要求

续表

职业功能	工作内容	技能要求	相关知识
二、工程观测	(一)堤身沉降观测	1. 能进行堤身沉陷观测 2. 能计算堤身沉降量	堤身沉降观测要求
	(二)水位或潮位观测	能监测堤防沿线的水情、凌情、潮情及海浪的涨落变化	水位观测要求
	(三)堤身表面观测	1. 能测量滑坡位置、大小、错位高度,并判断其发展趋势 2. 能监视渗透变形引起的局部塌陷的变化	堤身表面观测要求
	(四)渗透观测	1. 能参观察渗流水体透明度 2. 能绘制浸润线 3. 能记录和整理内部埋设仪器的观测数据	渗透观测要求
	(五)堤岸防护工程变位观测	能探测抛石护脚体工程状况	堤岸防护工程变位观测要求
	(六)近岸河床冲淤变化观测	能勘查河道主流摆动变化情况	河势观测要求
三、工程养护	(一)堤防养护	1. 能恢复干砌石护坡局部塌陷的土体或被淘刷的垫层 2. 能填补变形缝内局部流失的填料 3. 能修补混凝土网格局部破损	堤防养护要求
	(二)堤岸防护工程及防洪墙(防浪墙)养护	1. 能恢复干砌石护坡局部流失的反滤层 2. 能疏通排水孔(管) 3. 能填补永久缝局部流失的填料 4. 能修补钢筋混凝土防洪墙、防浪墙表面轻微的剥落或破碎	堤岸防护工程及防洪墙(防浪墙)养护要求
	(三)防渗及排水设施养护	能修复局部破损的斜墙(黏土或土工膜)的保护层	防渗及排水设施养护要求
	(四)管护设施养护	1. 能保养观测设施 2. 能养护照明设施 3. 能养护专用管护机械设备	管护设施养护要求

续表

职业功能	工作内容	技能要求	相关知识
三、工程养护	(五)防汛抢险设施及物料养护	能保养防汛抢险工器具	防汛抢险工器具养护要求
	(六)防护林及草皮养护	1. 能防治树木病虫害 2. 能计算林木蓄积量	防护林及草皮养护要求
四、工程维修	(一)堤防维修	1. 能进行堤防土、石方维修的测量、放线与计算 2. 能按设计维修混凝土路面 3. 能按设计加高或培厚堤防断面 4. 能修复散抛石护坡、砌石护坡和混凝土护坡	1. 堤防土、石方维修的测量与计算方法 2. 堤防维修要求
	(二)堤岸防护工程及防洪墙(防浪墙)维修	1. 能维修排水孔及反滤层 2. 能维修丁坝、顺坝、挡土墙等 3. 能维修堤岸防护工程水下基础及护脚 4. 能修复损坏的止水设施	1. 护坡维修要求 2. 砌石施工要求
	(三)防渗及排水设施维修	1. 能修复堤防防渗及排渗设施 2. 能对减压井“洗井”	防渗及排水设施维修要求
	(四)穿堤、跨堤建筑物与堤防接合部维修	能修复穿堤建筑物与堤防接合部的截渗设施	穿堤建筑物与堤防接合部堤防的维修要求
	(五)管护设施维修	能维修小型管护机具	管护机具维修要求
五、工程抢险	(一)管涌抢险	能处理管涌险情	管涌抢险知识与方法
	(二)裂缝抢险	能处理裂缝险情	裂缝抢险知识与方法

3.4　技师

职业功能	工作内容	技能要求	相关知识
一、工程运行检查	(一)堤防检查	1. 能采用人工探测方法判断堤身隐患 2. 能测量堤防滑坡的位置、滑坡体规模等数据	堤防检查项目和内容
	(二)堤岸防护工程及防洪墙(防浪墙)检查	1. 能查找堤岸防护工程破损的原因,并预估其发展趋势 2. 能查找基础及护脚破损的原因,并预估其发展趋势	堤岸防护工程及防洪墙(防浪墙)检查项目和内容
	(三)防渗及排水设施检查	1. 能检查判断排渗沟、减压井反滤层是否有效。 2. 能检查判断堤防渗体是否破坏或局部失效	防渗及排水设施隐患及险情检查项目和内容
	(四)穿堤、跨堤建筑物与堤防接合部检查	能检查判断穿堤建筑物是否存在安全隐患	穿堤、跨堤建筑物与堤防接合部检查项目和内容
二、工程观测	(一)堤身沉降观测	1. 能引测沉降观测基准点 2. 能进行沉降观测的资料整理	堤身沉降观测资料分析方法
	(二)水位或潮位观测	1. 能校测水尺零点高程 2. 能编写水位或潮位观测报告	水位、潮位相关知识
	(三)堤身表面观测	能整理堤身表面观测资料	堤身表面观测知识
	(四)渗透观测	能整理渗透观测资料	渗流相关知识
	(五)堤岸防护工程变位观测	能整理探测资料,绘制探测图表	1. 堤岸防护工程变位观测知识 2. 观测数据处理知识
	(六)近岸河床冲淤变化观测	能进行河道大断面观测并能记录	河道断面观测知识

续表

职业功能	工作内容	技能要求	相关知识
三、工程养护	(一)堤防养护	能整理堤防工程养护资料,编写工作报告	堤防养护知识
	(二)堤岸防护工程及防洪墙(防浪墙)养护	能整理堤岸防护工程及防洪墙(防浪墙)养护资料,编写工作报告	堤岸防护工程及防洪墙(防浪墙)养护知识
	(三)防渗及排水设施养护	1. 能整理防渗及排水设施养护资料 2. 能编写工作报告	防渗及排水设施养护知识
四、工程维修	(一)堤防维修	1. 能按设计处理堤防隐患 2. 能按设计处理滑坡	堤防维修知识
	(二)堤岸防护工程及防洪墙(防浪墙)维修	1. 能处理混凝土裂缝 2. 能进行埽工施工	堤岸防护工程及防洪墙(防浪墙)维修知识
	(三)防渗及排水设施维修	1. 能修复或更新减压井 2. 能按设计翻修或新筑铺盖、斜墙和背水侧盖重	防渗及排水设施维修知识
	(四)穿堤、跨堤建筑物与堤防接合部维修	1. 能处理穿堤建筑物接头错位和永久缝止水失效 2. 能处理沿穿堤建筑物接合部的渗漏	穿堤建筑物及其与堤防接合部维修知识
五、工程抢险	(一)漏洞抢险	1. 能采用多种方法查找堤防临水侧漏洞进口 2. 能处理漏洞险情	漏洞抢险知识与方法
	(二)穿堤建筑物及其与堤防接合部抢险	1. 能在穿堤建筑物临水侧堵漏 2. 能在穿堤建筑物背水侧筑坝蓄水平压	穿堤建筑物及其与堤防接合部抢险知识与方法
六、培训指导	(一)指导操作	能指导中、高级河道修防工在工程运行检查、工程观测、工程养护、工程维修和防汛抢险中的实际操作	基本操作技能指导方法
	(二)理论培训	能讲授河道修防工技术知识	基本理论知识讲授方法

3.5 高级技师

职业功能	工作内容	技能要求	相关知识
一、工程运行检查	(一)堤防检查	1. 能编制堤防工程检查方案 2. 能实施检查工作 3. 能提出技术报告	堤防检查知识
	(二)堤岸防护工程及防洪墙(防浪墙)检查	1. 能编制堤岸防护工程及防洪墙(防浪墙)检查方案 2. 能实施检查工作 3. 能提出技术报告	堤岸防护工程及防洪墙(防浪墙)检查知识
	(三)防渗及排水设施检查	1. 能编制防渗及排水设施检查方案 2. 能实施检查工作 3. 能提出技术报告	防渗及排水设施检查知识
	(四)穿堤、跨堤建筑物与堤防接合部检查	1. 能编制穿堤、跨堤建筑物与堤防接合部检查方案 2. 能实施检查工作 3. 能提出技术报告	穿堤、跨堤建筑物与堤防接合部检查知识
二、工程观测	(一)堤身沉降观测	能分析沉降观测成果,并提出技术报告	堤身沉降观测技术
	(二)水位或潮位观测	能分析观测资料的合理性	资料整理方法
	(三)堤身表面观测	能分析堤身表面观测成果,并提出报告	堤身表面观测技术
	(四)渗透观测	参分析渗透观测资料,并提出报告	渗流观测资料分析方法
	(五)堤岸防护工程变位观测	能分析堤岸防护工程变位观测成果,并提出报告	堤岸防洪工程变位观测资料分析方法
	(六)近岸河床冲淤变化观测	能分析近岸河床冲淤变化观测成果并提出报告	河床冲淤变化观测成果分析方法

续表

职业功能	工作内容	技能要求	相关知识
三、工程养护	(一)堤防维修	1. 能编制堤防工程维修方案 2. 能实施维修工作 3. 能提出技术报告	土方工程施工技术
	(二)堤岸防护工程及防洪墙(防浪墙)维修	1. 能编制堤岸防护工程及防洪墙(防浪墙)维修方案 2. 能实施维修工作 3. 能提出技术报告	石方及混凝土施工技术
	(三)防渗及排水设施维修	1. 能编制防渗及排水设施的维修方案 2. 能实施维修工作 3. 能提出技术报告	渗流稳定分析
	(四)穿堤、跨堤建筑物与堤防接合部维修	1. 能编制穿堤、跨堤建筑物与堤防接合部维修方案 2. 能实施维修工作 3. 能提出技术报告	穿堤建筑物与堤防接合部维修技术
四、工程抢险	(一)滑坡抢险	能处理滑坡险情	滑坡抢险知识与方法
	(二)坍塌抢险	能处理坍塌险情	坍塌抢险知识与方法
五、培训指导	(一)指导操作	能指导河道修防工技师在运行检查、工程观测、工程养护、工程维修和防汛抢险中的实际操作	1. 讲义编写方法 2. 计算机应用基础知识
	(二)理论培训	1. 能编写培训讲义 2. 能系统讲授堤防修防工专业技术知识	

4　比重表

4.1　理论知识

项目		初级（%）	中级（%）	高级（%）	技师（%）	高级技师（%）
基本要求	职业道德	5	5	5	5	5
	基本要求	25	15	10	10	5
相关知识	工程运行检查	30	20	10	5	5
	工程观测	5	10	20	10	10
	工程养护	15	25	10	10	—
	工程维修	10	10	25	25	20
	工程抢险	10	15	20	25	35
	培训指导	—	—	—	10	20
合计		100	100	100	100	100

4.2　技能操作

项目		初级（%）	中级（%）	高级（%）	技师（%）	高级技师（%）
技能要求	工程运行检查	35	25	15	10	5
	工程观测	15	20	20	15	10
	工程养护	30	25	15	10	—
	工程维修	10	15	25	30	40
	工程抢险	10	15	25	25	35
	培训指导	—	—	—	10	10
合计		100	100	100	100	100

附录14　河道修防工国家职业技能鉴定模拟试卷(高级工)

河道修防工国家职业技能鉴定理论知识试题(高级工)

水利部职业技能鉴定中心组织　　考试时间:120分钟

单位:________ 姓名:________ 准考证号:________

注意事项

1. 请首先按要求在试卷的指定位置填写您的姓名、考号和所在单位的名称。
2. 请仔细阅读各种题目的回答要求,在规定的位置填写您的答案。
3. 不得在试卷上乱写乱画,不得在卷面上作无关标记,否则,按零分处理。

	第一题	第二题		总分	记分人
得分					

得分	
评卷人	

一、选择题(每题选择一个正确答案,共　小题,每题1分,满分　分)

1. 洪水特征值主要包括洪峰流量、洪峰水位、最高洪水位、洪水历时、洪水总量、洪水传播时间等,其中洪峰流量、洪水总量、(　　)称为洪水三要素。
(A)时间　(B)水位　(C)洪水过程线　(D)流量
2. 高程测量时,凡在已知高程点上的水准尺读数记为“(　　)”。
(A)前视读数　(B)后视读数　(C)高程读数　(D)间视读数
3. 河道整治后通过(　　)时的平面轮廓称为治导线,也叫整治线。
(A)设计流量　(B)洪水流量　(C)中水流量　(D)枯水流量
4. 按钢筋在混凝土结构中的作用分类不包括(　　)。
(A)受拉钢筋　(B)受压钢筋　(C)架立钢筋　(D)圆钢

5. 堤岸防护工程管护人员应知工程概况、(　　)及坝垛着溜情况。
(A)大小变化　(B)方向变化　(C)位置变化　(D)河势变化
6. 堤岸防护工程土坝体应保持顶面平整、(　　)密实、坡面平顺、排水顺畅。
(A)草皮　(B)树株　(C)排水沟　(D)土石接合部
7. 导致漏洞的因素包括(　　)、堤基内有老口门或古河道、高水位长时间作用等。
(A)进口　(B)堤身内有隐患(C)流水　(D)出口
8. 浸润线与堤防背水坡或坡脚以外地面的交点称为(　　)。
(A)进水口　(B)出逸点　(C)出水口　(D)洞口
9. 晴天条件下查找出逸点时,先查找含水量(　　)的区域,再查找出水点。
(A)不变　(B)明显增大　(C)减小　(D)较小
10. 导致水上散抛石坡面沉陷、坍塌或坡度变陡的原因有基础被(　　)、护脚被冲动。
(A)冲淘刷　(B)淤积　(C)掩埋　(D)淹没
11. 通过对水下抛石的探摸可了解局部淘刷、走失、坍塌的范围和尺度,并约估(　　)。
(A)长度　(B)宽度　(C)厚度　(D)缺失工程量
12. 出水量的急剧加大可能是反滤排水设施(　　)、渗透变形加剧所致。
(A)透水性小　(B)反滤作用好　(C)效果稳定　(D)失去反滤作用
13. 烘干法测定含沙量的操作步骤包括(　　)、沉淀、烘干、称沙重、计算含沙量。
(A)取土样　(B)用已知容积的容器取水样　(C)取沙样(D)称浑水重
14. 堤身沉降观测,就是对固定观测点定期进行(　　)。
(A)平面控制测量(B)距离测量　(C)角度测量　(D)水准高程测量
15. 检查仪器是否准确时,先将仪器架设在两尺中间,测得两点之间的(　　)。
(A)高差　(B)距离　(C)高度　(D)读数
16. 河道水情主要包括(　　)、流量、含沙量等。
(A)洪峰水位　(B)最高水位　(C)水位　(D)设计洪水位
17. 水位观测时,应注意水尺附近水流的(　　)。
(A)速度　(B)动向　(C)方向　(D)流量
18. 利用各测站的水位观测结果可分析(　　)水位的实际变化。
(A)本站　(B)本点　(C)某时刻　(D)堤防沿线
19. 淌凌期间,注意观测(　　)、最大冰块面积、冰块厚度等情况。
(A)淌凌密度　(B)水的密度　(C)水的温度　(D)流量
20. 滑坡前,一般先发生两端低、中间高的(　　)。
(A)横向裂缝　(B)龟纹裂缝　(C)细小裂缝　(D)弧形裂缝
21. 诱发滑坡的因素有(　　)、水位骤降、持续暴雨、坡度陡、附加荷载大等。
(A)堤顶高　(B)堤坡缓　(C)高水位作用时间长　(D)修堤早
22. 对于渗透水流的观测主要包括(　　)和出水颜色的观测。
(A)出水流量　(B)渗透系数　(C)水温　(D)径流系数

23. 观测临河水位及测压管水位几乎是同时完成的,这忽视了测压管水位的(　　)。
(A)超前现象　(B)同时现象　(C)同步现象　(D)滞后现象
24. 通过对抛石护脚工程的探测,可了解和掌握护脚石的深度、(　　)和范围。
(A)坡面　(B)倾斜　(C)坡度　(D)陡缓
25. 根石探测数据的记录一般有"(　　)"和"间距/高差"两种形式。
(A)起点距/高差　(B)距离/高程　(C)水平距离　(D)垂高
26. 为便于区别和比较分析,标绘(　　)主流线时可选择不同的线型、颜色。
(A)不同时期的　(B)某次　(C)某时　(D)某段
27. 干砌石护坡的砌石下面一般应按既(　　),又适应不同变形的原则设置垫层。
(A)反滤　(B)防渗　(C)截渗　(D)排水
28. 对干砌石护坡坡面不够平顺或局部塌陷的整修内容不包括(　　)。
(A)拆除塌陷部位(B)挖除垫层　(C)挖除松散土体　(D)直接抛填散石
29. 大体积混凝土或浆砌石结构物需通过设置(　　)而进行分段。
(A)永久缝　(B)临时缝　(C)表面缝　(D)水平缝
30. 对混凝土防洪墙表面轻微剥落或破碎的修补内容不包括(　　)。
(A)表面凿毛　(B)表面清洁　(C)重修　(D)表面湿润
31. 测量器具要存放于专用箱盒内,放置于通风、(　　)、防震处。
(A)潮湿　(B)干燥　(C)阴暗潮湿　(D)暴晒干燥
32. 对水尺、断面桩要注意检查和调整(　　)。
(A)高度　(B)埋设位置及方向　(C)位置　(D)间距
33. 直线长度放样即在已知(　　)上放样出距指定点满足某水平长度要求的另一点。
(A)点　(B)平面　(C)角　(D)直线
34. 利用几何关系测放已知直线的垂线所用方法有(　　)和直角三角形法。
(A)三角形法　(B)等腰三角形法(C)经纬仪法　(D)水准仪法
35. 利用水准仪测放高程点的步骤不包括(　　)。
(A)丈量斜距　(B)支设水准仪　(C)读取后视读数　(D)计算视线高
36. 采用阶梯法开挖时,应距边界线预留一定水平宽度开始下挖,下挖(　　)深度后再预留同样的水平宽度。
(A)任意　(B)自选　(C)固定　(D)符合坡度要求的
37. 施工中可用符合某坡度值的(　　)坡度尺或多用坡度尺检查控制边坡坡度。
(A)通用　(B)多用　(C)特制　(D)常用
38. 工程量常以(　　)、面积或长度计量。
(A)长　(B)宽　(C)高　(D)体积
39. 土石方开挖工程量应根据(　　)、岩石级别、开挖方式等不同分别计算。
(A)Ⅰ类土　(B)Ⅱ类土　(C)土质类别　(D)黏土或沙土
40. 石方砌筑工程量应根据(　　)、砂浆及其标号、砌筑方法等不同分别计算。
(A)粗料石　(B)细料石　(C)乱石　(D)砌筑石料

41. 石方砌筑工程量以(　　)计。

(A)砌体方　(B)松方　(C)自然方　(D)质量

42. 混凝土工程量应根据结构及其位置、(　　)、级配等不同分别计算。

(A)20 号　(B)30 号　(C)标号　(D)40 号

43. 钢筋混凝土结构中的钢筋可按(　　)或根据配筋图具体计算。

(A)含水量　(B)含沙量　(C)含钢率　(D)骨料含量

44. 丁坝具有(　　)、保护河岸的作用。

(A)调整水流　(B)壅水　(C)挡水　(D)拦水

45. 按砌筑结构的不同,顺坝分为(　　)、干砌石坝和浆砌石坝。

(A)陡坡坝　(B)堆石坝　(C)缓坡坝　(D)混凝土坝

46. 乱石坝的常见缺陷不包括(　　)。

(A)坡面凸凹不顺(B)局部残缺　(C)坝面裂缝　(D)土石接合部冲沟

47. 干砌石坝出现塌陷或凸凹不顺缺陷时,轻则可采用(　　)的处理方法。

(A)浅层翻修　(B)彻底翻修　(C)全面翻修　(D)改建

48. 若土工膜防渗体发生穿透、断裂等破坏,应(　　)。

(A)开挖处理　(B)全部新修　(C)改换防渗措施　(D)舍弃不用

49. 堤防排渗设施常见缺陷不包括(　　)。

(A)反滤材料缺失(B)渗出清水　(C)淤积堵塞　(D)反滤料混掺

50. 管涌一般发生在(　　)中。

(A)黏土　(B) 沙性土　(C)亚黏土　(D)高塑性黏土

51. 导致管涌或流土的原因包括堤基内有古河道、历史溃口、(　　)等隐患。

(A)黏土层　(B)强透水层　(C)密实的岩石层　(D)隔水层

52. 抢护管涌险情以"(　　),控制涌水带沙,留有渗水出路,防止渗透破坏"为原则。

(A)反滤导渗　(B)排水　(C)抽水　(D)截堵出口

53. 对管涌或流土险情的抢护方法主要有(　　)、减压围井法、反滤铺盖法等。

(A)塞堵进口　(B)反滤围井法　(C)盖堵进口　(D)黏土后戗

54. 在管涌或流土出口处抢筑反滤围井,以(　　),防止险情扩大。

(A)制止涌水带沙(B)截堵出水　(C)削减洪水　(D)截断渗流

55. 减压围井(养水盆)是靠(　　)而减小临背水位差,从而制止渗透破坏。

(A)堵塞出水　(B)抬高井(盆)内水位　(C)降低临河水位　(D)排水

56. 修做减压围井时,也可在背水堤脚附近修筑(　　)形成养水盆,将管涌圈在其中。

(A)月堤　(B)桩柳墙　(C)堆石坝　(D)混凝土坝

57. 修做沙石反滤铺盖时,先清理拟修范围内的软泥和杂物,然后满铺一层(　　)。

(A)粗沙　(B)黏土　(C)砖块　(D)石块

58. 若出现裂缝后又遇(　　)可能诱发渗水、管涌或流土,甚至发展成漏洞。

(A)日晒　(B)长时间高水位作用　(C)风吹　(D)阴天

59. 对裂缝险情的抢护原则是:判明原因,及时抢护滑坡裂缝和(　　)。

(A)龟纹裂缝　(B)表面裂缝　(C)干缩裂缝　(D)横向裂缝

60. 对裂缝险情的抢护方法有(　)法、横墙隔断法、封堵缝口法、盖堵法等。

(A)回填　(B)开挖回填　(C)开挖　(D)表面涂抹

61. 当横缝前端已与临水相通或有连通可能时,开挖前应在裂缝堤段临水面做(　)。

(A)石灰标记　(B)前戗截流　(C)反滤铺盖　(D)抢堵准备

62. 当横缝漏水严重时,可在(　)、背河导渗的同时,中间再挖竖井截堵。

(A)临河开挖　(B)临河截渗　(C)临河塞堵　(D)临河灌浆

63. 洪水期间,对不宜采取开挖回填、横墙隔断法处理的裂缝,可采用(　)处理。

(A)压力灌浆　(B)劈裂灌浆　(C)盖堵法　(D)高压灌浆

……

得分	
评卷人	

二、判断题(用√或×判明对错,共　小题,每题1分,满分　分)

(　)1. 治导线参数主要有设计河宽 B、弯曲半径 R、直线段长度 d、弯曲段长度 S、弯曲段中心角 φ、河湾间距 L、河湾跨度 T、弯曲幅度 P 等。

(　)2. 管涌呈孔状出水口、冒水冒沙特征,在出逸点周围形成"沙环"。

(　)3. 凡是漏洞都是由渗水发展而成的。

(　)4. 浸润线为自临河洪水位至背河出逸点之间的堤内水面线。

(　)5. 堤岸防护工程的位移主要表现为水平位移。

(　)6. 穿堤建筑物与堤防接合部的渗水危害并不大,可不予检查观测。

(　)7. 对物料质量的检查内容包括有没有破损、残缺、霉变、生锈、虫蛀、腐烂、老化等。

(　)8. 堤身沉降观测就是对固定观测点定期进行水准高程测量,可计算同一观测点的阶段沉降量和累积沉降量,可计算不同观测点之间的沉降差。

(　)9. 冰凌普查时,布设诸多观测断面,丈量每个断面的冰面宽度、冰厚、水深,以准确掌握封河情况并计算河段内的总冰量和槽蓄水量。

(　)10. 堤防局部塌陷与水位高低及其作用时间长短无关。

(　)11. 均质堤防的浸润线是一条连接起点与终点的直线。

(　)12. 用"起点距/高差"形式记录探测数据时,水平距离和高差都是对起点而言的。

(　)13. 绘制根石断面图时,首先分清探测数据的记录形式,估算出根石断面的尺寸范围。

(　)14. 对于判断确定的主流线位置可详细描述记录,最好将其标注在河道地形图上。

(　)15. 分层铺填干砌石护坡后垫层时,细料靠近土坡,依次由细到粗,各层料不能混掺。

(　　)16. 对防渗体设置保护层,可防止冰冻、人为或机械性破坏,延缓防渗材料的老化。

(　　)17. 对防汛抢险常用工器具应根据结构、材质、性能等具体要求而分别进行检查和养护。

(　　)18. 杨树病虫害与其他各类树株的病虫害相同。

(　　)19. 直线长度放样可直接按倾斜距离或大约水平距离放样。

(　　)20. 土方填筑工程量以压实方计,应根据填筑方式、土质类别等不同分别计算。

(　　)21. 土工合成材料按设计铺设面积计算,不计搭接及嵌固用量(已计入消耗系数中)。

(　　)22. 组织堤防培修施工应抓好施工组织、清基、取土、填筑、压实、质量控制等环节。

(　　)23. 堤防加高培厚不需要测绘原堤防的横断面图。

(　　)24. 若浆砌石坝表层砌石局部松动,可直接翻修全坝。

(　　)25. 枯水季节,可对根石进行装排旱地石笼的整修加固。

(　　)26 穿堤建筑物与堤防接合部不需要设置截渗设施,只要保证回填土质量即可。

(　　)27. 反滤围井适用于抢护大面积管涌群。

(　　)28. 对"牛皮包" 抢护时,先戳破鼓包,再按管涌险情进行抢护。

(　　)29. 当坑塘过大,因填塘工程量大而贻误抢险时机时,可采用水下反滤层抢护管涌。

(　　)30. 抢筑土工织物反滤铺盖时,也可用复合土工膜代替土工织物。

(　　)31. 发现裂缝后应尽快进行压力灌浆并用沙土封口,以防雨水流入缝中。

(　　)32. 汛期一般不宜采取横墙隔断法抢护横缝,必须提前修做截渗前戗或反滤导渗,或两项措施并举。

……

河道修防工国家职业技能鉴定理论知识试题（高级工）答案

一、选择题

1C　2B　3A　4D　5D　6D　7B　8B　9B　10A
11D　12D　13B　14D　15A　16C　17C　18D　19A　20D
21C　22A　23D　24C　25A　26A　27A　28D　29A　30C
31B　32B　33D　34B　35A　36D　37C　38D　39C　40D
41A　42C　43C　44A　45B　46C　47A　48A　49B　50B
51B　52A　53B　54A　55B　56A　57A　58B　59D　60B
61B　62B　63C

二、判断题

1√　2√　3×　4√　5×　6×　7√　8√　9√　10×
11×　12√　13√　14√　15√　16√　17√　18×　19×　20√
21√　22√　23×　24×　25√　26×　27×　28×　29√　30×
31×　32√

注：初级工和中级工的理论试题与高级工理论试题类似，只是各等级所涉及的考核内容及各内容所占比重有所不同（详见理论试题比重表）。

河道修防工国家职业技能鉴定操作技能笔试题
（高级工）

水利部职业技能鉴定中心组织　　考试时间：　　分钟

单位：＿＿＿＿＿＿**姓名：**＿＿＿＿＿＿**准考证号：**＿＿＿＿＿＿

注意事项

1. 请首先按要求在试卷的指定位置填写您的姓名、考号和所在单位的名称。
2. 请仔细阅读各种题目的回答要求，在规定的位置填写您的答案。
3. 不得在试卷上乱写乱画，不得在卷面上作无关标记，否则，按零分处理。

	第一题	第二题		总分	记分人
得分					

得分	
评卷人	

一、简答题（共　小题，每题5分，满分　分）

1. 简述查找渗水出逸点的方法。

2. 简述干砌石护坡（坝）垫层的设置。

……

得分	
评卷人	

二、论述/计算题（共　小题，每题10分，满分　分）

1. 论述根石断面图的绘制。

2. 若某堤防原横断面顶宽 10 m、高 6 m、边坡 1∶2.5，拟按顶宽 12 m、加高 1 m、边坡 1∶3进行加高帮宽，假定堤基地面水平，试计算该横断面的加高帮宽面积。

3. 论述反滤围井内径和井壁高度的确定、土袋井壁的修筑。

河道修防工国家职业技能鉴定技能操作笔试题（高级工）参考答案

一、简答题

1. 参考答案：

先在偎水堤段的背水坡脚附近及其以外附近地面查找含水量明显增大的区域及干湿土分界线；在含水量明显增大的区域或干湿土分界线附近再仔细查找出水点；如果出水点在水下，可能有鼓水、翻花、冒泡等现象；雨天从出水颜色和水温差别上分析判断出水点。

2. 参考答案：

按反滤和适应不同变形的原则设置垫层，垫层一般由沙、石（碎石或砾石）组成，一般分2～3层（细料层靠近土坡，依次由细料层到粗料层）铺设，总厚度0.15～0.25 m；对于反滤要求较低的护坡，也可只设置以适应不同变形为主的碎石或砾石垫层，对于变形不大的护坡，也可直接在土坡上铺设起反滤作用的无纺土工布。

二、论述／计算题

1. 答题要点：

画图时，首先分清探测数据的记录形式，估算出根石断面的大致尺寸范围；再根据图幅大小和根石断面的尺寸范围选择适宜的作图比例；然后在图上标定出起点位置，并根据每组数据所代表的与起点之间的关系或与前一相邻点之间的关系依次将各测点绘在图纸上，连接各测点即得到探测的根石断面图。

断面图上标注工程名称、坝岸编号、断面位置及编号、坝顶高程、根石台顶高程、河床床面高程、探测日期、水位等。

2. 答题要点：

将新加培部分分为加高和帮宽两块计算，加高部分为梯形，帮宽部分为平行四边形（新旧堤坡坡度相同时）或梯形（新旧堤坡坡度不同时），本题的新加培部分为两块梯形。

加高梯形：上底 $=12$ m，下底 $=1\times3+12+1\times3=18$（m），面积 $S_1=(12+18)\times1\div2=15(\mathrm{m}^2)$；

帮宽梯形：上底 $=18-10=8$（m），下底 $=8+6\times(3-2.5)=11$（m），面积 $S_2=(8+11)\times6\div2=57(\mathrm{m}^2)$；

新加培总面积 $S=S_1+S_2=15+57=72(\mathrm{m}^2)$。

3. 答题要点：

反滤围井的内径一般为管涌出口直径的10倍或其以上，且不小于0.5 m；

围井高度以能使经反滤后的渗水不挟带泥沙为宜；

井壁铺底宽度根据其高度和满足稳定要求而确定；

修筑土袋井壁时：先将拟修围井范围内的杂物清除干净，并挖除软泥层；排垒土袋时要将袋口叠压、错缝排紧，井壁与堤坡或地面必须严密接触，使井壁及井壁与堤坡或地面接触处不能漏水；在反滤料以上的井壁内埋设排水管，以将渗水排到井外。

河道修防工国家职业技能鉴定实际操作题（高级工）

试题一名称:堤顶横向坡度检查

本题分值:10 分

考核时间:12 分钟

考核形式:实操

(1)具体考核要求:堤顶的平整还要体现在横向坡度的饱满上,堤顶一般向两侧倾斜,坡度宜保持在2% ~3%。堤顶横向坡度的检查可依据丈量的水平距离和用水准仪测量的高差进行计算 $i=(h_1/b_1)\times100\%$,或 $i=(h_2/b_2)\times100\%$,参见下图。

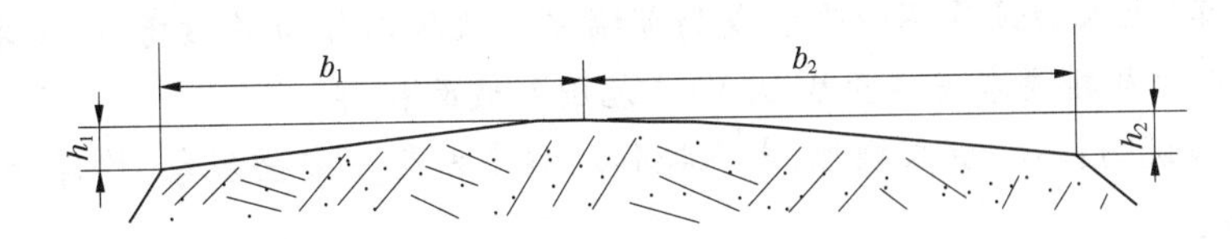

堤顶横向坡度检测示意图

考核时,选择现有堤顶作为考核场地,要求考生在考核时间内完成对指定位置处堤顶中心至堤肩的水平距离丈量、堤顶中心与堤肩之间的高差测量,并计算堤顶横向坡度。受考核时间的限制,可只检查堤顶一侧的横向坡度。

(2)否定项说明:不按要求操作或操作中不能安全使用仪器,终止考核,该试题成绩记为零分。

试题二名称:检验水准仪的准确性

本题分值:10 分

考核时间:12 分钟

考核形式:实操

(1)具体考核要求:在相距 100 ~150 m 的 A、B 两点上竖水准尺,先将仪器支设在两尺中间,测得两点之间的高差 Δh_1;再将仪器支设在任选一个水准尺附近,重新测得两点之间的高差 Δh_2;比较两次测得的高差,如果两者相同或相近,则该仪器准确,如果两者相差较大,则说明仪器不够准确。考核时,按下表格式提供测量计算成果和检验结论(比如以两次测量误差不超过 5 mm 为判别仪器准确与否的分界值),要求测量方法得当、读数(估读到 mm)和计算准确、检验结论正确。

水准仪检验记录表

仪器位置	A 点读数	B 点读数	A、B 间高差	两次高差之差	仪器是否准确
在 A、B 中间					
在一点附近					

(2)否定项说明:不按要求方法操作或不能安全使用仪器均停止考核,该试题成绩记

为零分。

试题三名称:散抛石坝或护坡的粗排

本题分值:10 分

考核时间:12 分钟

考核形式:实操

(1)具体考核要求:发现散抛石护坡不够平顺或有局部塌陷时应进行排整(拣整、粗排)或补充抛石后再进行排整。粗排类似于要求较低的花缝干砌,是将在现有抛石中挑选的相对较规则的石料不经专门加工,或根据需要仅用手锤打去虚棱边角而作为表层用石,然后按大面朝下、大石在外、小石在里、层层压茬、大石排紧、小石塞严、坡面平顺、石块稳定的要求对护坡由里到外地进行排整,从而使护坡表面平顺,并提高其抗冲能力和改善工程面貌。

考核时,选择存有不够平顺或局部塌陷的现有散抛石护坡(或坝岸),或在现有散抛石护坡(或坝岸)上人为设置不够平顺或局部塌陷等缺陷以作为考核场地,要求考生在考核时间内,按以上粗排要求完成至少 0.5 m^2 范围的坡面粗排。

(2)否定项说明:不按要求操作,或在操作过程中发生不安全现象,均停止考核,该试题成绩为零分。

试题四名称:用水准仪测放高程点

本题分值:15 分

考核时间:18 分钟

考核形式:实操

(1)具体考核要求:在适宜位置支设水准仪,读取在已知高程点上的水准尺读数(后视),计算视线高(已知高程+后视),根据测放点的高程计算出在测放点上的水准尺应读数(前视=视线高-测放点高程),也可根据高差计算应读数(前视=后视-高差),在测放点位置先打设外露较高的木桩,通过多次测算和渐渐打桩下降而使前视刚好为应读数,该桩顶为测放高程;也可直接打设较高木桩,将水准尺紧贴在木桩侧面并在测算中渐渐调整上下位置、直至使前视刚好为应读数时可过尺底确定出测放高程的位置。

考核时,可指定某点或用木桩标定出某点作为水准点,其高程可假定或提前实测获得,也可根据高差测放拟测放点的高程;在拟测放点位置设置稳定且外露较高的木桩,考生用水准测量在木桩侧面测放(标记)出符合某高程或高差要求的位置。要求:正确支设(如考核时间紧也可提前支设)和使用仪器(松制动、转动仪器、粗瞄准、制动、细瞄准、每次读数前都要整平长水准管)、测放步骤清晰、测放位置准确。

(2)否定项说明:不按要求方法操作,或不能安全使用仪器,或在操作过程中发生不安全现象,均终止考核,该试题成绩记为零分。

试题五名称:抢修土袋井壁土工织物反滤围井

本题分值:15 分

考核时间:18 分钟

考核形式:实操

(1)具体考核要求:围井内径的确定、清基、用土袋排垒井壁、消杀水势、井壁内埋设排水管等都与试题一相同；清基之后可先铺设土工织物再修筑井壁，土工织物的铺设范围包括井壁的铺底范围，土工织物之上用碎石、砖、石等透水材料填压，厚度 40～50 cm，也可在土工织物上铺放梢料并用石块或土袋压重。

考核时，可假定管涌出口直径 10 cm，涌水不大，铺设反滤料后不下沉，修筑井壁时以铺底 3 排土袋 12 条、第二层两排土袋 6 条、第三层单排土袋 2 条示意，井内铺放土工织物后用厚度不小于 10 cm 的石子填压，或在土工织物之上铺放厚度不小于 20 cm 的柳枝或芦苇示意，并用块石或土袋至少 3 块(条)压重。

操作步骤：第一步画出围井内径边界线、铺底范围线及清基边界线；第二步清基；第三步铺放土工织物；第四步用土袋排垒井壁；第五步土工织物之上填压石子，或铺放柳枝并压重；第六步安设排水管。要求：清基干净、平整，土袋排垒密实、口平，土工织物铺设平展、覆盖严密，土工织物之上的透水材料铺放均匀，若铺放梢料要压实，排水管贯通。

(2)否定项说明：不按要求方法操作，土工织物被戳破，井壁倒塌，操作过程中发生不安全现象停止考核，该试题成绩记为零分。

河道修防工国家职业技能鉴定实际操作题（高级工）配分与评分标准

试题一配分与评分标准

(1)能准确丈量堤顶中心至堤肩的水平距离得2分:误差每超过2 cm扣0.5分。

(2)能正确使用仪器并准确测得堤顶中心与堤肩之间的高差得6分:安设仪器和各测次分别考核累计扣分,每一不符合项(安设仪器支架不蹬踩牢固,每次读数前不整平长水准气泡,测量误差每超过1 cm等)扣0.5分。

(3)能准确计算堤顶横向坡度得2分:不会计算不得分,计算错误扣1分。

提前完成不加分;若在考核时间内不能全部完成,不延长考核时间,按已完成且正确或符合要求的比例赋分。

试题二配分与评分标准

(1)能按要求完成水准仪的安置得4分:两次安置仪器分别检查累计评分,每一不符合项(仪器高度不适宜,安置位置不居中及不在一点附近,安置时没有蹬踩支架腿踏板,圆气泡不够居中等)扣0.5分。

(2)能准确测得A、B两点之间对应不同仪器位置时的高差得4分:两站测量分别检查累计评分,不会读数本项不得分,其他每一不符合项(读数时长水准管气泡不够居中即图像没呈U形、读数不准确、计算错误等)扣0.5分。

(3)能准确计算两次高差之差并且检验结论正确得2分:计算结果或检验结论不正确各扣1分。

(4)提前完成加分:每提前完成1分钟加1分,但最多加至满分。

若在考核时间内不能全部完成,不延长考核时间,按已完成且正确或符合要求的比例赋分。

试题三配分与评分标准

(1)能够在现有抛石中挑选出相对较规则的石料得2分:不会挑选不得分。

(2)能按要求对内部石料进行排整得3分:每一不符合项(不是大面朝下、大石没排紧、小石没塞严、石块不稳定等)扣0.5分。

(3)能按要求排整护坡表层得5分:每一不符合项(不符合大面朝下、大石在外、小石在里、层层压茬、大石排紧、小石塞严、石块稳定的任何一项,粗排范围内坡面不平顺误差每超过5 cm等)扣0.5分。

提前完成不加分;若在考核时间内不能全部完成,不延长考核时间,按已完成且正确或符合要求的比例赋分。

试题四配分与评分标准

(1)能正确支设和使用仪器得6分:每一不符合项(支设时不脚蹬三角架以使其稳定,仪器过于靠近水准点或测放点,仪器过于高或过于低,视线不通达,粗整平精度不高——圆水准气泡过于偏离,使用仪器程序不当等)扣0.5分。

(2)能准确测得符合高程或高差要求的测放点位置得9分:每一不符合项(每一次读数前不整平长水准管,计算每出现一次错误,测放位置误差每超过2 cm等)扣0.5分。

提前完成不加分;若在考核时间内不能全部完成,不延长考核时间,按已完成且正确或符合要求的比例赋分。

试题五配分与评分标准

(1)按要求画出围井内径边界线、铺底范围线及清基边界线得2分:每一不符合项(围井内径不足管涌出口直径的10倍、围井内径小于0.5 m、清基边界线不满足要求等)扣0.5分。

(2)按要求完成清基得2分:清除不净或不够平整各扣0.5分,不清基不得分。

(3)按要求完成土袋井壁的排垒得5分:每一不符合项(袋口不叠压、有对缝、排垒不紧密、排垒不平、井壁与堤坡或地面接触不严密、每少排垒一条土袋等)扣0.5分。

(4)按要求完成土工织物铺设得2分:铺设不平展扣0.5分、覆盖不严密扣1分。

(5)按要求完成土工织物之上填压石子,或铺放柳枝并压重得3分:每一不符合项(填压不封闭、厚度不足、厚度不均匀、柳枝上不压重或压重不足等)扣0.5分。

(6)按要求埋设排水管得1分:不埋设或排水管不贯通不得分。

(7)提前完成加分:每提前1分钟加1分,但最多加至满分。

若在考核时间内不能全部完成,不延长考核时间,按已完成且正确或符合要求的比例赋分。

注:可根据以上配分与评分标准制作成“××考评赋分表”。

河道修防工国家职业技能鉴定实际操作题（高级工）场地及物料准备

试题一：

考场准备

（1）场地准备：选择现有堤顶的指定位置作为可室内或现场考核场地，并在堤顶中心和堤肩处分别打设与地面齐平的小木桩，小木桩顶做醒目标点（钉小钉或用红蓝铅笔画圆点），以作为丈量和测量控制位置；考官要提前测量计算有关结果，以作为考评依据。

（2）工具物料准备：水准仪、水准尺、锤子、小木桩2根、钉子或红蓝铅笔、皮尺、书写笔、记录计算纸。

考生准备

可要求考生自带书写笔、计算器。

试题二：

考场准备

（1）场地准备：选择较平坦、视线通达的场地，在相距100～150 m的A、B两点（都标定或标定其中一点）上各竖立水准尺，如果认为考核时间紧张第一测站（如在A、B中间）仪器可提前安设。

（2）工具物料准备：普通水准仪、水准尺2根、记录计算纸（表）、卷尺等。

考生准备

可要求考生自带计算纸、铅笔、计算器。

试题三：

考场准备

（1）场地准备：选择存有不够平顺或局部塌陷的现有散抛石护坡（或坝岸），或在现有散抛石护坡（或坝岸）上人为设置不够平顺或局部塌陷等缺陷，给各考生划定坡面排整位置。

（2）工具物料准备：手锤、钢卷尺、长直尺。

考生准备

考生可自带手套。

试题四：

考场准备

（1）场地准备：在选定的考核场地上指定已有的固定标志或用木桩另标定出某点作为水准点，可假定或提前测得该点高程，也可按高差控制测放点的高程；在距水准点不是很远（便于一站测量）的拟测放点位置设置稳定且外露较高（满足所测放的高程或高差要求）的木桩，供考生在木桩侧面标定（如用红蓝铅笔画线）出符合某高程或高差要求的位置，不同考生可按不同的高程或高差要求而测放不同的位置；考官要提前测放出一些控制位置，以作为考评依据。

(2) 工具物料准备：普通水准仪、水准尺、彩色笔、钢尺、木桩、大锤、计算纸、铅笔、计算器。

考生准备

可要求考生自带计算纸、铅笔、计算器。

试题五：

考场准备

(1) 场地准备：在现有堤防背河堤脚以外、较平坦的地面上标定出直径 10 cm 的管涌位置，或在其他较平坦的地面上标定出直径 10 cm 的管涌位置，作为考核场地。

(2) 工具物料准备：不能就地取土时要备土，提前装土袋至少 23 袋，石子或柳枝若干，4 m×4 m 土工织物 1 块，长 2 m 的塑料管或细竹竿 1 根，铁锹、卷尺、直尺、测钎若干等。

考生准备

可自带控制尺度的直尺或直杆。

附录 15　河道修防工国家职业技能鉴定模拟试卷(技师)

河道修防工国家职业技能鉴定理论知识试题(技师)

水利部职业技能鉴定中心组织　　考试时间:120 分钟

单位:________________姓名:________________准考证号:________________

注意事项

1. 请首先按要求在试卷的指定位置填写您的姓名、考号和所在单位的名称。
2. 请仔细阅读各种题目的回答要求,在规定的位置填写您的答案。
3. 不得在试卷上乱写乱画,不得在卷面上作无关标记,否则,按零分处理。

	第一题	第二题	第三题	第四题	总分	记分人
得分						

得分	
评卷人	

一、单项选择题(每题选择一个正确答案,共　小题,每题 1 分,满分　分)

1. 用经纬仪测量角度时,必须将经纬仪安置在角顶点上,这需要(　　)。
(A)对中　(B)对中和整平　(C)粗整平　(D)细整平
2. 工程位置线是一条上平、下缓、中间陡的(　　)复合圆弧曲线。
(A)凸出型　(B)凹入型　(C)直线型　(D)平顺型
3. 沉降观测断面及观测点应选设的位置不包括(　　)。
(A)地质条件复杂　(B)已完成沉降处　(C)与岸边接合处　(D)穿堤建筑物处
4. 堆石护坡下滑脱落,可将上部石料抛至脱落部位,再在上部抛填新石并(　　)。
(A)干砌　(B)浆砌　(C)勾缝　(D)拣整顺坡
5. 针对具体险情还有一些具体工作原则,如“临河截渗,(　　)”。
(A)背河导渗　(B)背河塞堵　(C)背河盖堵　(D)背河截水

6. 常见堤防隐患可概括为(　　)、裂缝、暗沟、渗漏、近堤坑塘五大类。
(A)洞穴　(B)人为洞穴　(C)害堤动物洞穴　(D)朽木洞穴
7. 三(四)等水准测量所使用的水准尺为(　　)、直式双面尺。
(A)单尺　(B)成对配套使用　(C)三根　(D)四根
8. 三(四)等水准测量时,尺子的两面都要读数,读数次序为后前前后或(　　)。
(A)前后前后　(B)前前后后　(C)后前后前　(D)后后前前
9. 水尺投入运用前必须准确测定其(　　)。
(A)位置　(B)高度　(C)零点高程　(D)顶高程
10. 正常情况下,渗流量过程线与临河水位过程线的形状(　　)。
(A)没关系　(B)没规律
(C)应该比较相似　(D)超前于临河水位过程线
11. 工程养护资料主要包括文字、数据、(　　)、声像、电子文件等原始材料。
(A)工具　(B)仪器　(C)设施　(D)图表
12. 水管单位的年度工程养护实施方案根据(　　)及工程管理重点进行编制上报。
(A)资金　(B)要求
(C)个人安排　(D)工程检查和普查资料
13. 工程运行观测日志的内容主要包括(　　)、工程养护情况及存在问题。
(A)工程简介　(B)工程规模　(C)工程运行状况　(D)工程投资
14. 养护单位的工程养护资料不包括(　　)。
(A)养护施工组织方案　(B)运行观测记录
(C)养护施工自检记录表　(D)养护日志
15. 堤防工程常见隐患不包括(　　)。
(A)表面不平整　(B)裂缝　(C)暗沟　(D)渗漏
16. 设计堤防时,均质堤防应通过选择(　　),保证施工质量满足防渗要求。
(A)堤顶高程　(B)堤基高程
(C)堤防长度　(D)筑堤土料和断面尺寸
17. 通过黏土铺盖可阻截水流沿堤脚附近入渗,从而(　　)、减轻渗漏。
(A)缩短渗径　(B)反滤排水　(C)缓溜落淤　(D)延长渗径
18. 接缝渗漏包括堤身与堤基接触面、(　　)、不同材料接合面等处的集中渗漏。
(A)堤身与岸坡接触面　(B)土石接合面
(C)土与混凝土接合面　(D)土与钢材接合面
19. 背水侧盖重一般指(　　)和淤背加固工程。
(A)黏土前戗　(B)黏土后戗　(C)透水后戗　(D)贴坡排水
20. 漏洞险情的抢护原则是:“前截后导,(　　)”。
(A)前戗截渗　(B)防水布截渗　(C)临背并举　(D)沙石反滤导渗
21. 漏洞抢险强调临背并举,抢护方法主要分为临河(　　)方法和背河导渗方法。
(A)固脚　(B)阻滑　(C)截堵　(D)防冲
22. 当漏洞进口较多且较大、洞口周围土质松软或有裂缝时,可用(　　)漏洞进口。

(A)草捆塞堵　(B)软楔塞堵　(C)铁锅盖堵　(D)软帘盖堵

23. 修筑黏土前戗时，应根据(　　)、堤前水深、漏水严重程度等因素确定前戗尺寸。

(A)河道宽度　(B)河道长度　(C)堤防长度　(D)漏水堤段范围

24. 导致穿堤建筑物及其与堤防接合部险情的原因包括(　　)、接合部回填不实等。

(A)土方工程　(B)石方工程　(C)材料及荷载差异(D)混凝土工程

25. 对涵闸渗水险情的抢护原则是(　　)，还可采用中堵截渗法。

(A)黏土前戗　(B)临截背导　(C)防水布前戗　(D)反滤铺盖

26. 职业技能培训指导常用的教学形式有课堂培训和(　　)。

(A)宣读　(B)抄写　(C)投影　(D)现场指导

27. 教案内容包括课题或某课程名称、某课时教学内容、教学目的、(　　)等。

(A)教学重点　(B)条条　(C)框框　(D)目录

28. 启发式教学是指在授课过程中采用(　　)等启发方式引导学员积极学习。

(A)自学　(B)反问、提示、举例　(C)播放录音　(D)宣读

……

得分	
评卷人	

二、多项选择题(选择每题中的全部正确答案，共　小题，每题1分，满分　分)

1. 测绘断面图的工作内容包括(　　)。

(A)选设观测点　(B)测量各点高程　(C)测水平角

(D)直接丈量或推算各点之间的水平距离　(E)根据高程和水平距离绘制图

2. 关于治导线的正确论述包括(　　)。

(A)整治后通过设计流量时的平面轮廓　(B)由曲线段和直线段间隔组成

(C)是堤轴线　(D)曲线段一般为复合圆弧曲线或余弦曲线

(E)弯道顶处半径最小

3. 干砌石护坡鼓肚凹腰时，其维修内容包括(　　)。

(A)拆除缺陷部位　(B)平顺内部石料　(C)干砌表层

(D)浆砌表层　(E)勾缝

4. 具体险情的抢护原则包括(　　)。

(A)消减风浪　(B)护坡抗冲　(C)震动加固

(D)临截背导　(E)临背并举

5. 导致渗漏的原因包括(　　)。

(A)抗渗性差　(B)存在松土层　(C)存在透水带

(D)老溃口　(E)老堤防

6. 三(四)等水准测量时，对每一测站的要求包括(　　)。

(A)尺子到仪器的距离不超过75～80 m　(B)可测读多个尺子(C)距离不限

(D)前后尺子到仪器的视距差不超过3～5 m　(E)只测读前后两个水准尺

7. 对水尺零点高程进行校测的时间和条件包括(　　)。
(A)每年年初　(B)每年汛前　(C)洪水过后
(D)每月初　(E)每周一
8. 计算坝岸缺石量的方法有(　　)。
(A)断面间距法　(B)任一断面围长法　(C)任一断面顶部围长法
(D)平均面积围长法　(E)任一断面底部围长法
9. 养护资料的整理包括(　　)等主要工作。
(A)资料收集　(B)修改　(C)检查核对
(D)整理归档　(E)补充
10. 开工前应注意形成和收集的有关资料包括(　　)。
(A)工程运行观测日志　(B)养护日志　(C)年度养护实施方案
(D)年度养护合同　(E)验收资料
11. 养护实施过程中应注意形成和收集的有关资料包括(　　)。
(A)月度养护任务通知书　(B)各种运行检查资料　(C)养护施工记录
(D)养护月报表　(E)月度验收签证
12. 对浅层洞穴可进行开挖回填处理,其施工内容包括(　　)。
(A)打桩　(B)开挖　(C)清理杂物及腐殖质
(D)分层回填　(E)夯实或压实
13. 确定灌浆孔距应考虑的因素包括(　　)。
(A)堤段重要程度　(B)封孔材料　(C)隐患性质
(D)灌浆压力　(E)封孔方法
14. 若堤防在运行期间出现堤身渗漏问题,可在临河采取的截渗措施有(　　)。
(A)堤防加宽　(B)黏土前戗　(C)铺设复合土工膜
(D)增设黏土斜墙　(E)草皮护坡
15. 出现滑坡裂缝时,常采取的增大阻滑力措施包括(　　)。
(A)清除附加荷载　(B)削缓上部坡度　(C)修做滤水土撑
(D)修做滤水后戗　(E)在堤脚附近堆放石块、土袋、石笼等重物
16. 对黏土铺盖进行翻修的施工内容包括(　　)。
(A)清除保护层　(B)挖除已破坏铺盖　(C)加固基础
(D)恢复铺盖　(E)全部新修
17. 发现漏洞应(　　)。
(A)尽早找到进水口　(B)对进水口进行截堵　(C)等找到进口再抢护
(D)在出水口处采取滤导措施(E)发展慢可不抢护
18. 探找漏洞进水口的方法有(　　)。
(A)截堵试验　(B)查看旋涡法　(C)人工排摸法
(D)潜水探漏法　(E)竹竿吊球法
19. 可用做盖堵漏洞进口软帘的有(　　)。
(A)篷布　(B)复合土工膜　(C)土工织物

(D)土工编织布　　(E)土工格栅

20. 铺设软帘盖堵漏洞进口时,要(　　)。

(A)把软帘的上边拴于堤顶木桩上(B)将软帘塞入洞内　(C)在软帘下端坠重物

(D)用土袋或散黏土盖压闭气　(E)压沙石反滤

21. 高水位作用下,穿堤建筑物与堤防接合部易产生(　　)险情。

(A)集中渗流或绕渗　(B)雨淋沟　(C)管涌

(D)流土　(E)漏洞

22. 编制培训方案需考虑的因素包括(　　)。

(A)职业等级标准　(B)培训要求　(C)学员情况

(D)减少内容　(E)应付考试

……

得分	
评卷人	

三、判断题(用√或×判明对错,共　小题,每题1分,满分　分)

(　　)1. 浇筑混凝土时,分层铺料的间隔时间不得超过混凝土的初凝时间。

(　　)2. 各类堤岸防护工程的缺陷都完全一样。

(　　)3. 堤防偎水期间要注意观察防渗效果(如有无渗水现象、渗水量大小、有无渗透变形)。

(　　)4. 对于埋藏较浅、位置比较确定的可疑隐患,可采用开挖探坑的方法进行探视检查。

(　　)5. 三(四)等水准测量只读前后两个水尺,每个尺子只读任一面。

(　　)6. 根据对观测成果的分类整理,可分类统计出存在问题的数量及存在的主要问题。

(　　)7. 选设测量断面上的观测点应避开地形转折处,以便于测量。

(　　)8. 养护后期应注意形成和收集的有关资料主要有工作报告、工作总结、验收资料等。

(　　)9. 工程养护只是为了改善工程面貌,所以应介绍工程景观建设情况及存在问题。

(　　)10. 若堤防在运行期间出现堤身渗漏问题,可采取临河截渗措施或背河反滤排水措施。

(　　)11 . 对于单层或浅层透水地基,临河可采取截渗措施,如水平黏土铺盖、铺设土工膜或复合土工膜、垂直防渗墙等。

(　　)12. 因水流冲刷可能导致滑坡时,可抛石修坝垛或抛枕及做埽挑流防冲。

(　　)13. 非汛期出现滑坡,应先抢护,等经过汛期滑动完成后再进行永久性维修处理。

(　　)14. 若穿堤建筑物与堤防接合部存在渗漏隐患,可延长防渗段长度,可延长反滤段长度,可在接合部设置止水设施。

(　　)15. 发现漏洞应尽早在临河找到漏洞进水口,以便及时对进水口进行截堵。

(　　)16. 只要有漏水,在其进口附近就一定能观察到旋涡。

(　　)17. 塞堵漏洞进口时最好用坚硬的圆柱体材料,如钢管。

(　　)18. 闸后蓄水平压只适用于对管涌险情的抢护,不能用于水闸滑动险情的抢险。

(　　)19. 备课时,教师要根据学生的知识结构和理解能力,确定讲授范围、层次和教学方法。

……

得分	
评卷人	

四、简答题(共　小题,每题5分,满分　分)

1. 简述堤防运行期间堤身渗漏的处理措施。

2. 简述用经纬仪测放水平角的主要步骤。

3. 简述对漏洞险情的抢护原则。

4. 简述抢护漏洞的临河截堵方法。

5. 实施操作指导前教师应作哪些准备?

……

得分	
评卷人	

五、论述题/计算题

河道修防工国家职业技能鉴定理论知识试题(技师)答案

一、单项选择题

1B　2B　3B　4D　5A　6A　7B　8D　9C　10C
11D　12D　13C　14B　15A　16D　17D　18A　19C　20C
21C　22D　23D　24C　25B　26D　27A　28B

二、多项选择题

1 ABDE　2 ABDE　3 ABC　4 ABDE　5 ABCD　6 ADE
7 ABC　8 AD　9 ACD　10 ACD　11 ACDE　12 BCDE
13 ACD　14 ABCD　15 CDE　16 ABCD　17 ABD　18 BCDE
9 ABCD　20 ACD　21 ACDE　22 ABC

三、判断题

1√　2×　3√　4√　5×　6√　7×　8√　9×　10√
11√　12√　13×　14√　15√　16×　17×　18×　19√

四、简答题

1.参考答案:

若堤防在运行期间出现堤身渗漏,可在临河采取截渗措施(如堤防加宽、修做黏土前戗、铺设土工膜或复合土工膜、增设黏土斜墙等),也可在背河采取透水后戗、机淤固堤及防止渗透变形的反滤排水措施。

2.参考答案:

在角顶点上支设经纬仪,转动仪器瞄准已知边上的标志点,读取初始读数,由初始读数加上水平角度数计算得在测放点上的应读数,转动仪器至度盘数接近应读数时制动仪器,再利用微动螺旋准确找到应读数,向下转动望远镜,利用仪器视线在地面上定出测放点。

3.参考答案:

对漏洞险情的抢护原则是:"前截后导,临背并举"。应尽早在临河找到漏洞进水口,以便及时对进水口进行截堵;与此同时,在背河漏洞出水处采取滤导措施,以制止土料流失,防止险情扩大。

4.参考答案:

抢护漏洞的临河截堵方法有塞堵法、盖堵法及戗堤法。当漏洞进水口较小、周围土质较硬时,一般可用软性材料塞堵,并盖压闭气;当漏洞进水口较大,或虽小但不易塞堵时,可用面积较大的软帘、网兜、薄板等盖堵进口,并盖压闭气;当漏洞进水口较多、情况复杂、洞口准确位置一时难以找到,且水深较浅时,可抢筑前戗或月堤,以截断进水。

5. 参考答案：

应根据操作指导项目和内容要求制订指导计划，确定指导方法、步骤，选择或准备教材、场地、所用工具物料、仪器、设备等。

五、论述题/计算题

河道修防工国家职业技能鉴定技能操作笔试题
（技师）

水利部职业技能鉴定中心组织　　考试时间：　　分钟

单位：＿＿＿＿＿＿＿＿姓名：＿＿＿＿＿＿＿＿准考证号：＿＿＿＿＿＿＿＿

注意事项

1. 请首先按要求在试卷的指定位置填写您的姓名、考号和所在单位的名称。
2. 请仔细阅读各种题目的回答要求，在规定的位置填写您的答案。
3. 不得在试卷上乱写乱画，不得在卷面上作无关标记，否则，按零分处理。

	第一题	第二题		总分	记分人
得分					

得分	
评卷人	

一、简答题（共　小题，每题5分，满分　分）

1. 简述三(四)等水准测量的主要要求。

2. 简述工程养护资料及其类型。

3. 简述工程养护年度工作报告的主要内容。

4. 简述堤防裂缝的处理方法。

得分	
评卷人	

二、论述/计算题(共　小题,每题 10 分,满分　分)

1. 论述穿堤建筑物与堤防接合处渗漏的处理方法。

2. 论述漏洞抢险的软帘盖堵方法。

河道修防工国家职业技能鉴定实际操作笔试题（技师）参考答案

一、简答题

1. 参考答案：

每一测站只测读前后两个水准尺，即一站一转点；尺子到仪器的距离（视距）不超过75 ~ 80 m，每一测站前后尺子到仪器的视距差不超过3 ~ 5 m，各测站累积视距差不超过5 ~ 10 m，这就要求测高程前必须先测算视距，只有视距及视距差都满足要求后才能测算高程；尺子的两面都要读数，同一尺子的黑红面读数差（不含起点差）不超过2 ~ 3 mm，用两个尺面分别测算的高差不超过3 ~ 5 mm。

2. 参考答案：

工程养护资料，指在养护工作开展及养护项目实施过程中形成的文字、数据、图表、声像、电子文件等原始材料，它反映了养护工作开展及养护项目实施的先后过程和实际情况。

3. 参考答案：

养护单位编写的工程养护年度工作报告内容主要包括工程概况、养护方案、完成的主要项目及工程量、投入工日及机械台班、主要养护项目的实施、价款结算与财务管理、存在问题与建议等。

4. 参考答案：

滑坡裂缝的处理方法有防止裂缝进水、清除附加荷载、削缓上部坡度、固脚阻滑、防冲防护、反滤排水；对于非滑坡裂缝一般采用开挖回填法（顺缝开挖回填和横墙隔断开挖回填）或灌浆法进行处理。

二、论述／计算题

1. 答题要点：

在堤防临河（穿堤建筑物上游）：用防渗材料盖堵；或通过修做黏土前戗、延长不透水翼墙和护坡而延长防渗段长度；

在穿堤建筑物与堤防接合部，设置止水设施（如刺墙、在岸墙上黏压沥青麻布或复合土工膜、接合部回填黏土、修做黏土环）；回填、夯实接合部黏土。

中间：压力灌浆；中堵截渗（直接对渗漏隐患部位进行开挖，然后用黏土或灰土分层回填夯实）。

在堤防背河（穿堤建筑物下游）：延长反滤段，如修做透水后戗、淤背加固，增设反滤排水体或反滤铺盖。

2. 答题要点：

可选用草帘、苇箔、篷布、复合土工膜、土工织物、土工编制布等作为软帘，也可临时用柳枝、秸料、芦苇等编扎成软帘，为了便于快速铺放和保证铺放效果，可做成软体排及电动式软帘；铺盖软帘前，要清除盖堵范围内的杂物；铺盖软帘时，上端用绳索或铅丝拴牢于堤顶木桩上，使其顺堤坡下滚（不能自行滚动时可借助木杆或竹竿推撑）展铺，盖堵洞口后再在软帘上抛填土袋和散黏土盖压闭气。

河道修防工国家职业技能鉴定实际操作题
（技师）

试题一名称：防汛抢险设施及物料检查

本题分值：10分

考核时间：12分钟

考核形式：实操

（1）具体考核要求：检查防汛物料时，要注意识别物料的类别（品种）、性能、规格型号，以便正确使用；要分类清点物料数量，以便及时发现储备数量的不足；要查看各物料的储存时间，以判断是否超期；要细致检查物料质量和储存状况，如物料有没有破损、残缺、霉变、生锈、虫蛀、腐烂、老化等现象。对工具设备进行检查时，要分类统计数量，查对数量是否满足要求；要检查评判工具设备完好状况，如外观是否完好、安装是否牢固、锐器是否锋利、钝器是否坚固、使用是否方便灵活可靠等，以便确定是否满足使用要求。每次检查要有完整、准确的检查记录。

考核时，可就近选择防汛抢险设施及物料储备仓库作为考核现场，要求考生通过检查能发现部分物料和工具设备所存在的问题，可通过检查记录的形式（参见下表格式）至少列出10种以上物料或工具设备的名称及其所存在的问题。

防汛抢险设施及物料检查记录表

序号	物料、工具设备名称	存在问题	备注
1			
2			
3			
4			
5			
6			
7			
8			
9			
10			

（2）否定项说明：不按要求操作或操作中发生不安全现象，终止考核，试题成绩为零分。

试题二名称：普通水准断面测量

本题分值：10分

考核时间:12 分钟

考核形式:实操

(1)具体考核要求:

河道大断面测量包括水上部分的陆地断面测量和水下部分的水道断面测量,有堤防河道的陆地断面应测至堤防背河地面,无堤防河道的陆地断面应测至历年最高洪水位以上0.5~1.0 m所对应位置。陆地断面测量一般采用水准测量:在断面上的地形突变处及适宜间距处打设有编号的木桩作为测点标志,以便于测量、丈量、记录;在断面附近的适宜位置支设仪器,采用三(四)等或普通水准测量各测点的高程,用钢尺、皮尺或测绳丈量各测点之间的水平距离(或根据斜距折算平距),根据各测点的高程和测点之间的水平距离可绘制出断面图。

考核时,可只测量某假定断面的一部分(如现有堤防的背河或临河部分,或其他堤坝沟渠的一部分),测量断面上至少设置4个测点,用普通水准测量各测点高程(给定水准点高程)或高差(不需要水准点高程),用皮尺直接丈量各测点之间的水平距离,根据测量和丈量数据画出或徒手勾绘出断面示意图,并标定各点高程或相邻点之间的高差和水平距离。

(2)否定项说明:不按要求方法操作或不能安全使用仪器停止考核,试题成绩为零分。

试题三名称:用经纬仪测放水平角

本题分值:15 分

考核时间:18 分钟

考核形式:实操

(1)具体考核要求:水平角是空间角在水平面的投影所形成的角,一般用经纬仪测放水平角:在角顶点上支设经纬仪,转动仪器照准(粗照准目标制动仪器,再利用微动螺旋准确照准)已知边上的标志点,读取水平度盘读数(初始读数)或归零,由初始读数加上要测放的水平角度数计算得在测放边上的应读数,打开制动,转动仪器至度盘数接近应读数时制动仪器,再利用微动螺旋准确找到应读数,向下转动望远镜,利用仪器视线在地面上定出测放点,由测放点和角顶点组成水平角的另一条边。

考核时,提前将经纬仪支设在角顶点上,在水平角的已知边上醒目地标设出某固定测点,告知要测放的水平角度数(不同考生可测放不同的水平角),要求考生:能正确使用经纬仪(松制动、转动仪器、粗照准、制动、细照准),操作步骤清晰(照准已知点读取初始读数,加上要测放的水平角度数计算在测放边上的应读数,转动至接近应读数时制动仪器再调整微动螺旋准确找到应读数,向下转动望远镜利用仪器视线通过指挥调整在地面上定出测放点,在测放点设置木桩或插测钎),测算结果和测放位置准确。

(2)否定项说明:不按要求方法操作,或不能安全使用仪器,或发生其他不安全现象,均终止考核,该试题成绩记为零分。

试题四名称:埽工桩绳拴法

本题分值:15 分

考核时间:18 分钟

考核形式:实操

(1)具体考核要求:考生自选一种拴法完成带笼头绳扣及连环两次五子、圆七星家伙桩的拴绳。

(2)否定项说明:不按要求方法操作,操作中发生不安全现象停止考核,均记为零分。

试题五名称:指导高级工修做反滤围井。

本题分值:10 分

考核时间:12 分钟

考核形式:实操

(1)具体考核要求:能在考核时间内指导(或自己动手模拟指导)高级工按要求修做反滤围井,要求边操作,边讲解:抢筑时,先确定拟修围井的内径(围井内径一般为出水口直径的 10 倍或其以上,且不小于 0.5 m),将拟修做围井范围清基;然后在管涌出水口周围用土袋排垒成围井,围井高度以能使水不挟带泥沙(出清水)为宜,井壁与地面接触严密不漏水;井内按反滤要求从细到粗,分层填铺反滤料(如沙石料、梢料等),每层厚度 0.2 ~0.3 m;反滤料顶层内或顶面设置穿过井壁的排水管,以防溢流冲塌井壁;梢料层顶部用块石或土袋压稳。排垒井壁的土袋装土不宜太满,可不封口,但排垒时要注意折压袋口,土袋排砌要紧密、袋缝上下层错开。

模拟指导(考核)可简化操作,如画出拟修围井的内径位置,象征性完成局部清基,用已装土袋(至少 10 袋)排砌四层井壁,象征性铺设(但应覆盖一层)细粗两层反滤料,并在第三层井壁处设置排水管,可不压稳或只压 2 块石块(土袋)。

(2)否定项说明:不按要求方法操作,或操作过程中发生不安全现象,均停止考核,该试题成绩记为零分。

河道修防工国家职业技能鉴定实际操作题（技师）配分与评分标准

试题一配分与评分标准

能准确识别防汛抢险物料和工具设备所存在的问题并按要求做好检查记录得10分：每少列一种物料或工具设备的名称及其所存在的问题扣1分，其他每一不符合项（名称错误、所存在的问题识别错误等）扣0.5分。

提前完成不加分；若在考核时间内不能全部完成，不延长考核时间，按已完成且正确或符合要求的比例赋分。

试题二配分与评分标准

（1）能按要求完成水准仪的安置得2分：每一不符合项（安置位置不适宜，安置时没有蹬踩支架腿踏板，圆气泡不够居中等）扣0.5分。

（2）能准确测得各测点高程或相邻测点之间的高差得4分：各点测量分别检查累计评分，不会读数本项不得分，其他每一不符合项（读数时长水准管气泡不够居中即图像没呈"U"形、高程或高差的误差超过2 cm等）扣0.5分，扣完为止。

（3）能准确丈量相邻测点之间的水平距离得2分：各次丈量分别检查累计评分，每一不符合项（平尺不够水平、长度误差每超过5 cm等）扣0.5分。

（4）能勾绘出断面示意图，并标定出各点高程或相邻点之间的高差和水平距离得2分：每一不符合项（各测点的位置关系不正确、绘图不清晰、每遗漏标定一项、每错标定一项等）扣0.5分。

（5）提前完成加分：每提前完成1分钟加1分，但最多加至满分。

若在考核时间内不能全部完成，不延长考核时间，按已完成且正确或符合要求的比例赋分。

试题三配分与评分标准

（1）能正确使用仪器、准确照准已知边上的固定测点，并能准确读取初始读数得5分：每一不符合项（使用仪器每一不当项，照准固定测点不够准确，读数每误差1′等）扣0.5分。

（2）能准确计算出在测放边上的应读数得2分：不会计算不得分，计算有误扣1分。

（3）能正确使用仪器，并能准确定出测放点得8分：测放点不在仪器视线上扣4分，其他每一不符合项（使用仪器每一不当项，找应读数每误差1′，测放点在仪器视线上不够准确，测放位置不准确，设置的测放点不醒目等）扣0.5分。

提前完成不加分；若在考核时间内不能全部完成，不延长考核时间，按已完成且正确或符合要求的比例赋分。

试题四配分与评分标准

（1）按要求完成带笼头拴扣得2分：拴扣不正确不得分。

（2）按要求完成连环两次五子家伙桩的拴绳得6分：每错一处（包括家伙桩扣、腰桩扣、顶桩扣及绳应从顶桩上游侧经过）扣0.5分。

（3）按要求完成圆七星家伙桩的拴绳得7分：每错一处（包括家伙桩扣、腰桩扣、顶桩扣及绳应从顶桩上游侧经过）扣0.5分。

提前完成不加分；若在考核时间内不能全部完成，不延长考核时间，按已完成且正确或符合要求的比例赋分。

试题五配分与评分标准

（1）能按要求确定拟修围井内径并画出其位置、象征性完成对拟修井范围的清基得3分：不会确定拟修围井的内径扣2分，不清基扣1分，其他每一不符合项（操作过程中不讲解讲解每错一处，没有画出拟修围井内径位置，确定的拟修围井内径小于出水口直径的10倍或小于0.5 m、清基范围没超出拟修围井范围等）扣0.5分。

（2）按要求完成井壁土袋的排垒得4分：每一不符合项（操作过程中不讲解，讲解每错一处，土袋排垒位置不正确，排垒时不折压袋口，土袋排砌不紧密，上下层袋缝不错开，不设置排水管等）扣0.5分。

（3）按要求完成反滤料铺放得3分：反滤料的粗细层次不正确扣1分，其他每一不符合项（操作过程中不讲解，讲解每错一处，反滤料的粗细料层不均匀或覆盖不全面，若要求压稳而压稳数量不足等）扣0.5分。

提前完成不加分；若在考核时间内不能全部完成，不延长考核时间，按已完成且正确或符合要求的比例赋分。

注：可根据以上配分与评分标准制作成“××考评赋分表”

河道修防工国家职业技能鉴定实际操作题（技师）场地及物料准备

试题一：

考场准备

（1）场地准备：可就近选择防汛抢险设施及物料储备仓库作为考核现场，提前挑选一些存在问题（如破损、残缺、霉变、生锈、虫蛀、腐烂、老化等，安装不牢固、锐器不锋利、钝器不坚固、不好用、使用不可靠等）的物料和工具设备，以方便考生查找和检查；考官要事先检查确定存在的问题，以作为考评依据。

（2）工具物料准备：除被检查物料和工具设备外，另备书写笔、记录表格。

考生准备

可要求考生自带书写笔。

试题二：

考场准备

（1）场地准备：选择一个测站能完成测量的范围（如现有堤防的堤顶、背河堤坡及堤脚外5～10 m，或堤顶、临河堤坡及堤脚外5～10 m，或其他堤坝沟渠的一部分）作为指定的测量断面，在测量断面上用小木桩设置至少4个测点（如两堤肩、堤脚、堤脚外），考虑到考核时间紧张可提前丈量测点之间的水平距离（考生不再丈量）或允许考生提前安置仪器。

（2）工具物料准备：普通水准仪、水准尺、记录计算纸（表）、方格纸、直尺或三角板、铅笔、皮尺、小木桩、手锤等。

考生准备

可要求考生自带计算纸、铅笔、直尺或三角板、计算器。

试题三：

考场准备

（1）场地准备：在较平坦地面上清晰准确地标定出水平角的顶点和已知边上的某固定测点（如木桩顶钉小钉或用铅笔画十字，或插测钎），将经纬仪（一般是J_6光学经纬仪）提前支设在角顶点上（对中、整平），各考生可直接使用。考官可提前测放出对应某度数的水平角位置暗藏标志，以作为考评依据。

（2）工具物料准备：J_6光学经纬仪、木桩、钉子、手锤、带有红布的测钎、计算纸、笔、红蓝铅笔、计算器等。

考生准备

可要求考生自带计算纸、笔、计算器。

试题四：

考场准备

（1）场地准备：选择较为平坦，且便于打桩布桩的场地作为考核场地，考核前布设连环两次五子和圆七星家伙桩,并对应布设腰桩和顶桩,明确标定水流方向。

(2)工具物料准备:长1~2 m直径10 cm以上的塑料管一根、短绳1根、家伙桩18根、腰桩14根、顶桩14根、双绳14根、可另备单绳4根。

考生准备:无

试题五:

考场准备

(1)场地准备:选择平坦、满足物料存放和操作要求,便于交通运输的场地作为考核现场,醒目地标定(设置小木桩或插测钎)管涌出口位置,告知考生管涌出口直径(不同考生可用不同直径),供考生确定围井内径大小和画定内径位置。

(2)工具物料准备:铁锨一张、月牙斧1把、小木桩或测钎、塑料排水管一根、钢卷尺或皮尺1个、已装土袋至少10袋、反滤料(沙子、石子,或麦秸、柳枝)若干。

考生准备

可要求考生自带手套。